MAULL · STRATEGISCHE ROHSTOFFE

SCHRIFTEN DES FORSCHUNGSINSTITUTS DER DEUTSCHEN GESELLSCHAFT FÜR AUSWÄRTIGE POLITIK E.V., BONN

Reihe: Internationale Politik und Wirtschaft
Band 53

Die Studie wurde aus Mitteln
der Alfried Krupp von Bohlen und
Halbach-Stiftung gefördert

Hanns W. Maull

STRATEGISCHE ROHSTOFFE

Risiken für die
Wirtschaftliche Sicherheit
des Westens

R. OLDENBOURG VERLAG MÜNCHEN 1988

Die Deutsche Gesellschaft für Auswärtige Politik hat nach ihrer Satzung die Aufgabe, die Probleme der internationalen, besonders der europäischen Politik, Sicherheit und Wirtschaft zu erörtern und ihre wissenschaftliche Untersuchung zu fördern, die Dokumentation über diese Forschungsfragen zu sammeln und das Verständnis für internationale Fragen durch Vorträge, Studiengruppen und Veröffentlichungen anzuregen und zu vertiefen. Sie unterhält zu diesem Zweck ein Forschungsinstitut, eine Dokumentationsstelle und die Zeitschrift »EUROPA-ARCHIV – Zeitschrift für Internationale Politik«. Die Deutsche Gesellschaft für Auswärtige Politik bezieht als solche auf Grund ihrer Satzung keine eigene Stellung zu internationalen Problemen. Die in den Veröffentlichungen der Gesellschaft geäußerten Meinungen sind die der Autoren.

ISBN 3-486-54391-1

Gesamtherstellung: R. Oldenbourg Graphische Betriebe GmbH, München

CIP-Kurztitelaufnahme der Deutschen Bibliothek

Maull, Hanns W.: Strategische Rohstoffe : Risiken für d. wirtschaftl. Sicherheit d. Westens / Hanns W. Maull. – München : Oldenbourg, 1987.
(Schriften des Forschungsinstituts der Deutschen Gesellschaft für Auswärtige Politik e.V., Bonn : Reihe: Internationale Politik und Wirtschaft ; Bd. 53)
ISBN 3-486-54391-1
NE: Deutsche Gesellschaft für Auswärtige Politik / Forschungsinstitut: Schriften des Forschungsinstituts der Deutschen Gesellschaft für Auswärtige Politik e.V. Bonn / Reihe: Internationale Politik und Wirtschaft

Für Kurt Sontheimer
Freund und Akademischer Lehrer

INHALT

VERZEICHNIS DER TABELLEN IM TEXT

VERZEICHNIS DER SCHAUBILDER IM TEXT

A: EINLEITUNG

Die Grobstruktur des internationalen Systems wird auch heute noch – wie zu Zeiten seiner Entstehung – geprägt durch zwei zentrale Komponenten: Durch die Souveränität des Staates als der wichtigsten Aktionseinheit des Systems und durch die außerordentliche Bedeutung des Faktors „Macht" bei der Gestaltung seiner Beziehungen zu anderen Staaten. Die internationale Staatengesellschaft ist, wie Theoretiker der internationalen Beziehungen immer wieder betont haben[1], eine anarchische Gesellschaft. Sicherheit spielt daher, dem Charakter einer solchen Gesellschaftsstruktur gemäß, eine Schlüsselrolle in den zwischenstaatlichen Beziehungen.

„Nationale Sicherheit" und „Macht" eines Staates (beides Begriffe von geradezu atemberaubender Komplexität und Vieldeutigkeit mit entsprechend umfassender theoretischer und empirischer Durchdringung)[2] hängen jedoch nicht zuletzt von der Leistungsfähigkeit der jeweiligen Volkswirtschaft ab – ein Zusammenhang, der bereits in vergangenen Epochen der internationalen Staatenwelt (etwa in der Phase des Merkantilismus)[3] immer wieder deutlich gesehen wurde, jedoch in der Disziplin der internationalen Beziehungen erst im Verlauf der 70er Jahre angemessene Beachtung fand[4]. Helmut Schmidt hat diese wirtschaftlichen Dimensionen der nationalstaatlichen Sicherheit dann in seiner aus anderen Gründen so berühmt gewordenen *Alastair Buchan Memorial Lecture* von 1977 als neue Problemfelder der Theorie und Praxis der internationalen Beziehungen besonders herausgestrichen und sie gleichberechtigt neben die traditionellen Aufgaben der Sicherheitspolitik gestellt[5].

Die „Entdeckung" der neuen, wirtschaftlichen Dimensionen der nationalstaatlichen Sicherheitsproblematik in den 70er Jahren kam natürlich keineswegs von ungefähr. Der erfolgreiche Einsatz der „Ölwaffe" durch eine Gruppe von Ölexportländern der dritten, genauer: der arabischen Welt sowie die dadurch ausgelöste Ölpreisexplosion demonstrierten den mächtigen Industriestaaten des Westens eine neue Verwundbarkeit gegenüber Störungen im dichtgesponnenen System internationaler Wirtschaftsverflechtungen. Durch das Prisma dieses Ölschocks, der von feinnervigen Beobachtern schon 1974 als das Ende der Nachkriegszeit und der Beginn einer neuen Ära und

[1] Als ein Werk für viele sei hier genannt Hedley Bull, The Anarchical Society, London 1977.

[2] Der Versuch, auch nur die wichtigsten Titel zu nennen, käme einer bibliographischen Synopse von großen Teilen der theoretischen Literatur der Disziplin gleich. Hier sei deshalb nur verwiesen auf das Literaturverzeichnis bei Gottfried-Karl Kindermann (ed), Grundelemente der Weltpolitik, München 1981.

[3] Vgl. hierzu Immanuel Wallerstein, The Modern World-System II, Mercantilism and the Consolidation of the European World-Economy, New York 1980.

[4] Siehe die Pionierarbeiten von Klaus Knorr, insbesondere Power and Wealth, London 1973 sowie das bahnbrechende Buch von C. Fred Bergsten und Lawrence B. Krause (eds), World Politics and International Economics, Washington 1975 sowie Robert O. Keohane/Joseph S. Nye (eds), Power and Interdependence, Boston 1977.

[5] Der Text findet sich im Original in *Survival*, Jan./Feb. 1977, pp. 2–10.

damit als eine tiefe Zäsur gewertet wurde[6], zeigten sich Strukturprobleme und -verwerfungen der vorangegangenen Periode deutlicher und zugleich gebündelt und damit verschärft. Inflation, Wachstumseinbrüche und Einschnitte in das soziale Netz, Arbeitslosigkeit, Zahlungsbilanzdefizite, Wechselkursschwankungen, Versorgungsrisiken bei Energie und Rohstoffen – all diese von Helmut Schmidt in der erwähnten Rede angeführten neuen Dimensionen der Sicherheitsproblematik entstanden zwar nicht durch die Ölpreisschübe der Krisenjahre 1973/1974 und 1979/1980, doch trugen diese Entwicklungen im internationalen Ölmarkt erheblich zu ihren Größenordnungen und zu den Schwierigkeiten bei, diese Strukturprobleme zu bewältigen.

Durch dieses Prisma mit seinem Spektrum unerwarteter und beunruhigender Krisensymptome erschienen in der umgekehrten Perspektive die vorangegangenen 25 Jahre als eine veritable „belle epoque" – zu Recht. Die Nachkriegsphase erweist sich im Rückblick als eine historische Ausnahmeerscheinung mit bislang beispiellosen Wachstumsraten. Die Welt-Industrieproduktion wuchs von 1948 bis 1971 durchschnittlich um jährlich 5,6%, der Welthandel expandierte sogar um jährlich 7,3%[7].

Die Verteilung dieser Wachstumsgewinne auf die großen politischen Gruppierungen erfolgte zwar keineswegs gleichmäßig – die Frage nach den strukturellen Asymmetrien dieser Nachkriegs-Wirtschaftsordnung wurde vor allem von Ländern der dritten Welt mit immer größerer Hartnäckigkeit aufgeworfen. Dennoch sprechen die Statistiken dafür, daß die Nutzeffekte dieser beispiellosen Wachstumsperiode keineswegs auf die etablierten Industriestaaten beschränkt blieben, ja diese eher schlechter abschnitten als andere Staaten. Der relative Anteil der USA am Welt-Sozialprodukt, der 1955 noch über 40% gelegen hatte, war bis zum Jahr 1980 bereits auf 23,7% zusammengeschmolzen. Demgegenüber konnte Westeuropa seinen Anteil geringfügig (von 26,6% auf 27,9%), Japan erheblich (von 2,4% auf 9,3%) steigern, während Entwicklungsländer mit mittlerem Einkommen und industrialisierte Staatshandelsländer ihre Prozentzahlen jeweils recht eindrucksvoll (nämlich von 12,6 auf 16,7% bzw. von 8,6 auf 12,4%) zu vergrößern vermochten. Auch die Zuwachsraten im Sozialprodukt dieser Gruppierungen lassen jedenfalls den Schluß zu, daß die Wachstumsimpulse der Nachkriegsphase recht breit gefächert wirksam wurden[8].

Hohes Wirtschaftswachstum ging in der Nachkriegsphase Hand in Hand mit einer rasch zunehmenden internationalen Verflechtung. Indikatoren dieser Verflechtung sind beispielsweise die Anteile des Außenhandels am Sozialprodukt – sie kletterten für die Gruppe der OECD-Länder von 9% zu Beginn der 60er Jahre auf 19% bis zur Mitte der 70er Jahre – oder die Relation der internationalen Kapitalströme zu den

---

[6] Siehe etwa die ersten Sätze in: International Institute for Strategic Studies (ed), *Strategic Survey* 1973, London 1974.

[7] Vgl. Walt W. Rostow, The World Economy, History and Prospects, Austin 1980, pp. 247 ff.

[8] Vgl. hierzu OECD (ed), World Economic Interdependence and the Evolving North-South Relationship, Paris 1983, pp. 56 f.

Zahlungsbilanzen der Nationalstaaten[9]. Diese Dynamik von Wachstum und internationaler Verflechtung wurde gespeist durch technologische Fortschritte, die einerseits die Produktion und die Vermarktung von langlebigen Konsumgütern in großen Stückzahlen ermöglichten, andererseits jedoch auch die Transport- und Kommunikationsmöglichkeiten über große Entfernungen hinweg dramatisch verbesserten.

Eine zweite wichtige Komponente bei der Vertiefung der internationalen Verflechtungen neben diesen technologischen Entwicklungen auf breiter Front war politischer Natur: Der Aufbau einer liberalistisch orientierten internationalen Wirtschaftsordnung unter Federführung der Vereinigten Staaten, die aufgrund ihres weltwirtschaftlichen wie weltpolitischen Gewichts zu Beginn der Nachkriegsphase eine unangefochtene Führungsrolle innerhalb der „freien Welt" übernehmen konnten, schuf die Voraussetzung für die Realisierung von Wachstumsgewinnen durch vertiefte internationale Wirtschaftsverflechtung in weltweitem Rahmen, während in Westeuropa die Schaffung eines (wenn auch unvollkommenen) gemeinsamen Marktes neue Wachstumsimpulse mit sich brachte[10]. Daneben spielten politische Weichenstellungen auch insofern eine Rolle, als sich eine Reihe von Staaten – ermuntert durch die Rahmenbedingungen der Nachkriegs-Weltwirtschaftsordnung – für exportorientierte Wachstumsstrategien entschieden. Die Bundesrepublik und Japan waren die herausragenden, keinesfalls jedoch die einzigen Staaten mit einer derartigen Strategie.

Die starke Ausweitung des Welthandels vor allem zwischen den Staaten der „freien Welt" einschließlich der Entwicklungsländer stützte sich in der gesamten Nachkriegsphase vor allem auf den Handel mit Industriegütern. Die Wachstumsraten in diesen Warenkategorien lagen durchweg höher als die Wachstumsraten im internationalen Rohstoff- und Brennstoffhandel; auf der anderen Seite wuchs der Welthandel auch bei den agrarischen und mineralischen Rohstoffen schneller als die entsprechende Weltproduktion – ein deutlicher Hinweis darauf, daß sich auch in diesen Märkten die internationale Verflechtung erheblich vertiefte[11]. Zudem wäre die enorme Ausweitung der Welt-Industrieproduktion und des Welthandels mit Fertigwaren natürlich ohne eine parallel dazu erfolgende Ausweitung des Rohstoff- und Energieeinsatzes nicht vorstellbar gewesen. So nahm der Welt-Energieverbrauch von 1950 bis 1972 um jährlich durchschnittlich 5,3% zu – eine Zahl, die relativ gut mit der Entwicklung der Industrieproduktion übereinstimmt[12]. Auch die Produktion von mineralischen Rohstof-

---

[9] Vgl. hierzu Hanns W. Maull, Die internationale Arbeitsteilung ändert sich, in: *Politische Bildung*, No. 2/1984, pp. 20–37. Für eine umfassendere Dokumentation mit besonderer Betonung des Nord-Süd-Gesichtspunktes insbesondere die Weltentwicklungsberichte der Weltbank sowie OECD, op. cit. Vgl. auch Uwe Andersen, Interessen und Organisationen im Weltwirtschaftssystem, in: *Politische Bildung*, No. 2/1984, pp. 3–19.

Robert E. Baldwin/David A. Kay, International Trade and International Relations, in: Bergsten/Krause (ed), op. cit., pp. 90–132.

[11] Vgl. OECD Observer, Jan. 1982, pp. 6ff und Pierre-Noël Giraud, Géopolitique des Ressources Minierès, Paris 1983, pp. 55ff.

[12] Rostow, op. cit., p. 595.

fen nahm in vergleichbaren Größenordnungen zu[13]. Daraus läßt sich ersehen, daß die Intensität des Rohstoff- und Energieeinsatzes in dieser Phase hoch war: Berechnungen über den Verbrauch an Energie und an bestimmten mineralischen Rohstoffen pro Einheit des Sozialproduktes zeigen für die Industriestaaten insgesamt gegen Ende dieser Nachkriegsphase höhere Werte als für die frühen 50er Jahre – die Energie- und Rohstoffintensität (vor allem bezogen auf die Mengenmetalle Stahl und Aluminium) der Industrieproduktion stieg also bis in die 70er Jahre hinein an[14].

Diese enorme Steigerung des Energie- und Rohstoffeinsatzes erwies sich zunächst als unproblematisch. Die Industriestaaten der OECD beschritten zur Deckung ihres Bedarfs unterschiedliche Wege: Westeuropa und vor allem Japan verfügten nur über begrenzte Energie- und mineralische Rohstoffvorkommen und waren daher in hohem Maße auf Einfuhren angewiesen, während die USA in einer grundsätzlich günstigeren Ausgangsposition waren. Zwar stiegen auch dort die Einfuhrmengen an energetischen und mineralischen Rohstoffen an, doch veränderte sich die relative Abhängigkeit von Importen – also der Grad der Selbstversorgung – bis zum Beginn der 70er Jahre kaum[15]. Für die europäischen Staaten und ihre großen Bergbaukonzerne mit ihren weltweiten Aktivitäten bildeten die Kolonialreiche die naheliegendste Quelle der Rohstoffversorgung. Ironischerweise begann Europa jedoch mit der systematischen Erschließung dieser Vorkommen zu einem Zeitpunkt, als die politischen Fundamente der europäischen Kolonialreiche längst zu bröckeln begonnen hatten. So erschlossen beispielsweise französische Staatsgesellschaften die Erdöl- und Erdgasvorkommen Algeriens, um so die Abhängigkeit von den angelsächsischen Ölkonzernen zu verringern – mit dem Ergebnis, daß die Früchte der französischen Explorationstätigkeit dem unabhängigen Algerien zugute kamen[16].

Ähnlich wurden auch andere Erdöl- und Rohstoffexportvorkommen der dritten Welt ursprünglich durch Gesellschaften der Kolonialherren erschlossen (Erdöl im Irak, in Indonesien und in Kuwait, Kupfer und Kobalt in Zaire und Sambia, eine ganze Palette von Bergbauprodukten in Zimbabwe). Die Bundesrepublik Deutschland, Italien und Japan hatten als Ergebnis des Zweiten Weltkrieges ihre Kolonien verloren und mußten dementsprechend andere Rohstoff- und Energieversorgungsstrategien entwickeln; sie verließen sich dabei zunächst auf die Weltmärkte und damit auf die primär angelsächsischen Mineralöl- und Bergbaukonzerne. Alle drei Staaten entwickelten jedoch darüber hinaus auch Strategien der Versorgung durch nationale Unternehmen, wobei sowohl privatwirtschaftliche wie staatliche Unternehmen eine Rolle

[13] Giraud, op. cit., p. 14.
[14] Vgl. Rostow, op. cit., pp. 591 ff.
[15] Vgl. International Economic Studies Institute (ed), Raw Materials and Foreign Policy, Washington 1976, pp. 5–17.
[16] Hartmut Elsenhans, Die französische Erdölpolitik, in: idem (ed), Erdöl für Europa, Hamburg 1974, pp. 202–221; Henri *Madeline*, Petrole et Politique en mediterranée occidentale, Paris 1973.

spielten. In jedem Falle profitierten diese nationalen Unternehmen von der Unterstützung ihrer Regierungen[17]. Diese nationalen Rohstoffgesellschaften – sowie eine Reihe von amerikanischen Gesellschaften, die sog. *newcomers*, die (angezogen von den hohen Profitraten der etablierten internationalen Energie- und Bergbaukonzerne) in deren Domänen in der dritten Welt einzubrechen suchten – setzten durch ihre aggressiven Bemühungen um Förderrechte einen Veränderungsprozeß in Gang: Der Wettbewerb zwischen den Unternehmen stärkte die Verhandlungsposition der Förderländer und damit die Kräfterelation zwischen ihnen und den Verbraucherstaaten[18]. Im Falle des Erdöls sollten diese Veränderungen zu Beginn der 70er Jahre geradezu revolutionäre Konsequenzen mit sich bringen.

Das Kolonialzeitalter war zwar 1945 formell noch nicht zu Ende gegangen: Tatsächlich operierten die Energie- und Bergbaukonzerne der westlichen Industriestaaten jedoch in den 50er Jahren in einem völlig neuen, postkolonialen politischen Umfeld. Die Weltwirtschaft wurde nicht mehr von den europäischen Mächten strukturiert – die Rahmenbedingungen setzten nun die Vereinigten Staaten, wobei nicht zuletzt die Existenz einer sozialistischen „Gegenordnung" unter Führung der anderen Supermacht, der Sowjetunion, prägend wirkte. Es waren die Vereinigten Staaten, die die neue Phase weltwirtschaftlicher Interdependenz durch das System von Bretton Woods und seine institutionelle Unterfütterung durch den Internationalen Währungsfond, durch die Weltbank sowie durch das Allgemeine Zoll- und Handelsabkommen (GATT) prägten – und es waren die Vereinigten Staaten, die in diesem System durch ihr schieres wirtschaftliches und politisches Gewicht als stärkste Militärmacht der freien Welt und als eine Volkswirtschaft, die allein rund die Hälfte des Welt-Sozialproduktes stellte, eine hegemoniale Rolle spielten[19].

Die wirtschaftliche Zusammenarbeit mit den ehemaligen Gegnern Deutschland und Japan war dabei eine durchaus bewußt verfolgte Strategie, die nicht nur Wohlstandsgewinne für die Vereinigten Staaten anstrebte, sondern zugleich auch eine doppelte politische Zielsetzung verfolgte: Erstens sollte durch wirtschaftliche Verflechtung und die dadurch erzielten Wohlstandseffekte die Politik des *containment* der Sowjetunion ökonomisch untermauert werden – ein wirtschaftlich prosperierendes Deutschland oder Japan bot kommunistisch inspirierten Versuchen zur Veränderung

[17] Zur bundesdeutschen Rohstoffpolitik vgl. Wolfgang Sames, Die Zukunft der Metalle, Frankfurt ²1974, pp. 219 ff.; zur japanischen Politik I. T. M. Gow, Nonfuel Minerals and Metal Processing Industries, in: J. W. Chapman/R. Drifte/I. T. M. Gow, Japan's Quest for Comprehensive Security, Defence, Diplomacy, Dependence, London 1983, Kap. 8; zur italienischen Erdölstrategie vgl. Paul Frankel, Mattei: Oil and Power Politics, London 1966. Für den Bereich der Ölversorgung insgesamt auch Louis Turner, Oil Companies in the International System, London 1983.

[18] Hierzu Christopher Tugendhat/Adrian Hamilton, Oil, The Biggest Business, London ²1975, Kap. 16. Eine Analyse des internationalen Ölmarktes unter der Perspektive einer Veränderung in den Kräfteverhältnissen zwischen den Akteuren versuchte als erster Jack E. Hartshorn, Oil Companies and Governments, London ²1967. Für einen kurzen Überblick auch Hanns W. Maull, Europe and World Energy, London 1980, Kap. 9.

[19] Siehe David P. Calleo/Benjamin Rowland, America and the World Political Economy, Bloomington 1973; Joan E. Spero, The Politics of International Economic Relations, London 1977.

des Nachkriegs-Status quo diesen Überlegungen zufolge wenig Angriffsfläche und stärkte somit den unsichtbaren Quarantäne-Zaun, den die amerikanische Außenpolitik um den sowjetischen Machtbereich zu legen bestrebt war. Zweitens jedoch stellte diese Strategie der wirtschaftlichen Einbindung eine Ergänzung zur politischen Integrationsstrategie dar, die Deutschland und Japan dauerhaft daran hindern sollte, sich revanchistisch gegen den Status quo der Nachkriegsära zu wenden. Die Einbettung des deutschen und des japanischen Wiederaufbaus in ein internationales Wirtschaftsgeflecht, das den erreichten Wohlstand in diesen Staaten von der Zusammenarbeit mit den anderen Staaten des westlichen Bündnissystems und primär mit den USA verknüpfte, engte somit den Handlungsspielraum dieser Staaten bewußt ein. Die Begrenzung der staatlichen Autonomie durch die Strukturen der neuen Weltwirtschaftsordnung war daher von den USA von Anfang an gewollt. Tatsächlich erwies sich das nationalstaatliche Autonomie einengende und begrenzende Geflecht der Interdependenz jedoch als sehr viel weitreichender, als ursprünglich erkannt wurde – ironischerweise wurden zuletzt auch die USA selbst durch die von ihr geschaffenen Strukturen zunehmend eingeengt[20].

Innerhalb der Vertiefung der internationalen Verflechtungen im Verlauf der Nachkriegszeit spielte das Erdöl eine Sonderrolle. Die oben generell festgestellte Stabilität der amerikanischen Rohstoff-Importabhängigkeit begann sich hier zunehmend abzuschwächen: Die US-Erdölproduktion überschritt 1970 ihren Höhepunkt und begann zu sinken, die Nachfrage kletterte jedoch weiter und führte zu einem starken Importsog. So wurden nun auch die Vereinigten Staaten in beträchtlichem Umfang von Einfuhren abhängig: 1973 bildeten Ölimporte rund 17% des US-Energieangebots; Westeuropa importierte 60%, Japan gar 75% seines Energiebedarfs in Form von Öl. Die starke Zunahme der Nachfrage nach Erdöl, die nach der Verteilung der verfügbaren Produktionspotentiale nur durch erdölexportierende Entwicklungsländer gedeckt werden konnte, schuf durch die daraus resultierenden Verschiebungen in den Kräfterelationen zwischen den Akteuren die Voraussetzungen für die Revolution im internationalen Ölmarkt. Der Markt begünstigte nun die Produzentenländer in der dritten Welt – und zugleich ermöglichte es die Erosion des westlichen Einflusses in der dritten Welt diesen Staaten, ihre Marktmacht auch voll auszuschöpfen.[21]

Diese Erosion des politischen Einflusses des Westens in der dritten Welt insgesamt und im Nahen und Mittleren Osten im besonderen war ein langsamer Prozeß mit deutlichen Zäsuren; in einer ersten Phase bröckelte der Einfluß der europäischen Kolonialmächte (die englisch-französische Schlappe im Suez-Krieg 1956 sowie die fran-

---

[20] Für die amerikanische Politik gegenüber der Bundesrepublik, vgl. in diesem Sinne Wolfram Hanrieder, Fragmente der Macht, München 1981, p. 22; zur amerikanischen Japan-Politik siehe Edwin O. Reischauer, The United States and Japan, New York ³1973, Teil IV.

[21] Zu dieser Entwicklung vgl. Peter Odell, Oil and World Power, Harmondsworth 61981; Jean-Marie Chevalier, Le nouvel enjeu petrolier, Paris 1973, Kap. I und II; Hartmut Elsenhans, Entwicklungstendenzen der Welterdölindustrie, in: idem (ed), op. cit., pp. 7–47; Hanns W. Maull, Ölmacht, Ursachen, Perspektiven, Grenzen, Köln 1975, Kap. 2 und 4.

zösischen Niederlagen in Vietnam und in Algerien markieren die Höhe- und Endpunkte dieses Verfalls), in einer zweiten Phase (Stichwort wiederum: Vietnam) zeigten sich dann auch Risse in der „Pax Americana", die an die Stelle des europäischen Einflusses getreten war. Die treibenden Kräfte in diesem Erosionsprozeß sind einerseits in innergesellschaftlichen Widerständen gegen die Kosten einer imperialen Strategie zu suchen, andererseits in der Existenz eines zweiten Machtblocks mit der Konsequenz einer scharfen ideologischen, politischen und wirtschaftlichen Konkurrenz, die durch das atomare „Gleichgewicht des Schreckens" in Bahnen gezwungen wurde, die den Handlungsspielraum beider Blöcke einengten. In die dadurch geschaffenen Handlungsspielräume stieß nun in der dritten Welt der Selbstbehauptungswille des Nationalismus, der sich zunächst fast zwangsläufig gegen den Westen als den alten Kolonialherren richten mußte[22].

Der israelisch-arabische Konflikt lieferte dann den entscheidenden Katalysator für die Revolution der Machtverhältnisse im internationalen Ölmarkt: Der Oktoberkrieg 1973 führte zum erfolgreichen Einsatz der „Ölwaffe" und zu einer Vervierfachung des Rohölpreises[23].

Die Machtübernahme der Förderländer, die nunmehr nicht nur die Souveränität über ihre Bodenschätze voll einforderten, sondern auch die Weltmarktpreise durch einseitige Beschlüsse festsetzten, bedeutete jedoch nicht nur für den internationalen Ölmarkt eine dramatische Veränderung. Ihre Schockwellen sollten im ganzen Weltwirtschaftssystem weite Kreise ziehen. Die Nachkriegszeit war zu Ende gegangen, es begann eine neue, schwierige Phase des Übergangs und der Veränderung in den internationalen Wirtschaftsbeziehungen wie in der internationalen Politik. Die Ereignisse 1973 hatten eine neue Dimension der Macht sichtbar werden lassen – die Ölmacht. Es war eine zerbrechliche und prekäre Macht, die ausschließlich auf einem geographischen Zufall – der Konzentration enormer Ölvorkommen in bestimmten Regionen der Welt – und auf der temporären Bedeutung beruhte, die dieser Energieträger für die Weltwirtschaft gewonnen hatte. Den Staaten mit Ölmacht fehlten dagegen in der Regel andere Attribute der Macht wie Industrieproduktion, technologische Innovationspotentiale, Bevölkerung oder militärische Stärke. Diese neue Machtdimension der internationalen Beziehungen erhöhte daher die Komplexität des Systems beträchtlich, implizierte sie doch neue Asymmetrien in der Hierarchie der Staatengemeinschaft. Die Bedeutung dieser neuen Dimension und der von ihr implizierten Asymmetrien illustriert vielleicht am deutlichsten der Persisch/Arabische Golf, dessen Anrainerstaaten durch die Bedeutung des Erdöls sowohl als Subjekte (durch ihre Ölmacht) wie auch als Objekte der internationalen Beziehungen (durch ihre Schwäche und Verwundbarkeit) dramatisch aufgewertet wurden.

---

[22] Wolfgang Benz/Hermann Graml (eds), Weltprobleme zwischen den Machtblöcken, Das Zwanzigste Jahrhundert III, Frankfurt 1984, Kap. 1 und 2 (= Fischer Weltgeschichte Band 36).

[23] Vgl. Hanns W. Maull, Oil and Influence, The Oil Weapon Examined, London 1975 (= Adelphi Paper No. 117); idem, op. cit. (1975, Ölmacht), Teil II.

Die Ölkrise 1973/74 war freilich ebensosehr Ursache wie dramatisches Symptom neuer Strukturprobleme in den internationalen Wirtschaftsbeziehungen. Der Zusammenbruch der „alten Ordnung“[24] im internationalen Erdölmarkt hatte eine lange Vorgeschichte[25] – wie auch die Strukturprobleme in anderen Segmenten der internationalen Wirtschaftsbeziehungen wie dem internationalen Währungs- und dem Welthandelssystem. Der Zusammenbruch des internationalen Währungssystems (des „Bretton-Woods“-Systems) beispielsweise hat seine wichtigsten Ursachen in der Verschiebung der wirtschaftlichen Gewichte von den USA auf Westeuropa und Japan sowie in der Überstrapazierung der amerikanischen Wirtschaftsressourcen durch Vietnam und die Programme der „Great society“[26]. Im Welthandel zeichneten sich im Bereich von Textilien und Bekleidungsgegenständen erste gravierende Spannungen mit neuen Anbietern von Fertigwaren ab, die schließlich zur Etablierung einer Serie von politischen Handelsreglementierungen führten[27].

In all diesen Segmenten der internationalen Wirtschaftsbeziehungen hatten die internationalen Verflechtungen in den 60er Jahren stark zugenommen, während die hegemoniale Kontrolle der USA zunehmender Erosion ausgesetzt war[28]. Diese Tendenzen hielten in den 70er Jahren weiter und verstärkt an – und zugleich entstanden durch die Auswirkungen der ersten Ölkrise auf die internationalen Währungs- und Handelsbeziehungen sowie auf die Nord-Süd-Politik mit all ihren Facetten erhebliche zusätzliche Probleme und Lenkungsaufgaben[29]. In dem neuen weltwirtschaftlichen Gesamtkontext schwerwiegender Anpassungsprobleme kreisten diese Aufgaben naturgemäß um die Schattenseite der Medaille der Interdependenz – die Verwundbarkeit gegenüber äußeren Einflüssen, die sie impliziert. Dabei spielten drei Faktoren eine besondere Rolle:

1. Das Zusammentreffen wachsender Verflechtungen mit sinkenden Steuerungskapazitäten führte zu starken Fluktuationen zentraler Parameter der internationalen Wirtschaftsbeziehungen wie der Wechselkurse, der Erdöl-, Getreide- und Rohstoffpreise[30]. Diese Fluktuationen warfen für die einzelnen interdependenten, also stark abhängigen Volkswirtschaften über den

---

[24] Die angelsächsische Politikwissenschaft hat hierfür den Begriff des „Regimes“ eingeführt. Vgl. hierzu Stephen D. Krasner (ed), International Regimes, Ithaca 1983.

[25] Hierzu Hanns W. Maull, Ölmacht, Ursachen, Perspektiven, Grenzen, Köln 1975, Teil I und idem, Europe and World Energy, London 1980, Kap. 9 sowie Elsenhans, op. cit. (Entwicklungstendenzen).

[26] Vgl. hierzu Dieter Grosser, Internationale Wirtschafts- und Währungspolitik, in: idem (ed), Der Staat in der Wirtschaft der Bundesrepublik, Opladen 1985, pp. 455–514 (496 ff); idem, Das internationale Währungssystem – Faktor der Krisenverschärfung? in: *Politische Bildung*, No. 2/1984, pp. 38–49; Robert O. Keohane, After Hegemony, Cooperation and Discord in the World Political Economy, Princeton 1984, pp. 186 f.

[27] Vgl. hierzu Eckard Minx, Von der Liberalisierungs- zur Wettbewerbspolitik, Berlin 1980, pp. 189 ff.

[28] Vgl. Keohane, op. cit., Kap. 8 und 9; Albert Bressand, Mastering the „Worldeconomy“, in: *Foreign Affairs*, Spring 1983, pp. 745–772.

[29] idem (ed), Ramses 1981, op. cit., insbes. Einleitung, Teile 2 und 3.

[30] Hierzu Bressand, op. cit. (1983).

2. Transmissionsriemeneffekt internationaler Verflechtung erhebliche nationale Anpassungsprobleme auf, gegen die sich in den betroffenen Gesellschaften verständlicherweise auch politischer Widerstand regte. Damit wurde die Handlungsfähigkeit nationalstaatlicher Wirtschaftspolitik nach innen wie nach außen beeinträchtigt. Das Ergebnis waren politische Maßnahmen zur Begrenzung und Neuverteilung der Anpassungslasten – etwa durch protektionistische handelspolitische Maßnahmen oder politisch motivierte Wechselkursstrategien[31].

3. Schließlich zeigte sich in den 70er Jahren, daß internationale Verflechtung auch zentrale nationale Interessen bis hin zu den Kerninteressen nationalstaatlicher Sicherheit zu beeinträchtigen imstande war. Die Abhängigkeit der großen westlichen Industrienationen von arabischem Erdöl und die daraus resultierende Beeinflußbarkeit, ja Erpreßbarkeit hatte hierfür die Nagelprobe geliefert.

Das Ergebnis dieser Entwicklungen war eine dramatische Politisierung der internationalen Wirtschaftsbeziehungen entlang aller Grobdimensionen der internationalen Politik – also entlang der Ost-West-, der Nord-Süd- und der West-West-Achse. Währungs- und Handelsprobleme, Inflationsbekämpfung und makroökonomische Politik-Koordination wurden zum Gegenstand zahlreicher internationaler Verhandlungen innerhalb des westlichen Bündnissystems bis hin zur hierzu neu geschaffenen Institution der Weltwirtschafts-Gipfeltreffen[32]. Internationaler Handel, internationaler Technologietransfer und Kreditzusagen wurden nunmehr im Rahmen der Ost-West-Beziehungen verstärkt auf ihre sicherheitspolitischen Implikationen hin untersucht; dies führte zu erheblichen Spannungen innerhalb des nordatlantischen Bündnisses über die Handhabung der Exportbeschränkungen bei Hochtechnologie-Produkten an die Sowjetunion[33] und über eine Serie von Erdgas-Kompensationsgeschäften zwischen der UdSSR und einigen westeuropäischen Staaten[34]. Amerikanische Getreidelieferungen an die Sowjetunion wurden als Reaktion auf die sowjetische Invasion in Afghanistan eingestellt[35].

Auch die wirtschaftlichen Sicherheitsrisiken einer starken Abhängigkeit von Energie- und Rohstoffimporten wurden in diesem Kontext zu einem wichtigen neuen Problemfeld der internationalen Beziehungen. Die Abhängigkeiten und internationalen Verflechtungen erwiesen sich gerade in diesem Bereich als sehr ausgeprägt, die Steuerungs- und Einflußmöglichkeiten der Importeure – wie die Erfolge der arabischen

---

[31] Vgl. hierzu Keohane, op. cit., pp. 187 ff sowie Minx, op. cit., passim.

[32] Siehe hierzu Georges de Menil/Anthony M. Solomon, Weltwirtschaftsgipfel, Bonn 1983 (= Arbeitspapiere zur Internationalen Politik No. 26).

[33] Die Regulierung dieser Exporte ist Aufgabe des *Coordinating Committee*, CoCom, innerhalb der OECD. Die Neuregelung der CoCom-Kompetenzen und Embargolisten wurde vor allem seit 1980 auf Betreiben der USA – und unter erheblichem Widerstand der Verbündeten – vorangetrieben. Vgl. David Buchan, Western Security and Economic Strategy Towards the East, London 1984, pp. 20 ff (= Adelphi Paper No. 192).

[34] Hierzu Hanns W. Maull, Erdgas und wirtschaftliche Sicherheit, Bonn 1981 (= Arbeitspapiere zur Internationalen Politik No. 17).

[35] Hierzu Hanns-Dieter Jacobsen, Getreide, in: Friedemann Müller et al., Wirtschaftssanktionen im Ost-West-Verhältnis, Baden-Baden 1983, pp. 180–193 (= Aktuelle Materialien zur Internationalen Politik No. 1).

Erdölländer mit dem Einsatz ihrer Ölwaffe, aber auch anderer Rohstoffexporteure bei ihren Bemühungen um höhere Preise demonstrierten – als recht begrenzt.

* * *

Dieser Zusammenhang einer neuen, breiteren und in den wirtschaftlichen Bereich hinein ausgedehnten Diskussion von Sicherheitsproblemen lieferte den Anstoß zu der vorliegenden Untersuchung: Sie versucht, die in der Abhängigkeit der demokratischen Industriestaaten von nichtenergetischen Rohstoffen impliziten Sicherheitsrisiken zu definieren und Möglichkeiten zu einer kooperativen Risikobewältigung zu entwickeln. Dies ist bislang – sieht man einmal von einigen Studien im Auftrag von Regierungen einzelner Industriestaaten ab, die zumeist Mitte der 70er Jahre entstanden – in der Literatur ein systematisch kaum analysiertes Problem geblieben. Die hiermit vorgelegte Untersuchung hat eine recht lange Vorgeschichte – sie entstand als Fortführung und Erweiterung von Teilen einer umfassenderen Studie über Energie- und Rohstoffsicherheit der Industriestaaten, die ich 1984 in Zusammenarbeit mit dem *International Institute for Strategic Studies* in London vorgelegt habe[36]. Diese Studie wiederum bildete in mancher Hinsicht die Summe einer nunmehr gut zwölfjährigen Beschäftigung mit Themen der internationalen Energie- und Rohstoffsicherheit. Im Laufe dieser zwölf Jahre – und insbesondere im Verlauf der Vorarbeiten zu der erwähnten Studie für das IISS – hatte ich das Glück, in allen großen Industriestaaten zahllose Gespräche mit Experten aus Wissenschaft, Industrie und Politik über die Probleme führen zu können, mit denen sich diese vorliegende Untersuchung befaßt. Die Namen all derer, die damit auch zu den Ergebnissen dieses Buches beigetragen haben, können hier nicht alle aufgeführt werden. So sei Ihnen anonym und kollektiv gedankt. Einen besonderen Dank schulde ich jenen Freunden und Kollegen der Trilateralen Kommission, die mir in den USA, in Kanada, in Japan und in Westeuropa Türen geöffnet und anderweitig Hilfestellung geleistet haben. Daß sie für Fehleinschätzungen, Irrtümer und andere Mängel dieser Studie keinerlei Verantwortung tragen, versteht sich von selbst.

---

[36] Hanns W. Maull, Raw Materials, Energy and Western Security, London 1984 (= IISS Studies in International Security No. 22).

B: WIRTSCHAFTLICHE SICHERHEIT: THEORIEN UND KONZEPTE

1. Rohstoffe und Sicherheit: Einige theoretische Überlegungen

„Gold und Eisen" – auf diese knappe Formel brachte Fritz Stern seine bemerkenswerte Untersuchung der Beziehungen zwischen Bismarck und seinem jüdischen Bankier Bleichröder[1]. Wäre der Titel nicht schon vergeben – er böte sich auch für die vorliegende Untersuchung an. Denn trefflicher läßt sich die Verflechtung von Außen- und Sicherheitspolitik – „high politics" *par excellence* – und dem eher entlegenen Wirtschaftsbereich der nichtenergetischen Rohstoffe kaum auf einen kurzen Nenner bringen. Tatsächlich ist dieser Bezug seit den Anfängen organisierten staatlichen Handels und damit auch der internationalen Beziehungen meist recht eng gewesen. So waren die typischen Bauwerke der Zwölften Dynastie des Mittleren Reichs in Ägypten (2052 bis 1570 v. Chr.) nicht etwa Pyramiden oder Tempel, sondern Festungen. *Sesostris III* (1878 bis 1843 v. Chr.) ließ südlich des zweiten Nilkataraktes einen Gürtel von acht Festungen errichten, um den Zugang zu den strategisch bedeutsamen Goldvorkommen Nubiens zu sichern[2]. „Die Bergwerke speisen den Staatsschatz; der Staatsschatz erlaubt den Aufbau der Streitkräfte. Der Staatsschatz und die Streitkräfte erlauben die Eroberung der ganzen Erde", formuliert im 4. Jahrhundert v. Chr. ein indischer Text[3].

„Gold" – genauer: Edelmetalle – bildeten seit der Antike bis zu Beginn der industriellen Revolution die Grundlage staatlicher Macht. In seiner monumentalen Studie der mediterranen Welt des 16. Jahrhunderts schildert Fernand Braudel beredt die endlosen Finanzierungsprobleme selbst des reichsten der damaligen Staatengebilde in Europa, Spaniens[4]. Und das Zeitalter des Merkantilismus – nach Braudel „nichts anderes als das hartnäckige, egoistische und zunehmend heftige Vordringen des modernen Staates"[5] – war geradezu besessen von der Bedeutung der Edelmetalle als dem Ein und Alles staatlicher Macht[6].

---

[1] Fritz Stern, Gold und Eisen, Bismarck und sein Bankier Bleichröder, Frankfurt/M. 1980.

[2] Arnold Toynbee, Mankind and Mother Earth, Oxford 1976, p. 88.

[3] Kautilya, Arthasastra, Teil II, Kap. 13, zit. nach Pierre-Noël Giraud, Géopolitique des Ressources Minières, Paris 1983, p. VII.

[4] Fernand Braudel, The Mediterranean and the Mediterranean World in the Age of Phillip II, London 1975, Part Two, II und Part III.

[5] ders., The Wheels of Commerce, London 1982, p. 544 (= Civilization and Capitalism, 15th–18th Century, Vol. II).

[6] Vgl. hierzu auch Werner Sombart, Der moderne Kapitalismus, Vol. I, München 1928, S. 366: „... so viel Silber (später Gold), soviel Staat!" Zum Zeitalter des Merkantilismus allgemein auch Immanuel Wallerstein, The Modern World – System II, Mercantilism and the Consolidation of the European World – Economy, New York 1980; Philip W. Buck, The Politics of Mercantilism, New York 1942 sowie Jacob Viner, Power versus Plenty as Objectives of Foreign Policy in the Seventeenth and Eighteenth Centuries, in: *World Politics*, No. 1/1948, pp. 1–29.

Die Verschränkung außenpolitischer Macht und Sicherheit mit der Versorgung mit Rohstoffen beschränkt sich historisch freilich keineswegs nur auf diesen Aspekt der Edelmetalle. Auch Rohstoffe mit besonderer Bedeutung für die Herstellung von Kriegsgerät und Rüstungsgütern wie Kupfer und Zinn zur Bronzeherstellung sowie Eisenerz und bestimmte Legierungsmetalle zur Herstellung von Stahl spielten immer wieder eine gewichtige politische Rolle. So basierten die militärischen Erfolge der Parther gegen die römischen Legionen und später die Triumphe der asiatischen Eroberer über das Römische Reich und danach das mittelalterliche Europa möglicherweise auf der waffentechnischen Überlegenheit des Damaszenerstahls über die Eisenwaffe[7]. Der Aufstieg Schwedens zu einer europäischen Großmacht im 17. Jahrhundert hing offenbar mit dem Quasi-Monopol des Landes bei der Versorgung Europas mit Kupfer und hochwertigem Eisenerz zusammen – seit Mitte des Jahrhunderts ersetzten Eisengeschütze immer mehr die alte Bronzeartillerie[8]. Im Ersten Weltkrieg konnten die Mittelmächte ihr Militärpotential nur aufgrund der raschen Substitution des Chilesalpeters durch synthetischen Stickstoff aufrechterhalten; ohne diese technologisch kurz vor Kriegsbeginn entwickelte Alternative wäre die Munitionsversorgung rasch zusammengebrochen[9]. Allerdings erwies sich im Ersten Weltkrieg die alliierte Blokkade der Mittelmächte mit dem Ziel der Kriegsbeendigung durch die Aushöhlung der ernährungs- und rohstoffwirtschaftlichen Grundlagen der deutschen Kriegswirtschaft letztlich nicht als kriegsentscheidend – der Versuch, mit Wirtschaftssanktionen die militärische Stärke des Deutschen Reiches zu untergraben, kann bestenfalls teilweise als erfolgreich gelten[10]. Eine noch größere Bedeutung hatte die Rohstoff-Dimension der internationalen Beziehungen bei den Ursachen und beim Verlauf des Zweiten Weltkrieges, der von japanischer Seite als Reaktion auf ein amerikanisches Erdöl- und Schrottembargo initiiert wurde, das die japanische Rüstungsindustrie empfindlich zu schwächen drohte. Die starke Importabhängigkeit der beiden von Japan und dem Deutschen Reich beherrschten Wirtschaftsräume hatte erhebliche Auswirkungen auf die Rüstungsanstrengungen der Achsenmächte. Auch wenn monokausale Thesen wie die, schwedische Eisenerzlieferungen hätten einen früheren Zusammenbruch des Deutschen Reichs verhindert, sicherlich zu kurz greifen[11], war die Rohstoff- und Erdölimportabhängigkeit der Achsenmächte doch eine bedeutsame Achillesferse[12].

---

[7] Fernand Braudel, The Structures of Everyday Life, London 1981, p. 377 (= Civilization and Capitalisms, 15th–18th Century, Vol. I).

Wallerstein, op. cit., pp. 204 ff.

[9] Vgl. hierzu Gerd Hardach, Der Erste Weltkrieg, München 1973, pp. 40, 68 f (= Geschichte der Weltwirtschaft im 20. Jahrhundert, Band 2).

[10] ibid., pp. 39 ff.

[11] Diese These stammt von Rolf Karlbom (Sweden's Iron Ore Exports to Germany 1933–1944, in: *The Scandinavian Economic History Review,* 1965, pp. 65–93. Die Gegenargumente finden sich bei Alan S. Milward, Der Zweite Weltkrieg, München 1977, pp. 333 ff. (= Geschichte der Weltwirtschaft im 20. Jahrhundert, Band 5). Vgl. auch ders., Could Sweden Have Stopped the Second World War? in: *The Scandinavian Economic History Review,* 1967, pp. 127–138 sowie Jörg-Johannes Jäger, Die wirtschaftliche Abhängigkeit des Dritten Reichs vom Ausland, dargestellt am Beispiel der Stahlindustrie, Berlin 1969.

[12] Milward, op. cit. (1977), passim, insbes. Kap. 8.

Staatliche Sicherheit und Rohstoffe sind also historisch in dreierlei Hinsicht miteinander verknüpft. Zum ersten bedarf die Entwicklung und Entfaltung militärischer Macht seit je auch bestimmter Rohstoffe zur Herstellung von Rüstungsgütern. Die Zugriffsmöglichkeiten auf die jeweils benötigten Rohstoffe stellen daher aus strategisch-militärischer Sicht eine wichtige Komponente staatlicher Sicherheit dar, soweit militärische Stärke als *essential* der jeweiligen Sicherheitspolitik betrachtet wurde – eine angesichts der Struktur der internationalen Beziehungen leider fast allgegenwärtige Prämisse. Dabei unterlag natürlich die Palette der in diesem Sinne „strategischen" Rohstoffe den jeweiligen rüstungstechnologischen Gegebenheiten – im Zeitalter der Galeere waren z. B. auch bestimmte, zur Herstellung der Masten benötigte Baumstämme in diesem Sinne „strategische" Rohstoffe[13].

Die zweite Verknüpfung zwischen der Sicherheit eines Staates und seiner Rohstoffversorgung besteht in dem grundsätzlichen Zusammenhang zwischen wirtschaftlicher Stärke und politisch-militärischer Macht[14]. Wirtschaftliche Ressourcen können zur Durchsetzung bestimmter sicherheitspolitischer oder außenpolitischer Zielsetzungen im positiven oder negativen Sinne im Sinne von Instrumenten gezielt eingesetzt werden[15]; noch allgemeiner hängen die Möglichkeiten eines Staates, andere Machtmittel – und nicht zuletzt militärische Gewalt – zu entfalten, letztendlich von der Fähigkeit der entsprechenden Wirtschaftsordnung zur Bereitstellung der benötigten wirtschaftlichen und finanziellen Mittel ab[16]. Der Zusammenhang zwischen wirtschaftlicher und politischer Macht ist zweifellos komplex und nichtlinear; insofern sind auch Versuche einer Quantifizierung und hierarchischen Strukturierung staatlicher Macht im internationalen System anhand von Indikatoren wie Stahl-, Kohle- oder Stromproduktion[17] recht problematisch. Diese Versuche erhellen jedoch immerhin die grundsätzlich unbestreitbare Bedeutung wirtschaftlicher Leistungsfähigkeit für die politisch-mililtärische Macht eines Staates. Die wirtschaftliche Stärke eines Gemeinwesens hängt jedoch unter anderem auch von der Verfügbarkeit von Rohstoffen ab, soweit diese eine

[13] Vgl. Fernand Braudel, op. cit. (1975), pp. 142 f.

[14] Dieser Aspekt der internationalen Beziehungen ist aus verschiedenen Perspektiven Gegenstand einer umfassenden Literatur – so etwa in der Diskussion des Phänomens des Imperialismus oder in der Interdependenz-Literatur, aber auch bei Vertretern des „klassischen" bzw. des Neo-Realismus. Stellvertretend für die verschiedenen Richtungen und Möglichkeiten seien hier nur genannt: Hans-Ulrich Wehler (ed), Imperialismus, Köln/Berlin 1970 (= Neue Wissenschaftliche Bibliothek Bd. 37); idem, Bibliographie zum Imperialismus, Göttingen 1977; Wolfgang J. Mommsen, Imperialismus-Theorien, Göttingen 1977 (Imperialismus); Robert O. Keohane/Joseph S. Nye (eds), Power and Interdependence: World Politics in Transition, Boston 1977; Klaus Knorr, Power and Wealth: The Political Economy of International Power, London 1973.

[15] Hierzu vor allem Knorr, op. cit. sowie idem, Economic Relations as an Instrument of National Power, Princeton 1982 (mimeo); International Economic Leverage and Its Uses, in: idem/Frank N. Trager (eds), Economic Issues and National Scurity, Lawrence, Kansas 1977, pp. 99–126.

[16] Hierzu Knorr, op. cit. (1973), Kap. 4.

[17] Vgl. etwa Wilhelm Fucks; Formeln zur Macht, Stuttgart 1962 und Knorr, op. cit. (1973), pp. 53 ff. Eine offenkundige Schwäche dieser Indikatoren ist die Wahl des Maßstabes *Produktion*. Relevanter, zugleich jedoch auch deutlicher problematisch wäre der Indikator *Verbrauch* – doch damit begäbe man sich bereits auf das Terrain potentieller wirtschaftlicher Abhängigkeiten und ihrer Signifikanz für Machtrelationen in den internationalen Beziehungen, die ja Gegenstand dieser Studie sind.

kritische Rolle bei den Produktionsmöglichkeiten der entsprechenden Volkswirtschaft spielen.

Aus diesen beiden bislang skizzierten Zusammenhängen positiver Art – die Verfügbarkeit bestimmter Rohstoffe kann eine wichtige Bedeutung für die unmittelbaren Entfaltungsmöglichkeiten militärischer Gewalt wie auch allgemeiner für die militärisch-politische Machtposition eines Staates aufweisen – ergibt sich ein dritter, negativer Zusammenhang: Insoweit Rohstoffe eine für staatliche Macht und Sicherheit kritische Rolle spielen, stellt die Störung der Versorgung mit diesen Rohstoffen eine mögliche Bedrohung dar. Aktionen, die auf eine solche Versorgungsstörung abzielen, und entsprechende Gegenvorkehrungen und -maßnahmen bilden daher Elemente der zwischenstaatlichen Beziehungen mit einer langen Tradition – wobei dies in Form des Embargos, also des Versuchs, die Belieferung bestimmter Staaten mit kritischen Rohstoffen zu unterbinden, wie in der des Boykotts, also der Verweigerung der Abnahme von Rohstoffen und damit einer möglichen Einnahmequelle, auftreten kann[18].

Zu diesen drei Dimensionen des Zusammenhangs zwischen Sicherheit und Rohstoffversorgung kristallisierte sich jedoch im Verlauf der letzten Jahrzehnte zunehmend bedeutsam eine weitere, vierte Dimension heraus – die Bindung der Legitimität der politischen Systeme in den hochentwickelten, demokratischen Industriestaaten an inhaltliche Leistungen des Staates. Dieser Zusammenhang, der sich als das Ergebnis erweiterter politischer Partizipationsmöglichkeiten für breite Bevölkerungsschichten und der Tendenz zu materiellen Vorsorge- und Subventionsleistungen des Staates herausschälte, erfaßt die Anfälligkeit einer politischen Ordnung für Leistungskrisen des Wirtschaftssystems. Die wachsende Verflechtung zwischen Staat und Gesellschaft beinhaltet eben auch eine stärkere Inanspruchnahme des Staates durch seine Bürger. Verringert sich die Fähigkeit des Staats, materiellen Wohlstand zu gewährleisten, so wird dadurch auch die Legitimationsbasis der politischen Ordnung beeinträchtigt. Die 30er Jahre haben demonstriert, daß dies zum Zerfall bestehender politischer Systeme mit dramatischen Auswirkungen führen kann. Der Autonomieverlust der politischen (Sub-)Systeme innerhalb der jeweiligen Gesellschaften[19] wie auch durch die nach dem Zweiten Weltkrieg stark ausgeweitete internationale Wirtschaftsverflechtung[20] haben jedoch auch denkbare Konsequenzen für den Zusammenhang zwischen Sicherheit

[18] Vgl. hierzu Rolf Hesse, Theorie und Praxis des Embargos, Köln 1973.

[19] Dieser Autonomieverlust wurde und wird in der Diskussion um die „Regierbarkeit" der Industriestaaten ausgeleuchtet und – gelegentlich allzu dramatisierend – problematisiert. Vgl. hierzu etwa Wilhelm Hennis et al. (ed), Regierbarkeit, Studien zu ihrer Problematisierung, Stuttgart 1977; Michel Crozier et al., The Crisis of Democracy, New York 1975; Jürgen Habermas, Legitimationsprobleme im Spätkapitalismus, Frankfurt 1973; Daniel Bell, Die Zukunft der westlichen Welt, Kultur und Technologie im Widerstreit, Frankfurt 1979, Teil II.

[20] Zur umfangreichen Literatur hierzu nur die bahnbrechenden Publikationen von Richard N. Cooper, The Economics of Interdependence: Economic Policy in the Atlantic Community, New York 1968; Keohane/Nye (eds), op. cit.; C. Fred Bergsten et al. (eds), World Politics and International Economics, Washington 1975. Eine detaillierte, konzeptionelle Kritik an neueren Interdependenz-Ansätzen findet sich bei David A. Baldwin, Interdependence and Power: A Conceptual Analysis, in: *International Organization*, Autumn 1980, pp. 471–506.

und Rohstoffversorgung, wenn unter „Sicherheit" auch Kontinuität einer demokratischen politischen Ordnung gemeint ist: Versorgungsstörungen im Rohstoffbereich, die die Funktionsfähigkeit eines Wirtschaftssystems insgesamt gravierend beeinträchtigen würden, könnten die politische Legitimität dieser Ordnung untergraben[21].

Diese vierte Sicherheits-Dimension der Rohstoffversorgung weist natürlich inhaltliche Überschneidungen mit der zweiten Dimension – der rohstoffwirtschaftlichen Komponente militärisch-politischer Macht eines Staates – auf. Die Unterscheidung, die nicht unbedingt eine scharfe analytische Trennung der beiden Dimensionen in konkreten Krisensituationen zu implizieren braucht (ob in einer solchen Versorgungskrise mit dramatischen Auswirkungen auf die wirtschaftliche Leistungsfähigkeit nun „nur" die Kontinuität der politischen Ordnung oder „gar" die politisch-militärische Sicherheit des Staates bedroht ist, wird nicht leicht festzustellen sein), erscheint insofern sinnvoll, als damit der Kontinuität der demokratischen Ordnung in den Industriestaaten ein Eigenwert zugeschrieben wird. Zugleich beruht diese Differenzierung auf der Annahme, daß in einer dramatischen Wirtschaftskrise die politische Ordnung sich als das schwächste Glied in der Kette der Kontinuität erweisen dürfte – eine Annahme, die durch die historischen Erfahrungen der 30er Jahre bestätigt erscheint.

Zugleich rechtfertigt sich die vorgenommene Ergänzung und Differenzierung des Zusammenhanges zwischen Sicherheit und Rohstoffversorgung auch noch in einem anderen Zusammenhang: Politische Kontinuität hat janusgleich ein doppeltes Gesicht – nach innen impliziert sie Wandel innerhalb des Rahmens, der durch die wichtigsten Ordnungsprinzipien des politischen Systems gesteckt ist; nach außen bedeutet sie die Beibehaltung grundsätzlicher außenpolitischer Orientierungen wie etwa im Falle der Bundesrepublik Deutschland der doppelten Westbindung und dem Bekenntnis zum Status quo und seiner Entwicklung mit ausschließlich friedlichen Mitteln. Politische Diskontinuitäten gefährden also potentiell nach innen die demokratischen Werte der Bürger, nach außen die Sicherheit im internationalen Staatensystem. Entwicklungen, die zunächst nur die Kontinuität einer politischen Ordnung in Frage stellen, können daher im weiteren Verlauf durchaus auch die staatliche und zwischenstaatliche Sicherheit im traditionellen Sinne der Dimension Zwei bedrohen. Die Machtergreifung des Nationalsozialismus in Deutschland, des Fachismus in Italien und der Militärs in Japan in den 20er und 30er Jahren illustrieren diesen Zusammenhang.

Die Diskussion des Zusammenhangs zwischen Sicherheit und Rohstoffversorgung hat bereits die Komplexität des Begriffes „Sicherheit" deutlich werden lassen. Eine

---

[21] In der neueren Diskussion der Zusammenhänge zwischen Wirtschaftsproblemen und Sicherheit (die Rohstoff-Komponente bildet dabei nur eines unter mehreren wichtigen Problemfeldern) findet implizit oft dieser Sicherheitsbegriff Verwendung – eine nicht unproblematisch „inflationäre" Verwendung des Begriffs, solange dies nicht ausdrücklich klargemacht und sorgfältig gegen manipulativen Mißbrauch des Begriffs abgegrenzt wird. Siehe etwa Albert Bressand (ed), Ramses 1981, Co-operation ou Guèrre Economique, Paris 1981; ders. (ed), Ramses 1982, Paris 1982 und Helmut Schmidt, New Dimensions of Western Security, The Alastair Buchan Memorial Lecture, in: *Survival*, Jan. 1978, pp. 2–10. Zur Problematik des Sicherheitsbegriffs vgl. die folgende Diskussion im Text.

präzise Umschreibung dieses Begriffs ist schon deshalb wünschenswert, weil Sicherheit – als ein emotional befrachtetes Wort – sich zu politischem Mißbrauch und zur Manipulation geradezu anbietet. Zugleich ist eine Diskussion dieses Begriffs in der Literatur der Disziplin Internationale Politik bislang überraschenderweise recht vernachlässigt worden[22]. Zwar findet sich zu praktischen Problemen der Sicherheitspolitik eine schier uferlose Literatur im Rahmen der „Strategic Studies", der Diskussion kollektiver Sicherheitsarrangements und der Untersuchung von Außenpolitik allgemein; die theoretisch-konzeptionelle Diskussion orientierte sich jedoch an den Begriffen Macht, Konflikt und Frieden unter Vernachlässigung des Konzepts der Sicherheit[23]. Dagegen fand der Begriff „wirtschaftliche Sicherheit" neben einer breiten Rolle im Rahmen der merkantilistischen Wirtschaftsphilosophie und -politik eine gewisse Aufmerksamkeit in der Disziplin Internationale Wirtschaftsbeziehungen und insbesondere im Rahmen der Interdependenz-Literatur[24]. Allerdings sind auch hier konzeptionelle Defizite unverkennbar, wie im folgenden deutlich werden wird[25].

Beginnen wir diese konzeptionelle Präzisierung und Verfeinerung des Begriffs „Sicherheit" bzw. „wirtschaftliche Sicherheit" mit einigen Definitionen.

> "Economic security is threatened, when external economic parameters are changed in such a manner as to produce a strain on the socio-political system which leads to its breakdown."[26]
>
> "Someone or something is threatening to take or deprive us of someone or something we value highly."[27]
>
> "...we define security as the absence of acute threats to the minimal acceptable levels of the basic values that a people considers essential to its survival ... The economic dimension is important both as a potential instrument of threat to basic values and as one of the basic values itself."[28]

Diese Definitionen lassen eine Reihe von Elementen des Sicherheitsbegriffs unklar oder undeutlich und bedürfen daher der Ergänzung. Problematisch erscheint vor allem zweierlei: Zum einen stellen die vorgelegten Definitionen nicht genügend auf den Bereich der Wirtschaft und dessen spezifische Merkmale ab; zum anderen umgehen sie das Problem, daß „Bedrohungen" in letzter Konsequenz erst *post factum* aus-

---

[22] Eine neuere Untersuchung, die diese Lücke zu schließen versucht, ist Barry Buzan, People, States and Fear, The National Security Problem in International Relations, Brighton 1983. Ein klassischer Versuch der konzeptionellen Diskussion findet sich bei Arnold Wolfers, Discord and Collaboration, Baltimore 1962, Kap. 10.

[23] Buzan, op.cit., pp. 3 ff.

[24] „Wirtschaftliche Sicherheit" war ein zentraler Begriff des Merkantilismus, der sie durch Entwicklung nationaler Autarkie bzw. durch die Eroberung von Rohstoffen und Absatzmärkten zu gewährleisten trachtete. Hierzu Buck, op.cit.; Viner, op.cit. Zur Diskussion im Rahmen der Interdependenz-Literatur siehe neben den folgenden Angaben allgemein die Verweise in Fußnote 20 sowie im besonderen C. Fred Bergsten et al., International Economics and International Politics, A Framework for Analysis, in: Bergsten/Krause (eds), op.cit., (1975), pp. 3–36.

[25] Vgl. Baldwin, op.cit., (1980).

[26] Wolfgang Hager, Europe's Economic Security, Non-Energy Issues in the International Political Economy, Paris 1975, p. 15 (= The Atlantic Papers No. 3).

[27] Clark A. Murdoch, Economic Factors as Objects of Security: Economics, Security and Vulnerability, in: Knorr/Trager (eds), op.cit., pp. 67–98 (69).

[28] Lawrence B. Krause/Joseph S. Nye, Reflections on the Economics and Politics of International Economic Organizations, in: Bergsten/Krause (eds), op.cit., (1975), pp. 323–342 (330).

zumachen sind, „Sicherheit" jedoch als ein für die internationalen Beziehungen essentielles Element staatlicher Politik zwangsläufig handlungs- und damit zukunftsorientiert sein muß. Gerade im Zusammenhang mit wirtschaftlichen Prozessen wird deutlich, welche Schwierigkeiten dabei entstehen können – denn wirtschaftliche Prozesse sind naturgemäß mit Unsicherheit, Risiko und unvorhergesehenen Entwicklungen verbunden[29], und damit lassen sich wirksame und zugleich effiziente Strategien wirtschaftlicher Sicherheit noch sehr viel schwerer entwickeln als politisch-militärische. Der Begriff „wirtschaftliche Sicherheit" bedarf daher einer präziseren Fassung. Dabei läßt sich sinnvoll von drei simplen Fragen ausgehen: Was ist bedroht? Wer wird bedroht? Und wodurch erfolgt die Bedrohung?

Objekte der Bedrohung: Die gefährdeten Werte, die durch wirtschaftliche Entwicklungen bedroht werden können, umfassen die physische Basis einer Gesellschaft (die im wirtschaftlichen Bereich etwa durch die Unterbrechung der Nahrungsmittelimporte bei starker Abhängigkeit von diesen Einfuhren beeinträchtigt würde), ihren wirtschaftlichen Wohlstand (meßbar durch Veränderungen im Sozialprodukt, in der Beschäftigungsquote, der Einkommens- und Besitzverteilung und der Inflationsrate[30]), ihre sozio-politische Ordnung und die Kontinuität dieser Ordnung – wobei Kontinuität im hier gebrauchten Sinne niemals einfach mit Stabilität gleichgesetzt werden sollte, sondern vielmehr im Sinne Karl W. Deutschs als geordneter Wandel, als Fähigkeit zur Selbsttransformation eines Systems ohne Verlust der Identität zu verstehen ist[31]. Schließlich zählen zu diesen Werten auch Autonomie und Souveränität und damit letztlich auch Macht und Status.

Subjekte von Bedrohungslagen und -perzeptionen: Wer durch Versorgungskrisen bedroht würde bzw. sich bedroht fühlen könnte, ergibt sich aus den oben diskutierten Dimensionen der Verflechtung zwischen Sicherheit und Rohstoffversorgung. Einerseits kann es sich dabei um die militärischen Instrumente staatlicher Macht handeln, soweit diese für ihre Funktionsfähigkeit unmittelbar von Rohstofflieferungen abhängig sind. Dies gilt etwa für die Treibstoffversorgung, aber auch für den Nachschub an Ersatzgerät, Ersatzteilen und Munition. Im weiteren Sinne zählen zu dieser Gruppe potentiell betroffener Organisationen daher auch die Betriebe der Rüstungsindustrie[32]. Die Funktions- und Leistungsfähigkeit des Wirtschaftssystems ingesamt kann, wie wir gesehen haben, grundsätzlich ebenfalls durch Versorgungsstörungen im Rohstoffbereich beeinträchtigt werden – die Institutionen und Organisationen des Wirtschaftssystems bilden daher ebenfalls Subjekte im Sinne unseres Sicherheitsbegriffs. Zugleich verweist diese Dimension einerseits auf die Institutionen und Organisationen des poli-

[29] Buzan, op.cit., pp. 79f.
[30] Murdoch, op.cit., p. 73.
[31] Karl W. Deutsch, Politische Kybernetik, Freiburg 1969, Kap. 10.
[32] Vgl. zu diesem Aspekt Loren Thompson, The Defence Industrial Base: Going, going, ... in: *International Security Review,* Summer 1981, pp. 237–272, und Jacques S. Gansler, The Defense Industrial Base, in: Lee D. Olvey/Henry A. Leonard/Bruce E. Arlinghouse (eds), Industrial Capacity and Defense Planning, Lexington, Mass. 1983, pp. 105–120.

tischen Systems und andererseits auf das einzelne Mitglied einer Gesellschaft als potentielle Subjekte der Bedrohtheit – kann doch über die Beeinträchtigung der militärischen bzw. der wirtschaftlichen Macht und Leistungsfähigkeit einer Gesellschaft auch die Kontinuität der politischen Ordnung und der Wohlstand und die Lebensqualität der Bürger gefährdet werden.

„Sicherheit" ist jedoch ein subjektiver, emotional aufgeladener Begriff – berührt er doch Gefühle der Angst bzw. der Abwesenheit von Angst. „Sich sicher fühlen" impliziert daher keineswegs bereits objektiv die Abwesenheit einer Bedrohung – und umgekehrt bedeutet ein Gefühl der Bedrohtheit auch nicht eine real existierende Bedrohung. Dieses Problem der durch subjektive Einflüsse ausgelösten und bedingten Dekkungsungleichheiten zwischen subjektiver und objektiver Bedrohung (die in der Regel ohnehin exakt erst *post factum* zu ermitteln ist) öffnet den Sicherheitsbegriff für Zwecke politischer Manipulation[33]. Bewußt oder unbewußt können daher Bedrohungen im Dienste sozialer und politischer Mobilisierung und Disziplinierung übersteigert[34] oder umgekehrt als Rechtfertigung für politische Untätigkeit verharmlost[35] werden; die Bedrohung bestimmter spezifischer Interessen kann verallgemeinert bzw. dramatisiert werden – materielle Interessen einzelner Industriezweige werden so als existenzbedrohende Probleme mit schwerwiegenden Auswirkungen für die gesamte Gesellschaft dramatisiert, die Sicherheit bestimmter Gruppen oder Klassen als Sicherheit des gesamten Volkes ausgegeben. Sicherheit kann also zu einer äußerst expansiven politischen Zielsetzung geraten[36]; man hat der Sowjetunion ja immer wieder ein derartig übersteigertes Sicherheitsbewußtsein nachgesagt. Zugleich sind Bedrohungsvorstellungen stets auch das Produkt innergesellschaftlicher Strukturen und Prozesse[37] und müssen daher kritisch durchleuchtet werden. Sicherheit ist daher ein Konzept, das einen sehr sorgsamen Umgang im Sinne der Spezifizierung der bedrohten Werte und Subjekte erfordert.

Risikoursachen: Wirtschaftliche Sicherheit wird unter bestimmten, genauer zu definierenden Voraussetzungen durch Störungen in der Versorgung mit Rohstoffen bedroht. Störungen können auf allen Stufen des Prozesses von der Förderung des Rohstoffs bis zum Endverbrauch auftreten – beim Abbau, bei der Verarbeitung, beim

---

33 Diesen Zusammenhängen hat für das Ost-West-Verhältnis vor allem Dieter Senghaas nachgespürt – wobei seine Analysen jedoch dem Dilemma der ja notwendig ebenfalls subjektiven Bedrohungsanalyse des Sozialwissenschaftlers wohl nicht ganz entrinnen konnten. Die amerikanische Umgangssprache hat das Problem auf einen farbigen nenner gebracht: „Just that you are paranoid doesn't necessarily mean they are not out to get you!" Senghaas hat selbst die Lücken seiner früheren Analysen durch eine Einbeziehung der sowjetischen Außenpolitik inzwischen zu füllen versucht. Vgl. sein Abschreckung und Frieden, Frankfurt 1969 sowie idem, Überlegungen zur Ost-West-Dimension in der gegenwärtigen Friedensproblematik (Mimeo, 1985).

34 Für die innergesellschaftliche und innenpolitische Instrumentalisierung der Bedrohung der arabischen Staaten durch Israel bis 1973, vgl. meine Dissertation Konflikt und Konfliktverhalten: eine Fallstudie. Die Rolle Ägyptens, Syriens und Jordaniens im Konflikt mit Israel, München 1973.

35 Ein Beispiel hierfür wäre die britisch-französische Appeasement-Politik der Jahre 1935–1939.

36 Vgl. hierzu auch Arnold Wolfers, The Pole of Power and the Pole of Indifference, in: James N. Rosenau (ed), International Politics and Foreign Policy, New York ³1969, pp. 175–181.

37 Murdoch, op. cit., p. 73.

Transport. Normalerweise werden ihre Auswirkungen jedoch relativ gering bleiben und zu bewältigen sein, so daß von einer Bedrohung der Versorgungssicherheit nicht gesprochen werden kann. Zudem stehen wir ja bei unserer Begriffsdefinition vor der Aufgabe, handlungsleitende und damit zukunftsorientierte Kategorien zu entwickeln. Wann also ist die wirtschaftliche Sicherheit durch potentielle Rohstoff-Versorgungsstörungen bedroht? Wir können hier zwei Elemente unterscheiden – einmal die Plausibilität von Versorgungsstörungen einer bestimmten Größenordnung und zum zweiten hohe Anpassungskosten der betroffenen Gesellschaft. Um solch hohe Anpassungskosten auszulösen, müssen Versorgungsstörungen eine gewisse mengenmäßige und zeitliche Größenordnung erreichen – und Störungen dieser Größenordnung werden in vielen Fällen höchst unwahrscheinlich sein. So wäre beispielsweise der gleichzeitige Ausfall aller Kupferlieferungen aus Chile, Kanada, Zaire und Marokko in Friedenszeiten kaum vorstellbar, weil hier eine Reihe von in sich wenig wahrscheinlichen Ereignissen gleichzeitig und unabhängig voneinander erfolgen müßten.

Zunächst einmal wäre also zu prüfen, ob gewichtige Versorgungsstörungen überhaupt plausibel angenommen werden können. Ist das der Fall, kommt als zweites Element die Verwundbarkeit des von den Versorgungsstörungen betroffenen Landes ins Spiel. Die Verwundbarkeit wird dabei definiert durch die Anpassungskosten, die im Falle einer Versorgungsstörung entstehen. Diese Kosten wiederum ergeben sich einerseits natürlich aus der Größe und der zeitlichen Dauer der Versorgungsstörung, andererseits jedoch durch eine Reihe zusätzlicher Wirkungsfaktoren, die sich insgesamt unter der Kategorie Anpassungsflexibilität zusammenfassen lassen. Gemeint ist damit folgendes: Jede Versorgungsstörung löst Anpassungsprozesse aus, die durch Marktmechanismen bzw. durch Intervention der am Wirtschaftsprozeß Beteiligten und des Staates gesteuert werden. Diese Anpassungsprozesse zielen darauf ab, den Ausfall durch Mobilisierung von Alternativen auf der Angebotsseite bzw. durch Ersetzung und Einsparung auf der Nachfrageseite auszugleichen. Anpassungsflexibilität hat in diesem Sinne *materielle Aspekte* – etwa die Verfügbarkeit von freien Produktionskapazitäten, von Vorräten oder von Möglichkeiten zur kostengünstigen Substitution – und *prozedurale Aspekte* wie spezifische Reaktionen und Verhaltensmuster der betroffenen Gesellschaft und ihrer Mitglieder und die Qualität der Mobilisierung verfügbarer Flexibilitätsreserven durch Staat und Wirtschaftsakteure.

Anpassung bedeutet also die Mobilisierung von Ressourcen im weitesten Sinne durch soziales Handeln, wobei dem Zeitfaktor eine zentrale Rolle zukommt: Anpassung unter großem Zeitdruck ist ganz offensichtlich sehr viel schwieriger und kostspieliger als Anpassung über einen längeren Zeitraum hinweg. Anpassung kann, aber sie muß nicht innere Umstrukturierungen des betroffenen Systems implizieren – denn unter bestimmten Voraussetzungen ist auch eine aktive Umstrukturierung der Außenwelt vorstellbar, durch die die Ursachen der Versorgungsstörung beseitigt bzw. ihre Auswirkungen auf andere Akteure abgewälzt werden[38]. Anpassungsprozesse können

[38] ibid., p. 73.

daher auf allen Systemebenen ablaufen – durch die Veränderung individuellen Verhaltens (im Falle einer Ölkrise etwa der Verzicht auf den Autoausflug am Sonntag), durch Umstrukturierung von Produktionsprozessen (Erhöhung der Produktion in Ölförderländern, die nicht von den Störungen betroffen sind; Umstellung von Kraftwerken auf Kohle statt Erdöl; Entwicklung sparsamerer Fahrzeuge), durch staatliche Eingriffe zur Regulierung der Nachfrage und der Verteilung (Rationierung), durch Veränderungen im politischen System (Machtwechsel) und durch internationale politische Initiativen (etwa diplomatische Bemühungen um Beilegung der Versorgungskrise oder militärisches Eingreifen). Derartige Anpassungsprozesse sind jeweils mit Kosten verbunden, wobei diese keineswegs nur als wirtschaftliche Kosten im engeren Sinne verstanden werden können. Zunächst allerdings werden diese Anpassungskosten primär (betriebs-)wirtschaftlicher Natur sein; erreichen sie hier einen gewissen kritischen Schwellenwert, werden die Kosten volkswirtschaftlich relevant. Dabei entstehen zunehmend auch soziale und letztlich auch politische Kosten – etwa im Falle steigender Arbeitslosigkeit als Ergebnis der volkswirtschaftlichen Anpassungsprozesse. Schließlich können die Kosten, wie bereits erwähnt, auch im Zerfall bestehender politischer Strukturen und Ordnungsmuster bestehen.

Im einzelnen sind die Anpassungskosten im Gefolge von Versorgungsstörungen *ex ante* nicht exakt zu ermitteln – die gelegentlich von Regierungsseite in Auftrag gegebenen Studien und ihre Ergebnisse[39] sind mit einiger Skepsis zu betrachten und vermögen bestenfalls einen Eindruck der denkbaren Größenordnungen vermitteln. Eine genaue Bestimmung der Anpassungskosten einer potentiellen Störung ist schon deshalb nicht möglich, weil die Anpassungsprozesse stark durch individuelle und soziale Verhaltensänderungen bestimmt werden, die naturgemäß nicht vorhersehbar sind[40]. Möglich ist allerdings eine qualitative Abschätzung der Anpassungsflexibilität und damit auch der Anpassungskosten sowie die Bestimmung kritischer Schwellenwerte, jenseits derer von Verwundbarkeit gesprochen werden kann. Eine kritische Schwelle ist sicherlich das Auftreten gesamtwirtschaftlicher Kosten, da in diesem Falle auch erhebliche soziale Auswirkungen zu erwarten sind, die ihrerseits wiederum auf die politischen Strukturen zurückwirken könnten. So schätzt etwa die Internationale Energieagentur die volkswirtschaftlichen Kosten der Ölkrise 1979/1980 für die OECD-Staaten allein in den beiden Jahren 1980 und 1981 auf rund 1000 Mrd. Dollar; zugleich lassen sich die sozialen Kosten dieser zweiten Ölkrise anhand des Anstiegs der Arbeitslosigkeit innerhalb der OECD-Staaten von 19 auf 30 Mio. (1979–1982) ermes-

---

[39] Vgl. hierzu etwa Bundesminister für Wirtschaft, Metals and Minerals, Markets and Trends, Bonn 1979, pp. 104f (= Studienreihe No. 21); Michael W. Klass/James C. Burrows/Steven D. Beggs, International Mineral Cartels and Embargoes, New York 1980; Behörde für Rohstoffe und Energie, Ministerium für internationalen Handel und Industrie, Dokument zur Revision des Gesetzes über die *Metal Mining Agency*, Tokio 1983 (inoff. Übersetzung).

[40] Vgl. Klaus Knorr, Economic Interdependence and National Security, in: Knorr/Trager (eds), op. cit., pp. 1–18, passim.

sen[41]. Diese kritische Schwelle der Verwundbarkeit dürfte durch Versorgungsstörungen im Rohstoffbereich dann überschritten werden können, wenn diese Störungen wichtige Segmente des Produktionsapparates lahmlegen oder doch in ihrer Leistungsfähigkeit empfindlich beeinträchtigen könnten. Die aus dieser Sicht kritischen Rohstoffe lassen sich daher anhand des Vorstoff-Verbrauchs wichtiger Schlüsselsektoren der modernen Industriegesellschaft identifizieren. Zu denken ist hierbei an die Stahlindustrie, die trotz ihrer Strukturkrise noch immer der wichtigste Lieferant von Vorstoffen der modernen Industriegesellschaft ist und für Branchen wie die Bau-, die Automobil- und die Maschinenindustrie eine funktionsentscheidende Rolle spielt; an die Luftfahrtindustrie mit ihrer besonderen Bedeutung für den Rüstungssektor; an die Elektronikindustrie mit ihrer nabenartigen (und damit der Stahlindustrie vergleichbaren) Zentralposition als Zulieferer von Bauteilen für eine Reihe von anderen Industrien; an die Energiewirtschaft und schließlich an die Landwirtschaft, die vielleicht weniger ihrer kritischen Produktionsfunktion wegen als vielmehr aufgrund ihrer besonderen politischen Sensitivität einbezogen werden könnte.

Verwundbarkeit impliziert also Anpassungskosten, die bestimmte Schwellenwerte überschreiten, damit erhebliche gesamtwirtschaftliche und soziale Probleme aufwerfen und insofern sozio-politische Verwerfungen und Diskontinuitäten auszulösen drohen. Die Kontinuität der politischen Ordnung dürfte dabei eher gefährdet sein als die Grundlagen nationalstaatlicher Macht und Sicherheit; die kritische Schwelle kann deshalb dort angesetzt werden, wo wichtige makroökonomische Daten wie Sozialprodukt, Arbeitslosenzahlen, Inflationsrate und Außenwirtschaftssalden gravierende negative Veränderungen erfahren würden.

Wodurch können solche Anpassungsprobleme aufgeworfen werden? Die Ursachen könnten prinzipiell in Naturkatastrophen, in gezielten Aktionen einzelner Staaten, Staatengruppen oder anderer relevanter Akteure (etwa transnationale Unternehmen oder Untergrund-Organisationen), durch innergesellschaftliche Krisen (Bürgerkrieg, Streiks) bzw. zwischenstaatliche Konflikte wichtiger Lieferländer und schließlich durch krisenartige Überlastung von Systemstrukturen in internationalen Rohstoffmärkten gesucht werden.

Aus diesen möglichen Ursachenbündeln lassen sich Naturkatastrophen insofern ausklammern, als diese wohl kaum Störungen mit den hier relevanten mengenmäßigen und zeitlichen Dimensionen auslösen könnten. Dagegen weisen die internationalen Beziehungen eine lange Geschichte von Beispielen für staatlich organisierte, nicht selten international abgestimmte rohstoffwirtschaftliche Sanktionen mit politischen Zielen auf, wobei die artikulierten Ziele in aller Regel nicht erreicht wurden – Wirtschaftssanktionen erwiesen sich also bislang als wenig taugliches Instrument der Au-

[41] Siehe International Energy Agency, 1981 Review, Paris 1982, pp. 14–16 und idem, Weltenergieausblick, Baden-Baden 1984, pp. 69f.

ßenpolitik.[42] Dennoch wurden derartige Sanktionen immer wieder angewendet. Die bekanntesten Fälle in jüngerer Zeit waren wohl das – mindestens teilweise – erfolgreiche arabische Ölembargo gegen die USA und andere Verbraucherländer 1973/1974 in Verbindung mit gezielten Lieferkürzungen[43] sowie das amerikanische Getreide-Embargo gegen die UdSSR nach der sowjetischen Intervention in Afghanistan[44]. Beispiele aus dem Rohstoffbereich bilden der amerikanische Chrom-Boykott gegen Südrhodesien nach dessen einseitiger Unabhängigkeitserklärung 1965 sowie das Phosphat-Embargo der USA gegen die UdSSR im Gefolge der Afghanistan-Intervention[45].

Innenpolitische Krisen in wichtigen Rohstoff-Lieferländern haben in der Vergangenheit ebenfalls immer wieder auf die Versorgung der Industriestaaten durchgeschlagen. Schwere Arbeitskämpfe in der kanadischen Nickel-Industrie beeinträchtigten 1969 die Versorgung der Edelstahlindustrien in mehreren großen Industriestaaten[46]. Die Wirren in der Ostprovinz des zentralafrikanischen Kupfer- und Kobaltstaates Zaire führten 1976 und 1978 zu Lieferengpässen bei Kobalt[47]; die Auseinandersetzungen zwischen Marokko und der Polisario um die Westsahara blockierten von 1975 bis 1982 die Förderung von Phosphaten der reichen Lagerstätten von *Bu Craa* in der Westsahara[48]. Die dramatischsten Beispiele für Versorgungsstörungen im Gefolge innenpolitischer Krisen lieferte jedoch der Welt-Ölmarkt: Der Bürgerkrieg in Nigeria Ende der 60er Jahre und vor allem die iranische Revolution 1978/1979, die den zweiten großen Ölpreisschock der 70er Jahre auslöste, beeinträchtigten die internationale Ölversorgung[49]. Der erste Ölpreisschock 1973/1974 wurde dagegen durch den israelisch-arabischen Krieg im Oktober 1973 ausgelöst – wie auch schon frühere militäri-

---

[42] Vgl hierzu Klaus Knorr, The Power of Nations, New York 1975 sowie Gary Hufbauer/Jeffrey Schott, Economic Sanctions Reconsidered: History and Current Policy, Washington 1985, und Friedemann Müller et al., Wirtschaftssanktionen im Ost-West-Verhältnis, Baden-Baden 1983 (= Aktuelle Materialien zur Internationalen Politik No. 1).

[43] Zur Ölwaffe vgl. Hanns W. Maull, Oil and Influence, The Oil Weapon Examined, London 1975 (= IISS Adelphi Paper No. 119).

[44] Zum Getreideembargo gegen die UdSSR im Gefolge der Afghanistan-Invasion vgl. An Assessment of the Afghanistan Sanctions, Report Prepared for the Subcommittee on Europe and the Middle East, Committee on Foreign Affairs, House of Representatives, Washington 1981, pp. 23–52; J. Hajda, The Soviet Grain Embargo, in: *Survival*, Nov./Dec. 1980, pp. 253–258; Robert L. Paarlberg, Lessons of the Grain Embargo, in: *Foreign Affairs*, Fall 1980, pp. 144–162.

[45] Office of Technology Assessment, Strategic Materials: Technologies to Reduce US Import Vulnerability, Washington 1985, pp. 91 ff; An Assessment ..., op. cit.; Heinrich Vogel, Die Embargopolitik der USA gegenüber der Sowjetunion nach Afghanistan, in: *Europa Archiv*, No. 20/1981, pp. 615–626.

[46] Vgl. Meinhard Forster, Strukturen und Risiken der deutschen NE-Metallversorgung, Hamburg 1975, pp. 165–177.

[47] Peter Mangold, Shaba I and II, in: *Survival*, May/June 1979, pp. 107–115; Scott F. Sibley, Cobalt, Pittsburgh 1979 (= US Department of the Interior, Bureau of Mines, Mineral Commodity Profiles).

[48] Vgl. hierzu *South*, Jan. 1981, p. 81 f.

[49] Hierzu vor allem Daniel Badger/Robert Belgrave, Oil Supply and Price, What Went Right in 1980? London 1982 (= British Institutes' Joint Energy Policy Programme, Energy Paper No. 2), und die Sondernummer von *Orbis*, Winter 1980. Siehe auch Hanns W. Maull, Die zweite Ölkrise, Probleme und Perspektiven, in: *Europa Archiv*, 10. Okt. 1980, pp. 579–588.

sche Auseinandersetzungen zwischen dem jüdischen Staat und seinen arabischen Nachbarn Auswirkungen auf die Welt-Ölversorgung gehabt hatten[50].

Die in den vorangegangenen Paragraphen vorgestellten Ursachenbündel für Versorgungsstörungen sind insgesamt unmittelbar einleuchtend. Weniger offensichtlich ist jedoch eine vierte Ursachenkategorie, die in den Strukturmerkmalen der jeweiligen Rohstoffmärkte (die sich auch als Systeme auffassen lassen) zu suchen ist. Die Einbeziehung dieses Aspektes ist wichtig, weil Verwundbarkeit dadurch als internationales Problem erkennbar wird. Rohstoffmärkte unterscheiden sich hinsichtlich ihrer Strukturen (im Sinne von „... formellen oder informellen ‚Spielregeln', Institutionen und normierten Verhaltensmustern"[51]) mit potentiellen Auswirkungen auf die wirtschaftliche Sicherheit der beteiligten Akteure und Staaten. Wenn – wie das beispielsweise in der Ölkrise 1979/1980 der Fall war – Marktstrukuren durch neue Formen von Vereinbarungen zwischen Lieferanten und Abnehmern fragmentiert und so verändert werden, daß ihre Flexibilität und Anpassungsfähigkeit im Fall von Versorgungsstörungen verringert oder die Abschottung von Marktprozessen gegen das Übergreifen politischer Ereignisse geschwächt und damit eine Politisierung begünstigt wird, dann haben diese systemischen Veränderungen Rückwirkungen auf die wirtschaftliche Sicherheit jedes einzelnen Akteurs[52].

Ganz allgemein läßt sich auch feststellen, daß Markt- oder Systemstrukturen dann zu einem Krisenfaktor werden können, wenn die Steuerungs- und Lenkungskapazitäten nicht mehr zureichend sind, um die Spannungen und Konflikte zu bewältigen, die innerhalb des Systems auftreten bzw. in das System hineinwirken, wenn also die Fähigkeit zur Konfliktbewältigung oder Konfliktregulierung mit Ausmaß und Umfang der auftretenden Konflikte nicht mehr übereinstimmt[53]. Störungen in Teilen des Systems können dann nicht mehr bewältigt werden und schlagen auf andere Teile durch; im Falle von Rohstoffmärkten bedeutet dies, daß Versorgungsstörungen nicht durch entsprechende systemweite Ausgleichsmaßnahmen abgefangen werden und sich damit weltweit durchschlagend auf die Abnehmer auswirken.

Die Möglichkeit, durch entsprechende Maßnahmen derartige Störungen einzudämmen und abzufedern, setzt *strukturelle Macht* voraus – die Fähigkeit also, „Kontrolle über den Gang der Ereignisse, über Beziehungsgefüge oder über Situationen auszuüben"[54]. Strukturelle Macht vermag Zufallsprozesse in ihrer Reichweite einzuengen und Vorhersehbarkeit zu vergrößern – doch da Strukturen ständigen, wenn auch normalerweise langsamen Veränderungsprozessen ausgesetzt sind, stellt sich die Frage

[50] Vgl. hierzu Hanns W. Maull, Ölmacht, Ursachen, Perspektiven, Grenzen, Köln 1975, Kap. 1.

[51] So Cheryl Christensen, Structural Power and National Security, in: Knorr/Trager (eds), op. cit., pp. 127–159 (127).

[52] Vgl. zu den Strukturveränderungen im Welt-Ölmarkt im Gefolge der zweiten Ölkrise Thomas L. Neff, The Changing World Oil Market, in: David A. Deese/Joseph S. Nye (eds), Energy and Security, Cambridge, Mass. 1981, pp. 23–46 sowie Hanns W. Maull, Western Europe: A Fragmented Response to a Fragmenting Order, in: *Orbis*, Winter 1980/81, pp. 803–824.

[53] Vgl. Christensen, op. cit., p. 128 sowie Deutsch, op. cit., passim, zur theoretischen Grundlegung.

[54] ibid., p. 128.

nach struktureller Macht und struktureller Verwundbarkeit ständig neu. Dies gilt in besonderem Maße für Marktstrukturen, die ja naturgemäß über eine große Eigendynamik verfügen. Strukturelle Marktmacht im Rohstoffbereich beruht – wie andere Formen wirtschaftlicher und politischer Macht auch – auf Ressourcen, die im Sinne einer Kontrolle und Beeinflussung von Ereignissen und anderen Akteuren eingesetzt werden können; dabei ist nicht so sehr das relative Gewicht der mobilisierbaren Ressourcen im Vergleich zum Machtpotential anderer Akteure bedeutsam als vielmehr das Verhältnis von verfügbaren zu notwendigen Ressourcen im Sinne einer wirksamen Beeinflussung von Handlungsabläufen im System. Ressourcen sind dabei all jene Mittel, die für Anpassungsprozesse eine Rolle spielen – also etwa freie Produktionskapazitäten oder Vorräte auf der Angebotsseite, Kapital und Technologie zur Substitution auf der Nachfrageseite. In einer Situation, die durch diffuse Marktmacht gekennzeichnet ist, in der also eine größere Anzahl von Akteuren über Machtressourcen verfügen, hängt die Fähigkeit zur Kontrolle und Steuerung des Systems von kooperativen Schritten der Ressourcenmobilisierung ab. In diesem Fall stellen sich jedoch sofort schwierige politische Probleme der Lastenverteilung (die Mobilisierung entsprechender Ressourcen ist ja in aller Regel mit Kosten verbunden) bei der Aufrechterhaltung der Systemkontrolle sowie des Status eines Akteurs im Rahmen einer solchen Zusammenarbeit: Ist diese Zusammenarbeit hierarchisch strukturiert? Wenn ja, welchen Rang nimmt ein Akteur ein? Welche Abhängigkeiten ergeben sich daraus, welche Autonomie- und Souveränitätsverluste? Wenn nein, wie funktionsfähig ist die Zusammenarbeit? Kann wirtschaftliche Sicherheit durch die Zusammenarbeit tatsächlich wirksam gewährleistet werden?

Diese heiklen politischen Fragen beschäftigen und behindern das westliche Bündnissystem spätestens seit Beginn der 70er Jahre in immer neuen Varianten – nicht zuletzt im Zusammenhang mit Bemühungen um eine gemeinsame Verringerung der Risiken der Energieversorgung[55]. Ist die Fähigkeit zur Systemsteuerung gering ausgebildet, steigt das Risiko dramatischer Auswirkungen bei größeren Versorgungsstörungen: Das System verfügt dann über geringere Möglichkeiten, solche Störungen zu verhindern, einzudämmen oder ohne größeren Schaden abzufangen. Der Schaden könnte sich dadurch einerseits auf Akteure ausdehnen, die zunächst nicht unmittelbar betroffen waren, andererseits auch auf andere Bereiche der internationalen Beziehungen (*spill-over*-Effekte)[56]. Diese horizontale und vertikale Ausweitung der Schäden kann durchaus dazu führen, daß Sekundäreffekte der Versorgungsstörungen die unmittelbar

[55] Siehe hierzu etwa Peter Roggen, Die Internationale Energieagentur, Energiepolitik und wirtschaftliche Sicherheit, Bonn 1979.

[56] Ein Beispiel für derartige Verknüpfungen verschiedener Politik-Dimensionen lieferte die Ölkrise 1973, die innerhalb der NATO zu tiefgreifenden Meinungsverschiedenheiten führte. Der amerikanische Verteidigungsminister drohte den Europäern damals kaum verhüllt mit negativen Auswirkungen auf die amerikanischen Sicherheitsgarantien, falls die Europäer nicht mehr Verständnis für amerikanische Interessen zeigten. Vgl. hierzu Henry A. Kissinger, Memoiren 1973–1974, Teil 2, München 1982, p. 1012 sowie insgesamt Robert J. Lieber, The Oil Decade, New York 1983.

verursachten Schäden weit in den Schatten stellen. So waren im Falle des Erdöls die weltwirtschaftlichen Auswirkungen eines drastisch höheren Ölpreisniveaus das eigentliche Problem. Labile Marktstrukturen mit ausgeprägten Steuerungsdefiziten begünstigen derartige *spill-over*-Effekte und erhöhen damit die Risiken wirtschaftlicher Verwundbarkeit. Dabei kommt Elementen störungsanfälliger Marktstrukturen insofern eine etwas andere Rolle zu als den zunächst diskutierten Ursachenbündeln für Versorgungsstörungen, als sie die Effekte von Versorgungsstörungen, die durch einzel- oder zwischenstaatliche Konflikte ausgelöst werden, zuspitzen und dramatisieren und insofern eher abhängige Ursachen-Variablen bilden.

Diese allgemeinen Überlegungen lassen sich anhand einiger Entwicklungslinien im internationalen Ölmarkt verdeutlichen. In der Nachkriegszeit dominierten zunächst die westlichen Ölkonzerne den Markt – eine Position struktureller Macht, die letztlich durch die politische und militärische Position des Westens in den wichtigsten Förderregionen der dritten Welt gestützt wurde[57]. Im Verlauf der 60er Jahre trat eine zunehmende Schwächung dieser Machtposition der Konzerne ein, wobei eine Reihe von Faktoren (etwa die wachsende Konkurrenz der Konzerne untereinander, das Auftreten neuer Konkurrenten in Gestalt europäischer und japanischer (Staats-)Unternehmen sowie amerikanischer *newcomers,* aber auch die wachsende politische Unabhängigkeit und Handlungsfähigkeit der Förderländer in Verbindung mit einem relativen Machtverlust des Westens in der dritten Welt) mitspielten.

Im Verlauf der 70er Jahre beschleunigte sich das Tempo dieser Wandlungsprozesse dramatisch. Der erfolgreiche Einsatz der arabischen Ölwaffe und die dadurch ausgelöste Preisexplosion deuteten auf die wachsende Bedeutung politischer Prozesse, aber auch autonomer – und chaotischer – Marktabläufe. Zunächst allerdings schien sich eine neue, produzenten-zentrierte und von Saudi-Arabien mit seinem großen Gewicht im Ölmarkt dominierte[58] Machtstruktur herauszuschälen, während die Versuche der industrialisierten Verbraucherländer, unter Führung der USA im Rahmen und mit Hilfe der Internationalen Energieagentur Markt–Gegenmacht zur Geltung zu bringen, anfangs kaum Früchte trugen[59]. In dieser Phase übernahm Saudi-Arabien einen Großteil der Unterhaltskosten der neuen Marktstrukturen, indem es seine Produktion senkte und so eine Stabilisierung der Ölpreise auf dem neuen, sehr viel höheren Ni-

---

[57] Vgl. hierzu Peter R. Odell, Oil and World Power, Harmondsworth [8]1986, Kap. 2; Hartmut Elsenhans, Entwicklungstendenzen der Welt-Erdölindustrie, in: idem (ed), Erdöl für Europa, Hamburg 1974, pp. 7–47; siehe auch Hanns W. Maull, op. cit. (1975) sowie idem, Europe and World Energy, London 1980.

[58] Saudi-Arabien verfügt über rund 25% der nachgewiesenen Welt-Ölreserven; sein Anteil an der Produktion von Rohöl außerhalb der kommunistischen Staaten lag von 1974 bis 1986 zwischen 8 und 27%, was neben der absoluten Bedeutung des Landes auch seine enorme produktionspolitische Flexibilität unterstreicht: Saudi-Arabien verfügt aufgrund einer relativ geringen Bevölkerung und großer Öleinnahmen über ein beträchtliches Maß an Flexibilität bei der Gestaltung seiner Förderpolitik. Diese Flexibilität verleiht dem Land außergewöhnliche Marktmacht.

[59] Für eine ausführliche Analyse hierzu vgl. Hanns W. Maull, op. cit. (Die zweite Ölkrise) sowie Louis Turner, Oil Companies in the International System, London [3]1983, pp. 176 ff, 201 ff.

veau ermöglichte. Dagegen weigerten sich die Industriestaaten insgesamt und die USA im besonderen, die Anpassungskosten an eine neue, fragile und risikobehaftete Versorgungslage durch eine Senkung der Nachfrage zu tragen.

Die zweite Ölkrise 1978/1979 demonstrierte dann die Schwäche der neuen Marktstruktur und beschleunigte die bereits vorher erkennbar gewordenen Tendenzen zur Fragmentierung und Schwächung der Strukturen. Wie schon 1973/1974, erwies sich der Markt auch 1978/1979 als unfähig, dramatische Preissteigerungen im Gefolge politisch ausgelöster Versorgungsstörungen zu verhindern – in krassem Gegensatz zu ähnlichen Situationen in den 50er und 60er Jahren. Die Zusammenarbeit der Förderländer untereinander sowie der Förder- und der Verbraucherländer im Sinne gemeinsamer Krisenbewältigung versagte, wobei schon die Bereitschaft zu einer solchen Krisenregelung auf beiden Seiten mindestens teilweise fehlte. Die Ölgesellschaften und ihre Krisenbewältigungsmaßnahmen waren allein nicht in der Lage, die Situation unter Kontrolle zu halten – zumal ihre Versorgungsposition durch Veränderungen in der Vertriebspolitik der OPEC gravierend beeinträchtigt wurde und ihr Interesse an der Verhinderung von Preissteigerungen nicht unbedingt überragend war[60].

Das Ergebnis der zweiten Ölkrise war ein dramatischer Rückgang der Nachfrage nach OPEC-Öl und somit eine Verschiebung der Marktmacht von den Förder- zu den Verbraucherländern; dies schlug sich auch in starkem Druck auf die Rohölpreise nieder. Zugleich präsentierte sich der Ölmarkt Mitte der 80er Jahre nunmehr mit einer erneut dramatisch veränderten Grundstruktur – Marktmechanismen dominierten, Steuerungs- und Kontrollmöglichkeiten einzelner Akteure wurden stark zurückgedrängt. Dieser Markt erschien in hohem Maße instabil – mit entsprechenden Risiken für einen dramatischen Preisverfall, aber auch für erhebliche Preissteigerungen und damit auch für die wirtschaftliche Sicherheit für Export- bzw. Importländer[61].

* * *

Zusammenfassend läßt sich also folgendes sagen: Die wirtschaftliche Sicherheit eines Staates kann durch Rohstoff-Versorgungsstörungen als bedroht angesehen werden, wenn einerseits plausible Risiken einer Versorgungsstörung von erheblichen Ausmaßen vorliegen, andererseits die zu erwartenden Anpassungskosten aufgrund begrenzter Anpassungsflexibilitäten des entsprechenden Rohstoffmarktes die kritische Schwelle erheblicher gesamtwirtschaftlicher Kosten überschreiten würden. Es muß dabei unterstrichen werden, daß diese Definition eine klare Unterscheidung zwischen

---

[60] Hierzu vor allem Badger/Belgrave, op. cit., Hanns W. Maull, op. cit. (1980) (Die zweite Ölkrise), und Thomas L. Neff, op. cit.

[61] Vgl. D. R. Bohi/W. B. Quandt, Energy Security in the 1980s: Economic and Political Perspectives, Washington 1984; Hanns W. Maull, Raw Materials, Energy and Western Security, London 1984, Kap. 2 sowie Philip Verleger, jr., System Effects and Policy Options, in: Energy – Economics and Politics, proceedings from an International Symposium in Stockholm, Oct. 8–10, 1984, arranged by the National Energy Administration, Sweden, Stockholm 1985, pp. 185–211.

Abhängigkeit und *Verwundbarkeit* vornimmt; Einfuhrabhängigkeit muß keineswegs schon Verwundbarkeit implizieren[62]; andererseits ist durchaus vorstellbar, daß Verwundbarkeit ohne direkte Einfuhrabhängigkeit besteht[63]. Sowohl Abhängigkeit wie Verwundbarkeit können politische Implikationen nach sich ziehen; Sicherheitsprobleme beschränken sich jedoch auf Verwundbarkeit. Diese Unterscheidung mag in der außenpolitischen Realität nicht immer so präzise möglich sein wie in einer analytischen Kategorisierung – hier ist eher von einem Kontinuum von Problemen auszugehen, das von milden Formen der Abhängigkeit bis zur Bedrohung wirtschaftlicher Sicherheit reicht. Dennoch ist die Unterscheidung, die qualitative Unterschiede innerhalb dieses Spektrums nahelegt, bedeutsam. Einfuhrabhängigkeit bei kritischen Rohstoffen wird in der Regel politische Auswirkungen nach sich ziehen – doch normalerweise wird es sich bei solcher Abhängigkeit nur um *ein* Element in einem Geflecht gegenseitiger Abhängigkeiten handeln, wobei sich in diesem Geflecht Abhängigkeits-Asymmetrien in beiden Richtungen finden werden und erst die Bilanz dieser Asymmetrien Aussagekraft gewinnen kann. Dieses Phänomen eines Geflechts von Abhängigkeiten spielt auch bei der Analyse von Verwundbarkeiten im Rohstoffbereich eine Rolle – doch hier ist die Möglichkeit einer unausgeglichenen Abhängigkeits-Bilanz sehr viel größer[64].

Mögliche Versorgungsstörungen können ihre Ursache in wirtschaftlichen Sanktionsmaßnahmen anderer Staaten oder Staatengruppen haben *(intendierte Störung)* oder als Begleiterscheinung innerstaatlicher oder zwischenstaatlicher Konflikte und

---

[62] Dieses Argument findet sich in allen regierungsamtlichen und in den meisten akademischen Untersuchungen zur amerikanischen Rohstoffsicherheit seit 1945 – ein Hinweis darauf, daß Sonderinteressen immer wieder und mit großer Hartnäckigkeit den oberflächlich plausiblen Zusammenhang zwischen Einfuhrabhängigkeit und Versorgungssicherheit vor ihre Karren spannen. Siehe z. B. National Commission on Supplies and Shortages, Government and the Nation's Resources, Washington D.C. 1976, pp. 30ff.

[63] Ein Beispiel hierfür wäre die Verwundbarkeit der USA gegenüber einer Störung der Öllieferungen aus dem Mittleren Osten. Statistisch waren die USA in den seit 1982 von Lieferungen der Region kaum wirklich abhängig – nur etwa 6% des Ölverbrauchs 1986 stammten aus der Golfregion. Eine Versorgungskrise hätte die USA dennoch ebenso stark getroffen wie die – statistisch sehr viel abhängigeren – Staaten Westeuropas und Japan. Durch Anpassungsvorgänge in einer Krise wären nämlich einerseits auch die Einfuhren der USA aus anderen Regionen reduziert worden, weil Lieferströme in Richtung der am meisten betroffenen (und deshalb am meisten bietenden) Absatzmärkte umgelenkt worden wären; andererseits wären die Anpassungskosten an ein durch die Krise ausgelöstes, höheres Ölpreisniveau für die amerikanische Volkswirtschaft nicht viel anders gelagert wie für diejenige Japans oder Westeuropas. Dieses volkswirtschaftlich simple und offensichtliche Phänomen der Fungibilität des Erdöls wurde und wird in den USA immer wieder politisch verkannt. Vgl. hierzu auch Hanns W. Maull, Energy Security, A European Perspective, Washington 1984 (= Johns Hopkins University School for Advanced and International Studies, Energy Paper No. 5).

[64] Ein Beispiel für die politischen Ausstrahlungen von Rohstoff-Importabhängigkeiten liefert die japanische Rohstoff-Diplomatie, die sich um eine Sicherung der Versorgung mit außenpolitischen Instrumenten bemüht. Diese Rohstoff-Diplomatie mag in bestimmten Aspekten auch als eine Antwort auf Probleme der Verwundbarkeit konzipiert sein; in sich allein vermag sie jedoch die Probleme rohstoffwirtschaftlicher Sicherheit, wie noch zu zeigen sein wird, nicht zu lösen. Vgl. hierzu J. C. Chapman/R. Drifte/I. T. M. Gow, Japan's Quest for Comprehensive Security, Defence, Diplomacy, Dependence, London 1983; Nobutoshi Asao (ed), Japan's Economic Security, Resources as a Factor in Foreign Policy, London 1983, insbes. Kap. 1, 2, 3, 7, 11.

Krisen auftreten *(anomische Störung)*. Als Risikovariable spielen die Strukturen des jeweiligen Rohstoffmarktes eine beträchtliche Rolle; bestimmte Systemstrukturen können risikoerhöhend wirken. Dabei können die wirtschaftlichen Sicherheitsrisiken entlang verschiedener Dimensionen des internationalen Systems entstehen – als Nord-Süd-Probleme, als Ost-West-Probleme und als West-West-Probleme. Jede dieser Dimensionen impliziert spezifische Rahmenbedingungen und Eigenheiten der wirtschaftlichen Sicherheitsrisiken: Ihre Einbettung in einen Nord-Süd-Zusammenhang beispielsweise bedeutet, daß die Versorgungsstörungen vor dem Hintergrund starker gegenseitiger Abhängigkeiten zwischen Förderländern der dritten Welt und westlichen Industriestaaten auftreten würden, wobei die Verbraucher insgesamt in einer recht starken Position sind. Nicht ohne Grund ist ja die Abhängigkeit von Rohstoff-Exporten als Problem der Unterentwicklung immer wieder artikuliert und untersucht worden[65]. Ohne in diese Diskussion eintreten zu wollen, läßt sich doch feststellen, daß die Lieferbeziehung für die Rohstoff-Exportländer nur unter hohen Kosten zu lösen wäre. Damit sind keineswegs nur die direkten Verluste als Ergebnis des Wegfalls eines wichtigen Devisenbringers gemeint, wiewohl schon dieses Kostenelement für viele Drittweltländer von erheblicher Bedeutung wäre. Vielmehr zöge die einseitige Unterbrechung bzw. Neustrukturierung der Lieferbeziehung (etwa durch Verstaatlichungen) aller Wahrscheinlichkeit nach auch eine Reihe anderer negativer Konsequenzen nach sich. Um diese Kosten in Kauf zu nehmen, sind überzeugende politische Motive und gute Erfolgsaussichten erforderlich. Die Erfolgsaussichten steigen dabei natürlich für den Fall einer koordinierten Aktion mehrerer Lieferländer; gleichzeitig dürfte es unter diesen Voraussetzungen jedoch schwer sein, eine entsprechend starke gemeinsame politische Zielsetzung zu entwickeln.

Daraus folgt, daß intendierte Lieferunterbrechungen von Förderländern der dritten Welt eher unwahrscheinlich, wenn auch keineswegs unmöglich sind. Die Ausnahme von dieser Schlußfolgerung bilden die arabischen Ölexportländer, die schon wiederholt zur „Ölwaffe“ gegriffen haben. Der israelisch-arabische Konflikt sorgte hier für eine starke gemeinsame Motivation und Zielsetzung – doch selbst hier zeigt eine genauere Analyse erhebliche Schwächen und Probleme bei der Realisierung koordinierter Sanktionen. Es gibt wenige Themen der internationalen Beziehungen, die eine vergleichbar starke Ausstrahlung auf die Politik einer Gruppe von Lieferländern haben; zudem verfügten die arabischen Staaten angesichts ihrer relativ hohen Homogenität als Gruppe von Exportländern über besonders günstige Voraussetzungen für koordinierte Aktionen.

---

[65] Vgl. hierzu etwa Raymond F. Mikesell (ed), Foreign Investment in the Petroleum and Mineral Industries: Case Studies on Investor-Host Relations, Baltimore 1971; Scott R. Pearson, Petroleum and the Nigerian Economy, Stanford 1970; Charles Issawi/Mohammed Yeganeh, The Economics of Middle East Oil, London 1962; Maull, op. cit. (Europe and World Energy), Kap. 5 sowie Theodore Moran, New Deal or Raw Deal in Raw Materials, in: *Foreign Policy*, Winter 1971/1972, pp. 119–134.

Irrationales Verhalten, etwa in der Verfolgung ideologischer Zielsetzungen, kann also nicht völlig ausgeschlossen werden; es erscheint jedoch insbesondere dann unwahrscheinlich, wenn koordinierte Schritte mehrerer Staaten die Voraussetzung für erfolgversprechenden Druck wären. Denn rohstoffwirtschaftliche Sanktionen implizierten Kosten – oft unkalkulierbare Kosten – für den Anwender. Radikale Rhetorik ist eine Sache, die Kosten konkreter Sanktionsmaßnahmen eine andere, die aller Wahrscheinlichkeit nach für vorsichtiges und rationales Verhalten der Lieferländer sorgen dürfte.

Es gibt also hinsichtlich *intendierter* Bedrohungen durch Rohstoff-Lieferländer der dritten Welt drei gewichtige Gründe, die derartige Risiken als weniger bedrohlich erscheinen lassen. Zum ersten besteht von seiten der Lieferländer ein starkes Interesse an der Aufrechterhaltung der Lieferbeziehung und an der Vermeidung der kurzfristigen und längerfristigen Kosten von Lieferunterbrechungen. Zwar besteht stets die Gefahr einer Unterschätzung dieser Kosten durch Lieferstaaten, die sich in einer starken Position fühlen; die historischen Erfahrungen der Rohstoff-Exportländer, die diese vermeintlichen Machtpositionen auszureizen versuchten, sollten hier jedoch zunehmend ernüchternd wirken – konnten sich doch selbst die Ölexportländer der OPEC trotz ungewöhnlich günstiger Voraussetzungen den negativen Auswirkungen ihrer Hochpreispolitik nicht entziehen[66]. In anderen Rohstoffmärkten waren die Ergebnisse einer offensiven Rohstoffpolitik der Exportländer noch eindeutiger[67].

Zweitens dürfte es wenige politische Zielsetzungen geben, die eine Gruppe von Lieferländern zu entsprechenden Aktionen mit all ihren Risiken bewegen könnten; und aus denselben Gründen dürfte sich auch eine ideologisch motivierte, radikale Politik kaum durchsetzen können. Diese Überlegungen gelten allerdings nicht für *anomische* Versorgungsrisiken – Risiken also, die mit inneren oder zwischenstaatlichen Konflikten in der dritten Welt zu tun haben. Dieses Risiko ist auf der Nord-Süd-Achse der internationalen Rohstoffbeziehungen angesichts der strukturellen Instabilität vieler Regionen der dritten Welt sogar als besonders hoch anzusehen. Koordinierte Aktionen mehrerer Lieferländer zur Durchsetzung gemeinsamer *wirtschaftlicher* Interessen schließlich erscheinen weit plausibler als entsprechende politisch motivierte Sanktionsgruppierungen.

Die Rohstoffbeziehungen entlang der Ost-West-Achse der internationalen Politik unterscheiden sich von den Nord-Süd-Rohstoffbeziehungen qualitativ. Zwar gibt es auch hier durchaus starke Elemente gemeinsamer Interessen an der Aufrechterhal-

---

[66] Die Ölexporterlöse der OPEC sanken infolge starker Anpassungsreaktionen auf der Angebots- und Nachfrageseite (Steigerung der Ausfuhren aus Nicht-OPEC-Staaten; Rückgang des Ölverbrauchs durch strukturellen Wandel und konjunkturelle Effekte) schon vor dem Ölpreisverfall 1986 von ihrer Höchstmarke von $ 279 Mrd. (1980) auf $ 159 Mrd. (1984). Vgl. hierzu insgesamt Heinz Jürgen Schürmann, Mehr Stabilität auf den internationalen Ölmärkten, in: *Glückauf*, No. 13/1984, pp. 849–956; idem, OPEC-Zwischenbilanz nach 25 Jahren, in: *Zeitschrift für Energiewirtschaft*, No. 3/1985, pp. 148–155.

[67] Vgl. hierzu Pierre-Noël Giraud, Géopolitique des ressources minières, Paris 1983, pp. 144 ff und Kap. 4; Institut Francais des Relations Internationales (ed), Ramses 1983/1984, Paris 1984, pp. 244 ff.

tung der Lieferbeziehungen, doch sind diese Elemente in eine Struktur der Systemkonkurrenz eingebettet. Wirtschaftssanktionen haben daher in den Ost-West-Beziehungen eine recht auffallende Rolle gespielt, da insbesondere die beiden Supermächte dazu tendieren, den Ost-West-Handel aus einer politischen, ideologisch eingefärbten Perspektive zu sehen[68]. Dagegen neigen die Verbündeten der Supermächte auf beiden Seiten dazu, die Ost-West-Wirtschaftsbeziehungen als Handelsbeziehung von gegenseitigem Nutzen vor politischen Krisen abzuschirmen. Diese unterschiedliche Bewertung der Ost-West-Wirtschaftsbeziehungen führte immer wieder zu Meinungsverschiedenheiten über gemeinsame Außenhandelsstrategien innerhalb des westlichen Bündnisses und zu offenen Konflikten[69]. Ein besonders dramatisches Beispiel hierfür war der transatlantische Streit um das europäisch-sowjetische Erdgas-Röhrengeschäft[70]. Allerdings verfügen die beiden Supermächte innerhalb ihrer Bündnissysteme über erheblichen Einfluß auf die Außenhandelspolitik der Verbündeten, wenngleich die Möglichkeiten der Einflußnahme im Westen begrenzter sind als im Warschauer Pakt. Daher ist die Wahrscheinlichkeit koordinierter Sanktionen aus politischen Motiven entlang der Ost-West-Achse der internationalen Politik aus diesen Gründen sehr viel größer als entlang der Nord-Süd-Achse.

Diese Überlegungen deuten darauf hin, daß auch die West-West-Achse der internationalen Beziehungen nicht ohne Interesse für unsere Fragestellung ist. Unterschiedliche Abhängigkeiten, Verwundbarkeiten, Zielsetzungen und Strategien haben im Energiebereich bereits wiederholt zu Spannungen und Krisen im westlichen Bündnissystem geführt[71]. Aber auch die Rohstoff-Lieferbeziehungen zwischen den westlichen Industriestaaten wurden in der Vergangenheit gelegentlich durch wirtschaftliche oder politische Probleme belastet. So führten Meinungsverschiedenheiten über die geeignetste Strategie zur Verhinderung einer Weiterverbreitung von Kernwaffen zwischen Westeuropa einerseits und den USA und Kanada andererseits zu zeitweiligen Unterbrechungen der amerikanischen und kanadischen Uranlieferungen an Europa[72]. Andere Versorgungsstörungen wurden durch Streiks oder durch Umweltschutzbewegungen ausgelöst. Allerdings ist das Umfeld dieser Rohstoff-Lieferbeziehungen zwischen

---

[68] Vgl. hierzu etwa Friedeman Müller et al., op. cit.; Hufbauer/Schott, op. cit.

[69] Zu diesem Problemkreis siehe Angela E. Stent, From Embargo to Ostpolitik, The Political Economy of West German-Soviet Relations, Cambridge 1982; idem, Technology Transfer to the Soviet Union, A Challenge to the Cohesiveness of the Western Alliance, Bonn 1983 (= Arbeitspapiere zur Internationalen Politik No. 24); Walter Schütze, Reibungsflächen im Europäisch-Amerikanischen Verhältnis, in: Josef Füllenbach/Eberhard Schulz (eds), Entspannung am Ende? München/Wien 1980, pp. 133–156. Derartige Meinungsverschiedenheiten traten in weniger dramatischer und verdeckterer Form auch innerhalb des Comecon auf: Cristopher Coker, Adventurism and Pragmatism: the Soviet Union, Comecon and Relations with African States, in: *International Affairs* (London), Autumn 1981, pp. 618–633.

[70] Hierzu meine Studie Erdgas und wirtschaftliche Sicherheit, Bonn 1981 (= Arbeitspapiere zur Internationalen Politik No. 17) sowie Hanns W. Maull, Raw Materials, Energy, and Western Security, London 1984, Kap. 2.

[71] Vgl. Lieber, op. cit., passim.

[72] Hierzu Erwin Häckel/Karl Kaiser/Pierre Lellouche, Nuclear Policy in Europe, Bonn 1980 (= Arbeitspapiere zur Internationalen Politik No. 12); Schütze, op. cit., pp. 151 ff.

den rohstoffreichen Industriestaaten und den Importländern (vor allem Westeuropa und Japan) so entscheidend durch ein dichtes Netz wechselseitiger Abhängigkeiten und die Praxis wirtschaftlicher und politischer Kooperation geprägt, daß hier intendierte Bedrohungen der wirtschaftlichen Sicherheit kaum vorstellbar sind. Sanktionen sind deshalb zwar nicht völlig ausgeschlossen – doch entspräche ihr Charakter eher einem Druckmittel in Verhandlungsprozessen, dessen Möglichkeiten keinesfalls bis zur Schmerzschwelle ausgereizt werden dürften. Zugleich können die Risiken entlang der West-West-Achse der internationalen Beziehungen auch insofern vernachlässigt werden, als *anomische* Bedrohungen ebenfalls eine sehr viel geringere Wahrscheinlichkeit aufweisen als im Zusammenhang der Nord-Süd-Beziehungen, da die innere Stabilität dieser Staaten sehr viel gefestigter erscheint.

Streiks mögen hier als Ausnahme von der Regel erscheinen, sie sind jedoch sinnvoller als normales Element der industriellen Konfliktbewältigung anzusehen. Streiks können die Lieferung bestimmter Rohstoffe natürlich beeinträchtigen und haben dies auch wiederholt getan, ohne allerdings jemals wirklich gravierende wirtschaftliche Sicherheitsrisiken heraufzubeschwören. Auch Arbeitskämpfe sind grundsätzlich lösbare Konflikte – und es ist schwer zu sehen, wie sie im Rahmen der West-West-Rohstoff-Lieferbeziehungen zu einem wirklichen Risikofaktor werden könnten. Diese Schlußfolgerungen müssen jedoch im Hinblick auf ein Lieferland qualifiziert werden: Die Republik Südafrika stellt einen Sonderfall dar, der später noch ausführlich zu erörtern sein wird. Die Risiken ähneln in diesem Falle jedoch eher denen entlang der Nord-Süd-Achse und sollen daher auch in diesen Zusammenhang gestellt werden.

Schließlich bleibt noch anzumerken, daß sich die Nord-Süd-Aspekte der rohstoffwirtschaftlichen Sicherheit mit Ost-West-Aspekten verbinden könnten. Dies repräsentiert möglicherweise die gefährlichste Form der Bedrohung, da eine derartige Krise, an der sowohl Lieferländer der dritten Welt wie auch die Sowjetunion beteiligt wären, besonders schwer zu kontrollieren sein könnte.

* * *

Fassen wir diese theoretische Diskussion noch einmal zu einem Raster für die im folgenden vorgelegte Analyse zusammen:

1. Wirtschaftliche Unsicherheit definiert sich als Bedrohung der grundlegenden Wertvorstellungen einer Gesellschaft und ihrer Chancen, diesen Vorstellungen gemäß zu leben; sie impliziert die Gefahr eines Zusammenbrechens der sozialen, wirtschaftlichen und politischen Strukturen eines Staates bzw. der Strukturen internationaler wirtschaftlicher, außen- und sicherheitspolitischer Kooperation zwischen Staaten.

2. Ob solche Bedrohungen bestehen, hängt einerseits von der Plausibilität von erheblichen Versorgungsstörungen, andererseits von der Verwundbarkeit der betreffenden Systeme ab. Verwundbarkeit bestimmt sich über folgende Parameter: Ausmaß und Dauer der Störung, bestehende Anpassungsflexibilitäten und Fähigkeit des betroffenen Staates zur Verringerung von Ausmaß und Dauer der Krise bzw. zur Abwäl-

zung und Externalisierung der Anpassungsanforderungen ohne Gefahren für den Zusammenbruch anderer Wirtschaftsordnungen oder der Struktur der internationalen Wirtschaftsordnung. Ein weiterer wichtiger Parameter, der jedoch grundsätzlich einer *Ex ante*-Analyse kaum zugänglich gemacht werden kann, ist die Widerstandskraft und der Widerstandswille der betroffenen Bevölkerung. Bedrohungen dieser Art können grundsätzlich sowohl durch die unmittelbaren Auswirkungen von Verknappungserscheinungen wie auch durch abrupte und dramatische Preissprünge entstehen.

3. Die Bedrohungen, die die vorliegende Studie untersucht, können intendiert oder anomisch sein. Intendierte Bedrohungen gehen aus von der Anwendung wirtschaftlicher Sanktionen zur Durchsetzung bestimmter Zielsetzungen der Anwender über Verhaltensänderungen des betroffenen Staates bzw. der betroffenen Staaten; eine Variante intendierter Bedrohungen besteht in Sanktionen zur Beeinträchtigung der Leistungsfähigkeit und damit der Macht der betroffenen Staaten ohne konkrete Zielsetzung. Anomische Bedrohungen weisen keine Zielsetzungen auf, deren Erfüllung ein Ende der Sanktionen bedeuten würde. Sie resultieren aus der Brüchigkeit gesellschaftlicher oder zwischenstaatlicher Strukturen und dem damit verbundenen Potential für politische Krisen, die auf die wirtschaftliche Sicherheit anderer Länder zurückwirken können.

4. Bedrohungen der wirtschaftlichen Sicherheit können sich in einen Nord-Süd-, einen Ost-West- und einen West-West-Kontext ergeben. Im Nord-Süd-Kontext dürften sie eher anomisch, im Ost-West-Kontext primär intendiert auftreten. Einige denkbare Szenarien involvieren beide Achsen gleichzeitig.

5. Die Bedrohung durch intendierte Störungen muß auf der Grundlage der jeweiligen Fähigkeiten zur Verursachung hoher Anpassungslasten und der politischen Intentionen und möglicher politischer Zielsetzungen eingeschätzt werden.

6. Anomische Bedrohungen lassen sich auf der Basis von Verwundbarkeiten und von plausiblen Szenarien über mögliche Auslöser von Versorgungsstörungen in Produzenten- oder Transitregionen abschätzen.

7. Verwundbarkeiten und Krisenplausibilitäten verändern sich aufgrund der technologisch induzierten Dynamik von Marktprozessen, die Angebot, Nachfragestruktur und Preise in relativ kurzen Zeiträumen erheblich verschieben können. Diese Dynamik muß auch die wirtschaftliche Sicherheitsanalyse berücksichtigen.

Mit Hilfe dieses theoretisch-konzeptionellen Gerüstes versucht die vorliegende Studie im folgenden eine Abschätzung der Risiken für die drei großen Industrieregionen Westeuropa, Japan und USA für die nichtenergetischen mineralischen Rohstoffe. Dabei beschränkt sie sich auf Probleme unterhalb der Schwelle direkter kriegerischer Auseinandersetzungen zwischen Ost und West – eine Einschränkung, die angesichts der völlig anderen Rahmenbedingungen einer solchen Situation und der damit verbundenen Notwendigkeit einer entsprechend modifizierten Untersuchungsmethodik unvermeidbar erscheint. Ohnedies wäre für Europa eine angemessene Rohstoffversorgung in diesem Falle wohl die geringste aller Sorgen.

Der Zeithorizont der Studie erstreckt sich etwa bis zur Jahrhundertwende. Zur

Tab. B – 1.1: Politische Risikobewertung bei nichtenergetischen Rohstoffen (Auswertung regierungsnaher oder offizieller Studien)

	Risikoeinschätzung				
	Frankreich	USA	Japan	Großbritannien	BRD
Chrom	mittel	groß (*)	groß (*)	groß (*)	422
Mangan	groß	groß (*)	groß (*)	groß (*)	383
Niob, Tantal	n.v.	mittel (*)	gering	groß	229
Wolfram	groß	gering (*)	groß (*)	groß (*)	238
Kobalt	sehr groß	groß (*)	groß (*)	groß	392
Vanadium	sehr groß	mittel (*)	groß (*)	groß (*)	334
Titan	sehr groß	mittel (*)	–	–	217
Platin	sehr groß	groß (*)	–	groß (*)	369
Aluminium	mittel	mittel (*)	– (*)	–	156
Molybdän	groß	–	groß (*)	groß	187
Phosphat	groß	–	–	groß	166
Zinn	mittel	mittel (*)	–	–	n.v.

(*) Strategische Bevorratung. Die Angaben sind aufgrund von Geheimhaltung für Frankreich und Großbritannien unvollständig.
Risikobewertung für die BRD: Risikomaximum 500 Punkte.
Sonstige gefährdete Rohstoffe lt. Einschätzung Frankreichs: Antimon, Zirkon, Kupfer; lt. Einschätzung der USA: Beryllium, Diamanten, Graphit

Quellen:
BRD – BGR/DIW/IEtE, Versorgungslage bei Rohstoffen, Berlin u.a. 1986
Frankreich – Documentation Française, Matières de Base, Assurer l'avenir, in: Regards sur l'actualité, Juin 1980, pp. 24–29
USA – Office of Technology Assessment, Strategic Materials: Reducing U.S. Import Vulnerability, Washington 1985
Japan – Behörde für Rohstoffe und Energie, Ministerium für Außenhandel und Industrie, Tokio
Großbritannien – Institution of Mechanical Engineers, Strategic Metals and the United Kingdom, London 1981
Financial Times

Identifikation der untersuchten Rohstoffe wurden einerseits eine Reihe von regierungsnahen oder regierungsamtlichen Studien herangezogen, die „kritische" Rohstoffe zu bestimmen suchten (siehe *Tabelle B 1.1*); auf der anderen Seite orientiert sich unsere Liste an wichtigen mineralischen Grundstoffen der oben aufgeführten Sektoren Stahlindustrie, Flugzeugindustrie, Elektronikindustrie und Landwirtschaft.

Der Begriff „strategische Rohstoffe" wird in der vorliegenden Untersuchung bewußt weitgehend vermieden[73]. Die Schwierigkeiten bei der Verwendung dieses Begriffs, der zudem immer wieder mit politischen Hintergedanken verwendet wird, hat Haglund

[73] David A. Haglund, Strategic Minerals, A Conceptual Analysis, in: *Resources Policy*, Sept. 1984, pp. 146–152.

analysiert[74] – wobei seine Argumentation die versuchte Ehrenrettung für diesen Begriff allerdings nicht recht plausibel machen kann. Anstelle einer breiten und damit notwendig auch unpräzisen Formel wird hier auf eine eher „reduktionistische" Methode zur jeweiligen Definition „strategischer" Rohstoffe sowie auf eine Liste exemplarischer Minerale zurückgegriffen, deren Überprüfung und etwaige Modifikation sinnvoll Gegenstand einer Krisenvorbeugungs- und -bewältigungspolitik sein muß.

In einem zweiten Schritt sollen nach der Bestimmung der Risikofaktoren Möglichkeiten zur Verringerung dieser Risiken erörtert werden; dabei sind grundsätzlich folgende Strategien zu untersuchen:

1. Einfuhrländer können versuchen, die Entstehung einer kritischen Bedrohung zu verhindern, indem sie Lieferquellen diversifizieren und Verwundbarkeiten abbauen oder zur Entschärfung politischer Konfliktherde in wichtigen Lieferregionen beitragen und die Zusammenarbeit mit diesen Regionen verstärken.

2. Falls sich diese Bemühungen als unzureichend oder erfolglos erweisen, können die Einfuhrländer versuchen, die Ursachen der Versorgungsunterbrechung durch diplomatische, wirtschaftliche und notfalls militärische Schritte zu beseitigen. Sie können außerdem versuchen, die Anpassungslasten wenigstens teilweise abzuwälzen bzw. umzuverteilen.

3. Falls auch diese Bemühungen fehlschlagen sollten, müssen die Einfuhrländer die Anpassungslasten der verringerten Belieferung tragen, wobei es entscheidend darauf ankommt, die Anpassungskosten so gering wie möglich zu halten. Staatliche Krisenvorräte dürften in den meisten Fällen die kostengünstigste Art der Risikovorsorge darstellen; weitere Elemente der Anpassung bilden eine möglichst breite Umlage der auftretenden Ausfälle, eine optimale Ausschöpfung bestehender Marktflexibilitäten wie Steigerung der Produktion in nicht betroffenen Förderregionen, verbesserte Wiedergewinnung von Altmaterial, Senkung des Verbrauchs in weniger kritischen Verwendungsbereichen und Optimierung des Materialeinsatzes.

---

[74] Der Begriff entstand in den Vereinigten Staaten als Reaktion auf die Erfahrungen des Ersten Weltkrieges, der die Bedeutung einer angemessenen Rohstoffversorgung für die Kriegsführung gezeigt hatte. Zur Entstehungsgeschichte vgl. Alfred E. Eckes, Jr., The United States and the Global Struggle for Minerals, Austin 1979, Kap. 2. Für die strategische Vorratshaltung der USA spielt der Begriff, definiert als Rohstoffe, „... die (A) während eines nationalen Notstandes benötigt würden, um die militärischen, industriellen und essentiellen zivilen Bedürfnisse der Vereinigten Staaten zu decken, und (B) in den Vereinigten Staaten nicht in genügenden Mengen vorkommen oder produziert werden, um diesen Bedarf zu decken", nach wie vor eine wichtige Rolle. Vgl. Federal Emergency Management Agency, Stockpile Report to the Congress, Oct. 1981 to March 1982, Washington, D.C. 1982, p. 27.

2. Rohstoff-Märkte und wirtschaftliche Sicherheit

Wirtschaftliche Sicherheitsrisiken in der Rohstoff-Versorgung entfalten sich grundsätzlich in einem sehr spezifischen Milieu – den internationalen Rohstoffmärkten, die die Handelsbeziehungen zwischen Rohstoff-Exporteuren und -Importeuren abwikkeln. Die Funktion dieser Märkte besteht darin, Angebot und Nachfrage nach einem bestimmten Rohstoff ins Gleichgewicht zu bringen. Dabei spielt keine Rolle, ob eine der beiden Seiten der Gleichung durch außergewöhnliche Umstände – etwa eine politische Krise in einem wichtigen Lieferland – drastisch verschoben wurde: Derartige Störungen lösen Anpassungsprozesse aus, die – zumeist über höhere Preise, möglicherweise aber auch über andere Formen der Rationierung – für ein neues Gleichgewicht sorgen. Im Rahmen dieser Anpassungsprozesse können jedoch gravierende Beeinträchtigungen gesamtgesellschaftlicher Ziele auftreten: Versorgungsengpässe und Preiserhöhungen können – wie im Falle der Erdölkrisen der 70er Jahre – Wirtschaftswachstum und Beschäftigung mindern und damit politische Konfliktpotentiale schaffen; sie mögen – wie im Falle der Stahlveredler im Ersten und Zweiten Weltkrieg – auch die Fähigkeit einer Kriegswirtschaft zur Mobilisierung ihres Rüstungspotentials verringern und damit über Sieg oder Niederlage mitentscheiden. Regierungen haben deshalb in Krisensituationen immer wieder in das Marktgeschehen eingegriffen, um politische Zielsetzungen nicht zu gefährden. So dekretierten alle kriegführenden Mächte während der beiden Weltkriege staatliche Kontrollen für die Rohstoffwirtschaft; im Zweiten Weltkrieg organisierten die USA und Großbritannien ihre Versorgung mit kritischen Rohstoffen sogar auf zwischenstaatlicher Ebene. Der Ausbruch des Korea-Krieges 1950 führte zur Einstellung der Wolfram-Lieferungen der Volksrepublik China an die USA und damit zum Ausfall von etwa der Hälfte der gesamten Wolfram-Bezüge, die für die Rüstungsindustrie besondere Bedeutung hatten. Auch hier kam es zu einem staatlichen Eingriff mit dem *Defense Production Act* von 1950, der über einen hohen Garantiepreis eine dramatische Steigerung der US-Wolframförderung bewirkte[1].

Die wichtigsten Determinanten von Rohstoff-Nachfrage und Rohstoff-Angebot und ihre Interdependenz skizziert *Schaubild B-2.1.* Danach reflektiert die Nachfrage einer Volkswirtschaft nach einem bestimmten Rohstoff die Bevölkerungsgröße, den Lebensstandard und die Entwicklungsstufe der Gesellschaft sowie spezifische Produktionsstrukturen.

Japans Volkswirtschaft etwa weist eine besonders hohe Rohstoff-Intensität auf: Der Pro-Kopf-Verbrauch Japans bei den sieben wichtigsten Metallen (Aluminium, Blei,

---

[1] Vgl. Gerd Hardach, Der Erste Weltkrieg, München 1973, Kap. 4 (= Geschichte der Weltwirtschaft im 20. Jahrhundert, Band 2); Alan S. Milward, Der Zweite Weltkrieg, München 1977, Kap. 8 und 9 (= Geschichte der Weltwirtschaft im 20. Jahrhundert, Band 5); John Orme, Ore Wars: The Problem of U.S. Dependence on Foreign Materials, in: *The Fletcher Forum*, Summer 1982, pp. 408–417.

Schaubild B – 2.1: Schlüsselvariablen bei Entwicklung von Angebot und Nachfrage in Rohstoffmärkten

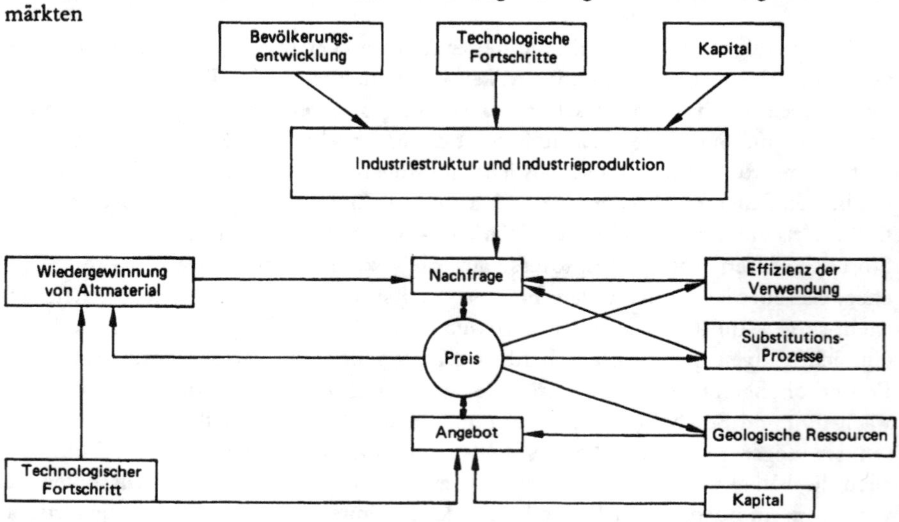

Kupfer, Nickel, Stahl, Zink und Zinn) Ende der 70er Jahre betrug das Vierfache des Weltmittels, während die Vergleichszahl für Westeuropa nur bei 2,9 lag[2]. Dies reflektiert die besondere Bedeutung metallverarbeitender Industrien in Japan und unterstreicht damit, daß der Zusammenhang zwischen dem Niveau des Bruttosozialproduktes und dem Rohstoffverbrauch zwar grundsätzlich besteht, jedoch eher lose und im einzelnen durch eine Reihe zusätzlicher Faktoren abgeschwächt ist[3].

Die Verfügbarkeit von Technologie und Kapital (der Kapitalstock einer Volkswirtschaft reflektiert beides in Form verfestigter Produktionsstrukturen) beeinflussen jedoch nicht nur die Nachfrage nach Rohstoffen, sondern auch das Angebot. Um geologische Vorkommen von Rohstoffen zu erschließen, sind entsprechende Extraktions- und Transporttechnologien sowie Kapitalinvestitionen erforderlich. Angaben über Rohstoff-Reserven spiegeln in der Regel gegenwärtige Produktionstechnologien; technologische Fortschritte vergrößern normalerweise auch die Reserven. Daß dabei nicht nur die Fördertechniken selbst eine gewichtige Rolle spielen, illustriert eine Analyse des Völkerbundes aus dem Jahr 1937, die die Möglichkeiten der Gewinnung von Eisenerz, Phosphat und Kohle untersuchte. Dabei wurden nur schmale Küstenstreifen der Kontinente Asien, Afrika, Südamerika und Australien einbezogen, weil die Transportprobleme bei der Erschließung von Bergwerken tiefer im Inneren der Kontinente für wirtschaftlich unlösbar gehalten wurden[4].

---

[2] Pierre-Noël Giraud, Géopolitique des ressources minières, Paris 1983, pp. 53 ff.

[3] Vgl. hierzu auch William Page, Some Non-Fuel Mineral Resources, in: Christopher Freeman (ed.), World Futures, The Great Debate, London 1978, pp. 169–204 (177 ff); Walt W. Rostow, The World Economy, History and Prospects, Austin 1980, Kap. 52.

[4] Vgl. Giraud, pp. 29 ff.

Das Angebot eines bestimmten Rohstoffes konkurriert nun im Markt gewöhnlich mit anderen Rohstoffen, die das angebotene Metall ersetzen können, bzw. mit Altmaterial. Die Kosten- und Preisrelationen spielen dabei die entscheidende Rolle bei Austarierung von Angebot und Nachfrage – wobei Förder- und Transportkosten wiederum eine erhebliche Rolle spielen. Der Rückgang der realen Energiekosten in der Nachkriegszeit bis 1970 sowie neue Förder- und Transporttechnologien, die ebenfalls zur Senkung der Kosten beim Abbau und bei der Verschiffung von Rohstoffen beitrugen, begünstigten beispielsweise die Erschließung der Eisenerz- und Nickelressourcen der dritten Welt[5].

Angebot und Nachfrage von Rohstoffen unterliegen also dynamischen Veränderungsprozessen, die durch technologische Fortschritte vorangetrieben werden und ständig neue Gleichgewichtslagen produzieren, wobei Kosten- und Preisrelationen strukturell die wichtigste Rolle zufällt. Marktstörungen auf der Angebots- wie auf der Nachfrageseite werden solche Veränderungsprozesse auslösen und durch Anpassung ein neues Gleichgewicht herstellen. Vom Umfang und vom zeitlichen Ablauf der Störung hängen die *externalities,* die negativen Nebenwirkungen der Anpassungsprozesse, auf die Volkswirtschaft sowie auf die Politik eines Staates ab. Plötzlich auftretende, dramatische Störungen werden sehr viel schwerwiegendere Anpassungsprobleme aufwerfen als vorhersehbare Engpässe oder allmählich auftretende Verknappungserscheinungen.

Rohstoff-Märkte sind zwar in erster Linie Märkte wie andere Märkte auch; sie weisen jedoch eine Reihe von Besonderheiten auf, die Implikationen für die wirtschaftliche Sicherheitsanalyse haben können. Diese Besonderheiten sind

a) die geophysikalische Begrenztheit der Rohstoffe und die spezifischen Risiken und Profitmöglichkeiten, die sich aus der Notwendigkeit der Exploration ergeben. Die statistischen Kosten der Entdeckung eines wirtschaftlich erschließbaren Rohstoffvorkommens liegen bei etwa $ 20 bis 30 Mio., wovon 70–80% auf erfolglose Projekte entfallen[6]. Diese Zahlen verdeutlichen die Risiken bei der Explorationstätigkeit, die auch unter Einsatz modernster Methoden nach wie vor bestehen und nur durch eine entsprechend breitgestreute Aktivität verringert werden können. Diese setzt jedoch erhebliche Mittel voraus und begünstigt daher die Konzentration;

b) die wachsende Größe einzelner Projekte zur optimalen Nutzung der Skaleneffekte. Die Bergbauprojekte der 70er Jahre waren typischerweise Anlagen mit einer Kapazität von mehreren Millionen Tonnen Erzen pro Jahr und mit Investitionsvolumina im Bereich über $ 500 Mio. In der ersten Hälfte der 80er Jahre zeichnete sich allerdings eine Abkehr von derartigen Großprojekten zugunsten von kleineren, kostengünstigen und flexiblen Vorkommen ab[7];

---

[5] ibid.

[6] Giraud, op. cit., pp. 123 ff. Die statistischen Kosten variieren von Land zu Land; die Angaben beziehen sich auf Australien und Kanada.

[7] Giraud, op. cit., pp. 121 ff.

c) die Kapitalintensität der Bergbauindustrie. Während beispielsweise die Relation zwischen ursprünglich erforderlichem Kapitaleinsatz und jährlichem Umsatz einer Anlage in der verarbeitenden Industrie im Durchschnitt bei 1:1 liegt, beträgt sie im Bergbau zwischen 3 und 4:1. Diese große Kapitalintensität erklärt sich einerseits aus der zunehmenden Mechanisierung und Automatisierung des Bergbaus, andererseits aus den meist erforderlichen umfangreichen Infrastrukturaufwendungen. Die Kapitalintensität des Bergbaus hat zudem in den letzten Jahren ständig zugenommen[8];

d) die langen Vorlaufszeiten und großen Kapitalaufwendungen, die zur Realisierung von Bergbauprojekten normalerweise notwendig sind. Bergbauprojekte brauchen vom Beginn der Evaluation eines Fundes bis zum Anlaufen der Förderung nach Ergebnissen statistischer Analysen zwischen 6,5 und 11 Jahren, wobei die Anlage des Bergwerkes selbst zwischen einem und drei Jahren in Anspruch nimmt. Sind aufwendige Infrastrukturbauten erforderlich, kann sich dieser Zeitraum noch verlängern. Dies bedeutet lange Vorlaufzeiten zwischen Kapitalinvestition und dem Rückfluß von Gewinnen und begünstigt daher ebenfalls die Konzentrationstendenzen innerhalb der Industrie[9]. Die Gegebenheiten der geophysikalischen Konzentration von besonders hochwertigen und daher kostengünstigen abzubauenden Vorkommen in wenigen Ländern sowie die Konzentrationstendenzen innerhalb der Industrie führen nicht selten zu

e) oligopolistischen Marktstrukturen. Wie aus Tab. B-2.1 hervorgeht, konzentriert sich bei etlichen Rohstoffen die Förderung auf eine recht begrenzte Zahl von Bergbauländern. So entfallen bei den Elementen der Platin-Gruppe 98,5% der Weltförderung auf die drei Staaten UdSSR, Südafrika und Kanada, bei Molybdän über 90% auf die vier Bergbauländer USA, Kanada, Chile und die UdSSR, bei Mangan etwa 65% auf die Förderstaaten UdSSR, Südafrika und Gabun, bei Chrom 68% auf die UdSSR, Südafrika und Albanien, bei Phosphat 67% auf die drei großen Förderländer USA, UdSSR und Marokko. Noch deutlicher sind diese Konzentrationstendenzen, wenn allein der Welthandel in Bergbauprodukten berücksichtigt wird. So stellen Guinea, Australien und Jamaika etwa 64% der Weltexporte von Bauxit; die drei großen Förderländer beim Mangan bestreiten zusammen etwa 65% der Weltexporte. Bei Phosphat beträgt der Anteil Marokkos und der USA am Weltmarkt 59%, bei Chrom stellen Südafrika, Albanien und die UdSSR 61% der Weltexporte, beim Molybdän entfallen auf die USA, Chile und Kanada gar 98%. Ein ähnliches Bild der Konzentration ergibt sich bei einer Analyse der Industriestruktur: So entfallen auf die fünf größten Unternehmen bei Mangan 77%, bei Platin 97%, bei Chrom 50% und bei Molybdän 82% des Weltmarktes außerhalb des sozialistischen Blocks;

f) als Folge der spezifischen Merkmale b) bis d) ergibt sich auch eine gewisse Rigidität der Marktstrukturen, die diese in besonderem Maße krisenanfällig machen[10].

---

[8] ibid., pp. 119 ff.

[9] ibid.

[10] Vgl. hierzu insgesamt auch die Analyse des französischen Industrieministeriums: Observatoire des Matières Premières, Evolution structurelle des marches des matières premières minerales, Paris 1985 (= Rapport No. 51).

Diesen spezifischen Gegebenheiten der Rohstoff-Märkte lassen sich entsprechende Problemfelder der wirtschaftlichen Sicherheitsanalyse zuordnen – die Gefahr von Versorgungsengpässen durch die Erschöpfung der natürlichen Ressourcen; strukturelle rohstoffwirtschaftliche Engpässe als Folge mangelnder Investitionstätigkeit und/oder plötzlicher Nachfrageschübe; akzidentielle Krisen als Folge politischer Eingriffe, politischer Instabilität oder Naturkatastrophen; und schließlich mögliche Bedrohungen durch Rohstoff-Kartelle oder Oligopole.

Für den Zeitrahmen dieser Untersuchung – und mit hoher Wahrscheinlichkeit bis weit in das nächste Jahrhundert hinein – dürften Versorgungsengpässe als Folge der Erschöpfung von Rohstoff-Vorkommen kaum Probleme aufwerfen. Die Verfechter der gegenteiligen These – darunter als bekannteste Vertreter der *Club of Rome* mit seinem ersten Bericht über die „Grenzen des Wachstums"[11] – sehen die rohstoffwirtschaftlichen Auswirkungen einer Anhebung des Welt-Lebensstandards auf ein dem gegenwärtigen Entwicklungsniveau angenähertes Maß als die entscheidenden Faktoren für eine dramatische Nachfrage-Expansion, während auf der Angebotsseite die geologisch bzw. ökonomisch begrenzte Verfügbarkeit der Rohstoffe eine zentrale Rolle in der Argumentation der Neo-Malthusianer spielen[12].

Die Befürchtungen über bedrohliche Wachstumsgrenzen bei der Verfügbarkeit von Rohstoffen beruhen letztlich auf der Annahme einer grundlegenden Diskontinuität: Im Wettlauf zwischen der Dynamik neuer Problemlagen und technologischen Fortschritten zur Bewältigung dieser Problemlagen erwies sich nämlich in der Vergangenheit im Bereich der Rohstoffversorgung die technologische Entwicklung als überlegen. Abzulesen ist dies vor allem an der Entwicklung der nachgewiesenen Rohstoff-Reserven, die in fast allen Fällen heute erheblich größer sind als zu Beginn der Nachkriegs-Boomphase. Es gelang also bislang, den Abbau von Rohstoffen durch die Entdeckung neuer Vorkommen weit überzukompensieren; selbst unter Annahme recht hoher Zuwachsraten des Rohstoff-Bedarfs im Zeitraum 1976 bis 2000 erweisen sich die gegen-

---

[11] Dennis L. Meadows et al., the Limits to Growth, London 1972. Zur Kritik an diesem Bericht vgl. H. S. D. Cole (ed.), Thinking About the Future, London 1973.

[12] Die Argumentation der ökonomisch begrenzten Verfügbarkeit von Bodenschätzen beruht darauf, daß bei der Erschließung erzärmerer Vorkommen der notwendige Energieeinsatz rapide ansteigt; Vorkommen mit einem Mineralisierungsgrad unterhalb bestimmter Grenzwerte sind daher möglicherweise aufgrund des enorm hohen Energiebedarfs und der damit verbundenen Kosten auf Dauer unzugänglich. Ähnlich wird auch hinsichtlich der Größe der Lagerstätten argumentiert: Ein erheblicher Teil der Ressourcen befindet sich nach dieser Argumentation in relativ kleinen Vorkommen, die wirtschaftlich auch auf lange Sicht nicht rentabel auszubeuten wären. Vgl. hierzu etwa F. E. Trainer, Potentially Recoverable Reserves: How Recoverable? in: *Resources Policy*, March 1982, pp. 41–52; F. Roberts, Energy Consumption in the Production of Materials, in: *Metals and Materials*, March 1974, pp. 167–173; Global 2000, Der Bericht an den Präsidenten, Frankfurt/M. 1980, p. 473; Page, op.cit., p. 191. Dagegen vertritt Michael Tanzer, The Race for Resources, London 1980, pp. 32 ff die Auffassung, daß der Energiebedarf der Bergbauproduktion selbst bei der Ausbeutung von Vorkommen mit sehr niedrigem Mineralisierungsgrad grundsätzlich keine unüberwindliche Hürde darstellen wird. Die Unterschiede in der Argumentation beruhen z. T. auf unterschiedlichen Gegebenheiten bei verschiedenen Metallen: Kupfer liefert die überzeugendsten Argumente für die Pessimisten, die Leichtmetalle dienen den Optimisten als Paradebeispiele.

andere – etwa die Substitution von Kobalt durch Nickel bei der Herstellung bestimmter Edelstähle. Hebt man auf die soziale und ökonomische Funktion ab, die bestimmte Produkte erfüllen, und nicht auf diese Produkte selbst, so vervielfältigen sich die Möglichkeiten der Substitution zu einer breiten Palette – Nickel statt Chrom bei der Herstellung von Edelstahl, Plastik statt Edelstahl beim Rostschutz; Palladium statt Platin im Katalysator; neue Motoren mit besseren Verbrennungswerten als Substitute des Katalysators selber; Massenverkehrsmittel und neue Kommunikationsmöglichkeiten zur Substituierung des Individualverkehrs[16].

Die Kassandrarufe kamen Mitte der 70er Jahre freilich keineswegs nur von den Verfechtern der „Grenzen des Wachstums". Auch ausgesprochene Apologeten des Wachstums im Umfeld der internationalen Bergbauindustrie warnten vor bevorstehenden Verknappungserscheinungen. Und ihre Argumente ähnelten denen der Neo-Malthusianer, wenn sie auch sehr viel kurzfristiger angelegt waren. Grob skizziert, lautete ihre These folgendermaßen: Die Nachfrage nach Rohstoffen werde im Verlauf der 70er und 80er Jahre weiter kräftig zunehmen, die Investitionsneigung der Bergbauindustrie dagegen gehe aufgrund der Schwierigkeiten bei der Finanzierung und Abwicklung neuer Bergbauprojekte insbesondere in der dritten Welt zurück. Für die 80er Jahre sei daher mit erheblichen Versorgungsengpässen zu rechnen[17]

Die tatsächliche Entwicklung hat diese Argumentation bekanntlich inzwischen (vorläufig) ebenso entkräftet wie die des *Club of Rome* und seiner Gefolgsleute. Die Nachfrage nach Rohstoffen bildete sich im Verlauf der frühen 80er Jahre dramatisch zurück, die meisten Rohstoffmärkte litten unter erheblichen Überkapazitäten. Die Investitionstätigkeit im internationalen Bergbau war angesichts dieser (zugegebenermaßen Mitte der 70er Jahre nicht vorhersehbaren) Entwicklung in den 70er Jahren mithin eher zu umfangreich als zu knapp bemessen gewesen; tatsächlich erwies sich im Rückblick auch die faktische Grundlage dieser Kassandrarufe über die Gefahr struktureller Versorgungsengpässe durch Unterinvestition als unzureichend[18].

---

[16] Vgl. hierzu Global 2000, op.cit. pp. 481 f: „Infolgedessen besteht das Grundproblem der nicht-energetischen Ressourcen nicht, wie bei den biologischen Ressourcen, in der Gefahr einer Erschöpfung bzw. eines Aussterbens, sondern vielmehr in der Frage der Kosten für die Aufrechterhaltung eines adäquaten Bestandes an nichtenergetischen Rohstoffen im Wirtschaftskreislauf durch Abbau der Vorkommen und Recycling."

[17] Vgl. hierzu etwa Raymond Mikesell, Mineral Developments in the Eighties: Prospects and Problems, London 1976; Der Bundesminister für Wirtschaft, Metals and Minerals, Markets and Trends, Bonn 1979, pp. 66 ff (= Studienreihe No. 21). Die Argumentation basierte offenbar zu einem guten Teil auf Studien der Weltbank und einer Vorlage der europäischen Bergbaukonzerne bei der Europäischen Gemeinschaft. Als Begründung für die sinkende Investitionstätigkeit und -neigung der Bergbauindustrie wurden vor allem sinkende Erlöse der Konzerne als Folge der Preisschwäche bei den meisten Rohstoffen sowie wachsende politische Risiken (Verstaatlichung!) bei Projekten in Entwicklungsländern und stark steigende Projektkosten genannt.

[18] Vgl. hierzu Phillip Crowson, Trends and Patterns of International Investment, in: Forschungsinstitut der Friedrich-Ebert-Stiftung (ed), Probleme der Rohstoff-Sicherung, Bonn 1981, pp. 25–42 (= Analysen aus der Abteilung Entwicklungsländerforschung No. 92/93). Die Datenbasis der kritisierten Argumentation berücksichtigte die tatsächlichen Investitionen nur unvollständig; insbesondere blieben neue Wege der Risikoabsi-

Damit allein läßt sich dieses Problemfeld freilich nicht abhaken. Befürchtungen, die sich einmal als grundlos erwiesen haben, brauchen deswegen keineswegs auch beim nächsten Mal unangemessen bleiben. Die erwähnten spezifischen Charakteristika der Bergbauindustrie können durchaus dazu führen, daß unzureichende Investitionen mit einer Verzögerung von mehreren Jahren erhebliche Versorgungsengpässe und Preissteigerungen nach sich ziehen[19]. Dies war beispielsweise Anfang der 70er Jahre der Fall, als ein paralleler Wirtschaftsaufschwung in allen großen Industriestaaten zu einem starken Nachfrageschub führte, der angesichts der vorangegangenen Periode schwacher Preise und damit niedriger Investitionstätigkeit nicht ohne Anpassungskosten und Engpässe bewältigt werden konnte[20]. Der besonders ausgeprägte zyklische Einbruch Anfang der 80er Jahre mit seinem verbreiteten Preisverfall und mit empfindlichen Verlusten der meisten Bergbauunternehmen, deren Investitionsneigung dementsprechend schwand, könnte leicht zu strukturellen Engpässen in den 90er Jahren führen. Denn ein erheblicher Teil der laufenden Investitionen des Bergbaus gilt dem Ersatz erschöpfter Vorkommen: Schätzungen Mitte der 70er Jahre bezifferten allein den notwendigen Umfang dieser Ersatzinvestitionen bis 1990 für Aluminium auf $ 27 Mrd., für Kupfer auf $ 26,5 Mrd. und für Nickel auf $ 5,8 Mrd.[21]. In einer Phase schwacher Nachfrage werden Kapazitäten stillgelegt, um Angebot und Nachfrage besser in Übereinstimmung zu bringen; dauert diese Phase lange, so wird ein Teil dieser stillgelegten Kapazitäten nur mit erheblichen Kosten und Verzögerungen wieder aktivierbar sein. Mit anderen Worten: Ausgeprägte Schwächeperioden führen mit einer gewissen Verzögerung zu einer Verringerung der Produktionskapazitäten.

Unzulängliche Investitionstätigkeit könnte insbesondere dann zu akuten Versorgungsengpässen führen, wenn es zu unerwarteten Nachfrageschüben käme. Derartige Nachfrageschübe sind entweder im Zusammenhang mit einem gleichzeitigen Wirtschaftsaufschwung in allen großen Industriestaaten (Beispiel: Der Boom der frühen 70er Jahre) oder im Zusammenhang mit militärischen Konflikten (Beispiel: Koreakrieg) vorstellbar[22]. Ein solch starkes Anschwellen der Nachfrage nach bestimmten Rohstoffen könnte die vorhandenen Kapazitätsreserven rasch erschöpfen; dazu käme dann wahrscheinlich parallel zum steigenden Verbrauch erhebliche zusätzliche Nach-

---

cherung durch imaginative Projektfinanzierungsmethoden sowie die Diversifizierung der internationalen Ölkonzerne in den nichtenergetischen Rohstoffsektor hinein unberücksichtigt. Vgl. Thomas Wälde, Transnationale Unternehmen und dritte Welt: Auf der Suche nach neuen Instrumenten einer langfristigen und stabilen Rohstoff-Kooperation, in: Forschungsinstitut der Friedrich-Ebert-Stiftung (ed), op. cit., pp. 81–92; Raymond F. Mikesell, Trends in Foreign Investment, in: *Resources Policy*, Sept. 1978, pp. 194–199; John E. Tilton, The Future of Nonfuel Minerals, Washington 1977, pp. 50 ff.

19 Vgl. zu dieser Argumentation insbesondere Hans H. Landsberg/John E. Tilton, Nonfuel Minerals: The Fear of Shortages and the Search for Policies, in: Emery N. Castle/Kent A. Price (eds), U.S. Interests and Global Natural Resources, Baltimore 1983, pp. 48–80 (48 ff).

20 Zur Dokumentation der Probleme 1973–1974 siehe National Commission on Supplies and Shortages, Government and the Nation's Resources, Washington 1976, pp. 47 ff.

21 Der Bundesminister für Wirtschaft, Metals and Minerals, Markets and Trends, Bonn 1981, p. 54 (= Studienreihe No. 21).

22 Landsberg/Tilton, op. cit.

frage zur Aufstockung der Vorräte, zur Abdeckung höherer Verbrauchsmengen, zur Vorsorge gegen eventuelle Engpässe und aus spekulativen Gründen.

Die Besonderheiten der internationalen Bergbauindustrie und ihr damit zusammenhängender, ausgeprägt zyklischer Charakter könnten in Zukunft also sehr wohl strukturelle Versorgungsengpässe und dramatische Preiserhöhungen heraufbeschwören. Eine andere Frage ist allerdings, ob derartige Versorgungsengpässe im Sinne dieser Analyse auch als wirtschaftliche Sicherheitsrisiken zu werten wären. Voraussetzung hierfür wäre ja nach den oben angestellten Überlegungen[23], daß derartige Engpässe und Preiserhöhungen empfindliche und sozial kostspielige makro-ökonomische Störungen auslösen würden. Diese Voraussetzungen wurden im Falle der beiden Ölkrisen der 70er Jahre zweifellos erfüllt; für den Bereich der nichtenergetischen Rohstoffversorgung ist das dagegen wohl generell wenig wahrscheinlich: Die volkswirtschaftliche Bedeutung der Rohstoffimporte ist mit denen der Energieimporte nicht zu vergleichen. Während der Anteil des gesamten Bergbausektors am Welt-Bruttosozialprodukt bei rund 5% liegt, entfallen davon auf die nichtenergetischen Rohstoffe nur 0,7%. Der Wert der Weltproduktion energetischer Rohstoffe wurde für 1980 auf rund $ 836 Mrd. beziffert, der der nichtenergetischen Bergbauprodukte dagegen nur auf $ 81 Mrd. Die Einfuhren der BRD im Jahr 1984 umfaßten Energieträger mit einem Gesamtwert von DM 59,1 Mrd., während die Importe an nichtenergetischen Bergbauprodukten sich nur auf DM 5,8 Mrd. beliefen. Die Eisenerz-Importe stellten dabei allein knapp DM 3 Mrd. – etwa ebensoviel wie die Einfuhren von Aluminium oder Kupfer-Metallen[24]. Selbst dramatische Preissteigerungen bei einzelnen nichtenergetischen Rohstoffen, ja sogar bei einer Reihe von derartigen Bergbauprodukten gleichzeitig hätten also im Gegensatz zu den Auswirkungen von abrupten Preissteigerungen beim Erdöl keine nennenswerten Auswirkungen auf die Volkswirtschaften der Importländer. Ob Verknappungserscheinungen bei einzelnen Bergbauprodukten *per se* (also jenseits von Preiserhöhungen) gesamtwirtschaftliche Störungen auslösen könnten, soll weiter unten im Zusammenhang mit der Diskussion der einzelnen Rohstoffe erörtert werden.

Insgesamt gesehen, erscheint dieses Problemfeld also zunächst einmal aus unserer spezifischen Perspektive heraus nicht als sicherheitsrelevant. Die Tendenz der internationalen Bergbauindustrie zu ausgeprägten Zyklen und zu daraus resultierenden Perioden einer angespannten Versorgungssituation ist diesen Märkten inhärent und von

---

[23] Vgl. Teil B, Kap. 1.

[24] Giraud, op. cit., pp. 6f; Statistisches Bundesamt, Statistisches Jahrbuch für die Bundesrepublik Deutschland 1985, Stuttgart 1985, p. 266. Aluminium und Kupfer zählen als Einfuhren von Halbzeug und sind daher nicht unter den bergbaulichen Rohstoffen erfaßt. Diese Relationen sind typisch. Die USA importierten 1986 nichtenergetische Rohstoffe im Wert von $ 4 Mrd. sowie verarbeitete Rohstoffe (wie Stahl, Aluminium und anorganische chemische Verbindungen) im Wert von $ 35 Mrd.; der Wert der US-Rohstoffexporte im selben Jahr betrug insgesamt $ 24 Mrd. Der Saldo von $ 11 Mrd. entsprach etwa 0,3% des Bruttosozialproduktes von $ 4215 Mrd. Demgegenüber beliefen sich allein die Erdölimporte der USA 1983 auf $ 49,8 Mrd. oder 1,5% des BSP. (US Bureau of Mines, Mineral Commodity Summaries 1987, Washington 1987; OECD Economic Outlook, No. 37, June 1985, p. 144.)

diesen grundsätzlich auch zu bewältigen, ohne daß flankierende staatliche oder zwischenstaatliche Maßnahmen notwendig würden. Allerdings könnten sich aus diesen spezifischen Merkmalen der internationalen Rohstoffmärkte dann genuin sicherheitspolitische Probleme ergeben, wenn sich strukturelle, investitionsbedingte Versorgungsengpässe mit politisch ausgelösten Versorgungskrisen treffen, wie das im Verlauf der 70er Jahre sowohl beim Erdöl wie auch bei einigen Rohstoffen zu beobachten war[25].

Investitionsengpässe stellen also *per se* keine sicherheitsrelevanten Rohstoffprobleme dar, können diese jedoch begünstigen, indem sie die Voraussetzungen dafür schaffen, daß politisch ausgelöste Lieferausfälle schwerwiegende Auswirkungen auf die Rohstoffversorgung der Importländer haben.

Der dritte große Problembereich, der sich aus den spezifischen Merkmalen der internationalen Rohstoffmärkte ergibt, betrifft Versorgungskrisen, die durch politisch motivierte Aktionen von Lieferländern („Rohstoffwaffe"), durch soziale oder politische Konflikte oder möglicherweise durch Naturkatastrophen ausgelöst werden. Die Geschichte der internationalen Rohstoffbeziehungen liefert eine Reihe von Beispielen für derartige Versorgungskrisen, deren dramatischste wohl die beiden Ölkrisen der 70er Jahre darstellten[26]. Ohne diese Versorgungskrisen hier im einzelnen nachzeichnen zu wollen, lassen sich aus diesen Erfahrungen einige generelle Schlußfolgerungen herleiten.

Die erste Schlußfolgerung, die eine Analyse dieser historischen Beispiele nahelegt, ist die Bedeutung der allgemeinen Marktsituation zu Beginn der Versorgungsstörun-

---

[25] Zur Relevanz dieses Zusammenhangs für die Ölkrisen der 70er Jahre vgl. Edith Penrose, OPEC's Importance in the World Oil Industry, in: *International Affairs*, Jan. 1979, pp. 18–32; eine interessante Stellungnahme zu der Krise bei der Kobalt-Versorgung im Zusammenhang mit den Wirren in Shaba, der rohstoffreichen Provinz Zaires, die die Bedeutung marktstruktureller Faktoren für die damaligen Engpässe hervorhebt, findet sich in: Stellungnahme der *Amax* Inc., Hearings, Seapower and Strategic and Critical Materials Subcommittee, Committee on Armed Services, House of Representatives, 98th Congress, Oct. 19–20, 1983, Washington 1983, pp. 119ff.

[26] Für eine allgemeine Analyse der Ölkrisen der Jahre 1973/4 und vorangegangene Ölkrisen (1956, 1967) sei verwiesen auf Hanns W. Maull, Ölmacht, Ursachen, Perspektiven, Grenzen, Köln 1975, Kap. 1 und Teil II. Die wohl beste Untersuchung der Ölkrise 1973/4 findet sich bei Raymond Vernon (ed), The Oil Crisis: In Perspective, New York 1976; für die Ölkrise 1979/80 vgl. Daniel Badger/Robert Belgrave, Oil Supply and Price, What Went Right in 1980? London 1982 (= British Institutes Joint Energy Policy Programme, Energy Paper No. 2) sowie *Orbis*, Winter 1980 (Sondernummer zur zweiten Ölkrise). Zu Versorgungsstörungen bei Nickel (Streiks in Kanada im Jahr 1969) vgl. Meinhard Forster, Strukturen und Risiken der deutschen NE-Metallversorgung, Hamburg 1975, pp. 165–177 sowie Office of Technology Assessment, Strategic Materials: Technologies to Reduce U.S. Import Vulnerability, Washington 1985, pp. 94ff und für die statistische Entwicklung der Förderung Bundesanstalt für Geowissenschaften und Rohstoffe/Deutsches Institut für Wirtschaftsforschung, Untersuchungen über Angebot und Nachfrage mineralischer Rohstoffe, Bd. X, Nickel, Hannover, Berlin 1978, pp. 118ff. Die Kobalt-Versorgungskrise des Jahres 1978 untersucht im einzelnen Scott F. Sibley, Cobalt, Pittsburgh 1979 (= US Bureau of Mines Mineral Commodity Profiles). Andere Beispiele von Versorgungsproblemen bei nichtenergetischen Rohstoffen lieferte die Einstellung der sowjetischen Chrom- und Manganlieferungen an die USA nach 1949 und der Boykott der rhodesischen Chromexporte nach der einseitigen Unabhängigkeitserklärung der weißen Regierung im Jahr 1965 (Office of Technology Assessment, op. cit., pp. 91ff).

gen. Die beiden Ölkrisen der 70er Jahre, aber auch die Störungen in der Kobalt- und Nickelversorgung 1978 bzw. 1969 ereigneten sich in einer Phase angespannter Märkte als Folge struktureller Investitionsengpässe der Art, wie sie oben angesprochen wurden. Marktsituationen, die durch ein tendenzielles Überangebot gekennzeichnet sind, scheinen dagegen die Auswirkungen von Versorgungsstörungen in engen Grenzen zu halten[27].

Die zweite Beobachtung ist recht offensichtlich: Verknappungserscheinungen – als Folge von oder im Zusammenhang mit Kriegen, Bürgerkriegen, Revolutionen oder Streiks (um die auslösenden Ereignisse von Verknappungserscheinungen zu skizzieren) – führen zu Preiserhöhungen, die oft recht dramatisch ausfallen können. Dabei ist angesichts der spezifischen Strukturen internationaler Rohstoffmärkte meist zu unterscheiden zwischen Preisen in den freien Märkten („Spotpreise") und den Kontraktpreisen, die für längerfristige Lieferverträge verbindlich sind. Die Relation der Umsätze an den freien Märkten zu denen längerfristiger Lieferverträge variieren von Fall zu Fall und von Zeitraum zu Zeitraum, doch tendieren Versorgungskrisen dazu, den Anteil der freien Märkte ansteigen zu lassen. Die Preiserhöhungen an den freien Märkten können recht dramatisch ausfallen: Im Verlauf der Ölkrise 1973/74 (die durch Produktionskürzungen der arabischen Ölförderländer bis zu 4,3 Mio. barrels/Tag oder rund 13% des Weltexports ausgelöst wurde) stiegen die Spot-Preise bis zu 340% des zu Beginn der Krise ohnehin erhöhten offiziellen Richtpreises; im Verlauf der zweiten Ölkrise 1979/1980 (mit einem grob vergleichbaren Mengenausfall als Folge der Streiks und danach der Umorientierung der iranischen Erdölpolitik im Zusammenhang mit der Revolution 1978/1979) wurde ein derart dramatisches Auseinanderklaffen der Spot- und der Listenpreise durch sukzessive Preiserhöhungen bei den letzteren begrenzt; das allgemeine Ölpreisniveau erhöhte sich dadurch um ca. 135%[28]. Der große Nickelstreik in Kanada, der zu einem Produktionsverlust von etwa 65000 Tonnen Nickel (rund 13% der Weltproduktion) führte, löste an den freien Märkten Preissteigerungen bis über 600% aus; dagegen stiegen die längerfristigen Kontraktpreise nur mäßig an[29]. Im Gefolge der Versorgungsstörungen in Zaire stiegen die Kobaltpreise von $ 5,40/Pfund (Anfang 1978) auf $ 45/Pfund (Anfang 1979); die Produzentenpreise hatten sich im selben Zeitraum immerhin ebenfalls mehr als vervierfacht ($ 25/Pfund, Anfang 1979)[30].

Preiserhöhungen tendieren generell dazu, die Nachfrage nach dem betroffenen Gut zu senken (effizienterer Einsatz, Substitutionseffekte, Produktions- und Wohlstandsverluste) und das Angebot zu erhöhen (verstärkte Wiedergewinnung von Altmaterial,

---

[27] Beispiele hierfür bilden die – weitgehend folgenlosen – Lieferausfälle im internationalen Ölmarkt im Herbst 1980 als Folge des iranisch-irakischen Krieges und die Auswirkungen des kanadischen Nickel-Streiks 1978. Vgl. hierzu Badger/Belgrave, op.cit. sowie Bundesminister für Wirtschaft, Bericht über die Versorgung der Bundesrepublik Deutschland mit mineralischen Rohstoffen, Bonn 1980, p. 22 (= Studienreihe No. 30).

[28] Vgl. Michael Field/Richard Johns, Oil in the Middle East and North Africa, in: Europa Publications (ed), The Middle East and North Africa 1984–1985, London 1984, pp. 84–115.

[29] Forster, loc.cit.; Metallgesellschaft (ed), Metallstatistik, 1973–1983, Frankfurt/M. 1984, p. 397.

[30] Sibley, op.cit.; Metallgesellschaft (ed), Metallstatistik, 1969–1979, Frankfurt/M. 1980.

zusätzliche Förderung nichtbetroffener Lieferanten, Vorratsabbau). Die Preiselastizität von Angebot und Nachfrage wird dabei von den jeweiligen Marktstrukturen abhängen und längerfristig in höherem Maße wirksam werden als kurzfristig. Längerfristige Anpassungsprozesse können jedoch durch die Erwartung behindert werden, daß die Versorgungsstörung beendet und damit das alte Angebots- und Preisniveau wieder erreicht werden dürfte. In der Praxis sind diese allgemeinen Effekte zwar generell wirksam, sie werden jedoch von Fall zu Fall durch spezifische, oft politische Umstände beeinflußt.

Ein weiteres Merkmal der Reaktionen und Anpassungsprozesse internationaler Rohstoffmärkte in Krisensituationen sind prozyklische Veränderungen der Vorratshaltung. Insbesondere in der ersten Phase von Versorgungsstörungen ließen sich oft starke Zuwächse in der Lagerhaltung feststellen, die einerseits aus dem Bedürfnis der Abnehmer resultieren, Verknappungen durch Ausweitung der Vorräte zu entgehen, andererseits Hoffnungen auf Spekulationsgewinne reflektieren[31]. Vorräte werden also keineswegs immer abgebaut, um Versorgungsengpässe zu überbrücken, sondern nicht selten sogar aufgestockt. Vorratsveränderungen tendieren also – solange sie der freien Verfügungsgewalt einzelner Wirtschaftssubjekte unterliegen – u.U. dazu, Versorgungsengpässe zu verschärfen, anstatt sie abzumildern.

Das Verhalten anderer Lieferländer in Krisensituationen wird einerseits durch den Wunsch bestimmt, maximale Gewinne aus der Versorgungskrise zu schlagen, andererseits möglicherweise jedoch auch durch politische Solidarität mit dem Land, das Lieferungen verknappt. Zu beachten ist weiter, daß in einer Versorgungskrise eine Verbesserung der Exporterlöse allein durch die Preiserhöhungen möglich ist und zusätzliche Mengenausweitungen deshalb nicht unbedingt attraktiv erscheinen müssen. Es sind also prinzipiell mehrere Verhandlungsweisen im Spektrum von Solidarisierung bis hin zu reinem Opportunismus vorstellbar, wobei die historische Erfahrung allerdings die Einschätzung nahelegt, daß das Verhalten anderer Produzentenländer eher in Richtung einer opportunistischen Strategie tendieren wird. Immerhin bleibt festzustellen, daß eine Ausweitung der Förderung in nicht betroffenen Lieferländern nicht selten politische Entscheidungen oder wenigstens stillschweigendes Einverständnis voraussetzt und damit keinesfalls automatisch angenommen werden kann.

Auch das Verhalten der Importländer deckt sich nicht zwangsläufig mit den Postulaten ökonomisch rationalen Verhaltens. So erwies sich bislang auch die Vorratspolitik der Regierungen, die über staatlich kontrollierte Lagerbestände verfügen (und das sind im Falle des Erdöls seit 1974 alle Industriestaaten, im Falle nichtenergetischer Roh-

[31] Für den Bereich des internationalen Erdölmarktes hat hierzu vor allem Edward N. Krapels interessante Untersuchungen vorgelegt. Oil and Security: Problems and Prospects of Importing Countries, London 1977, pp. 7 ff (= International Institute for Strategic Studies, Adelphi Paper No. 136); Oil Crisis Management, Strategic Stockpiling for International Security, Baltimore 1980, Kap. 6; idem (ed), International Oil Supplies and Stockpiling, London 1982 (= Economist Intelligence Unit Special Report). Für die nichtenergetischen Rohstoffe findet dieser Aspekt besondere Beachtung bei Michael W. Klass/James C. Burrows/Steven D. Beggs, International Mineral Cartels and Embargoes, New York 1980, passim.

stoffe traditionell die USA), als keineswegs immer antizyklisch: Die Pflichtvorräte wurden weder während der ersten noch der zweiten Ölkrise angetastet; ein Teil der strategischen Nickelvorräte der USA wurden dagegen 1969 freigegeben. Vor allem die Erfahrung im Bereich des Erdöls zeigt die Probleme der Handhabung staatlicher Krisenvorräte in Situationen, die nicht eindeutig überschaubar sind – die Tendenz staatlichen Verhaltens geht dabei in die Richtung der Hortung, so daß mit der Verfügbarkeit dieser Vorräte in der ersten Phase einer Krisensituation nicht unbedingt gerechnet werden kann[32]. Rationales Verhalten der Importländer würde auch eine enge Zusammenarbeit mit anderen betroffenen Ländern nahelegen, da auf diese Weise Gegendruck gegen ein etwaiges Produzenten-Kartell mobilisiert und in jedem Falle eine einigermaßen gleichmäßige und damit auch breite Streuung der Anpassungslasten erreicht werden kann. Das tatsächliche Verhalten der betroffenen Länder bei Versorgungsstörungen ging jedoch nicht selten in eine andere Richtung – die des *sauve qui peut*, des nationalen Alleingangs. So kamen internationale Ölgesellschaften 1973/1974 unter den Druck ihrer jeweiligen Regierungen, das eigene Land bevorzugt zu beliefern; ähnlich – jedoch mit größerem Erfolg – wurden 1969 die internationalen Nickelkonzerne von der amerikanischen Regierung zu einer bevorzugten Belieferung der USA gedrängt[33]. Auch in anderer Hinsicht waren konterproduktive nationale Alleingänge nicht selten zu beobachten[34]. Regierungen versuchten sich so binnenstrukturellen Anpassungszwängen zu entziehen und diese auf andere Länder abzuwälzen: Die Alternative erscheint innenpolitisch offensichtlich oft weniger akzeptabel. Dabei verfügen Regierungen grundsätzlich über umfangreiche Möglichkeiten zur Senkung der Nachfrage – sei es durch Zuteilungsmaßnahmen, Regelungen zur Zwangseinsparung (Sonntagsfahrverbot, Senkung der Raumtemperaturen etc.) oder andere Steuerungsmaßnahmen.

Die Nachfrage nach Rohstoffen in Krisensituationen reflektiert veränderte ökonomische Voraussetzungen (d.h. die höheren Marktpreise sowie etwaige Probleme der Verfügbarkeit), aber auch andere sozio-psychologische Einstellungen: Eine Krisenmentalität. Das kann positive und negative Auswirkungen haben: Positiv wäre beispielsweise ein sparsamerer Umgang mit dem betroffenen Rohstoff auch ohne spezielle ökonomische Anreize (wie das im Verhalten der Ölverbraucher im Verlauf der Ölkrise im Winter 1973/4 sichtbar wurde), negativ eine Neigung zur Hortung und zu Panikkäufen. Allerdings dürften nichtökonomische Aspekte bei den nichtenergetischen Rohstoffen, die ja in der Regel zum Einsatz in der industriellen Fertigung nachgefragt werden, eine untergeordnete Rolle spielen; entscheidend sind hier die Substi-

---

[32] Die Internationale Energieagentur beschloß allerdings 1984 im Hinblick auf dieses Problem eine flexible Handhabung der Pflichtvorräte und unternahm damit einen wichtigen Schritt in Richtung auf eine angemessene staatliche Vorratspolitik. Vgl. kritisch Edward N. Krapels, Strategic Oil Stocks: The Balance of Vulnerability, in: *Petroleum Economist*, Sept. 1984, pp. 341–3 sowie *Petroleum Economist*, Sept. 1984, pp. 339f.

[33] Louis Turner, Oil Companies in the International System, London ²1980, p. 178; Interview, Wirtschaftsvereinigung Edelstahl, Düsseldorf, Jan. 1981.

[34] Vgl. für den Bereich des Erdöls insbesondere Robert J. Lieber, The Oil Decade, New York 1983, Kap. 2–4.

tutions-, Wiedergewinnungs- und Konservierungseffekte, die durch höhere Preise und Verknappungserscheinungen ausgelöst werden.

Die historischen Erfahrungen mit Versorgungsengpässen bei nichtenergetischen Rohstoffen zeigen, daß in derartigen Krisensituationen die Wiedergewinnung von Altmaterial beträchtlich zunehmen kann. So betrug der Anteil des Altmaterials am US-Kobaltverbrauch des Jahres 1979 10%, während es 1978 erst 5% gewesen waren[35]. Als Ergebnis der dramatischen Preissteigerungen im Gefolge der Wirren in Shaba wurden eine Reihe von neuen Prozessen der Wiedergewinnung von Altmaterial entwickelt und z.T. auch eingeführt, was zum ausgeprägten Rückgang der Nachfrage nach Kobalt erheblich beitrug[36].

Noch bedeutsamer als diese Möglichkeit eines verstärkten Rückgriffs auf Altmaterial war in der Regel jedoch die Substitution von krisenbetroffenen Rohstoffen durch andere und ein sparsamerer Einsatz der verteuerten Rohstoffe. So wurde beispielsweise während des Nickelstreiks in Kanada im Jahr 1969 Nickel in bestimmten Anwendungen durch Kobalt ersetzt; umgekehrt wurden nach 1978 Metallegierungen mit hohem Kobalt-Anteil durch Legierungen abgelöst, in denen Kobalt ganz oder teilweise durch Nickel substituiert worden war. Der Kobalteinsatz in Lautsprechern wurde durch Ferritlautsprecher bzw. durch Lautsprechermagnete auf der Basis einer Aluminium-Nickel-Kobalt-Verbindung um etwa 30% gesenkt[37]. Ein eindrucksvolles Beispiel für die Möglichkeiten zur Senkung des spezifischen Verbrauchs durch verbesserte Produktionstechnologien liefert die Turbinenscheibe des *Pratt & Whitney* Triebwerkes F-100, bei deren Herstellung durch bessere Fertigungstechniken gegenüber dem ursprünglichen Design eine Reduzierung des Kobaltverbrauchs um 80% erreicht werden soll[38].

Die letzte Schlußfolgerung, die eine Analyse historischer Versorgungskrisen nahelegt, betrifft Formen der Zuteilung, die nicht über den Preismechanismus abgewickelt werden. Rationierung nach Kriterien wie etwa der historischen Nachfrage vor Ausbruch der Versorgungsschwierigkeiten spielte eine Rolle im Verlauf der Nickel- und Kobaltengpässe 1969 bzw. 1978, aber auch bei den Ölkrisen der 70er Jahre. Die Zuteilung erfolgte dabei durch die marktbeherrschenden Rohstoff- bzw. Mineralölkonzerne nach Kriterien, die primär langfristige Lieferbeziehungen und das Prinzip einer annähernd „fairen" Verteilung der Engpässe berücksichtigten[39]. Dabei waren aller-

---

[35] US Bureau of Mines, Mineral Commodity Summaries 1980, Washington 1980.

[36] Sibley, op.cit., pp. 13f.

[37] ibid., pp. 14f; Bundesminister für Wirtschaft, op.cit., p. 21; Artikel „Cobalt" in: US Bureau of Mines, Mineral Facts and Problems, 1980 Edition, Washington 1980, pp. 199–214; Mining Journal (ed), Mining Annual Review 1982, London 1982; US Bureau of Mines, Minerals Yearbook 1980, Vol. I, Minerals and Metals, Washington 1981, pp. 237–247.

[38] Office of Technology Assessment, Strategic Materials: Technologies to Reduce U.S. Import Vulnerability, Summary, Washington 1985, p. 37.

[39] Vgl. hierzu Forster, op.cit., pp. 162ff; Sibley, op.cit. sowie für die Ölindustrie in der Krise 1973/1974, Robert Stobaugh, The Oil Companies in the Crisis, in: Raymond Vernon (ed), The Oil Crisis: In Perspective, New York 1976, pp. 179–202. Siehe auch Turner, op.cit., Kap. 9.

dings durchaus beträchtliche Unterschiede hinsichtlich der tatsächlichen „Fairness' bei der Handhabung der Zuteilung festzustellen, die einerseits spezifische Marktstrukturen reflektierten (so wurde Frankreich beispielsweise durch die Folgen des Nickelstreiks von 1969 kaum tangiert, weil es seine Nickelnachfrage primär aus der Überseeprovinz Neukaledonien deckte), andererseits jedoch auch die Pressionen bestimmter Regierungen: Die amerikanische Regierung vermochte beispielsweise die Belieferung der US-Industrie mit Nickel unter Verweis auf den Vietnam-Krieg auch während der Verknappungsprobleme Ende der 60er Jahre zu günstigen Preisen sicherzustellen, während japanische und europäische Abnehmer der großen Nickelkonzerne teilweise auf sowjetische Lieferungen mit Preisen bis zu 500% über den Listenpreisen ausweichen mußten[40].

Das letzte Problemfeld, das sich aus den spezifischen Merkmalen der internationalen Rohstoffmärkte herleiten läßt, betrifft die Möglichkeiten der Kartellbildung. Die Organisation der erdölexportierenden Länder (OPEC) konnte ja im Verlauf der 70er Jahre eindrucksvoll demonstrieren, daß ein Zusammenschluß von Lieferländern zur Durchsetzung von Preiserhöhungen beträchtliche Gewinne ermöglicht[41]. Sind vergleichbar erfolgreiche Kartellierungsversuche auch bei anderen, nichtenergetischen Rohstoffen vorstellbar oder gar festzustellen? Und ergeben sich daraus für die rohstoffimportierenden Industriestaaten Bedrohungsmomente der wirtschaftlichen Sicherheit? Die Erfolge der OPEC bei der Steigerung der Welt-Erdölpreise und der spektakuläre Einsatz der „Ölwaffe" durch die arabischen Exportländer löste Mitte der 70er Jahre tatsächlich derartige Befürchtungen aus, die sich allerdings angesichts der Entwicklung seither bislang nicht bestätigten[42].

Theoretische Überlegungen der Volkswirtschaftslehre und die praktisch-historischen Erfahrungen mit internationalen Rohstoffkartellen erlauben eine recht präzise Fassung der notwendigen Voraussetzungen für die erfolgreiche Kartellisierung von Rohstoffmärkten. Diese Voraussetzungen lassen sich folgendermaßen zusammenfassen[43]:

---

[40] OECD Interfutures, Facing The Future: Mastering the Probable and Managing the Unpredictable, Paris 1979, p. 53.

[41] Zur Entwicklung und Rolle der OPEC im internationalen Ölmarkt siehe Maull, op. cit. (1975), Teil I; idem, Europe and World Energy, London 1980, Kap. 9 sowie Turner, op. cit., Kap. 8 und passim sowie Dankwart Rustow/John F. Mugno, OPEC: Success and Prospects, New York 1976.

[42] Zu den ersten Stimmen, die vor OPEC-ähnlichen Kartellierungsversuchen bei anderen Rohstoffen warnten, gehörte C. Fred Bergsten, der später in der Carter-Administration eine wichtige Entscheidungsposition im Bereich der internationalen Wirtschaftspolitik bekleidete. Siehe C. Fred Bergsten, The Threat from the Third World, in: *Foreign Policy*, Summer 1973, pp. 102–124; idem, A New OPEC in Bauxite, in: *Challenge*, July/Aug. 1974, pp. 12–20 und idem, The Threat is Real, in: *Foreign Policy*, Spring 1974, pp. 84–90. Vgl. auch Zuhayr Mikdashi, The International Politics of Natural Resources, Ithaca, N. J. 1976, und Wolfgang Hager, Europe's Economic Security, Non-Energy Issues in the International Political Economy, Paris 1975, pp. 39 ff (= Atlantic Papers No. 3) sowie Tilton/Landsberg, op. cit.

[43] Zur theoretischen Grundlegung anhand der Erfolge der OPEC vgl. Charles P. Kindleberger/Peter H. Lindert, International Economics, Homewood, Ill. [6]1978, pp. 187 ff. Zu den Bedingungen erfolgreicher Kartellaktionen vgl. Hanns W. Maull, The Preconditions for Producer Power, in: IDS Bulletin No. 4/1976, pp. 27–29; Manfred Tietzel, Internationale Rohstoffpolitik, Bonn 1977, pp. 40 ff; Tilton/Landsberg, op. cit.,

1. Die Mitglieder des Kartells müssen über einen möglichst großen Anteil am Weltmarkt sowie an den nachgewiesenen Weltreserven eines Rohstoffes verfügen. Die Reservenposition der Gruppe gibt dabei Aufschluß über die langfristig zu erwartenden Marktanteile[44].

2. Die Nachfrage-Elastizität des betreffenden Rohstoffes muß sowohl kurzfristig wie langfristig möglichst gering sein; Verbrauchsverschiebungen durch Substitutionsprozesse, verstärkte Wiedergewinnung von Altmaterial und sparsamere Verwendung sollten sich also in engen Grenzen halten, da sonst die Erlöseinbußen durch den Mengeneffekt die Gewinne pro Exporteinheit rasch aufzehren.

3. Zugleich sollte die Elastizität des Angebotes außerhalb des Kartells ebenfalls möglichst niedrig sein; Preissteigerungen sollten also nicht dazu führen, daß über eine verstärkte Explorations- und Erschließungstätigkeit in Ländern, die dem Kartell ablehnend gegenüberstehen, der Marktanteil des Kartells rapide abnimmt[45].

Diese drei Bedingungen definieren die Voraussetzungen für erfolgreiche Monopole – wobei hierbei anzumerken ist, daß sich diese Bedingungen durch erfolgreiche Monopolpraktiken fast zwangsläufig verschlechtern werden: Die Angebots- und Nachfrageelastizitäten steigen im Laufe der Zeit an, der Anteil am Weltmarkt sinkt. Oligopole wie die OPEC sehen sich darüber hinaus zusätzlichen Schwierigkeiten gegenüber, die mit den Problemen wirksamer Zusammenarbeit unter den spezifischen Bedingungen eines Produzentenländer-Kartells zusammenhängen: Zunächst einmal muß diese Zusammenarbeit konstituiert werden, was ein gewisses Maß an politischer Gemeinsamkeit voraussetzt. Besteht die Organisation, stellen sich neue Schwierigkeiten: Solange die Marktkontrolle des Kartells insgesamt funktioniert, können einzelne Mitglieder über einen einseitigen Bruch der Preis- und Mengenabsprachen ihre Erlöse steigern[46].

---

pp. 58ff; Raymond F. Mikesell, Nonfuel Minerals: U.S. Investment Policies Abroad, Beverly Hills 1975, pp. 28ff (= Washington Papers No. 23); Philip Connelly/Robert Perlmann, The Politics of Scarcity, London 1975, Kap. 5; Ruth W. Arad/Uzi A. Arad, Sharing Global Resources, New York 1979, pp. 27ff (= Council on Foreign Relations 1980s Project).

[44] Der beste Grobindikator für die langfristige Rolle eines Lieferlandes im Weltmarkt besteht wahrscheinlich in den Zahlenangaben über Rohstoffreserven pro Kopf der Bevölkerung, da diese zugleich den zukünftigen Eigenverbrauch ansatzweise mitberücksichtigen. Bedeutsam ist auch die Produktionskostenstruktur der Reserven: Besonders kostengünstige Vorkommen (wie die Erdölfelder der Golfregion) ermöglichen nicht nur Renten, sondern konstituieren auch Marktmacht. Vgl. hierzu Jean Marie Chevalier, Le nouvel enjeu pétrolier, Paris 1975, Kap. I–III sowie idem, Elements théoriques d'introduction a l'économie du pétrole, L'analyse du rapport de force, in: *Revue d'Economie Politique,* Mars-Avril 1975, pp. 230–255 und Giraud, op.cit., pp. 125ff.

[45] Der Anteil der Produzentenorganisation an den Weltreserven ist hier zwar langfristig ein gewisser Anhaltspunkt, kurz- und mittelfristig jedoch nicht unbedingt. So sank der Marktanteil der OPEC an der Welt-Erdölförderung außerhalb des sozialistischen Blocks von 65% im Jahr 1973 auf 39% 1985, obwohl der Anteil der OPEC an den Weltreserven außerhalb des sozialistischen Blocks in diesem Zeitraum immerhin um die 75% betrug. (BP Statistical Review of the World Oil Industry, 1973, London 1974; BP Statistical Review of World Energy, London 1987).

[46] Eine theoretische Analyse dieser Probleme findet sich bei Mancur Olson, Die Logik des kollektiven Handelns, Tübingen 1968.

Daraus ergeben sich für erfolgreiche Rohstoff-Oligopole folgende zusätzlich zu erfüllende Bedingungen[47]:

4. Der zu organisierende Rohstoffmarkt muß durch hohe Einheitlichkeit des Produktes gekennzeichnet sein; es sollten also keine größeren Qualitätsunterschiede bestehen. Wird der betreffende Rohstoff nämlich in einer Reihe unterschiedlicher Qualitäten gehandelt, so ergibt sich daraus auch eine komplexe Preisstruktur mit Ab- und Aufschlägen, die eine gemeinsame Preisgestaltung der Förderländer erheblich erschweren. Ähnliches gilt auch für die Verarbeitung von Rohstoffen: Die Preise von veredelten Rohstoffen werden in der Regel die Preise des Ausgangsrohstoffes beeinflussen[48]. Ein relativ homogener Rohstoff bietet daher bessere Chancen für eine Kartellierung; ein eher inhomogener und vielschichtiger Markt erhöht die Schwierigkeiten einer effektiven Strategie der Preiskontrolle.

5. Die effektive Zusammenarbeit in einem Kartell wird durch die Zahl und das relative Gewicht der Akteure in dem betreffenden Rohstoffmarkt beeinflußt: Je geringer die Zahl der entscheidenden Akteure, desto einfacher die politische Organisation des Marktes. Und je größer das Gewicht eines einzelnen Akteurs, desto größer sind die Chancen für ein geschlossenes Auftreten der Produzenten, da dieser Akteur dann eine dominante Rolle spielen und somit Geschlossenheit fördern kann. Dies setzt allerdings voraus, daß dieser Akteur die Kosten einer solchen Rolle zu übernehmen bereit ist, indem er sein Marktgewicht im Sinne der getroffenen Preisabsprachen einsetzt – also auch den Löwenanteil etwaig notwendiger Fördersenkungen auf sich nimmt bzw. Abweichler durch Androhung eines Verdrängungswettbewerbs diszipliniert[49].

---

[47] Hierzu die Angaben in supra, Anm. 43, sowie Marian Radetzki, Market Structure and Bargaining Power, in: *Resources Policy*, Juni 1978, pp. 115–125.

[48] Diese Probleme erschwerten seit je die Marktkontrolle der OPEC: Erdöl ist ein Rohstoff mit erheblichen Qualitätsunterschieden und einer recht breiten Palette von unterschiedlichen Rohölsorten. Die Frage der angemessenen *„differentials"*, der Preisunterschiede zwischen den Rohölsorten, führte immer wieder zu Spannungen und Schwierigkeiten innerhalb der Organisation, weil einzelne OPEC-Länder über eine entsprechende Gestaltung ihrer Preisstruktur den Absatz zu steigern suchten. Die *differentials* reflektieren Faktoren wie Schwefelgehalt, Zusammensetzung und damit auch die Anteile der großen Erdölproduktgruppen bei der Raffinierung und Transportkosten; sie verändern sich daher in Reaktion auf technologische und ökonomische Veränderungen bei diesen Faktoren. Siehe hierzu Field/Johns, op. cit., pp. 95 ff; Penrose, op. cit. Auch die wachsende Tendenz zur Weiterverarbeitung des Rohöls in den Förderländern und damit die Verschiebung der Exportstruktur in Richtung auf Erdölprodukte schafft Probleme für die Preiskontrolle der OPEC. Vgl. zu diesem Komplex Fereidun Fesharaki, Wide Impact Seen for OPEC's Refinery Push, in: *Petroleum Intelligence Weekly*, 22. 6. 1981, Supplement; indem/Hossein Razavi, OPEC's Push into Refing: Dilemma of Interaction between Crude and Product Markets, Honolulu 1983 (Resources Systems Institute, Working Paper No. 83–8) sowie Achim v. Heynitz, Industrialisierung in den Mitgliedsstaaten des Gulf Cooperation Council (GCC): Die wirtschaftlichen Folgen für die Industrieländer, Ebenhausen 1985, insbes. Kap. V (= SWP – S 317).

[49] Auch hier bietet die OPEC ein aufschlußreiches Beispiel: Saudi-Arabien verfügt aufgrund seiner Reservenposition und seiner Fähigkeit, die Förderung in sehr großem Umfang zu variieren, über eine derartige Vormachtstellung innerhalb der OPEC, die allerdings durch politische Faktoren modifiziert wird. Saudi-Arabien war jedoch bis 1985 bereit, die Kosten seiner Vormachtstellung zu tragen und führte demzufolge die Preisstabilisierungsbemühungen der OPEC seit 1981 mit überproportionalen Senkungen der Förderung an. Vgl. hierzu Edward L. Morse, An Overview: Gains, Costs and Dilemmas, in: Joan Pearce (ed), The Third Oil

6. Ob eine effektive Organisation der Förderländer möglich ist, hängt jedoch nicht nur von der verfügbaren „kritischen Masse“ im Weltmarkt relativ weniger Akteure ab, sondern entscheidend von deren politischem Willen zur Zusammenarbeit. Das setzt nicht unbedingt – wie immer wieder argumentiert wird – enge Gemeinsamkeiten und Kooperation in anderen Bereichen voraus: Zwar ist richtig, daß die Förderländer der OPEC in ihrer Mehrheit islamisch und arabisch sind, doch trennen die wichtigsten Förderländer Iran, Irak und Saudi-Arabien seit je erhebliche Differenzen und Konflikte, die bis hin zu offenen Kriegshandlungen eskalierten, ohne zum Zusammenbruch der OPEC zu führen. Entscheidend ist vielmehr die politische Bereitschaft zu diszipliniertem Handeln – und diese Bereitschaft kann allein durch die Nutzeffekte der Kartellierung erreicht werden.

7. Andererseits wird die politische Bereitschaft zur effektiven Mitarbeit im Kartell dann fehlen, wenn die Kosten einer solchen Disziplin für einzelne Mitgliedsländer bzw. die kurzfristigen Nutzeffekte kompetitiven Verhaltens subjektiv sehr hoch sind. Die Abhängigkeit der Förderländer vom Exporterlös ihrer Produkte muß also begrenzt sein, um effektive Kartellierung auch unter ungünstigen Marktvoraussetzungen zu ermöglichen[50].

8. Die letzte Vorbedingung für erfolgreiche Kartellierungsversuche besteht in einer Asymmetrie der Marktmacht zwischen Förderländern und Abnehmern (wobei hierbei sowohl die Importländer wie auch die multinationalen Konzerne als weitere gewichtige Akteure im Markt angesprochen sind). Mit anderen Worten bedeutet dies, daß die Kosten einer Unterbrechung bzw. Reduzierung der Tauschbeziehung für die Abnehmer erheblich größer sein sollten als für die Förderländer. Diese Relation ist komplex – sie umfaßt neben den o.a. Punkten der Angebots- und Nachfrage-Elastizität sowie den Anteilen am Weltmarkt auch Faktoren wie den Anteil der Rohstoffkosten am Endprodukt, der von Fall zu Fall stark variiert[51], sowie die Möglichkeit der Abnehmer, Kostensteigerungen weiterzugeben.

Diese Bedingungen für eine erfolgreiche Kartellierung erscheinen auf den ersten Blick eher prohibitiv. Bei näherem Zusehen erweist sich jedoch, daß eine Reihe der

---

Shock, London 1983, pp. 1–31 (= Chatham House Special Paper); Hanns W. Maull, OPEC am Ende?, in *Europa Archiv*, No. 8/1983, pp. 233–242; Field/Johns, op. cit., pp. 95 ff. Die Rolle von Saudi-Arabien innerhalb der OPEC unterstreicht die Überlegungen von Hans Morgenthau zur Problematik von Allianzen (vgl. zu Morgenthaus Überlegungen Thomas W. Robinson, National Interests, in: James N. Rosenau (ed), Foreign Policy and International Politics, New York 1969 (rev. ed.), pp. 182–190).

[50] Auch hierfür bietet die Entwicklung der OPEC aufschlußreiches Material: Die Machtverschiebungen in den 70er Jahren hatten ihre Ursache u.a. in der relativen Unabhängigkeit wichtiger Förderländer von den Erdölerlösen, da vorangegangene Steigerungen der Exportmengen zur Ansammlung beträchtlicher finanzieller Reserven führten und die Absorptionsmöglichkeiten der Volkswirtschaften dieser Länder für die steigenden Öleinkünfte zunächst ohnehin begrenzt waren. Umgekehrt zeigten sich bei Förderländern mit geringen Finanzreserven und hohem Importbedarf immer wieder die Tendenz zum Ausscheren aus der gemeinsamen Kartellpolitik. Vgl. Maull, op. cit. (1983), und Louis Turner, OPEC, in: Pearce (ed), op. cit., pp. 82–89.

[51] Beispielsweise spielen die Kosten der Stahlveredler wie Chrom oder Mangan bei den Herstellungskosten von Stahl eine relativ geringe Rolle; ähnlich liegt auch der Anteil der Bauxit-Kosten an den Gesamtkosten der Herstellung von Aluminium unter 10%. (Marian Radetzki, Market Structure and Bargaining Power, in: *Resources Policy*, June 1978, pp. 115–125) (122).

im folgenden genauer analysierten Rohstoffmärkte diese Voraussetzungen ganz oder teilweise erfüllen. So ist die Angebots- und Nachfrageelastizität der meisten mineralischen Rohstoffe zumindest kurzfristig relativ niedrig[52]; etliche Rohstoffmärkte erfüllen die Bedingung einer hohen Konzentration von Exporten und Reserven und damit auch die Voraussetzung einer begrenzten Zahl von zu organisierenden Akteuren; auch die Produkt-Homogenität ist in vielen Fällen hinreichend groß (vgl. Tabelle B-2.1).

Tab. B – 2.1: Konzentration in einigen wichtigen internationalen Rohstoffmärkten nach Ländern und Firmen

	Förderländer									Firmen	
	Anteil an den nachgewiesenen Reserven (1986)			Anteil an der Weltförderung (1986)			Anteil am Weltexport (1980/1981)			Anteil am westlichen Weltmarkt (1980)	
	A	B	C	A	B	C	A	B	C	D	E
Bauxit	25	58	79	35	58	72	27	64	75	47	67
Aluminium	–	–	–	21	44	54	16	43	55	42	70
Chromerz	84	97	98	34	73	84	26	61	78	50[a]	72[b]
Eisenerz	26	57	74	29	55	70	21	42	53	37	62
Manganerz	71	96	100	41	67	84	30	65	79	77[a]	94[b]
Platinmetalle	90	100	100	49	99	100	41	100	100	84[c]	97[a]
Wolfram	35	68	80	33	59	67	33	55	70	43[a]	64[b]
Kobalt	25	57	74	57	89	90	n.v.	n.v.	n.v.	77	93
Phosphat	61	83	88	28	66	79	32	68	82	43[d]	n.v.
Kali	57	85	92	36	70	86	41	75	89	49	n.v.

A = Anteil des größten Förderlandes, B = Anteil der drei, C = Anteil der fünf größten Förderländer. D = Anteil der vier, E = Anteil der acht größten Firmen
a) erste fünf, b) erste zehn, c) erste zwei, d) erste sechs Unternehmen
Alle Zahlen sind Prozentangaben

Quellen:
P. C. F. Crowson, Minerals Handbook 1982/3, London 1982
Metallstatistik, 1973–1983, Frankfurt 1984
US Bureau of Mines, Mineral Commodity Summaries 1987, Washington 1987
P. N. Giraud, Géopolitique des Ressources Minières, Paris 1983

[52] So schätzte man die Elastizität bei Aluminium kurzfristig (d.h. im Laufe eines Jahres) auf –0,13; eine Erhöhung der Preise um 10% würde also innerhalb eines Jahres zu einem Rückgang der Nachfrage um 1,3% führen. Bei Chrom lautete die entsprechende Schätzung auf –0,2, bei Kobalt auf –0,68, bei Platin auf –0,1. Mittelfristig (d.h. innerhalb von drei bis fünf Jahren) sind die entsprechenden Elastizitätswerte jedoch erheblich höher und reichen bis zu –1,71 (Kobalt). Vgl. John E. Tilton, The Future of Nonfuel Minerals, Washington 1977, p. 66; Giraud, op. cit., pp. 501 ff.

Tatsächlich waren formelle oder informelle Versuche der Marktorganisation in den letzten Jahren in einigen dieser Märkte zu beobachten (so etwa bei Phosphat[53], bei den Metallen der Platingruppe[54] und bei Bauxit[55]).

Die Voraussetzungen für eine Kartellierung erscheinen zunächst bei den nichtenergetischen Rohstoffen also nicht unbedingt ungünstiger als beim Erdöl; bei einigen Rohstoffen erscheinen sie insgesamt sogar erheblich vorteilhafter. Versuche der Kartellbildung bzw. der Marktorganisation durch die Förderländer wurden denn auch immer wieder unternommen; die Erfolge waren allerdings zumeist bestenfalls temporär. Dies ließ sich bei genauerer Analyse auch von vornherein abschätzen[56]. Selbst die OPEC, das bislang bei weitem erfolgreichste und dramatischste Beispiel eines Produzentenkartells, geriet seit 1981 zunehmend unter den Druck von korrigierenden Marktprozessen und konnte einen erheblichen Rückgang der Rohölpreise nicht verhindern[57]. Zudem spricht vieles dafür, daß die OPEC einen Sonderfall darstellt – der Wert des internationalen Rohölhandels, der den Umsatz anderer Rohstoffe weit in den Schatten stellt; die spezifische Entwicklung des internationalen Rohölmarktes in den 60er und 70er Jahren, bei der politische und wirtschaftliche Faktoren in einzigartiger Weise zusammenspielten; die Tatsache, daß die wichtigsten Förderländer – allen voran Saudi-Arabien – zugleich über eine (kurzfristig) relativ große Handlungsfreiheit verfügen[58]. Doch selbst wenn Kartellierungsbemühungen Erfolg haben sollten, würden sie aus mehreren Gründen keine wirtschaftlichen Sicherheitsrisiken für die Importländer implizieren. Denn erstens stellt das wichtigste Ziel jeder Marktkontrollstrategie durch Förderländer – die Erhöhung der Preise – kein wirkliches Problem dar: Selbst dramatische Preiserhöhungen um mehrere hundert Prozent blieben gesamtwirtschaftlich gesehen unbedeutsam, weil der Wert dieser Handelsströme insgesamt zu gering ist. Makroökonomische Verwerfungen, wie sie durch die Ölpreisexplosionen der 70er Jahre ausgelöst wurden, sind bei keinem nichtenergetischen Rohstoff zu befürchten. Produzentenzusammenschlüsse sind demnach also in Zukunft möglich, ihr Erfolg im Sinne einer dauerhaften Erhöhung der Preise und Exporterlöse muß jedoch recht zweifelhaft erscheinen. Die Gefahr solcher Kartelle für die wirtschaftliche Sicherheit der Industriestaaten ist in jedem Falle gering – Kartellierungsversuche der Förderländer gehören, wie die von multinationalen Rohstoffkonzernen, zu den geläufigen Rahmenbedingungen des internationalen Rohstoffhandels, die besondere Schutzvorkehrungen der Verbraucherländer zur Wahrung ihrer Versorgungssicherheit nicht rechtfertigen können.

---

[53] Vgl. unten, Teil C. Kap. 5.1

[54] Vgl. unten, Teil C, Kap. 5.2.

[55] Vgl. unten, Teil C, Kap. 3.1.

[56] Siehe etwa Maull, op. cit. (1976).

[57] Vgl. hierzu Heinz J. Schürmann, OPEC-Zwischenbilanz nach 25 Jahren, in: *Zeitschrift für Energiewirtschaft*, No. 3/1985, pp. 148–155.

[58] Vgl. hierzu Albert Bressand (ed), Ramses 1981, Coopération ou Guèrre Economique? Paris 1981, pp. 158f. Zu der Sonderrolle des Erdöls vgl. Stephen D. Krasner, Oil ist the Exception, in: *Foreign Policy*, Spring 1974, pp. 63–83.

C: NICHTENERGETISCHE ROHSTOFFE UND DIE WIRTSCHAFTLICHE SICHERHEIT DER INDUSTRIESTAATEN: BEDEUTUNG, ABHÄNGIGKEITEN UND VERWUNDBARKEITEN IN AUSGEWÄHLTEN MÄRKTEN

1. Zur Bedeutung nichtenergetischer Rohstoffe für die Weltwirtschaft

Nichtenergetische Rohstoffe liefern die wichtigsten Grundstoffe der Weltwirtschaftsproduktion; sie bilden gewissermaßen das Knochengerüst der modernen Industriegesellschaft. Dennoch liegt ihr Anteil am Welt-Sozialprodukt unter einem Prozent; auch im Vergleich zu den energetischen Rohstoffen (Erdöl, Erdgas, Kohle und Uran) nimmt sich ihre mengen- und wertmäßige Rolle im Gesamtzusammenhang der Weltwirtschaft recht bescheiden aus[1]. Doch diese Zahlen vermiteln einen irreführenden Eindruck von der wirklichen Bedeutung der nichtenergetischen Rohstoffe, ohne die keine wirtschaftliche Aktivität auskommen kann.

Die Verteilungsmuster des Verbrauchs nichtenergetischer Rohstoffe im Weltmaßstab reflektieren einerseits die Bedeutung dieser Substanzen für die moderne Industrieproduktion, andererseits die gewaltigen Ungleichheiten zwischen Industriestaaten und Entwicklungsländern. So liegt der Anteil der westlichen Industriestaaten am Weltverbrauch der wichtigsten metallischen Rohstoffe zwischen gut 50% (Eisen und Stahl) und über 70% (Aluminium), bei den Düngemittelrohstoffen immerhin noch bei 45–50%, während ihr Anteil an der Weltbevölkerung nur etwa 18% ausmacht. Die sozialistischen Staaten (einschließlich Chinas) verzeichnen insgesamt einen im Vergleich zu ihrem Anteil an der Weltbevölkerung (etwa 33%) unterdurchschnittlichen Verbrauchsanteil bei den meisten metallischen Rohstoffen, aber einen leicht überdurchschnittlichen Verbrauchsanteil bei Eisen und Stahl und bei den Düngemittel-Rohstoffen (35–38%). Demgegenüber ist die dritte Welt, die immerhin rund 50% der Weltbevölkerung stellt, mit zwischen 3 und 18% des Rohstoff-Verbrauchs völlig unterrepräsentiert[2]. Auf der anderen Seite liegt auch die Bergbauproduktion der westlichen Industriestaaten fast durchweg über ihrem Anteil an der Weltbevölkerung, während dies für die beiden anderen großen Wirtschaftsformationen nur in einzelnen Fällen zutrifft[3].

---

[1] Der wertmäßige Anteil der energetischen Rohstoffe an der gesamten Bergbauproduktion der Welt betrug 1980 knapp 89%, der der metallischen und nichtmetallischen mineralischen Rohstoffe nur etwa 11%. Allerdings spielten hier die Preisentwicklungen der 70er Jahre eine erhebliche Rolle – 1970 betrug die Relation noch 56 : 44. Vgl. Pierre-Noël Giraud, Géopolitique des ressources minières, Paris 1983, pp. 6 ff.

[2] ibid., p. 52.

[3] ibid.

Diese Analyse der Verteilung von Weltbergbauproduktion und Verbrauch bei nichtenergetischen Rohstoffen in Relation zu den entsprechenden Anteilen an der Weltbevölkerung deutet bereits darauf hin, daß die Struktur der internationalen Arbeitsteilung hier in mancher Hinsicht nicht unbedingt den gängigen Vorstellungen entspricht. Zwar trifft es zu, daß die nichtenergetischen Bergbauindustrien stark internationalisiert sind, also ein vergleichsweise großer Anteil der Produktion exportiert wird[4]; entgegen der landläufigen Meinung verlaufen die wichtigsten Handelsströme jedoch nicht von Entwicklungsländern zu westlichen Industriestaaten, sondern innerhalb der Gruppe der letzteren, die auch den bei weitem größten Anteil an der Welt-Bergbauproduktion aufzuweisen hat.

Statistiken der UNCTAD erlauben die Erstellung einer detaillierten Welthandels-Matrix für drei Kategorien: a) Düngemittelrohstoffe, nichtenergetische Erze und Altmetall, b) NE-Metalle und c) Eisen und Stahl. In der ersten Kategorie wiesen die westlichen Industriestaaten 1979 insgesamt ein Handelsbilanz-Defizit von etwa $ 6 Mrd. auf, das durch Importe aus der dritten Welt zustandekam; die sozialistischen Staaten wiesen ebenfalls ein – allerdings geringfügiges – Defizit auf, während die dritte Welt insgesamt Exportüberschüsse von $ 6,2 Mrd. verzeichnete. Bei den Metallen betrug das Defizit der westlichen Industriestaaten $ 3,7 Mrd., während die sozialistischen Staaten insgesamt einen Exportüberschuß von $ 200 Mio. aufwiesen. Bei Eisen und Stahl schließlich erzielten die westlichen Industriestaaten mit $ 20,6 Mrd. einen erheblichen Exportüberschuß, der zu etwa zwei Dritteln auf das Konto von Ausfuhren in die dritte Welt ging und zu einem Drittel durch Exporte in sozialistische Staaten zustandekam[5].

In der ersten Gruppe von Rohstoffen betrug der Gesamtumfang des Welthandels 1979 $ 33 Mrd., wovon 60% auf den Handel zwischen westlichen Industriestaaten entfielen. Die Importe dieser Gruppe kamen damit zu zwei Dritteln aus anderen westlichen Industriestaaten, zu 30% aus Entwicklungsländern und zu 4% aus sozialistischen Ländern. Deren Exporte gingen jedoch zu 70% an andere sozialistische Staaten; der Handel innerhalb dieser Gruppe bildete 8% des gesamten Welthandels in dieser Kategorie. Die dritte Welt schließlich exportierte überwiegend an westliche Industriestaaten (vgl. Schaubild C-1.1). Bei den Metallen entfielen gar 70% des Welthandels auf den Handel zwischen den westlichen Industriestaaten, die hier rund drei Viertel ihrer Einfuhren aus anderen Mitgliedsländern dieser Gruppe bezogen; 21% der Importe kamen aus der dritten Welt. Die sozialistischen Staaten zeigten in dieser Kategorie eine größere Außenabhängigkeit: 51% der Exporte bzw. 39% der Importe wurden mit westlichen Industriestaaten abgewickelt (vgl. Schaubild C-1.2). Bei Eisen und Stahl schließlich, der wertmäßig gewichtigsten der drei Kategorien, ist die Führungsstellung der Gruppe der westlichen Industriestaaten beim Export noch ausge-

[4] Einzelheiten zu den wichtigsten Rohstoffen einschließlich Kohle, Erdöl und Erdgas bei Giraud, op. cit., pp. 77ff.

[5] ibid., pp. 28f.

Schaubild C – 1.1: Welthandelsmatrix für Erze, Metallabfälle, Düngemittelrohstoffe (Mio $, f.o.b., 1979)

Bestimmungsregion

Ursprungsregion	Welt		westl. Industrieländer		sozialistische Staaten		Entwicklungsländer	
Welt	33.033	100%	25.619	100%	4.089	100%	3.176	100%
	100%		77%		12%		10%	
westl. Industrieländer	19.650	60%	16.929	66%	723	18%	1.924	60%
	100%		86%		4%		10%	
sozialistische Staaten	3.852	12%	1.039	4%	2.686	65%	124	4%
	100%		27%		70%		3%	
Entwicklungsländer	9.466	28%	7.600	30%	661	16%	1.133	36%
	100%		80%		7%		12%	

Quelle: P.-N. Giraud, Géopolitique des Ressources Minières, Paris 1983

Schaubild C – 1.2: Welthandelsmatrix für NE-Metalle (Mio. $, f.o.b., 1979)

Bestimmungsregion

Ursprungsregion	Welt		westl. Industrieländer		sozialistische Staaten		Entwicklungsländer	
Welt	37.005	100%	29.412	100%	2.620	100%	4.821	100%
	100%							
westl. Industrieländer	25.860	70%	21.721	74%	1.028	39%	2.968	62%
	100%		84%		4%		12%	
sozialistische Staaten	2.865	8%	1.475	5%	1.254	48%	134	3%
	100%		51%		44%		5%	
Entwicklungsländer	8.280	22%	6.215	21%	339	13%	1.719	35%
	100%		75%		4%		21%	

Quelle: Wie Schaubild C – 1.1

Schaubild C – 1.3: Welthandelsmatrix für Eisen und Stahl

Ursprungsregion \ Bestimmungsregion	Welt		westl. Industrieländer		sozialistische Staaten		Entwicklungsländer	
Welt	70.711	100%	39.121	100%	12.958	100%	18.535	100%
	100%		56%		18%		26%	
westl. Industrieländer	59.777	85%	35.482	90%	8.847	68%	938	5%
	100%		56%		15%		26%	
sozialistische Staaten	6.744	9%	1.815	5%	3.970	31%	938	5%
	100%		27%		59%		14%	
Entwicklungsländer	4.189	6%	1.824	5%	141	1%	2.191	12%
	100%		44%		3%		53%	

Quelle: Wie Schaubild C – 1.1

prägter. Dabei flossen 1979 59% aller Ausfuhren in andere OECD-Staaten, 26% in Entwicklungsländer, der Rest in sozialistische Staaten (Schaubild C-1.3).

Daraus lassen sich für den internationalen Rohstoffhandel insgesamt folgende Charakteristika feststellen[6]:

1. Westliche Industriestaaten sind bei weitem die wichtigsten Rohstoff-Exportländer; sie liefern primär an andere OECD-Staaten. Dabei spielt der intra-europäische Handel (mit Anteilen von 20%, 37% und 35% des Welthandels in den drei Kategorien) eine entscheidende Rolle. Das Defizit der westlichen Industriestaaten bei Erzen und Metallen ist – betrachtet man die OECD-Staaten als Gruppe – recht bescheiden und wird durch einen starken Exportüberschuß bei Stahl mehr als ausgeglichen. (Dies sagt jedoch noch nichts über die Importabhängigkeit einzelner Industriestaaten.)

2. Die Länder der dritten Welt nehmen im Welthandel mit nichtenergetischen Rohstoffen und Stahl eine relativ bescheidene Position ein. Ihre Exportüberschüsse bei Erzen und NE-Metallen werden durch ihr Defizit bei Eisen und Stahl mehr als ausgeglichen. Die Exportüberschüsse in den beiden ersten Kategorien fließen fast ausschließlich in westliche Industriestaaten (die umgekehrt den weit überwiegenden Teil ihrer Defizite mit Bezügen aus der dritten Welt decken).

3. Der Außenhandel der sozialistischen Staaten mit Rohstoffen ist insgesamt recht begrenzt und wird zudem überwiegend mit anderen Staaten dieser Gruppe getätigt; die Bedeutung dieser Gruppe im kapitalistischen Welthandelssystem ist daher so eng umrissen, daß hier – wie in anderen Bereichen des Welthandels auch – am besten von

[6] Vgl. Giraud, op. cit., pp. 73 ff.

wärtig nachgewiesenen Reserven bei den meisten Metallen als ausreichend zur Dekkung der kumulativen Förderung in diesem Zeitraum. Diese Reserven bilden jedoch nicht mehr als einen Arbeitsvorrat der Bergbauindustrien; dies ergibt sich bereits aus der Definition des Begriffs „Reserven", der sich auf die jeweils vorliegenden technologischen Voraussetzungen und Preise bezieht (vgl. Schaubild B-2.2). Schätzungen über den Umfang des grundsätzlich erschließbaren Ressourcenpotentials deuten für die meisten Rohstoffe auf eine Reichweite von Hunderten, ja Tausenden von Jahren des gegenwärtigen Produktionsniveaus[13].

Auch die ökonomische Variante dieser neo-malthusianischen Argumentation kann kaum stichhaltige Indizien ins Feld führen. Eine Analyse der längerfristigen Preistendenzen bei nichtenergetischen Rohstoffen zeigt für den Zeitraum von 1880 bis 1960 zwar ausgeprägte zyklische Schwankungen, jedoch keinen steigenden Trend[14]; angesichts der erheblichen Überkapazitäten Mitte der 80er Jahre ist eine grundsätzliche Veränderung der Preistendenzen in Richtung auf ein dauerhaftes Ansteigen auch nicht abzusehen.

Insgesamt beruht die Argumentation der Neo-Malthusianer also (wie ja auch die Argumentation von Malthus selbst!) neben recht problematischen Annahmen über die zukünftigen Wachstumsraten der Weltwirtschaft, der Umverteilung der Wachstumsgewinne und der Verbreitung der Produktions- und Konsummuster der Industriestaaten in den 60er Jahren auf die gesamte Welt des Jahres 2010 oder 2025 auf der Verwechslung von naturwissenschaftlichen und gesellschaftlichen Sachverhalten. Dies zeigte sich bereits an der Behandlung der Rohstoff-Ressourcen und -Reserven, die aus naturwissenschaftlicher Sicht eben eindeutig „begrenzt", aus ökonomischer Sicht jedoch ebenso eindeutig „unbegrenzt" (weil jeweils nur entweder erschwinglich oder zu teuer) sind. Aber auch die Behandlung der Rohstoffe in der Argumentation der Malthusianer ist irreführend – Rohstoffe werden keinesfalls immer nur „verbraucht", sondern sehr häufig nur „verwendet", bleiben also nach ihrer Benutzung als Altmaterial verfügbar[15].

Nicht weniger deutlich wird die Problematik der Übertragung naturwissenschaftlicher Denkansätze auf soziale und ökonomische Sachverhalte an der Unterschätzung der Möglichkeiten der Substitution sichtbar. Denn Substitution bezieht sich ja keineswegs nur auf die Ersetzung eines Rohstoffes in einer bestimmten Verwendung durch

---

[13] Zur Definition und Problematik des Begriffs „Reserven" vgl. G. J. S. Govett/M. H. Govett, The Concept and Measurement of Mineral Reserves and Resources, in: *Resources Policy*, Sept. 1974, pp. 46–55; US Bureau of Mines, Mineral Facts and Problems, 1980 Edition, Washington 1980, Introduction. Zur Reichweite der erschließbaren Ressourcen, vgl. Global 2000, op. cit., Kap. 12; OECD Interfutures, Facing the Future: Mastering the Probable and Managing the Unpredictable, Paris 1979, Teil I, Kap. 4; Rostow, op. cit., Kap. 52.

[14] Rostow, op. cit., p. 612. Vgl. auch Page, op. cit., pp. 187 ff, Global 2000, op. cit., Kap. 12.

[15] So schätzen amerikanische Experten den seit 1870 akkumulierten Bestand an Eisen, Nickel und Mangan auf jeweils ein Viertel der gegenwärtigen Reserven dieser Metalle (Global 2000, op. cit., p. 471). Der Anteil rezyklierten Materials am Verbrauch liegt bei vielen Metallen inzwischen recht hoch – etwa 20% bei Nickel, über 40% bei Wolfram, etwa ein Drittel bei Stahl (US-Zahlen für 1983, vgl. US Bureau of Mines, Mineral Commodity Summaries 1984, Washington 1984).

einem zweiten, sozialistisch orientierten Welthandelssystem gesprochen werden sollte, daß mit dem dominanten kapitalistischen System nur in bescheidenem Umfang kommuniziert. Die vielleicht bedeutsamste Schnittstelle der beiden Systeme liegt bei Eisen und Stahl, wo die sozialistischen Staaten als Gruppe ein nicht unbeträchtliches Defizit aufweisen.

Diese statistische Grobstruktur sagt freilich wenig aus über die Importabhängigkeiten einzelner Industriestaaten und -regionen, über die zukünftige Entwicklung dieser Abhängigkeiten und über die daraus resultierenden rohstoffwirtschaftlichen Sicherheitsrisiken. Wie bereits in Kapitel B.1 dargelegt wurde, ändern sich die Parameter dieser Abhängigkeiten und Verwundbarkeiten im Zusammenhang mit der Dynamik der Marktentwicklungen ständig: Effizientere Verwendung und Substitution können die Nachfrage beeinflussen – so stieg etwa der Verbrauch von Plastik in den USA von einer Million Tonnen im Jahr 1948 auf 17 Millionen Tonnen (oder das Doppelte des Gesamtverbrauchs von Aluminium, Kupfer, Blei und Zink) im Jahr 1978. Plastik wird aus Erdöl hergestellt, das seinerseits ebenfalls Importabhängigkeiten und Verwundbarkeiten impliziert – doch der Anteil der Erdölförderung, der in die Herstellung von Plastik fließt, ist insgesamt vernachlässigbar klein[7].

Wirtschaftliches Gesamtwachstum, technologische Entwicklungen und Kosten- bzw. Preisrelationen werden die Dynamik der Nachfrage entscheidend beeinflussen. Doch auch die Verfügbarkeit von Energie, aber auch soziale Präferenzen und politische Weichenstellungen im Hinblick auf Umfang und Zusammensetzung der Gesamtproduktion werden bei der zukünftigen Entwicklung der Rohstoffmärkte eine wichtige Rolle spielen. Die Förderung von Rohstoffen aus Erzvorkommen mit niedrigem Metallgehalt erfordert nicht nur große Mengen von Energie[8], sondern sie wirft auch erhebliche Umweltbelastungen auf, die politische Auflagen bzw. Produktionseinschränkungen und damit Verknappungserscheinungen zur Folge haben könnten[9]. Umgekehrt bieten die umfangreichen Rohstoff-Vorkommen der Tiefsee grundsätzlich sehr umfangreiche Möglichkeiten zur Steigerung der Rohstoff-Produktion von Mangan, Kobalt, Nickel, Kupfer, Titan und Zink. Die Technologie zur Erschließung dieser Vorkommen erscheint inzwischen weitgehend verfügbar, doch machen es die hohen Kosten des Tiefseebergbaus sowie die ungeklärten politischen Rahmenbedingungen sehr unwahrscheinlich, daß der Tiefseebergbau noch in diesem Jahrhundert eine Rolle bei der Rohstoff-Versorgung der Industriestaaten spielen könnte[10]; er bleibt deshalb im folgenden weitgehend unberücksichtigt. Die potentielle Bedeutung dieser neuen

---

[7] Zur Herstellung von einer Tonne Plastik werden etwa zwei Tonnen Erdöl benötigt. Vgl. hierzu insgesamt John D. Morgan, Strategic and Critical Materials, in: *Materials and Society,* No. 2/1980, pp. 211–224.

[8] Global 2000, Der Bericht an den Präsidenten, Frankfurt/M. 1981, pp. 461 ff.; Dieter G. Altenpohl, The Metal Industry in a Changing World, in: *Materials and Society,* No. 3/1979, pp. 315–324.

[9] Vgl. hierzu den Beitrag zur Rohstoff-Politik Australiens, die insbesondere im Uranbergbau zeitweilig stark restriktive Züge trug, in: Giraud, op.cit., pp. 241 ff sowie *Financial Times,* 4. 9. 1980, 8. 11. 1980, 7.11.1983, 19. 11. 1984.

[10] So z. B. Office of Technology Assessment, Strategic Materials: Technologies to Reduce U.S. Import Vulnerability, Washington 1985, pp. 209 ff und *Financial Times,* 15. 8. 1983, 20. 4. 1982.

Dimension des Bergbaus erhellt freilich die Schätzung, daß fünf durchschnittlich ausgelegte Tiefsee-Projekte ausreichen dürften, um 50% der Kobalt-, 10% der Nickel-, 6–8% der Mangan- und 1% der Kupfernachfrage im Jahr 2000 zu decken[11].

Abhängigkeiten und ihre zukünftige Entwicklung, die dadurch implizierten Verwundbarkeiten und ihre Grenzen in den jeweiligen Krisenflexibilitäten sollen nun im folgenden für eine Reihe ausgewählter Rohstoffe[12] analysiert und damit wirtschaftliche Sicherheitsrisiken für die Rohstoff-Versorgung der Industriestaaten herausgeschält werden. Im Mittelpunkt stehen dabei zunächst wichtige Rohstoffe der Stahlindustrie; Kap. 3 untersucht dann die Situation bei zwei Leichtmetallen, Kap. 4 ist einigen Rohstoffen der Elektronikindustrie gewidmet. Kap. 5 schließlich beschäftigt sich mit den Düngemittelrohstoffen Phosphat und Kali sowie mit den Platinmetallen. Den Abschluß dieses Teils der Untersuchung bildet eine zusammenfassende Bewertung möglicher Risikoszenarien (Kap. 6).

2. Rohstoffe der Stahlindustrie

2.1 Der Kontext: Die Stahlindustrie

Stahl ist noch immer der wichtigste metallische Grundstoff der Industriegesellschaft. Die Welt-Stahlnachfrage erreichte 1979 mit 748 Mio. Tonnen ihren bisherigen Höhepunkt und lag 1985 bei etwa 718 Mio. Tonnen[13]. Die Bedeutung dieser Industrie für die Volkswirtschaften der Industrie- wie vieler Entwicklungsländer kann kaum überschätzt werden: Der direkte Anteil der Stahlindustrie am Nationaleinkommen beträgt in Industriestaaten typischerweise drei bis vier Prozent, während er unter Einbeziehung des indirekten Beitrags zum Sozialprodukt um die 20% liegen dürfte. In Schwellenländern der dritten Welt kann der direkte Anteil der Stahlindustrie am Na-

---

[11] Allgemein zum Tiefseebergbau Hans-Günther Stalp, Entwicklungen des Meeresbergbaus und die Auswirkungen auf die Rohstoffmärkte, in: Verein für Socialpolitik, Neue Folge, Bd. 108 (1980), pp. 259–275; idem, Tiefseebergbau zwischen nationaler Rohstoffvorsorge und internationaler Wirtschaftspolitik, in: Wolfgang Graf Vitzthum (ed), Die Plünderung der Meere, Frankfurt 1981, pp. 215–229; International Economic Studies Institute, Raw Materials and Foreign Policy, Washington 1976, pp. 243 ff; Wilfried Prewo, Seerechtskonvention, Tiefseebergbau und Metallmärkte, in: *Die Weltwirtschaft*, No. 1/1982, pp. 72–137; Leigh Ratiner, The Future of Seabed Mining, in: *Materials and Society*, No. 1/1983, pp. 45–48; Renate Platzöder/Wolfgang Graf Vitzthum, Pro und Contra Seerechtskonvention 1982, in: *Europa Archiv*, No. 19/1982, pp. 567–574; Rüdiger Wolfrum, Die Bundesrepublik Deutschland vor der Frage der Seerechtskonvention, in: *Europa Archiv*, No. 3/1983, pp. 83–92; Thomas Oppermann/Claus Eiselstein, Die Bundesrepublik Deutschland vor der Frage der Unterzeichnung der UN-Seerechtskonvention, in: *Europa Archiv* No. 18/1984, pp. 559–566.

[12] Die Untersuchung erhebt keinesfalls den Anspruch auf Vollständigkeit; so wurden etwa im Bereich der Stahlherstellung die wichtigen Stahlveredler Nickel und Molybdän nicht gesondert analysiert (vgl. zu Molybdän aber Hanns W. Maull, Raw Materials, Energy and Western Security, London 1984, pp. 237 ff). Die untersuchten Rohstoffe geben jedoch insofern ein vollständiges Bild, als die anhand der in Teil B entwickelten Kriterien getroffene Auswahl alle erkennbar problematischen Märkte einbezieht.

[13] International Iron and Steel Institute, World Steel in Figures 1980, Brüssel 1980; Lenhard J. Holschuh, Annual Report to the 19th IISI Annual Conference, London, 7.–9. Okt. 1985.

tionaleinkommen bis zu 10% erreichen[14]. Diese zentrale Bedeutung der Stahlindustrie ergibt sich aus ihrer Stellung als wichtigste Grundstoffindustrie für eine Reihe nachgeschalteter Industriezweige, deren Produktion ohne Stahl nicht vorstellbar ist – für die Bauindustrie etwa, die bei der Fertigung von großen Gebäuden und Infrastrukturprojekten ohne Stahl bzw. stahlverstärkten Beton nicht auskommen könnte; für die Fahrzeug- und Werftindustrien, für die Stahl unverzichtbares Konstruktionsmaterial bleibt; oder für den Maschinenbau. Diese drei Sektoren stellen in den USA allein über zwei Drittel der Gesamtnachfrage nach Stahl, doch findet Stahl daneben in einer langen Reihe weiterer Industrien Anwendung[15]. Stahl steht also im Mittelpunkt der modernen Industrieproduktion, einer Nabe vergleichbar, die die Speichen der anderen Industrien zusammenhält und stützt[16].

Die Bedeutung der Stahlindustrie für die wirtschaftliche Sicherheit der Industriestaaten erscheint daher evident; sie galt spätestens seit der zweiten Hälfte des 19. Jahrhunderts auch als strategische Industrie erster Ordnung. Mit der Entwicklung der Bessemer-Birne Mitte des 19. Jahrhunderts begann die Geschichte der modernen Stahlherstellung; diese Technologie der Stahlherstellung wurde jedoch schon zu Beginn dieses Jahrhunderts vom Siemens-Martin-Verfahren verdrängt. Parallel dazu gewann die Stahlproduktion in Elektroöfen an Boden. Die jüngste Basisinnovation im Bereich der Stahlherstellung ist das Sauerstoff-Verfahren (BOP – *basic oxygen process*), das 1952 in Österreich entwickelt und seither zum wichtigsten Herstellungsverfahren wurde[17].

Die Stahlindustrie ist grundsätzlich nichts anderes als die größte Rohstoff-verarbeitende Industrie: Sie veredelt Eisenerz zu Eisen und schließlich zu Stahl. Die wichtigsten Schritte in diesem Prozeß der Verarbeitung sind die Gewinnung von Spiegeleisen in Hochöfen (die direkte Reduktion von Eisenerz zu Eisen in speziell dafür bestimmten Anlagen stellt eine Variante dieser Verarbeitungsstufe dar) und seine Verarbeitung (bzw. die Verarbeitung von Schrott und/oder Spiegeleisen) nach einem der erwähnten Verfahren zu Stahl[18]. Bei der Herstellung von Spiegeleisen werden dabei größere Mengen Kalk sowie Kokskohle zugesetzt; die Stahlherstellung selbst stellt einerseits eine Veredelung durch eine Verringerung des Kohlenstoff- und Siliziumgehalts sowie der Verunreinigungen durch Phosphor und Schwefel dar, sie dient andererseits aber auch zur Entwicklung bzw. Verstärkung bestimmter Eigenschaften des Stahls wie Hitze- und Korrosionsfestigkeit, Härte und Stärke[19]. Dazu werden Flußmittel wie

[14] Ferdinand E. Banks, The Economis of Natural Resources, London 1976, p. 209.

[15] Vgl. Frederick J. Schottman, Iron and Steel, Washington 1985, p. 11 (= US Bureau of Mines, Mineral Facts and Problems, 1985 Edition, Preprint).

[16] Steven J. Warnecke, Stockpiling of Critical Raw Materials, London 1980, p. 10 (= Chatham House Papers No. 5).

[17] Schottman, op. cit., pp. 1 ff.; Patrick Messerlin, The European Industrial Adjustment Policies: The Steel Industry Case, Sussex 1981, Teil I (= Sussex European Research Centre, mimeo); ders./Christopher Saunders, Steel: Too Much Investment Too Late, in: Geoffrey Shepherd/François Duchêne/Christopher Saunders (eds), Europe's Industries, London 1983, pp. 52–81 (55 f).

[18] Vgl. James McDivitt/Gerald Manners, Minerals and Men, Baltimore/London [2]1974, pp. 27 ff; Schottman, op. cit., pp. 2 ff.

[19] ibid., pp. 5 f; McDivitt/Manners, op. cit., pp. 28 ff.

Feldspat und Kalk sowie Legierungsmittel wie Mangan, Chrom und Nickel beigegeben[20].

Die Produkte der Stahlindustrie zerfallen in zwei große Kategorien – Massenstähle, die weltweit etwa 90%, in den Industriestaaten jedoch einen zuweilen erheblich geringeren Anteil der Stahlproduktion ausmachen[21] und außer Kohlenstoff und Mangan keine weiteren nennenswerten Zugaben aufweisen, und Edel- oder Spezialstähle, bei deren Herstellung mehr oder minder umfangreiche Mengen von Legierungsmetallen zugesetzt wurden. Eine breite Palette von Massenstählen deckt ein ganzes Spektrum von wichtigen Anwendungsbereichen in der Bau- und der Automobilindustrie sowie bei Eisenbahnschienen und im Schiffsbau ab; Massenstahl wird auch zur Herstellung der meisten Bleche und Drähte eingesetzt[22]. Spezialstähle werden überall dort eingesetzt, wo dem Werkstoff besondere Eigenschaften wie extreme Belastbarkeit, Hitzebeständigkeit, Verschleiß- und Korrosionsfestigkeit oder ein besonders günstiges Verhältnis Stärke : Gewicht abverlangt werden. Die wichtigsten Legierungsmetalle bei der Herstellung von Spezialstählen sind außer Mangan (das für alle Stahlqualitäten benötigt wird) Chrom, Nickel, Vanadium, Molybdän, Niob, Wolfram, Kobalt und Titan sowie eine Reihe anderer Elemente wie Phosphor, Bor und Silizium[23].

Das Spektrum der Spezialstähle ist inzwischen nahezu unübersehbar; zudem werden ständig neue Varianten entwickelt, um spezifische Anforderungen immer besser abzudecken und damit zugleich auch in der Konkurrenz mit anderen Werkstoffen zu bestehen. Generell besteht der Vorteil von Massenstahl gegenüber anderen Werkstoffen vor allem in seinen niedrigeren Herstellungskosten, während bei Spezialstählen eher die besonderen Qualitäten als der Preis den Ausschlag geben[24]. Spezialstähle sind aufgrund ihrer spezifischen Eigenschaften für eine Reihe von industriellen Anwendungsbereichen kurzfristig unverzichtbar – die Energieproduktion und die Herstellung von chemischen Produkten, von Landmaschinen, Werkzeugen und Werkzeugmaschinen, elektrischen Geräten, Schiffen, Automobilen und Flugzeugen ist ohne Spezialstähle nicht mehr vorstellbar[25].

Zur Herstellung von Massen- und Edelstählen sind alle drei Industrieregionen, wenn auch in unterschiedlichem Maße, auf die Einfuhr von Rohstoffen und Zwischenprodukten angewiesen; daneben wird auch Stahl selbst in erheblichem Umfang international umgeschlagen – wobei die Europäische Gemeinschaft und Japan traditionell Nettoexporteure sind. Diese Abhängigkeiten im Bereich der Vorstoff- wie der Stahlversorgung müssen angesichts der kritischen Rolle des Stahls für die Funktions-

---

[20] Einzelheiten hierzu in US Bureau of Mines, Minerals Yearbook, 1983, Vol. I, Metals and Minerals, Washington 1984, pp. 485, 493.

[21] Wirtschaftsvereinigung Eisen- und Stahlindustrie, Statistisches Jahrbuch 1983, Düsseldorf 1984.

[22] Warnecke, op. cit., pp. 44f.

[23] ibid. sowie Schottman, op. cit., p. 4; McDivitts/Manners, op. cit., pp. 49ff und Raymond E. Brown/Gerald F. Murphy, Ferroalloys, Washington 1985, pp. 2ff (= US Bureau of Mines, Mineral Facts and Problems, 1985 Edition, Preprint).

[24] Schottman, op. cit., p. 8.

[25] Warnecke, op. cit., p. 14.

fähigkeit moderner Industriegesellschaften auch auf ihre Versorgungsrisiken überprüft werden. Dies ist in der Vergangenheit auch immer wieder geschehen und hat zu staatlichen Eingriffen zum Schutz der einheimischen Stahlproduktion geführt. Dabei setzten sich allerdings nicht selten Partikularinteressen der jeweiligen Stahlindustrie durch, ohne daß eine objektive Gefährdung der Versorgungssicherheit vorgelegen hätte. Das Ergebnis war eine umfangreiche Reglementierung und Kontrolle des internationalen Stahlhandels durch Außenhandelsmaßnahmen und sog. „freiwillige" Selbstbeschränkungen – eine recht elaborate Maßnahmenpalette also ausgerechnet in dem Bereich der Stahlindustrie, in dem internationale Verflechtungen staatliche Programme der Versorgungssicherheit am wenigsten zu rechtfertigen vermögen[26].

Die tatsächlichen Gründe für die Proliferation protektionistischer Maßnahmen zum Schutze der Stahlindustrien in den Industriestaaten seit 1974, die selbst die legendär konkurrenzfähige japanische Stahlindustrie erfaßte[27], lagen natürlich weniger in einer Zuspitzung von Versorgungsrisiken als vielmehr in der Strukturkrise der Stahlindustrien in den Industriestaaten. Der Stahlverbrauch sank in der Europäischen Gemeinschaft von 1974 bis 1984 um 26%, in den USA um 22% und selbst in Japan um 6%[28]. Allem Anschein nach erreichte der Stahlverbrauch in den hochentwickelten Industriestaaten 1973/1974 seinen absoluten Höhepunkt, der selbst bis zur Jahrtausendwende nicht mehr erreicht werden dürfte[29]. Noch dramatischer sah – zumindest in den USA – der Rückgang der Stahlproduktion aus: Die amerikanische Stahlherstellung sank von 1974 bis 1984 um 36%, die japanische um 9% und die der Europäischen Gemeinschaft um 24%. Der Exportüberschuß Japans und der EG verringerte sich in diesem Zeitraum, während das amerikanische Stahl-Handelsdefizit dramatisch zunahm[30].

Die Gründe für diese Strukturkrise sind in mancher Hinsicht illustrativ auch für andere Rohstoff-Industrien und verdienen daher eine kurze Darstellung[31]. Im einzelnen umfassen die Strukturveränderungen folgende Aspekte:

---

26 Zu dieser Problematik vgl. Steven Woolcock, The International Politics of Trade and Protection in the Steel Industry, in: John Pinder (ed), National Industrial Strategies and the World Economy, Totowa, N.J. 1982, pp. 53–84; ders., US-European Trade Relations, in: *International Affairs*, Autumn 1982, pp. 610–624 (614ff). Siehe auch *The Economist*, 9. 7. 1983 und Albert Bressand (ed), Ramses 1981, Coopération ou guèrre économique? Paris 1981, pp. 176f.

27 Vgl. *The Economist*, 9. 1. 1982, 10. 3. 1984, zur südkoreanischen Konkurrenz für die japanische Stahlindustrie und zu den Gegenmaßnahmen der japanischen Firmen.

28 *Financial Times*, 4. 3. 1985.

29 So die (in diesem Punkt) übereinstimmenden Prognosen des *International Iron und Steel Institute* and anderer Organisationen wie der *Chase Manhattan Bank*. Vgl. Annual Report of the Secretary-General L. J. Holschuh, 16th IISI Annual Conference, Tokio, 11.–13. 10. 1982; 17th IISI Annual Conference, Wien, 3.–5. 10. 1983; 18th Annual Conference, Chicago, 8.–10. 10. 1984; London 7.–9. 10. 1985 und *Financial Times*, 23. 3. 1985. Vgl. auch die Projektionen des *US Bureau of Mines* in Schottman, op. cit., pp. 16ff.

30 *Financial Times*, 4. 3. 1985.

31 Die Darstellung stützt sich hier vor allem auf Interfutures, Facing the Future: Mastering the Probable and Managing the Unpredictable, Paris 1979, pp. 368ff; Woolcock, op. cit. (The International Politics ...) sowie Messerlin/Saunders, op. cit. und Altenpohl, op. cit.

1. Eine Entkoppelung des engen Zusammenhangs zwischen Wirtschaftswachstum und Stahlverbrauch. Die Wachstumsdynamik in den hochentwickelten Industriestaaten verschob sich seit Mitte der 70er Jahre zunehmend in Richtung auf wenig stahlintensive Industrien und Dienstleistungen. Zwischen 1970 und 1984 sank der spezifische Stahlverbrauch pro Einheit der volkswirtschaftlichen Gesamtproduktion auf beinahe die Hälfte[32].

2. Neue Werkstoffe ersetzen Stahl in immer weiteren Anwendungsbereichen. Das durchschnittliche US-Automobil enthielt 1977 etwa 2200 Pfund Massenstahl, etwa 110 Pfund Spezialstahl und 300 Pfund Aluminium und Plastik; 1985 wog dieses imaginäre Durchschnittsgefährt insgesamt rund 30% weniger; der Aluminium- und Plastikanteil war jedoch auf 470 Pfund, der Anteil von Spezialstählen auf 260 Pfund angestiegen, während der Einsatz von Massenstahl auf 1270 Pfund zurückgegangen war[33].

3. Der Stahlverbrauch in den Industriestaaten verschiebt sich – auch das ergibt sich aus dem genannten Beispiel – in Richtung auf leichtere und länger haltbare Stähle: Bei der Reparatur des Eiffelturms 1984 wogen die Ersatzelemente nur ein Drittel der ursprünglich verwendeten Bauelemente; der spezifische Stahleinsatz beim Bau des *Empire State Building* 1930 war fünfmal so hoch wie bei einem modernen Wolkenkratzer[34]. Das Ergebnis dieser Entwicklung verstärkt – wie auch die oben erwähnten Substitutionsprozesse – die unter 1. angesprochene Entkoppelung; zugleich zeigt es, daß die Zukunft der Spezialstähle weniger düster zu sehen ist als die der Massenstähle.

4. Das Stahlaufkommen wird in Zukunft angesichts der stagnierenden Nachfrage und eines steigenden Altmaterial-Anfalls (der ja die Wachstumsraten der Vergangenheit reflektiert!) verstärkt auch aus Schrott bestehen, zumal neue, kostengünstige Technologien die Herstellung von Stahl aus Schrott und damit die Sammlung von Altmaterial attraktiver machen. Bis zum Jahr 2000 könnte der Anteil von Altmaterial bei der Stahlproduktion der Industriestaaten von derzeit etwa 27% auf 50% ansteigen[35].

5. Die Stahlindustrie verlagert sich zunehmend in Schwellenländer der dritten Welt, die zugleich auch die höchsten Zuwachsraten im Stahlverbrauch aufweisen. Der Anteil der Entwicklungsländer an der Welt-Stahlproduktion stieg von 8% im Jahr 1980 auf 11,1% 1986, ihr Anteil am Verbrauch kletterte im selben Zeitraum von 14,3% auf 15,4%. Am auffallendsten war jedoch die Steigerung des Anteils dieser Länder (genauer gesagt: Einiger weniger Schwellenländer wie Südkorea, Taiwan, Venezuela und Brasilien) am Handel der westlichen Welt mit Stahl von 2,4% 1974 auf 14,3% 1983[36].

---

[32] Vgl. *The Economist*, 14. 3. 1983, 23. 3. 1985.
[33] Vgl. Altenpohl, op. cit., p. 319.
[34] *The Economist*, 13. 10. 1984.
[35] Vgl. Giraud, op. cit., pp. 425 f.
[36] *Financial Times*, 4. 3. 1985; iisi, World Steel in Figures, 1987, Brüssel 1987.

Diese Trends dürften sich auch in Zukunft fortsetzen – mit folgenden Perspektiven für die Stahlindustrien der westlichen Industriestaaten:

1. Der Stahlverbrauch in den westlichen Industriestaaten wird bis zur Jahrhundertwende kaum, wenn überhaupt zunehmen: *Chase Econometrics* sieht für den Zeitraum 1985 bis 2000 nur durchschnittliche jährliche Zuwachsraten von 0,6%, Schätzungen des *International Iron and Steel Institute* rechnen von 1985 bis 1995 sogar mit einem Nachfrage-Rückgang um beinahe 20 Mio. Tonnen[37].

2. Die Produktionskapazitäten dürften in allen drei großen Industrieregionen schon angesichts der bestehenden Überkapazitäten in den kommenden Jahren schrumpfen. Zu erwarten ist darüber hinaus eine Ausweitung des internationalen Handels in Stahl und Halbzeug zwischen Schwellenländern und Industriestaaten sowie ein Rückgang der Nettoexporte der EG und Japans.

3. Spezialstähle dürften von diesen Strukturveränderungen in geringerem Umfange betroffen sein als Massenstähle, wiewohl ein Übergreifen der Probleme vom Massenstahl-Sektor auf den Spezialstahlbereich im internationalen Stahlhandel zunehmend erkennbar wurde[38].

4. Der Anteil der Entwicklungsländer am Stahlverbrauch und an der Stahlproduktion der westlichen Welt dürfte in den kommenden Jahren weiter stark steigen[39]. Damit könnten sich für einige Länder dieser Gruppierung zunehmend auch wirtschaftliche Sicherheitsrisiken in der Roh- und Vorstoffversorgung ergeben.

5. Die Versorgungssicherheit der Industriestaaten erscheint im Bereich des Handels mit Stählen und Halbzeug kaum gefährdet: In allen großen Regionen werden erhebliche Stahlkapazitäten verbleiben, wobei neue Fertigungstechnologien möglicherweise sogar die Wettbewerbsfähigkeit dieser Kapazitäten steigern könnten[40].

6. Die wirtschaftlichen Sicherheitsrisiken im Bereich der Roh- und Vorstoffversorgung dagegen könnten sich mit der Verschiebung der Produktionsstruktur hin zu Spezialstählen verstärken, weil damit zugleich auch die Abhängigkeit von bestimmten

---

[37] Vgl. *The Economist*, 13. 10. 1984, 23. 3. 1985 und Holschuh, op. cit. (1985). Die Schätzungen des *US Bureau of Mines* illustrieren die drastische Korrektur der Vorhersagen nach unten und die wachsenden Prognose-Unsicherheiten: Schätzte man 1980 die US-Stahlnachfrage im Jahr 2000 noch auf zwischen 161 und 205 Mio. *short tons* mit einer wahrscheinlichen Größe von 178 Mio., so lag die Prognosespanne für das Jahr 2000 bei den 1985 ermittelten Schätzungen zwischen 113 und 216 Mio. *short tons;* die wahrscheinliche Nachfragemenge wurde nunmehr mit 160 Mio. angesetzt. Siehe Donald H. Desy, Iron and Steel, in: US Bureau of Mines, Mineral Facts and Problems, 1980 Edition, Washington o.J. (1980), pp. 455–480 (475 ff); Schottman, op. cit., pp. 16 ff. Zur Methodik und Problematik von Projektionen des zukünftigen Stahlverbrauchs siehe auch International Iron and Steel Institute, Committee on Economic Studies, Steel Demand Forecasting, Brüssel 1983.

[38] Vgl. *International Herald Tribune*, 6. 7. 1983 sowie Institut Français des Relations Internationales (ed), Ramses '83/'84, Paris 1984, pp. 127 ff.

[39] Vgl. *The Economist*, 13. 10. 1984 und 23.3.1985 mit den Prognosen des IISI und von *Chase Econometrics.* Letztere sehen ein durchschnittliches jährliches Wachstum der Stahlnachfrage in der dritten Welt um 5,5% (1985 bis 2000). Vgl. auch Schottman, op. cit., pp. 16 ff.

[40] Vgl. hierzu Schottman, op. cit., p. 16 sowie pp. 4 ff. Siehe auch *Financial Times*, 5. 11. 1984.

Legierungsmetallen zunimmt, die in den Industriestaaten selbst nicht gefördert werden. In den folgenden Kapiteln soll deshalb die Versorgungssituation bei Eisenerz sowie bei einer Reihe wichtiger Legierungsmetalle im einzelnen untersucht werden.

2.2 Eisenerz

Die Stahlindustrie ist die bei weitem wichtigste Grundstoffindustrie der Welt – und sie wird es, wie bereits dargelegt, trotz aller Strukturanpassungsprozesse der Weltindustrieproduktion auch in den kommenden Jahrzehnten bleiben. Damit wird auch das Eisenerz seine Rolle als der mengenmäßig mit Abstand bedeutsamste nichtenergetische Rohstoff behalten – denn Eisenerz ist der wichtigste Rohstoff der Stahlindustrie: Rund eine Tonne Eisenerz (sowie eine halbe Tonne Kokskohle, 600 Kilogramm Eisenschrott und 200 Kilogramm Zusätze wie Kalk und Flußspat) sind nötig, um eine Tonne Stahl herzustellen[1]. Umgekehrt fließen rund 99% der Welt-Eisenerzförderung in die Stahlproduktion; Eisenerz ist damit in einem besonders hohen Maße an die Geschicke dieser einen Industrie gebunden. Zugleich garantiert das jedoch die Sonderstellung des Eisenerzes unter den nichtenergetischen Rohstoffen: Die Eisenerzförderung der Welt erreichte im Jahr 1980 mit rund 887 Mio. Tonnen ihren bisherigen Höchststand; dagegen verblaßte die entsprechende Produktionszahl des nächstwichtigen Grundstoffes, Bauxit, mit etwa 89 Mio. Tonnen. Die Welt-Kupferförderung betrug 1981 gar nur knapp 1% der Eisenerz-Förderung.[2]

Eisenerz ist eines der am häufigsten vorkommenden Mineralien der Erde: Es bildet rund 5% der Erdkruste. Nur ein kleiner Teil dieser Vorkommen wurde jedoch durch geologische Prozesse (primär durch Ablagerungsprozesse im Präkambrium) so weit konzentriert, daß – unter den gegenwärtigen technischen und ökonomischen Voraussetzungen – ein Abbau gewinnbringend möglich ist. Der Eisengehalt der zehn verschiedenen Erze, die derzeit die wichtigsten abbauwürdigen Lagerstätten ausmachen, beträgt zwischen 20 und 72%. Auch diese Lagerstätten mit relativ hohem Eisengehalt sind jedoch sehr umfangreich und geographisch breit gestreut[3].

Eisenerz ist schon aufgrund seiner verschiedenen Mineralisierungsformen ein recht heterogener Rohstoff mit beträchtlichen Unterschieden in den spezifischen Merkmalen; diese Heterogenität wird jedoch zunehmend mittels einer Vorverarbeitung des Erzes zur Herstellung einer gewissen Homogenität in Struktur, Form, Größe und chemischer Zusammensetzung der Erze eingeebnet. Die Stahlerzeugung selbst erfolgt

---

[1] James F. McDivitt/Gerald Manners, Minerals and Men, Baltimore & London 1974 (revised ed.), pp. 27 ff; US Bureau of Mines, Minerals Facts and Problems, 1980 Edition, Washington 1980, p. 473; L. F. Klinger, Iron Ore, Washington 1985, pp. 1 f (= US Bureau of Mines, Mineral Facts and Problems, 1985 Edition, Preprint).

[2] Vgl. Metallgesellschaft (ed), Metallstatistik, 1972–1982, 1973–1983, Frankfurt 1983 f.

[3] Vgl. hierzu Bundesanstalt für Geowissenschaften und Rohstoffe/Deutsches Institut für Wirtschaftsforschung, Untersuchungen über Angebot und Nachfrage mineralischer Rohstoffe, XII, Eisenerz, Berlin & Hannover 1979, pp. 122 f; US Bureau of Mines, op. cit. (1980), pp. 437 f.

Tab. C –2.2: Basiskennziffern: Eisenerz (Mio. t, Eisengehalt)

	Bergbau-Produktion	Nachgewiesene Reserven	Geschätzte Förderkapazitäten		Anteil an den Einfuhren[a] (%) der USA	der Europ. Gemeinschaft	Japans
	1986	1986	1984	1990	1982–1985	1981–1982	1981–1982
USA	36,9 (5)	5350 (6)	64,0 (9)	50,0 (7)			
Kanada	36,3 (5)	8890 (10)	46,0 (7)	37,0 (5)	62	14	2
Brasilien	114,3 (15)	9800 (11)	101,0 (14)	114,0 (16)	12	28	22
Venezuela	15,4 (2)	1090 (1)	17,0 (2)	17,0 (2)	11	5	
Schweden	16,3 (2)	2180 (2)	14,0 (2)	13,5 (2)		12	
Frankreich	12,7 (2)	820 (1)	9,0 (1)	6,5 (1)			
Südafrika	20,9 (3)	5990 (7)	25,0 (4)	22,0 (3)		6	5
Liberia	13,6 (2)	730 (1)	15,0 (2)	8,0 (1)		12	
China	73,5 (9)	3180 (4)	35,0 (5)	37,0 (5)			
Indien	46,3 (6)	4360 (5)					13
Australien	88,9 (11)	18330 (20)	87,5 (12)	90,0 (13)		9	45
UdSSR	225,0 (29)	22690 (25)	182,0 (26)	186,0 (27)			
Welt	778,3 (100)	88930 (100)	705,0 (100)	699,0 (100)	(100)	(100)	(100)
			ad memoriam: Importabhängigkeit		ca. 30	93	94

Zahlen in Klammern: Anteil an Weltgesamtwert in %
[a]) soweit verfügbar

Quellen:
US Bureau of Mines, Mineral Commodity Summaries 1987, Washington 1987
US Bureau of Mines, Mineral Facts and Problems, 1985 Edition, Washington 1985
P. C. F. Crowson, Minerals Handbock 1984–85, London 1984
Japan External Trade Organisation, White Paper on International Trade, Japan 1984, Tokio 1984
Eurostat, EG-Rohstoffbilanzen 1980–1981, Luxembourg 1983

dann entweder über die Herstellung von Spiegeleisen und dann von Stahl in Hochöfen oder über die Direktreduktion des Eisenerzes zu Eisenschwamm und die Stahlerzeugung im Elektroofen[4].

Der Transport des vorverarbeiteten Eisenerzes erfolgt im Weltmaßstab vor allem mit Hilfe von Großraumfrachtern, die z. Teil für den Betrieb mit Rohöl und Erzen ausgelegt sind. Die technologische Fortentwicklung dieser Frachter mit der Möglichkeit immer größerer Zuladung (Eisenerzfrachter können heute bis zu 270000 Tonnen Erz transportieren) sowie die tendenziell sinkenden Treibstoffkosten führten im Verlauf der 60er Jahre zur Herausbildung eines weltumfassenden Eisenerz-Handelsnetzes.

[4] Vgl. Pierre-Noël Giraud, Géopolitique des Ressources Minières, Paris 1983, pp. 418 ff; US Bureau of Mines, op. cit., pp. 440 ff, 459 ff.

Allerdings scheinen die Skaleneffekte immer größerer Eisenerz-Frachter inzwischen weitgehend realisiert, und auch die Treibstoffkosten haben sich infolge der Ölpreisentwicklung in den 70er Jahren erhöht, so daß in Zukunft die Entfernungen im internationalen Eisenerzhandel eine größere Rolle spielen und damit eine gewisse Regionalisierung des Welthandels begünstigen könnten[5].

Zur Abhängigkeit der Industriestaaten: Eisenerz ist ein Rohstoff mit umfangreichen Welthandelsströmen: 1983 fanden rund 40% der Weltproduktion den Weg in den Weltmarkt[6]. Dabei ist bemerkenswert, daß dieser relativ hohe Grad der Internationalisierung jüngeren Ursprungs ist: Der Anteil des Welthandels an der Weltproduktion lag 1940 noch bei 17%, erreichte 1960 knapp 30% und 1970 über 41%; im Verlauf der 70er Jahre setzte sich diese Entwicklung allerdings nicht mehr fort[7]. Die rapide Internationalisierung der Eisenerzindustrie reflektierte neben dem bereits erwähnten Rückgang der Frachtkosten auch die zunehmende Erschöpfung hochangereicherter Erzvorkommen in den etablierten Industrieregionen und eine Verlagerung der Bezugsquellen zu den besonders eisenreichen Erzvorkommen der dritten Welt und Australiens[8]. Der Anteil der Entwicklungsländer an der Welt-Eisenerzförderung kletterte in diesem Zusammenhang von 9,5% im Jahr 1950 auf 26,4% 1975, ging dann jedoch (vor allem infolge des Aufstiegs von Australien als wichtigem Exportland) bis 1980 auf 22,3% zurück[9]. Mitte der 80er Jahre bezog Westeuropa daher bereits 60% seines Eisenerzbedarfs aus Importen, die USA etwa 30% und Japan an die 100%. Japan ist auch mit 35–40% der Welteinfuhren der größte Eisenerz-Importeur, gefolgt von der Europäischen Gemeinschaft mit etwa einem Drittel der Weltimporte und den USA mit 5–10%[10].

Die USA sind daher in nicht unbeträchtlichem Umfang, Westeuropa in recht hohem Maße und Japan praktisch vollständig von Eisenerz-Einfuhren abhängig. Dennoch fehlt dieser Rohstoff auf allen Listen kritischer, potentiell für gefährliche Versorgungsstörungen anfälliger Rohstoffe. Das war jedoch nicht immer so: Die enorme Expansion der Stahlindustrien in den USA, in Westeuropa und in Japan in der Nachkriegsära führte zu Befürchtungen über mögliche Verknappungserscheinungen[11].

---

[5] Der Anteil der Transportkosten an den cif-Preisen (also Preisen einschließlich der Fracht- und Versicherungskosten bis zum Bestimmungshafen) sank für brasilianisches Eisenerz von 55% im Jahr 1955 über 31% im Jahr 1960 auf 16% 1970. 1978 war dieser Anteil auf 18%, 1980 gar auf 28% angestiegen, ist seither jedoch wieder zurückgegangen. Vgl. Giraud, op. cit., p. 421 sowie US Bureau of Mines, Minerals Yearbook, 1983, Vol. I, Metals and Minerals, Washington 1984, p. 454f sowie US Bureau of Mines, op. cit. (1980), p. 441.

[6] Mining Journal (ed), Mining Annual Review 1984, London 1984, p. 56.

[7] William T. Hogan, Iron Ore, in: Carl E. Beigie/Alfred O. Hero (eds), Natural Resources in U.S.-Canadian Relations, Vol. II, Patterns and Trends in Resource Supplies and Policies, Boulder, Col. 1980, p. 5–44 (9); Michael Tanzer, The Race for Resources, London 1980, p. 147.

[8] Bundesanstalt für Geowissenschaften ..., op. cit., p. 273.

[9] Giraud, op. cit., p. 423.

[10] US Bureau of Mines, Minerals Yearbook 1980, Vol. I, Metals and Minerals, Washington 1981, p. 411; Klinger, op. cit., p. 11.

[11] McDivitt/Manners, op. cit., pp. 39ff.

Diese Befürchtungen lösten eine Intensivierung der Eisenerz-Exploration in weniger erschlossenen Gebieten der Welt aus und begünstigten die Entwicklung neuer Technologien zur Verwertung von wenig eisenhaltigen Vorkommen sowie zu den bereits erwähnten Fortschritten beim Transport über große Entfernungen. Das Ergebnis war die gegenwärtige Situation mit einem weltumspannenden Handel in Eisenerz und einer Tendenz zum Überangebot: Trotz einer starken Zunahme der Nachfrage nach Eisenerz im Zeitraum von 1950 bis 1980 konnte der Umfang der nachgewiesenen Reserven erheblich vergrößert und damit der Abbau der alten Reserven weit überkompensiert werden[12].

Tatsächlich dürfte auch in Zukunft eine angemessene und relativ risikolose Versorgung der Industriestaaten mit Eisenerz gewährleistet sein. Dafür spricht einerseits die recht breitgefächerte Palette der Förderländer: Neben den beiden Supermächten USA (mit 4,7% der Weltförderung 1986) und UdSSR (mit 28,9%) sowie Westeuropa (mit insgesamt fast 7%) gibt es eine recht große Gruppe weiterer Staaten mit erheblicher Eisenerzproduktion. Zu ihr zählen Brasilien (mit 14,7%), Australien (11,4%), China (knapp 10%), Indien (5,9%) und Kanada (4,7%). Auch eine Analyse des Welthandels weist auf eine relativ breite Streuung der Exporte: Australien, das größte Exportland, verfügte 1983 über einen Weltmarktanteil von gut 24%, dicht gefolgt von Brasilien (ebenfalls 24%). Kanada stellte rund 8% der Welt-Exporte, Indien 7%, Liberia 5%, Mauretanien, Venezuela und Südafrika je 2%. Schweden hielt 1983 einen Weltmarktanteil von knapp 6%, während die UdSSR (mit 11%) fast ausschließlich an die Staaten Osteuropas lieferte und somit nicht unmittelbar am interregionalen Welthandel beteiligt war[13]. Erkennbar wird hier eine deutliche Zweiteilung der Exporteure in einen inneren Kreis mit zwei wichtigen Lieferländern (Brasilien, Australien) sowie einer recht großen Gruppe von mittleren und kleineren Ausfuhrländern. Die Abhängigkeitsstruktur der drei großen Industrienationen reflektiert dabei eine gewisse Regionalisierung des internationalen Eisenerzhandels und weist somit erhebliche Unterschiede auf. So beziehen die USA rund 62% ihrer Einfuhren aus Kanada, über 12% aus Brasilien und etwa 11% aus Venezuela, während Japan zu etwa 44% auf australische und zu über 20% auf brasilianische Lieferungen ausgerichtet ist. Die Europäische Gemeinschaft kontraktiert rund ein Viertel ihrer Lieferungen aus Brasilien, knapp ein Fünftel aus Skandinavien, etwa denselben Anteil aus Afrika sowie rund 15% aus Kanada[14].

Die Versorgungsstruktur der drei großen Industrieregionen weist damit zwar eine nicht unbeträchtliche Konzentration auf; zugleich wird jedoch auch deutlich, daß OECD-Staaten (Kanada als wichtigster Lieferant der USA; Australien als bevorzugter

[12] ibid; vgl. auch Hogan, op. cit., pp. 7 ff sowie Bundesanstalt für Geowissenschaften ..., op. cit., pp. 122 f.

[13] Hierzu Mining Journal, op. cit. (1984), pp. 56 ff.

[14] Phillip Crowson, Minerals Handbook 1984–1985, London 1984; US Bureau of Mines, Mineral Commodity Summaries 1987, Washington 1987; Japan External Trade Organization (JETRO), White Paper on International Trade, Japan 1984, Tokio 1984.

Handelspartner Japans; Schweden und Frankreich als Lieferländer für andere westeuropäische Staaten) dabei eine gewichtige Rolle einnehmen. Damit verringern sich auch die Risiken einer Versorgungsstörung erheblich. Die Analyse der Entwicklung von Förderung und Welthandel im Verlauf des letzten Jahrzehntes[15] verdeutlicht einerseits eine wachsende Importabhängigkeit der drei großen Industrieregionen, deren Eisenerz-Produktion stark rückläufig war und weist andererseits erhebliche Produktions- und Exportsteigerungen in nur drei Ländern nach – in Australien, Brasilien und Südafrika. Während also die Zahl der Exportländer insgesamt recht groß ist, ergab sich in der letzten Dekade doch eine deutliche Konzentrationstendenz.

Wie wird sich die Importabhängigkeit der drei Industrieregionen in den kommenden eineinhalb Jahrzehnten entwickeln? Kurz- und mittelfristig ergibt sich die Antwort darauf aus einer Analyse bestehender und geplanter Förder-Kapazitäten, längerfristig aus einer Analyse der Verteilung der Eisenerz-Reserven. Dabei ergibt sich folgendes Bild:

1. Kurz- und mittelfristig ist weiterhin mit einem erheblichen Kapazitäts-Überschuß zu rechnen. Dieser Kapazitäts-Überschuß betrug in der nicht-kommunistischen Welt 1978 rund ein Viertel der tatsächlichen Eisenerz-Förderung, 1983 sogar über ein Drittel. Die Investition in neue Bergbau-Kapazitäten ist inzwischen allerdings weitgehend zum Stillstand gekommen – mit einer Ausnahme: Das gewaltige Carajas-Projekt in Brasilien hat 1986 seine Förderung aufgenommen und soll 1988 die volle Förderkapazität von 35 Mio. Tonnen (oder immerhin rund 12% des gesamten Welthandels-Volumens im Jahr 1983) erreichen[16]. Auf der anderen Seite ist zumindest in den Industriestaaten bis Mitte der 90er Jahre nicht mit einem Ansteigen der Nachfrage nach Eisenerz zu rechnen; soweit global überhaupt ein Nachfragezuwachs zu erwarten ist, dürfte er in Ländern der dritten Welt konzentriert sein[17].

Die Entwicklung der Import-Abhängigkeiten und der Handelsströme wird daher bis in die Mitte der 90er Jahre hinein vor allem durch die Preisentwicklung bestimmt werden; wahrscheinlich erscheint eine relativ hohe Importquote auch für die USA

---

[15] Hierzu die statistischen Analysen in Bundesanstalt für Geowissenschaften ..., op.cit., sowie Giraud, op.cit., p. 106.

[16] Vgl. hierzu Mining Annual Review 1984, op.cit., pp. 56ff sowie US Bureau of Mines, op.cit. (1984, Vol. I), pp. 454ff; Klinger, op.cit., p. 3.

[17] Schätzungen des US Bureau of Mines aus den frühen 80er Jahren sehen noch einen Zuwachs der Welt-Nachfrage nach Eisenerz von etwa 2,6% p.a. für den Zeitraum 1978 bis 2000 (US Bureau of Mines, op.cit. (1980), p. 449); die Mitte der 80er Jahre erstellten Projektionen gehen von einer geringfügig niedrigeren Zuwachsrate aus (Klinger, op.cit., pp. 18f). Die Weltbank errechnete 1984 nur noch einen Zuwachs von 0,7% p. a. für denselben Zeitraum. Ronald C. Duncan (ed), The Outlook for Primary Commodities, 1984 to 1995, Washington 1984, pp. 52, 56 (= World Bank Staff Commodity Working Papers No. 11). Eine nicht zu unterschätzende Rolle könnte bei der Stagnation bzw. dem Rückgang der Eisenerznachfrage in den Industriestaaten auch die Verwendung von Altmaterial bei der Stahlproduktion spielen – da der Anfall von Schrott Produktionssteigerungen der Stahlherstellung reflektiert, die etwa 20 Jahre zurückliegen, dürften in Zukunft in den Industrien rasch wachsende Mengen verfügbar werden. Eine Schätzung geht von einer Zunahme des Altmaterial-Anteils bei der Stahlgewinnung von 27% zu Beginn der 80er Jahre auf 50% im Jahr 2000 aus. (Giraud, op.cit., pp. 425f).

und Westeuropa sowie eine Konzentration auf Lieferländer mit Kostenvorteilen, wie Australien und Brasilien[18].

2. Langfristige Schätzungen über die Entwicklung der Versorgungsstrukturen lassen sich aus Daten über die nachgewiesenen Eisenerzreserven gewinnen. Die Vorkommen der großen westeuropäischen Produzentenländer (Frankreich, Schweden) sind umfangreich und relativ hochwertig; die der USA dagegen, obzwar ebenfalls recht groß, weisen eine relativ niedrige Eisenkonzentration auf und sind daher kostspieliger abzubauen. Australien und Brasilien (mit 21 bzw. 10% der Weltreserven, bezogen auf den Eisengehalt der Erzlagerstätten) weisen sehr umfangreiche und hochwertige Vorkommen auf; ähnliches gilt auch für Südafrika[19]. Damit kann davon ausgegangen werden, daß diese drei Länder – trotz wachsender Tendenz zur Weiterverarbeitung des Erzes in den Stahlindustrien dieser Staaten – auch auf absehbare Zukunft eine wichtige Rolle im Welthandel mit Eisenerz spielen werden.

3. Die Nachfrage nach Eisenerz wird sich aller Voraussicht nach, wie bereits erwähnt, nur in geringem Maße beleben; dabei dürften Zuwächse außerhalb der sozialistischen Staaten weitgehend auf Länder der dritten Welt wie Brasilien, Südkorea und andere aufstrebende Stahlländer beschränkt bleiben. Die Handelsströme zwischen Staaten der dritten Welt dürften in diesem Zusammenhang zunehmen, die zwischen Exportländern und den Industriestaaten damit an relativem Gewicht verlieren. Zugleich wird an die Stelle des Eisenerzexportes in verstärktem Maße die Ausfuhr von Stahl treten[20].

Verwundbarkeiten: Die kritische Bedeutung einer angemessenen Versorgung der Industriestaaten wird sich auch in Zukunft durch eine enge Verflechtung mit der Stahlindustrie ergeben; andere Sparten der Nachfrage werden demgegenüber auch weiterhin eine völlig untergeordnete Rolle spielen. Selbst angesichts der großen Quantitäten, die im internationalen Handel mit Eisenerz bewegt werden, stellen Preissprünge *per se* keinen Risikofaktor dar – dazu ist der Wert der Eisenerz-Einfuhren zu gering: Die Importrechnungen der USA betrugen in den 80er Jahren bislang niemals mehr als $ 1 Mrd., 1983 nicht einmal die Hälfte dieses Betrages. Selbst die japanischen Einfuhren, die etwa ein Drittel des Welthandels ausmachen, blieben bislang in den 80er Jahren mit rund $ 3,5 Mrd. wertmäßig makroökonomisch belanglos[21]. Auch drastische Preiserhöhungen würden daran nichts ändern, zumal auf den Rohstoff Eisen-

[18] Die Produktionskosten der Eisenerz-Förderung weisen weltweit recht erhebliche Unterschiede auf; besonders niedrig liegen sie in den riesigen Erzvorkommen Australiens und Brasiliens. Allerdings wird dieser Kostenvorteil durch die angesichts der geringen Erzpreise als Kostenfaktor relativ bedeutsamen Transportkosten z. T. wieder reduziert. Vgl. Giraud, op.cit, p. 420. Die Preisprojektionen der Weltbank ergeben für den Zeitraum 1984 bis 1995 einen Eisenerz-Preis, der auf einem vergleichsweise niedrigen Niveau real konstant bleibt; diese Preisentwicklung liegt der oben aufgestellten These zugrunde. Siehe Duncan (ed), op.cit., p. 22.

[19] Diese Analyse stützt sich auf die Daten des US Bureau of Mines, op.cit. (1987) sowie der BGR/DIW-Studie (Bundesanstalt für Geowissenschaften ..., op.cit.).

[20] Vgl. oben, Teil C, Kap. 2.1.

[21] JETRO, op.cit., verschiedene Jahrgänge, sowie US Bureau of Mines, op.cit. (1987).

erz nur etwa 10 bis 15% der gesamten Produktionskosten bei der Stahlherstellung entfallen[22].

Anpassungsflexibilität: Versorgungsstörungen bei Eisenerz könnten grundsätzlich freilich auch noch auf andere Weise wirtschaftliche Sicherheitsrisiken heraufbeschwören als über drastische Preiserhöhungen – etwa über Produktionsausfälle in der Stahlindustrie als Folge von Mengenengpässen. Die gesamtwirtschaftlichen Konsequenzen derartiger Ausfälle wären zweifellos erheblich gravierender als die Preiseffekte. Doch sind solche Engpässe vorstellbar? Auf der Nachfrageseite ist die Anpassungsflexibilität bei Versorgungsstörungen grundsätzlich sehr begrenzt – Eisenerz ist als Rohstoff der Stahlherstellung nicht substituierbar, ein effizienterer Einsatz (Senkung des spezifischen Eisenerz-Bedarfs pro Tonne Stahl) kurzfristig ebenfalls kaum möglich. Die Anpassungslast läge deshalb weitgehend auf der Angebotsseite.

Eine Analyse wichtiger Aspekte dieser Anpassungs-Flexibilität auf der Angebotsseite zeigt indes, daß die dort bestehenden Flexibilitätsreserven recht beträchtlich sind. Der erste hier relevante Aspekt betrifft die große Zahl der Eisenerzbergwerke. Die Möglichkeiten der Produktionssteigerung sind damit sehr breit gestreut; selbst der Ausfall einer der großen Eisenerzgruben könnte somit durch Produktionssteigerungen in mehreren kleineren ausgeglichen werden[23]. Die bereits untersuchte Struktur des Welthandels mit seiner relativ großen Zahl von Lieferländern wirkt in dieselbe Richtung relativ großer Anpassungsflexibilität der Förderung. Es wäre also unter fast allen Marktbedingungen damit zu rechnen, daß Lieferengpässe in einem wichtigen Exportland relativ rasch zu Steigerungen der Ausfuhren anderer Länder führen würden. Dies gilt um so mehr, als für die absehbare Zukunft mit erheblichen Überkapazitäten zu rechnen ist: Schätzungen der US Bureau of Mines und der UNIDO weisen für Mitte der 80er Jahre erhebliche Kapazitätsüberhänge auf, die im Falle einer Versorgungskrise eine Steigerung der Eisenerzförderung auch in den USA und Westeuropa möglich machen dürften[24]. Das US Bureau of Mines nimmt ohnehin eine beträchtliche Steigerung der US-Eisenerzförderung bis zum Jahr 2000 an; in einer Krisensituation könnte der Bedarf der US-Stahlindustrie innerhalb von zwei Jahren (und zu höheren Kosten) zu 100% durch amerikanische Gruben gedeckt werden[25].

Doch nicht nur relativ rasch verfügbaren Kapazitätsreserven könnten im Falle einer Versorgungskrise Abhilfe schaffen; eine weitere Möglichkeit der Krisenbewältigung bestünde im verstärkten Rückgriff auf Altmaterial. Wie bereits erwähnt, verwendet die Stahlproduktion in recht beträchtlichem Umfang Altmaterial; dieser Einsatz von Altmaterial könnte in einer Versorgungskrise gesteigert werden. Schrott wird in beträcht-

---

[22] Giraud, op. cit., p. 421.

[23] Eine Aufstellung der Ende der 70er Jahre geplanten Kapazitätserschließungen findet sich in Bundesanstalt für Geowissenschaften ..., op. cit., pp. 117ff.

[24] US Bureau of Mines, op. cit. (1980), p. 435; United Nations Industrial Development Organization (UNIDO), Mineral Processing in Developing Countries, Wien 1979, pp. 34f und Klinger, op. cit., p. 3. Vgl. auch den Überblick in Mining Annual Review 1984, op.cit., pp. 56ff.

[25] US Bureau of Mines, op. cit. (1980), p. 446.

lichem Umfang international gehandelt – die Vereinigten Staaten sind ein wichtiges Exportland, nicht zuletzt nach Japan, während die europäischen Länder Schrott sowohl importieren wie exportieren. Der Weltverbrauch von Schrott wurde 1985 auf etwa 260 Mio. Tonnen geschätzt – im Vergleich zu einer Rohstahlproduktion von rund 720 Mio. Tonnen[26].

Diese zusätzlichen Angebots-Reserven der Förderung und der Wiederverwendung könnten allerdings nur mit einer gewissen zeitlichen Verzögerung mobilisiert werden; zur Überbrückung wären die Stahlhersteller zunächst einmal auf die Eisenerz-Lagerhaltung angewiesen. Die kommerziellen Vorräte dürften jedoch ausreichen, um die erste Phase einer denkbaren Versorgungskrise zu überbrücken: Angaben in den USA zeigen für die vergangenen Jahre Vorräte mit einer Reichweite von fünf bis sechs Monaten.

Ein letzter für die Anpassungsflexibilität relevanter Aspekt betrifft die Marktstruktur des internationalen Eisenerzhandels. Rund 20% des jährlich etwa 300 Mio. Tonnen umfassenden Welthandels werden innerhalb der Konzernstrukturen integrierter Stahlunternehmen mit eigenen Eisenerzgruben abgewickelt, weitere 40% auf der Basis langfristiger Lieferverträge mit einer Dauer von 10 bis 15 Jahren. Die restlichen 40% werden auf der Basis von jährlich neu vereinbarten Lieferverträgen abgewickelt[27]. Der Markt weist sowohl auf der Anbieter- wie auf der Nachfragerseite eine erhebliche Konzentration auf – etwa 25 Bergwerkskonzerne und die Einkaufsorganisationen der großen Stahlerzeuger (zwei für die deutsche Stahlindustrie, je eine für Japan, Belgien und Italien) teilen sich praktisch den gesamten nichtintegrierten Welthandel in Eisenerz, wobei der brasilianische Bergbaukonzern CVRD und die deutsche Stahlindustrie mit ihren jährlichen Preisvereinbarungen eine wichtige Preis-Vorreiterrolle spielen[28].

Die Marktmacht der Käufer ist erheblich und erklärt auch den Verfall der inflationsbereinigten Preise für Eisenerz im Verlauf der 60er, 70er und frühen 80er Jahre[29]. Diese Marktmacht der Abnehmer war es auch, die Ambitionen der Förderländer in der dritten Welt auf die Organisation eines Produzentenkartells nach dem Modell der OPEC bislang wenig wirksam werden ließ. Zwar besteht mit der *Assoziation der eisenerzexportierenden Länder* (nach der französischen Übersetzung unter dem Akronym APEF bekannt) seit 1975 eine Produzentenorganisation. Die Mitglieder dieser Organisation sind neben den Entwicklungsländern Algerien, Indien, Liberia, Mauretanien, Peru, Sierra Leone und Venezuela auch die Industriestaaten Australien und Schweden. Brasilien, Kanada und Südafrika als Exporteure von erheblicher Bedeutung im Weltmaßstab sind bislang der Assoziation ferngeblieben – ein Faktor, der die Marktmacht

---

[26] iisi, World Steel in Figures, 1987, Brüssel 1987.

[27] Zur Marktstruktur der internationalen Eisenerzindustrie vgl. Giraud, op.cit., pp. 418ff; Marian Radetzki, Market Strukture and Bargaining Power, in: *Resources Policy*, Juni 1978, pp. 115–125.

[28] Siehe *Financial Times*, 8. Juli 1981, 21. Juni 1985.

[29] Metallstatistik, op.cit., versch. Jahrgänge, sowie *Financial Times*, 25. April 1979 und Crowson, op.cit.

der Organisation entscheidend schwächt. Hinzu kommt, daß sich Australien und Schweden bislang hartnäckig weigerten, das Mandat der Organisation auf die Preispolitik auszudehnen. Ohnehin eignet sich die komplexe und wenig transparente Preisstruktur des internationalen Eisenerzhandels für eine gemeinsame Preispolitik der Anbieter nur schlecht[30].

Insgesamt zeichnet sich der internationale Eisenerzmarkt deshalb durch eine starke Position der Abnehmer aus. Die amerikanische Stahlindustrie, die neben der Förderung in den USA auf die (z.T. durch US-Stahlunternehmen kontrollierte) kanadischen Eisenerzgruben zurückgreifen kann, hat dabei kaum ernsthafte Versorgungsrisiken zu gewärtigen[31]. Die westeuropäische Stahlindustrie verfügt über ein relativ gut diversifiziertes Netz von Lieferländern und zudem über eine nicht unbeträchtliche Eigenproduktion, während Japan, grundsätzlich am stärksten abhängig von Einfuhren, über langfristige Lieferverträge, Direktinvestitionen und eine gewisse Diversifizierung seine Versorgungssicherheit ebenfalls befriedigend absichern konnte[32]. Die unterschiedliche Versorgungsstruktur der drei Industrieregionen würde jedoch im Falle von Versorgungsstörungen zweifellos auch unterschiedliche Auswirkungen in diesen Regionen nach sich ziehen.

Tatsächlich fällt es jedoch schwer, plausible Szenarien für eine ernsthafte Störung der Eisenerzversorgung zu entwickeln. Die größten Probleme für die westlichen Industriestaaten würden sich wohl aus inneren Wirren in Brasilien mit Auswirkungen auf die Förderung und den Transport von Eisenerz ergeben. Westeuropa und die USA hätten allerdings wohl auch in diesem – wohl ohnehin eher unwahrscheinlichen – Fall hinreichend alternative Bezugsquellen verfügbar, während Japan ohnedies primär auf australische Lieferanten ausgerichtet bleiben dürfte. Innere oder regionale Instabilität und gewaltsame Auseinandersetzungen in anderen Lieferländern könnten angesichts der breiten geographischen Streuung kaum Lieferengpässe in einem Ausmaße nach sich ziehen, das ernsthafte Anpassungsprobleme aufwerfen würde. Die plausibelsten Szenarien für mögliche Marktstörungen sind daher wohl in Streiks zu sehen, die allerdings, wie oben erörtert, nicht als genuine wirtschaftliche Sicherheitsrisiken für die Industriestaaten betrachtet werden können[33]. Die Eisenerz-Versorgung dieser Staaten erscheint bis in das nächste Jahrtausend hinein angemessen gesichert.

2.3 Mangan

Seit der Entwicklung des Bessemer-Verfahrens zur Stahlherstellung im Jahr 1856 bildet Mangan nach Eisenerz den zweitwichtigsten metallischen Rohstoff der Stahlindustrie. Und ebenso wie im Falle des Eisenerzes ist auch die Nachfrage für Mangan

---

[30] Zur APEF vgl. *Financial Times*, 25. April 1979.

[31] Vgl. hierzu Hogan, op.cit., pp. 16ff.

[32] Zur japanischen Versorgungsstrategie allgemein vgl. Raymond Vernon, Two Hungry Giants, The United States and Japan in the Quest for Oil and Ores, Cambridge, Mass. 1983, Kap. 5.

[33] Vgl. oben, Teil B, Kap. 2.

weitgehend auf diesen Industriezweig beschränkt: 90 bis 95% der gesamten Manganförderung werden in der einen oder anderen Form zur Stahlherstellung benötigt; es gibt keinen Stahl ohne Manganzusätze[1]. Mangan bindet schädliche Schwefelspuren und erhöht damit die Kosteneffektivität der Stahlherstellung, desoxidiert den Stahl und vergrößert seine Belastbarkeit und Härte. Während Manganzusätze für jede Form der Stahlherstellung notwendig sind und die wichtigste Rolle dieses Veredlers darin bestand, die Qualitäten von Massenstahl zu erhöhen, ergab sich in den letzten Jahren eine gewisse Verschiebung des Manganeinsatzes in Richtung der Edelstahlherstellung: Technologische Fortschritte in der Rohstahlproduktion erlaubten eine erhebliche Reduzierung des spezifischen Manganbedarfs bei Massenstahl, während auf der anderen Seite Edelstähle mit hohem Mangangehalt zunehmende Bedeutung gewannen[2].

Der Zusatz von Mangan bei der Stahlproduktion erfolgt inzwischen fast ausschließlich in der Form von Ferro-Mangan bzw. Siliko-Mangan; der Einsatz von Manganerz ist dagegen weitgehend in den Hintergrund gerückt[3]. Nachdem Ferro-Mangan inzwischen auch in erheblichem Umfang international gehandelt wird, muß eine Analyse der wirtschaftlichen Sicherheitsrisiken bei Mangan auch dieses Zwischenprodukt einbeziehen.

Mangan ist ein relativ weitverbreiteter Rohstoff – er gilt als das zwölfthäufigste Element der Erdkruste. Die derzeit wirtschaftlich abbaubaren Manganreserven sind zwar – gemessen an der Jahresproduktion – ebenfalls sehr umfangreich, sie weisen jedoch eine starke geographische Konzentration auf. Der niedrige Tonnenpreis von Mangan, die dadurch gegebene Bedeutung der Frachtkosten sowie die steigenden Qualitätsanforderungen der Stahlindustrie begünstigten den Trend zur Anreicherung des Manganerzes und zu seiner Weiterverarbeitung in den Bergbauländern, so daß die Belieferung mit Mangan zunehmend in Form eines Exports von Ferro-Mangan erfolgt[4].

Abhängigkeiten: Die Weltförderung von Manganerz betrug 1986 etwa 25 Mio. Tonnen mit einem Mangangehalt von rund 10 Mio. Tonnen. Knapp 50% der Weltproduktion fließen in den Export; die USA und Japan weisen keinerlei Manganförderung auf, Westeuropa lediglich in unbedeutendem Umfang, so daß alle drei Regionen zu praktisch 100% auf Einfuhren angewiesen sind. Die wichtigsten Exportländer sind die Republik Südafrika, Australien, Gabun und Brasilien. Auf der Basis von Erzlieferungen aus diesen Ländern stellen Westeuropa und Japan noch in beträchtlichem

---

[1] Mining Journal, Mining Annual Review 1986, London 1986, p. 64; US Bureau of Mines, Mineral Facts and Problems, Washington 1980, p. 549; Thomas S. Jones, Manganese, Washington 1985, p. 1 (= US Bureau of Mines, Mineral Facts and Problems, 1985 Edition, Preprint).

[2] Der spezifische Manganverbrauch pro Tonne Rohstahl sank in der japanischen Stahlindustrie – der modernsten der Industriestaaten – von 4,08 kg 1981 auf 3,25 kg im Jahr 1983. Damit erscheint allerdings nach Auffassung von Experten das absolute Minimum an Manganzusätzen bei der Rohstahlherstellung beinahe erreicht. Vgl. Mining Annual Review 1984, op. cit., p. 65.

[3] Daten der US-Stahlindustrie weisen für 1983 einen spezifischen Verbrauch von 1,1 Pfund Manganerz sowie von 9,2 Pfund Manganlegierungen pro Tonne Rohstahl aus. US Bureau of Mines, Minerals Yearbook, 1983, Vol. I: Metals and Minerals, Washington 1984, p. 596. Vgl. auch International Iron and Steel Institute (ed), Manganese and the Iron and Steel Industry, Brüssel 1980, pp. 27f.

[4] Vgl. hierzu US Bureau of Mines, op. cit. (1980), p. 555.

Umfang Ferro-Mangan und Siliko-Mangan her, während diese Industrie in den USA inzwischen weitgehend durch Einfuhren aus dem Markt verdrängt wurde. Die Tatsache, daß Westeuropa und Japan ihren Bedarf an Manganlegierungen selbst herstellen, bedeutet zwar noch keineswegs Versorgungssicherheit, da die Produzenten dieser Manganlegierungen auf Erzlieferungen von Drittländern angewiesen sind[5]; sie hat, wie noch zu zeigen sein wird, dennoch eine gewisse Relevanz für die Versorgungssicherheit.

Alle drei Regionen weisen eine hohe Abhängigkeit von südafrikanischen Manganerz-Lieferungen auf. Für die USA betrug der Lieferanteil Südafrikas 1982–1985 15% (hinzu kamen 37% der Einfuhren von Manganlegierungen), für die Europäische Gemeinschaft 1981/1982 46% und für Japan 51%[6] (vgl. auch Tab. C-2.3). Die Einfuhrabhängigkeit nahm dabei sowohl bei Manganerz wie bei Manganlegierungen bis in die 80er Jahre hinein tendenziell zu[7].

Tab. C – 2.3: Basiskennziffern: Mangan (short tons)

	Bergbau-Produktion	Nachgewiesene Reserven	Geschätzte Förderkapazitäten		Anteil an den Einfuhren[a] (%) der USA	der Europ. Gemeinschaft	Japans
	1986	1986	1984	1990	1982–1985	1981–1982	1981–1982
Südafrika	4 100 (15)	8 500 000 (71)	3 300 (25)	3 450 (24)	15	46	51
Brasilien	3 000 (11)	180 000 (1)	1 350 (10)	1 700 (12)	22	10	7
Gabun	2 600 (10)	440 000 (4)	1 300 (10)	1 700 (12)	36	25	4
Australien	1 900 (7)	480 000 (4)	1 300 (10)	1 300 (9)		8	31
Indien	1 350 (5)	70 000 (1)	800 (6)	800 (6)			
UdSSR	11 000 (41)	2 500 000 (21)	3 800 (29)	4 200 (29)			
Welt	27 000 (100)	12 000 000 (100)	13 100 (100)	14 400 (100)	(100)	(100)	(100)
			ad memoriam: Importabhängigkeit		100	99,5	99

Zahlen in Klammern: Anteil am Weltgesamtwert in %
[a]) Manganerz

Quellen:
US Bureau of Mines, Mineral Commodity Summaries 1987, Washington 1987
US Bureau of Mines, Mineral Facts and Problems, 1985 Edition, Washington 1985
Japan External Trade Organisation, White Paper on International Trade, Japan 1984, Tokio 1984
P. C. F. Crowson, Minerals Handbook, 1984–1985, London 1984

[5] Hierzu US Bureau of Mines, op. cit. (1984), pp. 593 ff sowie US Bureau of Mines, Mineral Commodity Summaries 1987, Washington 1987; Pierre-Noël Giraud, Géopolitique des Ressources Minières, Paris 1983, p. 79; Phillip Crowson, Minerals Handbook, 1983–1984, London 1984. Daten über die Herstellung von Manganlegierungen finden sich in US Bureau of Mines, op. cit. (1984), pp. 350 ff.

[6] Vgl. Crowson, op. cit.; US Bureau of Mines, op. cit. (1985).

[7] Hierzu Bundesanstalt für Geowissenschaften ..., op. cit., Teil V; Japan External Trade Organization, White Paper on International Trade, Japan 1984, Tokyo 1984.

Allerdings mußte Südafrika seit 1983 im Rahmen des weltweiten Einbruchs der Mangan-Nachfrage, der durch die Krise der Stahlindustrie in den großen Industrienationen bedingt war, einen überproportional scharfen Rückgang seiner Förderung hinnehmen, während andere Exportländer ihre Marktposition halten (Australien und Brasilien) bzw. sogar verbessern konnten (Gabun). Dies deutet auf Diversifizierungsbemühungen der Mangan-Abnehmer[8]. Bei Manganerz bieten sich hierfür vor allem Brasilien, Gabun und Australien an, die nach Schätzungen des US Bureau of Mines ihren Anteil an der Welt-Förderkapazität von 26% im Jahr 1978 auf 32% 1985 steigern konnten[9]. Bei Manganlegierungen geraten nach den amerikanischen Herstellern, die inzwischen weitgehend durch Importe verdrängt wurden, nunmehr auch die europäischen Produzenten zunehmend durch billige Einfuhren unter Druck[10]; selbst der japanische Markt öffnet sich in zunehmendem Maße für Importe, die bei Siliko-Mangan 1983 bereits 27% der Nachfrage deckten[11]. Der Trend zur Herstellung von Manganlegierungen in Ländern wie Australien und Brasilien dürfte sich angesichts der Kostenvorteile dieser Standorte verstärken; allerdings sollten kommerzielle wie versorgungspolitische Gründe dem Vordringen der Importe in Japan und Westeuropa Grenzen setzen[12].

Die zukünftige Nachfrage nach Manganerz wird weiterhin stark von der Entwicklung der Welt-Stahlproduktion abhängen – andere Anwendungsbereiche (wie die Verwendung von Mangandioxid in Batterien und chemischen Prozessen) dürften auch in Zukunft keine gewichtige Rolle spielen. Innerhalb der Stahlproduktion ist allerdings eine gewisse Verschiebung in Richtung auf die Edelstahlproduktion wahrscheinlich, die insgesamt höhere Wachstumsraten erwarten kann als die Massenstahlherstellung. Selbst eine erhebliche Steigerung der Nachfrage (die kaum zu erwarten ist) würde bis zur Jahrtausendwende und darüber hinaus keine Probleme physischer Verknappung der Vorkommen aufwerfen; die Erschöpfung besonders hochwertiger Vorkommen kann durch eine entsprechende Verarbeitung von Erzen mit niedrigerem Mangangehalt abgefangen werden[13]. Die Schätzungen über die Zuwachsraten der Nachfrage nach Mangan wurden in den letzten Jahren recht beträchtlich nach unten revidiert[14];

---

[8] Mining Annual Review, op. cit., pp. 64 f; vgl. auch US Bureau of Mines, op. cit. (1984), pp. 601 ff.

[9] US Bureau of Mines, op. cit. (1980), p. 550. Vgl. hierzu auch International Iron and Steel Institute, op. cit., pp. 14 f. W. C. J. van Rendsburg/D. A. Pretorious, South Africa's Strategic Minerals, Pieces on a Continental Chessboard, Johannesburg 1977, p. 55 sieht zur Jahrtausendwende in Südafrika ein Förderpotential bis zu 20 Mio. Tonnen Erz pro Jahr.

[10] Der Importanteil der Europäischen Gemeinschaft bei Ferro-Mangan liegt bei etwa 25%; die wichtigsten Importländer sind Südafrika, Norwegen und Portugal (*Financial Times*, 7. 8. 1984).

[11] Mining Annual Review, op. cit., p. 65.

[12] Vgl. International Iron and Steel Institute, op. cit., p. 56.

[13] Vgl. hierzu Bundesanstalt für Geowissenschaften und Rohstoffe/Deutsches Institut für Wirtschaftsforschung, Untersuchungen über Angebot und Nachfrage mineralischer Rohstoffe, VIII Mangan, Hannover/Berlin 1977, pp. 7–12; International Iron and Steel Institute, op. cit., pp. 1–2.

[14] Für Projektionen der zukünftigen Nachfrage vgl. US Bureau of Mines, op. cit. (1980), pp. 559 f; Bundesanstalt für Geowissenschaften ..., op. cit., pp. 150 ff; Global 2000, Der Bericht an den Präsidenten, Frankfurt 1980, pp. 460 ff; International Iron and Steel Institute, op. cit., pp. 39 ff; Jones, op. cit., pp. 13 ff.

die letzten verfügbaren Zahlen sprechen im Zeitraum von 1985 bis 1995 global von einem Zuwachs des Mangan-Bedarfs um 1,1% p. a. Der weitaus größte Teil der Steigerung in der Nachfrage wird dabei voraussichtlich in Schwellenländern wie Südkorea und Brasilien zu verzeichnen sein[15].

Angesichts dieser relativ geringen Veränderungen in der Nachfrage nach Mangan (in den Industriestaaten ist praktisch mit einer Stagnation auf dem gegenwärtigen Niveau oder sogar mit einem Rückgang zu rechnen) auf der einen und den beträchtlichen Kapazitätsüberhängen auf der anderen Seite dürfte die Reichweite der vorhandenen Reserven eine sehr viel geringere Rolle bei der Struktur der zukünftigen Handelsbeziehungen bei Mangan bilden als die Relation der Produktions- und Transportkosten der Anbieter. Südafrika wird in dieser Hinsicht zweifellos auch in Zukunft in einer günstigen Lage sein, doch zeigt die Absatzentwicklung der Jahre 1982 und 1983 mit dem stark überproportionalen Rückgang der südafrikanischen Produktion[16], daß diese Marktposition keineswegs unantastbar ist. Auf die Dauer wird der Republik Südafrika allerdings eine dominierende Rolle im internationalen Manganhandel kaum zu nehmen sein: Das Land besitzt rund 71% der nachgewiesenen, derzeit rentablen Vorkommen der westlichen Welt[17]. Lediglich die Sowjetunion verfügt über ein annähernd vergleichbares Potential. Andere Exportländer mit großen Reserven – wie Brasilien und Indien – reservieren bereits heute einen Teil ihrer Vorkommen für den zukünftigen Eigenbedarf der dortigen Stahlindustrien und könnten daher in Zukunft ihre Erzexporte zugunsten der Ausfuhr von Ferro-Mangan und Stahl zurückschrauben. Aber auch Südafrika beabsichtigt, Mangan zunehmend in verarbeiteter Form zu exportieren – das Land strebt bei der Ferro-Manganproduktion nach einer Ausweitung seines Weltmarktanteils von 10% im Jahr 1978 auf 25% im Jahr 1990[18].

Verwundbarkeit: Trotz relativ großer Importmengen (Japan importierte 1985 über 1,6 Mio. Tonnen Manganerz, die Europäische Gemeinschaft über 2 Mio. Tonnen) ist die makro-ökonomische Bedeutung der Manganeinfuhren vernachlässigbar – selbst dramatische Preissteigerungen würden hier keine gesamtwirtschaftlich negativen Auswirkungen heraufbeschwören. Die Einfuhren Japans, des größten Importlandes, kosteten 1982 knapp $ 140 Mio., 1983 nicht einmal $ 100 Mio.[19]. Zudem entfällt auf Manganerz nur ein sehr geringer Teil der Gesamtkosten bei der Stahlherstellung; selbst eine Vervielfachung des Erzpreises würde daher die Stahlpreise nur geringfügig verändern.

---

[15] Ronald C. Duncan (ed), The Outlook for Primary Commodities, 1984 to 1995, Washington 1984, pp. 52ff (= World Bank Staff Comodity Working Papers, No. 11).

[16] Die südafrikanische Manganproduktion sank 1983 gegenüber dem Vorjahr um annähernd 48%, 1984 gegenüber 1983 um weitere 15%. Siehe Mining Annual Review, 1984, op. cit., p. 64; US Bureau of Mines, op. cit. (1987).

[17] International Iron and Steel Institute, op. cit.. Siehe auch US Bureau of Mines, op. cit. (1987) sowie (für die historische Entwicklung der Reserven) Bundesanstalt für Geowissenschaften ..., op. cit., pp. 7ff.

[18] International Iron and Steel Institute, op. cit., p. 57.

[19] Japan External Trade Organization, op. cit., p. 161.

Physische Verknappungserscheinungen könnten dagegen die Wirtschaftsentwicklung der Industriestaaten sehr wohl erheblich beeinträchtigen – denn auch in Zukunft wird die Stahlindustrie entscheidend von der Verfügbarkeit von Mangan abhängen. Andere Verbrauchssparten werfen dagegen keine kritischen Probleme für die Gesamtwirtschaft auf; sie werden zudem auch in Zukunft eine sehr untergeordnete Rolle spielen.

Anpassungsflexibilitäten: Im Falle einer Störung der Manganversorgung wäre zumindest in den nächsten Jahren damit zu rechnen, daß *unausgelastete Kapazitäten* in erheblichem Umfang zur Verfügung stehen würden. Diese Kapazitätsreserven betrugen 1983 im Falle der südafrikanischen Produzenten mehr als 60%. Die *Groote Eylandt Mining Company* in Australien hätte ihre Förderung ebenfalls ohne Probleme verdoppeln können. Auch Brasilien und Gabun verzeichneten Kapazitätsreserven um die 30%. Allerdings bilden in Gabun Engpässe beim langen und aufwendigen Transport vom Bergwerk zum Verladehafen Hindernisse bei Produktionssteigerungen[20]. Die erste Hälfte der 80er Jahre war mit der schweren Krise der Stahlindustrien in den Industriestaaten zweifellos eine Ausnahmephase, die außergewöhnlich hohe Kapazitätsüberhänge entstehen ließ. Aber selbst in einer grundsätzlich ausgewogenen Angebots-/Nachfragesituation sollten im Falle von plötzlichen Versorgungsstörungen zusätzliche Kapazitäten nach relativ kurzen Vorlaufzeiten von einigen Monaten verfügbar sein[21].

Die *Wiederverwendung von Altmaterial* bietet eine weitere Möglichkeit zur Steigerung des Manganangebots aus alternativen Quellen in einer Krise. Der unmittelbare Anteil von rezykliertem Mangan am Verbrauch liegt derzeit unter 5%, doch schätzt man das Potential auf bis zu 20%[22]. Daneben wird Mangan indirekt durch die Wiederverwendung von Schrott rezykliert: Nach Schätzungen des *Office of Technology Assessment* stammt etwa die Hälfte des Manganeinsatzes in der amerikanischen Stahlindustrie aus Schrott; die Wiederverwendung von Schrott könnte, wie bereits im Zusammenhang mit Eisenerz diskutiert, im Falle von Versorgungsengpässen bei den Grundstoffen der Stahlindustrie gesteigert werden. Als letzte verbleibende Möglichkeit auf der Angebotsseite bestünde schließlich die Gewinnung von Mangan aus den *Manganknollen der Tiefsee.* Abgesehen von grundsätzlichen Problemen technologischer, wirtschaftlicher und politischer Natur, die den Abbau von Manganknollen in diesem Jahrhundert wohl kaum zulassen werden, käme eine Erschließung der Tiefsee zur Gewinnung des Mangans selbst bei großen Veränderungen in den Manganpreisen nur dann in Frage, wenn die Rentabilität durch die anderen in den Manganknollen

---

[20] Mining Annual Review, op. cit., pp. 64f; Office of Technology Assessment, Strategic Materials: Technologies to Reduce U.S. Import Vulnerability, Summary, Washington 1985, p. 39. Die Fertigstellung der Trans-Gabun-Eisenbahnlinie würde diese Engpässe jedoch erheblich verringern. Siehe Rae Weston, Strategic Materials, London & Sydney 1984, p. 62.

[21] Hierzu ibid., p. 39 sowie Der Bundesminister für Wirtschaft, Bericht über die Versorgung der Bundesrepublik Deutschland mit mineralischen Rohstoffen, Bonn 1980, p. 20.

[22] ibid., p. 20.

enthaltenen Rohstoffe wie Kobalt, Kupfer und Nickel gewährleistet würde. Zudem hätte eine solche Erschließung der Tiefsee als Reaktion auf einen Versorgungsengpaß bei Mangan schon durch die lange Vorlaufzeit wenig Sinn.

Ein plausibles Krisenszenario im Bereich der Manganversorgung könnte neben der Erzbelieferung durchaus auch erhebliche Auswirkungen auf die Ferro-Manganeinfuhren haben. Das könnte schon heute für die USA, die in erheblichem Ausmaß auf Importe angewiesen sind, beträchtliche Probleme aufwerfen. Aber auch Japan und Westeuropa könnten angesichts der Standortvorteile von Ländern mit Rohstoff- und Energievorkommen zunehmend von Einfuhren abhängig und damit auch verwundbar werden. Nur Verarbeitungskapazitäten im eigenen Land bieten jedoch letztlich die Möglichkeit, im Falle einer Versorgungskrise auf andere Erzlieferanten auszuweichen[23]. Allerdings läßt sich Ferro-Mangan ohne entscheidende Effizienz-Verluste auch in Anlagen zur Produktion von anderen Ferro-Legierungen herstellen; die Erhaltung von Mindestkapazitäten wird dadurch erleichtert[24].

Die wachsende Bedeutung von Ferro-Mangan spiegelt sich auch in der *strategischen Vorratshaltung* der Industriestaaten. Die USA kündigten 1982 ein Programm zur Aufbereitung eines Teils der Manganerze im *National Defense Stockpile* an; Ende 1983 wurde der erste derartige Auftrag für die Bereitstellung von 577000 Tonnen Ferro-Mangan (das entspricht etwa dem Bedarf der US-Stahlindustrie im Lauf eines Jahres) vergeben[25]. Damit trug die amerikanische Vorratshaltungspolitik der veränderten Abhängigkeiten im Falle des Mangans Rechnung, die wenigstens in den USA zunehmend eine Abhängigkeit von Ferro-Mangan ist, und verhalf zugleich den einheimischen Herstellern zu einer Atempause im Kampf gegen billige Einfuhren. Daneben verfügen die USA auch über beträchtliche staatliche wie kommerzielle Vorräte an Manganerz sowie Vorräte von Ferro-Mangan in privater Hand. Der Umfang der kommerziellen Vorräte ist zwar seit Mitte der 70er Jahre stark zurückgegangen, ihre Reichweite hat sich freilich kaum geändert – die Erzvorräte der Industrie entsprechen in etwa einer Jahresnachfrage, die Ferro-Manganvorräte haben eine theoretische Reichweite von drei bis vier Monaten[26]. Frankreich und Japan haben in den letzten Jahren ebenfalls mit dem Aufbau von Manganvorräten unter staatlicher Aufsicht begonnen und verfügen daneben – wie andere Stahlproduzentenländer auch – über kommerzielle Läger, deren Reichweite allerdings eher in Wochen als in Monaten bemessen sein dürfte: Genaue Angaben werden nicht veröffentlicht. Insgesamt stellen diese Vorräte einen gewissen Schutz gegen zeitlich begrenzte Lieferengpässe dar, der allerdings nur im Falle der USA auch eine Sicherheitsmarge für ernsthafte Versorgungskrisen aufweist.

---

[23] Vgl. hierzu Office of Technology Assessment, op. cit., p. 40.

[24] Zur amerikanischen Ferro-Manganindustrie vgl. D. J. A. Cantor et al., The Ferroalloy Industry: Current Conditions and Policy Options, Washington 1983 (= Library of Congress, Congressional Research Service).

[25] US Bureau of Mines, op. cit. (1984, Vol. I), p. 594.

[26] US Bureau of Mines, Mineral Commodity Summaries, Washington, versch. Jahrgänge.

Die Anpassungsflexibilität der Mangan-*Nachfrage* ist insgesamt eher begrenzt: Mangan ist bei der Stahlproduktion durch andere Rohstoffe nicht zu ersetzen; die Substitutionsmöglichkeiten in anderen Bereichen sind so gering, daß hiervon keine wesentliche Erleichterung der Anpassungsprobleme in einer Krise zu erwarten wäre[27]. Dagegen böte eine effizientere Verwendung des Mangans bei der Stahlherstellung Möglichkeiten zur Reduzierung der Mangannachfrage in einer Krise. Verbesserte Fertigungsmethoden könnten nach Schätzungen des *Office of Technology Assessment* den spezifischen Manganverbrauch bei der Stahlherstellung in den USA um 8% senken; neue Herstellungstechniken, die insbesondere den Mangan-Abfall bei der Stahlherstellung verringern würden, lassen sogar noch sehr viel dramatischere Einsparungen erwarten[28]. Allerdings gelten diese Flexibilitätsreserven offenbar nur für die amerikanische Industrie, während beispielsweise für die japanische Stahlindustrie angesichts einer dramatischen Verringerung des spezifischen Manganbedarfs bereits von der Annäherung an absolute Mindestmengen gesprochen wird[29]. Zudem wäre die Einführung neuer Produktionstechnologien in großem Maßstab mit erheblichen Verzögerungen verbunden.

Der internationale Manganhandel weist eine erhebliche Konzentration auf – zwei südafrikanische Mangankonzerne kontrollieren etwa ein Drittel der Produktionskapazitäten der westlichen Welt, die fünf größten Unternehmen etwa drei Viertel. Dabei ist eine gewisse vertikale Integration feststellbar – an dem gabunischen Bergwerkskonzern COMILOG etwa hält der US-Konzern *Bethlehem Steel* einen Anteil von über 47%; derselbe Konzern ist auch am brasilianischen Bergbauunternehmen ICOMI beteiligt. 1983 erwarb auch die Firma Elkem, einer der größten Ferro-Manganhersteller mit Anlagen in Norwegen und den USA, einen Anteil an COMILOG. GEMCO, der australische Bergbaukonzern, ist eine Tochter des Stahlunternehmens *Broken Hill Proprietary*[30]. Ein Großteil des internationalen Manganhandels wird allerdings auch über Handelshäuser abgewickelt; neben dem jährlich ausgehandelten Produzentenpreis besteht daher auch ein offener Marktpreis[31]. Trotz dieser Flexibilität schaffenden Rolle von Zwischenhändlern und Agenten ist jedoch angesichts der Tendenzen zur vertikalen Integration innerhalb der Mangan- und Stahlindustrie sowie der kleinen Zahl von Lieferländern und -firmen nicht auszuschließen, daß ernsthafte Versorgungsstörungen in einem Lieferland recht unterschiedliche Auswirkungen auf die Stahlindustrien der OECD haben könnten.

Politische Risiken: Die hohe Konzentration im internationalen Manganhandel und die gewichtige Rolle Südafrikas, das – ähnlich wie Saudi-Arabien im internationalen Ölmarkt – die Rolle des *swing producer* zu übernehmen scheint, implizieren beträcht-

---

[27] Das Substitutionspotential wird insgesamt auf nur 3,5% geschätzt. (Bundesminister der Wirtschaft, op. cit., p. 20.)
[28] Office of Technology Assessment, op. cit., pp. 40 f.
[29] Mining Annual Review (1984), op. cit., p. 65.
[30] ibid., pp. 64 f; Giraud, op.cit., pp. 153 ff, 166 ff; Bundesanstalt für Geowissenschaften ..., op. cit., p. 44.

liche Risiken von Versorgungsstörungen[32]. Die Anpassungsflexibilitäten der internationalen Manganindustrie sind auf der Nachfrageseite kurz- und mittelfristig begrenzt, auf der Angebotsseite größer – wobei jedoch mögliche Transportengpässe die Ausweitung der Exporte anderer Förderländer behindern könnten und damit auch hier Verzögerungen zu erwarten wären[33]. Die Firmen-Konzentration auf der Produzentenseite sowie die Tendenz zur vertikalen Integration und zur Verschiebung der Ferro-Manganherstellung in die Förderländer bedeuten weitere Risikofaktoren. Ein weitgehendes Versiegen der Mangan- und Ferro-Mangan-Exporte aus der Republik Südafrika kann nicht ausgeschlossen werden; dies könnte für die Stahlindustrien der OECD erhebliche Anpassungsprobleme aufwerfen[34].

Welche Auswirkungen könnte eine derartige Versorgungskrise auf die Ost-West-Beziehungen haben? Die Comecon-Länder haben sich insgesamt seit 1976 als Exporteure vom Weltmarkt praktisch völlig zurückgezogen[35]. Die Sowjetunion exportiert etwa 12% ihrer Manganerzproduktion in die Länder Osteuropas, während die Exporte in den Westen inzwischen weitgehend eingestellt wurden; 1983 trat die UdSSR auch als Käufer von hochwertigem Manganerz aus Gabun und Australien auf[36]. Auch bei Ferro-Mangan zeichnete sich ein ähnlicher Rückzug vom Weltmarkt ab[37]. Allerdings gibt es bislang keinerlei Anzeichen für eine substantielle Importabhängigkeit der UdSSR in diesem Bereich; die Produktion konnte in den 80er Jahren weiter gesteigert werden und dürfte bis auf weiteres in der Lage sein, auch den größten Teil des osteuropäischen Bedarfs abzudecken[38]. Die Comecon-Region wäre deshalb zunächst einmal von einer Mangan-Versorgungskrise weniger betroffen, wenngleich Osteuropa etwa 20% seiner Manganeinfuhren von außerhalb des RGW bezieht[39]. Die Sowjetunion dürfte also kaum in der Lage sein, dem Westen in einer Versorgungskrise zu Hilfe zu kommen – wenn dies denn im politischen Interesse der sowjetischen Führung läge. Andererseits ergibt sich aus der bis auf weiteres angemessenen Versorgungslage des Comecon kein rohstoffwirtschaftliches Motiv für eine Politik des Akti-

---

[31] Crowson, op. cit., p. 149; Weston, op. cit., p. 126; siehe auch *Financial Times*, 27. 11. 1983.

[32] Siehe hierzu Weston, op. cit., pp. 105 ff sowie die Risikoanalyse, die die Bundesregierung Mitte der 70er Jahre in Auftrag gab: Mangan erreichte dabei mit 300 von maximal 500 Risikopunkten den dritthöchsten Wert. (Der Bundesminister für Wirtschaft, Metals and Minerals, Markets and Trends, Bonn 1979, p. 103, = Studienreihe No. 21.)

[33] Vgl. US Bureau of Mines, op. cit. (1980), p. 558; Jones, op. cit., p. 10.

[34] Vgl. hierzu Phillip Crowson, The U.K. Strategic Stockpile, in: *Metal Bulletin*, March 1977, zit. nach Weston, op. cit., p. 105.

[35] Bundesanstalt für Geowissenschaften und Rohstoffe, Rohstoffwirtschaftliche Länderberichte, XXIII Comecon, Hannover 1979, pp. 61–66; International Iron and Steel Institute, op. cit., p. 26.

[36] US Bureau of Mines, op. cit. (1984, Vol. I), p. 603.

[37] Bundesanstalt für Geowissenschaften ..., op. cit. (1979), p. 66; International Iron and Steel Institute, op. cit., p. 50.

[38] V. V. Strishkov, The Minerals Industry of the USSR, in: US Bureau of Mines, Minerals Yearbook 1980, Vol. III: Area Reports International, Washington 1982, pp. 1003–1074; Richard M. Levine, The Mineral Industry of the USSR, in: US Bureau of Mines, op. cit. (1984, Vol. III: Area Reports International), pp. 773–805.

[39] ibid., p. 782.

vismus im südlichen Afrika. Die Einfuhren, die die UdSSR auch in Zukunft zur Anreicherung ihrer relativ manganarmen Erze tätigen könnte, wären angesichts ihres recht geringen Werts und der sich abzeichnenden Überschußsituation ohne weiteres kommerziell abzuwickeln.

2.4 Chrom

Chrom – ein besonders hartes, stahlgraues Metall, das erstmals 1797 als Element identifiziert wurde – spielt eine herausragende Rolle in der Herstellung von Edelstahl: Seine Verwendung in Panzerungen und Geschützläufen, in Artilleriemunition, Kurbelwellen, Getrieben und anderen besonders verschleißfesten Maschinenteilen gaben diesem Rohstoff im Ersten wie im Zweiten Weltkrieg große militärisch-strategische Bedeutung[1]. Die Edelstahlherstellung ist zugleich auch der wichtigste Anwendungsbereich des Rohstoffes Chrom – die Legierung mit Chrom macht den Stahl korrosionsfest, verleiht im größere Härte und Widerstandskraft und verlängert seine Haltbarkeit[2]. Allerdings ist Chrom als Rohstoff darüber hinaus für eine Reihe von anderen Verwendungszwecken bedeutsam – in der Leder- und der Pigmentherstellung und bei der Auskleidung von Hochöfen der Stahlindustrie beispielsweise. Grundsätzlich entsprechen diesen drei großen Anwendungsbereichen drei Chromerzqualitäten – Chromerz für metallurgische Zwecke (Erze mit einem Mindestgehalt von 48% Chromoxid und geringem Eisengehalt), für die chemische Industrie (Chromoxid-Mindestgehalt von 40%, Chrom-Eisen-Relation zwischen 1,5 und 2 zu 1) und für die Schamottherstellung mit hoher Beimengung von Aluminiumoxid.

Rund 70% der Nachfrage nach Chrom in der westlichen Welt entfallen derzeit auf die Stahlindustrie – mit erheblichen Unterschieden von Land zu Land allerdings: Während dieser Anteil zu Beginn der 80er Jahre in den USA nur 63% ausmachte, lag er in Japan bei 87% und in Frankreich bei 96%[3]. Der Einsatz von Chrom in der Edelstahlproduktion erfolgt über die Zugabe von Ferro-Chrom – damit ist der eigentlich kritische Rohstoff in diesem Bereich nicht das Erz, sondern das Verarbeitungsprodukt Ferro-Chrom. Dieses Produkt wiederum wird über verschiedene Reduktionsverfahren in unterschiedlichen Qualitäten hergestellt – als Ferro-Chrom mit hohem Kohlenstoffgehalt, mit mittlerem Kohlenstoffgehalt und mit niedrigem Kohlenstoffgehalt, als

---

[1] Vgl. Gerd Hardach, Der Erste Weltkrieg, München 1973, pp. 40ff., 66ff. (= Geschichte der Weltwirtschaft im 20. Jahrhundert, Bd. 2); Alan S. Milward, Der Zweite Weltkrieg, München 1977, pp. 95ff., 336ff. (= Geschichte der Weltwirtschaft im 20. Jahrhundert, Bd. 5).

[2] Bundesanstalt für Geowissenschaften und Rohstoffe/Deutsches Institut für Wirtschaftsforschung, Untersuchungen über Angebot und Nachfrage mineralischer Rohstoffe, VII, Chrom, Berlin/Hannover 1975, p. 6; John L. Morning, Chromium, Washington 1977 (= Mineral Commodity Profiles MCP-1); International Iron and Steel Institute, Chromium and the Steel Industry, Brüssel 1981, pp. 36ff.

[3] Die chemische Industrie stellt etwa 12% der Nachfrage nach Chrom in der westlichen Welt; die restlichen 18% entfallen auf andere Verwendungszwecke, insbesondere auf die Ziegelherstellung für Hochöfen (Schamotten). Vgl. hierzu insgesamt Bundesanstalt für Geowissenschaften ..., op. cit., pp. 81, 100ff., International Iron and Steel Institute, op. cit., pp. 18 ff.

Ferro-Silikochrom und schließlich als *charge chrome* mit relativ niedrigem Chromgehalt[4]. Die Einführung neuer Produktionsprozesse bei der Herstellung von Edelstahl (AOD- und VOD-Verfahren) führte in den letzten Jahren zu einer Verschiebung der Nachfrage nach Ferro-Chrom in Richtung auf weniger chromhaltige und damit weniger hochwertige Qualitäten[5].

Die Gewinnung von Chrom erfolgt derzeit weltweit ausschließlich aus Chromitvorkommen, die eine unterschiedliche Verbindung von Chrom-, Eisen-, Aluminium- und Magnesiumoxiden darstellen. Die nachgewiesenen Vorkommen sind gewaltig, weisen jedoch einen relativ hohen Konzentrationsgrad in einigen wenigen Ländern auf. Das bei weitem größte Vorkommen der Welt findet sich in Südafrika[6].

Abhängigkeiten: Westeuropa ist die einzige der drei großen Industrieregionen mit einer nennenswerten Eigenproduktion von Chromerz: Griechenland (Jahresproduktion 1985: rund 120000 Tonnen) und vor allem Finnland (506000 Tonnen) und die Türkei (500000 Tonnen) gehören zu den wichtigeren Förderländern der Welt. Angaben über den Gesamtverbrauch dieser Region sind für die jüngere Zeit nicht verfügbar, doch dürfte die Produktion unter 10% der Nachfrage liegen[7]. Immerhin weist die Chromerzförderung in Westeuropa eine steigende Tendenz auf, während Japans ohnehin unbedeutende Chromerzförderung stark rückläufig ist und kaum mehr als ein Prozent des Bedarfs zu decken vermag. Die Vereinigten Staaten schließlich produzieren seit den 50er Jahren praktisch kein Chromerz mehr[8].

Alle drei Regionen sind daher in hohem Maße auf Einfuhren angewiesen; angesichts der relativ großen Konzentration des Abbaus in wenigen Staaten kommen diese Einfuhren aus einer relativ begrenzten Zahl von Lieferländern: Südafrika und Zimbabwe stellten 1986 zusammen etwa 39% der Weltförderung, Albanien und die UdSSR zusammen etwa 40%. Weitere wichtige Exportländer sind – mit jeweils etwa 4 bis 5% der Weltförderung – Finnland, Indien, Brasilien, die Türkei und die Philippinen[9]. Insgesamt wird rund die Hälfte der Chromerzförderung international gehandelt[10]. Die wichtigsten Lieferländer der Europäischen Gemeinschaft sind Südafrika (rund 56%), die UdSSR und Albanien (20%) sowie die Türkei (mit 11%). Japan bezieht ebenfalls rund die Hälfte seiner Chromerzlieferungen aus Südafrika; der Rest

---

4 Bundesanstalt für Geowissenschaften ..., op. cit., p. 88; Morning, p. 16.

5 AOD-Verfahren = argon-oxygen decarburisation; VOD-Verfahren = vacuum-oxygen decarburisation. Siehe hierzu US Bureau of Mines, Mineral Facts and Problems, 1980 Edition, Washington 1980, p. 181 sowie John F. Papp, Chromium, Washington 1985, pp. 3f. (US Bureau of Mines, Mineral Facts and Problems, 1985 Edition, Preprint).

6 US Bureau of Mines, op. cit., p. 170.

7 Vgl. hierzu Bundesanstalt für Geowissenschaften ..., op. cit.; Phillip Crowson, Minerals Handbook 1983–1984, London 1984; International Iron and Steel Institute, op. cit.

8 John C. Wu, The Mineral Industry of Japan, in: US Bureau of Mines, Minerals Yearbook, 1983, Vol. III, Area Reports: International, Washington 1984, pp. 417–445; US Bureau of Mines, Mineral Commodity Summaries, 1985, Washington 1985.

9 US Bureau of Mines, op. cit. (1985); Mining Journal, Mining Annual Review, 1984, London 1984, pp. 65ff.

10 Pierre-Noël Giraud, Géopolitique des Ressources Minières, Paris 1983, p. 81.

Tab. C – 2.4.1: Basiskennziffern: Chromerz ('000 short tons)

	Bergbau-Produktion	Nachgewiesene Reserven	Geschätzte Förderkapazitäten[c]		Anteil an den Einfuhren[b] (%) der USA	der Europ. Gemeinschaft	Japans
	1986	1986	1984	1990	1981–1982	1981–1982	1981–1982
Brasilien	300 (3)	10 000 (0,1)	125 (3)	125 (3)			
Türkei	500 (5)	80 000 (1)	240 (6)	240 (6)			
Finnland	500 (5)	32 000 (0,4)	187 (4)	187 (4)	9	3	
Griechenland	120 (1)		17 (0,4)	17 (0,4)			
Südafrika	3 700 (34)	6 300 000 (84)	1 460 (35)	1 460 (35)	54	56	46
Zimbabwe	600 (5)	830 000 (11)	377 (9)	377 (9)			
Indien	600 (5)	66 000 (1)	190 (5)	225 (5)			19
Philippinen	300 (3)	32 000 (0,4)	170 (4)	190 (5)	15	1	16
Neukaledonien	85 (1)		33 (1)	33 (1)			
UdSSR	3 300 (30)	142 000 (2)	1 000 (24)	1 000 (24)	10	1	8
Albanien	1 000 (9)	22 000 (0,3)	323 (8)	323 (8)	1	18	5
Welt	11 000 (100)	7 500 000 (100)	4 200 (100)	4 200 (100)	(100)	(100)	(100)
				ad memoriam: Importabhängigkeit	92[a]	86[a]	99[a]

[a]) Metallgehalt, alle Formen von Importen
[b]) soweit verfügbar [c]) Metallgehalt
Zahlen in Klammern: Anteil am Weltgesamtwert in %

Quellen:
US Bureau of Mines, Mineral Commodity Summaries 1987, Washington 1987
US Bureau of Mines, Mineral Facts and Problems, 1985 Edition, Washington 1985
Japan External Trade Organisation, White Paper on International Trade, Japan 1984, Tokio 1984
Eurostat, EG-Rohstoffbilanzen 1980–1981, Luxembourg 1983
P. C. F. Crowson, Minerals Handbook 1984–85, London 1984

kommt – zu etwa gleichen Teilen – primär aus Indien und den Philippinen. Die USA importierten 59% ihres Chromerzbedarfs von Südafrika[11].

Allerdings spielt Chromerz im internationalen Umschlag der Chromindustrie eine abnehmende Rolle, während die Bedeutung des internationalen Ferro-Chromhandels immer mehr zunimmt – die Importabhängigkeit der USA stieg von 1970 bis 1980 von etwa 10% auf 50%, die der Europäischen Gemeinschaft von 35 auf 67%, für Japan von 33% auf 52%[12]. Während die Herstellung von Ferro-Chrom traditionell in der

[11] Vgl. hierzu Crowson, op. cit.; US Bureau of Mines, op. cit. (1987); Wu, op. cit.
[12] Hierzu Crowson, op. cit.; International Iron and Steel Institute, op. cit.; Bundesanstalt für Geowissenschaften ..., op. cit.; Wu, op. cit.

Nähe der Standorte der Stahlindustrie und damit in den Industriestaaten vorgenommen wurde (1963 entfielen beinahe vier Fünftel der Weltkapazität auf die USA, Westeuropa und Japan[13]), verlagert sich die Produktion in den letzten Jahren zunehmend in Länder mit Chromerzvorkommen und billiger Energie. Vor allem Südafrika verfügt inzwischen über eine große Ferro-Chromindustrie[14].

Diese Entwicklung kann angesichts der Kostenvorteile der Republik Südafrika kaum überraschen: Kalkulationen einer deutschen Studie ergaben einen beträchtlichen Kostenvorteil von etwa 20% der südafrikanischen gegenüber den westeuropäischen Ferro-Chromherstellern infolge niedrigerer Erz-, Kohle- und Stromkosten sowie niedrigerer Löhne (die allerdings nur etwa 5 bis 15% der Gesamtkosten der Herstellung ausmachen). Dieser Kostenvorteil wird durch höhere Transportkosten und Zölle nicht ausgeglichen, so daß ein eindeutiger Wettbewerbsvorteil gegeben ist[15]. Dieser Vorteil hat inzwischen auch in anderen Chromförderländern (Türkei, Finnland, Indien, Philippinen, Brasilien, Albanien, UdSSR) zum Auf- bzw. Ausbau von Ferro-Chromkapazitäten geführt[16]. Die Produzenten in der EG, in Japan und in den USA kamen daher zunehmend unter Druck; sie reagierten darauf einerseits mit Versuchen einer Diversifizierung und Spezialisierung, andererseits mit Forderungen nach Schutzmaßnahmen[17]. Beides konnte jedoch den Rückgang der Ferro-Chromherstellung in den Industrienationen nicht aufhalten. Dabei eroberte sich insbesondere Südafrika große Marktanteile: 55% der US-amerikanischen, 63% der japanischen und 36% der EG-Einfuhren von Ferro-Chrom kamen Anfang der 80er Jahre aus der Republik Südafrika[18].

Wie werden sich diese Abhängigkeiten in Zukunft entwickeln? Aufschluß geben darüber zunächst einmal die Angaben über Produktionskapazitäten und -kapazitätsausbauten, längerfristig die Verteilung der Chromerzvorkommen. Beides spricht zunächst einmal für eine zunehmende Bedeutung Südafrikas, das in den letzten Jahren seine Bergbaukapazitäten erheblich ausgebaut hat und über zwei Drittel der nachgewiesenen Vorkommen verfügt. Andererseits sind die Erzvorkommen anderer Förderländer so umfangreich, daß faktisch nur bei einigen spezifischen Erzqualitäten überhaupt Probleme auftreten könnten. Die Kapazitäten einer Reihe von weiteren Liefer-

---

[13] Bundesanstalt für Geowissenschaften ..., op. cit., p. 48.

[14] International Iron and Steel Institute, op. cit., pp. 27, 68 ff.; Gerald F. Murphy/Raymond E. Brown, Ferroalloys, in: US Bureau of Mines, Minerals Yearbook, 1983, Vol. I: Metals and Minerals, Washington 1984, pp. 333–356.

[15] Bundesanstalt für Geowissenschaften ..., op. cit., pp. 62 ff.

[16] Mining Annual Review, op. cit., pp. 65 ff.; Murphy/Brown, op. cit.

[17] Murphy/Brown, op. cit., p. 345; Interviews, Wirtschaftsvereinigung Edelstahl, Düsseldorf, Jan. 1981. Vgl. auch Office of Technology Assessment, Strategic Materials: Technologies to Reduce U.S. Import Vulnerability, Summary, Washington 1985, pp. 26 f.

[18] US Bureau of Mines, Mineral Commodity Summaries 1987, Washington 1987; Wu, op. cit.; Crowson, op. cit.

Tab. C – 2.4.2: Basiskennziffern: Ferro-Chrom ('000 short tons, Chromgehalt)

	Produktion	Geschätzte Förderkapazitäten		Anteil an den Einfuhren[a] (%) der USA	der Europ. Gemeinschaft	Japans
	1983	1984	1990	1981–1982	1981–1982	1981–1982
USA	13 (1)	187 (8)	150 (6)	× ×		
Brasilien	45 (3)	76 (3)	76 (3)	7	1	14
Europ. Gemeinschaft	64 (4)	167 (7)	167 (7)	2	× ×	
Türkei	18 (1)	41 (2)	96 (4)	2	7	
Südafrika	330 (22)	401 (17)	401 (16)	55	36	63
Zimbabwe	82 (5)	189 (8)	189 (7)	17	24	9
China	69 (5)	70 (3)	70 (3)			4
Indien	25 (2)	84 (3)	144 (6)			4
Japan	177 (12)	348 (14)	348 (14)			× ×
Philippinen	13 (1)	37 (2)	37 (1)			
UdSSR	413 (27)	420 (17)	420 (17)		2	
Albanien	20 (1)	22 (1)	22 (1)	1	4	
sonst. Osteuropa	52 (3)	86 (4)	86 (3)			
Welt	1 512 (100)	2 420 (100)	2 530 (100)	(100)	(100)	(100)

Zahlen in Klammern: Anteil am Weltgesamtwert in %
[a]) soweit verfügbar

Quellen:
US Bureau of Mines, Mineral Facts and Problems 1985, Washington 1985
P. C. F. Crowson, Minerals Handbook 1984–85, London 1984

ländern werden ebenfalls ausgebaut, und steigende Preise und wachsende Nachfrage würden zusätzliche Anbieter in den Markt locken[19].

Ähnliches läßt sich auch über die Entwicklung der Abhängigkeit der Industriestaaten von Ferro-Chromeinfuhren feststellen. Diese Abhängigkeit wird insgesamt aller Wahrscheinlichkeit nach weiter zunehmen und die Abhängigkeit von Erzeinfuhren in wachsendem Maße ersetzen. Südafrika nimmt auch in diesem Markt eine Schlüsselstellung ein, wenngleich auch in den meisten anderen großen Exportländern Kapazitätserweiterungen vorgenommen werden[20]. Kernkapazitäten dürften in den Industrie-

[19] Zur Reserven- und Ressourcensituation siehe Bundesanstalt für Geowissenschaften ..., op. cit. (historische Entwicklung); International Iron and Steel Institute, op. cit.; US Bureau of Mines, op. cit. (1980), p. 171. Kapazitätsschätzungen für 1983 und 1990 bei Papp, op. cit., p. 3. Über neue Projekte und Kapazitäts-Erweiterungen informiert ibid., pp. 3 ff.; Mining Annual Review 1986, op. cit., pp. 69 ff. sowie Rae Weston, Strategic Materials, London/Sydney 1984, pp. 52 ff.

[20] Siehe hierzu International Iron and Steel Institute, op. cit., sowie Murphy/Brown, op. cit.

staaten jedoch aufgrund wirtschaftlicher wie sicherheitspolitischer Überlegungen erhalten bleiben, zudem technologische Veränderungen in der Herstellung von Ferro-Chrom den Wettbewerbsvorteil der Förderländer in Zukunft relativieren könnten[21].

Verwundbarkeit: Die Nachfrage nach Chrom entwickelte sich im Verlauf der 70er Jahre in den drei Regionen unterschiedlich – in der EG stieg sie um durchschnittlich 6,5% p.a., in Japan um 4,1%, in den USA nur um 0,5%[22]. Projektionen für den Zeitraum bis zum Jahr 2000 wurden im Verlauf der letzten Jahre, wie ja bei den meisten Rohstoffen, beträchtlich nach unten korrigiert; die jüngsten vorliegenden Schätzungen gehen von einer jährlichen Zunahme der weltweiten Nachfrage von etwa 4,4% aus; die Zuwachsraten für die USA liegen mit 5,5% sogar noch höher: Von 1983 bis 1990 schätzt das US-Bureau of Mines die jährliche Wachstumsrate in den USA auf 6,5%, von 1983 bis 2000 auf 5,5%[23]. Diese doch recht hohen Wachstumsraten deuten auf die bleibende Bedeutung des Rohstoffes Chrom.

Interessanter ist vielleicht die detaillierte Analyse der einzelnen Verwendungsbereiche des Chroms. Diese Analysen zeigen ein sehr differenziertes Bild: Während die Verwendung von Chrom für die Herstellung von Schamottziegeln stark rückläufig ist und der Einsatz in der chemischen Industrie unterproportional steigen dürfte, ergeben sich bei bestimmten Spezialstählen überproportionale Zuwachsraten. Dies zeigt, daß Spezialstähle in der Lage sind, neue Nachfragebereiche zu erschließen. Dabei wird allerdings von einer starken Zunahme der Energieproduktion in den Vereinigten Staaten ausgegangen – die Energieindustrien sind ein wichtiger Abnehmer von Spezialstählen. Aber auch die Bauindustrie (Brückenbau, Infrastruktur) sowie bestimmte Bereiche der Transportindustrien (Flugzeugtriebwerke, Tanklastzüge, Hochgeschwindigkeits-Eisenbahngeleise) dürften in Zukunft verstärkt als Nachfrager nach Spezialstählen auftreten. Andererseits könnten chromhaltige Edelstähle in Zukunft durch neue Werkstoffe Konkurrenz erhalten. Insgesamt ist allerdings noch sehr unsicher, ob und in welchem Umfang derartige neue Materialien wie Kunstharze oder Keramik Edelstahl in seinen klassischen Einsatzbereichen tatsächlich verdrängen werden. Eher erscheint wahrscheinlich, daß die Substitution in einigen herkömmlichen Anwendungsfeldern durch neue Verwendungsbereiche für Chromstähle ausgeglichen oder sogar überkompensiert wird[24]. Chrom dürfte damit seine zentrale Bedeutung als Stahllegierer verteidigen können. Die zukünftige Nachfragestruktur scheint deshalb insgesamt gegenüber den Folgen möglicher Lieferausfälle eher noch anfälliger zu werden.

Eine Abschätzung der volkswirtschaftlichen Auswirkungen von Versorgungsstörungen beim Chrom wurde in den letzten Jahren im Auftrag der amerikanischen, der ja-

[21] Hierzu Office of Technology Assessment, op. cit., p. 31.

[22] Crowson, op. cit.

[23] Für eine ältere, detaillierte Projektion siehe Bundesanstalt für Geowissenschaften ..., op. cit.; die jüngsten Projektionen des US Bureau of Mines finden sich bei Papp, op. cit., pp. 13 ff. und in US Bureau of Mines, op. cit. (Mineral Commodity ..., 1985). Siehe auch US Bureau of Mines, op. cit. (1980), p. 179 und Global 2000, der Bericht an den Präsidenten, Frankfurt 1981, p. 462.

[24] US Bureau of Mines, op. cit. (1980), pp. 178 ff.

panischen und der bundesdeutschen Regierungen in Auftrag gegeben. Diese Studien kamen zu widersprüchlichen, in jedem Falle aber recht dramatischen Ergebnissen. Dabei spielen jedoch nur die unmittelbaren makro-ökonomischen Auswirkungen der Verknappung, nicht jedoch die Preiseffekte eine Rolle: Eine Verdoppelung der Chrompreise hätte keine nennenswerten gesamtwirtschaftlichen Negativwirkungen[25]. Die unmittelbaren Auswirkungen einer erheblichen Verknappung dagegen könnten – den erwähnten Studien zufolge – durchaus dramatisch sein: So beziffern *Klass et al.* für den Fall eines Ausfalls von 15% der US-Chromeinfuhren die zusätzlichen volkswirtschaftlichen Gesamtkosten auf etwa $ 1,5 Mrd., im Falle eines Ausfalls von 26% der Chrombezüge von $ 3,2 Mrd.[26]. Weitaus dramatischer waren die Ergebnisse einer deutschen Untersuchung: Eine Verringerung der Chrombezüge um 30% könnte danach einen Rückgang der Industrieproduktion um 28% sowie mehrere Millionen Arbeitslose kosten[27]. Allerdings beruhen diese Schlußfolgerungen auf einer Input-output-Analyse mit wenig realistischen Annahmen; sie dürften die Auswirkungen von Verknappungen daher erheblich überschätzen. Immerhin wird die Tendenz der Aussagen – erhebliche gesamtwirtschaftliche Kosten von Versorgungsstörungen, deren Größenordnung soziale und politische Auswirkungen befürchten lassen – auch durch japanische und französische Untersuchungen bestätigt[28].

Krisenflexibilität: Der scharfe Rückgang der Nachfrage nach Chrom im Gefolge der Krisenerscheinungen zu Beginn der 80er Jahre führte dazu, daß erhebliche Förderkapazitäten brachlagen. Allerdings konzentrierte sich Mitte der 80er Jahre ein Großteil dieser rasch verfügbaren Kapazitätsreserven in Südafrika, dessen Förderung von 3,2 Mio. Tonnen 1980 auf 2,2 Mio. Tonnen 1982 zurückgegangen war, 1986 aber wieder 3,4 Mio. Tonnen betrug. Allein die *Barlow-Rand*-Gruppe, der größte Chromerzkonzern der westlichen Welt, der 1984 mit nur etwa 55% seiner Kapazität förderte, verfügte damit über eine rasch verfügbare Produktionsreserve von rund 1 Mio. Tonnen pro Jahr[29]. Südafrika wäre damit im Falle von Versorgungsstörungen zunächst das of-

---

[25] Bundesminister für Wirtschaft, Metals and Minerals, Markets and Trends, Bonn 1979, pp. 104f. Der vergleichsweise geringe Wert der Chrom- und Ferrochromeinfuhren erklärt diesen Zusammenhang. So betrugen etwa die japanischen Chromerzeinfuhren 1982 und 1983 nur $ 54 bzw. 42 Mio., die Einfuhren von Ferro-Chrom $ 177 bzw. 130 Mio. (Japan External Trade Organization, White Paper on International Trade, Japan 1984, Tokyo 1984). Die Chromerzeinfuhren der USA erreichten 1983 wenig mehr als $ 10 Mio., die Ferro-Chrom-Importe etwa $ 97 Mio. (Minerals Yearbook, op.cit. (1984, Vol. I), pp. 210f.).

[26] Michael W. Klass/James C. Burrows/Steven D. Beggs, International Minerals, Cartels and Embargoes, New York 1980, pp. 139f.

[27] Die Ergebnisse dieser unveröffentlichten Studie sind zusammengefaßt in Bundesminister für Wirtschaft, op.cit. (1979), pp. 104f.

[28] Zu den Ergebnissen der japanischen Untersuchungen vgl. Behörde für Rohstoffe und Energie, Ministerium für Außenhandel und Industrie, Dokument zur Revision des Gesetzes über die Metal Mining Agency, Gesetz No. 48 vom 1.4.1963, Ergänzende Informationen, Tokio 1983 (inoffizielle Übersetzung). Eine Darstellung der französischen Risikoanalysen und ihrer Ergebnisse findet sich bei Giraud, op.cit., pp. 332ff. sowie in Documentation Française, Matières de base, Assurer l'avenir, in: *Regards sur l'actualité*, Juni 1980, pp. 24–29.

[29] Mining Annual Review, op.cit. (1984), p. 65.

fensichtlichste Gegengewicht gegen ernsthafte Verknappungen – solange es nicht selber die Ursache der Krise wäre.

Auch in anderen Bergbauländern bestanden Mitte der 80er Jahre Reservekapazitäten beim Abbau von Chromerz – wenn diese im Vergleich zu denen Südafrikas auch eher bescheiden waren. Eine Zunahme der Nachfrage nach Chrom könnte diese Kapazitäten weiter verringern, so daß eine Versorgungskrise in den späten 80er oder in den 90er Jahren aufgrund eines vollständigen oder teilweisen Ausfalls von Südafrika als Lieferland durch andere Quellen nur schwer auszugleichen wäre. Die günstigsten Voraussetzungen für eine vergleichsweise rasche Steigerung der Förderung böte die Türkei mit ihrer durch zahlreiche Kleinunternehmen gekennzeichneten Chromerz-Industrie[30]. Die Bereitschaft der Sowjetunion, Versorgungsstörungen durch eine Steigerung der Exporte in den Westen auszugleichen, kann nicht ohne weiteres vorausgesetzt werden, während die Ausfuhren Albaniens sich in der Regel ohnehin in der Nähe der Kapazitätsgrenzen bewegen dürften[31]. Daneben kommen für zusätzliche Erzexporte vor allem Indien, Finnland und Brasilien in Frage, wenngleich alle diese Länder verstärkt auf Ausfuhren von Ferro-Chrom umstellen.

Bei Ferro-Chrom hatte neben den traditionellen Produzenten in den westlichen Industriestaaten vor allem Zimbabwe die Last der Anpassung an die sinkende Nachfrageentwicklung zu Beginn der 80er Jahre zu tragen: Die Produktion mußte erheblich zurückgenommen und Kapazitäten stillgelegt werden[32]. Ob diese Kapazitätsreserven im Falle einer zukünftigen Versorgungskrise mit Ausgangspunkt Südafrika verfügbar wären, ist allerdings angesichts der geographischen Nähe und der politischen und infrastrukturellen Verflechtung Zimbabwes mit Südafrika unsicher. Ob in den westlichen Industriestaaten und in Japan hinreichende Kapazitätsreserven erhalten bleiben, um im Falle einer erheblichen Verringerung der Einfuhren die Ferro-Chrom-Herstellung unter Rückgriff auf Chromerzbezüge aus nicht betroffenen Ländern entsprechend auszuweiten, erscheint nicht zuletzt eine versorgungspolitische Frage: Zwar sind die Produktionsanlagen für Ferro-Legierungen und auch für Spiegeleisen bis zu einem gewissen Grad austauschbar, so daß ohne allzu große zusätzliche Kosten die Herstellung von Ferro-Chrom in Anlagen für andere Ferro-Legierungen vorgenommen werden könnte; andererseits zeichnen sich die Strukturanpassungsprozesse, die ohne zusätzliche politische Maßnahmen letztlich eine erhebliche Verringerung der Kapazitäten nach sich ziehen müssen, inzwischen auch bei anderen Ferro-Legierungen ab[33].

---

[30] ibid., p. 67.

[31] Vgl. Walter G. Steblez, The Mineral Industry of Albania, in: Minerals Yearbook, op.cit. (1984, Vol. III), pp. 35–50; Mining Annual Review, op.cit. (1986), p. 472.

[32] George A. Morgan, The Mineral Industry of Zimbabwe, in: Minerals Yearbook, op.cit. (1984, Vol. III), pp. 871–878.

[33] Hierzu Office of Technology Assessment, op.cit., pp. 26f. sowie Murphy/Brown, op.cit.; D.J. Cantor et al., The Ferroalloy Industry: Current Conditions and Policy Options, Washington 1983 (= Library of Congress, Congressional Research Service); US Interests in Africa, Hearings, Subcommittee on Africa, Committee on Foreign Affairs, House of Representatives, US Congress, Oct./Nov. 1979, Washington 1980, p. 514.

Mit längeren Vorlaufszeiten ließe sich die Förderung von Chromerz und die Herstellung von Ferro-Chrom zweifellos erheblich steigern. So könnte auch in den USA – entsprechende Preise bzw. Subventionen vorausgesetzt – Chromerz abgebaut werden[34]. Vielversprechender im Sinne einer relativ wenig kostspieligen Anpassung des Angebotes erscheint allerdings eine Erhöhung der Recycling-Quote. Sie beträgt weltweit derzeit etwa 4%, in den Industriestaaten und in bestimmten Anwendungsbereichen – wie etwa bei der Herstellung von Edelstählen – liegt sie jedoch erheblich höher. So schätzte man 1986 den Einsatz von Altmaterial auf etwa 18% des Chrombedarfs[35]. Eine verbesserte Wiedergewinnung von Chrom aus Edelstahl-Schrott und Produktionsabfällen der Stahlindustrie könnte diesen Anteil weiter vergrößern[36]. Ein interessantes Beispiel hierfür könnte in Zukunft die Verwertung alter Auspuff-Katalysatoren liefern, die primär unter der Perspektive einer Wiedergewinnung des wertvollen Platin-Gehalts der Katalysatoren wirtschaftlich sinnvoll ist. Dabei würden jedoch auch größere Mengen von Edelstahl anfallen, aus denen auch Chrom gewonnen werden könnte[37].

Die Vorratshaltung in den Verbraucherstaaten bildet ein weiteres Element der Krisenflexibilität. Angaben über die privatwirtschaftlich kontrollierte Lagerhaltung sind nur für die USA verfügbar; sie deuten darauf hin, daß die traditionell recht umfangreiche Vorratshaltung der Verbraucher angesichts hoher Zinsen und fallender Chrompreise tendentiell zurückgehen. So wiesen die Statistiken für Ferro-Chrom Ende 1983 Vorräte mit einer Reichweite von weniger als einem Monat auf; dagegen waren die Erzvorräte ausreichend für etwa 17 Monate der – allerdings gegenüber 1979 auf ein Viertel zusammengeschrumpften! – Nachfrage nach Chromerz im selben Jahr[38]. Dies dürfte allerdings eher darauf zurückzuführen sein, daß der starke Rückgang der Nachfrage die Bemühungen um eine Reduzierung der Vorratshaltung zur Kostendämpfung überrollte. Strategische Vorräte an Chromerz und Ferro-Chrom gibt es in den USA, in Frankreich und in Japan; die japanische Vorratshaltung ist bislang auf eine Reichweite von wenigen Tagen beschränkt, die französische dürfte inzwischen ihr Ziel von 60 Tagen erreicht haben[39]. Dagegen waren die Bestände der amerikanischen Regierung bei Chromerz etwa ein Drittel niedriger als die – allerdings recht hohe – Vorgabe; die Bestände an Ferro-Chrom lagen dagegen höher als die gesteckten Ziele, so daß hier insgesamt Vorräte mit einer Reichweite von mehreren Jahren verfügbar waren – be-

---

[34] Bundesminister für Wirtschaft, op. cit., p. 19. Danach müßte der Preis für Chromerz etwa auf das Doppelte des Niveaus von 1980 steigen. Diese Annahme erscheint inzwischen angesichts der relativ hohen Abbau- und Transportkosten, die im Falle einer Erschließung der Vorkommen in Montana zu erwarten wären, eher optimistisch. Vgl. Office of Technology Assessment, op. cit., pp. 23 f.

[35] Vgl. hierzu Bundesanstalt für Geowissenschaften und Rohstoffe/Deutsches Institut für Wirtschaftssorschung/Institut zur Erforschung technologischer Entwicklungslinien, Ausfallrisiko bei 31 Rohstoffen, Hannover/Berlin/Hamburg 1977, p. 68; US Bureau of Mines, op. cit. (1987); US Interests in Africa, op. cit., p. 514.

[36] Office of Technology Assessment, op. cit., pp. 31 f.; US Bureau of Mines, op. cit. (1980), p. 177.

[37] Office of Technology Assessment, op. cit., p. 32.

[38] US Bureau of Mines, op. cit. (1984, Vol. I), p. 203; US Bureau of Mines, op. cit. (1987).

[39] Giraud, op. cit., p. 377.

schränkt allerdings auf die relativ eng gezogenen und primär militärisch orientierten Krisendefinitionen der strategischen Vorratshaltung[40]. Für die europäischen Verbraucherländer ohne strategische Vorratshaltung ist wohl von einer Reichweite der Lagerhaltung bei den Verbrauchern von mehreren Wochen auszugehen.

Die Krisenanpassungsflexibilität der Chrom-Nachfrage erscheint insgesamt recht beachtlich. Die Substitution von Chrom bei der Edelstahlherstellung durch andere Stahlveredler, die Verringerung des spezifischen Chromeinsatzes bei der Herstellung von Edelstählen und vor allem die Ersetzung von chromhaltigem Edelstahl durch andere Werkstoffe könnte nach amerikanischen Untersuchungen die Nachfrage nach Chrom in der US-Stahlindustrie in relativ kurzer Zeit um bis zu 30% verringern[41]. Nur etwa 35% des gesamten amerikanischen Einsatzes von rostfreiem Stahl erfolgt in Anwendungsbereichen mit so extremen Bedingungen, daß Chromstähle unverzichtbar wären; etwa 50% der Nachfrage kam aus Bereichen, in denen diese Stähle ohne Probleme ersetzt werden könnten[42]. So ließe sich z.B. die in den USA recht weitverbreitete Edelstahlsorte *Type 304* mit einem Chromgehalt von 18% in verschiedenen Anwendungsbereichen durch Mangan-Aluminium- oder Mangan-Molybdän-Stähle bzw. durch Stähle mit niedrigerem Chromgehalt ersetzen; Plastik, Aluminium und epoxybeschichtete Stähle könnten rostfreien Stahl in dekorativen Anwendungen ablösen. Der wichtigste Hinderungsgrund bei der Realisierung dieser Substitutionsmöglichkeiten lag bislang vor allem auf der Kostenseite – rostfreier Stahl ist vergleichsweise preisgünstig; eine Umstellung auf andere Werkstoffe würde zudem oft aufwendige Testverfahren und Designveränderungen nach sich ziehen[43].

Die Substitutionsmöglichkeiten außerhalb der Stahlindustrie erscheinen insgesamt sogar noch günstiger: Nach *Klass et al.* ließen sich mit entsprechenden Vorlaufzeiten rund 50% des amerikanischen Chromeinsatzes in der chemischen Industrie durch andere Werkstoffe ersetzen; ähnlich vielversprechend erscheinen die (insgesamt ohnehin zunehmend an Bedeutung verlierenden) Anwendungsbereiche der Schamottierung[44].

Insgesamt erscheint also die Krisenflexibilität der Marktstrukturen im Falle Chrom recht beträchtlich. Allerdings ist dabei die entscheidende Rolle des Faktors „Zeit" zu beachten: Mit Ausnahme der Aktivierung ungenutzter Förderkapazitäten und der Vorräte in privater und öffentlicher Hand erfordert die Mobilisierung der skizzierten Flexibilitätsreserven längere Zeiträume. So kam eine US-amerikanische Studie 1978 zu dem Ergebnis, daß nur 4% des gesamten amerikanischen Chrombedarfs innerhalb von fünf Jahren substituiert werden könnten, während die erwähnte Substitution von 30% der Nachfrage erst mittelfristig (d.h. in einem Zeitraum von 5–10 Jahren) zu

---

[40] US Bureau of Mines, op.cit. (1987); US Bureau of Mines, op.cit. (1980), pp. 175f.; zum amerikanischen Programm allgemein vgl. Teil D, Kap. 1.5.

[41] Office of Technology Assessment, op.cit., p. 24.

[42] Klass et al., op.cit., pp. 146ff., sehen nur 20% des Edelstahlverbrauchs als nicht ersetzbar, während das US Bureau of Mines (op.cit. (1980), pp. 174f.) von 35% ausgeht.

[43] Hierzu vor allem Office of Technology Assessment, op.cit., pp. 32f. sowie US Bureau of Mines, op.cit. (1980), pp. 174f.

[44] Klass et al., op.cit., pp. 148; vgl. auch US Bureau of Mines, op.cit. (1980), pp. 175.

realisieren wäre[45]. Die Einsparung bzw. Substitution eines weiteren Drittels der Nachfrage könnte erst nach Durchführung eines 10jährigen Forschungs- und Entwicklungsprogrammes verwirklicht werden[46]. Andere Untersuchungen kommen zu günstigeren Schlußfolgerungen[47]. Dennoch gilt, daß eine ernsthafte Krise in der Versorgung der Industriestaaten mit Chrom zunächst nur durch eine Steigerung der Förderung in nichtbetroffenen Lieferregionen sowie durch einen Abbau der Vorräte bewältigt werden könnte. Mit anderen Worten: Im Instrumentarium der Krisenbewältigung könnte sich zwischen den kurzfristigen Möglichkeiten des Lagerabbaus sowie der Aktivierung von ungenutzten Förderkapazitäten und den langfristigen Chancen der Substitution eine gefährliche Lücke öffnen.

Der internationale Handel in Chromerz weist auf der Angebots- wie auf der Nachfrageseite eine beträchtliche Konzentration auf: So stellen die fünf größten Chromerz-Bergbauunternehmen rund die Hälfte des Angebots der westlichen Welt, auf die zehn größten Unternehmen entfallen fast drei Viertel. Umgekehrt ergibt sich durch die Verbrauchsstruktur des Chroms eine relativ große Konzentration auf der Käuferseite[48]. Direkte Lieferbeziehungen zwischen Bergbauunternehmen und Abnehmern sowie zunehmend auch Elemente vertikaler Integration spielen eine wichtige Rolle im Marktgeschehen; langfristige Lieferverträge dominieren, wenngleich daneben auch ein freier Markt besteht, auf dem einige große Händler sowjetische, türkische und andere Erzmengen umschlagen[49]. Ob diese Marktstruktur im Bereich des internationalen Umschlags von Chromerz hinreichend flexibel ist, um eine angemessene und einigermaßen gleichmäßige Versorgung der Abnehmer im Krisenfall zu gewährleisten, muß fraglich erscheinen. Auf der Ebene des internationalen Handels mit Ferro-Chrom mag dies eher gewährleistet sein.

Politische Risiken: Chrom wird also auch in Zukunft seine hervorgehobene Bedeutung für die Stahlindustrie behalten; der potentielle Schaden von Lieferausfällen ist beträchtlich; und die Möglichkeiten zur Krisenbewältigung im Falle ernsthafter Versorgungsstörungen sind ungewiß, kurzfristig aber sicherlich begrenzt. Auf der anderen Seite impliziert die hohe Konzentration der Produktions- und Exportkapazitäten von Chromerz und Ferro-Chrom im südlichen Afrika (also in der Republik Südafrika und in Zimbabwe) eine erhebliche Krisenwahrscheinlichkeit. Chrom stand denn auch an der Spitze einer Liste von gefährdeten Rohstoffen, die die Bundesregierung Mitte der 70er Jahre in Auftrag gegeben hatte[50]. Aber auch die Nachkriegsgeschichte der inter-

---

45 National Materials Advisory Board, Contingency Plans for Chromium Utilization, Washington 1978. Vgl. hierzu ähnlich Bundesminister für Wirtschaft, op.cit., p. 18.

46 Office of Technology Assessment, op.cit., p. 24.

47 So etwa Klass et al. in ihrer Analyse (op.cit., pp. 146 ff.).

48 Hierzu Giraud, op.cit., p. 168 sowie US Bureau of Mines, op.cit. (1980), p. 169, und Bundesanstalt für Geowissenschaften ..., op.cit., pp. 87 ff.

49 Crowson, op.cit., p. 70; Weston, op.cit., p. 125.

50 Mit 365 von maximal 500 Risikopunkten. (Vgl. Bundesminister für Wirtschaft, Metals and Minerals, Markets and Trends, Bonn 1979, p. 103 (= Studienreihe No. 21).

nationalen Wirtschaftsbeziehungen liefert reichlich Hinweise für die politischen Risiken der Chromversorgung der Industriestaaten. So stoppte die Sowjetunion 1949 im Zuge eines rapide eskalierenden „Kalten Krieges" ihre Chromlieferungen an die USA; erst 1960 wurde dieser Lieferbann aufgehoben. Die einseitige Unabhängigkeitserklärung Rhodesiens führte 1966 zur Verhängung von UN-Sanktionen; die USA boykottierten in Übereinstimmung mit diesen Sanktionen rhodesische Chromlieferungen von 1966 bis 1972 und von 1977 bis 1980. Ein Teil der rhodesischen Chromproduktion gelangte jedoch offenbar über Südafrika und zunächst auch über die portugiesische Kolonie Mozambique in den Welthandel. 1976 schloß Mozambique nach seiner Unabhängigkeit die Grenze mit Rhodesien und blockierte so die Ausfuhr über den Hafen Maputo. Erst die Übertragung der Macht auf die schwarze Bevölkerungsmehrheit und die Erlangung voller Unabhängigkeit 1980 führte zur Aufhebung aller Sanktionen gegen Rhodesien, das seither Zimbabwe heißt[51].

Das Ergebnis dieser Versorgungsstörungen waren zunächst einmal hohe Preise – die 50er Jahre hindurch bis zur Wiederaufnahme sowjetischer Chromlieferungen an die USA, Ende der 60er Jahre und Mitte der 70er Jahre. Die UN-Sanktionen gegen Rhodesien nützten vor allem der Sowjetunion, die ihre Exportpreise von 1966 bis 1970 um 80% steigern konnte; eine zweite, noch drastischere Preiswelle führte zu einem Anstieg der Exportpreise von \$ 40/Tonne im Jahr 1973 auf \$ 135 1975[52].

Die historische Erfahrung hält also gegensätzliche Schlußfolgerungen bereit: Auf der einen Seite zeigt sie, daß Störungen der Chromversorgung keineswegs selten waren, auf der anderen Seite waren die Versorgungskrisen der Vergangenheit relativ harmlos: Die Auswirkungen auf die Volkswirtschaften der Industriestaaten blieben trotz der erheblichen Preissteigerungen minimal – die Kosten für Chromerz fallen bei der Produktion von Edelstahl mit einem Anteil von unter 5% kaum ins Gewicht[53]. Wirkliche Produktionsengpässe aber konnten aufgrund der Steigerung der Chromförderung in nicht betroffenen Lieferländern verhindert werden. So sorgte die amerikanische Regierung im Rahmen ihrer strategischen Vorratspolitik über Garantiepreise und -mengen für die Beibehaltung einer eigenen Chromerz-Förderung in den USA bis Anfang der 60er Jahre, obwohl diese Förderung international keineswegs wettbewerbsfähig war. In den 60er und 70er Jahren sprangen die Sowjetunion, die Türkei und Südafrika in die Bresche, die die UN-Sanktionen gegen Rhodesien hinterlassen hatten (wobei ein Teil der südafrikanischen Ausfuhren offenbar aus Rhodesien kamen und somit eine Unterlaufung der UN-Sanktionen darstellten).

---

[51] Hierzu Office of Technology Assessment, op. cit., pp. 19ff.; US Bureau of Mines, op. cit. (1980), p. 168; Bundesanstalt für Geowissenschaften..., op. cit. (1975), pp. 68–76; John L. Morning, Chromium, Washington 1977 (= Mineral Commodity Profiles No. 1).

[52] Vgl. Morning, op. cit.; Bundesanstalt für Geowissenschaften ..., op. cit., (1975), pp. 68–76; Metallgesellschaft (ed), Metallstatistik, versch. Jahrgänge. Ein inflationsbereinigter Preisvergleich findet sich bei Papp, op. cit., p. 12.

[53] Klass et al., op. cit., p. 138.

Allerdings ist keineswegs sicher, ob diese beruhigenden Schlußfolgerungen auch für die Zukunft gelten können. Denn die außergewöhnlich hohe Konzentration von Produktions- und Exportkapazitäten für Chromerz und Ferro-Chrom im südlichen Afrika (Südafrika und Zimbabwe) erhöht das Risiko dramatischer Versorgungsstörungen. Zugleich erscheint diese Region besonders krisenanfällig. Und drittens ist nicht erkennbar, welches Lieferland kurzfristig eine so große Lücke schließen könnte, wie sie ein Ausfall des südlichen Afrikas schlagen würde.

In den 60er und 70er Jahren profitierte die Sowjetunion vom Rückgang rhodesischer Ausfuhren; in den 50er Jahren war sie selbst Protagonist in einer Versorgungskrise. Wird sie auch bei der nächsten Krise eine wichtige Rolle spielen? Dagegen spricht einiges. Denn die Sowjetunion ist der einzige gewichtige Chromproduzent im Comecon, und der Verbrauch des „Rates für gegenseitige Wirtschaftshilfe" stieg in den letzten beiden Jahrzehnten erheblich rascher als die Förderung. Das führte zu einem Rückgang der sowjetischen Ausfuhren von 1,1 Mio. Tonnen im Jahr 1970 auf knapp eine halbe Million 1983[54]; zugleich verlagerte sich das Schwergewicht der Exporte von den westlichen Industriestaaten auf die osteuropäischen Mitgliedsländer des RGW. 1981 entfielen auf diese Staaten 57% der sowjetischen Exporte, während 1970 noch zwei Drittel dieser Exporte an den Westen gingen[55]. Dieser Trend hat sich offenbar inzwischen weiter verstärkt[56]. Umgekehrt zeigen sich die osteuropäischen Länder zunehmend abhängig von Einfuhren aus Regionen außerhalb des Comecon[57]. Daran dürfte sich in absehbarer Zeit auch nichts ändern: Analysen der sowjetischen Bergbauindustrie[58] bieten keine Anhaltspunkte für eine Umkehrung der Trends der letzten beiden Dekaden – nämlich des Rückzugs der Sowjetunion aus dem Weltmarkt und einer zunehmenden Abhängigkeit Osteuropas von diesem Markt.

Damit wäre wohl auch Osteuropa von den Auswirkungen einer Versorgungskrise als Folge politischer Wirren im südlichen Afrika betroffen. Die Sowjetunion müßte in diesem Falle wohl ihre Lieferungen an diese Länder steigern, um Engpässe zu verhindern – der Spielraum für Exporte in den Westen würde dadurch weiter verringert.

---

[54] Bundesanstalt für Geowissenschaften, Rohstoffwirtschaftliche Länderberichte, XXIII, Comecon, Hannover 1979; Walter Labys, The Role of the Soviet Union in Metal Markets: A Case Study of Copper, Manganese and Chromite, in: H.H. Kostecki (ed), The Soviet Impact on Commodity Markets, New York 1984, pp. 135–155; Hermann Clement, Die Bedeutung der UdSSR und der anderen RGW-Staaten als Rohstoffproduzenten, Arbeitspapier für den Roundtable der Friedrich-Ebert-Stiftung „Probleme der Rohstoffsicherung", Bonn, 26.–27.6.1980; Richard A. Levine, The Mineral Industry of the USSR, in: Minerals Yearbook, op. cit. (1984, Vol. III), pp. 773–805.

[55] Bundesminister für Wirtschaft, Bericht über die Versorgung der Bundesrepublik Deutschland mit mineralischen Rohstoffen, Bonn 1980 pp. 80 f. (= Studienreihe No. 30); Clement, op. cit.; Levine, op. cit., p. 782.

[56] Mining Annual Review, op. cit. (1984), p. 65.

[57] Bundesminister für Wirtschaft, op. cit. (1980, Bericht), pp. 80 f.; Bundesanstalt für Geowissenschaften ..., op. cit. (1979); Levine, op. cit., p. 782.

[58] Hierzu Bundesanstalt für Geowissenschaften..., op. cit. (1979); V.V. Strishkov, The Mineral Industry of the USSR, in: US Bureau of Mines, Minerals Yearbook 1980, Vol. III: Area Reports: International, Washington 1982, pp. 1003–1074 (1025 ff., 1053 f.); Theodore Shabdad, The Soviet Mineral Potential and Environmental Constraints, in: *Materials and Society*, No. 1/1983, pp. 21–25; William K. Severin, Soviet Non-Fuel Minerals: Resource War or Business as Usual? in: *Materials and Society*, No. 1/1983, pp. 27–34.

Aber selbst, wenn die UdSSR dennoch in der Lage sein sollte, ihre Ausfuhren zu steigern und damit Versorgungsengpässe in den westlichen Industriestaaten auszugleichen – es fragte sich immer noch, ob Moskau auch bereit wäre, dem Westen aus der Klemme zu helfen. Es fällt nämlich nicht schwer, aus einem Krisenszenario für das südliche Afrika auch eine Verschärfung der Spannungen zwischen den Supermächten abzuleiten. Politisch könnte die Sowjetunion also in einer solchen Situation sehr wohl als Akteur beteiligt sein – rohstoffwirtschaftlich dürfte ihre Rolle jedoch eher marginal bleiben. Allerdings könnte sich die Verwundbarkeit Osteuropas gegenüber Versorgungsstörungen im Weltmarkt durchaus als ein die sowjetische Handlungsfreiheit und sowjetische Optionen einengendes Element erweisen.

2.5 Kobalt

Kobalt, ein seltenes Metall mit bläulichem Schimmer und einem sehr hohen Schmelzpunkt, wurde bereits gegen 2000 a. D. zur Tönung von Glas verwendet – doch seine kritische Bedeutung für die moderne Industrieproduktion erlangte es erst im Jahre 1907. Damals wurde eine Serie von Kobalt-Chromlegierungen unter dem Namen „Stellite" patentiert: Es begann der Siegeszug der Speziallegierungen, die heute aus wichtigen Bereichen der Industriegesellschaft wie der Stromerzeugung oder dem Flugzeugbau nicht mehr wegzudenken sind[1].

Kobaltspuren finden sich in einer Reihe von Mineralien, wenn auch normalerweise in so geringer Konzentration, daß der Abbau in aller Regel mit der Förderung anderer Metalle verbunden ist. Dabei spielen derzeit vor allem kupfer- und nickelhaltige Erze die wichtigste Rolle, wenn Kobalt auch als Nebenprodukt des Abbaus von Eisenerz, Zink, Blei, Silber und Uran gewonnen werden kann[2]. Nur in Marokko, das Erzvorkommen mit einer besonders hohen Kobaltkonzentration aufweist, wurde Kobalt als hauptsächliches Bergbauprodukt abgebaut, doch mußten die entsprechenden Kapazitäten 1982 aufgrund der Erschöpfung der Reserven eingestellt werden. Im afrikanischen Kupfergürtel von Zaire und Zambia spielte Kobalt zu Zeiten besonders hoher Kobaltpreise allerdings als Devisenbringer eine recht gewichtige Rolle neben dem (mengen-, nicht aber wertmäßig viel bedeutsameren) Kupferabbau. In den anderen Bergbauländern wird Kobalt als Sekundärprodukt gefördert[3].

Zur Verwendung in den verschiedenen Anwendungsbereichen muß Kobalt separiert, angereichert und verarbeitet werden; vor allem die Herstellung von Kobalt in Metallform bzw. Kobalt-Oxid geschieht dabei in beträchtlichem Umfang auch außerhalb der Bergbauländer in der Nähe der Verbraucherindustrien[4]. Die wichtigsten An-

---

[1] Hierzu Scott F. Sibley, Cobalt, Washington 1979, p. 2 (= US Bureau of Mines Mineral Commodity Profiles).

[2] Vgl. Bundesanstalt für Geowissenschaften und Rohstoffe/Deutsches Institut für Wirtschaftsforschung, Untersuchungen über Angebot und Nachfrage mineralischer Rohstoffe, XI, Hannover/Berlin 1978, pp. 95 ff; US Bureau of Mines, Mineral Facts and Problems, Washington 1980, pp. 200 f.

[3] US Bureau of Mines, op. cit., pp. 200 ff; Sibley, op. cit., pp. 2 ff.

[4] Einen Überblick hierüber gibt US Bureau of Mines, op. cit., p. 201.

wendungsbereiche für Kobalt bilden Speziallegierungen, insbesondere für die Herstellung von Turbinen für Kraftwerke und Flugzeugtriebwerke, Magnete, Farbpigmente und Werkzeugstähle.

Abhängigkeiten: Ein Überblick über den Kobalt-Bergbau weist eine starke Konzentration auf wenige Förderländer auf: Rund 68% der Weltproduktion und sogar 78% der westlichen Welt kamen 1986 aus den beiden afrikanischen Kupferländern Zaire und Sambia. Australien, Kanada und Finnland waren weitere bedeutsame Förderländer, während die Philippinen und Neukaledonien kleinere Mengen abbauten. Der Anteil der beiden sozialistischen Kobalt-Bergbauländer UdSSR und Kuba war mit zusammen 13% der Weltproduktion relativ gering[5]. Daten zur Entwicklung der Kobalt-Produktion in den letzten Jahrzehnten machen deutlich, daß hier nur relativ geringe Verschiebungen stattgefunden haben; insbesondere hat sich das relative Gewicht Afrikas kaum verändert[6].

Ein etwas anderes Verteilungsmuster ergibt eine Analyse der Produktion von Kobalt-Metall, die in allen drei großen Industrieregionen in beträchtlichem Umfang vorgenommen wird. Vor allem Japan, aber auch westeuropäische Länder (Norwegen, Finnland, Frankreich, Großbritannien und Belgien) produzieren hier größere Mengen – zumeist auf der Basis von Konzentrat-Importen, gelegentlich auch von Altmaterial[7]. Aus dieser unterschiedlichen geographischen Struktur der Bergbau- und der Verarbeitungsanlagen ergeben sich recht komplexe, aufgrund unsicherer Datenlage nicht bis ins einzelne überschaubare Handelsbeziehungen. So weisen die offiziellen amerikanischen Angaben für 1982 bis 1985 folgende Lieferanteile auf: Zaire bis 40%, Sambia ca. 16%, Kanada 13%, Norwegen 6% und andere 25%. Dabei ist jedoch davon auszugehen, daß ein erheblicher Teil des Kobalts, das aus anderen Ländern importiert wurde, *de facto* aus Afrika stammte. Ähnliches gilt für die japanischen Bezugsquellen, die u.a. in der Europäischen Gemeinschaft liegen[8]. Insgesamt ist also die Abhängigkeit aller drei Regionen von Zaire und Sambia sehr ausgeprägt und lediglich durch kleinere Lieferungen anderer Förderländer wie Kanada, Australien, Finnland und den Philippinen gemildert.

Nach einer rapiden Zunahme des Kobalt-Bedarfs in den 60er und frühen 70er Jahren kam es in der zweiten Hälfte des vergangenen Jahrzehntes zu einem dramatischen Einbruch, der für die 70er Jahre insgesamt in allen drei Industrieregionen für nur minimale durchschnittliche Zuwachsraten sorgte. Der Rückgang setzte sich in den beiden ersten Jahren des laufenden Jahrzehntes fort; inzwischen zog die Nachfrage allerdings wieder an. Eine detaillierte Analyse dieser Entwicklungen zeigt starke Um-

---

[5] US Bureau of Mines, Mineral Commodity Summaries 1987, Washington 1987.
[6] Vgl. Bundesanstalt für Geowissenschaften :.., op.cit., pp. 44ff.
[7] Vgl. Sibley, op.cit. p. 11; Bundesanstalt für Geowissenschaften ..., op.cit., pp. 62ff; US Bureau of Mines, op.cit. (1980), pp. 200f.
[8] Hierzu Phillip Crowson, Minerals Handbook 1984–1985, London 1984; US Bureau of Mines, op. cit. (1987).

schichtungen innerhalb der verschiedenen Anwendungsbereiche von Kobalt – so stellten Magneten einer Quelle zufolge zu Beginn der 70er Jahre noch fast die Hälfte der gesamten Kobalt-Nachfrage, 1983 aber nur noch 10%[9]. Die Untersuchungen im Auftrag der deutschen Bundesregierung weisen für 1977 weltweit folgende Nachfrage-Verteilung auf: Legierungen bis etwa 30%; Magnete bis etwa 30%; chemische Industrie bis 25%; Werkzeug- und andere Spezialstähle – 10%; andere Anwendungen bis 5%. Ein Vergleich dieser Verbrauchsstruktur mit Angaben aus der Mitte der 60er Jahre zeigt eine deutliche Verschiebung in Richtung auf die ersten beiden Anwendungsbereiche. Zugleich lassen sich auch erhebliche Unterschiede in den Verbrauchsstrukturen der einzelnen Industriestaaten feststellen[10]. Der Umfang der Nachfrage nach Kobalt dürfte in den Industriestaaten insgesamt in den kommenden Jahren wieder zunehmen, so daß von hier kein Rückgang der Abhängigkeiten zu erwarten ist[11].

Auf der Angebotsseite lassen sich in den kommenden Jahren ebenfalls kaum Veränderungen erkennen, die die starke Abhängigkeit aller Industrieregionen von den afrikanischen Förderländern verringern könnten. Die Kapazitätsausweitungen in den späten 70er und frühen 80er Jahren haben die Bedeutung Zaires und Sambias trotz neuer Bergbaukapazitäten in anderen Ländern eher weiter wachsen lassen[12]; und obgleich angesichts der Reservenstruktur insgesamt eine gewisse Verschiebung der Förderung von der Koppelung an Kupfer zu nickelhaltigen Erzen und damit auch eine allmähliche Verlagerung auf asiatische und pazifische Förderländer (Philippinen, Neukaledonien) längerfristig wahrscheinlich erscheint[13], dürfte sich dies bis zur Jahrhundertwende kaum auswirken. Im Gegenteil erscheint eine wachsende Konzentration auf den größten und günstigsten Produzenten Zaire wahrscheinlich, weil andere potentielle Anbieter zögern, mit Zaire in Wettbewerb zu treten[14].

Entscheidend für die zukünftigen Produktions- und Handelsstrukturen wird angesichts des Koppelprodukt-Charakters von Kobalt ohnehin die Entwicklung der Nachfrage nach den jeweiligen Hauptprodukten, also nach Kupfer und Nickel der entsprechenden Bergbauländer, sein. Zwar vermag eine Veränderung in den Preisrelationen von Kobalt zu Nickel bzw. Kupfer, wie dies Ende der 70er Jahre der Fall war, auch die

---

[9] Mining Journal (ed), Mining Annual Review 1984, London 1984, p. 69.

[10] Bundesanstalt für Geowissenschaften ..., op. cit., p. 120ff; für Japan ergab sich eine Konzentration der Nachfrage nach Kobalt in den beiden Anwendungsbereichen Magnete und Legierungen von über 80% (ibid., p. 206). Zur Nachfrage-Entwicklung in den USA, vgl. US Bureau of Mines, op. cit. (1980), p. 206 sowie William S. Kirk, Cobalt, Washington 1985, p. 7 (= US Bureau of Mines, Mineral Facts and Problems, 1985 Edition, Preprint).

[11] ibid., pp. 10ff.

[12] US Bureau of Mines, op. cit. (1980), p. 202.

[13] Kirk, op. cit., p. 10.

[14] Zu Daten über die Reserven- und Ressourcenbasis vgl. US Bureau of Mines, op. cit. (1980); US Bureau of Mines, op. cit. (1985); Bundesanstalt für Geowissenschaften ..., op. cit., pp. 52ff; Kirk, op. cit., pp. 3f. Die mehr als ausreichende Ressourcenbasis spiegelt sich nicht nur in der hohen Lebensdauer der nachgewiesenen Reserven, die eine Reichweite von über 100 Jahren aufweisen, sondern auch in der erheblichen Vergrößerung der Reserven um 440 000 Tonnen im Zeitraum von 1968 bis 1978 – obwohl in diesen zehn Jahren 280 000 Tonnen Kobalt den Reserven durch Förderung entzogen wurden.

Flexibilität der Kobaltproduktion zu vergrößern – höhere Preise erlauben eine effizientere Separierung und damit auch höhere Kobalterträge pro Tonne abgebauten Erzes[15] und führen zu einer stärkeren Berücksichtigung des Kobalts in den Produktionsplänen[16]. Diese zusätzlichen Möglichkeiten der Produktionssteigerung sind jedoch nicht unbegrenzt. Darüber hinaus ließe sich eine Erweiterung des Kobalt-Angebotes nur über Kapazitätsausweitungen bei Nickel bzw. Kupfer vorstellen. Die Möglichkeit einer Kobalt-Gewinnung aus den Manganknollen der Tiefsee würde die Marktstrukturen zwar einschneidend verändern – ein Tiefseebergbauprojekt mit einer Jahreskapazität von einer Mio. Tonnen könnte etwa die Hälfte des gegenwärtigen US-Kobaltbedarfs decken[17]–, erscheint aber vor der Jahrhundertwende nicht aktuell.

Verwundbarkeit: Die besondere Bedeutung von Kobalt für die moderne Industrieproduktion ergibt sich aus der großen Hitzefestigkeit und Zähigkeit dieses Metalls sowie seinen außergewöhnlichen magnetischen Eigenschaften. Kobaltlegierungen sind unverzichtbar für die Herstellung moderner Strahlentriebwerke in Zivil- und Militärflugzeugen, für Kraftwerks-Turbinen und Werkzeugstähle zur Metallverarbeitung, für besonders widerstandsfähige und harte Maschinen und Werkzeuge; in der chemischen Industrie spielt Kobalt daneben als Katalysator bei der Raffinierung von Rohöl eine besonders bedeutsame Rolle[18]. Detaillierte Angaben über den Kobalt-Verbrauch bestehen nur für die USA, Kanada und Japan; amerikanische Zahlen für das Jahr 1986 zeigen, daß in den USA etwa 36% des Bedarfs bei der Herstellung von Turbinen anfielen, während magnetische Anwendungen 14%, Werkzeuge und Maschinen für Bergbau und Metallverarbeitung 6% und der Einsatz von Kobalt als Katalysator in Raffinerien 11% der Nachfrage ausmachten. 13% entfielen auf verschiedene andere chemische Anwendungen von Kobalt; für die verbleibenden 20% werden keine weiteren Angaben gemacht[19].

Eine genauere Aufschlüsselung der Kobalt-Nachfrage in den USA für das Jahr 1983 erlaubt weitere Rückschlüsse auf die besondere Bedeutung des Metalls[20]. So wurde rund ein Viertel der Kobalt-Magneten für die Herstellung mechanischer Geräte benötigt, 20% für Meßgeräte, 5% für Lautsprecher und 10% für Telekommunikationseinrichtungen; sonstige Anwendungsbereiche umfaßten die restlichen 29%. Bei Speziallegierungen spielt die Nachfrage nach Kobaltverbindungen für Kraftwerksturbinen, aber auch für Pipelines und Flugzeugtriebwerke eine besondere Rolle. Rund 15% der

---

[15] In Zaire und Sambia wurden in den 70er Jahren nur 50 bis 60% des Kobaltgehalts der abgebauten Erze genutzt; die Preiserhöhungen haben diesen Prozentsatz erheblich erhöht. Vgl. Sibley, op. cit., p. 10.

[16] Die Erlöse Zaires und Sambias aus dem Kobalt-Export erreichten 1978 und 1979 das Niveau der Einnahmen aus dem Kupferexport. Ibid., p. 20.

[17] US Bureau of Mines, op. cit. (1980), pp. 213 f.

[18] Vgl. hierzu US Bureau of Mines, op. cit. (1980), pp. 200 ff; Kirk, op. cit., pp. 5 ff; Bundesanstalt für Geowissenschaften ..., op. cit., Teil V; Sibley, op. cit.

[19] US Bureau of Mines, op. cit. (1987).

[20] Kirk, op. cit., pp. 6 ff. Für eine ältere Analyse mit erheblich größeren Anteilen von Lautsprechern vgl. US Bureau of Mines, op. cit. (1980), pp. 202 ff.

gesamten Kobalt-Nachfrage entfallen auf den Triebwerksbau; das *Pratt & Whitney* F-100-Triebwerk beispielsweise, das die amerikanischen Kampfflugzeuge F-15 und F-18 antreibt, enthält 82 kg Kobalt[21]. Kobalthaltige Karbide zeichnen sich durch besondere Härte und Langlebigkeit auch unter extremen Belastungen aus und finden daher breite Anwendung bei Werkzeugen zur Bearbeitung von Metallen, Maschinen für den Bergbau, aber auch bei Kreissägen und Ventilen. Die Bedeutung des Metalls steht daher insgesamt in keiner Relation zu den relativ geringen Verbrauchsmengen (sie betragen in den USA einige Tausend Tonnen pro Jahr) und den vergleichsweise bescheidenden volkswirtschaftlichen Kosten (die US-Einfuhren erreichten 1983 einen Wert von $ 115 Mio.[22]). Projektionen über die zukünftige Nachfrageentwicklung bei Kobalt zeigen, daß die kritische Bedeutung dieses Materials eher noch zunehmen dürfte: Das *US Bureau of Mines* rechnet 1983 bis 2000 weltweit mit einem Wachstum der Nachfrage von 3,7%, in den USA sogar von 3,9% sowie einer wachsenden Bedeutung des Metalls für wichtige Industrien wie die Flugzeugindustrie, die elektrische, chemische und Maschinenbauindustrie[23].

Krisenflexibilität: Anpassungsreaktionen auf Rohstoff-Versorgungskrisen lassen sich im einzelnen nicht vorausberechnen. Um so wertvoller und aufschlußreicher ist eine Analyse der praktischen Erfahrungen mit derartigen Versorgungsstörungen – und die internationale Kobalt-Industrie eignet sich für eine solche Untersuchung insofern besonders, als die Lieferungen des wichtigsten Förderlandes, Zaire, in der zweiten Hälfte der 70er Jahre wiederholt unterbrochen wurden. Die Erfahrungen mit diesen Krisen lassen wertvolle Rückschlüsse auf die Zukunft zu.

Die Versorgungsstörungen 1976 resultierten weitgehend aus der geographisch ungünstigen Lage der Kobalt- und Kupferbergwerke Zaires und Sambias im Herzen des Schwarzen Kontinents. Der Transport der Bergbauprodukte in die Verladehäfen wirft große Schwierigkeiten und immer wieder auch ernsthafte Unterbrechungen auf. Zaire stehen grundsätzlich mehrere Transportrouten offen, die allerdings alle nicht ohne Probleme und niemals kürzer als 2700 km sind. Die erste Route führt ausschließlich über zairisches Territorium nach Westen, setzt allerdings die Verladung von Eisenbahnwaggons auf Frachtkähne und dann zurück auf die Bahn voraus. Das Eisenbahnnetz Zaires ist ständig überlastet; die durchschnittliche Transportdauer bis zur Atlantikküste betrug Ende 1984 rund zwei Monate. Die zweite westliche Route führt mit der Benguela-Eisenbahnlinie durch Angola zum Hafen Lobito; sie ist kürzer und grundsätzlich durch die durchgehende Eisenbahnlinie auch kostengünstiger. Die östliche Exportroute führt über Sambia und Tansania nach Dar es Salaam; auch hier ist zur Überquerung des Tanganjika-Sees eine Umladung auf Frachtkähne erforderlich. Die dritte und längste, zugleich jedoch auch die relativ einfachste Exportroute führt über

[21] Bundesanstalt für Geowissenschaften ..., op.cit., p. 121.
[22] US Bureau of Mines, Minerals Yearbook 1983, Vol. I, Minerals and Metals, Washington 1984, p. 258.
[23] Kirk, op.cit., pp. 10ff.

die Eisenbahnlinie durch Sambia, Zimbabwe, Botswana zu den südafrikanischen Häfen Durban, East London und Port Elisabeth. Die Verschiffung erfolgt hier in südafrikanischen Eisenbahnwaggons – einerseits eine Gewähr für relativ große Effizienz, andererseits eine offensichtliche politische Abhängigkeit[24].

Die Schwierigkeiten 1976 resultierten aus dem Bürgerkrieg in Angola, der die Schließung der Eisenbahnlinie nach Lobito und eine Umlenkung der Exporte erzwangen. Als Folge dieser Störungen kam es zu Versorgungsengpässen und Zuteilungen. Schwerwiegender noch waren die Störungen 1978, als Dissidenten die Produktions- und Verarbeitungsanlagen in der Bergbauprovinz Shaba eroberten, kurzzeitig besetzten und zum Teil zerstörten. Zwar konnte die Förderung nach der Vertreibung der Angreifer relativ rasch wiederaufgenommen und sogar im Vergleich zum Vorjahr insgesamt beträchtlich gesteigert werden; dennoch lösten die zeitlich und mengenmäßig recht begrenzten Lieferstörungen dramatische Marktreaktionen aus. Dabei spielten eine Reihe von anderen Faktoren eine wichtige Rolle: Die Nachfrage nach Kobalt stieg zu dieser Zeit kräftig an, während die Nickel- und Kupferindustrien weltweit unter Absatzschwierigkeiten litten. Im Jahr 1976 hatte die amerikanische Regierung die Verkäufe von Kobalt aus den strategischen Vorräten eingestellt, die noch 1975 etwa ein Viertel der amerikanischen Nachfrage decken konnten[25]. Die Verbraucher bauten deshalb im Verlauf des Jahres 1977 ihre eigenen Vorräte ab und verfügten daher 1978 kaum noch über Reserven. Das Ergebnis waren Panikkäufe – der Preis für Kobalt explodierte von $ 4/Pfund im Jahr 1976 auf $ 25 1978. Transaktionen im freien Markt, die bis dato kaum eine Rolle gespielt hatten, erzielten Spitzenpreise bis zu $ 50/Pfund[26]. Die Lieferanten von Kobalt sahen sich gezwungen, die vorhandenen Mengen unter den Abnehmern zu rationieren[27].

Die dramatischen Preissteigerungen des Jahres 1979 sollten nur von kurzer Dauer bleiben; bereits 1980 setzte eine gegenläufige Bewegung ein, die das Preisniveau im weiteren Verlauf wieder auf das Vorkrisen-Niveau zurückfallen ließ – Ausdruck tiefgreifender Veränderungen in der Struktur von Angebot und Nachfrage als Reaktion auf die Krisensituation. Auf der *Nachfrageseite* ergaben sich die kräftigsten Impulse ironischerweise in der Krisenregion selbst – Zaire und Sambia erhöhten ihre Kobaltexporte beträchtlich, während andere Förderländer zurückfielen (ein Hinweis auf die

---

[24] Zur Transportproblematik siehe Wolfgang Ulbrich, Bergbauliche Ressourcen im südlichen Afrika, Hamburg 1976, pp. 82ff (= Hamburger Beiträge zur Afrika-Kunde, Bd. 19) sowie *Financial Times*, 9.7.1985, Survey Zaire.

[25] Vgl. Sibley, op. cit. p. 16; Mining Annual Review, op. cit., (Jahrgänge 1979 und 1980); Office of Technology Assessment, Strategic Materials: Technologies to Reduce U.S. Import Vulnerability, Summary, Washington 1985, pp. 19f. Zum politischen Hintergrund der Invasion in Shaba und ihrem Verlauf siehe Peter Mangold, Shaba I and II, in: *Survival*, Mai/Juni 1979, pp. 107–115.

[26] Sibley, op. cit., p. 16; Bundesanstalt für Geowissenschaften ..., op. cit., pp. 85ff; Office of Technology Assessment, Strategic Materials: Technologies to Reduce U.S. Import Vulnerability, Washington 1985, pp. 97ff.

[27] Die Zuteilung erfolgte in den USA auf der Basis von 70% der Vorkrisenbezüge. Allerdings lagen die Verbrauchsdaten für 1978 und 1979 trotz der Krise über denen von 1977.

Schwierigkeit, die Produktion eines Kuppelproduktes rasch auszuweiten)[28]. Daneben wurde in den USA die Wiederaufnahme der 1971 eingestellten Bergwerksproduktion von Kobalt erwogen, angesichts der Umkehrung der Preisentwicklung allerdings wieder fallengelassen. Die Realisierung dieser Projekte ohne staatliche Zuschüsse würde eine Verdoppelung der Kobaltpreise von 1984 bzw. eine 50%ige Erhöhung der Nickel- und Kupferpreise über längere Zeiträume hinweg voraussetzen, könnte dann jedoch einen beträchtlichen Teil des US-Bedarfs abdecken – die Verwirklichung aller vier erwogenen Projekte ergäbe eine Jahresproduktion in Höhe von etwa 10 Mio. Pfund oder rund zwei Drittel der Nachfrage im Jahr 1983[29].

Im Falle einer ernsthafteren Versorgungsstörung und entsprechend starker und dauerhafter Preiserhöhungen in der Zukunft wären neben diesen amerikanischen Bergbauprojekten auch eine Reihe anderer alternativer Lieferquellen vorstellbar. So könnten Australien und Kanada ihre Kobalt-Produktion unter diesen Voraussetzungen erheblich ausweiten; zudem käme die Erschließung neuer Projekte in Indonesien, Neuguinea, Neukaledonien und Peru in Betracht. Diese Erschließungen würden jedoch Vorlaufzeiten von zwei bis fünf Jahren involvieren[30]. Eine weitere, allerdings selbst unter derartig dramatisch veränderten Voraussetzungen in diesem Jahrhundert wenig wahrscheinliche Alternative zu afrikanischem Kobalt wäre der Tiefseebergbau.

Realistischer erscheint dagegen eine Vergrößerung des Angebots von Kobalt durch verstärktes Recycling. Die Recycling-Rate stieg in den USA 1979 auf etwa 10% der Nachfrage – gegenüber nur 5% im Jahr zuvor[31]. Längerfristig schätzt man das Recycling-Potential auf bis zu 20%[32]; als Reaktion auf die Preissignale der späten 70er Jahre wurden eine Reihe von neuen Recycling-Verfahren und -prozessen entwickelt[33]. Dabei spielen vor allem der bei Produktionsprozessen von Speziallegierungen anfallende Abfall, die regelmäßig auszuwechselnden Komponenten von Triebwerken sowie verbrauchte Kobalt-Katalysatoren, die in der Raffinerieindustrie zur Entschwefelung von Rohöl eingesetzt wurden, eine wichtige Rolle als zusätzliche Quellen für Kobalt-Altmaterial[34]. Nach Schätzungen des *Office of Technology Assessment* beträgt die Relation von Abfall zu Kobalt-Gehalt der verwendeten Produkte bei der Herstellung von Triebwerks-Komponenten in den USA normalerweise 6:1, in Einzelfällen bis zu 10:1; die Abfälle werden derzeit zu weniger als 50% für die Herstellung neuer Spezialle-

---

[28] Vgl. US Bureau of Mines, Mineral Commodity Summaries, versch. Jahrgänge; Metallgesellschaft (ed), Metallstatistik, versch. Jahrgänge.

[29] Office of Technology Assessment, op. cit. (Summary), p. 35; vgl. auch US Bureau of Mines, op. cit. (1980), p. 204; Bureau of Mines, op. cit. (1987).

[30] Office of Technology Assessment, op. cit., p. 35.

[31] Vgl. hierzu US Bureau of Mines, op. cit. (1980), p. 206 sowie US Bureau of Mines, op. cit. (Mineral Commodity Summaries), versch. Jahrgänge. Der Anfall von rezykliertem Kobalt, der zuvor niemals über 350 000 Pfund pro Jahr betragen hatte, kletterte 1978 und 1979 auf über eine Mio. Pfund, fiel dann jedoch wieder zurück.

[32] Bundesminister für Wirtschaft, Bericht über die Versorgung der Bundesrepublik Deutschland mit mineralischen Rohstoffen, Bonn 1980, p. 21 (= Studienreihe No. 30).

[33] Sibley, op. cit., pp. 13 f.

[34] US Bureau of Mines, op. cit. (1980), pp. 208 f.

Tab. C – 2.5: Basiskennziffern: Kobalt ('000 lb)

	Bergbau-Produktion	Nachgewiesene Reserven	Geschätzte Förderkapazitäten		Anteil an den Einfuhren[b] (%) der USA	der Europ. Gemeinschaft	Japans
	1986	1986	1984	1990	1982–1985	1981–1982	1981–1982
Kanada	6 000	570 000 (3)	14 000 (16)	14 000 (15)	13	20	5
Finnland	2 000	75 000 (0,4)	3 000 (4)	3 000 (3)		7	9
Botswana	n.v.	60 000 (0,3)	700 (1)	700 (1)			
Südafrika	n.v.	150 000 (1)	500 (1)	500 (1)			10
Zaire	40 000	4 600 000 (25)	37 000 (43)	40 000 (43)	40[a]	24[a]	19[a]
Sambia	8 000	1 200 000 (7)	10 000 (12)	11 000 (12)	16		
Zimbabwe	n.v.	10 000 (0,05)	200 (0,2)	200 (0,2)			
Australien	1 000	200 000 (1)	4 500 (5)	5 000 (5)			
Neukaledonien	1 500	1 900 000 (10)	700 (1)	700 (1)			
Philippinen	400	880 000 (5)	2 800 (3)	2 800 (3)			
UdSSR	6 000	500 000 (3)	6 000 (7)	7 000 (8)			
Kuba	3 000	4 000 000 (22)	6 000 (7)	8 000 (9)			
Welt	70 200 (100)	18 200 000 (100)	85 000 (100)	93 000 (100)	(100)	(100)	(100)

[a]) unter Einbeziehung der indirekten Rohstoffimporte ist der Anteil sehr viel höher
[b]) soweit Angaben verfügbar
Zahlen in Klammern: Anteil am Weltgesamtwert in %

Quellen:
US Bureau of Mines, Mineral Commodity Summaries 1987, Washington 1987
US Bureau of Mines, Mineral Facts and Problems, 1985 Edition, Washington 1985
Philip C. F. Crowson, Minerals Handbook, 1984–5, London 1984

gierungen wiederaufgearbeitet. Dies war teilweise durch die strengen Qualitätsspezifikationen der Triebwerkshersteller bedingt, die inzwischen so weit gelockert wurden, daß die Verwendung von rezykliertem Material bei den Speziallegierungen für den Triebwerksbau nunmehr möglich ist[35]. In vielen anderen Anwendungsbereichen ist Kobalt jedoch nur schwer zu rezyklieren: Die kobalthaltigen Produkte weisen nur geringe Mengen des Metalls auf und haben zudem meist eine sehr lange Lebensdauer.

Die Versorgungsstörungen in der zweiten Hälfte der 70er Jahre waren vor allem auf Unterbrechungen der Transportwege zurückzuführen – und hier ermöglichen die hohen Kobaltpreise ein Ausweichen auf den Transport per Flugzeug. In der Tat wurden 1978 bis zu zwei Drittel der zairischen Kobaltförderung auf diesem Wege exportiert

[35] Office of Technology Assessment, op. cit., pp. 36 f.

und damit Transportengpässe umgangen[36]. Diese zusätzliche Krisenflexibilität hängt letztlich jedoch von den geförderten bzw. im Abbaubereich gelagerten Kobalt-Mengen ab; eine dauerhafte Störung der herkömmlichen Transportwege dürfte die Einstellung der Kupferproduktion erzwingen und damit auch zum Versiegen der Kobalt-Herstellung führen.

Die letzte hier zu diskutierende Form der Krisenflexibilität betrifft die Kobalt-Vorratshaltung. Auch sie spielte 1978 eine – allerdings negative – Rolle: Der der Krise vorangegangene Abbau der kommerziellen Lagerhaltung vor allem im größten Verbraucherland, den USA, hatte die Krisenflexibilität verringert und führte zu Panikkäufen. Mitte der 80er Jahre dagegen bot sich ein andres Bild: Neben den strategischen Kobalt-Vorräten in den USA (die von 1981 bis 1985 durch Zukäufe von insgesamt rund 12 Mio. Pfund aufgestockt wurden und damit nun eine Reichweite von mehr als drei Jahren durchschnittlicher Nachfrage aufweisen[37]), in Frankreich und Großbritannien (das 1983 300 Tonnen Kobalt angekauft hatte, seine strategischen Vorräte inzwischen jedoch wieder aufzulösen beschloß[38]) verfügten auch die Förderländer als Folge der Nachfrage-Rückgänge Anfang der 80er Jahre über enorme Läger: Insgesamt schätzte man die Kobalt-Vorräte der Produzenten Anfang 1983 auf etwa 18 000 Tonnen (oder fast das Eineinhalbfache der Förderung der westlichen Welt 1983!), Anfang 1986 noch auf 12 000 Tonnen, die beinahe ausschließlich in Zaire lagerten[39]. Zahlenangaben über die privatwirtschaftlich kontrollierten Vorräte der Verbraucher weisen für die USA eine theoretische Reichweite von etwa sechs Monaten aus; der Trend scheint angesichts der Zinsentwicklung zu einer Reduzierung der Lagerhaltung zu gehen[40]. In einer zukünftigen Krisensituation käme also vor allem der Abbau der Produzentenvorräte, in zweiter Linie der der strategischen Vorräte in Frage. Allerdings läßt sich der Umfang der Produzenten-Vorräte sowie die Fähigkeit und Bereitschaft Zaires (das hier wohl auch in Zukunft entscheidend bleiben dürfte), diese Vorräte verfügbar zu machen, nicht ohne weiteres absehen.

Neben den skizzierten Anpassungsreaktionen und Anpassungspotentialen auf der Angebotsseite spielen bei der Erklärung der Marktentwicklungen seit dem Preisschub von 1978, aber auch bei der Bewältigung möglicher zukünftiger Versorgungsengpässe Veränderungen auf der *Nachfrageseite*, genauer: die Verringerung des spezifischen Kobalt-Verbrauchs in bestimmten Einsatzgebieten, eine bedeutsame Rolle. Ein dramatisches Beispiel hierfür lieferte der Einsatz von Kobalt in Magneten für die Lautsprecherproduktion: Die Preiserhöhungen für Kobalt 1978 bis 1980 führten zur weitgehenden Ersetzung von Alnico-Magneten (die aus Aluminium, Nickel und Kobalt hergestellt werden) durch keramische Magneten bzw. durch Magneten, die neben Kobalt seltene Erden enthalten. Der spezifische Kobalt-Einsatz läßt sich dadurch um etwa

[36] *Neue Zürcher Zeitung*, 28.1.1981.

[37] Mining Annual Review, op.cit., p. 68f; US Bureau of Mines, op.cit. (1987); US Bureau of Mines, Minerals Yearbook 1983, Vol. I, Metals and Minerals, Washington 1984, p. 255.

[38] Mining Annual Review, op.cit., p. 69.

[39] ibid., p. 68; vgl. auch *Economist*, 25.4.1981.

[40] Mining Annual Review, op.cit., p. 69.

30% reduzieren[41]. Ähnliche Verringerungen des spezifischen Kobalt-Einsatzes sind im Bereich der Speziallegierungen durch vollständige oder teilweise Substitution von Kobalt durch andere Legierungsmetalle möglich[42]. Auch eine Verbesserung der Fertigungstechnologien kann den spezifischen Kobaltbedarf erheblich verringern: So gelang es beispielsweise bei der Herstellung der Turbinenscheibe im bereits erwähnten Triebwerk F-100 von *Pratt & Whitney*, den Kobalt-Einsatz durch veränderte Produktionstechniken um 50% zu reduzieren; eine weitere Verringerung des Kobalt-Gehaltes dieses Triebwerks-Elements um bis zu 80% des ursprünglichen Ansatzes ist geplant[43].

Die beherrschende Marktposition Zaires und Sambias führte in der Vergangenheit dazu, daß diese beiden Länder bzw. ihre Bergwerksgesellschaften *Gecamines* und *Zambia Consolidated Copper Mines* (ZCCM) mit ihren Produzentenpreisen dominierten. Die Umbrüche Ende der 70er und zu Beginn der 80er Jahre ließen jedoch den bis dato bedeutungslosen freien Markt erheblich an Gewicht gewinnen, zumal Zaire und Sambia trotz gemeinsamer Preispolitik und einer Drosselung der Förderung Schwierigkeiten hatten, den Markt unter Kontrolle zu behalten[44]. Interessanterweise spielten dabei offensichtlich Re-Exporte sozialistischer Staaten in den Westen eine Rolle; Zaire hat die Lieferungen an den Ostblock daher inzwischen erheblich gekürzt[45]. Die nach wie vor bestehenden Verflechtungen zwischen *Gecamines* und der belgischen Rohstoff- und Verarbeitungsindustrie[46] verschaffen Belgien eine wichtige Rolle als Zwischenhändler, von dem auch amerikanische und japanische Abnehmer abhängen. Da sowohl die Europäische Gemeinschaft (mit Finnland) als auch die USA (mit Kanada) und Japan (mit Australien) neben den afrikanischen Lieferanten auch eine weitere zusätzliche Lieferquelle, wenn auch geringerer Bedeutung, in ihrem geographischen Umfeld besitzen, dürften Versorgungsstörungen für alle drei Industrienationen vergleichbare Auswirkungen haben.

Die Risiken einer weiteren Versorgungskrise bei Kobalt liegen auf der Hand – sie konzentrieren sich nach wie vor auf das südliche Afrika. Der Preiseinbruch 1980 bis 1983, der die Kobaltnotierungen zeitweilig bis unter das Niveau vor 1976 drückte, sowie die Absatzschwierigkeiten der Nickel- und Kupferproduzenten haben die Diversifizierungsbemühungen kaum vorankommen lassen. Versorgungsengpässe bei den Exporten Zaires und Sambias sind schon aufgrund der komplizierten Transportprobleme dieser Förderländer insgesamt immer wieder wahrscheinlich; die Funktionsfähigkeit des südafrikanischen Eisenbahnnetzes spielt dabei angesichts der Kapazitätsengpässe

[41] US Bureau of Mines, op.cit. (1980), p. 209; vgl. auch Claus Voigt, The Material Cycle of Cobalt in Magnets, in: *Materials and Society*, No. 4/1982, pp. 465–468.
[42] Einzelheiten in US Bureau of Mines, op.cit. (1980), p. 209.
[43] Office of Technology Assessment, op.cit. (Summary), p. 37.
[44] Rae Weston, Strategic Materials, A World Survey, Totowa, N.J. 1984, p. 125; Phillip Crowson, Minerals Handbook, 1982–1983, London 1982. Zu Absprachen zwischen den beiden Regierungen vgl. *Financial Times*, 3.3.1981.
[45] Hierzu Mining Annual Review, op.cit., p. 401.
[46] ibid., p. 400.

der anderen denkbaren Transportrouten eine kritische Rolle. Politische Wirren in und um Südafrika könnten also die Exporte Zaires und Sambias beeinträchtigen, selbst wenn diese beiden Länder in die Unruhen nicht unmittelbar verwickelt wären. Zwar bestünde für Kobalt zunächst die Möglichkeit, auf den Lufttransport auszuweichen; zugleich könnten die Vorräte Zaires in der ersten Phase einer Versorgungskrise eine hilfreiche Rolle spielen. Allerdings sind Umfang und Verfügbarkeit dieser Vorräte mit erheblichen Unsicherheiten behaftet. Nach Erschöpfung bzw. bei Nichtverfügbarkeit der Vorräte könnte der Lufttransport keine dauerhafte Alternative darstellen, weil die Kobalt-Förderung an die Kupferproduktion gekoppelt, diese jedoch auf den Landtransport angewiesen ist. Der Ausbau alternativer Transportkapazitäten dürfte selbst mit massiver ausländischer Unterstützung erhebliche Zeit in Anspruch nehmen. Der Ausfall der Exporterlöse aus dem Kobalt- und Kupferbergbau würde die ohnehin gravierenden Wirtschaftsprobleme Zaires und Sambias dramatisch verschärfen; dies könnte Rückwirkungen auf die innenpolitische Stabilität dieser Staaten haben. Andererseits wäre in einem solchen Krisenszenario mit einer Vervielfachung der Kobalt- und möglicherweise auch mit einem Anziehen der Kupferpreise zu rechnen, so daß der Preiseffekt die Mengenverluste wenigstens teilweise ausgleichen könnte. Insgesamt gesehen ergeben sich damit für die zukünftige Kobalt-Versorgung der Industriestaaten erhebliche Risiken, die unter ungünstigen Voraussetzungen die Krisenflexibilitäten der internationalen Kobaltindustrie übersteigen könnten.

Eine derartig gravierende Marktstörung wäre auch für die sozialistischen Staaten nicht ohne negative Folgen. Die Mitgliedsländer des „Rates für gegenseitige Wirtschaftshilfe" (RGW) importieren erhebliche Mengen von Kobalt aus westlichen Bergbauländern; ihr Anteil am Welthandel stieg von etwa 1,5% im Jahr 1966 auf 7,3% 1976[47]. Die beiden wichtigen Förderländer des RGW, Kuba und die Sowjetunion, konnten ihre Förderung zwar in den letzten Jahren ausweiten und planen weitere Steigerungen[48]; die starke Zunahme der Nachfrage konnte dadurch jedoch nicht voll aufgefangen werden und erzwang erhöhte Einfuhren[49]. Störungen im Weltmarkt könnten also auch die Sowjetunion, vor allem aber die Staaten Osteuropas betreffen. Allerdings ist ihre Verwundbarkeit erheblich geringer einzuschätzen als die der westlichen Industriestaaten und Japans. Die Sowjetunion verfügt also in diesem Falle weder über die Möglichkeiten, den westlichen Industriestaaten nennenswerte alternative Mengen anzubieten, noch über ein erhebliches Interesse an einer Störung der Weltmärkte.

---

[47] Vgl. hierzu US Bureau of Mines, op. cit. (Vol. I, 1984) sowie US Bureau of Mines, Mineral Commodity Summaries, versch. Jahrgänge, und Bundesanstalt für Geowissenschaften und Rohstoffe, Rohstoffwirtschaftliche Länderberichte, XXIII, Comecon, Hannover 1979, pp. 200f. Die Zahlenangaben über die sowjetische Kobalt-Produktion differieren stark.

[48] Vgl. hierzu V. V. Strishkov, The Mineral Industry of the USSR, in: US Bureau of Mines, Minerals Yearbook 1980, Vol. III, Area Reports: International, Washington 1982, pp. 1003–1074, pp. 1033ff; Richard M. Levine, The Mineral Industry of the USSR, in: US Bureau of Mines, Minerals Yearbook 1983, Vol. III: Area Reports: International, Washington 1984, pp. 773–805 (775) und Bundesanstalt für Geowissenschaften ..., op. cit. (1979), pp. 200ff; Mining Annual Review, op. cit., p. 68.

[49] Bundesanstalt für Geowissenschaften ..., op. cit. (1979), pp. 73f; Levine, op. cit., p. 783, 788; Bundesminister für Wirtschaft, op. cit., pp. 80ff.

2.6 Wolfram

Die Geschichte der industriellen Nutzung des Metalls Wolfram begann Mitte des 19. Jahrhunderts mit der Entwicklung von Mangan-Wolfram-Stählen; während des Ersten Weltkriegs spielte Wolfram eine wichtige Rolle in den Rüstungsindustrien der europäischen Mächte. Die Suche nach neuen Wolfram-Vorkommen führte damals zur Entdeckung der reichen Erzadern Chinas, das heute die mit Abstand größte Wolfram-Förderung der Welt aufweist. Wolfram zeichnet sich durch zwei Qualitäten aus – es besitzt einen sehr hohen Schmelzpunkt und ist daher bei hohen Temperaturen belastbarer als jedes andere Metall; zugleich ist es eine besonders harte und zähe – und dabei relativ korrosionsfeste – Substanz: Nur Diamanten weisen eine größere Härte auf[1].

Obwohl Wolfram-Konzentrationen in einer Reihe von Mineralien zu finden sind, spielen für die wirtschaftliche Nutzung nur die beiden Erze Wolframit und Scheelit eine Rolle. Vorkommen dieser Erze finden sich in einer relativ großen Zahl von Ländern. Der Abbau gilt gewöhnlich primär dem Metall Wolfram, einige Bergwerke gewinnen Wolfram jedoch auch als Kuppelprodukt, insbesondere von Molybdän und Zinn[2].

Diese besonderen Qualitäten erklären die Bedeutung von Wolfram für wichtige Bereiche der modernen Industrieproduktion, insbesondere den Maschinenbau, die Stahlindustrie und die Energieproduktion[3]. Der Maschinenbau setzt Wolfram-Karbide (eine Mischung aus Wolfram- und Kohlepulver, die mittels Zusätzen von Kobalt, Chrom, Molybdän, Tantal, Titan oder Vanadium gebunden wird) dort ein, wo besondere Verschleißfestigkeit und Härte bei hohen Temperaturen benötigt wird – also etwa an den Arbeitskanten von Werkzeugen oder Maschinen. Die Stahlindustrie setzt Ferro-Wolfram bei der Herstellung von Edelstählen, insbesondere von Werkzeugs- und Schnellarbeitsstählen zu, um besondere Verschleißfestigkeit und Härte zu gewährleisten; im Energiesektor werden Wolfram-Verbindungen für Bohrgerät benötigt. Daneben spielt das Metall nach wie vor eine erhebliche Rolle in der Rüstungsindustrie, insbesondere bei der Munitionsherstellung, sowie in elektrischen Anwendungsbereichen wie Glühbirnen oder Zündkerzen[4].

Wolframerz bedarf zunächst der Anreicherung und der chemischen Weiterverarbeitung zu Metallpulver, Ferro-Wolfram oder zu Wolfram-Verbindungen für spezielle Verwendungszwecke in der chemischen Industrie. Die wichtigste Handelsform ist das

---

[1] Vgl. hierzu Bundesanstalt für Geowissenschaften und Rohstoffe/Deutsches Institut für Wirtschaftsforschung, Untersuchungen über Angebot und Nachfrage mineralischer Rohstoffe, IX, Wolfram, Hannover/Berlin 1977, pp. 73 ff; The Materials Forum, Strategic Materials and the United Kingdom, London 1981, p. 11; US Bureau of Mines, Mineral Facts and Problems, 1980 Edition, Washington 1980, pp. 979 f; Phillip T. Stafford, Tungsten, Washington 1985, pp. 1 f (= US Bureau of Mines, Mineral Facts and Problems, 1985 Edition, Preprint).

[2] US Bureau of Mines, op. cit., pp. 980 ff; Bundesanstalt für Geowissenschaften ..., op. cit., pp. 4 ff.

[3] Zur besonderen Bedeutung des Wolframs für die Energieindustrien vgl. Global 2000, Der Bericht an den Präsidenten, Frankfurt/M. 1980, p. 467 und Mining Journal (ed), Mining Annual Review 1982, London 1982, pp. 75 f.

[4] Hierzu ausführlich Bundesanstalt für Geowissenschaften ..., op. cit., pp. 79 ff sowie US Bureau of Mines, op. cit., pp. 982 f.

Tab. C – 2.6: Basiskennziffern: Wolfram (t Metallgehalt)

	Bergbau-Produktion	Nachgewiesene Reserven	Geschätzte Förderkapazitäten		Anteil an den Einfuhren[a] (%) der USA	der Europ. Gemeinschaft	Japans
	1986	1986	1984	1990	1982–1985	1981–1982	1981–1982
USA	800 (2)	290 000 (8)	5 000 (9)	5 000 (7)	× ×		
Kanada	1 200 (3)	670 000 (19)	5 000 (9)	5 000 (7)	17	11	7
Bolivien	1 800 (4)	130 000 (4)	2 800 (5)	2 700 (4)	12	18	10
Brasilien	1 200 (3)	20 000 (1)	1 300 (2)	1 100 (2)		4	
Peru	900 (2)	n. v. (n. v.)	800 (1)	1 300 (2)		5	5
Österreich	1 500 (3)	20 000 (1)	2 200 (4)	2 200 (3)			
Frankreich	700 (2)	20 000 (1)	750 (1)	750 (1)		× ×	
Portugal	1 700 (4)	40 000 (1)	1 400 (2)	3 000 (4)	7	11	18
Spanien	n. v. (n. v.)	n. v. (n. v.)	600 (1)	1 100 (2)		2	
China	15 000 (33)	1 230 000 (35)	17 000 (30)	22 000 (33)	17	22	23
Nordkorea	1 000 (2)	100 000 (3)	500 (1)	1 000 (1)			
Südkorea	2 700 (6)	60 000 (2)	2 400 (4)	2 400 (4)		2	21
Thailand	600 (1)	30 000 (1)	900 (2)	900 (1)		3	1
Türkei	n. v. (n. v.)	n. v. (n. v.)	200 (0,4)	400 (0,6)			
Australien	2 100 (5)	140 000 (4)	3 590 (6)	3 590 (5)		12	12
UdSSR	9 100 (20)	490 000 (14)	9 300 (16)	11 000 (16)			
Welt	45 500 (100)	3 520 000 (100)	56 600 (100)	67 200 (100)	(100)	(100)	(100)
				ad memoriam: Importabhängigkeit	ca. 59	ca. 63	ca. 69

[a]) soweit verfügbar
Zahlen in Klammern: Anteil am Weltgesamtwert in %

Quellen:
wie Tab. C – 2.1

Konzentrat, das in erheblichem Umfang international umgeschlagen wird: Rund zwei Drittel der Weltproduktion fließen in den Export, von dem wiederum etwa ein Drittel aus einem Lieferland, der Volksrepublik China, stammt. Bolivien und Australien folgen mit je 11% auf den beiden nächsten Plätzen der Ausfuhr-Rangliste; zusammen entfällt auf diese drei Exportländer also mehr als die Hälfte des Welthandels. Umgekehrt fließen rund zwei Drittel der Weltexporte in eine Handvoll von Ländern – die USA (25%), Österreich (11%), Schweden (10%), Japan (9%) und die BRD (8%)[5].

Abhängigkeiten: Ein Blick auf die Entwicklung der Weltproduktion von Wolfram in den letzten Jahren zeigt sehr starke Schwankungen ohne klare Trends. So lag der An-

[5] Zahlenangaben für 1980 nach Pierre-Noël Giraud, Géopolitique des Ressources Minières, Paris 1983, p. 80.

teil Nordamerikas an der Weltförderung 1983 nur bei etwa 3%, 1985 dagegen bei über 10% – eine Folge der extrem niedrigen Wolframpreise und der gedrückten Nachfrage 1982 und 1983. Durchgängig erkennbar ist bei den Produktionsdaten jedoch die Sonderstellung der Volksrepublik China, die rund 30% der Weltförderung stellt und davon etwa drei Viertel ausführt. Erkennbar ist zudem eine gewisse Aufweichung der Konzentration auf relativ wenige Förderländer, insbesondere durch die beiden nordamerikanischen Staaten USA und Kanada[6].

Diese Entwicklung bedeutete zugleich auch eine zunehmende Verringerung der Einfuhrabhängigkeit der Industriestaaten. Alle drei Regionen verfügen über eine gewisse Eigenproduktion: Westeuropa förderte 1983 immerhin etwa 85% des Verbrauchs, die Europäische Gemeinschaft knapp 13%, Japan etwa ein Drittel, die USA rund 19%[7]. Tendenziell wird die Importabhängigkeit Japans in Zukunft zunehmen, während in Westeuropa eine gewisse Ausweitung der Förderung möglich sein dürfte[8]. In den USA war historisch eine starke Schwankung der Einfuhr-Abhängigkeit festzustellen – sie lag im Zeitraum von 1961 bis 1986 zwischen 13% und 81%[9]. Für die Zukunft rechnet das US Bureau of Mines mit einer starken Zunahme der Nachfrage und etwas langsamer steigender Eigenförderung, was insgesamt eine Erhöhung der Importabhängigkeit bedeuten würde[10].

Ein Bild von den zukünftigen Strukturen von Weltförderung und Welthandel vermittelt für das nächste Jahrzehnt ein Blick auf bestehende und geplante Bergbaukapazitäten; für die längerfristigen Entwicklungen spielen daneben die nachgewiesenen Reserven und die Ressourcenbasis eine gewichtige Rolle. Die bestehenden Wolfram-Kapazitäten der westlichen Welt waren 1984 noch keineswegs voll ausgelastet; die brachliegenden Kapazitäten konzentrierten sich vor allem auf die USA und Kanada – eine Folge des hohen Dollarkurses, der auf die Wettbewerbsfähigkeit der nordamerikanischen Wolfram-Bergwerke drückte[11]. Die kanadische Wolframförderung könnte in der zweiten Hälfte der 80er Jahre erheblich gesteigert werden – 1984 wurde ein neues

---

[6] Vgl. für die längerfristigen Trends Bundesanstalt für Geowissenschaften ..., op.cit., pp. 26ff; sowie US Bureau of Mines, Minerals Yearbook, 1983, Vol. I: Minerals and Metals, Washington 1984, p. 900; US Bureau of Mines, op.cit. (1980), p. 981; und UNCTAD (ed), Quartely Bulletin of the UNCTAD Committee on Tungsten, Tungsten Statistics.

[7] Siehe Phillip Crowson, Minerals Handbook 1984–1985, London 1984; US Bureau of Mines, op.cit. (Vol. I, 1984), pp. 900f; zur Verringerung der Importabhängigkeit von einigen wenigen Quellen in den letzten eineinhalb Jahrzehnten siehe Bundesanstalt für Geowissenschaften ..., op.cit., p. 170: Der Anteil der sechs größten Exportländer sank von 77% im Jahr 1965 auf 65% 1975. Ein Großteil der neuen Kapazitäten entstand in Industrieländern wie Frankreich, Australien, Kanada und den USA (Bundesminister für Wirtschaft, Bericht über die Versorgung der Bundesrepublik Deutschland mit mineralischen Rohstoffen, Bonn 1980, p. 26 (= Studienreihe No. 30).

[8] Vgl. US Bureau of Mines, op.cit. (1980), pp. 981; Stafford, op.cit., p. 3.

[9] US Bureau of Mines, op.cit. (1980), p. 988; US Bureau of Mines, Mineral Commodity Summaries, 1987, Washington 1987.

[10] US Bureau of Mines, op.cit. (1980), pp. 994f; US Bureau of Mines, op.cit. (Mineral Commodity Summaries, 1985), prognostiziert eine jährliche Steigerung der US-Nachfrage nach Wolfram von knapp 16% für den Zeitraum 1983 bis 1990.

[11] Mining Annual Review 1985, op.cit., p. 71.

Projekt mit einer Jahreskapazität von etwa 1500 Tonnen Wolfram (dies entspricht dem Jahresbedarf Japans oder der BRD) in Betrieb genommen; ein weiteres großes Projekt wurde angesichts der ungünstigen Marktentwicklung auf 1987 verschoben[12] Kapazitätsausweitungen sind auch in Frankreich und Portugal geplant, während ein vielversprechendes Projekt in Großbritannien an Vorbehalten der Regierung scheiterte. In der Türkei führten technische Probleme und die ungünstigen Witterungsbedingungen in dem 2500 m hoch gelegenen Bergbaugebiet zu ungenutzten Produktionsmöglichkeiten; die Förderung könnte grundsätzlich erheblich ausgeweitet werden. Die japanische Bergwerksförderung wird angesichts geringer Reserven allmählich zurückgehen. In der dritten Welt wartet ein größeres Bergbauprojekt in Bolivien auf günstigere Marktbedingungen. Bedeutsame Kapazitätserweiterungen sind schließlich auch in der Volksrepublik China zu vermuten[13]. Insgesamt ist daher kurz- und mittelfristig mit einer weiteren Auffächerung der Förderung und damit auch der Lieferquellen der Industriestaaten zu rechnen.

Für die längerfristigen Perspektiven ist eine kurze Analyse der Verteilung der Wolfram-Reserven angebracht. Diese Reserven sind – mit einer Reichweite von über 68 Jahren auf der Basis des Weltverbrauchs 1978 und der nachgewiesenen, wirtschaftlich nutzbaren Reserven zu Beginn der 80er Jahre – grundsätzlich mehr als aureichend; ein Rückblick auf die Entwicklung dieser Daten zeigt zudem für den Zeitraum 1967–1977 eine durchschnittliche jährliche Bruttozunahme der Reserven um etwa 70000 Tonnen. Dies war erheblich mehr als die durchschnittliche jährliche Förderung und führte damit zu einer beträchtlichen Vergrößerung und zugleich zu einer breiteren geographischen Streuung der Reserven[14]. Dennoch liegen auch heute noch mehr als die Hälfte der nachgewiesenen Vorkommen in der Volksrepublik China. Über erhebliche Reserven verfügen daneben Kanada, die Sowjetunion, Australien und die USA. Als Exporteure kommen daher langfristig neben der Volksrepublik China[15] vor allem Kanada, Australien sowie eine Reihe von Förderländern in der dritten Welt wie Nord- und Südkorea, Bolivien, Brasilien, Thailand[16]. Insgesamt ergibt sich aus diesem Bild kein Hinweis auf eine wachsende Abhängigkeit der Industriestaaten von bestimmten Exporteuren; eher ist eine weitere Diversifizierung und Verschiebung hin zu westlichen Industriestaaten wie Kanada und Australien zu erwarten.

---

[12] ibid.

[13] ibid.; US Bureau of Mines, op.cit. (1980), p. 981; US Bureau of Mines, op.cit. (Vol. I, 1984), pp. 899f; Stafford, op.cit., pp. 8f; Peter J. Clarke, The Mineral Industry of Turkey, in: US Bureau of Mines, Minerals Yearbook 1983, Vol. III, Area Reports: International, Washington 1984, pp. 761–771 (767); John C. Wu, The Mineral Industry of Japan, in: ibid. pp. 417–445 (439).

[14] Bundesanstalt für Geowissenschaften ..., op.cit., pp. 46ff.

[15] Zur Exportpolitik Chinas vgl. *Economist*, 2.5.1981 sowie E. Chin, The Mineral Industry of China, in: US Bureau of Mines, op.cit. (1984, Vol. III), pp. 179–195 und Lee Ardenbright, Some Factors Affecting the Rate of Development of Chinese Minerals and Metals, in: *Materials and Society*, No. 1/1983, pp. 35ff.

[16] Bundesanstalt für Geowissenschaften ..., op.cit., pp. 46ff sowie US Bureau of Mines, op.cit. (1980), p. 983 und Crowson, op.cit.

Verwundbarkeit: Eine detaillierte Analyse der Verbrauchsstrukturen von Wolfram ist nur für wenige Industriestaaten möglich. Schätzungen des *Deutschen Instituts für Wirtschaftsforschung*[17] aus dem Jahr 1977 ergaben für die westliche Welt insgesamt folgendes Bild: Rund 23% der Nachfrage entfielen auf die Edelstahlherstellung, 53% auf Wolfram-Karbide, etwa ein Viertel auf chemische und elektrische Anwendungsbereiche. Eine andere Quelle schätzte den Anteil der Rüstungsindustrien auf etwa 5–10% der Wolfram-Nachfrage in der westlichen Welt[18]. Angaben für die Vereinigten Staaten zeigen eine noch deutlichere Konzentration auf den Bereich der Karbide, die danach etwa 63% der gesamten US-Nachfrage ausmachen. Der Einsatz in Legierungen (Edelstahl, Speziallegierungen für Triebwerke etc.) umfaßt etwa 16%, die Verwendungen als Metallpulver und in chemischen Verbindungen weitere 21%. Für den Endverbrauch nennt das *US Bureau of Mines* die Bereiche Maschinen und Ausrüstungsgüter für die Metallverarbeitung, den Bergbau und die Bauindustrie mit 80%, Verwendungen in Elektrogeräten mit 8%, Glühbirnen mit 10%, den Transportsektor (primär Speziallegierungen für Triebwerke) mit 8% und andere Verwendungen mit 4%[19]. 40–50% des gesamten gegenwärtigen Wolfram-Einsatzes in den USA gelten als kritisch und nicht substituierbar[20]. Wolfram spielt daher für die Industrieproduktion eine Rolle, die über den Wert des Metalls weit hinausgeht – das Dollarvolumen des Welthandels wurde für die erste Hälfte der 70er Jahre auf zwischen $ 112 und $ 226 Mio. geschätzt[21].

Die Projektionen über die zukünftige Nachfrage nach Wolfram sind mit erheblichen Unsicherheiten behaftet. Immerhin erscheint bemerkenswert, daß auch jüngste Prognosen des *US Bureau of Mines* von hohen Zuwachsraten ausgehen und zudem in den USA größeres Wachstum vorhersagen als in anderen Regionen[22]. Dies widerspricht früheren Projektionen, die jedoch insgesamt ebenfalls von beträchtlichen Wachstumsraten ausgingen[23]. Die Analyse des *US Bureau of Mines* verdient es, genauer dargestellt zu werden – läßt sie doch Aufschlüsse über die zukünftige Bedeutung von Wolfram zu. Die Projektionen gehen davon aus, daß vor allem die Nachfrage nach Wolfram im Bereich der Maschinen und Ausrüstungsgüter zunehmen wird – eine Folge der raschen Expansion von automatisierten und roboterisierten Herstellungsverfahren. Diese Verfahren machen besonders belastbare Arbeitsflächen erfor-

---

[17] Bundesanstalt für Geowissenschaften ..., op. cit., pp. 79 ff.
[18] The Materials Forum, op. cit., p. 11.
[19] US Bureau of Mines, op. cit. (1980), p. 982; US Bureau of Mines, op. cit. (Vol. I, 1984), p. 892; US Bureau of Mines, op. cit. (1987); Stafford, op. cit., pp. 6 f.
[20] US Bureau of Mines, op. cit. (1980), p. 995.
[21] Bundesanstalt für Geowissenschaften ..., op. cit., Annex 8.
[22] US Bureau of Mines (op. cit. (1985) sowie Stafford, op. cit., p. 12) prognostiziert jährliche Zuwachsraten von 15,9% für den Zeitraum 1983 bis 1990 und von 9,2% für die Periode 1983 bis 2000. Siehe daneben auch US Bureau of Mines, op. cit. (1980), pp. 991 ff.
[23] Global 2000, Der Bericht an den Präsidenten, Frankfurt/M. 1980, pp. 462 f; Bundesanstalt für Geowissenschaften ..., op. cit., p. 191

derlich, für die in erster Linie Wolfram-Karbide in Frage kommen[24]. Allerdings könnte der spezifische Wolfram-Verbrauch hier durch den Einsatz von Wolfram-beschichteten Materialien verringert werden[25]. Ein zweiter Wachstumsbereich von Bedeutung ist der Einsatz von Wolfram in der Bergbau- und Energieproduktion, die ebenfalls stark zunehmen dürfte. Daneben werden erhebliche Zuwächse in der Herstellung von Triebwerken und Gasturbinen sowie in der Elektroindustrie erwartet, wo Wolfram durch seine Langlebigkeit und Zähigkeit besondere Bedeutung für elektrische Kontakte hat[26]. Aus diesem Überblick wird erkennbar, daß Wolfram seine Bedeutung für die moderne Industrieproduktion sicherlich nicht verlieren, ja eher noch steigern wird. Die Verwundbarkeit der Industriestaaten gegenüber Unterbrechungen der Versorgung nimmt damit potentiell zu.

Krisenflexibilität: Im Falle ernsthafter Versorgungsstörungen wären zunächst Möglichkeiten einer *Steigerung des Angebotes* alternativer Lieferquellen zu prüfen. Kurzfristig kämen hierfür vor allem bestehende, jedoch ungenutzte Kapazitäten in Betracht; ihre Verfügbarkeit dürfte stark von der jeweiligen Marktsituation abhängen. Immerhin ist angesichts der relativ weit gestreuten Bergbauproduktion mit gewissen Möglichkeiten der Produktionssteigerung zu rechnen. Mit einiger Vorlaufszeit ließen sich daneben im Falle einer andauernden Unterbrechung auch zusätzliche Bergbaukapazitäten aktivieren – so waren Mitte der 50er Jahre in den USA insgesamt etwa 750 Wolfram-Bergwerke in Betrieb, während es derzeit nur noch drei sind[27]. Eine Reaktivierung einiger dieser Bergwerke wäre unter der Voraussetzung dauerhaft höherer Wolfram-Preise ohne weiteres möglich; das *US Bureau of Mines* sammelt systematisch Informationen für eine etwaig notwendige Ausweitung der amerikanischen Wolfram-Förderung[28]. Auch in anderen Förderländern sollten Kapazitätserweiterungen mit entsprechender Vorlaufszeit zu aktivieren sein. Eine weitere Möglichkeit der Steigerung des Wolfram-Aufkommens in einer Krisensituation besteht in verstärkter Wiederverwendung von Altmaterial. Der Anteil des Altmaterials beträgt derzeit in den USA etwa 17%, weltweit zwischen 20 und 25%[29]; er ließe sich durch verbesserte Techniken des Recycling noch steigern[30].

Die letzte hier zu erwähnende Möglichkeit einer Steigerung des Wolfram-Angebotes in einer Krisensituation besteht in einem Abbau der Vorräte. Eine besondere Rolle spielen hierbei die strategischen Vorräte der USA, die im Verlauf der 50er Jahre mit Hilfe staatlicher Förderungsprogramme für die einheimische Bergbauindustrie in großem Umfang aufgebaut und seither weitgehend wieder aufgelöst wurden. Der Umfang und die Bedeutung dieser Eingriffe für den Weltmarkt geht aus der Tatsache hervor,

---

[24] US Bureau of Mines, op.cit. (1980), pp. 992ff; Stafford, op.cit., p. 11.
[25] Crowson, op.cit.
[26] US Bureau of Mines, op.cit. (1980), p. 993; Stafford, op.cit., pp. 11f.
[27] US Bureau of Mines, op.cit. (1980), p. 980; Stafford, op.cit., pp. 1ff.
[28] US Bureau of Mines, op.cit. (1980), p. 980.
[29] US Bureau of Mines, op. cit. (1985); Bundesanstalt für Geowissenschaften ..., op. cit., p. 59.
[30] US Bureau of Mines, op.cit. (1980), p. 979.

daß die Abgabe aus den strategischen Vorräten der USA im Spitzenjahr 1970 mit 28,7 Mio. Pfund rund 40% der Welt-Bergbauproduktion in diesem Jahr entsprach[31]! Seit 1971 wurde dieser Abbau der Vorräte, wenn auch in bescheidenerem Umfang, kontinuierlich fortgesetzt. Ende 1984 entsprachen die Bestände weitgehend den 1980 neu definierten Zielsetzungen der Vorratshaltung[32]. Neben diesen Regierungsbeständen umfassen die Wolfram-Vorräte der USA auch beträchtliche Mengen in den Händen der Wolfram-Bergwerksunternehmen, der Verbraucher und der Händler. Insgesamt entsprach die Reichweite dieser kommerziellen Vorräte etwa sechs Wochen, eine Zahl, die im Vergleich zu anderen Rohstoffen auffallend niedrig ist und wohl die Existenz der Regierungsbestände und deren Abgaben reflektiert[33].

Auf der *Nachfrage-Seite* könnte eine Bewältigung der Ausfälle durch verbesserte Effizienz des Wolfram-Einsatzes und Substitution ohne größere volkswirtschaftliche Schäden erfolgen. Substitutionsmöglichkeiten bestehen dabei vor allem im Bereich der Werkzeugstahl-Produktion, wo Molybdän Wolfram als Legierungsmetall ersetzen kann. Wolfram-Karbide können in bestimmten Anwendungsbereichen durch andere Karbide und durch Keramik-Werkstoffe substituiert werden. Dennoch erscheinen die Möglichkeiten, in einer Versorgungskrise kurzfristig auf andere Werkstoffe umzustellen, eher begrenzt: Die notwendigen Spezifikationsänderungen setzen meist aufwendige Testverfahren voraus, die einige Zeit erfordern dürften. Vielversprechender sind wohl die Chancen, den spezifischen Wolfram-Bedarf durch neue Herstellungstechniken zu senken. So bedeutet insbesondere die rasch voranschreitende Entwicklung von Beschichtungstechniken eine Verringerung des Wolfram-Bedarfs in den wichtigsten und kritischen Anwendungsbereichen[34]. Daneben könnten neue Formen der Wolfram-Herstellung und -Verarbeitung ähnliche Einsparungseffekte erzielen[35].

Trotz einer relativ hohen Konzentration der internationalen Wolfram-Industrie (die fünf größten westlichen Firmen – zwei US-amerikanische, eine südkoreanische, eine australische und eine portugiesische – kontrollierten 1980 46% der Förderung in der westlichen Welt[36]) zeichnet sich der internationale Wolfram-Handel durch extreme Preisschwankungen und eine Struktur aus, die das Londoner *Metal Bulletin* als eine „chaotische Mischung aus Produzentenpreisen, oligopolitischem Wettbewerb, massiven Käufen des Ostblocks und dem neuen Verbraucher-Konsens über eine stabile Preisbindung" bezeichnete[37]. Die großen Förderländer (mit Ausnahme der USA und Kanadas) treffen sich regelmäßg im Rahmen der *Primary Tungsten Association*, die seit 1978 auch ein neues Preissystem einzuführen versuchte. Bedeutsamer sind allerdings

[31] ibid., p. 987.
[32] ibid., p. 989; US Bureau of Mines, op.cit. (1985).
[33] ibid.
[34] Vgl. Crowson, op.cit.; US Bureau of Mines, op.cit. (1985); US Bureau of Mines, op.cit. (1980), p. 995; Rae Weston, Strategic Materials, A World Survey, Totowa, N.J. 1984, p. 101.
[35] US Bureau of Mines, op.cit. (1980), pp. 992 ff; Crowson, op.cit.; US Bureau of Mines, op.cit. (1985).
[36] Pierre-Noël Giraud, Géopolitique des Ressources Minières, Paris 1983, p. 80.
[37] *Metal Bulletin* vom 4.9.1979, zit. nach Weston, op.cit., p. 129.

die regelmäßigen Treffen des Wolfram-Ausschusses der UNCTAD, in dem neun Förderländer (Australien, Bolivien, Peru, Portugal, Zaire, Thailand, Brasilien, Frankreich und China) seit 1974 um ein Produzenten-Abkommen ringen – bislang erfolglos. Es gelang auch nicht, den Wolfram-Preis zu stabilisieren: Der scharfe Rückgang der Nachfrage 1982 und 1983 löste einen ebenso dramatischen Preisverfall aus, der auch 1984 – trotz steigender Nachfrage – fast ungebrochen andauerte. Die neun Förderländer des UNCTAD-Ausschusses konnten sich bisher auf keinerlei konkrete Preisstabilisierungsmaßnahmen (wie Produktionsdrosselungen, Ausgleichslager oder Exportkontrollen) einigen. Neben den starken Nachfrageschwankungen, die eine erfolgreiche Marktkontrolle durch die Förderländer erschweren, spielen als weitere Sonderfaktoren die Abgaben aus den strategischen Vorräten der US-Regierung sowie das Verhalten der Volksrepublik China als Anbieter eine Rolle, der wenig Rücksicht auf die Marktverfassung nahm[38].

Politische Risiken: Die politischen Risiken der Wolfram-Versorgung sollten angesichts der eher noch zunehmenden Bedeutung des Metalls für wichtige Bereiche der modernen Industrieproduktion nicht unterschätzt werden. Die Verwundbarkeit der einzelnen Regionen unterscheidet sich allerdings deutlich, wobei Japan relativ am gefährdetsten scheint, die USA am sichersten. Eine ernsthafte Versorgungskrise wäre nur im Falle eines Versiegens der chinesischen Lieferungen vorstellbar – eine Möglichkeit, die allerdings auch nicht ganz von der Hand zu weisen ist (so hatten der Koreakrieg und später auch die chinesische Kulturrevolution erhebliche Auswirkungen auf die chinesischen Wolfram-Ausfuhren). Zu bedenken wäre bei einer Risikoanalyse auch, daß die Exporte der beiden Koreas u.U. durch die Ursachen des Ausfalls der chinesischen Exporte mit betroffen sein könnten. Die japanische Regierung hat Wolfram denn auch in ihre strategische Vorratshaltung miteinbezogen.

Die Sowjetunion und die osteuropäischen Staaten sind in erheblichem Maße auf Wolfram-Einfuhren angewiesen. Die Förderung in Osteuropa kann vernachlässigt werden, während die der UdSSR nach bundesdeutschen Schätzungen mindestens bis 1977 die Nachfrage überstieg[39]. Dennoch wurden schon in diesem Zeitraum größere Mengen Wolfram importiert, was entweder durch eine unzutreffende Schätzung der Nachfrage oder durch Vorratsbildung zu erklären wäre[40]. Möglicherweise treffen beide

[38] Crowson, op.cit.; Weston, op.cit., pp. 129f; *Financial Times*, 14.12.1983, 14.3.1985.

[39] Bundesanstalt für Geowissenschaften und Rohstoffe, Rohstoffwirtschaftliche Länderberichte, XXIII, Comecon, Hannover 1979, pp. 77ff sowie Bundesanstalt für Geowissenschaften ..., op.cit., pp. 32, 86.

[40] Die Verbrauchsangaben des *US Bureau of Mines* scheinen die Vermutung zu niedriger Ansätze in den o.g. Quellen zu bestärken – sie liegen wesentlich höher. Das *US Bureau of Mines* nimmt eigene Schätzungen vor, die Studie der BGR/DIW basiert auf UNCTAD-Daten. Dennoch hat auch die Annahme der Bevorratung Plausibilität – die sowjetischen Planer stellten möglicherweise die Probleme der Wolfram-Bergbauproduktion, die ja erkennbar waren, in Rechnung. Die Importabhängigkeit der UdSSR stieg in den 80er Jahren rapide an – sie betrug 1980 2%, 1981 14%, 1983 bereits 43%. (Hierzu V. V. Strishkov, The Mineral Industry of the USSR, in: US Bureau of Mines, Minerals Yearbook, 1980, Vol. III, Area Reports: International, Washington 1982, pp. 1003–1074 (1049, 1064); Richard M. Levine, The Mineral Industry of the USSR, in:

Gründe zu. Die Einfuhren der UdSSR sind seither erheblich angewachsen – Folge einer deutlich steigenden Nachfrage und einer nur langsam zunehmenden Wolfram-Förderung[41]. Dabei waren die osteuropäischen Länder Ende der 70er Jahre noch stark auf Lieferungen westlicher Länder (Australien, Japan, Niederlande, Großbritannien) angewiesen, konnten inzwischen ihre Bezüge aus China jedoch steigern und somit die Abhängigkeit von westlichen Lieferländern verringern[42]. In der Zukunft stehen die osteuropäischen Staaten und die UdSSR objektiv zweifellos in einem gewissen Konkurrenzverhältnis zu den westlichen Importländern, zumal die osteuropäischen Länder – vor allem Polen und die ČSSR, wohl als Folge hoher Nachfrage der dortigen Maschinen- und Rüstungsindustrien – erhebliche Mengen benötigen[43]. Allerdings sollte in normalen Situationen diese Konkurrenz keine großen Probleme aufwerfen – die Mengen dürften verfügbar und die Finanzierung angesichts der relativ geringen Volumina auch für Osteuropa problemlos ein.

Die Wolfram-Versorgung weist also insgesamt Risiken auf, die allerdings nur Japan ernsthafte Schwierigkeiten machen könnten. Wie groß diese Risiken sind, wird wesentlich von der innenpolitischen Entwicklung der Volksrepublik China abhängen. Selbst größere Lieferstörungen könnten wohl durch alternative Bezugsquellen innerhalb überschaubarer Zeiträume mindestens zu einem guten Teil ersetzt und durch verstärktes Recycling und verbesserte Verwendung des Metalls auch die Nachfrage ohne dramatische volkswirtschaftliche Negativ-Effekte gesenkt werden.

2.7 Niob

Niob ist mit einem Jahresverbrauch der westlichen Welt um die 10 000 Tonnen ein Legierungsmetall mit vergleichsweise speziellen, mengenmäßig eher geringen Anwendungsbereichen: Rund 85 % des Bedarfs entfallen auf die Stahlindustrie; daneben spielen Niob-haltige Speziallegierungen für Verwendungen in der Luft- und Raumfahrtindustrie eine bedeutsame Rolle[1]. Der Name dieses Legierungselementes geht auf einen Irrtum zurück: Das Metall wurde bereits 1801 unter dem Namen Columbium identifiziert; 1944 entdeckte man dann ein scheinbar neues Metall, das als Niob bezeichnet wurde, sich später allerdings mit dem bereits bekannten Columbium als

---

US Bureau of Mines, Minerals Yearbook, 1981, Vol. III, Area Reports: International, Washington 1983, pp. 1031–1073 (1043); idem, The Mineral Industry of the USSR, in: US Bureau of Mines, Minerals Yearbook, 1983, Vol. III, Area Reports: International, Washington 1984, pp. 773–805 (784).

[41] Der durchschnittliche Wolfram-Gehalt der in der sowjetischen Förderung abgebauten Erze ist in den letzten dreißig Jahren um 50% gesunken; daneben spielten offenbar auch technische Schwierigkeiten eine erhebliche Rolle bei den Plansoll-Defiziten der Wolfram-Industrie. Siehe Levine, op. cit. (1984), p. 797.

[42] ibid., p. 788; Levine, op. cit. (1983), p. 1049.

[43] Der Verbrauch der ČSSR lag mit 1300 Tonnen 1983 nur wenig unter dem Niveau Japans oder der BRD (1500 Tonnen). Siehe US Bureau of Mines, op. cit. (Vol. I, 1984), p. 901.

---

[1] Mining Journal (ed), Mining Annual Review, 1984, London 1984, p. 72.

identisch erwies[2]. Letztere Bezeichnung hat sich im angelsächsischen Bereich allerdings weitgehend erhalten.

Niob wird heute vor allem aus Erzen der Pyrochlor-Gruppe gewonnen; die früher beträchtliche Niob-Förderung aus Erzen der Columbit-Gruppe ist mit rund 10 % der Weltförderung kaum noch von Bedeutung[3]. An Gewicht verloren hat auch der Abbau von Niob als Kuppelprodukt: Noch Mitte der 70er Jahre fielen etwa 20 % der Bergbauproduktion von Niob außerhalb der sozialistischen Staaten (über deren Niob-Industrie nur wenig bekannt ist) als Beiprodukt bei der Herstellung von Düngemitteln und Zinnseifen an[4]; inzwischen ist die Niob-Förderung jedoch weitgehend von anderen Bergbauprodukten unabhängig. Die mineralogisch enge Verwandtschaft des Niobs mit dem Tantal – beide Metalle kommen, wenn auch in unterschiedlicher Konzentration, in denselben Erzen vor – hat kaum noch Bedeutung für den Abbau, den Handel und den Verbrauch von Niob. Die wichtigsten Zwischenprodukte sind Niob-Konzentrat und Ferro-Niob; beide werden in erheblichem Umfang international gehandelt.

Abhängigkeiten: Von einer Bergbauproduktion von geringfügigen Mengen in Portugal abgesehen, sind sowohl Westeuropa wie auch die USA und Japan für die Deckung ihres Niob-Bedarfs völlig auf Einfuhren angewiesen, die aus wenigen Lieferquellen stammen: Allein auf zwei brasilianische Bergwerke entfallen über 90 % der Bergbauproduktion der westlichen Welt. Daneben spielen nur noch Kanada sowie in weit geringerem Umfang Australien, Nigeria, Thailand und Malaysia (wo die Niob-Gewinnung an den Abbau von Zinn gekoppelt ist) eine Rolle als Lieferländer von Niob-Konzentraten, dem Basisprodukt der Ferro-Niobherstellung[5]. Ferro-Niob wird in allen drei Industrieregionen hergestellt; allerdings haben hier die Exporte der brasilianischen Hersteller in den vergangenen Jahren zu einer gewissen Verdrängung der einheimischen Produktion durch Einfuhren geführt[6]. Insgesamt nimmt Brasilien in der Versorgung der drei Industrieregionen daher eine überragende Bedeutung ein – die brasilianischen Hersteller stellen praktisch alle Ferro-Niob-Importe Westeuropas, Japans und der USA (und hielten damit 1983 einen Anteil von etwa 77 % des japanischen und über 80 % des amerikanischen Marktes[7]) und darüber hinaus auch drei

[2] Ray Weston, Strategic Materials, A World Survey, Totowa, N.J. 1984, p. 19.

[3] US Bureau of Mines, Mineral Facts and Problems, 1980 Edition, Washington 1980, pp. 216ff; Mining Annual Review, op. cit., p. 73; Bundesanstalt für Geowissenschaften und Rohstoffe/Deutsches Institut für Wirtschaftsforschung/Institut zur Erforschung technologischer Entwicklungslinien, Ausfallrisiko bei 31 Rohstoffen, Hannover-Berlin-Hamburg 1977, p. 180.

[4] ibid., p. 182.

[5] Vgl. hierzu Metallgesellschaft, Metallstatistik, 1973–1983, Frankfurt 1984; US Bureau of Mines, Mineral Commodity Summaries 1985, Washington 1987; Mining Annual Review, op. cit., pp. 72f sowie Weston, op. cit., pp. 56ff.

[6] Zur Situation in Japan siehe US Bureau of Mines, Minerals Yearbook 1983, Vol. I. Minerals and Metals, Washington 1984, pp. 265–276 (273); US Bureau of Mines, Mineral Commodity Summaries, versch. Jahrgänge, gibt einen Überblick über die Entwicklung der amerikanischen Einfuhren.

[7] US Bureau of Mines, op. cit. (Mineral Commodity Summaries, 1985), p. 273; US Bureau of Mines op. cit. (1985). Für Westeuropa und westeuropäische Länder liegen keine Angaben vor.

Tab. C – 2.7: Basiskennziffern: Niob ('000 lb. Metallgehalt)

	Bergbau-Produktion 1986 (%)	Nachgewiesene Reserven 1986 (%)	Geschätzte Förderkapazitäten 1984 (%)	1990 (%)	Anteil an den Einfuhren[a] (%) der USA 1982–1985	der Europ. Gemeinschaft 1981–1982	Japans 1981–1982
Kanada	4900 (15)	700000 (7)	5000 (10)	5000 (8)	13	84	96
Brasilien	28000 (85)	8000000 (75)	40000 (81)	50000 (85)	73	3[c]	3[c]
Nigeria	90 (0,3)	200000 (2)	400 (0,8)	400 (0,7)		2	1
Zaire	50 (0,2)	200000 (2)	100 (0,2)	100 (0,2)			
Malaysia	n. v. (n. v.)	2000 (0,02)	200 (0,4)	200 (0,3)		7	
Thailand	n. v. (n. v.)	12000 (0,1)	600 (1)	600 (1)	5		
Australien	n. v. (n. v.)	n. v. (n. v.)	150 (0,3)	150 (0,3)		1	
UdSSR	n. v. (n. v.)	1500000 (14)	2000 (4)	2000 (3)			
Welt	33000[b] (100)[b]	10600000 (100)	49000 (100)	59000 (100)	(100)	(100)	(100)
ad memoriam: Importabhängigkeit					100	100	100

[a]) soweit verfügbar [b]) ohne sozialistische Länder [c]) bei Ferro-Niob ca. 100%
Zahlen in Klammern: Anteil am Weltgesamtwert in %

Quellen:
US Bureau of Mines, Mineral Commodity Summaries 1987, Washington 1987
US Bureau of Mines, Mineral Facts and Problems, 1985 Edition, Washington 1985
P. C. F. Crowson, Minerals Handbook 1984–85, London 1984

Viertel der amerikanischen und über die Hälfte der japanischen und westeuropäischen Konzentrat-Lieferungen[8].

Die überragende Bedeutung der brasilianischen Niob-Reserven im Welt-Zusammenhang (sie umfassen über 90 % der Vorkommen der westlichen Welt[9]) sowie der Kostenvorteil dieser Vorkommen gegenüber anderen Lieferquellen dürften dafür sorgen, daß sich an der Struktur der Abhängigkeiten der westlichen Niob-Versorgung auch in Zukunft wenig ändern wird. Ohnehin waren Mitte der 80er Jahre noch erhebliche Kapazitätsreserven verfügbar, so daß neue Förderprojekte nur aus einer mittelfristigen Perspektive und vor dem Hintergrund der Erwartung steigender Nachfrage[10] lohnend erscheinen konnten; zudem wurden die großen brasilianischen Kapazitäten

[8] Hierzu US Bureau of Mines, op.cit., (1985) sowie Phillip Crowson, Minerals Handbook 1982-3, London 1982.

[9] Daten zu den Niob-Reserven finden sich in Bundesanstalt für Geowissenschaften ..., op.cit., p. 185 (die Zahlen weisen eine starke Position der UdSSR bei den potentiellen Vorräten auf) sowie in US Bureau of Mines, op.cit. (1985).

[10] So rechnet beispielsweise das *US Bureau of Mines* mit einem Anstieg der Niob-Nachfrage von 1983 bis 2000 um jährlich 5 %. (Larry P. Cunningham, Columbium, Washington 1985, pp. 10ff).

weiter ausgebaut. Lediglich in Kanada, dessen Förderkapazitäten Anfang der 80er Jahre ebenfalls erweitert wurden, sind zusätzliche Projekte vorstellbar, wenn auch in den kommenden Jahren wenig wahrscheinlich[11]. Insgesamt ist daher mit einer andauernden hohen Abhängigkeit aller drei Industrieregionen von Brasilien – und dabei zu 90 % von einem Bergwerk! – zu rechnen. Allerdings dürfte sich diese Abhängigkeit weiter in Richtung auf die Einfuhr von Ferro-Niob verlagern, wo Brasiliens Kapazitäten ebenfalls erweitert werden. Für die Versorgung der einheimischen Ferro-Niob-Hersteller in den Industriestaaten verblieben demnach als Lieferanten vor allem Kanada sowie die Zinnförderländer Nigeria, Thailand, Australien und Malaysia.

Verwundbarkeiten: Wie bereits erwähnt, wird Niob – in der Form von Ferro-Niob – vor allem in der Stahlindustrie benötigt, um die Zähigkeit und die Korrosionsfestigkeit von Spezialstählen zu verbessern. Die ersten industriellen Verwendungen des Niob lagen denn auch in diesem Bereich, als man in den 30er Jahren Schnellarbeitsstähle mit Niob-Zusätzen entwickelte. Gegen Ende des Zweiten Weltkrieges kam dann ein weiterer Anwendungsbereich hinzu, der für spektakuläre Zuwachsraten der Nachfrage und dann – während des Korea-Krieges – auch für Lieferengpässe sorgte: Die Anwendung in Speziallegierungen für den Bau von Strahltriebwerken[12]. Auch wenn diese Sparte heute insgesamt nur einige Prozent des gesamten Niob-Verbrauchs der Industriestaaten ausmacht, ist sie doch von erheblicher strategischer Bedeutung.

In der Stahlindustrie spielt Niob vor allem bei der Herstellung von zwei Arten von Stahl eine bedeutsame Rolle: Einerseits bei mikrolegierten Massenstählen, die durch Zugabe von geringen Mengen von Niob erheblich an Widerstandsfähigkeit gewinnen und deshalb in den letzten Jahren durch den Trend zu leichteren, aber belastbaren Werkstoffen zunehmend Verwendung fanden; andererseits bei sogenannten HSLA-Stählen, die sich durch hohe Festigkeit und vergleichsweise geringe Anteile von Legierungsmetallen auszeichnen[13]. Der wichtigste Verwendungsbereich für Niob-haltige HSLA-Stähle sind Pipelines für die Erdgas- und Erdölindustrie, die in den vergangenen Jahren zwischen 13 und 20 % der gesamten Niob-Nachfrage stellten[14], sowie Baustähle[15]. Projektionen des *US Bureau of Mines* deuten darauf hin, daß die Nachfrage nach Niob-legierten Stählen gerade in diesen kritischen Anwendungsbereichen auch in Zukunft stark zunehmen dürfte[16]. Ähnliches gilt auch für den Bereich der Speziallegierungen, die insbesondere im Triebwerksbau große Bedeutung haben. 1983 entfielen bereits 21 % der gesamten Niob-Nachfrage in den USA auf derartige Speziallegierungen, die zudem im Zusammenhang mit den militärischen Aufrüstungsprogrammen der Reagan-Administration überdurchschnittlich hohe Wachstumsraten

[11] Weston, op. cit., p. 57.
[12] US Bureau of Mines, op. cit. (1980), p. 215.
[13] ibid., pp. 217 ff; Weston, op. cit., p. 20; US Bureau of Mines, op. cit. (1984), pp. 268 f.
[14] Vgl. US Bureau of Mines, Mineral Commodity Summaries, versch. Jahrgänge.
[15] Weston, op. cit., p. 20.
[16] US Bureau of Mines, op. cit. (1980), pp. 223 f; Cunningham, op. cit., pp. 10 ff.

aufwiesen[17]. Trotz der vergleichsweise geringen Mengen und der begrenzten Einfuhr-Kosten hat Niob also für Schlüsselindustrien wie die Auto-, die Bau- und die Flugzeugindustrie in allen drei Industrieregionen große Bedeutung, die sich in Zukunft eher noch steigern dürfte.

Krisenflexibilitäten: Zur Bewältigung von längerdauernden Lieferstörungen bei Niob kommen auf der *Angebotsseite* vor allem Vorräte in Frage; die Mitte der 80er Jahre in erheblichem Umfang vorhandenen Kapazitätsreserven im Bergbau und in der Ferro-Niob-Herstellung[18] kommen als systematische Rückversicherung gegen derartige Störungen aus zwei Gründen nicht in Betracht. Zum einen behindert die enge Koppelung der Niob-Gewinnung an den Zinn-Abbau in den kleineren Förderländern die Möglichkeiten, die Produktion in Krisenzeiten auszuweiten; zum anderen dürften sich die verfügbaren Kapazitätsreserven mit einiger Wahrscheinlichkeit dort befinden, wo auch die gewichtigsten Versorgungsrisiken liegen – in Brasilien. Immerhin könnten die Vereinigten Staaten, wenn auch mit erheblichen Vorlaufzeiten und zu höheren Preisen, ihren Eigenbedarf notfalls aus US-amerikanischen Vorkommen decken. Kurzfristig dagegen könnte lediglich Brasilien seine Produktion steigern. Auch die Möglichkeiten einer verstärkten Verwendung von Altmaterial scheidet weitgehend aus – das Recycling von Niob ist bislang sehr begrenzt und angesichts der geringen Mengen des Metalls im anfallenden Altmaterial auch kaum zu steigern[19]. Die Vorratshaltung ist dagegen, soweit sie zahlenmäßig erfaßbar wird, recht umfangreich: In den USA betrug die theoretische Reichweite der Niob-Lager bei den Herstellern von Zwischenprodukten und in der Stahlindustrie zu Beginn der 80er Jahre bis zu mehr als einem Jahr; allerdings wurden diese Vorräte 1983 stark reduziert[20]. Die strategischen Rohstoffvorräte der amerikanischen Regierung umfassen ebenfalls Niob-Konzentrat und Ferro-Niob in Mengen, die insgesamt knapp drei Monate der Nachfrage des Jahres 1984 hätten überbrücken können. Daneben finden sich in diesen Vorräten weitere zwei Monate in Form von Material, das den Spezifizierungen der Vorratsbehörde nicht entspricht. Versuche, die Vorräte aufzustocken und damit näher an das gesteckte Ziel heranzuführen, das einer Reichweite von etwa 10 Monaten entsprechen würde, scheiterten 1984 an unzureichenden Angeboten der Lieferanten[21].

Auch auf der *Nachfrageseite* erscheinen die Krisenflexibilitäten eher begrenzt. Die Substitution von Niob durch andere Legierungsmetalle wie Molybdän und Vanadium in HSLA-Stählen und hitzefesten Spezialstählen bzw. durch Tantal und Titan in Spe-

[17] ibid.; US Bureau of Mines, op. cit. (1984), p. 269; US Bureau of Mines, op. cit. (1985). Die Zuwachsrate des Niob-Bedarfs für Speziallegierungen betrug 1983 über 40 und 1984 nochmals rund 20 %.

[18] Einer Jahresproduktion von etwa 10000–15000 Tonnen standen Mitte der 80er Jahre Kapazitäten von rund 30000 Tonnen gegenüber; auch die Ferro-Niob-Herstellung lag erheblich unterhalb der möglichen Produktionsziffern. Vgl. Mining Annual Review, op. cit., p. 72 sowie Cunningham, op. cit., p. 1.

[19] US Bureau of Mines, op. cit. (1985) sowie US Bureau of Mines, op. cit. (1980), p. 222.

[20] Zahlenangaben liegen nur für die USA bis einschließlich 1982 vor. Vgl. US Bureau of Mines, op. cit. (1987) sowie Mining Annual Review, op. cit., p. 73.

[21] US Bureau of Mines, op. cit. (1980), p. 222; US Bureau of Mines, op. cit. (1985); Cunningham, op. cit., p. 8.

ziallegierungen ist zwar grundsätzlich möglich, würde jedoch höhere Kosten und in vielen Fällen auch Qualitätseinbußen mit sich bringen[22]. Da der Zusatz von Niob in der Stahlproduktion ohnehin nur geringe Mengen umfaßt, sind auch die Chancen einer dramatischen Verbesserung des spezifischen Verbrauchs gering. Dagegen dürfte die Beschränkung des Einsatzes von Niob-Stählen auf essentielle Verwendungsbereiche Möglichkeiten zur Senkung des Gesamtverbrauchs in einer Versorgungskrise bieten.

Politische Risiken: Die außergewöhnlich hohe Konzentration des Niob-Bergbaus auf nur ein Förderland, ja weitgehend auf eine Abbaustätte, bildet eine erhebliche Risikoquelle für Störungen aller Art – von einer Monopol-Politik der Preiserhöhung über Streiks bis hin zu politisch ausgelösten Krisen[23]. Die Abhängigkeit der Industriestaaten von Niob-Lieferungen erscheint angesichts der relativ geringen Erlöse Brasiliens aus dem Export von Konzentrat und Ferro-Niob größer als die umgekehrte Abhängigkeit Brasiliens von der Aufrechterhaltung der Lieferbeziehung (dies gilt allerdings nicht für das betroffene brasilianische Bergbauunternehmen)[24]. Auf der anderen Seite sind die Krisenflexibilitäten in den Industriestaaten recht begrenzt und primär auf die Lagerhaltung der Unternehmen beschränkt. Die Schutzwirkung dieser Vorräte in einer längeren Versorgungskrise hängt von einer Reihe von Faktoren ab, die nicht unbedingt auf die realen Risiken und ihre Kosten bezogen sind[25].

Dennoch spielte Niob bislang in den staatlichen Überlegungen zur Krisenvorsorge eine nur untergeordnete Rolle. Hierfür lassen sich zwei denkbare Begründungen finden. Die eine bezweifelt die reale Möglichkeit einer ernsthaften Störung der brasilianischen Lieferungen und verweist dazu auf die Erfahrungen der letzten Dekaden mit ihrer „Stabilität" der politischen Verhältnisse und der Lieferbeziehungen. Diese Argumentation gründet also auf einer Bewertung der gesellschaftlichen, wirtschaftlichen und politischen Strukturen Brasiliens; die Validität dieser Einschätzung läßt sich nur anhand einer detaillierten Analyse dieser Problemfelder beurteilen, die den Rahmen der vorliegenden Studie sprengen würde. Immerhin erscheint eine gewisse Skepsis angesichts der Erfahrungen mit anderen, vermeintlich stabilen „Schwellenländern" (Iran!) angebracht.

Das zweite Argument läßt die Existenz realer Risiken gelten, bezweifelt jedoch die Reichweite ihrer Folge, also die Verwundbarkeit der Industriestaaten. Selbst ein völliger Ausfall der brasilianischen Lieferungen für eine längere Zeit würde demnach beherrschbar bleiben, weil ja nur *ein* Stahlveredler betroffen wäre. Es erscheint in dieser Argumentation wenig plausibel, daß sich hieraus dramatische Anpassungskrisen für

---

[22] Vgl. Crowson, op. cit.; US Bureau of Mines, op. cit. (1980), p. 222; US Bureau of Mines, op. cit. (1985); Cunningham, op. cit., pp. 7 f.

[23] Vgl. auch Weston, op. cit., pp. 143 f.

[24] Der Wert der Ausfuhren von Niob-Konzentraten und Ferro-Niob liegt insgesamt unter $ 100 Mio. Vgl. Orlando Martino, Brazil, in: US Bureau of Mines, Minerals Yearbook 1980, Vol. III, Area Reports: International, Washington 1982, pp. 163–188 (178).

[25] Vgl. unten, Teil D, Kap. 2.3.

die gesamte OECD ergeben sollten. Diese Überlegungen haben zweifellos erhebliche Plausibilität; in der Tat dürften selbst längere Engpässe der Niob-Versorgung über Substitutionseffekte und die Erschließung alternativer Lieferquellen als Reaktion auf Preissignale und Verknappungen zu bewältigen sein. Allerdings werden im Verlauf dieses Prozesses zweifellos erhebliche Kosten entstehen, die im voraus kaum abschätzbar sind, durch entsprechende Vorsorge jedoch gemindert werden könnten. Diese Risiken sollten von den Verbrauchern selbst getragen werden; tatsächlich ist jedoch unklar, ob dies in angemessenem Umfang geschieht. Eine kluge Vorsorgepolitik könnte diese Risiken verringern und die denkbaren Anpassungskosten senken.

Insgesamt verdient Niob deshalb durchaus, von einer staatlichen Politik der Krisenvorsorge einbezogen zu werden, ohne daß jedoch die sicherheitspolitische Relevanz zwingend auf der Hand läge. Mit anderen Worten: Niob präsentiert sich als ein interessanter Grenzfall, der möglicherweise am besten durch staatliche Vorgaben und Überwachung der privaten Lagerhaltung zu bewältigen wäre.

2.8 Vanadium

Vanadium – das von seinem schwedischen Entdecker nach der skandinavischen Göttin der Schönheit benannt wurde – gehört geologisch keineswegs zu den seltenen Metallen – seine Konzentration in der Erdkruste übersteigt beispielsweise die von Kupfer, Blei oder Zink recht erheblich. Dennoch spielt Vanadium eine mengenmäßig sehr viel bescheidenere, wenn auch durchaus kritische Rolle in der modernen Industrieproduktion. Der Grund für diese begrenzte Verwendung liegt darin, daß Vanadium in einer breiten Palette von Gesteinsarten zusammen mit anderen Metallen, aber nur selten geologisch hoch genug konzentriert vorkommt, um den Abbau von Vanadium als Hauptprodukt wirtschaftlich zu rechtfertigen. In aller Regel fällt Vanadium daher als Neben- oder Kuppelprodukt beim Abbau anderer Erze wie Uran, Eisen oder Phosphor an[1].

Nachdem Vanadium zu Beginn des 19. Jahrhunderts in kleinen Mengen zur Herstellung von Tinte und als Färbemittel eingesetzt worden war, begann seine eigentliche industrielle Karriere mit der Expansion der Automobilindustrie. Henry Fords berühmtes Modell T enthielt im Jahr 1908 erstmals Vanadium-Stahl – ebenso wie später der Flugzeugmotor der *Spirit of St. Louis*, mit der Charles Lindbergh als erster den Atlantik überflog[2]. Nach dem Zweiten Weltkrieg stieg die Nachfrage nach Vanadium vor allem im Zusammenhang mit der Entwicklung der Edelstahlproduktion, insbesondere

---

[1] Hierzu US Bureau of Mines, Minerals Facts and Problems, 1980 Edition, Washington 1980, p. 1005 sowie Bundesanstalt für Geowissenschaften und Rohstoffe/Deutsches Institut für Wirtschaftsforschung. Untersuchungen über Angebot und Nachfrage mineralischer Rohstoffe, XIV, Vanadium, Hannover/Berlin 1981, pp 14f. Danach entfallen nur knapp 40% der Bergbauproduktion in der westlichen Welt auf den Abbau von Vanadium als Hauptprodukt.

[2] US Bureau of Mindes, op. cit. p. 1005.

der mikrolegierten Sonderbaustähle. Für die Periode 1965 bis 1977 beispielsweise verzeichnete die Nachfrage nach Vanadium weltweit jährliche Wachstumsraten von durchschnittlich 0,5%; in der zweiten Hälfte der 70er Jahre flachte sie jedoch ab, um Anfang der 80er Jahre stark zurückzugehen[3]. Die wichtigsten Anwendungen des Vanadiums liegen heute in der Edelstahlindustrie, die weltweit etwa 90% des gesamten Vanadium-Bedarfs ausmacht: Vanadium-Zusätze verleihen dem Stahl Verschleißfestigkeit, höhere Belastbarkeit und Hitzebeständigkeit – oftmals in Stählen, die ein besonders günstiges Verhältnis von Gewicht zu Stärke aufweisen und deshalb unter Gesichtspunkten der Energieeinsparung im Transportsektor große Bedeutung gewonnen haben[4].

Die wichtigsten Handelsformen von Vanadium sind Vanadium-Pentoxid und Ferro-Vanadium; daneben spielen vanadiumhaltige Schlacken und Rückstände von Kraftwerken und Raffinerien als Ausgangsprodukt der Vanadiumherstellung eine Rolle. Die Standorte der Produktionsanlagen von Vanadium-Pentoxid und Ferro-Vanadium unterscheiden sich von jenen des Bergbaus, der sich im wesentlichen auf fünf Länder – die UdSSR, die Republik Südafrika, China, Finnland und die USA – konzentriert[5].

Abhängigkeiten: Ein Blick auf die Verteilung der Bergbauproduktion und der Welthandelsströme zeigt eine recht deutliche Konzentration auf wenige Anbieter auf der einen sowie unterschiedliche Abhängigkeiten der Industrieregionen auf der anderen Seite. Neben den USA (Anteil an der Weltförderung in den 80er Jahren bislang zwischen 7 und 13%) und der UdSSR (17–35%), deren Förderung primär für den Eigenverbauch bestimmt ist, waren vor allem Südafrika (30–35%) und Finnland (8–11%), in jüngster Zeit auch die Volksrepublik China (13–17%) als Exporteure bedeutsam[6]. Der Anteil der Importe an den US-Bezügen schwankte im Verlauf der letzten zehn Jahre zwischen 24 und über 90%; Westeuropa ist, nachdem die Bergwerksförderung in Finnland und in Norwegen eingestellt werden mußte, wie Japan – abgesehen von der Gewinnung von Vanadium aus Kraftwerks- und Raffinerie-Rückständen – völlig auf Einfuhren angewiesen[7]. Südafrika war für alle drei Regionen der wichtigste Lieferant

---

[3] Phillip Crowson, Nonfuel Minerals Data Base, London 1980; die Nachfrage stieg weltweit von 19800 Tonnen 1970 auf 29000 1979, fiel dann jedoch auf 26800 im Jahr 1980: vgl. Peter Eggert/Eberhart Wettig, Vanadium – Marktsituation und künftige Entwicklung bis 1995, in: *DIW Wochenbericht* No. 5/1982, 4.2.1982, pp. 81–84 (82).

[4] Hierzu Eggert/Wettig, op. cit., p 81; US Bureau of Mines, op. cit., pp. 1007 f.

[5] Eggert/Wettig, op. cit., p. 83; Bundesanstalt für Geowissenschaften ..., op. cit., pp. 75 ff.; US Bureau of Mines, Mineral Commodity Summaries 1985 ff, Washington 1985 ff.

[6] Vgl. Bundesanstalt für Geowissenschaften ..., op. cit., pp. 176, 180, Anlage 5; US Bureau of Mines, Mineral Commodity Summaries, Washington, versch. Jahrgänge; Mining Journal (ed), Mining Annual Review 1984, London 1984, p. 72.

[7] Eggert/Wettig, op. cit., p. 82; Phillip Crowson, op. cit.; idem, Minerals Handbook, 1982–1983, London 1982; US Bureau of Mines, Minerals Yearbook 1983, Vol. I, Metals and Minerals, Washington 1984, pp. 903–914 (914); Bundesanstalt für Geowissenschaften ..., op. cit., p. 144.

Tab. C – 2.8: Basiskennziffern: Vanadium ('000 lb. Metallgehalt)

	Bergbau-Produktion 1986	Nachgewiesene Reserven 1986	Geschätzte Förderkapazitäten 1984	Geschätzte Förderkapazitäten 1990	Anteil an den Einfuhren[c] (%) der USA 1982–1985	der Europ. Gemeinschaft 1981–1982	Japans 1981–1982
Südafrika	32 000 (51)	17 200 000 (47)	19 000 (26)	30 000 (29)	31	15	73
Chile	– (–)	n. v. (n. v.)	1 200 (2)	1 200 (1)			
Australien	– (–)	540 000 (1)	1 000 (1)	3 300 (3			2
Neuseeland	– (–)	– (–)		2 500 (2)			
China	9 000 (14)	3 600 000 (10)	7 200 (10)	8 800 (9)		26	19
UdSSR	22 000 (35)	9 000 000 (25)	23 000 (31)	31 000 (31)			
USA	n. v. (n. v.)	4 800 000 (13)	17 400[b] (23)	22 400[b] (22)	× ×	6	5
Japan[a]	n. v. (n. v.)	– (–)	1 200 (2)	1 700 (2)			× ×
Finnland	– (–)	200 000 (0,5)	4 200 (6)	– –		23	
Welt	63 000[d] (100)[d]	36 500 000 (100)	74 200 (100)	101 900 (100)	(100)	(100)	(100)
				ad memoriam: Importabhängigkeit ca.	30	100	100

Zahlen in Klammern: Anteil am Weltgesamtwert in %
[a]) aus Erdölrückständen und verbrauchten Katalysatoren
[b]) einschließlich Kapazitäten zur Aufarbeitung von Rückständen etc.
[c]) soweit verfügbar
[d]) ohne USA

Quellen:
US Bureau of Mines, Mineral Commodity Summaries 1987, Washington 1987
US Bureau of Mines, Mineral Facts and Problems, 1985 Edition, Washington 1985
P.C.F. Crowson, Mineral Handbook 1984–85, London 1984

von Vanadium-Pentoxid – Japan bezog von dort etwa 89% seiner Importe, die Europäische Gemeinschaft 38%, die USA 51%[8].

Dieses Bild ändert sich jedoch, wenn man die Verteilung der Vanadium-Pentoxid- und der Ferro-Vanadium-Herstellung betrachtet. Vanadium-Pentoxid wird gegenwärtig in acht westlichen Industriestaaten sowie in drei Staatshandelsländern erzeugt, Ferro-Vanadium in 13 Industrieländern, vier Entwicklungsländern und sechs Staatshandelsländern[9]. Alle drei Industrieregionen stellen in beträchtlichem Umfang Vana-

[8] Crowson, op. cit. (1982). Diese Zahlen beziehen sich auf die Jahre 1979 und 1980; danach war eine gewisse Diversifikation der Bezüge feststellbar. So betrug Südafrikas Anteil an den japanischen Einfuhren nach jüngsten Zahlenangaben nur noch 60%, der Anteil an den Einfuhren der USA war ebenfalls stark rückläufig (1983 betrugen die Importe nur noch etwa 10% der Mengen von 1978), während die Bezüge aus Finnland zunahmen. Vgl. US Bureau of Mines, op. cit. (1984), pp. 909, 912. Dieser Trend hat sich allerdings seit 1985 umgekehrt.

[9] Eggert/Wettig, op. cit., p. 83; Einzelheiten in Bundesanstalt für Geowissenschaften ..., op. cit., pp. 75 ff. und US Bureau of Mines, op. cit. (1980), p. 1006; Peter H. Kuck, Vanadium, Washington 1985, pp. 3 ff. (= US Bureau of Mines, Mineral Facts and Problems, 1985 Edition, Preprint).

dium-Pentoxid her. Die USA, die traditionell Netto-Importeur von Vanadium-Pentoxid waren, wurden seit 1982 zu einem Netto-Exportland; Westeuropa insgesamt und die Europäische Gemeinschaft sowie Japan sind dagegen auf zusätzliche Einfuhren angewiesen[10]. Bei Ferro-Vanadium hat sich die Position der USA analog zur Entwicklung beim Handel mit Pentoxid 1982 umgekehrt, allerdings in entgegengesetzter Richtung: Die USA wurden zum Netto-Importeur. Westeuropa führt dagegen traditionell mehr Ferro-Vanadium aus, als es importiert; ein Teil dieser Mengen geht nach Japan, das in erheblichem Maße auf Einfuhren angewiesen ist[11].

Wie werden sich diese Importabhängigkeiten in der Zukunft entwickeln? Kurz- und mittelfristig ist hierfür in erster Linie die Verteilung der bestehenden und geplanten Förderkapazitäten ausschlaggebend. Die Mitte der 80er Jahre bestehenden Überhangkapazitäten konzentrierten sich vor allem auf Südafrika (mit 51% der gesamten Förderkapazität der westlichen Welt) und die USA (23%)[12]. Die finnischen Gruben mußten angesichts rapide steigender Produktionskosten und der niedrigen Weltmarktpreise geschlossen werden; entsprechende Umschulungsprogramme für die Beschäftigten wurden bereits durchgeführt[13]. Australien verfügt über nennenswerte Förderkapazitäten, die jedoch seit 1982 brachliegen; darüber hinaus wäre bei günstigeren Marktvoraussetzungen mit weiteren Fördermöglichkeiten zu rechnen. Venezuela hat mit einem amerikanischen Hersteller von Vanadium-Pentoxid einen langfristigen Liefervertrag über vanadiumhaltige Raffinerie-Abfallprodukte abgeschlossen. Kanadische Pläne für die Vanadium-Gewinnung aus Rückständen der Athabaska-Ölsandproduktion könnten die nordamerikanische Förderung längerfristig ausweiten; Neuseeland erwägt ebenfalls den Export von Vanadiumschlacke[14].

Die geplanten Kapazitätserweiterungen und neuen Projekte werden allerdings in hohem Maße von der zukünftigen Entwicklung der Nachfrage und der Vanadium-Preise abhängen, die in der ersten Hälfte der 80er Jahre durch die weltweite Rezession stark gesunken waren. Nach den Projektionen des *US Bureau of Mines* und des *Deutschen Instituts für Wirtschaftsforschung*[15] dürfte die Nachfrage nach Vanadium in den kommenden Jahren weltweit beträchtlich zunehmen. Auf der anderen Seite waren die Kapazitätsreserven 1984 noch so erheblich, daß eine Verdoppelung der Förderung in der westlichen Welt ohne Schwierigkeiten hätte realisiert werden können[16].

Insgesamt hat sich die Importabhängigkeit der USA und Westeuropas seit 1985/86 erheblich verstärkt, nachdem die finnische und die amerikanische Bergbauproduktion

---

[10] US Bureau of Mines, op. cit., 1985; Bundesanstalt für Geowissenschaften ..., op. cit., pp. 176 ff.; Crowson, op. cit. (1982).

[11] US Bureau of Mines, op. cit. (1985); US Bureau of Mines, op. cit. (1984), p. 912; Crowson, op. cit. (1982); Bundesanstalt für Geowissenschaften ..., op. cit., pp. 176, 180.

[12] Mining Annual Review, op. cit., p. 72.

[13] ibid.; US Bureau of Mines, op. cit. (1984), p. 912.

[14] Hierzu Mining Journal (ed), Mining Annual Review 1982, London 1982, pp. 76 ff.; US Bureau of Mines, op. cit. (1984), pp. 911 ff.; Mining Annual Review, op. cit. (1984), p. 72; Rae Weston, Strategic Materials, A World Survey, Totowa, N.J. 1984, pp. 87 ff.

[15] Kuck, op. cit., pp. 16 f.; US Bureau of Mines, op. cit. (1985); Eggert/Wettig, op. cit., p. 84.

[16] Mining Annual Review, op. cit. (1984), p. 72.

weitgehend eingestellt werden mußte. Die Möglichkeiten der Gewinnung von Vanadium aus Schlacken und Raffinerie-Rückständen sind wohl noch nicht ausgeschöpft. Die amerikanische Versorgungsposition hängt stark von der Entwicklung der einheimischen Produktion ab; Versorgungsengpässe bzw. anziehende Preise würden hier wohl relativ rasch zu steigender Förderung führen. Die Projektionen des *US Bureau of Mines* gehen von einer Ausweitung der US-Produktion bis zur Jahrtausendwende aus. Allerdings kann die Ausweitung der Förderung mit der steigenden Nachfrage nicht Schritt halten; die Einfuhrabhängigkeit wird deshalb von 26% (1990) auf etwa 35% im Jahr 2000 ansteigen[17].

Südafrika ist das einzige westliche Bergbauland, in dem Vanadium als Hauptprodukt abgebaut wird. Damit verfügt Südafrika über größere Produktionsflexibilität als andere Anbieter. Die Republik besitzt zudem rund 49% der nachgewiesenen Vanadium-Reserven. (Die Sowjetunion weitere 45%.) Zwar sind die Vorkommen insgesamt sehr groß, und neben diesen beiden Staaten verfügen auch die USA, Australien und Finnland sowie einige andere Länder über umfangreiche Vanadium-Ressourcen. Allerdings sind diese in der Regel an Mineralien gebunden, deren Abbau primär anderen Rohstoffen – wie Uran, Erdöl, Phosphat, Eisenerz oder Titan – gilt.

Verwundbarkeit: Die kritische Bedeutung der Vanadiumversorgung liegt im Bereich der Edelstahlherstellung – die anderen Verwendungsbereiche fallen insgesamt kaum ins Gewicht und können deshalb vernachlässigt werden. Vanadium-Stähle dagegen sind aus der modernen Industrieproduktion nicht hinwegzudenken. Mikrolegierte Sonderstähle, zu deren Herstellung Vanadium benötigt wird, werden beispielsweise für Pipelinerohre benötigt (hierauf entfallen nach Schätzungen des *Deutschen Instituts für Wirtschaftsforschung* allein etwa 25% der Welt-Nachfrage[18]), aber auch für die Bauindustrie, für Eisenbahnschienen und für Automobilkarosserien. Daneben werden Edelstähle mit Vanadium-Beimengungen als Werkzeug- und Schnellarbeitsstähle eingesetzt. Außerhalb der Stahlindustrie finden Titan-Aluminium-Vanadium-Legierungen im Flugzeugbau und in der Raumfahrt wachsende Märkte[19]. Daneben spielt Vanadium als Katalysator bei der Entschwefelung in Kohlekraftwerken eine zunehmend gewichtige Rolle[20].

Aufschlüsselungen der Einsatzbereiche von Vanadium-Stählen ergaben für die Bundesrepublik Anfang der 80er Jahre folgendes Bild: Auf Pipelines entfielen rund 18% der Vanadium-Nachfrage, auf Baustähle aller Art fast 55%, auf Werkzeugstähle 26%[21]. Für die USA zeigen die Verbrauchsdaten – die aufgrund unterschiedlicher Definitionen nicht unmittelbar vergleichbar sind – einen Anteil des Transportsektors von 41%, während der Maschinenbau 25%, die Bauindustrie 20% und andere Berei-

---

[17] Kuck, op. cit., p. 20.
[18] Eggert/Wettig, op. cit., p. 81.
[19] ibid.; p. 81; US Bureau of Mines, op. cit. (1980), p. 1007; Kuck, op. cit., p. 9; vgl. insgesamt auch Rae Weston, Strategic Materials, A World Survey, Totowa, N. J. 1984, pp. 40ff.
[20] *Metal Bulletin Monthly*, Dez. 1979, pp. 43ff.
[21] Bundesanstalt für Geowissenschaften ..., op. cit., pp. 135ff.

che die verbleibenden 14% ausmachten[22]. Die Analyse historischer Daten zeigt für die USA einen relativen Rückgang des Anteils der Bauindustrie am Vanadium-Absatz, dafür starke Zunahmen für den Maschinenbau und den Transportsektor[23]. In diesen Bereichen dürfte sich auch die zukünftige Nachfrage konzentrieren – die günstige Gewichts-/Stärkerelation und die Preisvorteile von Vanadiumstählen machen diese Werkstoffe als Mittel zur Energie- und Kosteneinsparung besonders attraktiv[24]. Die volkswirtschaftliche Bedeutung des Vanadiums dürfte damit auch in Zukunft weit größer sein, als die relativ geringen Werte der Einfuhren dies ausdrücken[25].

Krisenflexibilität: Eine Bewältigung etwaiger Produktions- oder Exportausfälle bei Vanadium könnte zunächst einmal durch entsprechende Anpassungsreaktionen auf der *Angebotsseite* erfolgen. Hier spielen in erster Linie verfügbare Kapazitätsreserven eine Rolle. Wie bereits erwähnt, dürften derartige Reserven auch in der näheren Zukunft in beträchtlichem Umfang vorhanden sein; allerdings entfällt davon ein erheblicher Teil auf Südafrika, das als Ursache der Störungen am ehesten in Frage kommt. Die amerikanische Bergbauproduktion könnte jedoch in einer Krisensituation ebenfalls relativ rasch gesteigert werden[26]. Darüber hinaus würden höhere Vanadium-Preise, die bei Versorgungsstörungen zu erwarten wären, die Gewinnung von Vanadium aus einer Reihe von Schlacken und Abfallprodukten attraktiv machen, so daß insgesamt beträchtliche Produktionssteigerungen möglich sein sollten.

Bei großen und langdauernden Störungen – wie etwa bei einem dauerhaften Ausfall der südafrikanischen Exporte – wäre eine entsprechende Anpassung des Angebots jedoch mit erheblichen Schwierigkeiten verbunden, weil eine Steigerung der Produktion über die angedeuteten Flexibilitätsmargen hinaus an die Rigiditäten des Kuppelprodukt-Charakters von Vanadium stoßen würde. Überbrückungsvorräte wären in einer solchen Situation wertvoll, etwa um Zeit für die Entwicklung neuer Produktionsverfahren aus bislang nicht abgebauten Mineralien zu gewinnen[27]. Solche Vorräte bestehen einerseits in den strategischen Vorräten der USA, die nach einer Herabsetzung der Ziele 1980 durch Zukäufe im Laufe des Jahres 1984 in ihrer Bedeutung aufgewertet wurden[28], Frankreichs, Japans und Großbritanniens, andererseits in kommerziellen Lagern von Bergwerken und Verbrauchern. Die strategischen Vorräte sind jedoch in allen drei Staaten relativ gering und bilden daher allein keine wirksame Über-

---

[22] US Bureau of Mines, op. cit. (1985).

[23] US Bureau of Mines, op. cit. (1980), p. 1010; Kuck, op. cit., p. 9.

[24] ibid., pp. 16 ff.

[25] Die Einfuhrrechnung der USA betrug für sämtliche Vanadium-Formen einschließlich Ferro-Vanadium 1982 und 1983 jeweils weniger als $ 10 Mio. (US Bureau of Mines, op. cit. (1984), p. 911).

[26] Siehe US Interests in Africa, Hearings Before the Subcommittee on Africa. Committee on Foreign Affairs, House of Representatives, 16.–29.10., 13.–14.11.1979, Washington 1980, p. 535.

[27] Derartige Verfahren sind bereits relativ gut erforscht – wie etwa die Gewinnung von Vanadium aus Dolomit. Crowson, op. cit. (1982).

[28] Vgl. US Bureau of Mines, op. cit. (1985) sowie US Bureau of Mines, op. cit. (1980), pp. 1010 f.

brückungsmöglichkeit[29]; auch bei den kommerziellen Vorräten wären dazu wohl nur die Lager der Produzenten in der Lage, da die Stahlindustrie ihre Vorratshaltung aus Kostengründen zu reduzieren sucht[30]. Die Möglichkeit der verstärkten Wiedergewinnung von Vanadium aus Altmaterial besteht praktisch nur für das Recycling von Herstellungsabfällen in der Edelstahlproduktion; dies geschieht bereits in beträchtlichem Umfang, so daß das Recycling-Krisenpotential eher begrenzt sein dürfte[31].

Auf der *Nachfrage-Seite* bestehen relativ günstige Voraussetzungen für eine Substitution von Vanadium. Niob, Mangan, Titan und Wolfram, vor allem jedoch Molybdän könnten in der Edelstahlherstellung Vanadium als Legierungsmittel ersetzen. Allerdings sind einige dieser Metalle selbst anfällig für Versorgungsstörungen und in der Regel erheblich teurer: Vanadium hat in den letzten Jahren Wolfram und Molybdän aufgrund seiner Kostenvorteile verdrängt; nur eine für längerdauernd angesehene Veränderung der Preisrelationen dürfte deshalb eine Umkehrung dieser Substitutionsprozesse einleiten[32].

Politische Risiken: Die wichtigste Risikoquelle in der Vanadiumversorgung der Industriestaaten ist die Möglichkeit eines Ausfalls der südafrikanischen Lieferungen. Die Risikoanalyse im Auftrag der deutschen Bundesregierung Mitte der 70er Jahre ergab für Vanadium mit 280 Risikopunkten einen relativ hohen, dem bei Kobalt vergleichbaren Wert. *Highveld Steel and Vanadium,* der wichtigste südafrikanische Produzent von Vanadium, ist zugleich der größte Hersteller der westlichen Welt; zusammen mit dem amerikanischen Multi *Union Carbide* und dem finnischen Bergwerksunternehmen *Rautaruukki* verfügt er über einen Marktanteil von drei Vierteln des Weltmarktes[33]. Die Herstellung von Vanadium-Pentoxid und Ferro-Vanadium ist breiter gestreut, so daß auf dieser Verarbeitungsstufe die Risikofaktoren weniger stark ins Gewicht fallen. Zur Krisenbewältigung kommt in erster Linie eine Steigerung der Förderung alternativer Bergbauländer in Frage; je nach Umfang und Dauer der Störung könnten hierbei Engpässe entstehen, bis entsprechende Kapazitäten mobilisiert würden. Durch Substitution ließe sich die Nachfrage nach Vanadium senken, wobei jedoch auch hier das Potential begrenzt ist.

---

[29] Die Reichweite der amerikanischen Vorräte liegt wenig über einem Monat, die der französischen wohl bei zwei Monaten. Großbritannien kaufte 1983 937 Tonnen Vanadium-Pentoxid und etwa 55 Tonnen Ferro-Vanadium für seine strategischen Vorräte. (US Bureau of Mines, op. cit. (1984), p. 913.) Die japanischen Vorräte dürften eine Reichweite von einigen Tagen aufweisen. Vgl. unten, Teil D, Kap. 1.

[30] US Bureau of Mines, op. cit. (1984), p. 903, spricht von „... dangerously low levels in order to conserve cash."

[31] Hierzu insgesamt Bundesanstalt für Geowissenschaften/Deutsches Institut für Wirtschaftsforschung/Institut zur Erforschung technologischer Entwicklungslinien, Ausfallrisiko bei 31 Rohstoffen, Bd. 1, Hannover/Berlin/Hamburg 1977, pp. 254ff.; US Bureau of Mines, op. cit. (1980), p. 1010; US Bureau of Mines, op. cit. (1985).

[32] Hierzu insgesamt US Bureau of Mines, op. cit. (1985); Crowson, op. cit. (1982); US Bureau of Mines, op. cit. (1980), p. 1016; Bundesminister für Wirtschaft, Bericht über die Versorgung der Bundesrepublik Deutschland mit mineralischen Rohstoffen, Bonn 1980, pp. 16ff. (= Studienreihe No. 30); Weston, op. cit., p. 147.

[33] Zur Marktstruktur der internationalen Vanadium-Industrie vgl. Bundesanstalt für Geowissenschaften ..., op. cit. (1981), pp. 81 ff. sowie Weston, op. cit., p. 130.

Die Sowjetunion ist bislang der einzige Vanadium-Hersteller des „Rates für gegenseitige Wirtschaftshilfe" und exportiert Vanadium an die osteuropäischen Staaten und – wenn auch nur noch in kleinen Mengen – in den Westen. In Polen ist ein Vanadium/Titan-Bergbauprojekt in Planung. Osteuropa ist neben sowjetischen Vanadium-Lieferungen auf Zukäufe aus dem Westen angewiesen; insgesamt stammten Ende der 70er Jahre etwa 13% des Gesamtbedarfs der RGW-Staaten aus westlichen Ländern[34]. Die Volksrepublik China exportiert dagegen seit einigen Jahren erhebliche Mengen von Vanadium-Pentoxid[35].

3. Leichtmetalle

Die Geschichte der Leichtmetalle Aluminium, Magnesium und Titan beginnt im Gegensatz zu derjenigen vieler anderer Metalle erst in diesem Jahrhundert: Als Konkurrent des Stahls, den es in einigen Anwendungsbereichen in erheblichem Umfang verdrängen konnte, aber auch als Substitutionsmetall für Kupfer erlebte vor allem Aluminium einen beispiellosen Aufschwung; mit einigem zeitlichen Abstand folgen dann Magnesium und Titan. Der Siegeszug der Leichtmetalle begründet sich auf ihrer günstigen Relation zwischen Gewicht und Festigkeit; ihre größte Achillesferse ist die Schwierigkeit der Gewinnung des Metalls aus den entsprechenden metallhaltigen Erzen. Von den drei Leichtmetallen rivalisiert Aluminium inzwischen in der Breite seines Verwendungsspektrums, wenn auch noch keineswegs mengenmäßig, mit dem Stahl und kann damit als wichtiger Grundstoff gelten; dies rechtfertigt auch eine Analyse möglicher Sicherheitsrisiken in der Versorgung. Die Rohstoff-Versorgung bei Magnesium ist im Gegensatz zu Aluminium und Titan so breit gefächert, daß Versorgungsrisiken kaum zu gewärtigen sind: Magnesium wird aus gängigen Gesteinen wie Dolomit, aber auch aus See- und Meerwasser gewonnen. Dagegen ist die Rohstoff-Versorgung bei Titan relativ konzentriert; Titanmetall besitzt zudem eine besondere Bedeutung für die Flugzeugindustrie und soll deshalb ebenfalls in diese Untersuchung einbezogen werden.

3.1 Aluminium

Geologisch gesehen ist Aluminium das geläufigste aller Metalle: Rund 80% der Erdkruste – und damit mehr als Eisen – bestehen aus diesem Rohstoff. Im Gegensatz

[34] Vgl. Richard M. Levine, The Minerals Industry of the USSR, in: US Bureau of Mines, Minerals Yearbook, 1981, Vol. III, Area Reports: International, Washington 1983, pp. 1031–1074 (1063); Wolfgang Sames/ Friedrich-Wilhelm Wellmer, Die Versorgung der Bundesrepublik Deutschland mit mineralischen Rohstoffen im Lichte aktueller politischer Entwicklungen, in: *Glückauf*, No. 15/1980, pp. 795–803; Steven Warnecke, International Economic Security Implications of Soviet Energy and Raw Materials Policies, in: Friedrich-Ebert-Stiftung (ed), Probleme der Rohstoffsicherheit, Bonn 1981, pp. 127–148; Bundesminister für Wirtschaft, op. cit., pp. 80ff.

[35] Vgl. Mining Annual Review, op. cit. (1984), p. 72.

zu Eisen läßt sich Aluminium jedoch nur relativ schwer aus aluminiumhaltigen Gesteinsformationen isolieren. Die wirtschaftliche Verwendung dieses Leichtmetalls begann damit erst gegen Ende des 19. Jahrhunderts: 1886 entdeckten Charles Hall in den USA und Paul Héroult in Frankreich unabhängig voneinander das elektrolytische Verfahren zur Gewinnung von Aluminium; 1888 wurde ein Verfahren Karl Bayers zur Gewinnung von Aluminiumoxid (Tonerde) aus Bauxit patentiert. Diese beiden Verfahren bilden noch heute den Grundstock der Welt-Aluminiumindustrie[1].

Wirtschaftlich bedeutsam als Rohstoff sind derzeit für die Gewinnung von Aluminium praktisch nur Bauxitvorkommen; lediglich in der UdSSR wird Aluminium aus aluminiumhaltigen Tonerden (Alunit, Nephelin) gewonnen. Bauxit ist ein Sammelbegriff für Erze mit einem Aluminiumoxid-Gehalt von mehr als 32%, die primär in tropischen Regionen vorkommen[2]. Vier bis sechs Tonnen Bauxit werden in dem von Karl Bayer entwickelten chemischen Verfahren zu zwei Tonnen Aluminiumoxid verarbeitet, aus denen dann im Elektrolyseverfahren eine Tonne Aluminium gewonnen werden. Dieses Verfahren ist sehr energieaufwendig – zur Herstellung einer Tonne Aluminium aus Aluminiumoxid werden etwa 16000 Kilowattstunden benötigt[3]. Auf die Bergbau- und Transportkosten von Bauxit entfallen bei den Gesamtkosten der Aluminiumherstellung insgesamt nur etwa 10%, während die Verarbeitung zu Aluminiumoxid 24% und die Gewinnung von Aluminium 66% dieser Kosten beansprucht[4]. Eine Analyse der Versorgungssicherheit muß also neben dem Bauxit auch die Aluminiumoxid- und die Metallversorgung einbeziehen.

Aluminium ist ein besonders leichtes, dabei stabiles, korrosionsfestes und leicht zu verarbeitendes Material, das überdies über gute elektrische Eigenschaften verfügt. Diese Qualitäten sorgten im Verlauf dieses Jahrhunderts für ein dramatisches Wachstum des Aluminium-Verbrauchs, der 1900 noch bei einigen tausend Tonnen gelegen hatte. Der Erste und insbesondere der Zweite Weltkrieg mit ihrem Einsatz von Aluminium in Rüstungsgütern, vor allem in der Flugzeugindustrie, verliehen dieser Entwicklung zusätzliche Schübe: Die Herstellung von Aluminium stieg von 66000 Tonnen im Jahr 1914 auf 131000 Tonnen 1918, dann über knapp 1,7 Mio. Tonnen im Jahr 1936 auf etwa 2,7 Mio. 1943. Erst 1954 wurde diese Marke erneut erreicht. 1960 waren es 4,5 Mio., 1970 10,3 Mio. und 1981 – dem bisherigen Höhepunkt – 15,7 Mio. Tonnen[5]. Dieser Siegeszug des Aluminiums ging in erster Linie zu Lasten anderer

---

[1] Vgl. James F. McDivitt/Gerald Manners, Minerals and Men, Baltimore/London 1974, p. 105 (revised edition); Frank X. McCawley/Luke H. Baumgardner, Aluminium, Washington 1985, pp. 1 ff. (= US Bureau of Mines, Mineral Facts and Problems, 1985 Edition Preprint).

[2] Hierzu Bundesanstalt für Geowissenschaften und Rohstoffe/Deutsches Institut für Wirtschaftsforschung, Untersuchungen über Angebot und Nachfrage mineralischer Rohstoffe, Bd. III, Aluminium, Hannover/Berlin 1973, Teil II; McCrawley/Baumgardner, op. cit., pp. 5 f.; Michael Tanzer, The Race for Resources, London 1980, p. 10.

[3] McCrawley/Baumgardner, op. cit., pp. 16 f.; Pierre-Noël Giraud, Géopolitique des Ressources Minières, Paris 1983, pp. 428 f.

[4] ibid., p. 429.

[5] Metallgesellschaft, Metallstatistik, 1973–1983, Frankfurt 1984, 1975–1985, Frankfurt 1986.

Tab. C – 3.1: Basiskennziffern: Bauxit und Aluminium ('000 t)

Produktion	1985
USA:	
Bauxit	674 (0,8)
Tonerde	3 465 (10)
Aluminium	3 500 (23)
Kanada:	
Bauxit	– (–)
Tonerde	1 019 (3)
Aluminium	1 282 (8)
EG:	
Bauxit	3 897 (4)
Tonerde	4 176 (12)
Aluminium	1 905 (12)
Westeuropa:	
Bauxit	7 154 (8)
Tonerde	6 025 (18)
Aluminium	3 598 (23)
Osteuropa:	
Bauxit	9 591 (11)
Tonerde	5 723 (17)
Aluminium	2 733 (18)
Japan:	
Bauxit	–
Tonerde	1 336 (4)
Aluminium	226 (1)
Afrika:	
Bauxit	15 633 (18)
Tonerde	572 (2)
Aluminium	472 (3)
Lateinamerika:	
Bauxit	18 029 (20)
Tonerde	4 971 (15)
Aluminium	1 163 (8)
Asien[a]:	
Bauxit	3 660 (4)
Tonerde	2 020 (6)
Aluminium	1 152 (7)
Australien:	
Bauxit	31 178 (35)
Tonerde	8 792 (26)
Aluminium	1 095 (7)
Welt:	
Bauxit	88 019 (100)
Tonerde	33 537 (100)
Aluminium	15 430 (100)

[a]) außer China und Japan

Produktionskapazitäten	1984	1990
USA:		
Bauxit	382 (2)	340 (1)
Tonerde	3 715 (16)	2 800 (10)
Aluminium	4 897 (27)	4 600 (22)
Nordamerika:		
Bauxit	2 878 (2)	2 800 (10)
Tonerde	5 821 (25)	5 600 (21)
Aluminium	6 176 (34)	6 700 (32)
West- und Osteuropa		
Bauxit	4 357 (18)	5 200 (18)
Tonerde	7 346 (32)	8 400 (3)
Aluminium	7 056 (39)	7 500 (36)
Afrika:		
Bauxit	3 747 (15)	5 200 (18)
Tonerde	364 (2)	360 (1)
Aluminium	618 (3)	750 (4)
Lateinamerika:		
Bauxit	4 506 (18)	5 200 (18)
Tonerde	2 229 (10)	2 700 (10)
Aluminium	1 119 (6)	1 600 (8)
Asien:		
Bauxit	1 654 (7)	2 600 (9)
Tonerde	2 366 (10)	3 600 (13)
Aluminium	2 199 (9)	2 700 (13)
Ozeanien:		
Bauxit	7 683 (31)	8 000 (28)
Tonerde	5 049 (22)	5 400 (20)
Aluminium	1 111 (5)	1 500 (7)
Welt:		
Bauxit	24 815 (100)	29 999 (100)
Tonerde	23 175 (100)	27 000 (100)
Aluminium	18 279 (100)	21 000 (100)

Bauxitreserven	1986
USA:	40 000 (0,2)
Griechenland	650 000 (3)
Ungarn	300 000 (1)
UdSSR	300 000 (1)
Guinea	5 900 000 (25)
Kamerun	800 000 (3)
Ghana	n. v. (n. v.)
Indien	1 200 000 (5)
Indonesien	750 000 (3)
Jamaika	2 000 000 (9)
Brasilien	2 900 000 (12)
Guyana	900 000 (4)
Surinam	600 000 (3)
Venezuela	350 000 (2)
Australien	4 600 000 (20)
Welt	23 200 000 (100)

	Import-abhängigkeit (%)	Importanteil (in % des Gesamtimports)[b]							
		Kanada	Jamaika	Venezuela	Surinam	Australien	Guinea	Ghana	Indonesien
USA:									
Bauxit	96		32				45		
Tonerde	42		10		7	76			
Aluminium	17	56		4				5	
EG:									
Bauxit	66				1	40	32	2	
Tonerde	28		40		21	27	7		
Aluminium	38	1			4			1	
Japan:									
Bauxit	100					62			23
Tonerde	37					89			
Aluminium	58	10		13		24			15

Zahlen in Klammern: Anteil am Weltgesamtwert in %
[b]) soweit verfügbar

Quellen: US Bureau of Mines, Mineral Commodity Summaries 1987, Washington 1987
US Bureau of Mines, Mineral Facts and Problems, 1985 Edition, Washington 1985
Japan External Trade Organisation, White Paper on International Trade, Japan 1984, Tokio 1984
Metallstatistik, 1975–1985, Frankfurt 1986
P.C.F. Crowson, Minerals Handbook, 1984–85, London 1984

Rohstoffe wie Stahl, Kupfer und Holz – ein komplexer Substitutionsprozeß, der durch die spezifischen Qualitäten des Aluminiums und seinem günstigen Preis vorangetrieben wurde[6]. Heute ist Aluminium nach Stahl – wenn auch mit erheblichem Abstand – der zweitwichtigste metallische Werkstoff der Industriegesellschaft mit einer breiten Palette von Anwendungsbereichen.

Abhängigkeiten: Eine Analyse der Produktionsstrukturen für Bauxit, Aluminiumoxid und Aluminium im Jahr 1985 zeigt zunächst eine fast vollständige Einfuhrabhängigkeit der USA (die nur eine geringe Eigenproduktion des Rohstoffes Bauxit aufweisen) und Japans (das kein Bauxit fördert), während die Europäische Gemeinschaft nur zu etwa 60–70% ihres Verbrauchs auf Einfuhren angewiesen ist. Für Westeuropa beträgt der Anteil der Eigenförderung ebenfalls rund 40%[7]. Die Verarbeitung zu Aluminiumoxid erfolgt dagegen in allen drei Industrieregionen in recht beträchtlichem Umfang – die einheimische Aluminiumoxid-Produktion deckte 1985 rund 70% des europäischen und etwa die Hälfte des Bedarfs der japanischen und der US-amerikanischen Aluminium-Industrien. Die Aluminium-Herstellung schließlich konzentriert sich

[6] McDivitt/Manners, op. cit., pp. 112ff.; Tanzer, op. cit., p. 10ff.
[7] Hierzu Phillip Crowson, Minerals Handbook, 1982–1983, London 1982, 1984–85, London 1984; Eurostat, EG Rohstoffbilanzen 1981, Luxembourg 1983; US Bureau of Mines, Mineral Commodity Summaries, 1987, Washington 1987.

noch immer in hohem Maße in den Industriestaaten: Die Europäische Gemeinschaft produzierte 1985 etwa 62%, Westeuropa 91%, die USA knapp 80%, Japan jedoch nur noch 12% der eigenen Aluminium-Nachfrage[8].

Ein Blick auf die Importstrukturen der Industriestaaten zur Deckung der Aluminium-Defizite zeigt folgendes Bild: Die USA bezogen Bauxit aus Jamaika (32% der Importe 1982–1985), Guinea (45%), Brasilien (6%) und einer Reihe anderer Staaten (mit insgesamt 17%), und Aluminium-Oxid primär aus Australien (76%) sowie aus Jamaika (10%) und Surinam (7%)[9]. Japan importierte etwa 61% seines Bauxitbedarfs in den Jahren 1982 und 1983 aus Australien, weitere 22% aus Indonesien und 14% aus Malaysia; die – inzwischen aus der Perspektive der Abhängigkeiten in der Aluminiumversorgung wesentlich bedeutsameren – Metalleinfuhren kamen aus den USA (Anteil 1983: 16%), aus Venezuela (13%), Neuseeland (11%), Kanada (8%), Australien (7%), Indonesien (7%) sowie aus Bahrain, den Vereinigten Arabischen Emiraten, Spanien und Brasilien[10]. Die Bauxit-Einfuhren der EG stammten Anfang der 80er Jahre vor allem aus Australien (40%) und Guinea (37%), die Aluminiumoxid-Einfuhren aus Jamaika (40%), Surinam (21%) sowie ebenfalls Australien (27%)[11]. Einfuhrdaten, die sich auf den Metallgehalt sämtlicher Aluminiumimporte beziehen, weisen für 1981 folgende Ursprungsländer aus: Australien (25%), Guinea (23%), Norwegen (13%), Jamaika (8%), Surinam (4%), Sierra Leone (4%), Österreich (3%), andere (20%)[12].

Ein Rückblick auf die Entwicklung der Produktionsstrukturen bei den drei großen Verarbeitungsstufen in der Dekade 1975–1985 zeigt bedeutsame Verschiebungen. Während sich die Gesamtförderung von Bauxit in diesem Zeitraum nur wenig erhöhte (von 76,9 Mio. Tonnen 1975 auf 88,0 Mio. 1985), verzeichneten drei Länder – Australien, Guinea und Brasilien – eine dramatische Steigerung ihrer Förderung; umgekehrt ging der Bauxitabbau in der Karibik und in Guyana ebenso wie in einigen Industriestaaten (USA, Frankreich, UdSSR) zurück[13]. Die drei Bauxitländer Australien, Guinea und Brasilien verfügen zugleich auch allein über rund 57% der nachgewiesenen Bauxit-Vorkommen der Welt[14].

---

[8] Metallgesellschaft, op. cit.

[9] US Bureau of Mines, op. cit. (1985).

[10] Japan External Trade Organization, White Paper on International Trade, Japan 1984, Summary, Tokyo 1984.

[11] Crowson, op. cit. (1984).

[12] Eurostat, op. cit.

[13] Metallgesellschaft, op. cit. (1984); vgl. auch Giraud, op. cit., pp. 430ff.

[14] Die Reserven Brasiliens, die in der Weltrangliste offiziell noch auf dem dritten Platz rangieren, werden ständig aufgewertet und dürften diejenigen Australiens bzw. Guineas möglicherweise schon bald übertreffen. Siehe *Financial Times*, Survey Aluminium, 30.10.1984, p. 4. Allgemein zur Reservensituation McCrawley/Baumgardner, op. cit., pp. 4f. sowie (zum Vergleich über die bemerkenswerten Verschiebungen seither) Bundesanstalt für Geowissenschaften ..., op. cit., Teil I. Die nachgewiesenen Reserven haben sich zusammen mit der Expansion der Aluminium-Industrie und trotz des erheblichen Abbaus in der Vergangenheit stark vergrößert und haben derzeit eine theoretische Reichweite von beinahe 300 Jahren. (US Bureau of Mines, op. cit. (1987)).

Die Herstellung von Aluminiumoxid hat sich in einigen Industriestaaten (Japan, USA) von 1975 bis 1985 erheblich zurückgebildet, während umgekehrt einige Staaten – allen voran Australien, das 1985 etwa 20% der gesamten Tonerdeherstellung der westlichen Welt registrierte – eine starke Zunahme verzeichnen konnten. Insgesamt erwiesen sich die Bemühungen der Bauxitförderländer in der dritten Welt, verstärkt auch diese Stufe der Weiterverarbeitung an sich zu ziehen, bislang als nur teilweise erfolgreich[15]. Dagegen gelang es den Entwicklungsländern insgesamt, im Verlauf der 70er Jahre die Aluminium-Herstellung über den Eigenbedarf hinaus zu steigern und somit als Netto-Exporteur in Erscheinung zu treten[16]. Allerdings zeigt eine genauere Analyse der Entwicklung der Aluminium-Herstellung, daß diese Steigerung nur im Falle Brasiliens in den Bauxitländern der dritten Welt stattfand: Bedeutsamer waren neue Kapazitäten in Ländern mit billigem Strom wie Venezuela[17], Bahrain und Dubai. Die wichtigsten Verschiebungen ergaben sich freilich innerhalb der Gruppe der Industriestaaten: Während die Aluminium-Produktion in einigen Industriestaaten – allen voran Japan[18], aber auch den USA[19] – erheblich zurückging, steigerten Länder mit billigem Strom wie Australien (das ja zugleich auch über umfangreiche Bauxitvorkommen verfügt), Norwegen, Kanada und die UdSSR ihre Anteile an der Welt-Herstellung[20].

In den kommenden Jahren dürfte sich die Importabhängigkeit der Industriestaaten insgesamt eher noch vergrößern. Die US-Bergbauproduktion von Bauxit dürfte in Zukunft ebenso zurückgehen wie der Abbau in Frankreich, dessen Bauxit-Reserven zunehmend erschöpft sind[21]. Auch bei der Produktion von Aluminiumoxid dürften sich neue Anbieter in Kanada, Irland, Indonesien und Indien einen zunehmenden Marktanteil sichern[22]. Schließlich zeichnet sich auch für die Aluminiumindustrien der USA und Westeuropas eine Phase der Umstrukturierung und der Stillegung veralteter Kapazitäten ab, die insgesamt zu einer Stagnation der Aluminium-Produktion und damit

---

[15] Metallgesellschaft, op. cit. Vgl. auch Giraud, op. cit., pp. 395ff., 426ff.; W. Michalski, Wishful Thinking and Reality in the Concept of Vertical Integration of Developing Countries in Metal Production, in: *Resources Policy*, Sept. 1978, pp. 205–290; UNIDO (ed), Mineral Processing in Developing Countries, Wien 1979, insbes. pp. 80ff. (= Industry 2000 – New Perspectives, Collected Background Papers Vol. 5).

[16] Metallgesellschaft, op. cit.; Giraud, op. cit., pp. 430ff.; Aluminium auf Wachstumskurs, in: *DIW Wochenbericht*, No. 29/1984, 19.7.1984.

[17] Venezuela ist jedoch im Begriff, seine umfangreichen Bauxitvorkommen zu erschließen; es würde dann ähnlich wie Australien und Brasilien zu einem Rohstoffland mit Energiekostenvorteil. Vgl. US Bureau of Mines, Minerals Yearbook, 1983, Washington 1984, p. 140.

[18] Die japanische Aluminiumindustrie basierte fast ausschließlich auf ölgefeuerter Stromerzeugung und verlor dadurch im Gefolge der Ölpreiserhöhungen der 70er Jahre ihre Wettbewerbsfähigkeit; die Kapazitäten wurden unter Federführung der Regierung in mehreren Schritten drastisch reduziert. Vgl. hierzu John C. Wu, The Mineral Industry of Japan, in: US Bureau of Mines, Minerals Yearbook, 1981 Edition, Vol. III: Area Reports: International, Washington 1983, pp. 543–573 (557ff.) sowie *The Economist*, 24.4.1982, pp. 88ff.

[19] Zu den Problemen der US-amerikanischen Aluminiumindustrie vgl. McCrawley/Baumgardner, op. cit., pp. 17f. sowie *Financial Times*, Survey Aluminium, 30.10.1984.

[20] Metallgesellschaft, op. cit.; Aluminium auf Wachstumskurs, op. cit.

[21] Siehe McCrawley/Baumgardner, op. cit., p. 2 sowie Mining Journal (ed), Mining Annual Review 1984, London 1984, pp. 47–52 (49).

[22] ibid., pp. 47ff.

zu zusätzlichem Importbedarf zur Deckung wachsender Nachfrage führen dürfte[23]. Schätzungen der Weltbank sehen ein durchschnittliches jährliches Wachstum des Welthandels in Bauxit um 1,8% (1979/1981–1995), in Tonerde um 2,2% und in Aluminium um 3,3%. Diese Unterschiede reflektieren die Tendenz zur Ausweitung der Weiterverarbeitung von Bauxit zu Tonerde sowie die zunehmende Spezialisierung bei der Aluminium-Herstellung. Kanada (20%), Australien (18%), Brasilien (7%), Venezuela (4%) sowie die UdSSR (12%) werden nach diesen Projektionen 1995 zusammen rund die Hälfte der Aluminium-Exporte stellen[24]. Kanada wird dabei der wichtigste Aluminium-Lieferant für die USA werden, Australien für Japan.

Verwundbarkeiten: Trotz einer relativ großen Zahl von Lieferländern bei Bauxit, Tonerde und Aluminium weisen die Handelsstrukturen eine erhebliche Konzentration auf: Australien, Guinea und Jamaika stellen zusammen rund 64% der Bauxitexporte der Welt, Australien, Jamaika und Surinam etwa zwei Drittel der Tonerdeausfuhren, Kanada, die UdSSR, die USA, Holland und die Bundesrepublik 55% der Aluminiumausfuhren[25]. Hinzu kommt, daß die Bauxit-Verarbeitungskapazitäten in den Industriestaaten an bestimmte Bauxit-Lieferanten gebunden sind: Bauxit ist ein relativ heterogenes Produkt mit starken Qualitätsunterschieden, und die Herstellung von Aluminiumoxid aus Bauxit anderer Herkunftsländer setzt gewöhnlich umfangreiche Umrüstungen voraus[26]. Aluminiumoxid und Aluminiummetall dagegen sind homogene Produkte; Importeure sind daher nicht auf bestimmte Lieferquellen angewiesen.

Bauxit wird – abgesehen von Verwendungen als Flußmittel und bei der Herstellung von Schleifmaterialien, die etwa 10% der Gesamtnachfrage ausmachen – ausschließlich zur Herstellung von Aluminium benötigt. Und Aluminium spielt eine wichtige Rolle in einer Reihe von Industrien und in einem breiten Anwendungsspektrum. In den USA entfielen 1986 29% der Nachfrage auf die Verpackungsindustrie, 21% auf die Herstellung von Transportmitteln, 22% auf die Bauindustrie, 10% auf die Elektroindustrie, 7% auf die Herstellung von Konsumgütern und die restlichen 11% auf andere Verwendungen[27]. In Westeuropa und Japan unterschied sich die Verbrauchsstruktur hiervon nicht unbeträchtlich – die Automobilindustrie und andere Anwendungen im Transportbereich standen dort mit jeweils 26% an der Spitze, gefolgt von der Bauindustrie (21%, jedoch 29% in Japan) und der Elektrobranche (10% bzw. 7%). Die Verpackungsindustrie spielt also hier eine vergleichsweise geringere Rolle, was sich auch in einem niedrigeren Pro-Kopf-Verbrauch von Aluminium ausdrückt[28].

---

[23] Hierzu *Financial Times*, Survey Aluminium, 30.10.1984; Mining Annual Review, op. cit., pp. 47 f.

[24] Ronald C. Duncan (ed), The Outlook for Primary Commodities, 1984 to 1995, Washington 1984, p. 73 (= World Bank Staff Commodity Working Papers No. 11).

[25] Giraud, op. cit., p. 78; siehe auch Aluminium auf Wachstumskurs, op. cit.

[26] McCrawley/Baumgardner, op. cit., p. 7.

[27] US Bureau of Mines, op. cit. (1987). Für die historische Entwicklung dieses Verbrauchsmusters McCrawley/Baumgardner, op. cit., p. 12.

[28] *Financial Times*, Survey Aluminium, 30.10.1984; Metallgesellschaft, op. cit., für weitere Einzelheiten nach Ländern. Zum Pro-Kopf-Verbrauch Eurostat, op. cit.

Dieses breite Verwendungsspektrum – wie auch der relativ große Wert des Außenhandels mit Aluminium, der für die USA 1983 etwa $ 1,7 Mrd., für Japan sogar über $ 2 Mrd. ausmachte[29] – geben der Aluminiumversorgung eine erhebliche gesamtwirtschaftliche Bedeutung.

Daran dürfte sich auch in Zukunft nichts ändern. Zwar weist die Aluminium-Industrie insgesamt deutliche Anzeichen eines „Reifungsprozesses" auf – die Wachstumsraten der Welt-Aluminiumherstellung betrugen in den 50er Jahren durchschnittlich 13%, in den 60er Jahren 9,5%, in den 70er Jahren jedoch nur noch 5,1%[30]. Die gesamtwirtschaftlichen Strukturanpassungsprozesse im Gefolge der Krisen der 70er Jahre sowie die Verteuerung der Energie haben auch die Rolle des Aluminiums grundlegend verändert. Dennoch rechnen Experten allgemein mit einem weiteren Wachstum der Aluminium-Nachfrage, wenn auch in langsamerem Tempo[31]. Dabei wird im einzelnen die Entwicklung der sehr komplexen und vielschichtigen Substitutionsprozesse zwischen Aluminium und anderen Werkstoffen eine ausschlaggebende Rolle spielen.

Die Ergebnisse dieser Prozesse sind natürlich schwer abzuschätzen; immerhin ist die detaillierte Projektion des *US Bureau of Mines* in diesem Zusammenhang von Interesse[32]. Nach diesen Projektionen dürfte die Nachfrage nach Aluminium in der Bauindustrie eher unterdurchschnittlich zunehmen, weil Aluminium in diesen Bereichen zunehmend durch Plastik abgelöst werden könnte. Überdurchschnittliche Wachstumsimpulse erwartet man dagegen im Transportwesen, wo Aluminium bereits in der Vergangenheit große Einbrüche erzielen konnte. Ein durchschnittlicher US-PKW des Baujahrs 1955 enthielt etwa 30 Pfund Aluminium, 1983 waren es bereits 135 Pfund; 1990 dürften es 200 Pfund sein[33]. Daneben setzen die Aluminium-Hersteller große Hoffnungen in eine neue Generation von Aluminium-Lithium-Legierungen als Werkstoff für den Flugzeugbau – eine Antwort der Industrie auf die Herausforderung durch neue Werkstoffe wie Kohlenstoff-Fasern und Harze[34]. Kampfflugzeuge, Raketen sowie Kriegsschiffe[35] bilden wichtige militärische Komponenten der Nachfrage in diesem Marktsegment[36].

Im Bereich der Elektroindustrie hat Aluminium in der Vergangenheit vor allem Kupfer als Kabelmaterial verdrängt; seine Bedeutung für Starkstromleitungen könnte

---

[29] US Bureau of Mines, op. cit. (1984), p. 94; Japan External Trade Organization, op. cit. Die Bauxit-Einfuhren fallen demgegenüber wertmäßig nicht ins Gewicht.

[30] Aluminium auf Wachstumskurs, op. cit.

[31] Jüngere Projektionen finden sich in Global 2000, Der Bericht an den Präsidenten, Frankfurt 1981, p. 462 f.; Duncan, op. cit. sowie McCrawley/Baumgardner, op. cit. Die Wachstumsraten liegen dabei bei 2,9% (1985 bis 1995, Weltbank) bzw. 3,7% (1983–2000, US Bureau of Mines) und 4,29% (1978–2000, Global 2000). Die niedrigeren – und wohl realistischeren – Annahmen beruhen u. a. auf einem verstärkten Recycling von Altmaterial.

[32] McCrawley/Baumgardner, op. cit., pp. 18 ff.

[33] ibid., p. 10.

[34] ibid., pp. 18 f.; *Financial Times*, Survey Aluminium, 30.10.1984; 27.10.1982.

[35] McCrawley/Baumgardner, op. cit., p. 1.

[36] ibid., pp. 19 ff.

sich in Zukunft noch erhöhen. Dagegen erscheint die Nachfrage nach Aluminium in der Verpackungsindustrie in den USA (nicht jedoch in Europa und Japan) zunehmend gesättigt. Ähnliches gilt auch für die Verwendung von Aluminium in Konsumgütern wie Kühlschränken und Waschmaschinen[36]. Die Geschichte der Aluminiumindustrie ist freilich eine Geschichte der Entwicklung immer neuer Absatzmärkte – und die Aluminium-Industrie setzt einen Gutteil ihrer Forschungsbemühungen daran, diesem Metall auch in Zukunft neue Märkte zu eröffnen[37]. Die besonderen Qualitäten dieses Metalls sind wohl noch keinesfalls ausgereizt – seine Bedeutung für die Zukunft der Industriegesellschaft erscheint gesichert. Die angemessene Versorgung mit Aluminium behält damit gesamtwirtschaftlich einen hohen Stellenwert. Die Versorgung der Industrieländer wird dabei auf Einfuhren nicht nur von Vorstoffen, sondern zunehmend auch von Aluminium selbst angewiesen sein[38].

Krisenflexibilitäten: Große Bedeutung, verstärkte Einfuhr-Abhängigkeit der Industrieländer von Aluminium-Metallimporten: Folgt daraus auch Verwundbarkeit? Dafür gibt es kaum Hinweise. Zwar dürften auch in Zukunft die Exportkapazitäten für den Aluminium-Vorstoff Bauxit in relativ hohem Maße auf wenige große Lieferländer konzentriert bleiben. Dennoch wird selbst auf dieser Stufe der Aluminium-Industrie die Krisenanfälligkeit begrenzt und die Krisenflexibilität erheblich bleiben. Die Bauxit-Förderkapazitäten dürften mindestens bis 1990 nicht unbeträchtlich über den entsprechenden Verarbeitungs-Kapazitäten zur Tonerde- und Aluminium-Herstellung liegen[39]; zudem sollen in den kommenden Jahren umfangreiche neue Vorkommen erschlossen und damit auch bislang vergleichsweise unbedeutende Lieferländer aufgewertet werden[40]. Darüber hinaus verfügen Westeuropa und auch Nordamerika über eine erhebliche Bauxitproduktion, die in einer ernsthaften Versorgungskrise rasch gesteigert werden könnte: In den USA schätzten Experten, daß eine Verdoppelung der Aluminium-Vorstoffproduktion innerhalb eines Jahres und die vollständige Ersetzung von 50% der Einfuhren von Bauxit und Tonerde innerhalb von drei Jahren möglich wäre[41]. Die damit verbundenen höheren Kosten wären insofern verkraftbar, als die Kosten für den Rohstoff bei der Aluminium-Herstellung kaum ins Gewicht fallen[42]. Außerhalb eines weltumspannenden militärischen Konflikts ist ein derartiger Ausfall

---

[37] *Financial Times*, Survey Aluminium, 30.10.1984; Nicolas D. Triano, Planning for Change in the Aluminium Industry, in: *Materials and Society*, Vol. 7 No. 1 (1983), pp. 71–80.

[38] Eine – inzwischen wohl unrealistisch hohe – Schätzung kalkulierte die Kosten der US-Nettoeinfuhren von Aluminium im Jahr 2000 auf $ 15 Mrd. (oder 37% der gesamten Einfuhrkosten für Rohstoffe in diesem Jahr). Commission on Critical Choices for Americans, Vital Resources, Lexington, Mass. 1977, p. 152.

[39] Vgl. McCrawley/Baumgardner, op. cit., p. 2 sowie UNIDO, op. cit., pp. 80 ff.

[40] Hierzu Mining Annual Review, op. cit., pp. 48 ff.; US Bureau of Mines, op. cit. (1984), pp. 138 ff.; *Financial Times*, 31.5.1985 (Guyana).

[41] Michael W. Klass/James C. Burrows/Steven D. Beggs, International Mineral Cartels and Embargoes, New York 1980, p. 125; dagegen nennen Horace F. Kurtz/Luke H. Baumgardner, Aluminium, in: US Bureau of Mines, Mineral Facts and Problems, 1980 Edition, Washington 1980, pp. 9–34 (25) drei bis sieben Jahre Vorlaufszeit. Vgl. auch UNIDO, op. cit., p. 10.

[42] Klass/Burrows/Beggs, op. cit., p. 109.

freilich ohnehin kaum vorstellbar, weil er durch verstärkte Bauxit-Produktion in anderen Exportländern abgefangen würde: Die Möglichkeiten zur Produktionsausweitung bei dem technisch wenig anspruchsvollen Abbau von Bauxit sind selbst über die ohnehin wahrscheinlichen Förderkapazitäts-Reserven hinaus beträchtlich.

Engpässe könnten am ehesten durch bestimmte technische Rigiditäten der Aluminium-Industrie auftreten – etwa durch den Ausfall von Tonerde-Produktionsanlagen als Folge von Lieferstörungen bei bestimmten Bauxit-Qualitäten. Die Bedeutung dieser Eigenart für die Versorgungssicherheit dürfte sich jedoch in Zukunft durch den Trend zur Auslagerung von Aluminium-Kapazitäten in Bauxitförderländer verringern; auch die Verschiebung der Handelstätigkeit auf das Metall selbst verringert die derartige Rigiditäten inhärenten Risiken[43]. Zudem bestehen bei der Aluminiumoxid-Herstellung derzeit beträchtliche Kapazitätsüberhänge (die Kapazitäten der westlichen Welt wurden 1983 auf 32 Mio. Tonnen gegenüber einer tatsächlichen Förderung von etwa 24 Mio. Tonnen geschätzt[44]), die bei etwaigen Versorgungsstörungen Flexibilitätsreserven gewährleisten würden.

Neben diesen Flexibilitätsreserven auf der Förderseite könnte das Aluminium-Angebot bei Versorgungsstörungen auch durch einen Rückgriff auf die Aluminium-Lagerhaltung sowie durch die verstärkte Wiederverwendung von Altmaterial vergrößert werden. Die privaten Lagerbestände von Aluminium in den USA hatten in der Vergangenheit eine durchschnittliche Reichweite von etwa drei bis vier Monaten; hinzu kamen Bestände von Bauxit und Tonerde[45]. Daneben betreiben die amerikanische und die japanische Regierung auch eine staatliche Bevorratungspolitik, die allerdings nur im Falle der USA erhebliche Mengen umfaßt: Die strategischen Vorräte der USA, deren Zielsetzungen für Aluminium in den 80er Jahren erhöht wurden, umfassen derzeit etwa 60% der geplanten 21 Mio. Tonnen Bauxit für die Aluminium-Herstellung sowie rund 20% der angestrebten Bestände von Bauxit für die Verwendung als Schleifmaterial in Höhe von 1 Mio. Tonnen[46]; die Bestände der ersteren Kategorie wurden 1981 bis 1984 durch Zukäufe von 3,6 Mio. Tonnen von Jamaika[47], die der zweiten Kategorie durch eine Lieferung von 100 000 Tonnen aus China aufgestockt[48]. Der Bedarf an Aluminium könnte mit den gegenwärtigen Beständen für etwa zwei Monate gedeckt werden.

---

43 Vgl. hierzu John E. Tilton/Hans H. Landsberg, Nonfuel Minerals – The Fear of Shortages and the Search for Policies, in: Emery N. Castle/Kent A. Price (eds), U.S. Interests and Global Natural Resources; Baltimore/London 1983, pp. 48–80 (73).

44 Mining Annual Review, op. cit., p. 47.

45 Hierzu Aluminium auf Wachstumskurs, op. cit., p. 353; McCrawley/Baumgardner, op.cit., p. 12; US Bureau of Mines, op. cit. (1985).

46 McCrawley/Baumgardner, op.cit., pp. 14 f.

47 Dabei dürfte der Wunsch, der angeschlagenen Wirtschaft Jamaikas und damit dem derzeitigen, prowestlichen Ministerpräsidenten Seaga unter die Arme zu greifen, eine Rolle gespielt haben. Siehe *Financial Times*, 21.11.1983 und McCrawley/Baumgardner, op. cit., pp. 14 f.

48 ibid.

Die Wiedergewinnung von Altmaterial – die wesentlich weniger energieintensiv ist als die Herstellung von Aluminium aus Tonerde – hat in den letzten Jahren kontinuierlich an Boden gewonnen: Der Anteil von Altmaterial am Aluminiumverbrauch stieg in den USA von etwa 4% 1973 auf 16% 1986; unter Einbeziehung der rezyklierten Fabrikationsabfälle ist der Anteil des Sekundärmaterials am Verbrauch sogar noch erheblich höher und lag 1986 für die USA bei etwa 32%, in der BRD bei 28% und in Japan bei 36%[49]. Für die USA wird der Anteil von Schrott am Gesamtverbrauch von Aluminium im Jahr 2000 auf 24% geschätzt[50]. Selbst ohne eine Steigerung dieser Anteile des Altmaterials in einer Krisensituation – was durchaus möglich erschiene[51] – stellt Sekundär-Aluminium also eine bedeutsame Flexibilitätsreserve dar.

Auf der *Nachfrageseite* bestünden im Falle einer ernsthaften Versorgungsstörung ebenfalls beträchtliche Flexibilitäten. Bauxit könnte – zu höheren Kosten und mit gewissen Vorlaufzeiten – durch andere, aluminiumhaltige Rohstoffe ersetzt werden; und die Geschichte des Aluminiums, die weitgehend in der Verdrängung anderer Werkstoffe, aber auch in einer zunehmenden Gefährdung durch neue Materialien besteht, deutet bereits auf ein erhebliches Substitutionspotential – etwa durch Stahl, Kupfer, Plastik, Holz, Titan und Glasfaserharze[52]. Allerdings wäre die Ersetzung von Aluminium als Werkstoff insofern mit erheblichen Vorlaufzeiten verbunden, als dazu in der Regel eine Umstellung der Produktionsprozesse notwendig würde[53]. Dennoch wäre bei steigenden Aluminiumpreisen und Lieferengpässen in vielen Anwendungsbereichen mit relativ rasch greifenden Substitutionsprozessen zu rechnen. Darüber hinaus ließe sich der Verbrauch in nichtessentiellen Anwendungsbereichen für Aluminium unschwer zugunsten der kritischen Verwendungsbereiche verringern; dieser Prozeß dürfte allein durch Preissignale in erheblichem Umfang stattfinden[54].

Selbst eine erhebliche und längerdauernde Störung der Aluminiumversorgung der Industriestaaten gäbe also kaum Grund zur Beunruhigung: Die Flexibilitäten auf der Angebots- wie auf der Nachfrageseite erscheinen groß genug, um selbst mit derartigen Schwierigkeiten ohne gesamtwirtschaftlich gefährlichen Konsequenzen fertigzuwerden. Das wichtigste Element der Flexibilität liegt dabei schlicht in der Größe dieses Marktes mit seiner mannigfaltigen Palette von Anwendungsbereichen und der Vielzahl der Anbieter. Konzentrationsphänomene reflektieren hier eher Kostenvorteile und Skaleneffekte als unveränderliche geologische oder volkswirtschaftliche Gegebenheiten. Selbst wenn ernsthafte Lieferstörungen plausibel wären, würden sie also keine Gefährdung der wirtschaftlichen Sicherheit Westeuropas, der USA oder Japans impli-

---

[49] McCrawley/Baumgardner, op. cit., pp. 11 f.; Metallgesellschaft, op. cit. Vgl. auch *Financial Times*, Survey Aluminium, 30.10.1984, p. 8, 27.10.1982, p. 5.

[50] McCrawley/Baumgardner, op. cit., p. 19.

[51] ibid., p. 11 f.

[52] McCrawley/Baumgardner, op. cit., pp. 12 ff.; US Bureau of Mines, op. cit. (1987).

[53] McCrawley/Baumgardner, op. cit., p. 13.

[54] McCrawley/Baumgardner, op. cit., p. 14.

zieren[55]. Die Vorratshaltung der USA und Japans läßt sich also aus derartigen Erwägungen wirtschaftlicher Sicherheit heraus kaum rechtfertigen; sie erscheint einerseits motiviert durch die Risiken einer langdauernden militärischen Auseinandersetzung, andererseits durch industrie- und entwicklungspolitische Zielsetzungen.

Politische Risiken, Marktstrukturen und die Rolle der UdSSR: Durch politische Krisen ausgelöste oder beabsichtigte Versorgungsstörungen wären vor allem bei Bauxit vorstellbar, wo die Bergbauproduktion bzw. die Ausfuhren wichtiger Lieferländer wie Guinea oder der lateinamerikanischen Bauxitexporteure durch innere Wirren betroffen werden könnten. Diese Länder dürften – neben Australien – auch die wichtigsten Lieferanten von Bauxit für Aluminiumoxid-Anlagen in anderen Teilen der Welt bleiben[56]. In einigen dieser Länder könnten zugleich auch Aluminiumoxid-Exporte betroffen werden. Schließlich sind eine Reihe dieser Staaten – Australien, die Dominikanische Republik, Indien, Indonesien, Ghana, Guinea, Guyana, Jamaika, Sierra Leone und Surinam[57] – Mitglieder des *International Bauxite Agreement*, einer Produzentenvereinigung, die 1974 mit dem Ziel ins Leben gerufen wurde, die Kontrolle der Förderländer über ihre Bauxitindustrien zu vergrößern und zugleich die gesamtwirtschaftlichen Gewinne zu maximieren[58]. Unter Führung Jamaikas setzten die Förderländer nach Gründung der IBA die Abgaben der Konzerne drastisch hinauf und erreichten eine teilweise Rückgabe von Konzessionen; daneben erwarben sie Staatsbeteiligungen[59]. Damit schien sich nach der Machtübernahme der OPEC im internationalen Ölmarkt nun auch bei Bauxit eine ähnliche Entmachtung der westlichen Konzerne und eine Gefährdung der Versorgungssicherheit abzuzeichnen[60].

Tatsächlich allerdings zeigen die Entwicklungen der letzten zehn Jahre mit großer Deutlichkeit die Grenzen des Machtpotentials der Förderländer. Die Bauxitindustrie der IBA-Gründungsmitglieder Jamaika, Surinam und Guyana geriet durch den Rückzug der großen Aluminiumkonzerne in eine tiefe Krise; die Preis- und Steuererhöhungen erwiesen sich auf die Dauer als nicht durchsetzbar und bröckelten ab; wichtige Förderländer blieben – wie Brasilien – außerhalb des IBA bzw. verfolgten – wie Australien – eine unabhängige Preispolitik[61]. Eine gemeinschaftliche Aktion der IBA-

---

[55] Japan befindet sich jedoch zweifellos in einer verwundbareren Lage als Westeuropa oder die USA, da es seine Aluminium-Kapazitäten weitgehend auslagern und damit verstärkt von Einfuhren abhängig sein wird. Die diversifizierte Belieferungsstruktur sowie die oben analysierten allgemeinen Charakteristika der Welt-Aluminiumindustrie stellen jedoch in Friedenszeiten hinreichende Schutzfaktoren dar.

[56] Vgl. McCrawley/Baumgardner, op. cit., p. 2.

[57] Haiti, ein Gründungsmitglied der IBA, ist inzwischen aufgrund der Einstellung seiner Bauxitexporte ausgeschieden; Indien ist neu beigetreten.

[58] Zuhayr Mikdashi, The International Politics of Natural Resources, Ithaca/London 1976, pp. 110ff.

[59] ibid.; Isaiah A. Litvak/Christopher J. Maule, The International Bauxite Agreement, A Commodity Cartel in Action, in: *International Affairs*, Spring 1980, pp. 296–314.

[60] R. S. Pindyck, The Cartelization of World Commodity Markets, in: *American Economic Review*, May 1979, p. 154; C. Fred Bergsten, The Threat From the Third World, in: *Foreign Policy*, Summer 1973, pp. 102–124.

[61] Litvak/Maule, op. cit.; vgl. auch Klass/Burrows/Beggs, op. cit., pp. 109ff.; *Financial Times*, 20.12.1984, 26.4.1984 sowie Marian Radetzki, Market Structure and Bargaining Power, in: *Resources Policy*, June 1978, pp. 115–125.

Mitglieder – etwa die Drosselung der Ausfuhren zur Durchsetzung höherer Preise – erscheint deshalb wenig wahrscheinlich; eine gemeinsame *politische* Zielsetzung einer solchen Aktion ist völlig unvorstellbar. Die IBA bildet also keine Gefahr für die wirtschaftliche Sicherheit der Industriestaaten – denn selbst, wenn eine Erhöhung der Bauxitpreise durchgesetzt werden könnte, hätte das nur geringe Auswirkungen auf den Aluminiumpreis.

Unterbrechungen in der Belieferung mit Aluminiumoxid bzw. mit Aluminium-Metall in erheblichem Umfang erscheinen angesichts der breitgestreuten Standorte und der erheblichen Kapazitäten in den Industriestaaten in Friedenszeiten kaum plausibel. Dagegen sprechen nicht zuletzt die dramatischen Veränderungen in der Welt-Aluminiumindustrie in den letzten Jahren. Die Macht eines Oligopols von sechs vertikal integrierten Aluminiumkonzernen[62], die bis weit in die 70er Jahre hinein sämtliche Stufen der Industrie in der westlichen Welt kontrollierten, beginnt zu bröckeln; neue Anbieter sowie Firmen unter staatlicher Kontrolle dringen vor. Damit entwickelte sich auch ein freier Markt, der schließlich die alte Preisstruktur der Produzentenpreise zum Einsturz brachte[63].

Die Aluminiumindustrie ist durch dieses Vordringen von Staatsunternehmen (die derzeit etwa 23% der Bauxit-, 18% der Tonerde- und 15% der Aluminium-Kapazitäten kontrollieren[64] und aufgrund staatlicher Zuschüsse auch unter den Gestehungskosten konkurrieren können) aus dem alten Gleichgewicht geraten; die etablierten sechs Großkonzerne sehen sich zunehmend gezwungen, ihre Konzernstrategie der vertikalen Integration zu modifizieren[65]. Die Konturen eines neuen Marktgleichgewichts sind noch nicht abzusehen; die Konsequenz dürfte bis auf weiteres in erheblichen Kapazitätsreserven auf allen Ebenen der Industrie sowie in starken zyklischen Schwankungen bestehen. Die Versorgungssicherheit der Industriestaaten wird davon jedoch insgesamt eher profitieren.

Die Sowjetunion ist in doppelter Hinsicht ein wichtiger Faktor im internationalen Aluminium-Markt: Als Importeur von Bauxit und Tonerde und als Exporteur von Aluminium. Die Bauxitförderung der UdSSR ist seit Mitte der 70er Jahre rückläufig; etwa die Hälfte des Bedarfs muß heute importiert werden. Zur Deckung dieses Bedarfs hat die Sowjetunion mit mehreren Lieferländern (Türkei, Indien, Griechenland) Kompensationsabkommen abgeschlossen, die sowjetische Hilfestellung bei der Errichtung von Bauxit- und Tonerdekapazitäten gegen entsprechende Lieferungen als Gegenleistung umfassen; daneben bestehen langfristige Lieferverträge mit Jugosla-

---

[62] Alcan, Alcoa, Kaiser, Reynolds, Pechiney, Alusuisse. Diese sechs Unternehmen kontrollieren derzeit noch immer etwa 34% der Bauxit-, 55% der Tonerde- und 40% der Aluminium-Kapazitäten (McCrawley/Baumgardner, op. cit., p. 2; vgl. auch UNIDO, op. cit., pp. 13 f. sowie Marian Radetzki, op. cit.).

[63] *Financial Times*, Survey Aluminium, 30.10.1984, p. 1.

[64] McCrawley/Baumgardner, op. cit., p. 2.

[65] *Financial Times*, Survey Aluminium, 30.10.84; Triano, op. cit.

wien, Ungarn und einigen anderen Staaten[66]. Die wichtigsten Lieferanten von Bauxit sind traditionell Guinea, Griechenland und Jugoslawien, bei Tonerde Ungarn und Jugoslawien[67].

Die sowjetischen Aluminiumexporte umfaßten 1983 etwa 44% des Eigenbedarfs; die Ausfuhren in den Westen, die in den 70er Jahren erhebliche Mengen erreichten, scheinen seither zu stagnieren, während die Exporte in andere Comecon-Länder tendenziell zunehmen[68]. Für die Zukunft wird mit einem weiteren Rückgang der Aluminium-Ausfuhren an westliche Industriestaaten und mit einer Verstärkung der Einfuhren von Vorstoffen gerechnet; diese Strategie soll möglicherweise die Exportkapazitäten zur Deckung des osteuropäischen Bedarfs erhalten und damit zur wirtschaftlichen und politischen Einbindung dieser Region beitragen[69]. Insgesamt ist die UdSSR (wie auch Osteuropa, das jedoch 88% seiner Aluminium-Einfuhren aus der Sowjetunion bezieht) in nicht unbeträchtlichem Maße auf den Weltmarkt angewiesen, ohne diesen jedoch als Käufer oder Anbieter entscheidend beeinflussen oder stören zu können.

3.2 Titan

Titan – mit seinem neunten Platz in der Rangliste der in der Erdkruste enthaltenen Elemente ein recht häufig vorkommendes Metall – ist ein naher Verwandter des Aluminiums, mit dem es die sehr günstige Relation von Gewicht und Festigkeit, seine Korrosionsbeständigkeit und den sehr hohen Energiebedarf bei der Isolierung des Metalls gemein hat[1]. Die industrielle Verwendung der Leichtmetalle läßt sich in drei Phasen beschreiben, deren erste dem Aluminium gehörte. Etwa dreißig Jahre später begann der Siegeszug des Magnesiums; weitere vierzig Jahre danach, seit 1948, der Aufschwung des Titans. Diese Expansionsphasen ergaben sich aus sinkenden Herstellungskosten und der Lösung technischer Probleme bei der Verarbeitung dieser Leichtmetalle[2]. Gerade Titan wirft derartige Probleme nach wie vor in nicht geringem Maße auf. Allerdings geht auch die Suche nach neuen Lösungen weiter: Ein neues Verfahren zur Verarbeitung von Titan, das 1978 vorgestellt wurde[3], ist ein Beispiel für

[66] Vgl. hierzu Richard M. Levine, The Mineral Industry of the USSR, in: US Bureau of Mines, Minerals Yearbook, 1983, Vol. III: Area Reports: International, Washington 1984, pp. 773–805; Metallgesellschaft, op. cit.; Carmine Nappi, The USSR and the International Aluminium Market, in: M. M. Kostecki (ed), The Soviet Impact on Commodity Markets, London 1984, pp. 116–134 (123 ff.).

[67] Metallgesellschaft, op. cit.

[68] Levine, op. cit., p. 784; Nappi, op. cit., pp. 129 ff. Vgl. aber Metallgesellschaft, op.cit.: Die statistische Evidenz für einen Rückgang der sowjetischen Westexporte ist keinesfalls zwingend.

[69] Nappi, op. cit., pp. 129 ff.; F. Gèze, L'Urss et les règles du jeu, in: *Le Monde Diplomatique*, März 1981, pp. 11 f.

[1] Rae Weston, Strategic Materials, A World Survey, Totowa, N. J. 1984, p. 37; James F. McDivitt/Gerald Manners, Minerals and Men, Baltimore [2]1974, pp. 104 ff.

[2] ibid., pp. 120 f.

[3] New South Wales Government, Department of Industrial Development and Decentralization, A Study of the Potential for Production of Titanium Sponge in New South Wales, Sydney 1980, p. 25.

die ständige Erweiterung der technologischen Möglichkeiten zur Nutzung der besonderen Eigenschaften des Titans.

Titan kommt in einer Reihe von Mineralien vor, von denen allerdings nur zwei – Ilmenit ($FeTiO_3$) mit einem Titan-Anteil von bis zu 31,5% und Rutil bzw. Anatas (TiO_2) mit einem Titangehalt von 60% – eine wirtschaftliche Rolle spielen. Ilmenit und Rutil treten als Gestein bzw. als Strandsände auf und werden gewöhnlich als einziges oder als Hauptprodukt abgebaut; allerdings spielen die Koppelung an den Eisenerz-Abbau sowie die Nebenprodukte Zirkon und Monazit in einigen Förderländern eine erhebliche Rolle. Wichtige Handelsformen sind neben den Erzkonzentraten und Titanschlämmen als Rohstoffe die Verarbeitungsprodukte Titanschwamm bzw. Titanmetall sowie Titan-Pigmente[4].

Die Leichtmetall-Herstellung wies gerade in Kriegszeiten sehr hohe Wachstumsraten auf – ein Hinweis auf ihre Bedeutung für die Rüstungsindustrien. Dies gilt heute in besonderem Maße für Titanmetall, bei dem die Rüstungsproduktion etwa 25 bis 30% der Gesamtnachfrage ausmacht[5]. Das Etikett „strategisch" lag daher bei diesem Rohstoff besonders nahe. Verknappungserscheinungen gegen Ende der 70er Jahre, die durch ein Versiegen der bis dato erheblichen sowjetischen Titanschwamm-Exporte weiter verschärft wurden, führten denn auch zu besorgten Kassandra-Rufen um die künftige Titan-Versorgungssicherheit der westlichen Rüstungsindustrien[6] und zu drastischen Erhöhungen der Vorratshaltungs-Zielsetzungen der amerikanischen Regierung[7]. Allerdings erscheinen diese Warnungen bei genauerem Zusehen und mit dem Vorteil der perspektivischen Veränderungen bis Mitte der 80er Jahre heute als überzogen.

Abhängigkeiten: Ein Blick auf die Verteilung der Weltvorkommen und der Bergbauproduktion von Ilmenit (das 87% der Welt-Titannachfrage abdeckt) und Rutil (13%) zeigt für alle drei Industrieregionen beträchtliche, wenngleich unterschiedlich ausgeprägte Einfuhrabhängigkeiten. Während Japan und die Europäische Gemeinschaft völlig auf Importe angewiesen sind, verfügen Westeuropa (in Norwegen und Finnland) sowie die USA eine gewisse Eigenproduktion; die Importabhängigkeit der USA schwankte in den letzten Jahren stark, läßt sich aber bei etwa einem Drittel des Gesamtbedarfs festmachen[8]. Dagegen verfügen alle drei Industrieregionen über erheb-

---

[4] Vgl. hierzu Bundesanstalt für Geowissenschaften und Rohstoffe/Deutsches Institut für Wirtschaftsforschung, Untersuchungen über Angebot und Nachfrage mineralischer Rohstoffe XIII, Titan, Hannover/Berlin 1980, pp. 15ff.; US Bureau of Mines, Mineral Facts and Problems, 1980 Edition, Washington 1980, pp. 961–978 (964ff.).

[5] Bundesanstalt für Geowissenschaften ..., op. cit., p. 283; New South Wales Government, op.cit., p. 26.

[6] *Financial Times*, 8.11.1979; J. A. Miller/D. I. Fine/R. D. McMichael (eds), The Resource War in 3-D, Dependency, Diplomacy, Defense, Pittsburgh 1980, Steven J. Warnecke, International Security Implications of Soviet Energy and Raw Material Policies, in: Friedrich-Ebert-Stiftung (ed), Probleme der Rohstoffsicherung, Bonn 1980, pp. 127–147 (140).

[7] Vgl. US Bureau of Mines, op. cit., pp. 970f. sowie Langtry E. Lynd, Titanium, Washington 1985, p. 2 (= US Bureau of Mines, Mineral Facts and Problems, 1985 Edition, Preprint).

[8] Lynd, op. cit., p. 1.

liche Kapazitäten zur Herstellung von Titanmetall, die allerdings nur im Falle der USA in etwa dem Eigenbedarf entsprechen: Japan ist ein Nettoexporteur, während die westeuropäische Produktion sich auf Großbritannien beschränkt und diese Region daher in recht beträchtlichem Umfang auf zusätzliche Importe angewiesen ist[9].

Die Analyse der Bergbauproduktion und der Handelsströme[10] weist relativ hohe Konzentrationen für das Angebot an Rutil und an Titanmetall auf: Neben Australien, dessen Anteil an der Weltproduktion von Rutil über 50% liegt, spielen als Lieferländer nur noch Südafrika und Sierra Leone eine gewichtige Rolle; allerdings zeigt ein Vergleich mit Zahlen aus den 60er und 70er Jahren einen leichten Rückgang der starken Konzentration auf diese Lieferländer[11]. Bei Ilmenit ist die Palette der Lieferländer breiter, doch nimmt auch hier Australien mit einem Anteil von etwa 25% der Weltproduktion eine Sonderstellung ein. Weitere wichtige Förder- und Exportländer von Ilmenit sind Kanada, Norwegen und Südafrika; daneben spielen eine Reihe von kleineren Produzenten eine Rolle. Die UdSSR und China verfügen ebenfalls über eine beträchtliche Bergbauförderung[12]. Die Metallproduktion dagegen weist wiederum eine sehr hohe Konzentration auf: Die Herstellung beschränkt sich auf eine Handvoll von Firmen in den USA (rund 20% der Welterzeugung im Jahr 1986), in Japan (20%) und Großbritannien (2%) sowie in der Sowjetunion (55%) und in China (2%)[13]. Dementsprechend weisen auch die Importe der Industrieregionen von Rutil und von Titanmetall eine hohe Konzentration auf wenige Lieferanten aus – Australien lieferte 1982 bis 1985 64% der amerikanischen Rutil-Einfuhren, Südafrika 13%, Sierra Leone 21%. Für die Europäische Gemeinschaft und Japan liegen nur Zahlenangaben für beide Titanerze vor; danach stammen etwa 30% der EG- und rund 18% der japanischen Einfuhren aus Australien; weitere wichtige Lieferländer waren im Falle der EG Norwegen (30%) und Kanada (22%), im Falle Japans Malaysia (35%) und Indien (16%)[14].

Die Struktur dieser Liefer-Abhängigkeiten dürfte sich in den kommenden Jahren in mehrerer Hinsicht verändern. Die verfügbaren Vorkommen von Rutil sind (nicht zuletzt durch Umweltschutz-Auflagen, die die Ausbeutung von Stränden einschränken) begrenzt und dürften vor allem in Australien im Jahr 2000 allmählich erschöpft sein.

---

[9] Vgl. hierzu US Bureau of Mines, Mineral Commodity Summaries, 1987, Washington 1987, sowie Phillip Crowson, Minerals Handbook 1984–1985, London 1984. Zur Verteilung der Bergbauproduktion und der historischen Entwicklung der Förderung siehe Metallgesellschaft, Metallstatistik, versch. Jahrgänge, Frankfurt, sowie Bundesanstalt für Geowissenschaften ..., op. cit., Teil II.

[10] Einzelheiten ibid., pp. 351 ff. sowie US Bureau of Mines, op. cit. (1987) und Crowson, op. cit.

[11] Hierzu US Bureau of Mines, op. cit. (1987), p. 133. Für die historische Entwicklung Bundesanstalt für Geowissenschaften ..., op. cit., pp. 131 ff.

[12] US Bureau of Mines, op. cit. (1987), p. 73 sowie Bundesanstalt für Geowissenschaften ..., op. cit., pp. 131 ff.

[13] US Bureau of Mines, op. cit. (1987), p. 171; Bundesanstalt für Geowissenschaften ..., op.cit., pp. 143 ff.

[14] US Bureau of Mines, op. cit. (1987), p. 132; Crowson, op.cit.; Japan External Trade Organization, White Paper on International Trade, Japan 1984, Summary, Tokyo 1984. EG-Statistiken weisen jedoch einen niedrigeren Anteil der australischen und einen höheren Anteil der kanadischen Lieferungen aus. Die Importstruktur schwankt von Jahr zu Jahr in allen Ländern recht beträchtlich. (Eurostat, EG-Rohstoffbilanzen 1981, Luxembourg 1983.)

Tab. C – 3.2: Basiskennziffern: Titanerze und Titanmetall ('000 short tons)

		Produktion 1986	Reserven 1986	Produktionskapazitäten[c] 1983	Produktionskapazitäten[c] 1990
USA:	Ilmenit	n.v. (n.v.)	68000 (8)	200 (10)	230 (10)
	Rutil	n.v. (n.v.)	1600 (1)	14 (4)	20 (4)
	Metall	17,5 (20)	–	34 (26)	35 (24)
Kanada:	I	930 (18)	160000 (19)	416 (20)	430 (19)
Nordamerika:	I	n.v. (n.v.)	228000 (27)	616 (30)	660 (29)
	R	n.v. (n.v.)	1600 (1)	14 (4)	20 (4)
	M	17,5 (20)	–	34 (26)	35 (24)
Norwegen:	I	850 (17)	195000 (23)	247 (12)	158 (7)
Finnland:	I	– (–)	3000 (0,4)	51 (3)	48 (2)
UK:	M	1,5 (2)	–	5 (4)	5 (3)
Westeuropa:	I	850 (17)	198000 (23)	298 (15)	206 (9)
	M	1,5 (2)	–	5 (4)	5 (3)
Brasilien:	I	50 (1)	3000 (0,4)	44 (2)	44 (2)
	R[a]	1 (0,2)	104000 (66)	gering (0)	70 (14)
Sierra Leone:	R	100 (23)	2200 (1)	63 (18)	n.v. n.v.
Südafrika:	I	500 (10)	100000 (12)	238 (12)	n.v. n.v.
	R	62 (15)	5200 (3)	37 (11)	n.v. n.v.
Afrika:	I	500 (10)	225000 (27)	238 (12)	350 (15)
	R	162 (38)	7400 (5)	100 (21)	150 (31)
China:	I	155 (3)	90000 (11)	60 (3)	n.v. n.v.
	M	2 (2)	–	3 (2)	n.v. n.v.
Indien:	I	220 (4)	63000 (7)	91 (4)	n.v. n.v.
	R	9 (2)	5000 (3)	7 (2)	n.v. n.v.
Japan:	M	18 (21)	–	38 (29)	n.v. n.v.
Malaysia:	I	300 (6)	2000 (0,2)	75 (4)	n.v. n.v.
Sri Lanka:	I	110 (2)	8000 (1)	35 (2)	n.v. n.v.
	R	9 (2)	900 (0,6)	9 (3)	n.v. n.v.
Asien:	I	630 (12)	10000 (1)	261 (13)	300 (13)
	R	18 (4)	5900 (4)	16 (5)	30 (6)
	M	18 (21)	–	41 (31)	45 (31)
Australien:	I	1450 (29)	78000 (9)	470 (23)	470 (20)
	R	235 (55)	11000 (7)	208 (60)	208 (43)
UdSSR:	I	490 (10)	27000 (3)	156 (8)	144 (6)
	R	11 (3)	3000 (2)	7 (2)	7 (1)
	M	48 (55)	–	52 (39)	60 (41)
Welt:	I[b]	5055 (100)	846000 (100)	2083 (100)	2300 (100)
	R[b]	427 (100)	157000 (100)	345 (100)	485 (100)
	M	87 (100)	–	132 (100)	145 (100)

[a]) Anatas
[b]) ohne Förderung der USA
[c]) Metallgehalt

Zahlen in Klammern: Anteil am Weltgesamtwert in %

	Importanteil (soweit Daten verfügbar) in % der Gesamtimporte			
	USA 1982–1985		Europ. Gemeinschaft 1981–1982 (Titanerze insgesamt, Metallgehalt)	Japan 1981–1982
Kanada	Ilmenit:	29	22	7
Norwegen			30	
Sierra Leone	Rutil:	21	1	
Südafrika	Ilmenit:	8	9	15
	Rutil:	13		
Indien			5	16
Malaysia				35
Sri Lanka			1	9
Australien	Ilmenit:	63	30	18
	Rutil:	64		

Quellen:
US Bureau of Mines, Mineral Commodity Summaries 1987, Washington 1987
US Bureau of Mines, Mineral Facts and Problems, 1985 Edition, Washington 1985
Japan External Trade Organisation, White Paper on International Trade, Japan 1984, Tokio 1984
P. C. F. Crowson, Minerals Handbook, 1984–85, London 1984

Zugleich weist die Verteilung der Vorkommen auf eine Veränderung der Produktionsstruktur: Brasilien, das in Form von titanhaltigem Gestein über etwa zwei Drittel der nachgewiesenen Vorkommen verfügt, könnte in Zukunft eine gewichtige Position als Förderland einnehmen; ein Pilotprojekt zur Gewinnung von Titan aus Anatas wurde inzwischen in Betrieb genommen[15]. Auch Indien steht im Begriff, ein wichtiges Lieferland von Ilmenit und Rutil zu werden[16]. Eine zweite wichtige Entwicklung dürfte die zunehmende Verwendung von synthetischem, d.h. aus Ilmenit gewonnenem Rutil als Alternative zu natürlichem Rutil darstellen: Der Trend in diese Richtung zeichnet sich mit der Einführung neuer Verfahren zur Herstellung von Rutil aus Ilmenit bereits seit einigen Jahren ab und sollte sich in Zukunft beschleunigen[17]. Dadurch wird die früher bestehende, relativ enge Bindung der Titan-Metallherstellung an den Rohstoff Rutil weiter gelockert und damit auch der Abhängigkeiten von nur wenigen Lieferquellen gemildert. Insgesamt ist daher eher mit einer weiteren Auflockerung der Versorgungsstruktur im Sinne einer breiteren Streuung der Lieferquellen und damit mit verringerter Abhängigkeit zu rechnen.

[15] Zur Reservensituation vgl. Lynd, op. cit. (1985), pp. 4ff. und US Bureau of Mines, op. cit. (1985), pp. 131, 167; zu dem brasilianischen Pilotprojekt US Bureau of Mines, Minerals Yearbook, 1983, Vol. I, Metals and Minerals, Washington 1984, p. 885.

[16] Lynd, op. cit. (1985), p. 20.

[17] Hierzu Lynd, op. cit. (1985), pp. 7ff. Die sowjetische und chinesische Titanmetallproduktion beruht bereits heute ausschließlich auf Ilmenit, sowie Bundesanstalt für Geowissenschaften ..., op. cit., p. 107; Mining Journal, Mining Annual Review 1986, London 1986, pp. 52f. Einzelheiten über die Entwicklung der Ilmenit- und Rutil-Förderkapazitäten in Lynd, op. cit. (1985), p. 3. Siehe insgesamt auch Weston, op. cit., p. 81.

Verwundbarkeit: Die Bedeutung des Titanmetalls für die zivile und militärische Luft- und Raumfahrtindustrie wurde bereits erwähnt. In der Tat bildet Titan heute einen der wichtigsten Werkstoffe dieser Industrien. Die B-747 beispielsweise besteht zu 25% ihres Gesamtgewichts aus Titan; für den Rumpf jeden *Jumbos* werden rund 14,5 Tonnen Titan verwendet, für die Triebwerke nochmals je 3,6 Tonnen, insgesamt also etwa 29 Tonnen. Die britisch-französische *Concorde* enthält gar 30 Tonnen Titan; dagegen begnügt sich der *Airbus* mit vergleichsweise bescheidenen 6% seines Gesamtgewichts. Die Herstellung von insgesamt 666 zivilen Verkehrsflugzeugen in den USA im Jahr 1968 verbrauchte 3400 Tonnen Titanmetall; 1981 waren es nur 389 Verkehrsflugzeuge, doch der Titanverbrauch war auf 6400 Tonnen geklettert[18]. Diese zunehmende Verwendung von Titan, die günstigere Verbrauchswerte und geringere Lärmentwicklung der Flugzeugkonstruktionen ermöglichte[19], blieb keineswegs auf den zivilen Bereich beschränkt: Auch moderne Kampfflugzeuge und Interkontinentalraketen verwenden in erheblichem Ausmaß Titanlegierungen. So besteht der *Tornado* zu 19% aus Titanmetall[20].

Insgesamt entfallen auf die Luft- und Raumfahrtindustrie in den USA, in der Bundesrepublik und wohl auch in Großbritannien und Frankreich rund 60% der Gesamtnachfrage nach Titanmetall[21]. In den USA sind dabei die zivile und die militärische Flugzeug- und Triebwerksherstellung zu annähernd gleichen Teilen beteiligt; das Rüstungsprogramm der Reagan-Administration in der ersten Hälfte der 80er Jahre (und insbesondere der Bau des B-1 Bombers) gaben der Nachfrage nach Titan erhebliche Impulse[22]. Allerdings zeichnet sich in der nächsten Generation moderner Kampfflugzeuge eine Verschiebung in Richtung auf andere Werkstoffe wie Kohlenstoffasern und Aluminium-Lithium-Legierungen ab, die weniger aufwendig in der Produktion sind und oft überlegene Qualitäten aufweisen. So enthalten die amerikanischen Kampfflugzeuge vom Typ F-14 25% und vom Typ F-15 sogar 35% Titan, die F-16 jedoch nur 2% und die F-18 12% – wobei jedoch der Titananteil der Triebwerke noch nicht berücksichtigt ist[23].

Neben der Herstellung von Kampfflugzeugen findet Titanmetall auch in anderen Bereichen der Rüstungsindustrie Verwendung. So bestehen die Druckkörper der neuen sowjetischen Atom-U-Boote der *Alfa*-Klasse offenbar aus Titan; ein weiterer militärischer Anwendungsbereich liegt in leichten Panzerungen[24]. Bedeutsamer sind

---

[18] Vgl. hierzu New South Wales Government, op. cit., p. 25, Bundesanstalt für Geowissenschaften ..., op. cit., pp. 207, 285; Weston, op. cit., p. 37.

[19] ibid., p. 37.

[20] Bundesanstalt für Geowissenschaften ..., op. cit., p. 207. Weitere Angaben ibid., p. 285 und Weston, op. cit., p. 37.

[21] Bundesanstalt für Geowissenschaften ..., op. cit., pp. 207, 283; US Bureau of Mines, op. cit. (1987), p. 170; für detaillierte Angaben der amerikanischen Verbrauchsstruktur 1969 bis 1979 auch US Bureau of Mines, op. cit. (1980), p. 968 und Lynd, op. cit. (1985), p. 10.

[22] US Bureau of Mines, op. cit. (1987), p. 171.

[23] Weston, op. cit., p. 38; vgl. auch *Financial Times*, 31.5.1984, 28.5.1985.

[24] *International Herald Tribune*, 19.11.1980; New South Wales Government, op. cit., p. 26.

außerhalb der UdSSR jedoch die nichtmilitärischen Einsatzgebiete von Titanmetall jenseits der Luft- und Raumfahrtindustrien – als Legierungsmetall bei der Herstellung von Edelstählen und Speziallegierungen (ca. 20% der Gesamtnachfrage nach Titanmetall) sowie als korrosionsfestes und dauerhaftes Material für Verwendungen in extremen Einsatzbereichen wie Meerwasser-Entsalzungs- und Tiefseeanlagen sowie in der Chemieindustrie (ebenfalls etwa 20% der Gesamtnachfrage)[25]. Die Nachfrage nach Titanmetall dürfte in den kommenden Jahren relativ stark ansteigen – Projektionen des *US Bureau of Mines* gehen für den Zeitraum 1983–2000 von jährlichen Wachstumsraten von 5,5% in den USA und von 6,2% weltweit aus[26].

Diese kritische Bedeutung des Titanmetalls für die Luft- und Raumfahrtindustrie, für die Rüstungsbranche und für bestimmte andere Industriezweige ist freilich vor dem Hintergrund eines sehr viel breiteren Verwendungsspektrums des Titans zu sehen, in dem Titanmetall selbst in den Industriestaaten mit eigener Luftfahrtindustrie kaum mehr als 8% der Gesamtnachfrage nach diesem Mineral ausmacht[27]. Selbst die überdurchschnittlich hohen Zuwachsraten der Nachfrage nach Titanmetall im Vergleich zu Titan-Pigmenten, dem eigentlichen Massen-Zwischenprodukt der Titananwendung, werden daran für absehbare Zeit nichts ändern: Die Projektionen des *US Bureau of Mines* sehen einen Rückgang der Pigmente an der gesamten, weltweiten Titannachfrage von 96% im Jahr 1978 auf 93% im Jahr 2000[28]. Titan-Pigmente werden vor allem für die Herstellung weißer Farben, Lacke und Anstriche benötigt – auf diese Anwendungsbereiche entfallen rund 50 bis 60% der Gesamtnachfrage nach Titan[29]. Daneben werden Titan-Pigmente zur Herstellung von Papier und Plastik verwendet[30]. Diese Einsatzbereiche bilden zweifellos wichtige und nützliche, sicherlich aber keineswegs volkswirtschaftlich kritische Industrien im Sinne unserer Analyse. Verwundbarkeiten ergeben sich also, wenn überhaupt, erst aus möglichen spezifischen Engpässen bei der Bereitstellung von Titanmetall. Diese liegen nicht im Bereich der Rohstoff-Versorgung, sondern in der Herstellung von synthetischem Rutil aus Ilmenit und in Anlagen zur Produktion von Titanmetall.

Krisenflexibilitäten: Eine Versorgungsstörung im Bereich der Titanerzversorgung hätte ihre Ursache wohl – wo überhaupt – im südlichen Afrika: Auf Südafrika entfallen insgesamt immerhin knapp 10% der gesamten Welt-Bergwerksproduktion von Rutil, Ilmenit und Titanschlämmen. Ein teilweiser oder vollständiger Ausfall Südafri-

---

[25] US Bureau of Mines, op. cit. (Mineral Commodity Summaries, 1985), p. 166; US Bureau of Mines, op. cit. (1980), pp. 963, 968, 973 ff.; Lynd, op. cit. (1985), pp. 9 ff.; Bundesanstalt für Geowissenschaften ..., op. cit., pp. 193 ff.

[26] US Bureau of Mines (1980), p. 975; vgl. auch Bundesanstalt für Geowissenschaften ..., op. cit., Teil VI.

[27] Bundesanstalt für Geowissenschaften ..., op. cit., p. 188; US Bureau of Mines, op. cit. (1980), p. 968.

[28] Lynd, op. cit. (1985), pp. 17 f.

[29] Bundesanstalt für Geowissenschaften ..., op. cit., p. 193; US Bureau of Mines, op. cit. (1980), p. 968; Lynd, op. cit. (1985), pp. 9 ff.; US Bureau of Mines, op. cit. (1984), p. 880.

[30] US Bureau of Mines, op. cit. (1980), pp. 963 ff.; Lynd, op. cit. (1985), pp. 9 ff.; US Bureau of Mines, op. cit. (1984), pp. 879 f.; Bundesanstalt für Geowissenschaften ..., op. cit., pp. 188 f.

kas wäre jedoch durch Rückgriff auf Kapazitätsreserven in anderen Förderländern wie Kanada und Australien wohl ohne große Schwierigkeiten auszugleichen[31]. Die USA wären zudem in der Lage, ihren gesamten Eigenbedarf durch eine Steigerung des Ilmenit-Abbaus zu decken[32]. Daneben könnte auf der Nachfrageseite der Einsatz von Titan-Pigmenten in bestimmten Bereichen ohne gravierende gesamtwirtschaftliche Folgen verringert werden, zudem sich hier eine Reihe von Substituten anbieten[33]. Etwaige Marktstörungen würden also die Versorgung mit Titanmetall aller Wahrscheinlichkeit gar nicht berühren, sondern gewissermaßen weit unterhalb dieser kritischen Schwelle durch marktspezifische Anpassungsprozesse abgefedert.

Politische Risikoanalyse: Die Titanversorgung der westlichen Industriestaaten und Japans weist nach dieser Analyse von Importabhängigkeiten und Verwundbarkeiten kaum ernsthafte Versorgungsrisiken auf. Entscheidend für eine wirtschaftliche Sicherheitsanalyse ist die Untersuchung der Gegebenheiten im Bereich des Titanmetalls. Titanmetall ist in der Tat ein Werkstoff von kritischer Bedeutung für wichtige Industriezweige und – jedenfalls im Bereich der Luft- und Raumfahrtindustrie – auch kaum substituierbar[34]. Eine angemessene Versorgung hängt hier jedoch allein von der Entwicklung der Produktionskapazitäten für Titanschwamm und Titanmetall ab, die in den Industriestaaten USA, Japan und Großbritannien, daneben auch in der Sowjetunion und China zu finden sind[35]. Die Probleme liegen hier in einer relativ beschränkten Zahl von Anlagen, in starken Schwankungen der Nachfrage in Verbindung mit Zyklen der zivilen und militärischen Flugzeugproduktion und in unzureichender Investitionstätigkeit. So spielten offenbar massive und billige sowjetische Titanschwamm-Ausfuhren in den 60er und 70er Jahren eine Rolle bei der Entstehung von Engpässen Ende der 70er Jahre – es waren aufgrund des sowjetischen Verdrängungswettbewerbs mit niedrigen Preisen einfach nicht genügend Kapazitäten aufgebaut worden, um den Verlust der sowjetischen Exporte auszugleichen.

Mitte der 80er Jahre hatten diese Engpässe jedoch eine aus vielen Rohstoffmärkten vertraute Reaktion hervorgerufen – ein Überangebot. 1986 waren die Titanschwamm-Produktionskapazitäten nur zu etwa 50% ausgelastet; japanische Hersteller hatten sogar noch geringere Auslastungen zu verzeichnen[36]. Eine Reihe von Projekten, die Ende der 70er Jahre erwogen worden waren, blieben bislang auf dem Reißbrett[37]. Die sowjetischen Exporte wurden, wenn auch zunächst in verringertem Umfang, wiederaufgenommen; allerdings scheint die UdSSR Schwierigkeiten zu haben, alte Märkte

---

[31] Zur Entwicklung der Bergbaukapazitäten und der daraus resultierenden Kapazitätsreserven vgl. Bundesanstalt für Geowissenschaften ..., op. cit., insbes. p. 114.

[32] Lynd, op. cit. (1985), p. 13.

[33] Hierzu US Bureau of Mines, op. cit. (1980), p. 970.

[34] US Bureau of Mines, op. cit. (1985), p. 167.

[35] Bundesanstalt für Geowissenschaften ..., op. cit., pp. 144 ff.; US Bureau of Mines, op. cit. (1980), pp. 961 ff.

[36] Mining Annual Review, op. cit., pp. 54 f.; US Bureau of Mines, op. cit. (1984), p. 885; US Bureau of Mines, op. cit. (1985), p. 167.

[37] Bundesanstalt für Geowissenschaften ..., op. cit. p. 143; Mining Journal (ed), Mining Annual Review 1986, London 1986, pp. 52 f.

wiederzugewinnen. Zudem verhindert die UdSSR durch ihre Weigerung, die Herstellung ihrer Titanschwämme zu überwachen, die Verwendung ihres Materials in besonders kritischen Anwendungsbereichen[38].

Kapazitätsengpässe können auch in Zukunft nicht ausgeschlossen werden – immerhin betragen die Vorlaufzeiten für die in hohem Maße kapitalintensive Errichtung von Titanmetall-Produktionsanlagen rund vier Jahre, die in einer Krisensituation allerdings auf 18 Monate verkürzt werden könnten[39]. Zudem sind die Flugzeughersteller auf Lieferverzögerungen und temporäre Engpässe gut eingestellt: Auch mehrmonatige Unterbrechungen im Jahr 1979 konten die Flugzeugproduktion nicht beeinträchtigen; die Hersteller verfügten über umfangreiche Vorräte[40]. Schließlich stammt ein Teil des Titanmetalls, das für die Flugzeugindustrie verarbeitet wird, aus der Wiederverwendung von Titanmetall-Abfällen, die bei der Fertigung von Triebwerks- und Flugzeugteilen entstehen[41].

Die Sowjetunion, die wie die westlichen Industriestaaten auf Einfuhren von Titanerzen zur vollständigen Deckung ihrer großen Nachfrage angewiesen ist, spielte in der Vergangenheit als Akteur im Marktgeschehen durch ihre Exporte eine eher destabilisierende Rolle, doch hatte dies keine politischen Hintergründe. Die Ausfuhren der UdSSR in die USA und in die Bundesrepublik nehmen in der Versorgung dieser Länder derzeit insgesamt nur eine marginale Bedeutung ein, so daß hier von Abhängigkeit nicht gesprochen werden kann.

Erkennbare wirtschaftliche Sicherheitsrisiken sind daher nicht feststellbar. Wenn die Vereinigten Staaten dennoch an ihrer strategischen Bevorratung bei Titan festhalten, so ist das nur vor dem Hintergrund der spezifischen Ausrichtung dieser Vorratshaltung zu verstehen, die primär für eine längerdauernde Kriegssituation bestimmt ist[42].

4. Elektronik- und High-Tech-Rohstoffe

Mit den Veränderungsprozessen in der Zusammensetzung der Industrieproduktion in den hochentwickelten Staaten verändert sich auch die Zusammensetzung der Palette der benötigten Rohstoffe und Materialien. Die klassischen Grundstoffe der ersten industriellen Revolution – Stahl, Kupfer, Zink und eine Reihe anderer Metalle – bü-

---

38 US Bureau of Mines, op. cit. (1980), p. 971; Richard M. Levine, The Mineral Industry of the USSR, in: US Bureau of Mines, Minerals Yearbook, 1983, Vol. III: Area Reports: International, Washington 1984, pp. 773–806 (783, 786).

39 New South Wales Government, op. cit., p. V.

40 US Bureau of Mines, Minerals Yearbook 1980, Vol. I, Minerals and Metals, Washington 1981, p. 845.

41 Lynd, op. cit. (1985), p. 12.

42 Die strategischen Vorräte der USA wurden im Jahr 1984 um 4500 Tonnen Titanschwamm aufgestockt, lagen jedoch mit insgesamt 26000 Tonnen nach wie vor erheblich unter der Zielsetzung von 195000 Tonnen. Vgl. hierzu US Bureau of Mines, op. cit. (1985), p. 167 sowie Lynd, op. cit. (1985), p. 14.

ßen dabei an Bedeutung ein, während andere, mit der zweiten industriellen Revolution der Kommunikations- und Informationstechnologien verbundene Rohstoffe aufsteigen. Zwar wäre es selbst langfristig irreführend, hier eine völlige Verdrängung anzunehmen: Die zweite industrielle Revolution und ihre Produkte überlagern diejenigen der ersten, ohne sie zu ersetzen – ebenso wie ja auch die erste industrielle Revolution die Landwirtschaft als die bis dahin wichtigste Basis der Wirtschaftsordnung keineswegs ersetzte, wohl aber ihre relative Bedeutung stark zurückdrängte.

Tatsächlich lieferte die Landwirtschaft entscheidende Impulse für die industrielle Revolution des 18. Jahrhunderts; ihre dramatische Expansion parallel zur Steigerung der Industrieproduktion bildete eine wichtige Voraussetzung für den Erfolg dieser Revolution[1]. In ähnlicher Weise dürften sich in Zukunft zwar die dynamischsten Sektoren der Wirtschaftsentwicklung in neuen Industriebereichen befinden, ohne daß dadurch aber die klassischen – und rohstoffintensiven – Zweige der Industrieproduktion verdrängt würden. Dies zeigt sich auch an der Zusammensetzung der Rohstoffbezüge eines technologieintensiven Großunternehmens wie etwa Siemens[2]: Siemens benötigt für seine Fertigung vor allem Kupfer (rund 100000 Tonnen pro Jahr, oder etwa ein Achtel des bundesdeutschen Gesamtverbrauchs), Aluminium sowie die Edelmetalle Gold, Silber und Platin. Daneben spielen bei der Herstellung von Bauelementen der Mikroelektronik jedoch auch Silizium, Gallium, Indium, Arsen und Antimon eine Rolle – und es sind diese und ähnliche, eher exotische Rohstoffe der Zukunftsindustrien, auf die nun das Augenmerk unserer Fragestellung zu richten sein wird. Einige dieser Rohstoffe wurden von neueren amerikanischen Untersuchungen wie einer Studie des *Office of Technology Assessment,* einer Organisation des amerikanischen Kongresses[3], oder der interministeriellen Arbeitsgruppe des US-Regierung[4], bereits als „strategisch bedeutsam" eingestuft und in Überlegungen zur Neustrukturierung der strategischen Rohstoff-Vorräte einbezogen. Dabei ist jedoch daran zu erinnern, daß diese Vorräte primär rüstungswirtschaftlich orientiert und vor allem für den Fall eines längeren Krieges konzipiert sind. Unsere Fragestellung zielt dagegen auf wirtschaftliche Sicherheitsrisiken unterhalb der Schwelle militärischer Auseinandersetzungen; sie wird daher möglicherweise zu anderen Ergebnissen führen.

4.1 Tantal

Tantal ist geologisch ein enger Verwandter des Niob, ökonomisch haben die beiden Rohstoffe jedoch nur relativ wenig gemeinsam: Die geographische Verteilung des Bergbaus und noch deutlicher die spezifischen Verwendungsbereiche unterscheiden sich beträchtlich. Unterschiedlich sind schon die Größenordnungen: Während die

---

[1] Vgl. E. J. Hobsbawn, The Age of Revolution, London 1977, pp. 64ff.; Paul Bairoch, Agriculture and the Industrial Revolution, London 1969.

[2] Interview mit Vertretern des Einkaufs der Siemens AG, München, 9.7.1984.

[3] Office of Technology Assessment, Strategic Materials: Technologies to Reduce U.S. Import Vulnerability, Washington 1985.

[4] *Financial Times,* 11.7.1985.

Bergbauproduktion der westlichen Welt von Niob 1986 etwa 15 000 Tonnen betrug, waren es bei Tantal nur rund 220 Tonnen[1]. Niob ist in erster Linie ein Stahlveredler, die wichtigsten Einsatzbereiche des Tantal liegen dagegen in der elektronischen Industrie. Die Bergwerksförderung von Niob gilt primär diesem Metall, wobei allerdings in einigen Fällen auch Tantal als Kuppelprodukt anfällt; die Tantalförderung dagegen ist eng an den Abbau von Zinn gekoppelt: Neben Tantalkonzentraten spielen deshalb auch Zinnschlacken eine wichtige Rolle im Welthandel mit Tantalrohstoffen[2].

Tantal ist ein Metall mit einer einzigartigen Kombination von Qualitäten: Es ist leicht zu verarbeiten, höchst korrosionsfest gegenüber fast allen Säuren, zäh und dauerhaft mit ausgezeichneten elektrischen Eigenschaften. Seine Verwendung in großen Mengen begann mit der Entwicklung von Radar und modernen Kommunikationsmitteln im Zweiten Weltkrieg in Form von Tantal-Kondensatoren; der Korea-Krieg brachte einen weiteren großen Nachfrageschub[3].

Abhängigkeiten: Ein Blick auf die Bergwerksförderung von Tantal und ihre Entwicklung in den letzten zehn Jahren zeigt eine relativ starke Konzentration auf wenige Länder; die Zusammensetzung dieses kleinen Kreises und das relative Gewicht der Mitglieder haben sich jedoch nicht unbeträchtlich verschoben. So entfiel auf Kanada 1974 allein ein Drittel der Bergwerksförderung der westlichen Welt (für die sozialistischen Staaten fehlen hinlängliche Angaben); der Zweitplacierte, Brasilien, stellte weitere 16%. Australien und Nigeria lieferten je 15%, Moçambique 8%. 1986 dagegen lag Thailand mit etwa einem Viertel der Gesamtförderung der westlichen Welt auf Platz 1, gefolgt von Australien (20%) und Brasilien, das seinen Anteil auf 22% ausweiten konnte. Kanada war aus den Produktionsstatistiken mit der Einstellung seiner Förderung Ende 1982 verschwunden. Die Gesamtförderung war in diesen Jahren zunächst stark angestiegen, danach jedoch zurückgegangen; der Anstieg bis 1980 wurde in erheblichem Maße durch die Aufarbeitung von Zinnschlacken mit niedrigem Tantalgehalt ermöglicht. In den drei großen Industrieregionen war lediglich in Westeuropa (Spanien) eine nennenswerte Eigenproduktion zu verzeichnen[4]. Aber auch Westeuropa ist – wie Japan und die USA – praktisch vollständig von Importen abhängig.

Einzelheiten über die Verteilung der Importquellen werden angesichts der relativ geringen Mengen in den Handelsstatistiken nicht immer präzise deutlich. Die USA bezogen 1982–1985 34% ihrer Tantal-Importe aus Thailand, 10% aus Brasilien sowie 8% aus Australien; Japan importierte über 90% aus den beiden südostasiatischen

[1] US Bureau of Mines, Mineral Commodity Summaries 1987, Washington 1987.

[2] Vgl. hierzu Bundesanstalt für Geowissenschaften und Rohstoffe/Deutsches Institut für Wirtschaftsforschung, Untersuchungen über Angebot und Nachfrage mineralischer Rohstoffe, XVII, Tantal, Hannover/Berlin 1982, Teil II; Larry D. Cunningham, Tantalum, Washington 1985, pp. 1 ff. (= Mineral Facts and Problems, 1985 Edition, Preprint); Dieter Kamphausen, Tantal – sensibler Rohstoff für moderne Technologien, in: *DIW Wochenbericht* 21/1983, pp. 278–280.

[3] Bundesanstalt für Geowissenschaften ..., op. cit., Teil II.1; Cunningham, op. cit., pp. 1 ff.

[4] Vgl. hierzu Metallgesellschaft, Metallstatistik, versch. Jahrgänge, Frankfurt, sowie Bundesanstalt für Geowissenschaften ..., op. cit., Teil II.3 und US Bureau of Mines, op. cit.

Tab. C – 4.1: Basiskennziffern: Tantal ('000 lb Tantalgehalt)

	Bergbau-Produktion 1986		Nachgewiesene Reserven 1986		Geschätzte Förderkapazitäten 1984		1990		Anteil an den Einfuhren[a] (%) der USA 1982–1985	der Europ. Gemeinschaft 1981–1982	Japans 1981–1982
Kanada	–		5000	(7)	300	(12)	300	(10)	–		
Brasilien	110	(22)	3000	(4)	200	(8)	250	(8)	10		
Nigeria	10	(2)	10000	(13)	100	(4)	100	(3)			
Zaire	70	(14)	10000	(13)	100	(4)	100	(3)			5
Thailand	120	(24)	20000	(26)	800	(31)	800	(27)	34		9
Malaysia	10	(2)	4000	(5)	200	(8)	200	(7)	6		86
Australien	100	(20)	20000	(26)	250	(10)	550	(18)	8		
UdSSR	n.v.	(n.v.)	n.v.	(n.v.)	350	(13)	400	(13)			
Welt	500[b]	(100)[b]	76000[b]	(100)[b]	2600	(100)	3000	(100)	(100)	(100)	(100)
					ad memoriam: Importabhängigkeit				100	100	100

Zahlen in Klammern: Anteil am Weltgesamtwert in %
[a]) soweit verfügbar [b]) ohne sozialist. Staaten

Quellen:
US Bureau of Mines, Mineral Commodity Summaries 1987, Washington 1987
US Bureau of Mines, Mineral Facts and Problems, 1985 Edition, Washington 1985
Japan External Trade Organisation, White Paper on International Trade, Japan 1984, Tokio 1984
P. C. F. Crowson, Minerals Handbook, 1984–1985, London 1984

Staaten Thailand und Malaysia[5]. Wichtige Exportländer sind daneben die afrikanischen Staaten Nigeria, Moçambique und Zaire sowie Australien und – wenn auch in stark fluktuierendem Umfang – China[6]. Nach Informationen über neue Bergbauprojekte und Schätzungen ist bis Ende der 80er Jahre vor allem mit einer Erweiterung der australischen, daneben auch der brasilianischen Kapazitäten zu rechnen[7]. Die Struktur der Förderung hängt jedoch bei Tantal in hohem Maße von den jeweiligen Marktgegebenheiten, aber auch von der Entwicklung der Nachfrage nach Zinn ab: Hohe Tantal-Preise lassen die Aufarbeitung alter Zinnschlacken rentabel werden und stärken damit den Marktanteil der südostasiatischen, australischen und afrikanischen Zinnproduzenten; allerdings wird das Aufkommen von Zinnschlacke auch durch die Entwicklung der Zinnproduktion bestimmt[8].

---

[5] US Bureau of Mines, op. cit.; Phillip Crowson, Mineral Handbook 1984–1985, London 1984.
[6] Mining Journal, Mining Annual Review, 1984, London 1984, p. 73; US Bureau of Mines, Minerals Yearbook, 1983, Vol. I, Metals and Minerals, Washington 1984, p. 271; Kamphausen, op. cit.
[7] Mining Annual Review, op. cit., p. 73; Cunningham, op. cit., p. 2.
[8] Kamphausen, op. cit.; Cunningham, op. cit., pp. 6, 9.

Verwundbarkeit: Die Nachfrage nach Tantal konzentriert sich in hohem Maße auf die westlichen Industriestaaten – auf die USA, Japan und die Bundesrepublik entfallen etwa 72% des Gesamtverbrauchs der westlichen Welt[9]. Rund 55–65% dieser Mengen fließen dabei in die Herstellung von Tantal-Kondensatoren für die Unterhaltungselektronik, aber auch für Computer, Kommunikations- und Steuerungssysteme und Instrumente. Die Verwendung der Kondensatoren unterscheidet sich von Land zu Land beträchtlich; in den USA ist der Bedarf der Rüstungsindustrie bedeutsam, in Japan vor allem die Unterhaltungselektronik[10]. Neben diesen Verwendungen in der Elektronik entfielen in den USA etwa 14% der Nachfrage auf den Luft- und Raumfahrtsektor, weitere 14% wurden zur Herstellung von Tantalkarbiden für Werkzeuge und Maschinen und 4% in Anlagen der chemischen Industrie verwendet[11]. Insgesamt ist Tantal für mehrere technologische Schlüsselbranchen ein kritischer Werkstoff; ein Ausfall der Tantal-Lieferungen könnte daher potentiell schwerwiegende Konsequenzen haben.

Daran dürfte sich auch in Zukunft wenig ändern. Zwar wurden die Projektionen des *US Bureau of Mines* über die zukünftige Nachfrage nach Tantal Mitte der 80er Jahre im Vergleich zu früheren Schätzungen erheblich nach unten revidiert – aber selbst nach diesen modifizierten Projektionen wird die Nachfrage nach Tantal in den USA 1983–2000 durchschnittlich um 3,2%, in der restlichen Welt sogar um 3,4% pro Jahr zunehmen[12]. Dabei wird vor allem in den Verwendungsbereichen der Elektronik und des Maschinen- und Werkzeugbaus mit kräftigen Zuwächsen gerechnet – trotz der Tendenz zur Verringerung des spezifischen Tantalbedarfs pro Kondensator und zur Substitution von Tantal durch andere Werkstoffe in Kondensatoren für weniger anspruchsvolle Anwendungen[13]. Tantal wird also seine kritische Bedeutung für technologische Spitzenindustrien beibehalten, ja möglicherweise noch ausbauen.

Krisenflexibilitäten: Im Falle einer Störung der Tantal-Versorgung hinge die Verfügbarkeit von freien Produktionskapazitäten stark von den Marktbedingungen vor der Lieferunterbrechung, aber auch davon ab, welche Förderregion betroffen wäre. Unter Bedingungen niedriger Tantalpreise und relativ niedriger Nachfrage dürften erhebliche Kapazitätsreserven in Form von Zinnschlacke bestehen; hohe Preise und große Nachfrage dagegen tendieren dazu, diese Möglichkeiten der Tantal-Produktion auszuschöpfen. Probleme bei der Mobilisierung alternativer Versorgungsquellen könnten sich auch dadurch ergeben, daß Verarbeitungskapazitäten zur Gewinnung von Tantalkonzentrat aus Zinnschlacke mit niedrigem Tantalgehalt in den Industriestaaten (insbesondere in der BRD, Japan und den USA) durch eine Verlagerung dieser

[9] Kamphausen, op. cit.; vgl. auch Bundesanstalt für Geowissenschaften ..., op. cit., Teil IV.2.

[10] Kamphausen, op. cit.; Bundesanstalt für Geowissenschaften ..., op. cit., Teil IV.2; Cunningham, op. cit., pp. 4ff.

[11] US Bureau of Mines, op. cit.; Cunningham, op. cit., pp. 4ff.

[12] Cunningham, op. cit., p. 10; vgl. auch US Bureau of Mines, Mineral Facts and Problems, 1980 Edition, Washington, 1980, pp. 911–924 (920). Für eine etwas weniger optimistische Prognose vgl. Kamphausen, op. cit.

[13] Cunningham, op. cit., pp. 9f.

Verarbeitungsstufe in die Bergbauländer verdrängt werden könnten. Zudem wird die Verfügbarkeit von Tantal in hohem Maße von der Entwicklung der Zinnproduktion abhängen, die in Zukunft wesentlich langsamer wachsen dürfte als die Nachfrage nach Tantal und obendrein durch Fördereinschränkungen im Rahmen des Internationalen Zinnabkommens betroffen werden könnte[14].

Daten über die industrielle Vorratshaltung in den USA deuten darauf hin, daß die Lagerbestände bei Verarbeitungsfirmen und Verbrauchern einen erheblichen Umfang aufweisen – ihre theoretische Reichweite betrug in den letzten Jahren nicht selten mehrere Jahre[15]. Diese Vorräte könnten im Falle von Versorgungsstörungen erhebliche Überbrückungsflexibilität bedeuten. Darüber hinaus lagert die amerikanische Regierung seit langem Tantalkonzentrat und -metall in ihren strategischen Vorräten; diese Vorräte wurden in den 60er und 70er Jahren kontinuierlich verringert. Diese Abgaben aus den strategischen Beständen wurden 1976 jedoch eingestellt; 1981, 1982 und 1984 wurden die Vorräte durch Zukäufe von insgesamt knapp 300000 Pfund aufgestockt, lagen damit aber dennoch erst bei etwa 20% der vorgesehenen Menge von 8,4 Millionen Pfund. Die Bestände entsprachen 1986 etwas mehr als 26 Monaten des Verbrauchs in selben Jahr[16].

Auf der *Nachfrageseite* läßt die Entwicklung im Tantalmarkt der 70er und frühen 80er Jahre Aufschlüsse über die Flexibilitätsreserven zu. Ein rasanter Preisanstieg von $ 8/Pfund im Jahr 1973 auf knapp $ 130/Pfund 1980 und ein beinahe ebenso dramatischer Preisverfall bis zu $ 9 im Jahr 1986 löste erhebliche Strukturveränderungen aus: Die Tantalnachfrage ging von 1980 bis 1983 um annähernd 50% zurück. Dabei spielte neben konjunkturellen Elementen auch die Tendenz zur Substitution von Tantal und zur Verringerung des spezifischen Verbrauchs eine zentrale Rolle: Aluminium und Keramik ersetzte Tantal in Kondensatoren für die Unterhaltungselektronik; neue Herstellungstechniken ermöglichten den Bau von Tantal-Kondensatoren mit gleicher Leistung, aber geringerem Tantaleinsatz[17]. Silizium, Germanium, Selen, Zirkonium und Titan stellen ebenfalls potentielle Substitutionsmetalle für Tantal in elektronischen Anwendungen dar; daneben ist Niob in mehreren Einsatzbereichen von Tantal eine mögliche Alternative[18]. Versorgungsengpässe und die dadurch ausgelösten Preissprünge würden wohl auch in Zukunft eine erhebliche Verringerung der Nachfrage nach sich ziehen, wenngleich hier Verzögerungseffekte und zusätzliche Kosten durch notwendige Neuinvestitionen und Design-Veränderungen unvermeidlich wären. Zugleich dürfte das Substitutions- und Einsparungspotential aufgrund der Entwicklungen seit 1980 strukturell verringert worden sein, weil die offensichtlicheren Möglichkeiten bereits ausgeschöpft wurden.

---

[14] Cunningham, op. cit., p. 9; Kamphausen, op. cit.

[15] US Bureau of Mines, op. cit. (1987); Cunningham, op. cit., p. 6.

[16] ibid., p. 7; US Bureau of Mines, op. cit. (1987).

[17] Kamphausen, op. cit.; Mining Annual Review, 1984, op. cit., p. 73; Mining Annual Review, 1982, op. cit., pp. 77f.; Cunningham, op. cit., pp. 5f.

[18] ibid.

Politische Risikoanalyse: Engpässe in der Tantalversorgung könnten sich einerseits durch die Koppelung der Tantalförderung an die Zinnproduktion ergeben, andererseits durch politische Krisen in wichtigen Förderregionen wie Südostasien oder Afrika. Im ersteren Falle wäre jedoch insofern kaum von genuinen wirtschaftlichen Sicherheitsrisiken auszugehen, als die dadurch ausgelösten Anpassungsprobleme in einem so stark volatilen Rohstoffmarkt wie dem für Tantal nicht ungewöhnlich sind; es gibt keine Anzeichen dafür, daß diese Schwierigkeiten nicht durch privatwirtschaftliche Maßnahmen wie Vorratshaltung und angemessene Explorations- und Entwicklungsinvestitionen zu bewältigen wären. Eine Unterbrechung der Lieferungen durch politische Wirren könnte – insbesondere, falls Thailand und Malaysia betroffen wären – größere Probleme aufwerfen, auch wenn die Wahrscheinlichkeit von Störungen der hierzu erforderlichen Reichweite und Dauer nicht sehr groß scheint. Die Anpassungsflexibilitäten auf der Nachfrageseite wären jedoch selbst in diesem Falle zusammen mit einer gewissen Erhöhung des Angebots aus anderen Lieferländern wohl in der Lage, die Engpässe ohne gravierende gesamtwirtschaftliche Auswirkungen zu überwinden.

4.2 Andere elektronische und „High-Tech"-Rohstoffe

Zu den am häufigsten genannten „exotischen" Rohstoffen mit kritischer Bedeutung und problematischer Verfügbarkeit gehört *Beryllium.* Beryllium ist eines der leichtesten Metalle mit großer Festigkeit und Steife, hohem Schmelzpunkt und guter Korrosionsfestigkeit. Darüber hinaus verfügt Beryllium über besondere Qualitäten, die es zu einem militärisch bedeutsamen Rohstoff machen: Es reflektiert Neutronen gut und findet daher bei der Konstruktion von Atomwaffen Anwendung. Seine kritische Bedeutung liegt jedoch nicht nur aus diesem Grund vor allem im Bereich der Rüstungsindustrie: Beryllium findet auch in Feuerleit- und Steuerungssystemen von Flugzeugen und Raketen sowie als Strukturelement für bestimmte Bauteile in der Flugzeugindustrie Verwendung. In der Form von Beryllium-Kupferlegierungen ist Beryllium daneben auch ein wichtiger Vorstoff der Elektro- und Elektronikindustrie mit einer breiten Palette von Anwendungen[5].

Etwa 40% der US-Nachfrage (für die allein entsprechende Daten vorliegen) entfallen auf die Rüstungs- und die Luftfahrtindustrien, fast der gesamte Rest auf die Elektro- und Elektronikbranche. Insbesondere in seinen militärischen Anwendungen ist Beryllium nur schwer zu substituieren; sein hoher Preis induziert bereits einen möglichst sparsamen Umgang mit diesem Rohstoff[6]. Für die kommenden Jahre rechnen Experten mit hohen Zuwachsraten in der Nachfrage[7]. Insgesamt hat Beryllium daher

---

[5] Vgl. Mining Journal (ed), Mining Annual Review, 1984, London 1984, p. 88; Rae Weston, Strategic Materials, A World Survey, Totowa, N. J. 1984, pp. 12ff.; Benjamin Petkof, Beryllium, Washington 1985, pp. 1ff. (= US Bureau of Mines, Mineral Facts and Problems, 1985 Edition, Preprint).

[6] Petkof, op. cit., pp. 3ff.; US Bureau of Mines, Minerals Yearbook, 1983, Vol. I, Minerals and Metals, Washington 1984, pp. 143ff.

[7] Mining Annual Review, op. cit., p. 88; Petkof, op. cit., pp. 6f.

im Bereich der Elektronik-Industrie und im Rüstungssektor kritische Bedeutung. Die amerikanische Regierung hat Beryllium-Erz, Beryllium-Metall und Beryllium-Kupferlegierungen in ihre strategische Rohstoff-Vorratshaltung einbezogen; die Vorräte entsprechen inzwischen mit Ausnahme der Kategorie Beryllium-Metall in etwa den Zielvorgaben. Die Vorräte an Metall wurden durch Zukäufe in den Jahren 1984 und 1985 aufgestockt[8].

Die Angaben über Produktion und Reserven von Beryllium-Erzen sind unvollständig. Beryllium wird derzeit nur aus zwei Mineralien kommerziell gewonnen: In den USA ist dies Bertrandit, das in Reinform einen Beryllium-Gehalt von etwa 15% aufweist; ansonsten wird Beryllium primär aus Beryl gewonnen. Etwa 30% der Bergbaukapazitäten lagen 1983 in den USA, jeweils 19% in der UdSSR und in Brasilien, je 8% in Indien und Australien; der Rest entfiel auf eine Reihe von Staaten im südlichen Afrika, Argentinien und China[9]. Die USA sind offenbar in der Lage, ihren Eigenbedarf zu decken; genaue Produktionsdaten sind jedoch nicht verfügbar. Daneben exportieren die USA Beryllium in verschiedenen Formen, wobei der wichtigste Abnehmer – wohl aufgrund seiner Kernwaffenprogramme, seiner zivilen Reaktorindustrie und seiner Flugzeug- und Rüstungsproduktion – Frankreich ist. Westeuropa und Japan sind völlig auf Einfuhren angewiesen; die wichtigsten Exportländer sind Brasilien (deren Beryl-Exporte primär in die USA gehen), die afrikanischen Produzenten und China (das 1982 bis 1985 immerhin 27% der US-Beryllium-Einfuhren bestritt)[10]. An dieser Grobstruktur des internationalen Beryllium-Handels dürfte sich in den kommenden Jahren wenig ändern, auch wenn das eine oder andere Förderland (wie etwa Kanada[11]) hinzukommen sollte.

Rechtfertigt die kritische Bedeutung des Berylliums und die Struktur der internationalen Abhängigkeiten spezifische Vorsorgemaßnahmen im Rahmen unserer Fragestellung? Die umfangreichen amerikanischen Kapazitäten, die recht breite Palette kleinerer, aber im Vergleich zur effektiven Nachfrage außerhalb der USA durchaus bedeutsamer Exportländer und die hohen Preise und relativ geringen Verbrauchsmengen, die sich weltweit in einigen hundert Tonnen ausdrücken lassen (und daher beispielsweise die Möglichkeit des Lufttransportes bei Störungen der Transportwege eröffnen), sprechen dagegen: Es fällt schwer, plausible Szenarien für Versorgungsstörungen zu entwickeln, die eine ernsthafte Gefährdung der Versorgung Westeuropas und Japans involvieren würden. Die US-amerikanische Vorratspolitik erklärt sich aus der militärischen Bedeutung des Berylliums, nicht aus gesamtwirtschaftlichen Erwägungen[12]. Immerhin rechtfertigt die Bedeutung dieses Rohstoffs für die Elektronikindustrie sowie die Tatsache, daß die Gewinnung von Beryllium aus Beryllium-Erzen in

---

[8] Petkof, op. cit., p. 5.

[9] Weston, op. cit., pp. 46ff.; Petkof, op. cit., pp. 1 ff.

[10] US Bureau of Mines, op. cit. (1984), p. 145; US Bureau of Mines, Mineral Commodity Summaries 1985, Washington 1987.

[11] Mining Annual Review, op. cit., p. 88.

[12] Vgl. Office of Technology Assessment, op. cit., pp. 389f.

der westlichen Welt das Monopol eines einzigen Unternehmens darstellt[13], die Beobachtung der zukünftigen Entwicklungen im Hinblick auf mögliche Versorgungsrisiken.

Germanium formiert ebenfalls in den Überlegungen der interministeriellen Arbeitsgruppe der US-Regierung, die 1985 ihre Empfehlungen vorlegte. Germanium war der vielleicht wichtigste Rohstoff in der Gründerphase der modernen Elektronikindustrie, die 1947 mit der Entwicklung des Transistors begann. Zugleich demonstriert Germanium jedoch auch die Bedeutung von Substitutionsprozessen in den Zukunftsindustrien: Seit Mitte der 70er Jahre geht die Bedeutung von Germanium in der Elektronikindustrie zurück, das billigere Silizium und der Chip übernahmen die Funktionen des Germaniums und des Transistors. Zugleich erschlossen sich dem Germanium jedoch neue Anwendungsbereiche in anderen Sektoren der *High-Tech*-Industrien[14].

Die Bedeutung des Germaniums liegt derzeit vor allem im Bereich des Instrumentenbaus; das Metall wird zur Herstellung von Geigerzählern, vor allem aber von Infrarot-Optiken benötigt. Daneben ist Germanium auch ein wichtiger Bestandteil bei der Herstellung von Glasfasern. Die militärische Bedeutung des Germaniums ergibt sich aus der wachsenden Rolle von Infrarot-Feuerleit- und Aufklärungssystemen[15]. Die hohen projektierten Wachstumsraten für Germanium[16] reflektieren die kritische Bedeutung dieses Rohstoffes für bestimmte Bereiche der Zukunftsindustrien wie Glasfasern, Infrarot-Optik und Elektronik (wo Germanium aufgrund seiner überlegenen Qualitäten in einigen Sparten ein *Comeback* feiert).

Allerdings rechtfertigt diese kritische Bedeutung des Germaniums noch keine Vorsorgemaßnahmen gegen wirtschaftliche Sicherheitsprobleme. Germanium ist – wie etliche andere elektronische Rohstoffe – ein Metall, das als untergeordnetes Beiprodukt bei der Verarbeitung von Zinkerzen anfällt. Die entsprechenden Verarbeitungskapazitäten finden sich in Nordamerika, Westeuropa und Japan, so daß hier keine signifikanten Einfuhr-Abhängigkeiten feststellbar sind[17]. Als zusätzliche Quelle von Germanium bieten sich in der Zukunft die Aschenabfälle von Kohlekraftwerken an, die größere Mengen Germanium enthalten. Zudem werden etwa 50% der Germanium-Abfälle bei der Herstellung von elektronischen und optischen Produkten routinemäßig rezykliert[18]. Die Krisenflexibilität ist auf der Angebotsseite also als beträchtlich einzuschätzen. Germanium ist ein sehr teurer Rohstoff, der in beschränkten Mengen verwendet wird: Der Welt-Verbrauch wurde 1983 auf 85 Tonnen geschätzt[19]. Die Vor-

---

[13] ibid.

[14] Patricia A. Plunkert, Germanium, Washington 1985, pp. 1 ff. (= US Bureau of Mines, Mineral Facts and Problems, 1986 Edition Preprint); Weston, op. cit., pp. 20 f.; US Bureau of Mines, Minerals Yearbook 1983, Vol. I, Minerals and Metals, Washington 1984, pp. 963 ff.

[15] Weston, op. cit., pp. 20 f.; Plunkert, op. cit., p. 3.

[16] Sie sollen für den Zeitraum 1983–2000 für die USA bei 5,4% p.a., für den Rest der Welt bei 7,8% p.a. liegen. Vgl. ibid., p. 5.

[17] Weston, op. cit., pp. 58 f.; Plunkert, op. cit., pp. 2 ff.

[18] Weston, op. cit., p. 58; US Bureau of Mines, op. cit. (1987).

[19] Plunkert, p. 5.

rats-Politik der USA, die Germanium seit 1984 als strategischen Rohstoff einstuft und ein Bevorratungsziel festgesetzt hat[20], ist nur mit dessen Bedeutung für die Rüstungsproduktion zu rechtfertigen.

Ebenso wie Germanium ist auch *Gallium* ein Metall, das in vergleichsweise geringen Mengen (Welt-Jahresproduktion 1986 etwa 40000 kg), aber zu sehr hohen Preisen (Preis per kg 1986: $ 525) überwiegend in der Elektronik-Industrie Verwendung findet[21]. Die spärlichen Daten über Gallium zeigen, daß in den USA über 90% der Nachfrage in elektronischen Anwendungsbereichen wie Dioden und Laseranlagen lagen[22]. Die Parallele mit Germanium trägt noch weiter: Auch Gallium wird – wie Germanium, aber auch andere elektronische Metalle, z.B. Indium – als Nebenprodukt bei der Verarbeitung von Bauxit- und Zinkerzen gewonnen. Bestimmend für die Welt-Produktionsstruktur von Gallium sind daher die Standorte von Verarbeitungsanlagen, die Bauxit- oder Zinkerze mit relativ hohen Gallium-Spuren verarbeiten. Diese befinden sich jedoch weitgehend in Industrieländern.

Die Schätzungen des *US Bureau of Mines* gehen für die kommenden Jahre von einer sehr hohen Wachstumsrate der Nachfrage (über 10% p.a. für den Zeitraum 1983 bis 2000) aus, weil die Einsatzmöglichkeiten des Metalls und seiner Verbindungen in integrierten Schaltkreisen, Solarzellen, Infrarot-Dioden und Glasfaser-Kommunikationssystemen eine Reihe von Absatzsparten mit guten Zukunftsaussichten betreffen[23]. Gallium wird damit als Rohstoff in Zukunft noch an Bedeutung gewinnen.

Gallium ist also durchaus als kritischer Rohstoff der Elektronik-Industrie zu betrachten[24]. Allerdings erscheint eine Verwundbarkeit der Industriestaaten gegenüber Lieferstörungen nicht gegeben, weil sowohl Westeuropa wie Japan umfangreiche Gallium-Gewinnungskapazitäten aufweisen; Frankreich und die Bundesrepublik verfügen über eine erhebliche Roh-Gallium-Produktion, während die Schweiz das wichtigste Lieferland für raffiniertes Gallium darstellt. In den USA reichen die Kapazitäten nicht zur Deckung des Bedarfs aus; auch in Zukunft werden die USA in erheblichem Maße auf Einfuhren angewiesen bleiben[25]. Diese kamen 1982–1985 jedoch aus verläßlichen Lieferländern wie der Schweiz (50%), der BRD (18%) und Frankreich (18%)[26]. Zudem ließe sich die Gewinnung von Gallium notfalls durch den Rückgriff auf Rückstände aus der Zinkgewinnung steigern; daneben gibt es in vielen Anwendungsbereichen Substitutionsmöglichkeiten – etwa die Verwendung von Flüssigkristall-Anzeigen anstelle von Dioden[27]. Ernsthafte Risiken bei der Versorgung der Industriestaaten mit

---

[20] ibid., p. 4.

[21] US Bureau of Mines, op. cit. (1987).

[22] ibid.; US Bureau of Mines, op. cit. (1984), p. 367f.; Benjamin Petkof. Gallium, Washington 1985, pp. 2ff. (= US Bureau of Mines, Mineral Facts and Problems, 1986 Edition, Preprint).

[23] US Bureau of Mines, op. cit. (1987); Petkof, op. cit. (Gallium), p. 5.

[24] So auch Petkof, op. cit. (Gallium), p. 4. Allerdings umfassen die strategischen Rohstoffvorräte keine Bestände an Gallium; es bestehen auch keine Pläne in dieser Richtung.

[25] ibid., pp. 1ff.; US Bureau of Mines, op. cit. (1984), p. 369.

[26] US Bureau of Mines, op. cit. (1987).

[27] Petkof, op. cit. (Gallium), pp. 4ff.

Gallium sind daher nicht erkennbar. Die Flexibilität des Angebots erscheint beträchtlich, die Wahrscheinlichkeit gravierender und längerfristiger Lieferausfälle sehr gering.

Quarzkristall ist ein weiterer elektronischer Rohstoff von kritischer Bedeutung. Schon während des Zweiten Weltkriegs machte der Einsatz von Quarzkristallen in militärischen Kommunikations- und Radiosystemen das Material zu einem strategischen Gut; als deutsche U-Boote die Versorgung der amerikanischen Elektroindustrie mit Naturquarz unterbrachen, begann ein umfangreiches Programm zur Entwicklung synthetischer Quarzkristalle, das auch Erfolg hatte[28]. Heute spielen in der Elektronikindustrie praktisch nur noch synthetische Kristalle eine Rolle, die zu ihrer Herstellung allerdings auf den Rohstoff Lascas sowie auf Naturkristalle als „Saatgut" angewiesen sind[29]. Quarzkristalle sind unverzichtbare Bauelemente in Filtern zur Trennung der erwünschten von unerwünschten Teilen eines Frequenzspektrums sowie in Oszillatoren. Derartige Filter und Oszillatoren werden in einer breiten Palette von optischen Instrumenten und Kommunikationssystemen eingesetzt[30]. Die Nachfrage nach Quarzkristallen dürfte daher in Zukunft weiter kräftig anziehen, zumal keine konkurrenzfähigen Substitute in Sicht sind[31].

Brasilien hatte bis in die 70er Jahre praktisch eine Monopolstellung bei der Belieferung der westlichen Industriestaaten und Japans mit Naturquarz und Lascas. Preiserhöhungen bei Lascas 1974 führten jedoch zur Erschließung zweier Bergwerke im US-Staat Arkansas, die 1976 die Produktion aufnahmen und inzwischen den Eigenbedarf der USA mehr als decken; 1984 wurde das Land zu einem Netto-Exporteur beträchtlicher Mengen[32]. Naturquarz-Kristalle haben ihre ehemalige Bedeutung inzwischen ohnehin weitgehend eingebüßt; zudem lagern in den strategischen Rohstoffvorräten der USA erhebliche Mengen von Naturquarz, die als Überschuß-Bestände eingestuft und zum Verkauf freigegeben wurden[33]. Damit wurde die starke Machtstellung Brasiliens als Lieferland abgeschwächt, wenn auch keineswegs grundlegend unterminiert.

Die USA und Japan verfügen zusammen über fast 90% der Produktionskapazitäten für synthetische Quarzkristalle; andere Herstellerländer sind Großbritannien, Belgien, die BRD und Südafrika sowie die Schwellenländer Südkorea, Taiwan, Hongkong und Singapur, die in Zukunft bei der (arbeitsintensiven) Herstellung dieses Produkts eine größere Rolle übernehmen dürften[34]. Die entscheidenden Risiken liegen daher auf der Ebene der Vorstoff-Versorgung; hier ist eine Unterbrechung der brasilianischen Lieferungen über längere Zeit hinweg vorstellbar. Dies könnte für die japanische und westeuropäische Elektronikindustrie erhebliche Probleme aufwerfen (die USA dürften dagegen auch zur Jahrtausendwende weitgehend in der Lage sein, ihren Eigenbedarf zu

---

28 John E. Ferrell, Quarz Crystal, Washington 1985, p. 1 (= US Bureau of Mines, Mineral Facts and Problems, 1986 Edition, Preprint).

29 ibid., p. 2.

30 US Bureau of Mines, op. cit. (1987); US Bureau of Mines, op. cit. (1984), p. 981.

31 Ferrell, op. cit., pp. 3, 5.

32 ibid., pp. 1, 4; US Bureau of Mines, op. cit. (1987); US Bureau of Mines, op. cit. (1984), p. 982.

33 Ferrell, op. cit., p. 8; US Bureau of Mines, op. cit. (1987).

34 Ferrell, op. cit., pp. 1 ff.

decken[35]). Hinzu kommt die kritische Bedeutung des Quarzkristalls auch und gerade für militärische Zwecke im Rahmen der wachsenden Bedeutung von Kommando-, Kontroll- und Kommunikationssystemen[36]. In welchem Maße der Rückgriff auf Lagerbestände und eine Steigerung der US-Förderung etwaige Versorgungsstörungen bei den brasilianischen Bezügen ausgleichen könnte, läßt sich nicht beantworten.

Quarzkristalle erscheinen deshalb als kritischer Vorstoff der Elektronikindustrie mit einer gewissen Risikoanfälligkeit der Rohstoffbasis. Die amerikanische Regierung unterhält seit längerem strategische Vorräte, deren Umfang jedoch in der vergangenen Dekade durch Abgaben kontinuierlich gesenkt wurde. Weitere Verkäufe dürften in den kommenden Jahren erfolgen, wenngleich grundsätzlich an einem (wenn auch reduzierten) strategischen Vorratsbestand festgehalten werden woll[37]. Diese Bevorratungspolitik ist jedoch angesichts der US-Produktion von Lascas in ausreichenden Mengen nur unter militärischen Gesichtspunkten zu rechtfertigen. Dagegen dürfte die Importabhängigkeit Westeuropas und Japans durchaus eine Überprüfung der bestehenden Krisenflexibilitäten und – gegebenenfalls – zusätzliche staatliche Maßnahmen der Risikovorsorge rechtfertigen.

Der letzte in diese Überlegungen einbezogene Rohstoff der Elektro- und Elektronikindustrie ist *Mica.* Mica ist ein Sammelbegriff für Silikate, die sich leicht in dünne, flexible Scheiben spalten lassen. Das wichtigste Mica-Mineral ist für unsere Untersuchung das Muskowit, das vor allem in Indien, daneben auch in Brasilien, Afrika und der UdSSR vorkommt. Es gibt eine breite Palette von Mica-Produkten; von kritischer Bedeutung sind vor allem Mica-Platten, die weitgehend aus Indien stammen[38]. Diese Mica-Platten, die bis zu 0,1 mm dünn sein können, werden in der Elektro- und Elektronikindustrie dann verwendet, wenn gute Isolationseigenschaften und gewölbte Oberflächenkonfigurationen verlangt werden – also etwa in Vakuumröhren, auf die rund drei Viertel der US-Nachfrage nach Mica-Scheiben entfielen[39].

Für die Versorgung mit dieser Mica-Qualität sind die Industriestaaten nach wie vor weitgehend auf Indien angewiesen, dessen sehr alte Mica-Produktion auf Handarbeit und traditionellen Fertigkeiten beruht, die kaum zu ersetzen sind. Daneben spielen Brasilien und Madagaskar als Exportländer eine bescheidene Rolle[40]. Die UdSSR kauft etwa 70% der indischen Produktion; der Rest geht – zunehmend in Form von Produkten, die Mica-Scheiben enthalten und damit ein Verarbeitungsprodukt mit entsprechend höherem Exportwert darstellen – an die westlichen Industriestaaten und Japan[41]. Die Versorgungssituation ist damit nicht unproblematisch; in der Vergangen-

---

[35] ibid., p. 6.
[36] ibid., p. 3.
[37] ibid., p. 4.
[38] Vgl. Lawrence L. Davis, Mica, Washington 1985, pp. 1 ff. (= US Bureau of Mines, Mineral Facts and Problems, 1986 Edition, Preprint); Mining Journal (ed), Mining Annual Review 1984, London 1984, pp. 91 f.
[39] US Bureau of Mines, op. cit. (1984), p. 615.
[40] Davis, op. cit., pp. 3 f.; US Bureau of Mines, op. cit. (1985). Auf Indien entfallen etwa 88% der Weltproduktion dieser Mica-Sorte.
[41] Mining Annual Review, op. cit. p. 92.

heit kam es bereits wiederholt zu langen Lieferverzögerungen, Engpässen und Qualitätsschwankungen[42]. Auf der anderen Seite sinkt die Nachfrage nach Mica-Scheiben seit einiger Zeit in dem Maße, in dem andere, reichlicher verfügbare Mica-Sorten und andere Substitute die Verwendung von Mica-Scheiben zurückdrängten. Dieser Prozeß dürfte sich fortsetzen[43]. Im Falle einer längeren Versorgungsstörung wären Substitute wohl auch für die restlichen Verwendungsbereiche zu finden. Immerhin erscheint die Versorgungssituation und die Bedeutung der Mica-Scheiben der amerikanischen Regierung groß genug, um dieses Material in seine strategische Bevorratungspolitik einzubeziehen. Die Bestände wurden allerdings in den vergangenen Jahren durch Verkäufe minderer Mica-Qualitäten kontinuierlich verringert[44].

Insgesamt verdienen Mica-Scheiben angesichts der rückläufigen Bedeutung der Vakuumröhre in der Elektronikindustrie wohl kaum noch eine Berücksichtigung als kritischer Rohstoff; das amerikanische Vorratsprogramm erscheint wiederum primär durch militärische Überlegungen gerechtfertigt. Versorgungsschwierigkeiten sind zwar plausibel, bilden jedoch bereits seit langem ein Element der Marktsituation. Dementsprechend verfügte beispielsweise die amerikanische Industrie über Vorräte, die 1986 den Verbrauch von annähernd zwei Jahren abgedeckt hätten[45]. Substitute wären grundsätzlich für einen Großteil der Anwendungen erhältlich oder relativ rasch zu entwickeln[46]. Insofern erscheint auch die Krisenflexibilität ausreichend, zusätzliche Maßnahmen deshalb nicht erforderlich.

5. Andere kritische Rohstoffe

5.1 Die Düngemittel-Rohstoffe: Kali und Phosphat

Alles pflanzliche und tierische Leben beruht auf drei Nährstoffen – Stickstoff, Kali und Phosphor. Anorganische wie organische Landwirtschaft entzieht dem Boden diese Nährstoffe; der Verlust muß durch den Einsatz von natürlichen oder künstlichen Düngemitteln ausgeglichen werden, um eine dauerhafte Kultivierung des Bodens zu ermöglichen. Die Düngemittelindustrie produziert Verbindungen der drei grundliegenden Nährstoffe in einer Form, die durch die Pflanzen leicht resorbiert werden kann. Ohne die Verwendung immer größerer Mengen von Düngemitteln wäre die rasche Steigerung der Agrarproduktion seit Beginn der industriellen Revolution und speziell in der Nachkriegszeit nicht vorstellbar gewesen. Und auch in Zukunft wird die angemessene Versorgung der Landwirtschaft mit Düngemitteln unerläßliche Voraussetzung für die Ernährung der Weltbevölkerung sein, die im Jahr 2000 sechs Mil-

[42] Davis, op. cit., pp. 8, 9 f.
[43] ibid., pp. 5 ff.
[44] ibid., pp. 6, 8; US Bureau of Mines, op. cit. (1987).
[45] ibid.
[46] Davis, op. cit., p. 8.

liarden Menschen zählen dürfte. Der direkte Zusammmenhang zwischen Düngemitteleinsatz und Ertrag gibt der Düngemittelindustrie ihre besondere wirtschaftliche und politische Bedeutung[1].

Die Rohstoffe zur Herstellung von Düngemitteln sind Erdgas (für Stickstoff), Kalisalze und Phosphatgestein[2]. Etwa 85% der Welt-Phosphatproduktion und über 90% der Kalisalze fließen in die Landwirtschaft; dagegen ist der Anteil der Düngemittelindustrie am Welt-Erdgasverbrauch relativ gering[3]. Die folgende Analyse beschränkt sich deshalb auf die beiden Rohstoffe Kalisalze und Rohphosphat.

Abhängigkeiten: Die Einfuhr-Abhängigkeiten der Industrieregionen unterscheiden sich im Falle der Düngemittel-Rohstoffe recht grundlegend. Während Japan zu 100% auf Einfuhren von Kali und Phosphat angewiesen ist, verfügt Westeuropa über eine erhebliche Kaliproduktion, die die Nachfrage zu etwa 85% abdeckt. Dagegen ist diese Region bei Rohphosphat ebenso wie Japan fast vollständig von Einfuhren abhängig. Die USA schließlich produzieren in erheblichem Umfang Phosphat und Kali und exportieren jeweils rund ein Viertel dieser Förderung. Anders steht es jedoch um die Netto-Position, die auch die Einfuhren einbezieht: Während die USA kaum Phosphat importieren, decken die Einfuhren von Kali etwa 65 bis 75% des Bedarfs, so daß in diesem Fall eine beachtliche Importabhängigkeit besteht[4].

Die Erklärung für die Rolle der USA als Export- und Importland von Kali liegt einerseits in den relativ begrenzten Vorkommen der USA, die eine dem Eigenbedarf entsprechende Förderung zum gegenwärtigen Weltmarktpreis nicht zuließen, andererseits in der relativ großen Bedeutung von Transportkosten für die Handelsströme: Die Düngemittelrohstoffe werden in großen Mengen gefördert und umgeschlagen, sind jedoch billig. Der Anteil der Transportkosten am cif-Preis ist deshalb beachtlich und begünstigt Lieferanten, die möglichst nahe beim Verbraucher liegen[5]. Infolgedessen beziehen die USA über 90% ihrer Kalieinfuhren aus Kanada, während die japanischen Bezüge etwa zur Hälfte aus Kanada und zu jeweils rund 15% aus Westeuropa und der Sowjetunion stammen. Die Einfuhren Westeuropas kommen primär aus der

---

[1] Vgl. hierzu W. F. Stowasser, Phosphate, Pittsburgh 1979, p. 1 (= US Bureau of Mines Mineral Commodity Profiles); idem, Phosphate, Washington 1985, p. 1 ff. (= US Bureau of Mines, Mineral Facts and Problems, 1985 Edition, Preprint); Pierre Noël Giraud, Géopolitique des ressources minières, Paris 1983, pp. 471 ff.; Thomas G. Langton, The Fertilizer Industry, in: Carl E. Beigie/Alfred O. Hero (eds), Natural Resources in U.S. – Canadian Relations, Vol. II, Patterns and Trends in Resource Supplies and Policies, Boulder, Col. 1980, pp. 93–122 (93).

[2] Langton, op. cit., p. 93.

[3] Stowasser, op. cit. (1979), p. 4; James P. Searls, Potash, Washington 1985, pp. 1 ff. (= Mineral Facts and Problems, 1985 Edition, Preprint); Bundesanstalt für Geowissenschaften und Rohstoffe/Deutsches Institut für Wirtschaftsforschung/Institut zur Erforschung technologischer Entwicklungslinien, Ausfallrisiko bei 31 Rohstoffen, Band I, Hannover/Berlin/Hamburg 1977, p. 197.

[4] Phillip Crowson, Minerals Handbook 1984–1985, London 1984; US Bureau of Mines, Mineral Commodity Summaries, 1985 ff, Washington 1985 ff; Stowasser, op. cit. (1985), pp. 4 ff.; Searls, op. cit., p. 1.

[5] Jeanne Kirk Laux/Maureen Appel Molot, Potash, in: Beigie/Hero (eds), op. cit., pp. 143–198 (149).

Sowjetunion und der DDR[6]. Die westeuropäischen Phosphatimporte stammen zu etwa 40% aus Marokko und zu 20% aus den USA; Israel, Jordanien und Westafrika sind weitere wichtige Lieferanten. Japan bezieht seine Phosphate zu etwa 60% aus den USA und zu ca. 27% aus Marokko; der Rest verteilt sich auf Israel, Senegal, Südafrika und die Pazifik-Inseln[7].

Die Handelsposition der UdSSR und Osteuropas ist ebenfalls nicht ohne Interesse: Der „Rat für gegenseitige Wirtschaftshilfe" ist eine Netto-Importregion bei Phosphat, jedoch eine Netto-Ausfuhrregion bei Kalisalzen. Etwa 20% der Welt-Phosphatexporte fließen in die osteuropäischen Staaten. Die Sowjetunion deckt nur einen Teil des Bedarfs der osteuropäischen Klienten: Rund 40% der osteuropäischen Importe stammen aus Marokko, Westafrika und den USA[8].

Mengenmäßig erreicht der Welthandel in Düngemittel-Rohstoffen beachtliche Größenordnungen, die sich allerdings angesichts der geringen Tonnenpreise nicht in hohen Werten niederschlagen: Die Weltexporte von Phosphat betrugen 1981 52,2 Mio. Tonnen (das entsprach 38% der Welt-Bergbauförderung); bei Kalisalzen waren es 16,3 Mio. Tonnen (oder 59% der Weltförderung)[9]. Diese relativ intensive Internationalisierung der Düngemittel-Rohstoffindustrien reflektiert die Konzentration großer Vorkommen in einigen wenigen Lieferländern: Von den 30 Ländern mit eigenem Phosphatbergbau entfielen 1986 auf nur vier – nämlich die USA, die UdSSR, Marokko und China – mehr als drei Viertel; bei den Kalisalzen lag der Anteil der vier wichtigsten Förderländer (UdSSR, Kanada, DDR, BRD) sogar bei knapp 80%[10].

In diesen beiden Gruppen finden sich auch die wichtigsten Exportländer der Welt – die USA und Marokko bei den Phosphaten, Kanada, die UdSSR und die beiden deutschen Staaten bei Kalisalzen. Daneben spielen jedoch eine Reihe kleinerer Exportländer eine bedeutsame Rolle – Israel und Jordanien in beiden Märkten, daneben Tunesien, West- und Südafrika bei Phosphatgestein, Frankreich und Spanien bei Kalisalzen. Mit Ausnahme der UdSSR (deren Kaliförderung 1986 allein etwa ein Drittel der Weltproduktion stellte und die deshalb trotz hohen Eigenbedarfs über große Exportkapazitäten verfügt) sowie der USA (ihr Anteil an der Weltproduktion von Phosphatgestein liegt ebenfalls bei rund einem Drittel) handelt es sich bei den wichtigsten Exporteuren um Länder mit begrenztem Eigenbedarf und großen Vorkommen. Diese Lieferländer dürften in Zukunft eher noch größere Bedeutung für den Weltmarkt bekommen: Die Förderung von Phosphatgestein in den USA und in der UdSSR sowie

---

[6] Crowson, op. cit.; Japan External Trade Organization, White Paper on International Trade, Japan 1984, Summary, Tokyo 1984; Richard H. Singleton, Potash, in: US Bureau of Mines, Minerals Yearbook 1976, Vol. I. Metals, Minerals and Fuels, Washington 1978, pp. 1135–51; US Bureau of Mines, op. cit. (1987).

[7] Stowasser, op.cit. (1985), p. 8; Crowson, op. cit.; Japan External Trade Organization, op. cit.

[8] Richard M. Levine, The Mineral Industry of the USSR, in: US Bureau of Mines, Minerals Yearbook, 1983, Vol. III. Area Reports: International, Washington 1984, pp. 773–805 (784, 798 f.).

[9] Giraud, op. cit., pp. 80 f. Der Wert der Welt-Bergbauproduktion von Phosphat lag 1978 bei etwa $ 4,3 Mrd., bei Kalisalzen waren es rund $ 2,5 Mrd. (ibid., p. 10); vgl. auch Crowson, op. cit., sowie Langton, op. cit., p. 97.

[10] US Bureau of Mines, op. cit. (1987).

Tab. C – 5.1.1: Basiskennziffern: Phosphat (Mio. t)

	Bergbau-Produktion	Nachgewiesene Reserven	Geschätzte Förderkapazitäten		Anteil an den Einfuhren[b] (%) der USA	der Europ. Gemeinschaft	Japans
	1986	1986	1984	1990	1982–1985	1981–1982	1981–1982
Marokko[a]	21 (15)	22 000 (61)	28,0 (15)	35,0 (17)	Netto-exp.	42	27
USA	40 (28)	5 200 (14)	60,0 (33)	66,2 (31)	× ×	20	57
Israel	4,1 (3)	190 (0,5)	3,5 (2)	5,0 (2)		8	
Tunesien	4,5 (3)	300 (1)	7,0 (4)	9,0 (4)		2	
Jordanien	6,5 (5)	510 (1)	6,5 (4)	7,0 (3)		1	10
Senegal	1,7 (1)	170 (0,5)	2,0 (1)	2,0 (1)		4	
Togo	2,5 (2)	70 (0,2)	3,0 (2)	3,0 (1)		9	
Südafrika	2,4 (2)	2 500 (7)	4,7 (3)	4,7 (2)			6
Weihnachts-Inseln	n. v. (n. v.)	30 (0,1)	1,8 (1)	1,8 (1)			
Nauru	n. v. (n. v.)	10 (0,03)	2,0 (1)	2,0 (1)			
China	12 (9)	210 (0,6)	13,0 (7)	20,0 (9)			
UdSSR	32,2 (23)	1 300 (4)	28,0 (15)	35,0 (17)		3	
Welt	141,0 (100)	36 000 (100)	180,7 (100)	211,1 (100)	Netto-exp.	(100)	(100)
			ad memoriam: Importabhängigkeit		0	100	100

Zahlen in Klammern: Anteil am Weltgesamtwert in %
[a]) einschließlich Westsahara
[b]) soweit verfügbar

Quellen:
US Bureau of Mines, Mineral Commodity Summaries 1987, Washington 1987
US Bureau of Mines, Mineral Facts and Problems, 1985 Edition, Washington 1985
Japan External Trade Organisation, White Paper on International Trade, Japan 1984, Tokio 1984
P. C. F. Crowson, Minerals Handbook, 1984–1985, London 1984

von Kalisalzen in Westeuropa dürfte tendenziell eher stagnieren oder sogar zurückgehen[11]; auf der anderen Seite werden die Förder- und Exportkapazitäten für Kalisalz in Kanada sowie in einigen südamerikanischen Ländern (Brasilien, Chile) und für Phosphat in Marokko, Jordanien, Israel und Tunesien bis 1990 erweitert[12].

[11] Stowasser, op. cit. (1985), pp. 13 ff.; Giraud, op. cit., pp. 477 f.; Kirk Laux/Appel Morot, op. cit., pp. 151 ff.; V. V. Strishkov, The Mineral Industry of the USSR, in: Minerals Yearbook 1980, Vol. III, Area Reports. International, Washington 1982, pp. 1003–1074 (1076 f.); Mining Journal (ed), Mining Annual Review 1982, London 1982, pp. 102 ff.; idem, 1986, London 1986, pp. 101 f.

[12] Stowasser, op. cit. (1985), p. 2; Searls, op. cit., p. 1; Mining Annual Review, op. cit. (1986), pp. 101 f.

Tab. C – 5.1.2: Basiskennziffern: Kalisalze ('000 t, K_2O-Gehalt)

	Bergbau-Produktion	Nachgewiesene Reserven	Geschätzte Förderkapazitäten		Anteil an den Einfuhren[a] (%) der USA	der Europ. Gemeinschaft	Japans
	1986	1986	1984	1990	1982–1985	1981–1982	1981–1982
Kanada	6 000 (22)	9 700 000 (57)	9 000 (27)	11 000 (29)	90	1	49
USA	1 100 (4)	360 000 (2)	1 700 (5)	1 830 (5)	× ×	1	13
BRD	2 400 (9)	600 000 (4)	2 700 (8)	2 700 (7)		× ×	
Frankreich	1 750 (6)	50 000 (0,3)	1 900 (6)	1 900 (5)		× ×	
Brasilien	n. v. (n. v.)	60 000 (0,4)	– –	300 (1)			
Chile	– –	10 000 (0,1)	25 (0,1)	300 (1)			
Israel	1 100 (4)	600 000 (4)	1 280 (4)	1 280 (4)	6	16	5
Jordanien	600 (2)	600 000 (4)	450 (1)	750 (2)			
China	n. v. (n. v.)	200 000 (1)	25 (0,1)	200 (0,5)			
UdSSR	9 800 (36)	3 800 000 (22)	11 500 (34)	13 100 (34)	1	28	13
DDR	3 480 (13)	1 000 000 (6)	3 500 (10)	3 500 (9)	1	42	1
Welt	27 400 (100)	17 000 000 (100)	33 555 (100)	38 140 (100)	(100)	(100)	(100)
			ad memoriam: Importabhängigkeit		ca. 75	19	100

Zahlen in Klammern: Anteil am Weltgesamtwert in %

Quellen:
US Bureau of Mines, Mineral Commodity Summaries 1987, Washington 1987
US Bureau of Mines, Mineral Facts and Problems, 1985 Edition, Washington 1985
Japan External Trade Organisation, White Paper on International Trade, Japan 1984, Tokio 1984
P. C. F. Crowson, Minerals Handbook, 1984–1985, London 1984

Die Weltreserven von Phosphat und Kalisalzen sind riesig und zudem in hohem Maße abhängig von den jeweiligen Weltmarktpreisen: Höhere Preise würden also den Umfang der abbauwürdigen Vorkommen erheblich vergrößern. Eine Schätzung der Welt-Kalireserven spricht von einem Volumen von etwa 22 Mrd. Tonnen bei einem Preis von $ 53/Tonne, jedoch von 55 Mrd. Tonnen bei einem Preis von $ 66/Tonne[13]. Die Konzentration der kostengünstigsten Vorkommen auf wenige Länder ist jedoch sehr hoch – so entfallen allein auf Kanada je nach Schätzung zwischen 30% und 80% der Weltreserven an Kalisalzen; die marokkanischen Phosphatvorkommen bilden 60% der gegenwärtig abbauwürdigen Weltreserven[14]. Die Verteilung der Ressourcen deutet darauf hin, daß sich an der führenden Rolle von Kanada (das nur etwa 5% sei-

[13] Langton, op. cit., p. 105.

[14] Zu Daten über die Reserven und Ressourcen von Kali und Phosphat vgl. Langton, op. cit.; Bundesanstalt für Geowissenschaften ..., op. cit., Stowasser, op. cit. (1985), pp. 5 ff.; Searls, op. cit., pp. 5 ff.; US Bureau of Mines, op. cit. (1987). Nach dieser jüngsten autoritativen Schätzung liegt der Anteil Kanadas an den Kalisalz-Reserven bei 57%.

ner Förderung für den Eigenbedarf benötigt[15]) und in geringerem Maße der beiden deutschen Staaten als Lieferländer von Kalisalzen auch längerfristig wenig ändern wird; dagegen erscheinen bei Phosphatgestein Verschiebungen der Importabhängigkeiten von dem Lieferland USA auf Marokko[16] sowie auf einige kleinere Exporteure wahrscheinlich. Zugleich dürften sich Verlagerungen der Importabhängigkeit von Rohphosphat auf Phosphatsäure und Düngemittel und damit zu Verarbeitungsprodukten herauskristallisieren[17].

Die Nachfrage nach Düngemittel-Rohstoffen dürfte in den Industriestaaten nur noch langsam, in den Entwicklungsländern dagegen relativ rasch zunehmen: Die Unterschiede im durchschnittlichen Einsatz von Düngemitteln sind enorm und reflektieren ihre wohl bereits zu extensive Verwendung in den reichen Ländern und den unzureichenden Einsatz in der dritten Welt[18]. In Zukunft wird also der Handel zwischen Entwicklungsländern bzw. zwischen Industriestaaten als Exporteuren und Dritte-Welt-Ländern als Einfuhrländern von Düngemitteln an Gewicht zunehmen; zugleich dürfte jedoch auch die relative Abhängigkeit der USA und Japans von (kanadischen) Kalieinfuhren sowie Westeuropas und Japans von (marokkanischen) Phosphatlieferungen zunehmen.

Verwundbarkeiten, Krisenflexibilitäten: Die Bedeutung der Düngemittelrohstoffe für die Agrarproduktion und damit für die Nahrungsmittelversorgung der Industriestaaten (die zugleich auch die großen Getreide-Exportländer der Welt sind) bedarf kaum einer weiteren Erklärung; sie sind in ihrer Funktion in der Landwirtschaft auch nicht durch andere Substanzen zu ersetzen. Zugleich sind die Industrieregionen, wenn auch in sehr unterschiedlichem Maße, von Einfuhren abbhängig, die auch in Zukunft aus einer kleinen Zahl von Lieferländern kommen werden; Kanada und Marokko spielen im Kali- bzw. Phosphatmarkt jeweils eine Sonderrolle. Kritische Bedeu-

---

[15] Kanadas Kalibergbau hat sich seit den 60er Jahren zu einer wichtigen Exportindustrie entwickelt; die Förderung kletterte von 3,5 Mio. Tonnen 1970 auf den bisherigen Höhepunkt von 7,5 Mio. Tonnen 1980. Eine Förderung von 16 Mio. Tonnen im Jahr 2000 gilt als erreichbar. Kalisalze sind der fünftwichtigste mineralische Rohstoff-Exportartikel Kanadas und nach dem Erdöl und dem Weizen die dritte Säule der Wirtschaft in der Provinz Saskatchewan. Vgl. Kirk Laux/Appel Morot, op. cit., pp. 154 ff.

[16] Die marokkanische Phosphatindustrie spielt eine Schlüsselrolle in der Volkswirtschaft des Landes: Die Phosphatexporte bestreiten fast die Hälfte der Ausfuhrerlöse des Landes; rund 80% der Fracht auf marokkanischen Eisenbahnlinien und in den Häfen des Landes entfällt auf diesen Rohstoff. Die Querverbindungen zwischen diesem Sektor und anderen Segmenten der Volkswirtschaft werden auch durch den Aufbau einer eigenen Flotte von Handelsschiffen zum Transport des Phosphats und eine Düngemittelindustrie deutlich, die nach der Realisierung eines umfangreichen Investitionsprogrammes etwa 30% des Rohphosphats weiterverarbeiten soll. Vgl. George A. Morgan, The Mineral Industry of Morocco, in: US Bureau of Mines, Minerals Yearbook 1980, Vol. III, Area Reports: International, Washington 1982, pp. 679–689; idem, The Minerals Industry of Morocco, in: US Bureau of Mines, Minerals Yearbook 1983, Vol. III, Area Reports: International, Washington 1984, pp. 535–538; Phosphate Links with Desert War, in: *South,* Jan. 1981, pp. 72 f.; Europa Publications (ed), The Middle East and North Africa, 1984–1985, London 1984, pp. 364 ff.

[17] Hierzu Stowasser, op. cit. (1985), pp. 11 ff.; Searls, op. cit., pp. 9 f.; Giraud, op. cit., p. 477 f.

[18] Der durchschnittliche Einsatz von Kalidünger pro Hektar beträgt in Japan über 100 kg, in Westeuropa 66 kg und in den USA 30 kg. Dagegen waren es in der UdSSR 21 kg, in Asien insgesamt 5,4 kg und in Afrika 2,2 kg. Vgl. Food and Agricultural Organization of the United Nations, FAO Fertilizer Yearbook, Rom 1981, pp. 44–55.

tung in einem politisch wie volkswirtschaftlich bedeutsamen Wirtschaftszweig der Industriestaaten, starke Konzentration der Lieferquellen, Schlüsselpositionen für jeweils ein Exportland – die Bedingungen für Verwundbarkeit erscheinen hier in hohem Maße erfüllt. Aber folgt daraus auch wirklich bereits Verwundbarkeit?

Die *Krisenflexibilitäten* bestehen auf der Angebotsseite vor allem in Kapazitätsreserven und Vorräten, daneben – im Falle andauernder Störungen – in der Erschließung neuer Vorkommen mit höheren Produktionskosten, die jedoch einige Jahre in Anspruch nehmen würde. Kapazitätsreserven sind zwar im Falle einer Versorgungsstörung durchaus wahrscheinlich, ihre Verfügbarkeit muß jedoch angesichts der spezifischen Struktur der Düngemittelindustrie mit der starken Stellung von Staatsunternehmen fraglich erscheinen[19]. Die Vorratshaltung ist angesichts der saisonalen Bedarfsschwankungen in der Landwirtschaft recht umfangreich[20]; darüber hinaus verfügen die Produzenten oft über sehr umfangreiche Lager, deren Verfügbarkeit allerdings ebenfalls unsicher wäre[21]. Ein Ausfall erheblicher Teile des Weltexportes für einen längeren Zeitraum wäre auf diese Weise jedenfalls nicht auszugleichen.

Eine Substitution von Düngemitteln kommt ebenfalls nicht in Frage; die Flexibilität auf der Nachfrageseite beschränkt sich also auf eine Senkung des spezifischen Verbrauchs und darüber hinaus auf Rationierungsmaßnahmen. Die Erfahrungswerte sprechen für eine erhebliche Preiselastizität der Nachfrage nach Düngemitteln. Die Landwirtschaft kann den spezifischen Einsatz von Düngemitteln ohne schwerwiegende Auswirkungen auf die Produktion erheblich reduzieren, weil die im Boden gespeicherten Nährstoffe von einer Ernte nicht aufgesogen werden; dadurch ergeben sich für befristete Verbrauchssenkungen erhebliche Spielräume[22]. Rationierungsmaßnahmen wurden beispielsweise 1973/1974 als Folge von Versorgungsengpässen verhängt; dabei erwiesen sich die Auswirkungen als recht ungleich: Die kanadischen Abnehmer von amerikanischen Phosphatexporten erhielten eine Vorzugsbehandlung, während die anderen Abnehmer sich 1973 mit 80% ihrer Importmengen des vorangegangenen Jahres bescheiden mußten. Die Gründe für diese unausgewogene Handhabung der Rationierung waren in der amerikanischen Abhängigkeit von kanadischen Kalilieferungen sowie in Verflechtungen zwischen den kanadischen und amerikanischen Firmen zu suchen[23].

Politische Risiken, Marktinstabilitäten: Insgesamt ist also für die Düngemittel-Rohstoffe eine gewisse Verwundbarkeit der Industriestaaten festzustellen. Und auch die politischen Risiken erscheinen nicht völlig vernachlässigbar. Dabei liegen die Probleme vor allem im Bereich der Phosphatversorgung – die Lieferungen aus der DDR und aus der Sowjetunion stellen insgesamt zwar etwa ein Drittel des Welthandels in

---

19 Ihr Anteil an der Weltproduktion von Kalisalzen beträgt etwa 70%. (Searls, op. cit., p. 14.)
20 Kirk Laux/Appel Morot, p. 167.
21 US Bureau of Mines, op. cit. (1987); Morgan, op. cit. (1984), p. 538.
22 Giraud, op. cit., p. 558.
23 Langton, op. cit., pp. 117 f.

Kalisalzen, doch gehen sie zumeist an andere Comecon-Staaten[24]. Kanada kann als zuverlässiger Lieferant gelten, auch wenn die Provinzregierung in Saskatchewan über eine Staatsgesellschaft inzwischen etwa 40% der Kaliindustrie kontrolliert und zudem wiederholt in die Produktions- und Preisgestaltung eingegriffen hat[25].

Die Situation bei der Phosphatversorgung erscheint problematischer. Zwar kann man auch im Falle Marokkos angesichts der bereits skizzierten wirtschaftlichen Bedeutung der Phosphatindustrie für das Land davon ausgehen, daß es an einer Aufrechterhaltung der Exporte interessiert ist. Dennoch wurde der internationale Phosphatmarkt in den vergangenen Jahren durch eine Reihe von wirtschaftlichen und politischen Krisen erheblich erschüttert. 1973/4 kam es zu erheblichen Versorgungsengpässen, die zu einer drastischen Erhöhung der Phosphatpreise durch Marokko führten; das Land versuchte, seine starke Marktposition monopolistisch auszubeuten. Der Krieg in der westlichen Sahara führte zu einem jahrelangen Ausfall der Lieferungen aus den Phosphatbergwerken von *Bu Craa*, und im Gefolge der sowjetischen Afghanistan-Invasion kam es zu einem Embargo amerikanischer Phosphatlieferungen an die UdSSR.

Eine genauere Untersuchung dieser Marktstörungen in der Vergangenheit ist aufschlußreich für zukünftige Risikopotentiale. Die Düngemittel-Knappheit der Jahre 1973/4 war die vielleicht ernsthafteste dieser Krisen; zugleich hatte sie auch die komplexesten Entstehungsursachen. Im Verlauf der 60er Jahre war es zu einer starken Ausweitung der Düngemittel-Kapazitäten gekommen, weil man allgemein mit stark steigender Nachfrage rechnete. Hinzu kam das Bestreben einiger großer Chemie- und Erdölkonzerne, sich eigene Rohstoffkapazitäten im Bereich der Düngemittel zu erschließen. Als der erwartete Nachfragezuwachs ausblieb, waren das Ergebnis erhebliche Überkapazitäten und ein Verfall der Düngemittelpreise gegen Ende der 60er Jahre. Dies wiederum beeinträchtigte die Investitionstätigkeit; ein Anziehen der Nachfrage 1973/1974 traf auf unzureichende Kapazitäten und resultierte in erheblichen Verknappungserscheinungen, die durch staatliche Eingriffe (wie die Festsetzung von Mindestpreisen in den USA) noch verschärft wurden. Die unerwarteten Engpässe und die allgemeine Knappheitspsychose im Zusammenhang mit dem Erdölembargo der arabischen Förderländer 1973/1974 führten dann zu Panikkäufen, die die Knappheit verschärften[26]. Marokko versuchte, sich diese Situation zunutze zu machen, und erhöhte im November 1973 seine Lieferpreise um 200%. Weitere Preiserhöhungen folgten, so daß der Exportpreis für marokkanisches Phosphatgestein Ende 1974 das Viereinhalbfache des Vorjahresniveaus betrug[27].

Die Krise führte, wie bereits angemerkt, zu einem informellen Rationierungsprogramm der Produzenten in den USA; Exportkontrollen wurden erwogen, dann jedoch nicht verhängt. Statt dessen wurden die Preiskontrollen für Düngemittel aufgeho-

[24] Singleton, op. cit., pp. 1152f.
[25] Kirk Laux/Appel Morot, op. cit., pp. 170ff.
[26] Langton, op. cit., pp. 105ff.; Giraud, op. cit., pp. 475f., 556f.
[27] ibid., pp. 477, 556ff.

ben[28]. Die Nachfrage nach Düngemitteln sank 1974 als Folge eines Abbaus der Vorräte und einer Senkung des Düngemittel-Einsatzes um 7%. Neue Förderländer erschienen auf dem Markt. Die Preise begannen, sich abzuschwächen. Marokko versuchte daraufhin, eine Produzentenorganisation zu begründen, die nach Art der OPEC einen Preisverfall verhindern sollte. Diese Bemühungen erwiesen sich jedoch als Fehlschlag. Die amerikanischen Produzenten waren nicht bereit, sich einem Kartell anzuschließen, die Abhängigkeit der nord- und westafrikanischen Lieferländer von Exporteinnahmen war zu groß, um eine Drosselung der Exporte in einer Phase niedriger Preise durchzusetzen[29].

Der zweite Fall von Versorgungsstörungen betraf die westliche Sahara mit den großen Vorkommen von *Bu Craa*. Diese Vorkommen, die rund 1,7 Mrd. Tonnen Phosphatgestein umfassen und eine theoretische Förderkapazität von etwa 10 Mio. Tonnen jährlich aufweisen, hatten 1974 etwa 2,2 Mio. Tonnen exportiert. 1976 mußte die Förderung nach Angriffen der *Polisario* (einer von Algerien und Libyen unterstützten Unabhängigkeitsbewegung, die gegen die marokkanische Oberhoheit über die Westsahara kämpft) gegen die 90 km langen Fließbänder zum Transport des Phosphats in den Verladehafen *el-Aioun* eingestellt werden. Sie wurde erst 1982 wieder aufgenommen[30]. Der Verlust der Produktion der Westsahara hatte auf die Versorgung der Industriestaaten jedoch keinerlei negativen Einfluß; er konnte den Preisverfall in der zweiten Hälfte der 70er Jahre nicht verhindern.

Das dritte Beispiel für eine Politisierung des internationalen Phosphat-Handels lieferte das amerikanische Embargo von Phosphatdünger gegen die Sowjetunion als Reaktion auf die sowjetische Invasion in Afghanistan. Die Sowjetunion ist zwar grundsätzlich ein Netto-Exporteur von Phosphat; die sowjetische Phosphat- und Düngemittelindustrie leidet jedoch immer wieder unter Versorgungsengpässen, insbesondere bei der Herstellung von Düngemitteln[31]. Die amerikanische Maßnahme war möglicherweise dazu gedacht, die US-Farmer mit dem Hinweis darauf zu besänftigen, daß auch anderen amerikanischen Lieferanten der UdSSR Opfer zugemutet würden. Effektiv betraf das Embargo nur ein umfangreiches Tauschabkommen; die UdSSR war ohne Schwierigkeiten in der Lage, sich kurzfristig alternative Lieferungen aus anderen Ländern zu beschaffen. Das Tauschgeschäft, das die Lieferung von einer Mio. Tonnen Superphosphatsäure und als Gegenleistung den Export von Ammoniak und Kali in die USA für einen Zeitraum von 20 Jahren vorsah, wurde nach der Aufhebung des Embargos 1981 wieder aufgenommen[32]. Das Embargo erwies sich als wirkungslos, die Sowjetunion als nicht verwundbar. Allerdings wird in Marokko derzeit mit sowjeti-

---

[28] Langton, op. cit., p. 116f.

[29] Giraud, op. cit., pp. 558f. Die Exporteinnahmen aus dem Phosphatgeschäft stellten 1974 20% der Ausfuhrerlöse Tunesiens, 27% jener des Senegals; für Jordanien waren es 39%, für Marokko 55% und für Togo 76%.

[30] Phosphate Links with Desert War, in: *South*, Jan. 1981, pp. 72f.; *Financial Times*, 13.7.1982; Europa Publications (ed), op. cit., pp. 561f.

[31] Strishkov, op. cit., pp. 1066f.; Levine, op. cit., pp. 798f.

[32] Stowasser, op. cit., p. 9; Robert V. Roosa et al., East-West-Trade at a Crossroads, New York 1983, p. 49.

scher Hilfe ein Phosphat- und Düngemittelkomplex errichtet, der ausschließlich an die UdSSR und Osteuropa liefern soll. Dies deutet darauf hin, daß die Sowjetunion in der Zukunft nicht mehr in der Lage sein könnte, den Eigenbedarf und den Bedarf Osteuropas abzudecken und darüber hinaus auch noch in den Westen zu exportieren. Die marokkanischen Lieferungen könnten die sowjetische Förderung entlasten, ohne doch die wirtschaftliche Abhängigkeit Osteuropas von sowjetischen Lieferungen in Frage zu stellen[33].

Die Risiken in der Versorgung des Westens mit Kalisalzen bestehen also primär in den ausgeprägten zyklischen Tendenzen einer Industrie, die durch einen hohen Anteil von Staatsunternehmen (die auch auf Phasen niedriger Nachfrage nicht unbedingt mit einer Senkung der Produktion reagieren) und das erratische Marktverhalten der Sowjetunion gekennzeichnet ist. Der Anteil der UdSSR und der DDR an der Versorgung des Westens ist jedoch keinesfalls bedeutsam genug, um hier wirtschaftliche Sicherheitsrisiken zu konstituieren; dazu ist auch die Flexibilität des Marktes zu groß.

Problematischer erscheint die Versorgung mit Phosphat. Die überragende Marktstellung Marokkos birgt hier spezifische Risiken. Zwar erscheint ein Exportembargo des Landes aus wirtschaftlichen Gründen kaum vorstellbar; auch unter veränderten politischen Vorzeichen dürfte Marokkos Regierung an einer Maximierung seiner Phosphatexporte interessiert sein. Selbst eine sozialistische Regierung könnte die Lieferungen an den Westen nicht einstellen – dazu fehlten im Osten ausreichende Absatzmärkte, dazu erscheint die wirtschaftliche Verflechtung Marokkos mit Europa zu intensiv (Einbettung in die Mittelmeer-Politik der Europäischen Gemeinschaft, marokkanische Fremdarbeiter in Europa, Präferenzen für den Export landwirtschaftlicher Produkte etc.).

Dagegen erscheint vorstellbar, daß die Fähigkeit Marokkos zur Förderung und zum Export von Phosphaten durch politische Wirren beeinträchtigt werden könnte. Innere Unruhen könnten den Transport des Phosphats zu den Verladehäfen auf den Eisenbahnen des Landes behindern, die *Polisario* könnte ihre Sabotageakte nach Marokko hineintragen, wie sie das wiederholt angedroht hat[34]. Allerdings sind die Entfernungen von den Bergwerken zu den Verladehäfen relativ kurz, und alternative Transportmöglichkeiten mit Lastwägen denkbar. Eine ernsthafte Gefährdung der marokkanischen Phosphatexporte ist deshalb nur in zwei Fällen vorstellbar: Bei länger dauernden inneren Unruhen mit unklaren Machtverhältnissen und im Falle eines Krieges zwischen Algerien und Marokko. Diese Szenarien erscheinen nicht unglaubwürdig, aber wenig wahrscheinlich. Die Kosten eines Ausfalls der marokkanischen Phosphat- und Düngemittelausfuhren für das Land wären so hoch, daß politische Prozesse rasch zu ihrer Reaktivierung führen dürften. Dadurch würden erneut Ausfuhren verfügbar – möglicherweise nicht in vollem Umfang, sicherlich aber in erheblichen Mengen.

---

[33] Morgan, op. cit. (1985), p. 538; F. Gèze, L'Urss et les règles du jeu, in: *Le Monde Diplomatique*, März 1981, pp. 11f.

[34] Phosphate Links with the Desert War, in: *South*, Jan. 1981, pp. 72f.

5.2 Platinmetalle

Die Gruppe der Platinmetalle – Platin, Palladium, Rhodium, Iridium, Ruthenium und Osmium – umfaßt einige der seltensten und wertvollsten Metalle, die in der modernen Industrieproduktion eine wichtige Rolle spielen. Ihre geologische Konzentration überschreitet kaum je 10 ppm *(parts per million)*; dementsprechend hoch sind die Kosten des Abbaus[1]. Nur in Südafrika rechtfertigen außergewöhnlich reiche Erzvorkommen den Platin-Bergbau im eigentlichen Sinne; die anderen Förderländer (primär die UdSSR und Kanada, daneben – in relativ bedeutungslosen Mengen – auch Australien, Papua-Neuguinea, Indonesien, Äthiopien, die USA, Kolumbien, die Philippinen und Jugoslawien) gewinnen Platin entweder als Ko-Produkt des Goldbergbaus oder als Kuppelprodukt der Kupfer- bzw. Nickelförderung[2]. Die Platin-Produktion ist also geographisch stark konzentriert.

Platin wurde erstmals von den prä-kolumbianischen Indianern zur Herstellung von Schmuck verwendet; die spanischen Eroberer nannten das Metall *Platina*, also „kleines Silber". In der zweiten Hälfte des 19. Jahrhunderts wurden die außergewöhnlichen katalytischen Eigenschaften der Platinmetalle entdeckt und dann – ab etwa 1890 – auch industriell genutzt. Seit 1949 werden Platin-Katalysatoren bei der Herstellung von hochwertigem Benzin und Treibstoff verwendet, seit 1974 zur Schadstoffminderung in Automobil-Auspuffanlagen[3]. Ihre hervorragenden katalytischen Eigenschaften bilden auch heute noch die wichtigste Qualität der Platinmetalle; nach amerikanischen Schätzungen entfielen 1980 etwa 70% der gesamten Nachfrage nach Platin und rund 35% der nach Palladium auf katalytische Anwendungen[4]. Die anderen wichtigen Eigenschaften der Platinmetalle sind ihre Korrosionsfestigkeit und Hitzebeständigkeit, die sie für eine Reihe von elektrischen, elektronischen und medizinischen Anwendungen bedeutsam macht. Schließlich wird Platin – als Alternative zu Gold – auch zunehmend als Schmuck und als Investitionsobjekt verwendet.

Die Affinierung von Platin erfolgt aufgrund der häufig vorkommenden Verbindungen mehrerer Metalle im Erzkonzentrat nicht selten geographisch getrennt von der Bergwerksproduktion. Die wichtigsten Verarbeitungs-Standorte der westlichen Welt sind Südafrika, Großbritannien, die USA und Norwegen. Der Wert des Platins pro Gewichtseinheit (Mitte der 80er Jahre $ 475 pro Unze von 31g) macht die Transportkosten insgesamt vernachlässigbar; allerdings werden platinhaltige Nickel-Kupfermatten gewöhnlich auf dem Land- bzw. Seeweg transportiert[5].

---

[1] J. V. Cleasby/R. P. B. Hebblethwaite, Precious Metals, in: Michael J. Jones (ed), Availability of Strategic Minerals, London 1980, pp. 44–48.

[2] US Bureau of Mines, Mineral Facts and Problems, 1980 Edition, Washington 1980, pp. 683–706 (691); Phillip Crowson, Minerals Handbook 1984–1985, London 1984.

[3] US Bureau of Mines, Minerals Yearbook 1980, Vol. I, Minerals and Metals, Washington 1981, p. 643.

[4] US Bureau of Mines, op. cit. (1980), p. 683.

Tab. C – 5.2: Basiskennziffern: Platinmetalle ('000 Feinunzen)

	Bergbau-Produktion	Nachgewiesene Reserven	Geschätzte Förderkapazitäten		Anteil an den Einfuhren[c] (%) der USA	der Europ. Gemeinschaft	Japans
	1986	1986	1984	1990	1982–1985	1981–1982	1981–1982
Südafrika	4000 (49)	1900000 (90)	4100 (46)	4600 (46)	43	15	36
Zimbabwe	2,1 (0,02)	gering	10 (0,1)	10 (0,1)			
UdSSR	3700 (46)	200000 (10)	4000 (45)	4300 (43)	12	16	35
Kanada		9000 (0,4)	600 (7)	600 (6)			
Australien	16 (0,2)	n.v. (n.v.)	20 (0,2)	20 (0,2)			
Kolumbien	11 (0,1)	gering	50 (0,6)	50 (0,5)			
Japan[a]	66 (1)	–	80 (1)	100 (1)			××
USA[b]	n.v. (n.v.)	16000 (1)	10 (0,1)	150 (2)	××	56	13
Welt	8100 (100)	2100000 (100)	8900 (100)	9900 (100)	(100)	(100)	(100)
				ad memoriam: Importabhängigkeit ca.	95	100	100

[a]) auf der Basis importierter Buntmetallerze aus Südostasien
[b]) Kuppelproduktion bei der Verarbeitung von Kupfererzen
[c]) soweit verfügbar. Südafrikas Anteil durch indirekte Importe faktisch höher.
Zahlen in Klammern: Anteil am Weltgesamtwert in %

Quellen:
US Bureau of Mines, Mineral Commodity Summaries 1987, Washington 1987
US Bureau of Mines, Mineral Facts and Problems, 1985 Edition, Washington 1985
Japan External Trade Organisation, White Paper on International Trade, Japan 1984, Tokio 1985
P.C.F. Crowson, Minerals Handbook 1984–85, London 1984

Abhängigkeiten: Alle drei großen Industrieregionen sind fast völlig auf Importe angewiesen, um ihren Bedarf an Platinmetallen zu decken. Rund 95% der Weltförderung stammt aus der Republik Südafrika und der Sowjetunion. Dabei produziert Südafrika etwa zwei Drittel der Gesamtförderung von Platin, die UdSSR etwa ebensoviel der Palladium-Bergbauproduktion (auf diese beiden Platinmetalle entfallen zusammen über 90% der Weltförderung aller sechs Elemente)[6]. Die Republik Südafrika deckte 1985 über 75% der Nachfrage der westlichen Welt, die Exporte der UdSSR etwa 18%[7]. Die Angaben über die Einfuhr-Abhängigkeit der drei Regionen sind durch komplexe Verarbeitungs- und Handelsbeziehungen eher irreführend; so erscheinen die USA, Großbritannien und die Schweiz als Exportländer von Platin, ohne allerdings eine mehr als minimale (im Falle der USA) Bergwerksproduktion aufzuweisen. Groß-

[5] ibid., p. 684.
[6] US Bureau of Mines, op. cit. (1980), pp. 689ff.; J. Roger Loebenstein, Platinum Group Metals, Washington 1985, pp. 7ff. (= US Bureau of Mines, Mineral Facts and Problems, 1985 Edition, Preprint).
[7] Mining Journal (ed), Mining Annual Review 1986, London 1986, p. 23.

britannien exportiert verarbeitetes Platin aus südafrikanischen Quellen, die Schweiz ist traditionell der *conduit* der UdSSR für ihre Edelmetall-Exporte. Unter Berücksichtigung dieser Tatsachen ist die Abhängigkeit aller drei Industrieregionen von südafrikanischen Platinmetallen 1980–1983 auf mindestens 65%–70% zu schätzen[8].

An diesen Abhängigkeiten dürfte sich auch in der Zukunft nichts ändern – mit einer möglichen Ausnahme: Die Platin-Bergbauproduktion in den USA könnte durch die Erschließung der Platin-Reserven des *Stillwater*-Komplexes in Montana erheblich gesteigert werden. Dieses Vorkommen, für dessen Entwicklung 1985 entschieden wurde, weist Ressourcen von etwa 225 Mio. Unzen Platinmetallen auf, die möglicherweise sogar unter den gegenwärtigen Preis- und Nachfragevoraussetzungen ökonomisch abzubauen wären[9]. *Stillwater* könnte in einer ersten Phase etwa 175 000 Unzen pro Jahr (ca. 4% der jährlichen Nachfrage in den USA) fördern, längerfristig bis zu einem Viertel des Platin- und annähernd den gesamten Palladium-Bedarf)[10]. Ansonsten jedoch werden weitere Platin-Bergbaukapazitäten von nennenswertem Umfang nur in Südafrika und der UdSSR erschlossen werden können[11]. Die Importabhängigkeit der Industriestaaten von Südafrika und der UdSSR wird sich daher insgesamt in den nächsten 15 Jahren nicht verringern. Dabei dürften auch die spezifischen Abhängigkeitsstrukturen mit der Spezialisierung Südafrikas auf Platin und der UdSSR auf Palladium erhalten bleiben – die südafrikanischen Vorkommen (die 81% der Weltressourcen ausmachen) bestehen zu 67% (*Merensky*-Komplex) bzw. 47% (*Bushveld*-Lagerstätten) aus Platin und nur zu 26% bzw. 32% aus Palladium, während die sowjetischen Vorkommen in *Morilsk* offenbar nur 25% Platin, dagegen 67% Palladium enthalten[12].

Verwundbarkeiten: Die grundsätzliche Bedeutung der Platinmetalle wurde bereits umrissen. Die außergewöhnlichen katalytischen Eigenschaften der Platinmetalle haben in den letzten Jahren vor allem in der Automobilindustrie für schadstoffarme Auspuff-Systeme zur Erfüllung von Umweltschutz-Vorgaben der Regierungen in den USA, Japan und Westeuropa eine rasche Zunahme der Nachfrage ausgelöst. Die amerikanische Automobilindustrie stellte 1986 46% der Gesamtnachfrage; in anderen Verbrauchsländern ist dieser Anteil – je nach spezifischen Umwelt-Vorgaben etwas

[8] Vgl. hierzu ibid. sowie Crowson, op. cit. und Wolfgang Sames/Friedrich Wilhelm Wellmer, Die Versorgung der Bundesrepublik Deutschland mit mineralischen Rohstoffen im Lichte aktueller Entwicklungen, in: *Glückauf*, No. 1/1980, pp. 36–44.

[9] Office of Technology Assessment, Strategic Materials: Technologies To Reduce U.S. Import Vulnerability, Summary, Washington 1985, p. 47; US Bureau of Mines, op. cit. (1980), p. 686 f.; US Bureau of Mines, op. cit. (1985). Die Ressourcenstruktur von Stillwater läßt darauf schließen, daß hier primär Palladium abgebaut würde: Palladium bildet rund 78%, Platin nur 20% der Ressourcen.

[10] Office of Technology Assessment, op. cit., p. 25; US Bureau of Mines, op. cit. (1980), p. 705; Loebenstein; op. cit., pp. 2 f, 16; US Interests in Africa, Hearings before the Subcommittee on Africa, Committee on Foreign Affairs, House of Representatives, 16.–29. Okt., 13.–14. Nov. 1979, Washington 1980, pp. 526 f., nennt etwas niedrigere Zahlen von 20% und 55%.

[11] US Bureau of Mines, op. cit. (1980), p. 685; Loebenstein, op. cit., p. 2.

[12] Vgl. US Bureau of Mines, op. cit. (1980), pp. 686 f. Für die Reserven- und Ressourcensituation ibid. sowie Crowson, op. cit. und US Bureau of Mines, Mineral Commodity Summaries (1987), Washington 1987.

bzw. erheblich niedriger[13]. Platin selbst spielt eine besonders wichtige Rolle in diesem Verwendungsbereich – der Verbrauchsanteil der Automobilindustrie liegt hier bei etwa 64%[14].

Das erheblich billigere Palladium (Preis pro Unze 1986 $ 110) wurde dagegen nur zu 19% in der Automobilindustrie eingesetzt[15]; der Schwerpunkt der Nachfrage lag hier bei medizinischen und zahnmedizinischen Anwendungen (37%) sowie in der Elektro- und Elektronikindustrie (27%), wo Palladium für dauerhafte und hitzebeständige Kontakte, integrierte Schaltkreise und Elektroden verwendet wird[16]. Palladium und die anderen Platinmetalle Iridium und Rhodium spielen bei der Herstellung eines breiten Spektrums elektrischer Geräte und Anlagen eine wichtige Rolle. Ein Großteil des Einsatzes von Platinmetallen in diesem Bereich entfällt dabei auf Telefon-Vermittlungssysteme[17]. Alle Platin-Metalle, vor allem jedoch Platin, Palladium und Ruthenium werden in der chemischen Industrie als Katalysatoren bei der Herstellung eines breiten Spektrums von chemischen (etwa Nitrat-Kunstdüngern) und pharmazeutischen Substanzen herangezogen. Daneben ist die Verwendung der äußerst korrosionsfesten Platinmetalle in Laborgeräten und Apparaturen bedeutsam[18].

Ein weiterer kritischer Anwendungsbereich für Platinmetalle (vor allem für Platin-Rhodium-Legierungen) ist die Herstellung von Fiberglas und Spezialglas[19]; daneben spielen Platin-Iridium-Katalysatoren bei der Gewinnung von hochoktanhaltigem und bleifreiem Benzin eine – mengenmäßig allerdings eher untergeordnete – wichtige Rolle[20]. Weitere Anwendungsbereiche sind der Einsatz von Platin in der Schmuckindustrie (dabei nimmt die japanische Schmuckindustrie weltweit eine Sonderstellung ein: Bis zu 70% des japanischen Jahresverbrauchs an Platin kann auf die Herstellung von Schmuck entfallen[21]) sowie als Anlage-Medium: Ähnlich wie Gold, wird auch Platin zunehmend als Kapitalanlage betrachtet und als solche in Form von Münzen und Barren vertrieben; die Nachfrage nach Platin stellt hier einerseits einen Versuch dar, der Geldentwertung zu entgehen, andererseits ist sie Ausdruck spekulativer Hoffnungen auf Gewinne durch Preissteigerungen[22].

---

[13] US Bureau of Mines, op. cit. (1987). Für Japan, das allerdings eine ungewöhnlich hohe Nachfrage nach Platin-Schmuck aufweist, wurden 1983 rund 18% des Platin- und 7% des Palladium-Bedarfs in der Automobilindustrie verzeichnet; für die Bundesrepublik wurden (wohl nur für Platin selbst) 40% geschätzt (US Bureau of Mines, op. cit. (1984), p. 693; Institut für Afrikakunde, Wirtschaftliche und rohstoffwirtschaftliche Bedeutung Afrikas, Hamburg 1981, pp. 312f.).

[14] US Bureau of Mines, op. cit., (1984), p. 687.

[15] Typischerweise enthält eine Katalysator-Auspuffanlage etwa eineinhalb Gramm Platin-Palladium in einem Verhältnis von 70:30 (US Bureau of Mines, op. cit. (1980), p. 686).

[16] US Bureau of Mines, op. cit. (1980), pp. 685ff.; US Bureau of Mines, op. cit. (1984), p. 687; Loebenstein, op. cit., pp. 4f.; Rae Weston, Strategic Materials, A World Survey, Totowa, N. J. 1984, pp. 29ff.; Crowson, op. cit.; Mining Annual Review, op. cit. (1986), p. 23.

[17] US Bureau of Mines, op. cit. (1980), p. 686; Loebenstein, op. cit., p. 5.

[18] US Bureau of Mines, op. cit. (1980), p. 685.

[19] US Bureau of Mines, op. cit. (1980), p. 685; Weston, op. cit., p. 31; Cleasby/Hebblethwaite, op. cit.

[20] US Bureau of Mines, op. cit. (1980), p. 686; Weston, op. cit., p. 31.

[21] Cleasby/Hebblethwaite, op. cit. Die Zahl für 1983 war 51% (US Bureau of Mines, op. cit. (1984), p. 693).

[22] Mining Annual Review, op. cit. (1986), p. 23.

Neben dieser sektoralen Betrachtung der Nachfrage nach Platinmetallen ist eine weitere Unterteilung bedeutsam für die Frage nach der kritischen Bedeutung der Platinversorgung. Diese Unterscheidung trennt zwischen Verwendungsbereichen, in denen Platin – mit seinen Eigenschaften als Katalysator, die ja keinen unmittelbaren Verbrauch des Metalls implizieren – gewissermaßen als Kapitalgut eingesetzt wird, und jenen, in denen ein echter „Verbrauch" der Metalle stattfindet. Nach Schätzungen von *Klass et al.* wurde Platin zu 56% und Palladium sogar zu 65% als Kapitalgut eingesetzt. Diese – oft besonders kritischen – Verwendungsbereiche rezyklieren Platinmetalle aufgrund ihres großen Wertes routinemäßig in hohem Maße und verfügen zudem über erhebliche Lagerbestände; sie sind daher zugleich vergleichsweise wenig verwundbar[23].

Die hohen Wachstumsraten der Nachfrage nach Platinmetallen in den 70er Jahren[24], die Bedeutung des Platins für Zukunftsindustrien wie die Glasfiber- oder Elektronikindustrie und für den Umweltschutz sowie die einzigartigen Eigenschaften der Platinmetalle werden ihnen auch in Zukunft eine kritische Bedeutung geben. Detaillierte Projektionen der Nachfrageentwicklung in den USA deuten darauf hin, daß die Nachfrage nach Platinmetallen zwar im Bereich der Automobilindustrie und in den Raffinerien in den 90er Jahren allmählich zurückgehen wird, weil eine Ablösung der Katalysatoren und des bleifreien Benzins durch neue Verbrennungsmotoren in absehbarer Zeit wahrscheinlich erscheint. Hohe Wachstumsraten in der chemischen und der elektrischen Industrie werden insgesamt dennoch eine erhebliche Zunahme der Platin-Nachfrage mit sich bringen. Insbesondere gilt das für den Fall eines raschen Wachstums der Glasfiberindustrie, deren neue Werkstoffe zur Verdrängung von Metallen aus bestimmten industriellen Anwendungsbereichen führen könnten, und der Computer- und *High-Tech*-Produktionsbereiche[25].

Im Gegensatz zu den meisten anderen hier analysierten Rohstoffen ist der Wert der Platin-Einfuhren der Industriestaaten nicht unbeachtlich – für die USA lag er in den ersten Jahren der 80er Jahre zwischen $ 556 und 1177 Mio.[26]. Dennoch hätte auch eine dramatische Steigerung der Preise keine gesamtwirtschaftlichen Auswirkungen; selbst für die betroffenen Industrien wären die Kostensteigerungen angesichts der geringen Anteile der Platinkosten an den gesamten Produktionskosten in der Regel verkraftbar.

Krisenflexibilitäten: Im Falle einer ernsthaften Unterbrechung der Versorgung mit Platinmetallen aus Südafrika käme eine erhebliche Steigerung der Förderung in nichtbetroffenen Regionen nur für die USA in Betracht: Der *Stillwater*-Komplex könnte –

[23] Michael W. Klass/James C. Burrows/Steven D. Beggs, International Minerals Cartels and Embargoes, New York 1980, p. 210.

[24] Sie betrugen über 6% p.a. in den USA und über 10% in Japan. Crowson, op. cit.

[25] Loebenstein, op. cit., pp. 16ff. Für andere Projektionen bis zum Jahr 2000 siehe Global 2000, Der Bericht an den Präsidenten, Frankfurt/M. 1981, p. 463 und US Bureau of Mines, op. cit. (1980), pp. 699ff.

[26] US Bureau of Mines, op. cit. (1984), p. 692.

mit einer entsprechenden Vorlaufzeit von zwei bis drei Jahren[27] – erschlossen bzw., falls dies bereits geschehen wäre, erweitert werden. Andere Möglichkeiten einer Steigerung der Bergwerksförderung bzw. der Exporte wären höchst unsicher – die Ausfuhren der UdSSR waren in der Vergangenheit eher erratisch und primär durch den Devisenbedarf der Sowjetunion bestimmt[28]; ob Moskau in einer Krise zusätzliche Mengen anbieten würde, muß zweifelhaft bleiben. Die Förderung in den anderen Bergbauländern, die ja ohnehin kaum ins Gewicht fällt, könnte angesichts der Kuppelproduktion mit anderen Metallen nur schwer erheblich ausgeweitet werden[29]. Nur für den Fall, daß eine andere Lieferquelle – und dies könnte nach Lage der Dinge nur die Sowjetunion sein – ausfiele, wäre also mit Möglichkeiten der Produktionssteigerung in anderen Förderländern zu rechnen: Südafrika ist in der Lage, seine Produktion der Nachfrageentwicklung relativ flexibel anzupassen.

Die *Wiedergewinnung von Altmaterial* spielt bei Platin angesichts der hohen Kosten ohnehin – wie bereits erwähnt – eine bedeutsame Rolle; nach *Klass et al.* werden 75–80% des Altmaterials rezykliert[30]. Der Anteil von Altmaterial am Jahresverbrauch liegt in der westlichen Welt derzeit bei 7%–15%; in dieser Zahl ist allerdings die Wiederverwendung von Platin als Kapitalgut – etwa in der chemischen Industrie – nicht berücksichtigt[31]. Die Geschwindigkeit des Wiedereinsatzes in diesen Bereichen könnte gesteigert werden, um so die Nachfrage nach zusätzlichem Platin zu senken. Daneben könnte die Wiedergewinnung von Altmaterial in einer Versorgungskrise durchaus gesteigert werden, wenn dazu auch z. T. erhebliche Vorlaufzeiten erforderlich wären[32].

Die *Lagerhaltung* bildet die letzte Möglichkeit der Krisenbewältigung auf der Angebotsseite. Die Vorräte der wichtigsten Abnehmer sind traditionell recht umfangreich: Angaben über die USA zeigen für alle Platinmetalle mit Ausnahme des Rutheniums eine Reichweite der Vorräte bei Händlern, Importeuren und Verarbeitungsbetrieben von fünf bis sechs Monaten; die Vorräte in bestimmten Verwendungsbereichen wären oft sogar ausreichend für mehrere Jahre[33]. Ein Abbau der privaten Lagerhaltung Mitte der 70er Jahre frustrierte denn auch sowjetische Versuche, durch redu-

---

[27] US Interests in Africa, op. cit, p. 527.

[28] Zur sowjetischen Platin-Exportpolitik vgl. Michael Kaser, The Soviet Impact on World Trade in Gold and Platinum, in: M. M. Kostecki (ed), The Soviet Impact on Commodity Markets, London 1984, pp. 156–172.

[29] Vgl. hierzu aber optimistisch Congressional Budget Office, Strategic and Critical Nonfuel Minerals: Problems and Policy Alternatives, Washington 1983, p. 39.

[30] Klass et al., op. cit., p. 208.

[31] ibid., p. 207; US Bureau of Mines, op. cit. (1987); Crowson, op. cit.; Mining Annual Review, op. cit. (1986), p. 23; Congressional Budget Office, op. cit., p. 36. Der letztgenannten Quelle zufolge reduzierte sich die US-Einfuhrabhängigkeit unter Berücksichtigung dieser Form der Wiederverwendung von 85% auf 60%. Nach US Bureau of Mines, op. cit. (1980), p. 690ff. und Loebenstein, op. cit., p. 16, wird der Anteil von Altmaterial auch in Zukunft weiter zunehmen.

[32] US Bureau of Mines, op. cit. (1980), p. 690; Office of Technology Assessment, op. cit., p. 42; US Interests in Africa, op. cit., p. 526.

[33] US Bureau of Mines, op. cit. (1984), p. 688; US Bureau of Mines, op. cit. (1980), pp. 692ff.; Loebenstein, op. cit., pp. 8ff.; Klass et al., op. cit., pp. 206ff.

zierte Exporte von Palladium den Preis nach oben zu drücken[34]. Allerdings würde eine echte Versorgungskrise nicht unbedingt zu einem Abbau der Platin-Vorräte führen. Die dadurch ausgelösten Preissprünge könnten im Gegenteil zu einer Welle von spekulativen Platinkäufen führen und damit die Krisensituation zusätzlich verschärfen[35]. Die Veränderungen der privaten Platin-Vorräte könnten sich damit statt als krisenbeherrschendes Element als ein zusätzliches Problem erweisen.

Neben diesen privatwirtschaftlichen Vorräten der Händler, Importeure und Abnehmer von Platinmetallen bestehen zwei weitere Vorratskomponenten: Die Vorräte der Förderländer Südafrika und der UdSSR und die strategischen Vorräte einiger Verbraucherregierungen. Erstere sind zwar sehr umfangreich, ihre Verfügbarkeit kann jedoch nicht unbedingt unterstellt werden. Die strategischen Vorräte der meisten Importländer sind umfangmäßig – soweit überhaupt bekannt – mit Ausnahme der Vorräte der USA eher gering. Die US-Läger wurden in den letzten Jahren durch Zukäufe aufgestockt, ohne damit allerdings die gesteckten Ziele zu erreichen. Immerhin wiesen die Vorräte für Platinmetalle Anfang 1986 eine Reichweite von über einem halben Jahr und für Palladium sogar von 16 Monaten des Jahresverbrauchs von 1983 auf. Für Iridium, das neu in die Bevorratung aufgenommen wurde, ergab sich sogar eine theoretische Reichweite von sechs Jahren[36].

Auf der *Nachfrageseite* kommen für eine effektive Krisenbewältigung vor allem eine effizientere Nutzung der verfügbaren Platinmengen sowie die Substitution von Platinmetallen durch andere Substanzen in Frage. Substitutionsmöglichkeiten bestehen zwar in beschränktem Umfang – so können etwa Gold, Silber und Wolfram in elektrischen und elektronischen Verwendungsbereichen Platinmetalle ersetzen, während seltene Erden, Molekularsiebe und eine Reihe anderer Metalle in katalytischen Anwendungen für Platin verwendet werden könnten[37]. Allerdings haben die hohen Platinpreise die industriellen Verwendungen bereits ohnehin auf Anwendungen beschränkt, in denen Substitute nur schwer zu finden bzw. mit Qualitätseinbußen verbunden sind. Kurzfristig dürfte das Potential hier also eher beschränkt sein[38].

Dagegen könnte die Umstrukturierung der Nachfrage zugunsten der essentiellen und kritischen Einsatzbereiche von Platin in einer Krise erhebliche Einsparungen in der Gesamtnachfrage ohne große soziale Kosten ermöglichen. Diese Umstrukturierung würde durch die Preissteigerungen in einer Krise mindestens teilweise wohl auch ohne staatliche Eingriffe erfolgen. So entfallen auf die japanische Schmuckindustrie jährlich bis zu 30% der gesamten Nachfrage der westlichen Welt[39]; dieser Bereich reagiert sehr empfindlich auf Preisveränderungen und würde daher in einer echten Versorgungskrise erheblich an Bedeutung verlieren. Ähnlich könnte auch die Nach-

[34] ibid., p. 219.
[35] ibid., p. 210.
[36] US Bureau of Mines, op. cit. (1984), p. 686 f.; US Bureau of Mines, op. cit. (1987).
[37] US Bureau of Mines, op. cit. (1985); US Bureau of Mines, op. cit. (1987), p. 691; Loebenstein, op. cit., p. 13; Crowson, op. cit.; Klass et al., op. cit., pp. 206 ff.; Office of Technology Assessment, op. cit., p. 44.
[38] US Bureau of Mines, op. cit. (1980), p. 691; Loebenstein, op. cit., p. 13; Crowson, op. cit.
[39] Klass et al., op. cit., p. 206.

frage in anderen, weniger essentiellen Bereichen zugunsten kritischer Anwendungen reduziert werden[40]. Den größten Anwendungsbereich von Platinmetallen bildet die Herstellung von Automobilkatalysatoren; in einer schwerwiegenden Versorgungskrise könnte hier eine Lockerung der Immissionsvorgaben erfolgen[41].

Politische Risiken: Angesichts der hohen Konzentration der Platinmetallproduktion in Südafrika (mit zwei großen Produzentenfirmen) und der UdSSR sowie der spezifischen Angebotspalette dieser beiden Staaten weist der internationale Platinmarkt ohnehin bereits Strukturen eines *de facto* Oligopols auf[42]. Dabei kann davon ausgegangen werden, daß koordiniertes Verhalten der beiden wichtigsten Exportländer Marktentwicklungen beeinflußt, ja kontrolliert hat: Versuche der beiden wichtigsten Förderländer, Preise zu manipulieren, sind daher nicht nur wahrscheinlich, sondern sie haben wohl auch schon stattgefunden[43]. Allerdings bilden die großen Vorratslager und der hohe Grad der Wiederverwendung von Altmaterial wirksame Barrieren gegen einen krassen Mißbrauch dieser Marktmacht. Die Position der Anbieter wurde in den letzten Jahren zudem durch erhebliche Strukturverschiebungen abgeschwächt: Die Bedeutung der Waren- und Terminmärkte im Platinhandel stieg im Gefolge der Spekulationswellen Ende der 70er Jahre, während auf der Verbraucherseite mit der Entwicklung der Katalysatoren erstmals eine kleine, mächtige Gruppe von Käufern auftrat und Markt-Gegenmacht darstellen konnte. Die Lieferverträge mit dieser Gruppe von Abnehmern wurden deshalb aus dem bestehenden Marktgefüge mit seinen festen Produzentenpreisen herausgelöst. Schließlich führte der scharfe Rückgang der Nachfrage nach Platinmetallen 1981 und 1982 zu einer Modifikation des Produzentenpreissystems durch den größten Anbieter, das südafrikanische Unternehmen *Ruestenburg*[44].

Diese Hinweise auf die Marktstruktur des internationalen Platinhandels deuten bereits an, daß eine bewußte Mobilisierung von Marktmacht für politische Zielsetzungen – die ohnehin schwer vorstellbar ist – kaum Chancen hätte, während manipulierte Preissprünge und Versuche der Marktorganisation durchaus vorstellbar sind. Die entstehenden Probleme und Kosten wären allerdings ohne Schwierigkeiten zu bewältigen.

Das wichtigste Risiko bei der Platinversorgung liegt zweifellos wiederum im südlichen Afrika. Die südafrikanische Platinförderung bildet die Versorgungsbasis aller westlichen Industriestaaten; die Exporte der UdSSR sind zu erratisch und unvorhersehbar, um diese Rolle zu übernehmen. Die südafrikanische Fähigkeit zum Export angemessener Mengen von Platinmetallen beruht auf wenigen Bergwerken und Verarbeitungsanlagen in einem eng umgrenzten geographischen Bereich. Zudem kommt

[40] US Bureau of Mines, op. cit. (1980), p. 692; Loebenstein, op. cit., p. 1.
[41] US Interests in Africa, op. cit., p. 527.
[42] Klass et al., op. cit., p. 206.
[43] Kaser, op. cit., pp. 170 f.
[44] Vgl. Weston, op. cit., pp. 127 f.; Mining Annual Review, op. cit. (1986), p. 23; Crowson, op. cit.

ein Großteil der Versorgung mit Gold, dem wichtigsten Substitutionsmetall von Platin, ebenfalls aus Südafrika[45]. Ein Ausfall der südafrikanischen Exporte könnte durch den Abbau der Vorräte nur vorübergehend ausgeglichen werden; alternative Lieferquellen könnten selbst mit längeren Vorlaufzeiten die Lücke nicht wirklich schließen. Auf der anderen Seite ist das Risiko einer Unterbrechung der südafrikanischen Exporte offensichtlich.

Dennoch sollten auch im Falle des Platins die Versorgungsrisiken nicht übertrieben werden,. Die besondere Eigenschaft des Platins – insbesondere sein hoher Preis – bedeuten zugleich eine signifikante Reduzierung der Risiken. Platin läßt sich leicht und billig lagern (und bietet sich daher auch als Spekulationsobjekt an), es wird in großem Umfang wiederverwendet und oft sogar nur als Kapitalgut eingesetzt und dann nicht „verbraucht", sondern verwendet und wiederverwendet. Die hohen Platinpreise ermutigen zugleich die ständige Suche nach Substituten und effizienterer Verwendung sowie eine relativ umfangreiche Bevorratung der industriellen Verbraucher.

Diese besonderen Eigenschaften des Platinmarktes wirken freilich nicht alle in die gleiche Richtung einer Risikobegrenzung. Spekulative Platinzukäufe in einer Versorgungskrise könnten alle Versuche, die Kosten der Krise in engen Grenzen zu halten, ernsthaft stören oder sogar unwirksam machen. Eine angemessene Krisenvorsorge muß auch diesem Aspekt Rechnung tragen.

6. Risiken in der Rohstoff-Versorgung der Industriestaaten

6.1 Die wichtigsten Risiken im Überblick

Die Analyse einzelner Rohstoff-Märkte unter der Perspektive der Versorgungssicherheit der Industriestaaten hat gezeigt, daß ernsthafte Risiken nur in wenigen Fällen zu bestehen scheinen – bei den Metallen der Platingruppe, bei Phosphat und vor allem bei einigen wichtigen Stahlveredlern. Dabei spricht selbst bei diesen kritischen Rohstoffen einiges für die Annahme, daß auch relativ dramatische Versorgungsstörungen (Mengen bis zu 30% der Nachfrage für einige Monate) ohne gravierende gesamtwirtschaftliche, soziale und politische Folgen zu bewältigen wären. Man sollte diese Risiken also nicht unnötig dramatisieren. Auf der anderen Seite bestätigen eine Reihe von Untersuchungen über die Folgewirkungen von Versorgungskrisen bei bestimmten Rohstoffen, die – zumeist im Auftrag von Regierungen der Industriestaaten – in den letzten Jahren erstellt wurden, daß die gesamtwirtschaftlichen Folgen ernsthafter Versorgungskrisen durchaus genuine wirtschaftliche Sicherheitsprobleme aufwerfen könnten: Eine von der Bundesregierung Mitte der 70er Jahre in Auftrag gegebene Studie des *Deutschen Instituts für Wirtschaftsforschung* kam sogar zu sehr dramatischen

---

[45] Congressional Budget Office, op. cit., p. 37 f.

Ergebnissen: Ein Ausfall von 30% der bundesdeutschen Chromversorgung für sechs Monate hätte danach einen 28%igen Rückgang des Bruttosozialproduktes zur Folge[1]. Dieser quasi lineare Zusammenhang zwischen einem Versorgungsausfall und der gesamtwirtschaftlichen Aktivität wurde allerdings aufgrund einer Input-Output-Analyse ermittelt, die mit notwendig hypothetischen und z.T. offensichtlich unrealistischen Annahmen arbeitete und deshalb selbst von den Autoren dieser Studie nur für sehr begrenzt aussagefähig gehalten wurde. Eine gewisse Skepsis gegenüber diesen Ergebnissen ist sicherlich angebracht[2]. Andere Studien kommen dagegen zu sehr viel begrenzteren, wenn auch noch immer beträchtlichen Kosten, die der Ausfall eines Teils der Lieferungen von wichtigen Rohstoffen nach sich ziehen würde: So schätzte eine Studie des japanischen Industrieministeriums die Konsequenzen eines Ausfalls von 30% der japanischen Chrombezüge für ein Jahr folgendermaßen ein: Das Bruttosozialpodukt würde um knapp 5% sinken. Andere Bewertungen kommen zu ähnlichen Ergebnissen[3].

Die wirtschaftlichen Kosten von derartigen Versorgungsstörungen können also sicherlich beträchtlich sein. Auf der anderen Seite verfügen internationale Rohstoffmärkte über beträchtliche Flexibilitätsreserven – und die Bewertung der möglichen Auswirkungen von Versorgungsstörungen wird je nach der Einschätzung dieser Flexibilitätsreserven zu unterschiedlichen Ergebnissen kommen[4]. Zu berücksichtigen ist bei der Risikoanalyse auch, daß Bergbauländer oft als Lieferanten einer Reihe von kritischen Rohstoffen fungieren; etwaige Risiken würden daher mehrere Märkte zugleich betreffen. In einigen Fällen besteht die Möglichkeit grenzübergreifender Auswirkungen von Versorgungskrisen durch geographische, wirtschaftliche und politische Verflechtungen. Mehrere Bergbauländer könnten also gleichzeitig als Lieferanten ganz oder teilweise ausfallen. Hieraus ergeben sich kumulative Risiken, deren Größenordnung den Sachverhalt wirtschaftlicher Sicherheitsrisiken durchaus erfüllen könnten[5].

Tabelle C-6.1.1 gibt einen zusammenfassenden Überblick über die Importabhängigkeiten der USA, Japans und der Europäischen Gemeinschaft. Aus dieser Übersicht las-

---

[1] Die Studie selbst wurde niemals publiziert; ihre Ergebnisse sind jedoch zusammengefaßt dargestellt in Bundesminister für Wirtschaft, Metals and Minerals, Markets and Trends, Bonn 1979, pp. 104f. (= Studienreihe No. 21) und wurden häufig (und zumeist irreführend pauschal) zitiert.

[2] Siehe ibid., p. 83 sowie Raymond Mikesell, Economic Stockpiles for Dealing with Vulnerability to Disruptions for Foreign Supplies of Minerals, in: *Materials and Society*, Vol. 9 No. 1 (1985), pp. 59–128 (68). Die Skepsis wird auch in den zuständigen Abteilungen des Wirtschaftsministeriums in Bonn geteilt.

[3] Siehe z.B. Behörde für Rohstoffe und Energie, Ministerium für Außenhandel und Industrie, Dokument zur Revision des Gesetzes über die Metal Mining Agency, Gesetz No. 48 vom 1.4.1963, Ergänzende Informationen, Tokyo 1983. Die Schätzungen der französischen Regierung ergeben ähnliche Zahlen (Interview, Observatoire des Matières Premières, Paris, Okt. 1985).

[4] Einige Untersuchungen, die diese Faktoren einbeziehen, kommen deshalb zu weniger dramatischen Ergebnissen als die genannten Regierungsstudien. Siehe etwa W. Klass/James C. Burrows/Steven D. Beggs, International Minerals Cartels and Embargoes, New York 1980; Leonard L. Fischman et al., World Mineral Trends and U.S. Supply Problems, Washington 1980; vgl. auch Mikesell, op. cit., pp. 76ff., Appendix II. Klass et al. beziffern die hypothetischen Kosten bestimmter Ausfallszenarien für die USA im Falle der Manganversorgung auf zwischen $ 0,6 und $ 2,1 Mrd. (op. cit., p. 176).

[5] Siehe International Economic Studies Institute (ed), Raw Materials und Foreign Policy, Washington 1976, p. 181.

Tab. C – 6.1.1: Importabhängigkeiten der Europäischen Gemeinschaft, Japans und der USA (Durchschnittswerte, 1981 und 1982)

	Europäische Gemeinschaft (10)		Vereinigte Staaten		Japan	
	Importabhängigkeit[a]	wichtigste Lieferländer (Anteil am Gesamtimport)	Importabhängigkeit[a]	wichtigste Lieferländer (Anteil am Gesamtimport)	Importabhängigkeit[a]	wichtigste Lieferländer (Anteil am Gesamtimport)
Bauxit	66	Australien (40) Guinea (37)	100	Jamaika (45) Guinea (31)	100	Australien (60) Indonesien (23)
Chromerz	98	Südafrika (56) Albanien (18)	98	Südafrika (54) Philippinen (15) Sowjetunion (10)	100	Südafrika (46) Indien (19) Philippinen (17)
Ferro-Chrom	77	Südafrika (36) Zimbabwe (24)	56	Südafrika (63) Zimbabwe (17)	47	Südafrika (55) Brasilien (14)
Kobalt	100	Zaire[b] (55) Sambia (20) Kanada (20)	100	Zaire (32)[c] Kanada (12) EG (13)	100	Zaire (19)[c] EG (39) USA (17)
Manganerz	99	Südafrika (46) Gabun (25) Brasilien (10)	100	Südafrika (41) Gabun (26) Australien (12)	93	Südafrika (51) Australien (31)
Ferro-Mangan	4	Norwegen (60)	90	Südafrika (44)		Netto-Exp.
Niob	100	Kanada (84)	100	Kanada (56) Nigeria (35)	100	Kanada (96)
Ferro-Niob	n. v.	Brasilien (100)	93	Brasilien (100)	64	Brasilien (99)
Phosphat	98	Marokko (42) USA (20) Togo (9)		Nettoexporteur	100	USA (57) Marokko (27)
Platinmetalle	100	USA (56) Sowjetunion (16) Südafrika (15)	100	Südafrika (50) Sowjetunion (14) EG (18)	100	Südafrika (36) Sowjetunion (35) USA (13)
Tantal	100	n. v.	100	Kanada (31) Brasilien (25) Australien (13)	100	Malaysia (86) Thailand (9) Zaire (5)
Titanerz	100	Australien (30) Norwegen (30) Kanada (22)	42	Australien (53) Kanada (32) Südafrika (9)	100	Malaysia (35) Australien (18) Indien (16)
Titanmetall	76	Japan (46) USA (37)		Nettoexporteur		Nettoexporteur
Wolframerz	100	China (22) Bolivien (18) Australien (12)	68	Kanada (24) Bolivien (20) China (18)	75	China (23) Südkorea (21) Portugal (18)
Vanadium	100	China (26) Finnland (23)	55	Südafrika (68) China (17)	100	Südafrika (73) China (19)

[a]) Importe als % des Verbrauchs
[b]) Unter Einbeziehung des Ursprungs der verarbeiteten Kobaltimporte ca. 55%
[c]) Bedeutung Zaires bzw. Südafrikas als Ursprungsland des Rohstoffes erheblich größer als aus diesen Zahlen ersichtlich

Quelle:
P. C. F. Crowson, Minerals Handbook 1984/85, London 1984

sen sich eine Reihe von Schlußfolgerungen ziehen. So ist zunächst einmal Ausmaß und Struktur der Abhängigkeiten bei den wichtigsten kritischen Rohstoffmärkten (Chrom, Mangan, Kobalt, Platin) für alle drei Industrieregionen recht ähnlich: Die Angebots-Konzentration ist in diesen Märkten so hoch, daß die in vielen anderen Fällen ausgeprägte Tendenz zu regionalen Handelsnetzen[6] stark zurückgedrängt wurde bzw. völlig fehlt. Zweitens zeigt die Zusammenstellung die große Bedeutung der Republik Südafrika als Schlüsselland in einer Reihe von kritischen Rohstoffmärkten. Diese Schlüsselrolle Südafrikas wird in dieser Übersicht sogar eher noch unterschätzt, weil dieses Land daneben noch eine Reihe weiterer wichtiger Rohstoffe wie Gold, Industriediamanten, Asbest, Uran, Kohle und andere in beträchtlichem Umfang exportiert[7]. Drittens spielen daneben auch einige andere Bergbauländer in mehreren Märkten eine hervorragende Rolle: Australien, Kanada, Brasilien, daneben auch Indonesien, die Philippinen, Thailand und Malaysia.

Dagegen erscheint die Sowjetunion kaum je als wichtiges Lieferland; die einzige Ausnahme bilden hier die Platinmetalle. Dies mag angesichts der Bedeutung der UdSSR als Bergbau- und Rohstoffexportland überraschen, weist aber darauf hin, wie irreführend wirtschaftliche Sicherheitsanalysen sein können, die lediglich die Bergbauproduktion und die Reserven, nicht jedoch die Interaktion mit dem Weltmarkt berücksichtigen[8]. Diese ist jedoch im Falle der UdSSR gering: Die Ausfuhren des Landes an Bergbauprodukten fließen überwiegend in das rohstoffarme Osteuropa; die Exporte in den Westen spielen demgegenüber eine zweitrangige – und tendenziell abnehmende – Rolle[9]. Dagegen hat die Bedeutung der Volksrepublik China als Rohstoff-Exportland in den letzten Jahren zugenommen; zwar wird man angesichts der rasch wachsenden Industrieproduktion und der großen Bevölkerung des Landes insgesamt kaum mit substantiellen Rohstoff-Exportüberschüssen rechnen können, doch schließt dies in bestimmten Märkten und für beschränkte Zeiträume keineswegs aus, daß China als Ausfuhrland von erheblicher Bedeutung in Erscheinung treten könnte[10].

Welche Arten von wirtschaftlichen Sicherheitsrisiken lassen sich demnach in der zukünftigen Rohstoffversorgung der Industriestaaten feststellen? *Preiserhöhungen* kön-

---

[6] Dies gilt insbesondere für Rohstoffe, die in großen Mengen und zu geringen Tonnenpreisen umgeschlagen werden; hier spielen Frachtkosten eine große Rolle.

[7] Vgl. hierzu Jacques de Villiers (ed), Vital Role of South African Minerals, Pretoria 1982, pp. 14ff.; Carl W. Sames, Die Bedeutung der Bodenschätze des südlichen Afrikas für die westliche Welt, in: *Glückauf*, No. 1/1980, pp. 36–44; *Financial Times*, 4.9.1985.

[8] Beispiele hierfür liefern Sames, op. cit., sowie Publikationen, die von Südafrika inspiriert bzw. im Sinne Südafrikas zu argumentieren geneigt sind – etwa Anhänger der Theorie eines „kalten Rohstoff-Krieges" zwischen Ost und West. (Vgl. hierzu das folgende Kapitel 6.2.)

[9] Vgl. hierzu das folgende Kapitel 6.2.

[10] Bundesminister für Wirtschaft, Bericht über die Versorgung der Bundesrepublik Deutschland mit mineralischen Rohstoffen, Bonn 1980, pp. 66f.; *The Economist*, 2.5.1981; E. Chin, The Mineral Industry of China, in: US Bureau of Mines, Minerals Yearbook, 1983, Vol. III: Area Reports: International, Washington 1984, pp. 179–195; idem, The Mineral Industry of China, in: US Bureau of Mines, Minerals Yearbook, 1981, Vol. III, Area Reports: International, Washington 1983, pp. 225–249; Mining Journal (ed), Mining Annual Review, 1984, London 1984, pp. 340ff.

nen hier als erstes als Risikoquelle eliminiert werden – erstens erscheinen Steigerungen, die über das Maß der (in aller Regel ohnehin bereits recht beachtlichen) normalen Marktschwankungen hinausgehen würden, nur als Folge politischer Störungen wahrscheinlich, die im folgenden noch zu erörtern sein werden; träten sie ein, so dürften ihre gesamtwirtschaftlichen Konsequenzen insgesamt selbst bei dramatischen Preissprüngen begrenzt bleiben[11]. Dies ergibt sich schon aus der vergleichsweise geringen Bedeutung von Rohstoff-Einfuhren im Gesamtwert der Importe: Japan, das größte Rohstoff-Einfuhrland, bezahlte 1983 für seine Einfuhren von metallischen Erzen und Schrott insgesamt etwa $ 6,5 Mrd., davon $ 3,1 Mrd. allein für Eisenerz. Die USA importierten 1984 mineralische Rohstoffe im Wert von etwa $ 5 Mrd.[12]. Eine Variante dieser Betrachtungsweise, die jedoch zur selben Schlußfolgerung führt, stellt auf den geringen Anteil der Rohstoffkosten an den Gesamtkosten des Endproduktes ab; dies gilt schon bei wichtigen Zwischenprodukten wie Stahl oder Aluminium[13]. Im Gegensatz etwa zu Erdöl[14] stellen also selbst krisenbedingt dramatische Preissprünge *per se* keine gesamtwirtschaftliche Gefahr und damit kein wirtschaftliches Sicherheitsrisiko dar.

Kartellierungsversuche können aus ähnlichen Erwägungen heraus als Risikofaktoren ebenfalls ausgesondert werden. Eine Erhöhung der Preise für bestimmte Rohstoffe über effektive Oligopolstrategien wichtiger Förderländer hätte aus den genannten Gründen keine wirtschaftliche Sicherheitsrelevanz; darüber hinaus erscheinen erfolgreiche Kartellbildungen bzw. Produzentenorganisationen in den meisten der beschriebenen Märkte auf absehbare Zeit wenig wahrscheinlich. Die Förderländer mußten in den vergangenen Jahren die schmerzhafte Erfahrung machen, daß aggressive Strategien der Preiserhöhung, der Verstaatlichung bzw. Teilverstaatlichung und der Umsiedelung von Verarbeitungskapazitäten auf die Dauer zum Verlust von Absatzmärkten und damit von Einnahmen führen[15]. Zudem setzen effektive Strategien der Marktkontrolle voraus, daß die Mitglieder der Produzentenorganisation über einen Großteil der Förderung und der Reserven verfügen und daß das Angebot von Lieferungen aus anderen Quellen sowie die Nachfrage inelastisch sind. Schließlich müßten die Förderländer in der Lage sein, über entsprechende Mengen- und Preisdisziplin die Einnahmeeffekte rückläufiger Absatzmöglichkeiten auszugleichen bzw. abzufangen. Ange-

[11] U. U. ließe sich Eisenerz hier als Ausnahme anführen, wenngleich auch hier der Wertunterschied etwa zum internationalen Energiehandel frappierend ist. Die Strukturen des internationalen Eisenerzmarktes lassen jedoch, wie oben dargestellt, eine dramatische Steigerung der Preise selbst als Ergebnis politischer Krisen in wichtigen Lieferländern recht unwahrscheinlich erscheinen.

[12] Keizai Koho Center, Japan 1984, An International Comparison, Tokyo 1984, p. 42; US Bureau of Mines, Mineral Commodity Summaries 1985, Washington 1985.

[13] Vgl. Pierre-Noël Giraud, Géopolitique des ressources minières, Paris 1983, pp. 418 ff.

[14] Vgl. hierzu Hanns W. Maull, Raw Materials, Energy, and Western Security, London 1984, pp. 117 ff.

[15] Vgl. hierzu Giraud, op. cit., pp. 187 ff. Besonders deutlich wurde diese Tendenzwende im Falle der Bauxitförderländer: Die Gründungsmitglieder des Internationalen Bauxitabkommens (IBA) mußten seit Ende der 70er Jahre eine dramatische Verschlechterung ihrer Marktposition beobachten. Der Rückzug der integrierten Aluminiumfirmen aus diesen Ländern und die Verlagerung ihrer Produktion in neue Lieferländer (Australien, Brasilien) traf die Bauxit-Förderländer gerade der Karibik besonders hart. (S. o., Teil C, Kap. 3.1.)

sichts der starken Abhängigkeit vieler Lieferländer der dritten Welt von ihren Bergbauindustrien ist eine derartige Disziplin nur schwer zu erreichen: In Sambia etwa entfallen auf den krisengeschüttelten Kupferbergbau noch immer etwa 16–18% des Sozialproduktes und 90% der Exporterlöse. In Zaire stammen 25–40% der Staatseinnahmen und 85% der Exporterlöse aus dem Bergbau. Im Falle Guineas, das einst als Satellit der Sowjetunion in Afrika galt, kommen ca. 25% des Sozialproduktes, 50–60% der staatlichen Haushaltseinkünfte und fast 90% der Exporteinnahmen aus der Bauxit-Industrie. Simbabwe bezieht rund zwei Drittel seiner Exporteinnahmen aus der Ausfuhr von Rohstoffen[16].

„Radikale" Regimes stellen in Bergbauländern keineswegs notwendigerweise eine Bedrohung westlicher Wirtschaftsinteressen dar. Die Programmatik derartiger politischer Kräfte tendiert zwar zu einer Ausweitung des Staatseinflusses über die jeweiligen Bergbauindustrien sowie einer Optimierung der Nutzeffekte für das eigene Land; dies hat im Zuge der Diskussion um eine neue Weltwirtschaftsordnung in den 70er Jahren gelegentlich zu rohstoffpolitischen Strategien radikaler Regierungen geführt, die kurzfristig die Profitabilität der westlichen Bergbaukonzerne, längerfristig jedoch vor allem die Eigeninteressen dieser Staaten beeinträchtigten. Die Einsicht, daß es besser sei, die goldenen Eier der transnationalen Gänse zu sammeln als die Gänse selber abzuschlachten, führte jedoch seit Ende der 70er Jahre zu Kurskorrekturen in vielen „radikalen" Bergbauländern[17]. So beschrieb ein amerikanischer Regierungsvertreter schon 1979 die Bergbaupolitik der „radikalen und anti-westlichen" Drittweltländer Angola, Guinea und Mosambik als „möglicherweise liberaler" als die mancher prowestlicher Entwicklungsländer[18]. Westliche Bergbaukonzerne fördern und investieren auch weiterhin in diesen Staaten – in Angola unter dem Schutz kubanischer Militäreinheiten gegen Anschläge der pro-westlichen Widerstandsorganisation UNITA![19]. Dagegen haben sozialistische Widerstandsorganisationen im südlichen Afrika wie die *South West African People's Organization* (SWAPO) und der *African National Council* (ANC) die Bergbauindustrien dieser Länder bislang verschont und möglicherweise entsprechende informelle Arrangements mit den Konzernen getroffen[20].

---

[16] Robert M. Price, Statement before the Hearings on US Interests in Africa, Subcommittee on African Foreign Affairs Committee, House of Representatives, Okt./Nov. 1979, Washington 1980, pp. 119, 486ff.; Economist Intelligence Unit, Quarterly Economic Reviews, Annual Supplements 1984, versch. Ausgaben; Europa Publications (ed), Africa South of the Sahara, 1984–1985, London 1984, pp. 440ff.; 965ff., 941ff. Bergbauindustrie Guineas auch Giraud, op. cit., pp. 677ff.

[17] Vgl. Giraud, op. cit., Kap. 4.

[18] Price, op. cit., p. 119.

[19] Vgl. hierzu: Statement by the President of the Gulf Oil Exploration and Production Co., Hearings on United States Policy Towards Angola, Subcommittee on Africa, Foreign Affairs Committee, House of Representatives, 17.9.1980, pp. 10ff.

[20] Colin Legum (ed), Africa Contemporary Record, Annual Survey and Documents, 1979–1980, New York, pp. B 758f.; *Financial Times*, 13.9.1985.

Eine radikale, auf Veränderung des Status quo abzielende Politik von individuellen Bergbauländern in der dritten Welt, aber auch von Produzentenorganisationen erscheint daher insgesamt als wenig wahrscheinlich, kaum erfolgversprechend und in keinem Falle als Bedrohung der westlichen Rohstoffsicherheit. Verschiebungen in dfen *terms of trade* für Bergbauprodukte als Ergebnis veränderter Kräfterelationen zwischen den Akteuren sind normale Vorgänge innerhalb der betroffenen Rohstoffmärkte; die Lernprozesse der 70er und frühen 80er Jahre dürften dafür sorgen, daß derartige Verschiebungen in Zukunft eher graduell und kontinuierlich erfolgen als durch dramatische Sprünge.

Oligopolistische Markteingriffe zur Durchsetzung politischer Ziele – die „Rohstoffwaffe" – erscheinen insgesamt noch unwahrscheinlicher als Kartellierungsversuche mit wirtschaftlichen Zielsetzungen. Neben all den ungünstigen Voraussetzungen, die bereits angesprochen wurden, kommt hier die Schwierigkeit hinzu, sich auf gemeinsame politische Zielsetzungen zu verständigen und für sie entsprechende Opfer zu bringen. Ein Ziel, das derartige politische Unterstützung mehrerer Förderländer mobilisieren könnte, ist höchstens in einem Fall erkennbar – der Abschaffung der Apartheid in Südafrika. Unter bestimmten Voraussetzungen könnte die Beeinflussung der Situation in Südafrika mindestens für die afrikanischen Bergbauländer ein gemeinsames Ziel sein, für das koordinierte Sanktionen ergriffen werden könnten. Zugleich ist die Republik Südafrika jedoch auch ein herausragend wichtiges Rohstoff-Exportland, über dessen Infrastruktur zudem ein Teil der Bergbauexporte anderer afrikanischer Staaten abgewickelt wird. Südafrika verfügt damit seinerseits über Sanktionsmöglichkeiten, sowohl gegenüber anderen Exportländern wie gegenüber den Verbrauchern. Dabei ist die Republik von Rohstoffexporten wirtschaftlich nur im Falle des Goldes abhängig. Die Goldausfuhren des Landes hatten 1983 einen Wert von ca. 10 Mrd. Rand (etwa genausoviel wie sämtliche sonstigen Warenexporte des Landes), die Exporte von Platin, Uranoxid, Antimon und Kobalt zusammen dagegen nur etwa 1 Mrd. Rand. Die Ausfuhren von Chromerz erbrachten etwa 40 Mio. Rand, die von Mangan 86 Mio. – vergleichsweise bescheidene Beträge also[21].

Die Republik Südafrika bietet also einerseits die einzige denkbare Zielsetzung für politisch motivierte Sanktionen von Bergbau-Lieferländern; andererseits verfügt sie aufgrund ihrer relativ entwickelten Wirtschaftsstruktur und ihrer Sonderrolle als Bergbau-Exportland selbst über ein gewisses Sanktionspotential zur Durchsetzung wirtschaftlicher oder politischer Ziele. Diesen Risiken soll weiter unten im einzelnen nachgegangen werden; sie bilden die einzigen erkennbaren Gefahrenmomente durch bewußte und gezielte Manipulation der Rohstoff-Versorgung.

Investitionsengpässe erscheinen in Zukunft für den Fall plausibel, daß die Nachfrage nach bestimmten Rohstoffen stark anziehen sollte. Die mageren Gewinne vieler Berg-

[21] Deutsch-südafrikanische Kammer für Handel und Industrie, Jahresbericht 1984, Auckland Park 1984, pp. 15ff. Ein Rand entsprach 1983 im Mittel etwa DM 2,25.

baukonzerne[22], der Rückzug der Ölindustrie aus dem Bergbau[23] und der starke Rückgang der Nachfrage zu Beginn der 80er Jahre und entsprechende Überkapazitäten haben die Investitionstätigkeit verlangsamt und in Richtung auf marginale Kapazitätserweiterungen und besonders kostengünstige Vorkommen verschoben. Hinzu kommt die Möglichkeit, daß einzelne Förderländer die Entwicklung neuer Projekte durch Umweltschutz-Auflagen oder nationalistische Forderungen behindern und dadurch zu Engpässen beitragen könnten[24]. Auch diese Probleme sollten jedoch als marktspezifische Prozesse gesehen werden, die durch entsprechende Verhandlungs- und Anpassungsprozesse grundsätzlich zu bewältigen sind, wenngleich hierbei erratische Preisbewegungen nicht auszuschließen sind. Die Erfahrung der Vergangenheit zeigte, daß politische Auflagen durch Kompromisse bzw. durch marktspezifische Anpassungsprozesse modifiziert und Schwierigkeiten so überwunden werden können[25].

Anomische Versorgungsrisiken – also Risiken, die durch Naturkatastrophen, Streiks, politische Wirren in wichtigen Exportländern- und -regionen bzw. durch regionale Kriege oder durch „kalte" Formen der Austragung des Ost-West-Konfliktes entstehen könnten – bergen die bedeutsamsten Gefahren für die Rohstoff-Versorgung der Industriestaaten. Eine Präzisierung der Risiken ist jedoch nach Maßgabe der vorangegangenen Diskussion der einzelnen Märkte angebracht. So fällt es schwer, plausible Szenarien für eine ernsthafte Gefährdung der westlichen Rohstoffversorgung durch Naturkatastrophen zu entwerfen: Zwar ist bei einigen Rohstoffen das Angebot so stark konzentriert, daß solche Katastrophen zu empfindlichen Verknappungserscheinungen führen könnten, doch blieben diese auf jeweils einen Markt beschränkt, so daß Substitutionsprozesse erleichtert würden.

Auch durch Streiks dürfte die wirtschaftliche Sicherheit der Industriestaaten kaum gefährdet werden. Zwar haben Arbeitskämpfe in der Vergangenheit wiederholt zu Engpässen in bestimmten Rohstoffmärkten geführt, doch blieben sie zeitlich begrenzt und durch Verhandlungen lösbar. Eine wirtschaftliche Verwundbarkeit der Industriestaaten würde die Verhandlungsposition der Gewerkschaften enorm stärken und letztlich zur Durchsetzung ihrer Forderungen führen, ehe eine ernsthafte Gefährdung einträte; eine derartige Machtposition ist jedoch ohnehin in keinem Falle erkennbar. Arbeitskämpfe gleichen in mancher Hinsicht den Auseinandersetzungen zwischen Kon-

---

[22] Vgl. hierzu etwa Mining Annual Review, op. cit., pp. 7 ff.; *Financial Times*, 9.12.1983, 3.5.1985; *The Economist*, 7.5.1983.

[23] Zum Rückzug der Erdölgesellschaften aus dem Bergbaubereich, in dem sie in den 70er Jahren einen Teil ihrer Kapitalüberschüsse angelegt hatten (vgl. *The Economist*, 16.9.1978), siehe etwa *Financial Times*, 4.9.1984.

[24] Zu den Auswirkungen des kanadischen „Resource nationalism" auf die Investitionstätigkeit in Kanada siehe P. C. F. Crowson, Trends and Patterns of International Investment in Nunfuel Minerals, in: Friedrich Ebert Stiftung (ed), Probleme der Rohstoffsicherung, Bonn 1981, pp. 25–41 (28 ff.). Zur Politik Australiens und Kanadas im Bereich des Uran-Bergbaus vgl. auch Thomas L. Neff, The International Uranium Market, Cambridge, Mass. 1984, Kap. 5.

[25] Vgl. International Economic Studies Institute (ed), op. cit., pp. 111–127; Carl E. Beigie/Alfred O. Hero (eds), Natural Resources in U.S. – Canadian Relations, Vol. I: The Evolution of Policies and Issues, Boulder, Col. 1980, pp. 592 ff.; Neff, op. cit., Kap. 5; Giraud, op. cit., pp. 241 ff.

zernen und den Regierungen der Bergbauländer; wie diese gehören sie in den Gesamtzusammenhang normaler Marktprozesse. Südafrika könnte jedoch auch hier eine Ausnahme bilden – Streiks könnten dort Teil der politischen Auseinandersetzungen um die Macht werden.

Dies wäre dann jedoch nur ein Aspekt eines größeren Risikokomplexes: der politischen Instabilität des südlichen Afrikas. Dieser Risikokomplex erscheint nach Sichtung aller denkbaren Gefährdungsmomente als der bei weitem gewichtigste. Aber auch in anderen Lieferregionen könnten politische Wirren, innere Unruhen oder regional begrenzte Kriege zwischen Staaten der dritten Welt u. U. empfindliche Störungen der Rohstoffversorgung heraufbeschwören. Neben dem südlichen Afrika ist dabei vor allem an den afrikanischen Kupfer/Kobaltgürtel mit Zaire und Sambia zu denken; eine dritte kritische Region bildet Nordafrika mit seinen Phosphatvorkommen. Diese Risiken sollen weiter unten ausführlicher untersucht werden. Daneben – und im Zusammenhang damit – wurde vor allem in den USA immer wieder auf eine mögliche Bedrohung durch sowjetische Bemühungen hingewiesen, die Rohstoffversorgung des Westens zu unterminieren. Diese These eines „Rohstoffkrieges" (als eine spezifische Form der Austragung des Ost-West-Gegensatzes unterhalb der Schwelle offener Kampfhandlungen) soll im folgenden überprüft werden, ehe wir uns zuletzt den Risiken im südlichen Afrika zuwenden.

6.2 Eine sowjetische Bedrohung der westlichen Rohstoff-Sicherheit?

Im Verlauf der vergangenen zwanzig Jahre erwarb die Sowjetunion nicht nur die nuklearstrategische Parität mit den USA, sondern auch die Mittel für eine weltweite Projektion konventioneller militärischer Macht: Der Ausbau der sowjetischen Flotte, der Lufttransportkapazitäten und entsprechender Kampfverbände erlaubte es der UdSSR in den 70er Jahren, auch in erheblicher Entfernung von ihrem eigenen Territorium militärische Macht zu entfalten. Zwar kam es bislang zum Einsatz von sowjetischen Kampfverbänden nur in Afghanistan und im Nahen Osten, wo sowjetische Militärberater an militärischen Auseinandersetzungen zwischen israelischen und ägyptischen bzw. syrischen Einheiten beteiligt waren[1], doch stellte die Sowjetunion die logistische Unterstützung für die kubanischen Militäraktionen in Angola und Äthiopien[2].

Diese wachsende Fähigkeit der UdSSR zur Projektion militärischer Macht sowie die Anzeichen für eine Verschlechterung der sowjetischen Rohstoff-Position führten vor allem in den USA zu einer lebhaften Diskussion um eine angebliche sowjetische Bedrohung der westlichen Rohstoff-Versorgung („resource war"). Nach der Definition eines Anhängers dieser These handelt es sich dabei um „... eine Strategie der Kon-

---

[1] Vgl. hierzu Henning Behrens, The Soviet Occupation of Afghanistan, in: Mark V. Kauppi/R. Craig Nation (eds), The Soviet Union and the Middle East in the 1980s, Lexington 1983, pp. 247–263; Amnon Sella, Soviet Political and Military Conduct in the Middle East, New York 1981.

[2] Hierzu Winrich Kühne, Die Politik der Sowjetunion in Afrika, Baden-Baden 1983, pp. 217 ff. und Bruce D. Porter, The USSR in Third World Conflicts, Cambridge, Mass. 1984, Kap. 8.

frontation, die über wirtschaftlichen Wettbewerb hinausgeht, sich jedoch gerade unterhalb der Schwelle konventioneller militärischer Auseinandersetzungen hält"[3]. Diese Hypothese verknüpft die wachsende Aktivität der Sowjetunion in der dritten Welt, die zunehmende Import-Abhängigkeit des „Rates für gegenseitige Wirtschaftshilfe" (RGW) und die Verwundbarkeit des Westens gegenüber Störungen seiner Rohstoffversorgung zu einer großangelegten sowjetischen Strategie zur Durchsetzung der marxistisch-leninistischen Weltherrschaft.

Wie realistisch ist diese Hypothese? Um das zu überprüfen, sollen im folgenden ihre drei zentralen Annahmen überprüft werden. Der These des „Rohstoffkrieges" zufolge

- könnte die Sowjetunion den Westen durch die Einstellung seiner Rohstofflieferungen direkt unter Druck setzen;
- ist die UdSSR zunehmend selbst auf Rohstoffeinfuhren aus der dritten Welt angewiesen;
- könnte Moskau durch Subversion des südlichen Afrikas die Rohstoffexporte dieser Region an den Westen unterbrechen.

Die Rohstofflieferungen der UdSSR wurden in der Vergangenheit in der Tat wiederholt als politisches Druckmittel eingesetzt – wie übrigens auch die der USA[4]. Und allein die Tatsache, daß die UdSSR mit Abstand das größte Bergbauland der Welt ist, gilt oft als Beleg für die Bedeutung der sowjetischen Rohstoffexporte. Allerdings fließen diese Exporte zu einem großen (und wachsenden) Teil in andere sozialistische Staaten, primär in Osteuropa[5]. Die Ausfuhren in westliche Industriestaaten werden in

---

[3] US Representative Santini, zit. nach: Steven Warnecke, International Economic Security Implications of Soviet Energy and Raw Materials Policies, in: Friedrich Ebert Stiftung (ed), Probleme der Rohstoffsicherung, Bonn 1981, pp. 127–148 (129). Die wichtigsten Argumentationen der Anhänger dieser These finden sich in James A. Miller/Daniel I. Fine/R. Daniel McMichael (eds), The Resource War in 3-D: Dependency, Diplomacy, and Defense, Pittsburgh 1980. Eine deutsche Variation des Themas liefert Hans Graf Huyn, L'Afrique du Sud, Enjeu de la Guèrre des Ressources, in: Politique Internationale, Sommer 1981, pp. 87–96. Zur Kritik siehe Warnecke, op. cit.; John E. Tilton/Hans H. Landsberg, Nonfuel Minerals – The Fear of Shortages and the Search for Policies, in: Emery N. Castle/Kent A. Price (eds), U.S. Interests and Global Natural Resources, Baltimore 1983, pp. 48–80 (63 ff.); Robert Legvold, The Strategic Implications of the Soviet Union's Nonfuel Mineral Resource Policy, in: *The Journal of Resource Management and Technology*, Jan. 1983, pp. 37–56; William K. Severin, Soviet Non-Fuel Minerals: Resource War or Business as Usual?, in: *Materials and Society*, No. 1/1983, pp. 27–34.

[4] Vgl. hierzu Franklyn D. Holzman, Future East-West Economic Issues, in: C. Fred Bergsten (ed), The Future of the International Economic Order: An Agenda for Research, Lexington 1973, pp. 265–291 (266). Das sowjetische Export-Embargo für Chrom und Mangan 1949 war eine Vergeltungsaktion gegen amerikanische Sanktionen im Zusammenhang mit der sowjetischen Berlin-Blockade (Office of Technology Assessment, Strategic Materials: Technologies to Reduce U.S. Import Vulnerability, Washington 1985, p. 91). Siehe insgesamt auch K. J. Holsti, International Politics, A Framework for Analysis, Englewood Cliffs 1976 (2nd Edition), pp. 240 ff.

[5] Der Anteil Osteuropas an den sowjetischen Manganexporten stieg von 55% (1966) auf 91% (1978) und 94% (1981). Eine ähnliche, allerdings nicht ganz so ausgeprägte Entwicklung ist bei Chromerz zu verzeichnen; dort entfielen 56% der sowjetischen Exporte auf Osteuropa. Vgl. Walter Labys, The Role fo the Soviet Union in Metal Markets: A Case Study of Copper, Manganese and Chromite, in: M. M. Kostecki (ed), The Soviet Impact on Commodity Markets, London 1984, pp. 135–155; Richard M. Levine, The Mineral Industry of the USSR, in: US Bureau of Mines, Minerals Yearbook, 1983, Vol. III, Area Reports: International, Washington 1984, pp. 773–805 (782).

der Regel auf der Basis von Spot- bzw. Einjahres-Verträgen abgewickelt und weisen daher starke Schwankungen auf. Die Tendenz der Ausfuhren in den Westen ist zudem eindeutig rückläufig – ein Hinweis auf Probleme der sowjetischen Bergbauindustrien, aber auch auf Konkurrenz durch andere Anbieter[6]. Selbst im Falle der BRD, traditionell einer der größten Abnehmer sowjetischer Rohstoffe, trat die UdSSR in den Importstatistiken von 1982 praktisch nur noch bei Palladium (22%) und bei Titan (27%) als wichtiger Lieferant in Erscheinung[7]. Insgesamt kann also im Rohstoffbereich nicht mehr von einer Abhängigkeit des Westens von der Sowjetunion gesprochen werden. Hinzu kommt, daß die Sowjetunion selbst, vor allem aber die osteuropäischen Staaten auch Rohstoffe aus westlichen Industriestaaten einführen und damit ebenfalls von einer ungehinderten Abwicklung des Ost-West-Rohstoffhandels abhängig sind[8].

Der Rohstoffhandel zwischen Ost und West ist inzwischen also zu einem integralen Bestandteil der Ost-West-Wirtschaftsbeziehungen geworden, dessen Unterbrechung beiden Seiten schaden würde: Die UdSSR verdient vor allem durch den Export von Gold und Platin wertvolle Devisen, eine Unterbrechung der Rohstoffimporte aus westlichen Industriestaaten hätte für ihre, vor allem aber für die Industrieproduktion Osteuropas angesichts der rigiden Struktur der Planwirtschaft erhebliche negative Auswirkungen. Allerdings erreichen die gegenseitigen Abhängigkeiten keinesfalls sicherheitsrelevante Ausmaße.

Die bereits angesprochenen Probleme und Engpässe in der sowjetischen Bergbauindustrie ähneln in mancher Hinsicht denen der Erdölindustrie[9]: Erschöpfung der relativ günstig gelegenen Vorkommen in den westlichen Teilrepubliken, ungünstige Umweltbedingungen in den rohstoffreichen Regionen Sibiriens, Material- und Produktivitätsprobleme[10]. Allerdings ergibt sich dabei keineswegs ein einheitliches Bild: Bei einigen Rohstoffen (Platinmetalle, Kobalt, Kupfer, Nickel) sind die Voraussetzungen grundsätzlich günstig, bei anderen (Chrom, Mangan) könnten sich massive sowjetische Anstrengungen bei der Erschließung neuer Projekte in den kommenden Jahren

[6] Theodore Shabad, The Soviet Mineral Potential and Environmental Constraints, in: *Materials and Society*, No. 1/1983, pp. 21–25.

[7] George A. Rabchevsky, The Mineral Industry of the Federal Republic of Germany, in: US Bureau of Mines, op. cit., pp. 289–311 (299 ff.).

[8] Vgl. Levine, op. cit., p. 782 ff.; Bundesminister für Wirtschaft, Bericht über die Versorgung der Bundesrepublik Deutschland mit mineralischen Rohstoffen, Bonn 1980, pp. 135 ff.

[9] Hierzu US Congress, Energy in Soviet Policy, A Study prepared for the Subcommittee on International Trade, Finance and Security Economics, Joint Economic Committee, US Congress, Washington 1981, insbes. pp. 19–54.

[10] Zu den Problemen der sowjetischen Bergbauindustrie vgl. Shabad, op. cit.; Giraud, op. cit., p. 343 f.; Severin, op. cit.; Miller/Fine/McMichael, op. cit.; Hermann Clement, Die Bedeutung der UdSSR und der anderen RGW-Staaten als Rohstoffproduzenten, Arbeitspapier für die Konferenz der Friedrich Ebert Stiftung „Probleme der Rohstoffsicherung“, Bonn, 26.–27. 6. 1980; Levine, op. cit.; V. V. Strishkov, The Mineral Industry of the USSR, in: US Bureau of Mines. Minerals Yearbook, 1980, Vol. III: Area Reports: International, Washington 1982, pp. 1003–1074.

auszahlen[11]. Im einzelnen präsentiert sich die Situation Mitte der 80er Jahre folgendermaßen:

Mangan: Die Förderung des RGW ist weitgehend in der UdSSR konzentriert, daneben produzieren Ungarn, Bulgarien und Rumänien kleinere Mengen (etwa 11%) der osteuropäischen Nachfrage. Der Mangangehalt der sowjetischen Erze ist in den 70er Jahren zurückgegangen; 1983 kontraktierte die UdSSR aus diesem Grunde australische und gabunesische Manganerze mit hohem Metallgehalt. Die Produktion dürfte in den kommenden Jahren aufgrund der Entwicklung neuer Gruben steigen und damit den Eigenbedarf sowie einen Sockel osteuropäischer Nachfrage decken können. Eine dramatische Verschlechterung der Gesamtposition des RGW ist unwahrscheinlich[12].

Chrom: Die Sowjetunion ist das größte Chrom-Bergbauland der Welt und der einzige Produzent von Chromerz in Osteuropa; daneben fördern Vietnam und Kuba kleinere Mengen. Die Nachfrage nach Chrom im RGW stieg in den 70er und frühen 80er Jahren rascher als das Angebot; dies führte zu einem scharfen Rückgang der Exporte in den Westen, der z. T. allerdings auch Wettbewerbsnachteile gegenüber dem südafrikanischen Chrom reflektierte. 1981 wurde ein neuer Chrom-Bergbaukomplex in Kasachstan in Betrieb genommen, der eine Kapazität von 2 Mio. Tonnen erreichen soll; dies würde eine Steigerung der sowjetischen Exporte, möglicherweise in Form von Ferro-Chrom, zulassen. (Die Ferro-Chrom-Exporte waren bereits im Verlauf der 70er Jahre stark gestiegen.) Osteuropa ist zu etwa einem Viertel seiner Nachfrage auf Importe aus Albanien und westlichen Staaten angewiesen[13].

Eisenerz, Eisen und Stahl: Die sowjetische Eisen- und Stahlindustrie durchlief nach einem rapiden Wachstum bis Mitte der 70er Jahre in der zweiten Hälfte der Dekade eine Konsolidierungsphase: Die Stahlproduktion stieg nur noch langsam, die Eisenerzförderung stagnierte infolge sinkenden Erzgehalts und Erschöpfung der bislang abgebauten Vorkommen und Verzögerungen bei der Erschließung neuer Gruben. Die Überproduktion bei Massenstahl und die Engpässe bei Spezialstählen wurden ernsthaft angegangen, konnten jedoch bis Mitte der 80er Jahre nicht vollständig behoben werden. Die UdSSR war daher auf Einfuhren von Spezialstählen angewiesen und dürfte es bis auf weiteres auch bleiben. Dagegen ist die Sowjetunion ein Netto-Exporteur von Eisenerz. Die Ausfuhren gehen fast ausschließlich nach Osteuropa. Dennoch ist diese Region, die selbst nur relativ geringe Eisenerzmengen fördert, auf erhebliche

---

[11] Shabad, op. cit.; vgl. auch Statement of the Hon. Henry Rowen, Chairman, National Intelligence Council, CIA, before the Joint Economic Committee, Subcommittee on International Trade, Finance, and Security Economics, CIA Briefing on the Soviet Economy, 1. 12. 1982, p. 16.

[12] Vgl. hierzu Bundesanstalt für Geowissenschaften und Rohstoffe, Rohstoffwirtschaftliche Länderberichte, XXIII, Comecon, Hannover 1979, pp. 61 ff., 222 f.; Levine, op. cit., p. 795; International Iron and Steel Institute, Manganese and the Iron and Steel Industry, Brüssel 1980, pp. 19 ff.

[13] Strishkov, op. cit., pp. 1053 f.; Bundesanstalt, op. cit., pp. 67 ff.; Bundesminister für Wirtschaft, op. cit., pp. 80 f.; Labys, op. cit., pp. 151 ff.; Severin, op. cit.

zusätzliche Einfuhren aus Drittländern angewiesen. Die Probleme des sowjetischen Eisenerzbergbaus dürften diesen Trend in Zukunft noch verstärken[14].

Kobalt: Die Kobaltförderung der UdSSR wird von der deutschen *Bundesanstalt für Geowissenschaften und Rohstoffe* und dem *US Bureau of Mines* unterschiedlich eingeschätzt. Nach Angaben der US-Behörde ist die Sowjetunion auf erhebliche Einfuhren angewiesen. Der einzige weitere Produzent von Kobalt im RGW ist Kuba, dessen Förderung weitgehend an die UdSSR geliefert werden dürfte. Die Nachfrage des RGW wuchs in den 70er Jahren rascher als die Förderung, so daß sich die – bereits 1970 bestehende – Versorgungslücke vergrößerte. Die Sowjetunion kaufte kurz vor der Invasion in Shaba etwa 300 Tonnen Kobalt von Zaire und hat auch seither gelegentlich kleinere Mengen importiert. Ein neuer Bergbaukomplex bei *Norilsk* in Sibirien sollte jedoch eine erhebliche Steigerung der Förderung und damit eine weitgehende Deckung des Eigenbedarfs mit der Möglichkeit von Exporten zulassen[15].

Wolfram: Die UdSSR ist der wichtigste Wolfram-Produzent des RGW; daneben weist die ČSSR eine (im Vergleich zum auffällig hohen – rüstungswirtschaftlich begründeten? – Verbrauch freilich verschwindend geringe) Bergwerksproduktion auf. Obwohl die Bergbauproduktion von Wolfram in den 70er Jahren rascher stieg als die Nachfrage, erzwangen der sinkende Metallgehalt der abgebauten Erze und Verzögerungen in der Steigerung der Förderung zusätzliche Einfuhren, die im Verlauf der vergangenen Jahre zwischen einigen hundert und mehreren tausend Tonnen schwankten. Diese Einfuhren kamen traditionell aus der Volksrepublik China; seit Mitte der 70er Jahre dann zumeist aus der Mongolei, aus Nordkorea und aus dem Westen. Die osteuropäischen Staaten waren weitgehend auf den Weltmarkt angewiesen. Erst in den letzten Jahren steigerte China seine Ausfuhren in die RGW-Staaten wieder. Insgesamt deckt die UdSSR jedoch einen Großteil ihres Eigenbedarfs; die Förderung sollte auch in Zukunft kontinuierlich steigen. Eine dramatische Zunahme der Einfuhrabhängigkeit ist deshalb nicht zu erwarten[16].

Molybdän: Die UdSSR ist der wichtigste Produzent von Molybdän im RGW. Daneben fördern auch Bulgarien und Rumänien geringere Mengen dieses Stahlveredlers. Die UdSSR und Rumänien konnten bislang trotz steigender Nachfrage ihren Eigenbedarf weitgehend decken; die Differenz von etwa 15% wird im Falle der UdSSR durch Lieferungen aus der Mongolei ausgeglichen. In den 70er Jahren deckten die osteuropäischen RGW-Länder und teilweise auch die UdSSR ihre Bedarfsspitzen durch Importe aus dem Westen, primär aus Chile und den USA. Diese Käufe des RGW spielten in der Vergangenheit gelegentlich eine Rolle bei Marktengpässen. Ein

---

14 Hierzu Bundesanstalt für Geowissenschaften und Rohstoffe, op. cit., pp. 38 ff.; Severin, op. cit.; US Bureau of Mines, op. cit. (Vol. I, 1984), pp. 468 f.; Levine, op. cit., pp. 782 ff.

15 Vgl. Bundesanstalt für Geowissenschaften und Rohstoffe, op. cit., p. 73; Bundesminister für Wirtschaft, op. cit. (1980), pp. 80 f.; Levine, op. cit., p. 791; Severin, op. cit.

16 Hierzu Strishkov, op. cit., pp. 1043 ff.; Levine, op. cit., pp. 789 ff.; US Bureau of Mines, Minerals Yearbook, 1983, Vol. I, Metals and Minerals, Washington 1984, pp. 900 f.; Bundesanstalt für Geowissenschaften und Rohstoffe, op. cit., pp. 77 ff.; Bundesminister für Wirtschaft, op. cit., pp. 80 f.; Severin, op. cit.

neuer Bergwerkskomplex in der Mongolei sowie neue Produktionskapazitäten im Kaukasus sollten den Einfuhrbedarf der UdSSR auch in Zukunft weitgehend abdekken, wiewohl der sowjetische Molybdän-Abbau – wie in anderen Fällen auch – durch sinkenden Metallgehalt der abgebauten Erze und Engpässe in der Vorverarbeitung behindert wurde[17].

Aluminium: Die sowjetische Bauxitförderung bildet den Kern der Förderung im RGW, wenngleich Ungarn (mit 28% der Gesamtproduktion des RGW) und Rumänien ebenfalls Bauxit abbauen. Die sowjetische Rohstoffproduktion erreichte 1974 ihren bisherigen Höhepunkt und ist seither rückläufig; die Importe stiegen dementsprechend von etwa 15% auf rund 50% des Bedarfs. Guinea, Griechenland und Jugoslawien sowie in jüngster Zeit auch Brasilien und Jamaika sind die wichtigsten Lieferländer von Bauxit. Daneben importiert die UdSSR in erheblichem Umfang Aluminiumoxid (Tonerde), primär aus Ungarn und Jugoslawien. Um ihren künftigen Aluminiumbedarf zu decken, hat die Sowjetunion eine Reihe von Kooperations- bzw. Lieferabkommen mit Staaten außerhalb des sozialistischen Einflußbereichs (Griechenland, Indien, Türkei) abgeschlossen. Dagegen ist die UdSSR ein gewichtiger Netto-Exporteur von Aluminium, wobei diese Ausfuhren zu drei Vierteln nach Osteuropa fließen. Die Exporte in den Westen dürften in Zukunft eher zurückgehen. Insgesamt wird der RGW bei der Bauxit- und Aluminiumversorgung in erheblichem Maße auf Einfuhren aus Drittstaaten angewiesen bleiben; dabei spielen wohl die hohen Kosten eine Rolle, die eine Politik der Autarkie implizieren würde[18].

Phosphat: Die UdSSR ist der einzige bedeutsame Produzent von Phosphat im RGW und Netto-Exportland; auch hier wurde die Ausweitung der Förderung jedoch durch sinkenden Mineralgehalt der abgebauten Vorkommen beeinträchtigt. Die Staaten Osteuropas beziehen ihren Bedarf zu etwa 40% aus der Sowjetunion; der Rest muß überwiegend aus Drittländern eingeführt werden. Das Defizit des RGW im Bereich des Phosphatgesteins, das durch wiederholte Engpässe in der Düngemittelherstellung verschärft wurde, dürfte auch in Zukunft weiterbestehen. Bergwerksprojekte in Vietnam und eine große Phosphatanlage in Marokko sollen diese Lücken wenigstens teilweise füllen[19].

Titan: Die RGW-Region ist ein Netto-Importeur der Titan-Rohstoffe Ilmenit und Rutil, aber ein Netto-Exporteur bei Titanmetall. Die Position der UdSSR in der entscheidenden Stufe der Metallherstellung ist günstig; die Rohstoffe kommen überwiegend aus dem Land selbst, und die Metallproduktion ist die größte der Welt. 1975 bis

[17] Hierzu Bundesanstalt für Geowissenschaften und Rohstoffe, op. cit., pp. 75 ff.; Bundesminister für Wirtschaft, op. cit., pp. 80 f.; Strishkov, op. cit., p. 1064; Levine, op. cit., pp. 789 ff.; Severin, op. cit.

[18] Bundesanstalt für Geowissenschaften und Rohstoffe, op. cit., pp. 105 ff.; Levine, op. cit., pp. 790 f.; Metallgesellschaft, Metallstatistik, 1973–1983, Frankfurt 1984, pp. 131 f.; Carmine Nauppi, The USSR and the International Aluminium Market, in: M. M. Kostecki (ed), The Soviet Impact on Commodity Markets, London 1984, pp. 116–134; *Financial Times*, 12. 3. 1984, 8. 8. 1984, 14. 3. 1985.

[19] Strishkov, op. cit., pp. 1067 f.; Levine, op. cit., pp. 782, 789 f.; W. F. Stowasser, Phosphate Rock, Washington 1985, pp. 8 f. (= US Bureau of Mines, Mineral Facts and Problems, 1985 Edition, Preprint).

1978 lieferte die UdSSR 27% des amerikanischen Metallimports, 1978 sogar 41%. Danach begannen die sowjetischen Ausfuhren drastisch zurückzugehen – nach westlichen Spekulationen im Zusammenhang mit einem neuen U-Boot-Programm der Sowjetunion. Die Ausfuhren der UdSSR wurden jedoch seit einiger Zeit wieder aufgenommen – und führten erneut zu Klagen, die UdSSR betreibe mit diesen Exporten Dumping. Die Herstellung von Titanmetall konnte in der Vergangenheit die gesteckten Planziele zumeist erreichen; Engpässe gab es lediglich bei den – strategisch bedeutungslosen – Titanpigmenten[20].

Vanadium: Die UdSSR ist gegenwärtig das einzige Vanadium-Bergbauland im RGW; in Polen wird derzeit allerdings ein neues Vanadium/Titan-Bergwerk aufgebaut. Die UdSSR ist ein Netto-Exporteur, während der RGW insgesamt auf Einfuhren angewiesen ist. Die Förderung in der UdSSR sollte im Verlauf der ersten Hälfte der 80er Jahre ausgeweitet werden; dabei kam es allerdings zu Verzögerungen: Die Produktion stagniert seit 1980, wenngleich auf hohem Niveau[21].

Platinmetalle: Die UdSSR ist – zusammen mit Südafrika – der wichtigste Produzent und Exporteur von Platinmetallen; dabei hält die Sowjetunion vor allem bei Palladium nahezu eine Monopolstellung. Die sowjetische Verkaufspolitik wurde in der Vergangenheit durch informelle Kontakte mit Südafrika offenbar im Sinne der Preispflege abgestimmt; dies ist verständlich, wenn man die beträchtlichen Deviseneinnahmen berücksichtigt, die die sowjetischen Platinexporte einbringen: Für den Zeitraum 1970–1980 schätzte man diese Einnahmen auf etwa $ 3 Mrd. Der neue Bergbaukomplex bei Norilsk mit seinen großen Platinvorkommen sollte der UdSSR eine weitere Steigerung ihrer Ausfuhren ermöglichen[22].

Aus diesem Überblick über die Rohstoff-Versorgungssituation des RGW in ausgewählten Märkten lassen sich einige Schlußfolgerungen ziehen: Erstens ist der RGW in erheblich geringerem Maße als Europa, Japan und selbst die USA auf Rohstoff-Importe angewiesen; dennoch nimmt er als Exporteur, vor allem jedoch als Importeur durchaus teil am internationalen Marktgeschehen und ist bis zu einem gewissen, politisch allerdings wohl kaum relevanten Grad auch auf diese Transaktionen angewiesen. Zweitens unterscheidet sich Osteuropas Position hier qualitativ von derjenigen der Sowjetunion – wie ja auch die Rohstoffposition der USA insgesamt sehr viel günstiger ist als diejenige Westeuropas oder Japans. Und drittens ist eine dramatische Veränderung der sowjetischen und osteuropäischen Rohstoffversorgung nicht in Sicht. Zwar

---

[20] Severin, op. cit.; Bundesanstalt für Geowissenschaften und Rohstoffe/Deutsches Institut für Wirtschaftsforschung, Untersuchungen über Angebot und Nachfrage mineralischer Rohstoffe XIII, Titan, Hannover/Berlin 1980, pp. 140 ff.; Strishkov, op. cit.; Levine, op. cit., p. 797; Warnecke, op. cit.

[21] Bundesminister für Wirtschaft, op. cit., pp. 80 f.; Richard M. Levine, The Minerals Industry of the USSR, in: US Bureau of Mines, Minerals Yearbook, 1981, Vol. III., Area Reports: International, Washington 1983, pp. 1031–1073 (1063); Warnecke, op. cit.

[22] Hierzu Severin, op. cit.; Warnecke, op. cit.; US Bureau of Mines, op. cit. (Vol. I, 1984), pp. 693 ff.; Levine, op. cit., pp. 796 f.; J. Roger Loebenstein, Platinum-Group Metals, Washington 1985 (= US Bureau of Mines, Mineral Facts and Problems, 1985 Edition, Preprint); *Financial Times*, 31. 3. 1981, 26. 10. 1981.

dürfte der Einfuhrbedarf des RGW in einigen Märkten eher noch zunehmen; doch die benötigten Mengen wären in den internationalen Rohstoffmärkten wohl ohne Schwierigkeiten und zu vertretbaren Kosten zu beschaffen[23].

Die Grundzüge der sowjetischen Rohstoffpolitik und die sowjetische Antwort auf die Probleme der eigenen Bergbauindustrie in bestimmten Bereichen bestehen einerseits in Bemühungen um eine rationellere und effizientere Verwendung von Rohstoffen[24], andererseits im Einsatz westlicher Bergbau- und Verarbeitungstechnologien in Form von Gemeinschaftsprojekten, in einer stärkeren In-Pflicht-Nahme der osteuropäischen Staaten (finanzielle und materielle Beteiligung an gemeinschaftlichen Rohstoffprojekten) und schließlich in einer Politik der Zusammenarbeit mit rohstoffreichen Staaten außerhalb des RGW-Bereichs. Dabei haben zwar Mitgliedsstaaten wie die Mongolei oder Kuba und andere sozialistische Staaten Priorität, doch erstreckt sich die Kooperation keineswegs nur auf diese Länder[25].

Die wichtigsten Instrumente und Projekte der RGW-Rohstoffpolitik in der Dritten Welt lassen sich dabei folgendermaßen skizzieren[26]:

– Technische Hilfsabkommen zwischen der UdSSR und anderen RGW-Staaten einerseits und Drittländern andererseits. Derartige Abkommen bestehen mit etwa 15 schwarzafrikanischen Staaten, von Angola bis Tansania. Hierbei handelt es sich vor allem um die Evaluation der Bodenschätze in den Partnerländern.

– Gemeinschaftsprojekte zwischen RGW-Ländern und Drittländern. Hierbei finanzieren und erstellen RGW-Länder Bergbauprojekte mit langfristigen Krediten, die dann durch Lieferungen der Projekte zurückgezahlt werden. Derartige Projekte wurden bislang vor allem für Bauxit und Tonerde sowie für Phosphatgestein abgeschlossen. Beispiele hierfür sind die Bauxit-Grube von Kindia in Guinea sowie Tonerde-Projekte in der Türkei, in Indien, Jamaika und Griechenland[27] und die Phosphat- und Düngemittelprojekte mit Jordanien und vor allem mit Marokko: Das Meskala-Projekt sieht für einen 30-Jahres-Zeitraum Lieferungen in Höhe von 10 Mio. Tonnen/Jahr an die UdSSR vor und könnte ein Gesamtvolumen von $ 9 Mrd. erreichen. Die hohen Entwicklungskosten dieses Projektes haben jedoch zunächst zu einer Verschiebung geführt; Marokko wird in einer ersten Phase seine bestehenden Kapazitätsreserven bei Phosphat und Düngemitteln für Lieferungen an die UdSSR nutzen[28].

---

[23] Das Netto-Defizit des RGW im Bereich der Stahlveredler dürfte wertmäßig noch nicht einmal $ 100 Mio. erreichen; im Vergleich zum Wert der sowjetischen Gold-, Platin-, Erdgas- oder Erdölexporte sind dies vernachlässigbare Summen. (Eigene Berechnungen, basierend auf Daten aus Phillip Crowson, Minerals Handbook, 1982–1983, London 1982, und Wolfgang Sames/Friedrich-Wilhelm Wellmer, Die Versorgung der Bundesrepublik Deutschland mit mineralischen Rohstoffen im Lichte aktueller politischer Entwicklungen, in: *Glückauf*, No. 15/1980, pp. 795–803.)

[24] Nach amerikanischen Schätzungen werden beispielsweise nur 45% der sowjetischen Stahlproduktion effizient eingesetzt, während der Rest eingeschmolzen wird oder als Abfall verlorengeht: Giraud, op. cit., p. 344.

[25] ibid.

[26] Giraud, op. cit., pp. 344 ff.; Nauppi, op. cit., pp. 125 ff.; F. Gèze, L'Urss et les règles du jeu, in: *Le Monde Diplomatique*, März 1981, pp. 11 f.; Levine, op. cit., (1984), pp. 778 ff.

[27] Giraud, op. cit., p. 345; *Financial Times*, 14. 3. 1985, 12. 3. 1984.

[28] Giraud, op. cit., p. 345; Mining Annual Review, 1984, op. cit., p. 419.

Diese Öffnung der Sowjetunion für Rohstoffeinfuhren aus der dritten Welt im Zusammenhang mit Gemeinschaftsprojekten – die ein Abrücken von der Orthodoxie einer autarkistischen Wirtschaftspolitik darstellt – reflektiert einerseits pragmatische Kosten-Nutzen-Abwägungen, andererseits wohl auch politische Zielsetzungen. Diese dürften allerdings kaum darin bestehen, den Westen aus diesen Märkten als Abnehmer zu verdrängen – die UdSSR und die anderen RGW-Staaten wären hierzu mengenmäßig weder in der Lage noch (angesichts traditioneller Vorbehalte gegen Abhängigkeiten von nichtsozialistischen Staaten) willens. Die Erschließung langfristiger Lieferquellen durch Gemeinschaftsprojekte verschafft der UdSSR Zugang zu billigen (weil ohne harte Währung zu finanzierenden) Rohstoffen, eröffnet zugleich politische Möglichkeiten der Einflußnahme und bildet schließlich – und hier liegt wohl die entscheidende politische Zielsetzung – eine Möglichkeit zur Aufrechterhaltung sowjetischer Exporte in die osteuropäischen RGW-Staaten, die dadurch enger an die UdSSR angebunden werden[29]. Die südafrikanischen Rohstoffe sind in diesem Zusammenhang für die sowjetische Wirtschaft und die sowjetische Politik von geringer Bedeutung.

Die dritte Komponente der These vom „kalten Rohstoffkrieg" schließlich verkennt Ursache und Wirkung: Die politische Labilität der Situation im südlichen Afrika eröffnet der UdSSR zwar zweifellos Einwirkungsmöglichkeiten, sie ist jedoch nicht auf Destabilisierungsbemühungen Moskaus zurückzuführen. Die Zielsetzungen bei sowjetischen Versuchen, die regionale Situation für ihre Interessen auszubeuten, dürften allerdings primär strategischer und politischer Natur sein. Angesichts der aus sowjetischer Sicht eher begrenzten und marginalen Gewinne, die für die UdSSR im südlichen Afrika selbst unter günstigsten Voraussetzungen zu erzielen sind, dürfte die Risikobereitschaft Moskaus niedrig bleiben[30]. Damit jedoch wäre zwar eine Unterstützung von Aktionen zur Störung der westlichen Rohstoffversorgung vorstellbar, jedoch keine gelenkte und präzise Mobilisierung von Druck gegen die OECD-Staaten. Dieser ließe sich in anderen Regionen und Bereichen sehr viel leichter zur Anwendung bringen[31].

Eine unmittelbare Kontrolle der UdSSR über die Rohstoffvorkommen des südlichen Afrikas erscheint denkbar unwahrscheinlich. Selbst ein pro-sowjetisches System in Südafrika wäre auf die Exportmärkte in den westlichen Industriestaaten angewiesen und würde sicherlich nicht auf die Deviseneinnahmen verzichten, die die UdSSR kaum ersetzen könnte. Das Beispiel Angola zeigt, daß selbst Regime, die in hohem Maße von der Sowjetunion und ihrer Unterstützung abhängig sind, sich nicht bereit finden, sich diese ökonomischen Vorteile des Handels mit dem Westen entgehen zu lassen. Militärische Operationen gegen die westliche Rohstoffversorgung wären überhaupt nur im Zusammenhang mit einem globalen Konflikt vorstellbar; selbst dann er-

---

29 So auch Giraud, op. cit., pp. 345 f.; Gèze, op. cit.; Nauppi, op. cit., p. 131 f.

30 Vgl. hierzu Kühne, op. cit., pp. 154 ff., 222 ff. sowie allgemein Hannes Adomeit, Die Sowjetmacht in internationalen Krisen und Konflikten, Baden-Baden 1983, insbes. Teil E und Porter, op. cit., insbes. Kap. 10.

31 Siehe auch Price, op. cit., pp. 118 ff.

scheinen sie angesichts der Schwierigkeiten einer solchen Operation eher unwahrscheinlich.

Die Bedrohung der westlichen Rohstoffversorgung durch die UdSSR reduziert sich damit auf die Möglichkeiten der UdSSR, regionale Instabilitäten zu schüren und auszubeuten. Die Chancen Moskaus, Entwicklungen im südlichen Afrika in seinem Sinne zu lenken und zu kontrollieren, müssen angesichts der lokalen Selbstbehauptungsimpulse der schwarzen wie der weißen Bevölkerungsgruppen gering eingeschätzt werden. Aber diese geringen Möglichkeiten und Fähigkeiten zur Beeinflussung der Entwicklungen in einer bestimmten Richtung sagen noch nichts über die Möglichkeiten, innere und regionale Konflikte zu schüren. In einer Konfliktkonfiguration, in der die Konfliktpotentiale zunehmen und regionale Lösungsversuche versagen, könnte die Unterstützung der UdSSR sehr wohl in der Lage sein, dem Zerfall innerer und regionaler Machtstrukturen die ausschlaggebende Dynamik zur Zuspitzung in einer schweren Krise zu verleihen. Die Rolle der UdSSR wäre in einer solchen Konfiguration dennoch eher untergeordneter Natur, die Ursachen und entscheidenden Einflüsse wären in der Region selbst zu suchen. Die Aussagekraft der These vom „kalten Rohstoffkrieg" reduziert sich damit letztlich auf die banale, aber zutreffende Beobachtung, daß die Sowjetunion regionale Konflikte in der dritten Welt für ihre Zielsetzungen ausbeuten und marginal auch beeinflussen kann. Die Rohstoff-Sicherheit der Industriestaaten wird dadurch nur insofern berührt, als regionale Instabilität Versorgungsstörungen auslösen könnte. Der sowjetische Griff nach den Versorgungssträngen der westlichen Rohstoff-Wirtschaft ist weder wahrscheinlich, noch hätte ein derartiger Versuch Erfolgschancen: Die „rote Bedrohung" ist in Wirklichkeit ein „roter Hering".

6.3 Versorgungsrisiken in Afrika

Die Versorgung der Industriestaaten mit nichtenergetischen Rohstoffen aus Afrika weist nach den Analysen in den Kap. 2 und 5 dieses Teils drei besonders neuralgische Punkte auf: Die Lieferungen von Phosphat aus Marokko, die Kobalt-Bezüge aus Zaire und Sambia und die Palette von Rohstoffen der Republik Südafrika bzw. des südlichen Afrikas insgesamt.

Die Gefährdung der Phosphat-Versorgung der Industriestaaten ergibt sich aus der großen – und infolge der gegenwärtig durchgeführten Kapazitätserweiterungen tendenziell steigenden – Bedeutung Marokkos als Lieferant für Westeuropa und Japan (sowie Osteuropa). Daneben kontrolliert Marokko auch die reichen Phosphatvorkommen von *Bu Craa* in der westlichen Sahara. Ein völliger Ausfall der marokkanischen Phosphatlieferungen über mehrere Jahre könnte die Landwirtschaft der Importregionen empfindlich treffen.

Dennoch erscheint es gerechtfertigt, dieses Versorgungsrisiko als vergleichsweise begrenzt und überschaubar zu bezeichnen. Die Nachfrage nach Phosphat ist – im Gegensatz zu den meisten anderen kritischen Rohstoffen – kurfristig hochelastisch, längerfristig dagegen eher sinkend[1]. Zugleich bestehen – wie die Erfahrungen der 70er Jahre mit den Preismanipulationsversuchen Marokkos zeigten – erhebliche Flexibilitäten auf der Angebotsseite. Diese Flexibilitätsreserven wurden durch die Erfahrungen mit dem Ausfall *Bu Craas* als Lieferanten von 1976 bis 1982 bestätigt: Die durch Guerilla-Angriffe der *Polisario* verursachten Ausfälle von etwa 7% der Welt-Versorgung konnten den Preisverfall in der zweiten Hälfte der 70er Jahre nicht verhindern, geschweige denn umkehren. Ein völliger Ausfall der marokkanischen Lieferungen über längere Zeiträume ist kaum vorstellbar: Die Bergwerke mit Tagebau liegen nur etwa 30 Kilometer von der Küste entfernt, und die Exporte werden derzeit über zwei, in Zukunft über drei Häfen abgewickelt; eine nachhaltige Störung der Förderung und des Transportes wäre daher schwer zu bewerkstelligen: Zudem stellen Phosphate und Düngemittel über 40% der marokkanischen Exporterlöse; die Aufrechterhaltung dieser Exporte muß daher für jede politische Ordnung in Marokko eine hohe Priorität haben[2]. Sogar im Falle kriegerischer Auseinandersetzungen zwischen Marokko und einem Nachbarland (Algerien? Spanien?) wäre eine dauerhafte und gravierende Störung der Phosphat-Exporte keineswegs unvermeidlich. Ein derartiges Krisenszenario ist deshalb nur vorstellbar für den Fall andauernder innerer Wirren ohne eindeutige politische Machtverhältnisse – eine wenig wahrscheinliche Annahme.

Die Risiken in der Kobalt-Versorgung aus Zentralafrika (Zaire, Sambia) erscheinen dagegen vergleichsweise bedeutsamer. Das liegt einerseits an der Schlüsselrolle Zaires in der Welt-Versorgung, andererseits an der relativ begrenzten Anpassungsflexibilität bei Angebot und Nachfrage: Der Ausfall Zaires als Lieferland wäre über einen längeren Zeitraum hinweg kaum ohne erhebliche Störungen zu verkraften. Zugleich erscheinen die Risiken insofern größer als im Falle Marokkos, als die innere Stabilität und die Fähigkeit der Zentralregierung in Zaire, das Land effektiv zusammenzuhalten und zu bewirtschaften, mehr noch als im Falle Marokkos mit Unsicherheiten behaftet sind. Auch die Transportwege erscheinen gefährdeter. Zwar kann Kobalt aus Zaire und Sambia ausgeflogen werden – tatsächlich wurden 1979 85% und 1980 sogar 100% der Kobaltexporte dieser Länder per Flugzeug abgewickelt[3] –, aber die Kupferförderung, bei der Kobalt als Kuppelprodukt anfällt, muß über Land ausgeführt werden. Die Unterbrechung der Eisenbahnverbindungen würde also auf die Dauer auch die Kobalt-Förderung drosseln.

In welchem Maße die Kobalt-Versorgung krisenanfällig ist, wurde durch die Invasion der Kupfer-Provinz Zaires, Shaba, durch katangesische Gendarmen im Jahr 1978 unterstrichen. Zwar wurde der Angriff selbst durch das Eingreifen belgischer und französischer Truppen relativ leicht zurückgeschlagen, doch kam es zu einem Exodus

---

[1] Pierre-Noël Giraud, Géopolitique des ressources minières, Paris 1983, p. 558.

[2] The Middle East and North Africa 1984–1985, London 1984, p. 571.

[3] Sub-Sahara Africa, Its Role in Critical Mineral Needs of the Western World, Report Prepared by the Subcommittee on Mines and Mining, Committee of Interior and Insular Affairs, House of Representatives, Washington 1980, p. 10.

der ausländischen Fachkräfte und zu einer zeitweiligen Unterbrechung der Wasser- und Stromversorgung. Dennoch blieben die Auswirkungen auf die Kobalt-Produktion Zaires sehr gering – die Jahresförderung stieg 1978 beträchtlich an. Hinzu kamen signifikante Substitutions- und Einsparungsflexibilitäten, die durch die drastischen Preissteigerungen aktiviert wurden[4]. Der Zwischenfall glich daher eher einem (Preis-) Sturm im Wasserglas als einer wirklichen Versorgungskrise. Daraus den Schluß zu ziehen, daß eine derartige Krise auch in Zukunft nicht zu befürchten ist, wäre allerdings voreilig.

Die Exporte aus dem Kupfergürtel der Provinz *Shaba* können grundsätzlich auf vier Wegen abgewickelt werden – über die 2800 km lange Eisenbahn- und Frachtkahnroute zum zairischen Hafen Matadi (langsam und ineffizient, störanfällig, Engpässe bei Waggons und Lokomotiven; durchschnittliche Reisedauer 1984 60 Tage; maximale Kapazität etwa 50% der Gesamtexporte), über die 3600 km lange Eisenbahnlinie durch Sambia, Simbabwe, Botswana und Südafrika zum südafrikanischen Hafen von East London (Abhängigkeit von südafrikanischer Infrastruktur; verwundbar, aber effizient; durchschnittliche Reisedauer 30 Tage; Kapazität ca. 40% der Gesamtexporte, normalerweise zur Abwicklung der Kobaltausfuhren verwendet), die Benguela-Linie zum angolanischen Hafen Lobito (seit 1975 durch den Bürgerkrieg von Angola geschlossen) und schließlich die Tazara-Eisenbahnlinie durch Tansania zum Hafen von Dar es Salaam (Engpässe bei Waggons, Lokomotiven und Hafenanlagen; operative Schwierigkeiten; geringe Kapazität)[5]. Schließlich sind auch die Bergbauanlagen selbst und ihre Infrastruktur (Wasser, Strom) anfällig für Sabotage-Aktionen. Auch die permanente Mißwirtschaft des korrupten Regimes in Zaire bildet ein Problem für den Kobalt-Abbau. Auf der anderen Seite liefern die Bergbauressourcen Shabas einen wichtigen Teil der Exporteinnahmen Zaires; die wirtschaftliche Gesundung und Entwicklung des Landes hängt also stark von der Leistungsfähigkeit des Bergbaus ab und dürfte daher in Zukunft auf Druck der Gläubiger Zaires verstärkt unter internationale Aufsicht genommen werden[6].

Die Versorgungsrisiken bei Phosphat und selbst bei Kobalt verblassen jedoch im Vergleich zu den potentiellen Gefahren bei der Belieferung aus dem südlichen Afrika. Dies liegt zum ersten an der herausragenden Bedeutung des südafrikanischen Bergbaus, der bei Chrom, Ferrochrom, Mangan, Ferromangan, Platinmetallen und Vanadium sowie bei einer Reihe anderer wichtiger Rohstoffe eine Schlüsselrolle im Weltmarkt spielt und darüber hinaus ein wichtiges Lieferland für etliche weitere Rohstoffe – u.a. auch Kobalt – darstellt. Zum zweiten bildet das südliche Afrika bis hinauf nach Zaire in infrastruktureller, wirtschaftlicher, politischer und sicherheitspolitischer Hinsicht ein regionales System mit umfangreichen Interdependenzen; Versorgungsstö-

---

[4] Sub-Sahara Africa ..., op.cit. p. 9; *Financial Times*, 13. 4. 1982; Office of Technology Assessment, Strategic Materials: Technologies to Reduce U.S. Import Vulnerability, Washington 1985, pp. 97ff.

[5] *Financial Times*, 9. 7. 1985, Survey Zaire; Wolfgang Ulbrich, Bergbauliche Ressourcen im südlichen Afrika, Hamburg 1976, pp. 82–100 (= Hamburger Beiträge zur Afrika-Kunde Bd. 19).

[6] *Financial Times*, 9. 7. 1985, Survey Zaire.

rungen könnten daher leicht mehrere Lieferländer gleichzeitig betreffen. Drittens schließlich erscheint die Wahrscheinlichkeit politischer Krisen im südlichen Afrika angesichts der Rassenkonflikte in der Republik besonders hoch.

Die Verflechtung der Staaten des südlichen Afrikas über die Transport- und Hafeninfrastruktur Südafrikas wurde am Beispiel der Versorgungsrisiken bei Kobalt bereits deutlich; würde das südafrikanische Eisenbahnnetz Zielscheibe innerer Auseinandersetzung in der Republik, könnten daraus auch Engpässe bei der Kobalt-Versorgung entstehen. Südafrika kontrolliert über die Abhängigkeit der schwarzen Nachbarstaaten vom Eisenbahnnetz der Republik einen Großteil des Außenhandels von Zaire, Sambia und Botswana sowie (über seinen Einfluß auf die Guerilla-Organisationen RENAMO und UNITA, die die Transportsysteme dieser Länder empfindlich stören können) von Mosambik und Angola[7]. Damit muß eine Risiko-Analyse die Bergbaupotentiale der Nachbarländer einbeziehen: Dieselben Ereignisse, die eine Störung der südafrikanischen Exporte nach sich zögen, würden mit großer Wahrscheinlichkeit auch die Exportmöglichkeiten der Nachbarländer reduzieren. Dies ist von erheblicher Bedeutung bei Chrom und Ferrochrom, wo Südafrika und Simbabwe zusammen im Jahr 1990 über 61% der Chromerz- und über 31% der Ferrochrom-Kapazitäten der westlichen Welt aufweisen dürften[8], sowie bei Kobalt, Industriediamanten (wo Botswana ein wichtiges Förderland ist[9]) und Uranerz (Namibia und Südafrika zusammen stellen etwa ein Viertel der Uranerz-Förderung der westlichen Welt[10]).

Die Risiken für die Rohstoffversorgung der Industriestaaten aus dem südlichen Afrika lassen sich anhand mehrerer plausibler politischer Krisen-Szenarien abschätzen: 1) Graduelle Verschlechterung der politischen und wirtschaftlichen Situation; 2) Eskalation der Unruhen zum Bürgerkrieg und zu verschärften regionalen Spannungen und militärischen Aktionen; und 3) Machtübernahme der Bevölkerungsmehrheit. Alle diese Szenarien beziehen sich auf anomische Versorgungsrisiken; intendierte Bedrohungen (Einsatz der südafrikanischen „Rohstoff-Waffe") sollen im Rahmen des folgenden Kapitels untersucht werden.

Szenario 1 ist im wesentlichen eine Extrapolation gegenwärtiger Entwicklungstendenzen; es impliziert wachsende Spannungen und zunehmende Gewalttätigkeiten zwischen den Rassen (wobei auch die Konflikte unter den Weißen wie unter den nicht-weißen Bevölkerungsgruppen zunehmen dürften)[11].

Die Bergbauindustrie würde in diesem Szenario vor allem durch eine gesteigerte Intensität der Arbeitskonflikte zwischen den Unternehmen und den rund 600000

[7] Vgl. hierzu Wolfgang Zehender, Ökonomische Beziehungen im südlichen Afrika, in: *Aus Politik und Zeitgeschichte*, B 12/1985, pp. 21–33; Ulbrich, op. cit., pp. 82–100; *Financial Times*, 9. 7. 1985, Survey Zaire; Simon Jenkins, America and South Africa, in: *The Economist*, 30. 3. 1985, pp. 17–34 (22).

[8] Vgl. John F. Papp, Chromium, Washington 1985, p. 3 (= US Bureau of Mines, Mineral Facts and Problems, 1985 Edition, Preprint).

[9] Mining Journal (ed), Mining Annual Review 1984, London 1984, pp. 121 f.

[10] Siehe hierzu die Analyse der Uran-Versorgungssituation in Hanns W. Maull, Raw Materials, Energy and Western Security, London 1984, Kap. 2.1.

[11] *The Economist*, 17. 8. 1985

schwarzen Bergarbeitern, durch vereinzelte Sabotageakte sowie ein ungünstiges Investitionsklima unmittelbar betroffen. Zwar wird die Investitionstätigkeit im Bergbau inzwischen größtenteils von südafrikanischen Unternehmen getragen, doch auf die Dauer dürfte diese Verschlechterung des Investitionsklimas dennoch nicht ohne Auswirkungen bleiben. Der Druck in Richtung auf die Verhängung internationaler Sanktionen gegen das Apartheid-Regime dürfte in diesem Szenario ebenfalls zunehmen. Die Rohstoff-Versorgung der Industriestaaten würde unter diesem Szenario zunächst nur geringfügig oder gar nicht betroffen: Streiks und vereinzelte Sabotageakte würden wohl nur begrenzte Störungen verursachen.

Einige dieser Entwicklungen zeichnen sich bereits ab. So gibt es Hinweise darauf, daß westliche Bergbauunternehmen sich vorsichtig aus Südafrika zurückziehen und diversifizieren[12]. Die Zahl und Intensität der Arbeitskämpfe in der Bergbauindustrie nimmt zu, und die zunehmend gewichtige Gewerkschaftsbewegung scheint ihre politische Zurückhaltung unter dem Eindruck der weißen Repression und der Radikalisierung der Schwarzen aufzugeben[13]. Im Jahr 1985 wurden unter dem Eindruck wachsender Rassenauseinandersetzungen von den USA, von der Europäischen Gemeinschaft und vom Commonwealth Sanktionen gegen Südafrika verhängt bzw. verschärft[14].

Szenario Nummer 2 unterstellt eine vertikale und horizontale Eskalation des Rassenkonfliktes in Südafrika. Die Spannungen in Südafrika selbst würden sich dramatisch verschärfen, der schwarze Widerstand wäre in der Lage, Sabotageakte in erheblichem Umfang und gezielt durchzuführen. Was dieses Szenario bedeuten könnte, skizziert der Londoner *Economist* folgendermaßen:

"Every dispute, however minor, turns violent. Economic depression and unemployment lead to disorder in the East Cape car and consumer durables industries and in Transvaal mining and manufacturing ... There are explosive movements of the population. Thousands of families leave the homelands to join adults scouring the country for work ... Shanty towns, flooded with migrants, spring up menacingly round every centre of white prosperity ... The banned African National Congress, its headquarters in Lusaka, tries to take over the self-combusting unrest. The ANC itself is taken over by Moscow-trained militants, eager to direct the terror against a wider range of targets ... The spread of violence puts the police and the army under political as well as operational strain. Black policemen, recruited in ever greater numbers, become unreliable in patrolling the townships – even when men from "foeign" tribes are imported to do the job. The degeneration into anarchy is slow but inevitable. Pretoria ... suspends all democratic forms rather than concede the demand for a universal national franchise. Eventually, the state security council takes on the character of a committee of national security, disregarding white ministers but nego-

---

[12] Greg Lanning, Consequences of the EEC's Dependence on Primary Commodities from the Republic of South Africa, in: Forschungsinstitut der Friedrich-Ebert-Stiftung (ed), Probleme der Rohstoffsicherung, Bonn 1981, pp. 101–112 (= Analysen aus der Abteilung Entwicklungsländerforschung No. 92/93) sowie ders., Africa Undermined, Harmondsworth 1979, Kap. 12.

[13] Vgl. etwa *Financial Times*, 5. 9. 1985, 2. 12. 1985; *The Economist*, 18. 5. 1985. Siehe auch Catholic Institute for International Relations, South Africa in the 1980 London ²1983, pp. 43 ff. sowie idem, Update No. 1, South Africa in the 1980s, London 1984, pp. 12 f.

[14] *Financial Times*, 10. 9. 1985, 11.9.1985, 22.10.1985.

tiating with coloured and black leaders according to their ability to command allegiance in the townships ... The regime proves highly unstable, vulnerable to military coup and counter-coup, often in collusion with black guerilla leaders."[15]

Unter diesen Bedingungen würden die Nachbarländer Südafrikas mit hoher Wahrscheinlichkeit in die Auseinandersetzungen hineingezogen: Die „Frontstaaten" könnten sich dem Druck auf eine Unterstützung der schwarzen Widerstandsbewegungen in Südafrika trotz ihrer großen Abhängigkeit von Südafrika wohl kaum entziehen; ohnehin dürften sie von der weißen Regierung in Pretoria in jedem Falle der Mitverantwortung bezichtigt werden. Die Destabilisierungsversuche Südafrikas in den Nachbarländern dürften unter diesen Voraussetzungen an Bedeutung zunehmen; dies könnte wiederum die Sowjetunion auf den Plan rufen – mit der Möglichkeit einer weiteren internationalen Eskalation zur Ost-West-Konfrontation. Der Bergbau und die Rohstoff-Exporte würden in diesem Szenario in erheblichem Maße in Mitleidenschaft gezogen: Sabotageakte gegen Förderanlagen sowie die verletzliche Infrastruktur der Wasser- und Stromversorgung und Anschläge gegen das Transportnetz könnten zu erheblichen Produktionseinbußen und Exportverlusten führen. Zugleich könnte in diesem Szenario der Export von Rohstoffen anderer südafrikanischer Staaten einerseits als Folge der Störung des Eisenbahnverkehrs, andererseits durch mögliche gezielte Aktionen gegen die Transport- und Hafenanlagen Mosambik, Simbabwes und Angolas betroffen werden.

Auch für dieses Szenario lassen sich durchaus bereits heute Indizien finden. So nehmen die Sabotageanschläge des *African National Council* (ANC) zu; eine Bombenexplosion im Hauptquartier des Bergbauunternehmens *Anglo American* sowie Anschläge gegen die Kohleverflüssigungsanlagen der SASOL demonstrierten 1985, daß auch die Anlagen der Bergbauindustrie zur Zielscheibe werden könnten[16]. Die Tatsache, daß derartige Sabotageakte bislang weitgehend unterblieben, dürfte eher mit bewußter Zurückhaltung des ANC als mit der Unfähigkeit zu erklären sein, die Anlagen der Bergbauindustrie zu treffen: Es erscheint plausibel, daß der ANC die „Gans mit den goldenen Eiern" nicht unbedingt schlachten möchte. Umgekehrt deuten die zunehmend massiven Vorstellungen der südafrikanischen Industrie, allen voran des Bergbaus, bei der südafrikanischen Regierung im Sinne tiefgreifender politischer Reformen sowie Kontakte zwischen der Industrie und dem ANC darauf hin, daß sich die Industrie der Gefahren einer weiteren Zuspitzung für ihre eigene Position bewußt ist[17]. Bereits seit einigen Jahren verfolgt die Republik Südafrika eine offensive Politik

[15] *The Economist*, 17. 8. 1985.

[16] *The Economist*, 15. 6. 1985; *Financial Times*, 29. 11. 1985. Zur Verwundbarkeit der Bergbau-Infrastruktur und des Transportsystems vgl. W. C. J. van Rendsburg/D. A. Pretorius, South Africa's Strategic Minerals, Pieces on a Continental Chessboard, Johannesburg 1977, p. 131.

[17] *Financial Times*, 30. 8. 1985, 13. 9. 1985, 28. 9. 1985.

der regionalen Destabilisierung und Zähmung der Frontstaaten[18], die in Angola auch bereits zu einer Konfrontation zwischen Südafrika und der UdSSR führte[19].

Die wirtschaftlichen Abhängigkeiten der schwarzen Nachbarländer dürften in diesem Szenario von Pretoria ebenfalls im Sinne seiner politischen Zielsetzungen instrumentalisiert werden. Diese Abhängigkeiten sind erheblich und dürften sich auch in Zukunft trotz aller Bemühungen um eine Zusammenarbeit der Frontstaaten untereinander kaum verringern[20]. Vor allem die Rohstoffexporte Simbabwes könnten dabei als potentielle Alternative zu Südafrikas Bergbauprodukten in die Auseinandersetzungen hineingezogen werden: Simbabwe verfügt über umfangreiche Chrom- und Ferro-Chromkapazitäten sowie über Platinvorkommen[21]. Das Konkurrenzverhältnis der beiden Anbieter legt die Vermutung nahe, daß unter Annahmen des Szenarios 2 auch die Bergbauexporte Simbabwes durch die regionalen Unruhen betroffen würden.

Szenario 3, die Machtübernahme durch die schwarze Bevölkerungsmehrheit, erscheint aufgrund der gegenwärtigen Machtstrukturen und Kräfteverhältnisse noch in relativ weiter Zukunft zu liegen[22]. Die Implikationen dieses Szenarios für die Rohstoff-Exporte Südafrikas hängen entscheidend davon ab, ob die politischen Veränderungen auf dem Weg der friedlichen Evolution oder gewaltsam erfolgen. Im ersteren Falle[23] bestünde das Problem vor allem in den möglichen Auswirkungen eines weißen Exodus und einer Verstaatlichung der Bergbauindustrie, die nach den bisherigen Erklärungen der schwarzen Widerstandsbewegungen zu erwarten wäre[24]. Hierdurch

---

[18] Hierzu insbesondere Robert S. Jaster, South Africa's Narrowing Security Options, London 1980 (= Adelphi Paper No. 159); idem, A Regional Security Role for Africa's Front Line States: Experience and Prospects, London 1983 (= Adelphi Paper No. 180); Winrich Kühne, Südafrika und seine Nachbarn, Baden-Baden 1985; Klaus Frhr. von der Ropp, Konflikte im Umfeld der Republik Südafrika, in: *Außenpolitik*, No. 1/1983, pp. 80–92; idem, Chancen eines Neubeginns im südlichen Afrika, in: Wolfgang Wagner et al. (eds), Die Internationale Politik 1981/2, München–Wien 1984, pp. 287–307 (= Jahrbuch der Deutschen Gesellschaft für Auswärtige Politik) sowie Jenkins, op. cit. und idem, Destabilisation in Southern Africa, in: *The Economist*, 16. 7. 1983.

[19] Jenkins, op. cit. (1985), pp. 18 ff.

[20] Vgl. hierzu Peter Meyns, Regionale Zusammenarbeit statt wirtschaftlicher Abhängigkeit, Bemühungen der Konferenz zur Koordinierung der Entwicklung im südlichen Afrika (SADCC), in: *Europa Archiv*, No. 10/1982, pp. 307–314; Reginald Herbold Green, Constellation, Association, Liberation: Economic Coordination and the Struggle for Southern Africa, in: Colin Legum (ed), Africa Contemporary Record, Annual Survey and Documents 1979–1980, New York 1981, pp. A 32–45; Wolfgang Zehender, Cooperation versus Integration: The Prospects of the Southern African Development Coordination Conference, Berlin 1983 (= Occasional Papers of the German Development Institute No. 7).

[21] Zur Bergbauindustrie Simbabwes vgl. US Bureau of Mines, Minerals Yearbook 1981, Vol. III, Area Reports: International, Washington 1983, pp. 1155–1166.

[22] Vgl. hierzu die Einschätzungen von Jaster, op. cit. (1980), pp. 38 f.; James Barber/Desmond Blumenfeld/Christopher R. Hill, The West and South Africa, London 1982, pp. 17 f. (= Chatham House Papers No. 14) und David Anderson, America in Africa, in: *Foreign Affairs*, America and the World 1981, No. 3/1982, pp. 658–685.

[23] Vorstellungen über mögliche Strategien zu einem friedlichen Wandel finden sich in: The Report of the Study Commission on U.S. Policy Towards Southern Africa, South Africa: Time Running Out, Berkeley 1981, Kap. 18 und 19 sowie bei Klaus Frhr. von der Ropp, Power Sharing versus Partition in South Africa, in: *Australian Outlook*, Aug. 1981, pp. 158–168.

[24] Vgl. hierzu etwa *Financial Times*, 14. 9. 1985, *International Herald Tribune*, 30. 11./1. 12. 1985.

könnte die Funktionsfähigkeit der Bergbauindustrie vermindert werden; ein völliger Ausfall wäre jedoch sicher nicht zu befürchten, ein relativ bruchloser Übergang durchaus vorstellbar. Ein gewaltsamer Machtwechsel entspräche einem möglichen Endergebnis von Szenario 2; das Problem bestünde hier darin, eine aller Wahrscheinlichkeit nach in erheblichem Maße beschädigte Bergbau-Industrie und ihre Infrastruktur wiederaufzubauen. Dies könnte viel Zeit in Anspruch nehmen.

Eine Bedrohung der Versorgungssicherheit der Industriestaaten wäre vor allem in Szenario 2 gegeben. Zugleich hat dieses Szenario eine erhebliche Plausibilität, ja sogar eine sehr hohe Wahrscheinlichkeit, solange es nicht gelingt, einen friedlichen Machtwechsel einzuleiten[25]. Vieles spricht dafür, daß Südafrika in den kommenden Jahren einen erbitterten, sich lange hinziehenden und grausamen Machtkampf durchleiden könnte. Im Zuge dieser Auseinandersetzungen würde wohl auch die Bergbauindustrie Südafrikas und seine Infrastruktur Zielscheibe von Gewaltaktionen (wobei auch eine „Politik der verbrannten Erde" von seiten radikaler Kräfte in der weißen Bevölkerungsgruppe nicht ausgeschlossen werden kann). Damit dürfte Südafrikas Bedeutung als Rohstoff-Exporteur abnehmen – zunächst wohl als Folge abnehmender Investitionstätigkeit, danach auch als Ergebnis von Gewalt- und Sabotageakten.

Unter diesen Annahmen hätten die westlichen Industriestaaten eine relativ lange Anpassungsfrist: Die Versorgungsengpässe würden erst allmählich spürbar, die Vorwarnzeit wäre also umfangreich. Unter diesen Voraussetzungen wäre eine Ersetzung der südafrikanischen Lieferungen durch neue Bezugsquellen sowie durch verstärkte Substitutions- und Einsparungsbemühungen nach einigen Jahren wohl ohne allzu große Anpassungsprobleme möglich. Innerhalb eines solchen Krisen-Szenarios ist allerdings ein relativ abrupter und dramatischer Rückgang der Exporte Südafrikas keinesfalls völlig auszuschließen – so könnten etwa eine systematische Sabotage-Kampagne oder, wahrscheinlicher, ein Zusammenwirken innerer, regionaler und internationaler Entwicklungen (etwa eine dramatische Zuspitzung der inneren Situation in Südafrika, die einerseits zusätzliche westliche Sanktionen gegen die Republik auslöst und im Gegenzug mit Rohstoff-Sanktionen Pretorias beantwortet wird, andererseits zu südafrikanischen Vergeltungsschlägen gegen Simbabwe führt) die Lieferungen aus dem südlichen Afrika plötzlich, nachhaltig und dauerhaft reduzieren. Unter diesen Voraussetzungen würden die Anpassungsprobleme der Industriestaaten insbesondere bei Chrom, Ferro-Chrom, Mangan, Platin und Vanadium sowie möglicherweise auch Kobalt dramatisch gesteigert. Diese Bedrohung erscheint einerseits hinreichend plausibel, andererseits gefährlich genug, um als genuines Sicherheitsrisiko eingestuft zu werden, gegen das entsprechende Vorkehrungen getroffen werden sollten.

---

[25] Winrich Kühne, Südafrika am Beginn eines Bürgerkrieges? in: *Europa Archiv* No. 10/1982, pp. 297–306; vgl. auch Jaster, op. cit. (1980), passim; Catholic Institute, op. cit. (1983), pp. 46 f.; *The Economist*, 17. 8. 1985.

6.4 Südafrika: Wirtschaftsverflechtung und Sanktionspotentiale

Die Wirtschaftsentwicklung der Republik Südafrika ist in doppelter Hinsicht besonders eng mit der politischen Entwicklung des Landes verbunden. Auf der einen Seite sind hohe Wachstumsraten nach der Einschätzung unabhängiger Experten wie der Regierung selbst eine unabdingbare Voraussetzung für die Stabilität der gegenwärtigen Machtverteilung zwischen den Rassen[1]; auf der anderen Seite beinhaltet das System der Rassentrennung jedoch beträchtliche Hindernisse und Dysfunktionalitäten auf dem Weg zu solchen hohen Wachstumsraten[2]. Die wirtschaftliche Entwicklung der kommenden Jahre wird also entscheidenden Einfluß auf die innen- und regionalpolitischen Szenarien haben, die im vorangegangenen Kapitel skizziert wurden: Insofern erscheint die gegenwärtige politische Strategie der Regierung Botha in einem entscheidenden Punkte – dem der wirtschaftlichen Unterfütterung dieser Strategie – von einem krassen Dilemma gekennzeichnet, dessen Auflösung nur über eine völlige Revision der derzeit verfolgten politischen Strategie der „Neo-Apartheid" möglich scheint.

Der Zwang zu hohen Wachstumsraten resultiert zunächst aus der Bevölkerungsentwicklung in Südafrika. Die Bevölkerungsstruktur der Republik Südafrika (RSA) gleicht in vieler Hinsicht der der meisten Entwicklungsländer: 42% der Bevölkerung waren 1980 unter 15 Jahre alt, nur 4,2% über 65; die Bevölkerung wächst insgesamt um jährlich etwa 2,2%, wobei die Wachstumsrate der schwarzen Bevölkerung jedoch erheblich höher liegt (2,5% in der RSA, 2,7% in den Homelands)[3]. Damit werden sich auch die Bevölkerungsrelationen zwischen den Weißen und den Schwarzen erheblich zuungunsten der ersteren verschieben.

Trotz relativ hoher wirtschaftlicher Wachstumsraten in den vergangenen Jahrzehnten – die Durchschnittsrate betrug für den Zeitraum 1950–1979 immerhin 4,4% p.a. – wurde die Arbeitslosenquote der schwarzen Bevölkerung 1980 auf 16% (städtische Regionen) bzw. 20% (Homelands) geschätzt; zugleich hat sich danach die Zahl der arbeitslosen Schwarzen von 1960 bis 1977 von 1,2 auf 2,3 Millionen erhöht[4]. Seither hat sich die Situation durch eine dramatische Verschlechterung der Wirtschaftsentwicklung erheblich verschlimmert: Nach einer Schrumpfung des Bruttosozialproduktes um 1% 1982 und um 3% 1983 und – nach einem kurzen Boom (BSP-Zuwachs 1984: rund 4,7%) – einer erneuten Stagnation im Jahr 1985 erreichte die Arbeitslosigkeit

---

[1] Der südafrikanische Finanzminister bezeichnet Wachstumsraten von jährlich 3,7% als Minimum; 5,5% wären erstrebenswert, um angemessene Voraussetzungen für einen Abbau der Arbeitslosigkeit unter der schwarzen Bevölkerung zu schaffen. *Financial Times*, 29. 3. 1985. Vgl. auch *Financial Times*, 14. 9. 1985 und 30. 10. 1985 sowie J. C. van Zyl, South Africa in World Trade, in: *The South African Journal of Economics*, März 1984, pp. 42–62 (55).

[2] Hierzu insbesondere Merle Lipton, Capitalism and Apartheid: South Africa 1910–1984, London 1985. Vgl. auch Arnt Spandau, Südafrika und der Westen, Reutlingen 1983, Kap. 3.

[3] Report of the Study Commission on U.S. Policy Towards Southern Africa, South Africa: Time Running Out, Berkeley 1981, p. 145; Harold D. Nelson (ed), South Africa, A Country Study, Washington 1981, pp. 79ff.

[4] Study Commission, op. cit., p. 127.

unter der schwarzen Bevölkerung ein explosiv hohes Niveau von 25–30%[5]. Um diese Entwicklung einzudämmen und umzukehren, müßten in verstärktem Maße Arbeitsplätze geschaffen werden. Allein rund 230000 Arbeitsplätze jährlich wären nötig, um die Neuankömmlinge auf dem Arbeitsmarkt als Folge der Bevölkerungsentwicklung beschäftigen zu können[6].

Ob derartige Wachstumsraten allerdings unter den gegenwärtigen Voraussetzungen realistische Vorgaben sein können, muß bezweifelt werden. Das System der Rassentrennung stellt hierfür in mehrerer Hinsicht eine Belastung dar. Zum einen hat es zu der paradoxen Kombination von großer Arbeitslosigkeit unter der schwarzen Bevölkerung in Verbindung mit einem verbreiteten Mangel an ausgebildeten Fachkräften geführt, den man in Südafrika selbst für über 100000 unbesetzte Arbeitsplätze verantwortlich macht[7]. Im Jahr 1990 könnten sogar bis zu einer dreiviertel Million Facharbeiter fehlen[8]. Zweitens entstehen bei der Aufrechterhaltung des Apartheid-Systems erhebliche Kosten[9]. Und drittens schließlich bildet auch die außenwirtschaftliche Abhängigkeit Südafrikas eine mögliche Achillesferse: Auslandsinvestitionen und ausländische Technologie spielen weiterhin eine zentrale Rolle bei der Realisierung des Wachstumspotentials der RSA[10]; beides könnte jedoch durch die politische Entwicklung beeinträchtigt werden. Der Export südafrikanischer Waren und Dienstleistungen stellt ebenfalls eine entscheidende Voraussetzung für hohe Wachstumsraten dar. Diesen Aspekten der außenwirtschaftlichen Verflechtung soll im folgenden genauer nachgegangen werden. Dabei steht die Frage nach den aus den wirtschaftlichen Verflechtungen ableitbaren Sanktionspotentialen in beiden Richtungen im Mittelpunkt: Kann Südafrika die westlichen Industriestaaten, kann der Westen Südafrika mit wirtschaftlichen Sanktionen zu einer Korrektur der jeweiligen Politik zwingen?

---

[5] *The Economist*, 23. 3. 1985; die offiziellen Zahlen der südafrikanischen Regierung (8% im November 1983) berücksichtigen nicht die Situation in den Homelands und gelten daher allgemein als viel zu niedrig; sowie Axel J. Halbach, Südafrika, in: *IFO-Schnelldienst*, No. 15/1984 (hier als Beilage zur Information „Außenhandel", Nr. 112/1984 vom 20. 6. 1984).

[6] van Zyl, op. cit., p. 55. Vgl. auch Arnt Spandau, Südafrika und der Westen, Reutlingen 1983, p. 36, der Projektionen der offiziösen *National Manpower Commission* zitiert. Danach müssen bis zum Jahr 2000 zwischen 275000 und 440000 Arbeitsplätze geschaffen werden.

[7] Study Commission, op. cit., p. 144f.

[8] ibid.

[9] Allein die Durchsetzung der Paßgesetze kostete die südafrikanische Regierung nach einer südafrikanischen Studie 1977 etwa R 113 Mio. (Nelson, op. cit., p. 108). Die Gesamtkosten des Apartheid-Apparates schätzt eine Studie der südafrikanischen Oppositionspartei *Progressive Federal Party* auf jährlich R 6 Mrd. (Stanley Uys, The Risk Factor in South Africa, München 1985, p. 59 (= Institut f. Afrikanische und Internationale Studien, IAIS Studie No. I).

[10] Nach Aussagen des südafrikanischen Finanzministers Barend du Plessis könnte Südafrika in Zukunft nur mit Hilfe ausländischer Kapitalinvestitionen jährliche Wachstumsraten von 5,5% erreichen; wäre die RSA ausschließlich auf ihre eigenen Mittel angewiesen, könnten nur Wachstumsraten von maximal 3,5% realisiert werden (*The Economist*, 27. 7. 1985). Vgl. hierzu auch Desmond P. Blumenfeld, Reaktionen der südafrikanischen Wirtschaft auf den wachsenden internationalen Druck, in: *Europa Archiv*, No. 23/1985, pp. 699–708.

Eine Analyse der Grobstruktur der südafrikanischen Wirtschaft und ihrer historischen Entwicklung seit 1950[11] zeigt folgende Ergebnisse: Bei insgesamt sehr hohen Zuwächsen in allen Sektoren war der Anteil der Landwirtschaft von 1950 bis 1982 kontinuierlich rückläufig (ihr Anteil am Brutto-Inlandsprodukt sank von 13,1% (1950) auf 6,2% (1982); die Bedeutung des Bergbaus hat mit 14,3% gegenüber 13,8% im Jahr 1950 und 13,7% in den 80er Jahren sogar leicht zugenommen, während der Anteil der verarbeitenden Industrie und des tertiären Sektors parallel zur Entwicklung in den meisten Industrie- und Entwicklungsländern recht deutlich zunahm. Bei dem enormen Wirtschaftsaufschwung spielte die Binnennachfrage zwar eine große Rolle, wie etwa der Umfang der Importsubstitution zeigt[12]; zugleich wäre er jedoch ohne die starken außenwirtschaftlichen Impulse nicht vorstellbar gewesen, die von der Verflechtung der südafrikanischen Wirtschaft mit den westlichen Industriestaaten ausgingen.

Eine Analyse der Außenwirtschaftsbeziehungen zeigt zunächst einmal die überragende Bedeutung der Goldexporte für die Wirtschaft Südafrikas. Bergbauprodukte stellen rund 70% der Ausfuhren der RSA – eine Zahl übrigens, die sich seit der Jahrhundertwende kaum verändert hat – und Gold wiederum rund drei Viertel des Werts der Bergbauproduktion. Gold finanziert typischerweise etwa 30 bis 50% aller Wareneinfuhren und 25 bis 40% der jährlichen Industrie-Investitionen[13]; damit bleibt es

„... the basic stimulus of economic expansion, which in turn is the magnet for foreign capital“[14].

Klammert man den Goldexport einmal aus der Außenhandelsstatistik aus, so bilden andere Rohstoffe (Diamanten, Platin, Uran, Kohle etc.) mit etwa 40% die größte Gruppe von Exportgütern (auch hier hat sich im Vergleich zu 1950 keine wesentliche Veränderung ergeben). Die zweitgrößte Gruppe von Exportgütern stellen Fertigwaren mit insgesamt rund 35% (SITC-Kategorien 4–7). Unter Einbeziehung verarbeiteter Produkte entfallen auf den Agrarbereich etwa ein Drittel der Exporterlöse[15].

Unter Gesichtspunkten zukünftiger Wachstumspotentiale dürften also einerseits die Bergbauprodukte und andererseits industrielle Fertigwaren von beonderem Interesse sein. Dabei kommt dem zukünftigen Goldpreis eine überragende Bedeutung zu, wie dies auch schon die starke Fluktuation der südafrikanischen Wachstumsraten in den 70er und 80er Jahren deutlich macht. Dabei ist als Sekundäreffekt auch zu berücksichtigen, daß das Niveau der Goldpreise (in Rand) auch für die Entwicklung der Förderung von Bedeutung sein wird: So führte die Abwertung des Rand und die damit verbundene Erhöhung der südafrikanischen Goldpreise zu einer Neubewertung der zukünftigen Produktionsentwicklungsmöglichkeiten nach oben. Nimmt man ein

[11] Vgl. Axel J. Halbach, Wirtschaftswachstum, Homelandpolitik und Regionalplanung in Südafrika, in: *Internationales Afrikaforum*, No. 1/1984, pp. 51–64 (51 ff).
[12] Hierzu etwa van Zyl, op. cit., pp. 49 ff.
[13] Halbach, op. cit. (Wirtschaftswachstum ...), p. 52.
[14] Study Commission, op. cit., p. 135.
[15] Halbach, op. cit. (Wirtschaftswachstum ...), p. 54.

einigermaßen stabiles Preisniveau bzw. steigende Goldpreise an, so dürfte sich die Goldproduktion der RSA bis zur Jahrhundertwende in etwa auf dem gegenwärtigen Niveau halten lassen[16]. Dramatische Wachstumsimpulse ließen sich daher wohl nur über eine erhebliche Erhöhung des Goldpreises vorstellen. Der Wert der Rohstoffausfuhren der RSA betrug 1983 rund R 12,9 Mrd. Davon entfielen auf Goldausfuhren mit R 10,2 Mrd. rund 77%; Kohleexporte brachten R 1,1 Mrd., Platin und Uran zusammen 940 Mio. und Diamanten 525 Mio.[17] Bei einigen dieser Rohstoffe, insbesondere bei Kohle und bei Platin, sind größere Zuwachsraten durchaus vorstellbar, sie können allein jedoch nur marginale Wachstumsimpulse vermitteln und bieten vor allem kaum Möglichkeiten zur Lösung der Beschäftigungsprobleme.

Eine Analyse der Exporte von Industriegütern zeigt zunächst einmal eine zunehmende Bedeutung derartiger Ausfuhren. Zugleich ist jedoch auch eine zunehmende Konzentration auf einige zentrale Produktgruppen festzustellen: Stahl, chemische Produkte und Düngemittel stellten 1982 insgesamt fast die Hälfte aller Industriegüter-Ausfuhren. Eine Analyse der Entwicklung der südafrikanischen Industrieproduktion und -politik in den 70er Jahren kommt zu dem Ergebnis[18], daß die südafrikanische Industrie in diesem Zeitraum durch Außenhandelsmaßnahmen recht effektiv vor dem Konkurrenzdruck von Importen abgeschirmt wurde, dadurch jedoch auch unter geringer Wettbewerbsfähigkeit im Weltmaßstab zu leiden hat. Die Ausnahmen beschränken sich primär auf die o.a. Sektoren. Eine Steigerung der Wettbewerbsfähigkeit und Leistungsfähigkeit des Exportsektors der Industrie stieße zunächst einmal auf eine Reihe von Hindernissen – angefangen von der vom Goldpreis stark beeinflußten Wechselkursrelation des Rand über die industriepolitischen Orientierungen der Regierung und die o.a. Probleme der Engpässe bei ausgebildeten Fachkräften bis hin zur Frage der politischen Zugangsmöglichkeiten zu Absatzmärkten. Die Agrarexporte Südafrikas ließen sich in Zukunft vielleicht am ehesten kräftig ausweiten, zumal die notorischen Landwirtschaftsprobleme der schwarzafrikanischen Staaten hier gute Absatzchancen eröffnen könnten[19].

Einen Überblick über die Entwicklung der Außenhandelsverflechtung der RSA gibt *Tabelle C-6.4.1.* Sie läßt folgende Schlußfolgerungen zu:

1. Der Außenhandel Südafrikas konzentriert sich zunehmend auf die westlichen Industriestaaten: Westeuropa, die USA und Japan nahmen 1983 zusammen etwa 88% der südafrikanischen Exporte auf und lieferten 70% der südafrikanischen Einfuhren.

2. Die westlichen Industriestaaten sind vom Volumen des Handels und vom Anteil am Gesamthandel her gesehen die wichtigsten Handelspartner, während umgekehrt Südafrika für diese Länder insgesamt kaum Bedeutung hat. So betrug beispielsweise

[16] Vgl. *The Economist*, 19.1.1985.

[17] Deutsch-südafrikanische Kammer für Industrie und Handel, Jahresbericht 1984, Auckland Park 1984, pp. 19ff.

[18] van Zyl, op. cit., pp. 49ff.

[19] Vgl. hierzu etwa die Einschätzung des südafrikanischen Unternehmens *Barlow Rand: Financial Times*, 4.12.1985.

Tab. C – 6.4.1: Die Außenhandelsverflechtungen der Republik Südafrika (in Mio. Rand und %)

	Exporte nach			Importe von		
	1977 (%)	1980 (%)	1985 (%)	1977 (%)	1980 (%)	1985 (%)
Welt	6,293 (100)	9,766 (100)	19,747 (100)	6,881 (100)	14,159 (100)	18,831 (100)
BRD	529 (8,4)	815 (8,3)	1258 (6,4)	930 (13,5)	1,853 (13,1)	3,807 (20,2)
Großbritannien	1,330 (21,1)	1,371 (14,0)	2,125 (10,8)	842 (12,3)	1,738 (12,3)	2,772 (14,7)
Frankreich	228 (3,6)	421 (4,3)	614 (3,1)	239 (3,5)	542 (3,8)	1,041 (5,5)
Japan	646 (10,3)	1,216 (12,5)	2,829 (14,3)	626 (9,1)	1,287 (9,1)	2,280 (12,1)
USA	791 (12,5)	1,653 (16,9)	3,030 (15,3)	974 (14,1)	1,949 (13,8)	3,159 (16,8)
Fünf größte Industriestaaten	3,524 (56,0)	5,476 (56,1)	9,856 (49,9)	3,612 (52,5)	7,369 (52,0)	13,059 (69,3)

Quelle: Deutsch-Südafrikanische Kammer für Handel und Industrie, Jahresberichte
ohne Goldexporte, Waffen- und Ölimporte

der Anteil der RSA an den japanischen Ausfuhren 1982 etwa 1,2%, der der Einfuhren 1,4%. Für die BRD lauten die entsprechenden Zahlen 1,4 und 0,8%. Der Arbeitsplatzeffekt des Handels mit der RSA ist jedoch möglicherweise nicht unbeträchtlich – Spandau schätzt die Zahl der an den Handel mit Südafrika gebundenen Arbeitsplätze für die BRD auf 130000, für Großbritannien auf 250000, für Japan auf etwa 50000 und für die USA auf 133000[20]. Überschüsse im Außenhandel erwirtschaftet die RSA praktisch nur noch im Handel mit Schwarzafrika, während der Handel mit den großen Industriestaaten ein wachsendes und strukturelles Defizit aufweist.

3. Die Einfuhren der RSA sind mengenmäßig rückläufig, was zunächst einmal Erfolge der Bemühungen der Regierung um Importsubstitution und den beschleunigten Aufbau der Industrieproduktion bei einer möglichst breiten Palette von Produkten belegt. In dieselbe Richtung weist auch die Tatsache, daß der Importanteil bei fast allen Industriegüter-Sektoren rückläufig ist.

4. Andererseits sollte dies nicht darüber hinwegtäuschen, daß die RSA nach wie vor in hohem Maße importabhängig ist: Die Einfuhren machen etwa 31% des Bruttoinlandsproduktes aus, und die Importabhängigkeit in bestimmten Schlüsselbranchen steigt entgegen dem allgemeinen Trend weiter an. Zudem verdecken die Außenhandelszahlen oft die nach wie vor hohe Abhängigkeit der RSA von ausländischer Technologie.

5. Schließlich ist festzuhalten, daß die RSA bis 1984 ein strukturell wachsendes Handelsbilanz-Defizit aufwies, das nur über Goldverkäufe und Kapitaltransfers überhaupt zu decken war. Hand in Hand damit ging eine wachsende Auslandsverschuldung, deren Problematik dann 1985 dramatisch deutlich wurde[21].

---

[20] Spandau, (1983), pp. 15 ff. Diese Zahlen sind umstritten – andere Quellen wie *Barclays* nennen für Großbritannien 150000 Arbeitsplätze, die durch die Einstellung des Handels mit Südafrika verlorengingen, Anti-Apartheid-Gruppen dagegen halten eine Zahl von 10000 für realistischer. Vgl. hierzu *Financial Times,* 2. 8. 1985.

[21] Vgl. hierzu Blumenfeld, op. cit.

6. Infolge der Goldpreisexplosion 1980 hat die Bedeutung des Goldes für die Wirtschaft der RSA dramatisch zugenommen; zugleich bedeutete dies jedoch auch eine Destabilisierung der Volkswirtschaft, die an die starke Fluktuation der Goldpreise angebunden wurde. Dies trifft ähnlich auch für andere Rohstoffe zu, deren Bedeutung für Südafrikas Wirtschaft insgesamt eher zugenommen hat. Auf der anderen Seite sind die Exporte von Industriegütern zunehmend in einigen Schlüsselbereichen (Stahl, Düngemittel) konzentriert, während große Teile der verarbeitenden Industrie international noch nicht als wettbewerbsfähig gelten können.

Der dritte wichtige Bereich der außenwirtschaftlichen Verflechtung betrifft die Kapitalzufuhr aus dem Ausland in Form von Direktinvestitionen und Krediten. Westliche Direktinvestitionen, die ja auch den für Südafrika sehr bedeutsamen Transfer von Spitzentechnologien bewerkstelligen helfen, spielen zwar volumenmäßig eine gewichtige Rolle: Der Gesamtwert der westlichen Investitionen in Südafrika wurde 1984 auf etwa $ 45,5 Mrd., der der Direktinvestitionen auf $ 16 Mrd. geschätzt; Großbritannien, die Bundesrepublik und die USA waren die wichtigsten Ursprungsländer[22]. Der Umfang der Direktinvestitionen stagnierte allerdings in den 80er Jahren, ihr Anteil an den Gesamtverbindlichkeiten Südafrikas ging stetig zurück. So stellten Direktinvestitionen 1957 57% der Gesamtverbindlichkeiten, 1965 sogar rund zwei Drittel, 1978 jedoch nur noch 42%, inzwischen unter 40%[23]. Diese Verschiebungen in der Zusammensetzung der südafrikanischen Auslandsverbindlichkeiten reflektierten vor allem die veränderten wirtschaftlichen und institutionellen Gegebenheiten und weniger die Auswirkungen politischer Bedenken der Auslandsinvestoren; dennoch erwiesen sie sich letztlich als nicht unproblematisch: die Auslandsverschuldung Südafrikas stieg damit von $ 6 Mrd. 1980 auf etwa $ 22–23 Mrd. im Jahr 1985, wovon bis zu $ 14 Mrd. kurzfristig fällig wurden. Als amerikanische Banken im August 1985 ihre Kreditzusagen an Südafrika rückgängig machten, sah sich Südafrika gezwungen, ein einseitiges Moratorium bei der Rückzahlung seiner Schulden zu erklären, weil es seinen Verbindlichkeiten ohne neue Kredite nicht nachkommen konnte[24]. Diese Krise zeigte die schwerwiegenden Folgen der südafrikanischen Kreditaufnahme – eine politisch ausgelöste Vertrauenskrise konnte den Strom neuer Kredite rasch versiegen und dabei die gesamte südafrikanische Wirtschaft aus dem Gleichgewicht geraten lassen[25]. Auf der anderen Seite ist die Republik auf neue Kredite aus dem Ausland angewiesen, um seine politisch für notwendig erachteten Wachstumsziele von etwa 5% zu erreichen.

---

[22] *The Economist*, 27. 7. 1985; *Financial Times*, 10. 5. 1985, Survey South Africa; Uys, op. cit., p. 66. Eine Liste der in Südafrika engagierten Unternehmen, die sich wie ein Ausschnitt aus der *Fortune*-Liste der besten Industrieadressen liest, findet sich in UN Center on Transnational Corporation, Policies and Practices of Transnational Corporations Regarding Their Activities in South Africa and Namibia, New York 1984, pp. 31 ff.

[23] James Barber/Jesmond Blumenfeld/Christopher R. Hill, The West and South Africa, London 1982, pp. 46 f (= Chatham House Papers No. 14); vgl. auch Nelson, op. cit., pp. 388 f.

[24] Vgl. Uys, op. cit., pp. 42 ff.

[25] Diese Störung der gesamtwirtschaftlichen Situation ergab sich vor allem durch den rapiden Kursverfall der südafrikanischen Währung im Gefolge der Schulden-Krise. Vgl. hierzu insgesamt Blumenfeld, op. cit.

Insgesamt läßt sich die außenwirtschaftliche Verflechtung Südafrikas mit dem Westen also folgendermaßen charakterisieren: Im Bereich des Handels mit Rohstoffen besteht einerseits eine bedeutsame Abhängigkeit des Westens von einer Reihe kritischer südafrikanischer Rohstoffe; andererseits ist die Republik wirtschaftlich in hohem Maße auf die Ausfuhr von Gold angewiesen. Eine gewisse Rohstoff-Abhängigkeit besteht für Südafrika selbst zudem im Bereich der Erdöl-Versorgung. Beim Handel mit Industriegütern ist der Westen für Südafrika als Absatzmarkt und Lieferant erheblich wichtiger, als dies umgekehrt der Fall ist. Die Einfuhrabhängigkeit der Republik von Industriegütern konnte zwar durch eine recht umfangreiche Importsubstitution relativ verringert werden, sie hat sich qualitativ insofern jedoch kaum verändert, als Südafrika in kritischen Bereichen, insbesondere bei den Hochtechnologie-Branchen (Informationsindustrien, Kerntechnik), nach wie vor auf den Westen angewiesen bleibt[26]. Im Bereich der Kapitalverflechtung schließlich ist Südafrika stark vom Westen abhängig. Einer ausgeprägten Asymmetrie in der Handelsverflechtung Südafrikas bei bestimmten kritischen Rohstoffen stehen daher erhebliche Asymmetrien zugunsten des Westens im Bereich insbesondere der Kapitalströme, aber auch des Industriegüter-Handels entgegen.

Welche Gefahren für die Rohstoffversorgung, welche Möglichkeiten der Krisenverhütung durch wirtschaftlichen Druck auf Südafrika ergeben sich aus diesem Bild? Insgesamt erscheint das Potential für gezielte politische Einflußnahme über Wirtschaftssanktionen sehr begrenzt:

a) *Rohstoffe:* Im Bereich des Rohstoff-Handels könnte das Apartheid-System versucht sein, seine starke Position bei bestimmten kritischen Rohstoffen politisch zu instrumentalisieren: Es wäre dies die „Rohstoff-Waffe“ in Analogie zur Ölwaffe. Staatspräsident P. W. Botha hat denn dem Westen auch explizit mit einem Bann der Chromexporte gedroht[27]. Derartige Drohungen sind jedoch zunächst nicht unbedingt überzeugend. Denn Südafrikas Bergbauindustrie ist auf Absatzmärkte für ihre Rohstoffe angewiesen und produzierte – wie auch viele andere Förderländer – weit unterhalb der Kapazitätsmöglichkeiten. Die Bergbauindustrie hat sich gegen implizite oder explizite Drohungen mit der Rohstoff-Waffe immer heftig verwahrt – mit gutem Grund: Auf der Basis der (allerdings durch die Krise der Stahlindustrie stark reduzierten) Nachfrage nach Stahlveredlern im Jahr 1983 wäre selbst ein Totalausfall Südafrikas theoretisch über bestehende freie Förderkapazitäten in anderen Ländern ohne Probleme auszugleichen gewesen[28]. Die einzige Ausnahme hiervon bildet Chrom, wenn man Simbabwe in den Ausfall einbezieht. In der Praxis dürften diese Kapazitäten freilich nicht vollständig und nicht ohne Verzögerungen verfügbar sein; dennoch würde Südafrika zwar sicher seine Absatzmärkte einbüßen, die politische Wirkung der

---

26 Van Zyl, op. cit., p. 61; UN Center ..., op. cit., pp. 15 ff.

27 Vgl. hierzu *Europa Archiv,* No. 22/1985, p. Z 198.

28 Siehe hierzu im einzelnen Teil C, insbes. die Angaben in den Tabellen über Produktion und Kapazitäten 1983/1984. Vgl. auch *Financial Times,* 4. 9. 1985.

Rohstoffwaffe wäre dagegen ungewiß. Hinzu kommt, daß sie ihrer Natur nach nur einmal einzusetzen wäre und nach ihrem Einsatz rasch an Wirkung verlieren könnte. Und drittens schließlich müßte Südafrika Gegensanktionen gewärtigen, die es empfindlich treffen könnten.

Hingegen kann kaum Zweifel daran bestehen, daß Südafrikas Regierung in der Lage wäre, einen Exportstopp bei Stahlveredlern effektiv zu machen. Die direkten wirtschaftlichen Kosten einer solchen Maßnahme (Verluste der Deviseneinnahmen) wären gesamtwirtschaftlich (wenn auch nicht für die betroffenen Firmen) recht beschränkt[29]. Und völlig auszuschließen ist der Einsatz der Rohstoff-Waffe in einer extremen innenpolitischen Situation bzw. als Reaktion auf die mögliche Verschärfung westlicher Sanktionen gegen Südafrika keinesfalls.

Die starke Abhängigkeit der südafrikanischen Wirtschaft von den Goldexporten böte theoretisch Möglichkeiten zu wirtschaftlichen Sanktionen der Abnehmerländer. Mit dem Boykott südafrikanischer Goldmünzen haben mehrere Industriestaaten diesen Weg auch bereits beschritten[30]. Allerdings dürfte dieser Import-Bann von Krügerrands die südafrikanischen Goldeinnahmen kaum beeinträchtigen: Er zwingt die Republik lediglich, auf die anonymere Form des Exports von Goldbarren umzustellen. Generell dürfte der Goldexport Südafrikas selbst durch koordinierte Sanktionen nicht zu treffen sein[31].

Südafrikas Rohstoff-Versorgung weist jedoch ebenfalls eine Achillesferse auf: Die Republik verfügt über keinerlei eigene Erdölvorkommen. Zwar stellt das Erdöl inzwischen nur noch etwa 20% des gesamten Energiebedarfs, doch sind diese 20% in der Landwirtschaft und im Verkehr kaum zu ersetzen. Südafrika ist seit 1973 Zielscheibe eines Embargos der OPEC, seit 1979 eines UN-Embargos gegen Erdöllieferungen an Südafrika. Diese Embargos konnten die Versorgungssituation Südafrikas bislang freilich nicht beeinträchtigen: Bis zur Revolution 1979 wurde es von Iran systematisch unterlaufen, seither konnte Südafrika über Käufe in den Spotmärkten, aber auch durch Verletzungen der Embargobeschlüsse durch Saudi-Arabien und durch internationale Ölkonzerne eine angemessene Versorgung gewährleisten[32]. Zudem sicherte sich die Republik gegen eine Verschärfung der Sanktionen durch ausgedehnte strategische Erdölvorräte (ihre Reichweite wird auf mindestens zwei Jahre normaler Nachfrage geschätzt) und durch den Aufbau von Anlagen zur Herstellung von synthetischem Treibstoff aus Kohle (SASOL I–III). Der Beitrag dieser Anlagen zur Deckung

---

[29] Die Exporterlöse aus dem Chromerzexport betrugen 1983 gut DM 90 Mio., die der Manganerzausfuhren DM 192,8 Mio. Im Vergleich zu den Ausfuhrwerten von Gold, Platin oder Kohle oder gar zum gesamten Außenhandelsvolumen Südafrikas sind dies recht geringe Beträge. Vgl. Deutsch-südafrikanische Kammer, op. cit., p. 22.

[30] Vgl. *Financial Times*, 19. 8. 1985.

[31] *Financial Times*, 22. 10. 1985.

[32] Uys, op. cit., pp. 62 ff; Barber et al., op. cit., pp. 52 ff; Nelson, op. cit., pp. 191 ff; Simon Jenkins, America and South Africa, in: *The Economist*, 30. 3. 1985, pp. 17–34 (26).

des südafrikanischen Erdölbedarfs ist umstritten; kritische Beobachter konzedieren eine maximale Kapazität von knapp 40% der Nachfrage 1981[33].

b) *Industriegüter- und Agrarhandel:* Ein Boykott südafrikanischer Industriegüter- und Agrarexporte sowie ein Embargo gegen westliche Lieferungen an Südafrika könnte theoretisch u. U. erhebliche gesamtwirtschaftliche Schäden heraufbeschwören: Südafrikas Volkswirtschaft weist einen hohen Grad internationaler Verflechtung auf. Eine Studie mit Daten aus dem Jahr 1976 errechnete im Falle eines Rückgangs der südafrikanischen Exporte als Folge von Handelssanktionen um 20% einen Rückgang des Bruttosozialproduktes um 5% und eine Erhöhung der Arbeitslosigkeit um 400000; ein 50%iger Rückschlag bei den Exporten würde eine volkswirtschaftliche Katastrophe auslösen[34]. Allerdings beruhen diese Berechnungen auf teilweise unrealistischen Annahmen; ihre Aussagekraft wird von anderen Autoren bezweifelt[35]. Tatsächlich sprechen theoretische Überlegungen wie die historischen Erfahrungen mit den Sanktionen gegen Rhodesien dafür, daß internationale Handelssanktionen gegen Südafrika dort kurzfristig sogar einen künstlichen durch Importsubstitution beflügelten Boom auslösen könnten[36]. Das Waffenembargo gegen Südafrika, das 1963 begonnen wurde, zeigt die begrenzte Wirksamkeit und die Problematik von Sanktionen: Zwar behinderte dieses Embargo Südafrika in der Tat bei der Modernisierung seiner Luft- und Raketenwaffe[37], doch wurde es in erheblichem Umfang unterlaufen[38]. Zudem entwickelte sich der Rüstungssektor des Landes durch den Zwang zur Importsubstitution zu einem wichtigen Industriezweig mit erheblichen Exporten. Der Anteil der Eigenversorgung am südafrikanischen Rüstungsbedarf erhöhte sich von 40% zu Beginn des Embargos auf heute etwa 85%[39]. Südafrika ist bei Rüstungsgütern heute – nicht zuletzt infolge der Embargopolitik – ein Netto-Exportland. Die 1985 verhängten Embargos gegen den begrenzten Export von Computern sowie von kerntechnischen Geräten dürften insgesamt kaum erfolgreicher sein[40]. Dennoch beunruhigte die Möglichkeit von Handelssanktionen die südafrikanische Regierung hinreichend, um eine Reihe von Gegenmaßnahmen wie die Forcierung von Import-Substitutionsindustrien in kritischen Bereichen (z. B. Dieselmotoren und synthetischer Kautschuk), die Organisation verdeckter Tauschgeschäfte (z. B. die Lieferung von südafrikanischen Ge-

---

[33] Vgl. hierzu UN Center ..., op. cit., pp. 17f; Barber et al., op. cit., pp. 53; Nelson, op. cit., pp. 191 f; Uys, op. cit., pp. 63 f, zitiert eine entsprechende Studie der südafrikanischen Exiloppositionsbewegung ANC. Danach ist das Erdölembargo mit erheblichen Kosten für Südafrika in Höhe von jährlich fast $ 2 Mrd. Rand verbunden; die südafrikanische Regierung gesteht jährliche Mehrkosten von etwa $ 150 bis 200 Mio. zu.

[34] Arnt Spandau, Wirtschaftsboykott gegen Südafrika, Kapstadt 1977, Kap. 4. Eine Studie desselben Autors aus dem Jahr 1983 schätzt die Auswirkungen eines zu 20% erfolgreichen Handelsboykotts 1982 auf Exportverluste in Höhe von R 3 Mrd. sowie eine Zunahme der weißen Arbeitslosigkeit um 90000 und der schwarzen um 350000 (Spandau, op. cit. (1983), p. 28).

[35] Barber et al., op. cit., pp. 52 f.

[36] ibid., pp. 53, 66; Jenkins, op. cit., p. 29.

[37] ibid., p. 53; Nelson, op. cit., pp. 345 f; Jenkins, op. cit., pp. 29 f.

[38] Die wichtigsten Rollen spielten dabei zunächst Frankreich, später Israel, aber auch Lieferanten aus einer Reihe anderer Staaten. Vgl. hierzu UN Center ..., op. cit., pp. 18 f und Nelson, op. cit., pp. 344 ff.

[39] Jenkins, op. cit., p. 26; Nelson, op. cit., pp. 342 ff; *Financial Times,* 10.5.1985, Survey South Africa, p. 8.

[40] Siehe *Financial Times,* 19. 8. 1985, 11. 9. 1985.

schützen gegen irakisches Erdöl), die Prüfung der Re-Exportmöglichkeiten zur Umgehung von Sanktionen in internationalen Freihäfen sowie die Ausweitung der heimlichen Handelsbeziehungen mit schwarzafrikanischen Ländern, einigen Staaten Osteuropas und der Türkei vorzubereiten[41].

c) *Kapitalverkehr:* Sanktionen gegen Südafrika könnten hier die Form einer Verweigerung neuer Kreditzusagen und neuer Direktinvestitionen sowie die Auflösung bestehender Kapitalinvestitionen bedeuten. Dabei ist zu unterscheiden zwischen den Maßnahmen privater Akteure wie Banken und Unternehmen einerseits und staatlichen Schritten andererseits. Die ausländischen Investitionen in Südafrika sind im Verlauf der 80er Jahre ohnehin bereits weitgehend ausgetrocknet: Neue Kredite und neue Direktinvestitionen wurden kaum noch vorgenommen[42]. Der Anteil ausländischen Kapitals am gesamten Investitionsvolumen in Südafrikas Wirtschaft lag 1984 bei unter 4%; dieser ohnehin geringe Anteil entfiel fast völlig auf die Wiederanlage von Erträgen bereits bestehender Direktinvestitionen[43]. Mehrere westliche Industriestaaten haben inzwischen beschlossen, keine neuen Kredite und Direktinvestitionen für Südafrika mehr zu genehmigen[44], und insofern eine bereits bestehende Praxis offiziell abgesegnet und festgeschrieben. Eine Veränderung dieser gegenwärtigen Situation ist wohl nur dann vorstellbar, wenn es in Südafrika selbst zu dramatischen politischen Reformen des Apartheid-Systems mit dem Ziel einer völligen Abschaffung kommen würde; auf der anderen Seite ist keineswegs sicher, ob die politischen Bedingungen, die nach derartigen Reformen entstehen würden, tatsächlich eine Wiederaufnahme der Kapitaltransfers nach sich ziehen würden.

Die Auflösung bestehender Investitionen in Südafrika ist erheblich weniger leicht zu bewerkstelligen und problematischer. Südafrika kann die Rücküberweisung von Unternehmensgewinnen ausländischer Konzerne in Südafrika unterbinden und diese Unternehmen damit dazu zwingen, ihre Erträge zu reinvestieren; und bis zu einem gewissen Grad hat es dies auch schon getan[45]. Ohnehin ist die Rücküberweisung der Erträge angesichts des sinkenden Wechselkurses des Rands mit Verlusten verbunden[46]. Eine völlige Auflösung der bestehenden Direktinvestitionen schließlich würde Südafrika Kapitalwerte zu Schleuderpreisen verschaffen und insofern eher positive als negative Auswirkungen für die Wirtschaft des Landes implizieren[47].

Insgesamt dürften Wirtschaftssanktionen gegen Südafrika daher kaum in der Lage sein, eine gesteuerte Veränderung der politischen Risiken zu bewirken. Zwar würden Wirtschaftssanktionen gegen Südafrika im Licht der bisherigen Erfahrungen (die Sanktionen dann relativ gute Chancen geben, wenn sie von einem oder mehreren gro-

[41] Hierzu Uys, op. cit., p. 69.
[42] Jenkins, op. cit., pp. 29f.
[43] ibid.
[44] *Financial Times*, 19. 8. 1985, 11. 9. 1985.
[45] *Financial Times*, 2. 9. 1985, 3. 10. 1985, 1. 11. 1985.
[46] *Financial Times*, 2. 8. 1985, 1. 11. 1985.
[47] Barber et al., op. cit., pp. 58f; Spandau, op. cit. (1983), p. 28; *Financial Times*, 2. 8. 1985.

ßen Staaten gegen einen befreundeten kleinen Staat ausgesprochen werden, wenn der Druck massiv ausgeübt und begrenzten politischen Zielen zugeordnet wird[48]) grundsätzlich wichtige Erfolgsvoraussetzungen erfüllen können, doch wären sie zugleich mit erheblichen Unsicherheiten befrachtet[49]. So ist unklar, welche Zielsetzungen mit Sanktionen über die vage Forderung nach einer grundlegenden Reform des Apartheid-Systems hinaus verbunden werden sollten und könnten; welche ökonomischen Auswirkungen Sanktionen haben würden, welche Kosten für die sanktionierenden Staaten sowie für Drittländer wie Südafrikas schwarze Nachbarstaaten[50] entstehen würden und wie groß die Anpassungsfähigkeit der südafrikanischen Wirtschaft wäre; und welche politische Konsequenzen Sanktionen hätten – wer würde beispielsweise in Südafrika unter den Sanktionen zu leiden haben, Schwarze oder Weiße? in welchem Maße? Inwieweit könnte Südafrikas Regierung die Verteilung der Anpassungslasten innerhalb seiner Gesellschaft und jenseits seiner Grenzen steuern? Angesichts dieser Unsicherheitsfaktoren erscheint es wenig wahrscheinlich, daß westliche Wirtschaftssanktionen einen effektiven Beitrag zum friedlichen Wandel in Südafrika leisten könnten.

Dennoch wächst der innenpolitische Druck in Richtung auf Sanktionen vor allem in den USA, aber auch in mehreren europäischen Ländern[51]. Dieser Druck hat bereits insofern Wirkung gezeigt, als er insbesondere amerikanische Banken und Unternehmen zur Verringerung ihres Engagements in Südafrika veranlaßt hat. Seit 1983 wurde in 40 US-amerikanischen Bundesstaaten Gesetzgebung erwogen und teilweise auch verabschiedet, die öffentliche Institutionen zwingt, Aktien von Firmen mit einem Engagement in Südafrika unter bestimmten Bedingungen zu verkaufen[52]. Im amerikanischen Kongreß wurden mehrere Gesetzesentwürfe vorgelegt, die Sanktionen gegen Südafrika vorsehen; die Erklärung begrenzter Maßnahmen durch Präsident Reagan im August 1985 war ein Versuch, diesen Bemühungen die Spitze zu nehmen und so radikalere Schritte zu verhindern[53]. Sanktionen gegen Südafrika dürften daher fortgesetzt und verschärft werden, solang die innenpolitische Entwicklung keine dramatische Veränderung zum Besseren erfährt. Damit steigt jedoch auch die Wahrscheinlichkeit von südafrikanischen Gegensanktionen.

---

[48] Vgl. hierzu Gary Clyde Hufbauer, Jeffrey Schott, Economic Sanctions Reconsidered: History and Current Policy, Washington 1985.

[49] Vgl. zum folgenden Barber et al., op. cit., pp. 66 ff.

[50] Südafrikas Regierung hat für den Fall von Sanktionen gegen Südafrika bereits mit negativen Konsequenzen für die Nachbarstaaten gedroht, deren Volkswirtschaften oft existentiell von den Beschäftigungsmöglichkeiten und den damit verbundenen Deviseneinnahmen durch Fremdarbeiter-Überweisungen sowie von der Verfügbarkeit des südafrikanischen Transportsystems abhängig sind (Uys, op. cit., p. 69).

[51] Jenkins, op. cit., pp. 28 ff; Uys, op. cit., pp. 62 ff; *Financial Times*, 22. 10. 1985, 2. 8. 1985, 25. 7. 1985, 21. 2. 1985; *The Economist*, 13. 7. 1985.

[52] Das Gesamtvolumen der Aktienverkäufe in den USA als Folge des politischen Drucks der Anti-Apartheid-Bewegung wurde für 1984 auf über $ 5 Mrd. geschätzt (Jenkins, op. cit., p. 29). Vgl. auch *Financial Times*, 18. 9. 1985.

[53] *Financial Times*, 10. 9. 1985, 16. 7. 1985.

D: ROHSTOFFWIRTSCHAFTLICHE SICHERHEITSVORKEHRUNGEN: DAS SPEKTRUM DER POLITIK-INSTRUMENTE

Die Risiken für die Rohstoffversorgung der westlichen Industriestaaten und Japans wurden in den vorangegangenen Kapiteln umrissen und eingegrenzt. Das Ergebnis ist eine Risikostruktur, die eine relativ begrenzte Zahl von denkbaren Krisenszenarien mit gefährlichen Implikationen aufweist. Die wirtschaftlichen und eventuell auch sozialen und politischen Kosten plausibler *worst case*-Krisenkonfigurationen im Rohstoffbereich sind präzise nicht einzuschätzen; ob sie den im ersten Teil niedergelegten, strikten Anforderungen an die Definition wirtschaftlicher *Sicherheits*risiken genügen, mag immerhin mit einigem Recht bezweifelt werden. Andererseits ist aber keinesfalls auszuschließen, daß die gesamtwirtschaftlichen Auswirkungen einer Versorgungskrise etwa bei den Rohstoffen aus dem südlichen Afrika Größenordnungen erreichen könnten, die in der Tat sicherheitspolitisch relevant würden. In jedem Fall jedoch ergäben sich ohne flankierende staatliche Krisenvorsorge-Maßnahmen erhebliche wirtschaftliche Kosten, die letztendlich von der Gesellschaft insgesamt getragen werden müßten. Risikovorkehrungen sind also in jedem Falle dann sinnvoll, wenn ihre Kosten im Vergleich zu den denkbaren Kosten plausibler Krisenszenarien vertretbar niedrig wären. Im folgenden soll daher zunächst überprüft werden, in welchem Umfang und mit welchen Instrumenten sich ausgewählte Industriestaaten bislang gegen diese Risiken durch eine entsprechende Rohstoff-Politik zu schützen trachten; in einem zweiten Schritt werden dann die grundsätzlich verfügbaren Politik-Instrumente zur Verbesserung der Rohstoff-Sicherheit diskutiert und Schlußfolgerungen formuliert.

1. Zur Rohstoff-Vorsorgepolitik der Industriestaaten

1.1 Die USA

Die amerikanische Rohstoff-Politik seit Ende des Zweiten Weltkrieges ruht grundsätzlich auf zwei Pfeilern: Auf dem Konzept einer internationalen Arbeitsteilung und eines liberalen Welthandelssystem, in dessen Rahmen die USA ihre Rohstoffversorgung nicht durch eine Politik der Autarkie, sondern durch Bezüge aus den jeweils kostengünstigsten Lieferquellen sicherstellen, sowie auf den strategischen Rohstoffvorräten, dem *Strategic Stockpile*. Darüber hinaus war das Instrumentarium der amerikanischen Rohstoffpolitik bislang recht begrenzt[1].

---

[1] Zur Rohstoffpolitik der USA siehe Pierre-Noël Giraud, Géopolitique des ressources minières, Paris 1983, pp. 349ff; Office of Technology Assessment, Strategic Materials: Technologies to Reduce U.S. Import Vulnerability, Washington 1985, pp. 104ff; Enrico Sassoon, Raw Materials and Foreign Policy: The OECD

Die Anfänge der strategischen Bevorratungspolitik der USA bei kritischen Rohstoffen reichen bis in die Zeit vor dem Zweiten Weltkrieg zurück. 1937 ermächtigte der *Naval Appropriations Act* die US-Marine zum Aufkauf bestimmter kritischer Rohstoffe mit Mitteln des amerikanischen Haushalts[2]. Die erste umfassende gesetzliche Regelung der strategischen Rohstoff-Bevorratung erfolgte 1939 mit dem *Strategic and Critical Materials Stock Piling Act* (Public Law No. 76–117); die freigegebenen Mittel (bis 1940 insgesamt $ 70 Mio.) waren jedoch unzureichend, um erhebliche Engpässe in der Rüstungsindustrie nach Ausbruch des Krieges zu verhindern. Die Kriegswirtschaft wurde deshalb auf die Basis einer umfassenden Rohstoff-Bewirtschaftung gestellt[3].

Nach dem Zweiten Weltkrieg bekräftigte der *Strategic and Critical Materials Stock Piling Act* von 1946 die Zielsetzungen der Vorkriegs-Gesetzgebung. Bis zum Ausbruch des Korea-Krieges 1950 waren über den Transfer von Kriegsüberschüssen, Barter-Geschäfte und Zukäufe Rohstoff-Vorräte mit einem Gesamtwert von etwa $ 1,6 Mrd. akkumuliert worden; dies entsprach knapp 40% der Zielsetzungen[4]. Der Korea-Krieg brachte dann eine umfassende Ermächtigung der Administration zur Gewährleistung einer angemessenen Rohstoffversorgung durch den *Defense Production Act* (1950). Mit Hilfe umfangreicher Kreditprogramme sowie über Mindestpreis- und Abnahmegarantien wurde die einheimische Bergbauproduktion dramatisch angekurbelt: Die Wolfram-Förderung wurde innerhalb weniger Jahre vervierfacht, die Aluminium-Gewinnung verdoppelt, die Kupferförderung um 25% gesteigert. Auch ausländische Lieferanten wie die brasilianische Niob- und Tantalindustrie profitierten von diesen Programmen. Ihre Gesamtkosten beliefen sich auf $ 8,4 Mrd.; berücksichtigt man die Rückzahlung von Krediten und Darlehen, betrugen die Effektiv-Kosten etwa $ 900 Mio.[5] Der *Defense Production Act*, der grundsätzlich noch immer verfügbar ist, zuletzt jedoch während des Vietnam-Krieges zur Anwendung kam, gibt der Administration ein versorgungspolitisches Instrumentarium in die Hand, das nicht nur umfangreiche Möglichkeiten der Rationierung und Rohstoff-Bewirtschaftung, sondern auch der Steigerung der einheimischen Bergbauproduktion ermöglichen würde – zu einem

---

Countries and the Risk of Disruption in Supplies of Strategic Materials, in: *Lo Spettatore Internazionale*, Oct.–Dec. 1980, pp. 251–284 (276 ff); Raymond Vernon, Two Hungry Giants, The United States and Japan in the Quest for Oil and Ores, Cambridge, Mass. 1983, pp. 75 ff; insbesondere zur Bevorratung außerdem James A. McClure, Stockpiling Strategic and Critical Materials, in: *Idaho Law Review*, Summer 1983, pp. 417–453; John D. Morgan, Strategic and Critical Materials, in: *Materials and Society*, No. 2/1980, pp. 211–224 und Raymond F. Mikesell, Economic Stockpiles for Dealing with Vulnerability to Disruption of Foreign Policy Supplies of Minerals, in: *Materials and Society*, No. 1/1985, pp. 59–128.

2 Mikesell, op. cit., p. 61; Morgan, op. cit., p. 212. Chrom, Mangan, Wolfram und Zinn galten damals als besonders kritische Rohstoffe.

3 Hierzu McClure, op. cit., pp. 417 ff; Morgan, op. cit., p. 213; Mikesell, op. cit., pp. 61 f; Office of Technology Assessment, op. cit., p. 112.

4 Morgan, op. cit., pp. 213 f; McClure, op. cit., pp. 425 ff; Office of Technology Assessment, op. cit., p. 112.

5 Ibid., p. 112; McClure, op. cit., pp. 427 ff.

Preis allerdings, den der amerikanische Staat zu normalen Zeiten trotz der beständigen Pressionen der heimischen Bergbauproduzenten nicht zu zahlen geneigt war[6].

Nach dem Ende des Korea-Krieges erreichten die strategischen Rohstoff-Vorräte der USA ihren bisherigen Höchststand. Die stark ausgeweitete Bergbauförderung in den USA litt nach der Umstellung auf die Friedenswirtschaft an massiven Kapazitäts-Überhängen; um die sich daraus ergebenden Probleme zu mildern, wurden Käufe für die strategische Vorratshaltung getätigt. Im Ergebnis akkumulierten die USA gewaltige Bestände: Bei Wolfram etwa betrugen sie 1957, als die Aufkäufe eingestellt wurden, 210 Mio. Pfund – genug, um den gesamten Bedarf der westlichen Welt für sechs Jahre zu decken[7].

Im Jahr 1958 reduzierte die Eisenhower-Administration die Vorratsziele von fünf auf drei Jahre theoretischer Reichweite; 1960 erfolgten die letzten Zukäufe für die strategischen Rohstoffvorräte[8]. Waren bis dahin die strategischen und sicherheitspolitischen Zielsetzungen der Vorräte bereits durch die Probleme der US-Bergbauproduzenten kompromittiert worden[9], so gerieten sie nunmehr vollends durch andere, fiskal- und wirtschaftspolitische Zielsetzungen ins Abseits. Ein verändertes geostrategisches Umfeld, das längerdauernde kriegerische Auseinandersetzungen im Ost-West-Rahmen zunehmend unwahrscheinlich machte, tat ein übriges, um die strategischen Vorräte zum Spielball der Innenpolitik zu machen: Angesichts der Möglichkeit nuklearer Vernichtung in wenigen Minuten erschienen strategische Rohstoffvorräte nicht ohne eine gewisse Plausibilität als anachronistisch. Bereits unter der Johnson-Administration wurden in erheblichem Umfang Bestände aufgelöst; 1973 unternahm dann Richard Nixon unter deutlichem Hinweis auf seine Zielsetzungen der Inflationsbekämpfung einen umfassenden Vorstoß zur Reduzierung des Gesamtumfangs der Vorräte: Die Reichweite der Vorräte sollte nunmehr auf ein Jahr begrenzt, die Inventarliste von 84 auf 49 Materialien reduziert werden. Der Gesamtwert der Vorräte wäre demnach von knapp $ 5 Mrd. auf etwa $ 700 Mio. verringert worden; die Überschußbestände hätten danach zur Verringerung des Haushaltsdefizits und zur Senkung der Rohstoffpreise abgestoßen werden können[10].

Die Senkung der Vorratsziele unter Nixon hatte den Bogen überspannt. Zwar gelang es der Administration, sich mit Unterstützung der Rohstoff-Verbraucherlobbies (insbesondere der Stahlindustrie) gegen die einheimischen Bergbauproduzenten und

---

[6] Hierzu Morgan op. cit., 214f. Einen Eindruck vom Flair der protektionistischen Argumente des US-Bergbauproduzenten vermittelt etwa Nonfuel Minerals Policy Review, Oversight Hearings, Subcommittee on Mines and Mining, Committee on Interior and Insular Affairs, House of Representatives, 96th Congress, 13.9., 18.10., 27. und 28.11., 11.12.1979, Washington 1980. Siehe insgesamt auch Raymond Vernon, op. cit., pp. 75ff.

[7] Office of Technology Assessment, op. cit., p. 113.

[8] Mikesell, op. cit., p. 62; Office of Technology Assessment, op. cit., p. 113; Alfred A. Eckes, The United States and the Global Struggle for Minerals, Austin 1979, p. 215; McClure, op. cit., p. 437; Glenn H. Snyder, Stockpiling Strategic Materials: Politics and National Defense, San Francisco 1966, p. 191.

[9] ibid., pp. 191ff.

[10] McClure, op. cit., pp. 448f; Office of Technology Assessment, op. cit., p. 113; Mikesell, op. cit., p. 63.

ihre Verbündeten im Kongreß zu behaupten, doch führte diese drastische Kursänderung in der Bevorratungspolitik zu einer Gegenoffensive des Kongresses, der schließlich 1976 eine Revision der neuen Vorratspolitik durch Präsident Ford erreichte. Diese Revision bestätigte das ursprüngliche Vorratsziel, wonach die strategischen Rohstoffvorräte eine Reichweite von drei Jahren haben sollten. Dies bedeutete eine erhebliche Anhebung der Vorratsziele bei 72 der 93 Materialien unter Vorratshaltung. Eine Aufstockung der Vorräte in diesen Kategorien auf die neuen Zielwerte hätte Kosten von rund $ 7 Mrd. verursacht, die jedoch mindestens teilweise durch den Verkauf von Überschußbeständen an einigen Materialien hätten aufgebracht werden können: der Wert dieser Überschüsse wurde 1976 auf etwa $ 4 Mrd. geschätzt[11].

Die rekonstruierte Bevorratungspolitik Gerald Fords wurde von seinem Nachfolger Jimmy Carter übernommen. Während seiner Amtszeit, im Juli 1979, schuf der Kongreß mit dem *Strategic and Critical Materials Stock Piling Revision Act* (Public Law No. 96–41) eine neue gesetzliche Grundlage für die Bevorratungspolitik. Dadurch – sowie durch eine Erweiterung des Gesetzes 1981 – wurden unter anderem folgende Aspekte der Bevorratung neu geregelt[12]:

- Der Zukauf und die Abgabe von Beständen muß seither in jedem Einzelfall durch den Kongreß gebilligt werden; eine Verwendung der Mittel aus dem Erlös von Überschuß-Beständen für allgemeine Zwecke (also etwa zur Verringerung von Haushalts-Defiziten) wurde unterbunden.
- Die Ermittlung der Zielsetzungen (nach wie vor auf der Grundlage einer Reichweite der Vorräte von drei Jahren) erfolgte nun unter Berücksichtigung der militärischen, industriellen und essentiellen zivilen Nachfrage in einer Kriegssituation. Die Zielsetzungen, die in einem komplizierten Planungsverfahren ermittelt werden müssen, berücksichtigen also seither strukturelle Veränderungen in der Nachfrage als Folge der Umstellung auf Kriegswirtschaft.
- Die Freigabe der Vorräte kann nunmehr durch den Präsidenten nur dann erfolgen, wenn sich die USA in einem erklärten Krieg befinden oder die nationale Verteidigung beeinträchtigt ist. Eine Verwendung der Vorräte für Zwecke wirtschaftlicher Sicherheit ist damit gegenwärtig bestenfalls zur Deckung der Nachfrage in der Rüstungsproduktion möglich[13].

Die Präsidentschaft Ronald Reagans schien zunächst eine Stärkung der strategischen Rohstoffvorräte zu begünstigen – hatte doch der erste Außenminister der neuen Administration, Alexander Haig, in Anhörungen des Senats deutliche Sympathie für

[11] Hierzu McClure, op. cit., pp. 450 f; Mikesell, op. cit., p. 63; Office of Technology Assessment, op. cit., p. 113.

[12] Hierzu McClure, op. cit., pp. 430 f; Mikesell, op. cit., pp. 63 f; Office of Technology Assessment, op. cit., pp. 113 f. Der Wortlaut des Gesetzes findet sich in Federal Emergency Management Agency, Stockpile Report to the Congress, April–September 1983, Washington 1984, pp. 23 ff.

[13] Mikesell, op. cit., p. 64. Die Formulierung ist interpretationsfähig, wird jedoch von der *Federal Emergency Management Agency* so ausgelegt, wie hier erwähnt.

die These eines sowjetischen Rohstoff-Krieges gegen den Westen erkennen lassen[14]. Auch die starke Betonung der Aufrüstung Amerikas sowie die allgemeine Sympathie für die Bergbauindustrie innerhalb der Administration deuteten auf eine Aufwertung der Vorratspolitik. Die Administration beantragte denn auch 1981 Mittel in Höhe von $ 2 Mrd. zum Aufkauf besonders kritischer Rohstoffe; allerdings lag diese Summe nicht nur unterhalb der erforderlichen $ 7 Mrd., sondern auch unterhalb der Summe, die durch Abgaben aus den Vorräten verfügbar gemacht hätte werden können. Die Bewilligungspolitik des Kongresses tat ein übriges, um einen wirksamen Aufbau der Vorräte zu verhindern. Kritiker bemängelten, die Aufstockung der Bestände im von der Regierung vorgelegten Tempo würde etwa 15 bis 20 Jahre in Anspruch nehmen[15]. Auch das Programm für eine Neuordnung der US-Rohstoffpolitik hatte außer einer allgemeinen Bekräftigung des Willens zum Aufbau der strategischen Vorräte wenig anzubieten[16].

Mitte 1985 schließlich vollzog die Administration einen Kurswechsel um 180 Grad: Eine interministerielle Arbeitsgruppe legte ein neues Programm zur Gestaltung der strategischen Vorratshaltung vor, wonach die Bevorratung auf zwei Gruppen von Materialien reduziert werden sollte. In der ersten Gruppe *(tier one)* mit besonders kritischen Rohstoffen fanden sich nur 15 Materialien – Antimon, Chrom, Kobalt, Germanium, drei Sorten Graphit, fünf Sorten Mica, Quarzkristall, Tantal und Titan – mit einem geschätzten Gesamtwert von etwa $ 700 Mio. Eine zweite Gruppe von 25 Materialien sollte im Gesamtwert von $ 6 Mrd. bevorratet werden; die aufgrund der neuen Zielfestlegung überflüssig gewordenen Bestände mit einem geschätzten Wert von über $ 3 Mrd. sollten zur Finanzierung von Zukäufen sowie zur Verminderung des drückenden Haushaltsdefizites eingesetzt werden. Die Parallelen zur Politik Richard Nixons sind bei diesem neuen Bevorratungsprogramm auffallend; ihre Bestätigung durch den Kongreß muß daher eher zweifelhaft erscheinen[17].

Ende 1983 verfügten die strategischen Rohstoff-Vorräte der USA über Bestände an 61 Materialien oder Materialgruppen mit einem Gesamtwert von $ 11,1 Mrd.; davon waren die Bestände bei 24 Materialgruppen ausreichend oder zu hoch; der Wert der Überschüsse betrug $ 4,2 Mrd. Die Kosten zur Aufstockung der Bestände bei den 37 Materialien oder Materialgruppen, deren Bestände unterhalb der Zielsetzungen lagen, wurden auf $ 9,8 Mrd. geschätzt[18]. Von 1979 bis 1985 waren Bestände im Wert von $ 438 Mio. aufgelöst worden, die Zukäufe betrugen $ 367 Mio. und beschränkten sich auf Bauxit, Beryllium, Kobalt, Platinmetalle, Chinin, Gummi, Nickel, Tantal, Titanmetall und Vanadium[19]. Das Management der Vorräte liegt bei der *Federal Emergency*

[14] Vgl. hierzu *International Herald Tribune*, 15.6.1981 sowie National Defense Stockpile, Hearings, Seapower and Strategic and Critical Materials Subcommittee, Committee on Armed Services, House of Representatives, 97th Congress, 2. und 4. 6. 1981, Washington 1981, p. 77.

[15] Mikesell, op. cit., p. 65. Zu den Problemen bei der Aufstockung der Bestände *Financial Times*, 1. 9. 1983.

[16] *Financial Times*, 7. 4. 1982; vgl. auch Office of Technology Assessment, op. cit., p. 117.

[17] *Financial Times*, 29. 5. 1985, 26. 6. 1985, 11. 7. 1985.

[18] Federal Emergency Management Agency, op. cit. (1985), pp. 2 ff.

[19] Ibid., p. 2; Mining Journal (ed), Mining Annual Review 1986, London 1986, p. 289.

Management Agency. FEMA legt dem Kongreß halbjährlich Pläne über die angestrebten Veränderungen in den Beständen vor; der Kongreß muß danach jeden einzelnen Kauf bzw. jede einzelne Abgabe genehmigen. Die Durchführung der Käufe und Verkäufe sowie die allgemeine Verwaltung der Bestände, die in 117 Vorratslagern in den USA verstreut sind, obliegt der *General Services Administration*[20].

Für den Fall einer Versorgungskrise verfügt die US-Administration auch über ein relativ umfangreiches Krisenprogramm. Danach würden zunächst die Ausfuhren überprüft und gegebenenfalls eingeschränkt; ein zweiter Schritt wäre die Festlegung von Prioritäten bei der Versorgung mit Rohstoffen und, wenn nötig, die Zuteilung. Wären auch diese Schritte nicht ausreichend, so könnte zur Freigabe der Vorräte gegriffen werden. Daneben ermöglicht der *Defense Production Act* auch die Förderung der Binnenproduktion im Falle langandauernder Lieferstörungen[21]. Eine zentrale Rolle würde dabei das *US Bureau of Mines* spielen, das zugleich auch die wichtigste rohstoffwirtschaftliche Institution der Regierung außerhalb des Bereichs der Vorratshaltung darstellt.

Das *US Bureau of Mines* dient im Rahmen der amerikanischen Rohstoffpolitik zur Sammlung, Aufbereitung und Analyse von Informationen, zur Beobachtung kritischer Rohstoffmärkte und zur Durchführung von Forschungsprogrammen – nicht zuletzt auch im Hinblick auf die Sicherheit der amerikanischen Rohstoff-Versorgung. Darüber hinaus verfügen die USA jedoch nur über wenige Instrumente einer umfassenden Rohstoffpolitik: Die Gewährleistung einer sicheren Versorgung zu angemessenen Preisen blieb den internationalen Rohstoffmärkten überlassen. Dies begünstigte in der Nachkriegszeit die rasche Internationalisierung der großen amerikanischen Bergbaukonzerne, die neue, kostengünstige Vorkommen in der dritten Welt erschlossen[22]. Die amerikanische Regierung unterstützte und unterstützt derartige Auslandsinvestitionen durch Kredite der *Export-Import-Bank* und durch Investitions-Risikoversicherungen über die *Overseas Private Investment Corporation*[23].

Zur Förderung der einheimischen Bergbauproduktion verfügen die USA – wie viele andere Industriestaaten – über fiskalische Instrumente in Form von Steuerbegünstigungen. Diese Steuerbegünstigungen *(depletion allowances)* vermochten jedoch insgesamt die Bergbauproduktion der USA gegen ausländische Konkurrenz kaum effektiv abzuschirmen, solange die Regierung keine zusätzlichen Schutzmaßnahmen beschloß. Dies war bislang jedoch nur in Ausnahmen der Fall. Die Regel blieb die Verpflichtung

---

[20] *Financial Times*, 11.9.1980; National Defense Stockpile, op. cit., pp. 60ff.

[21] Morgan, op. cit., pp. 223f.

[22] Hierzu Michael Tanzer, The Race for Resources, London 1980, pp. 74ff, 124–177. Eine faszinierende Fallstudie findet sich bei Theodore H. Moran, Multinational Corporations and the Politics of Dependence: Copper in Chile, Princeton 1974. Stephen D. Krasners Studie „Defending the National Interest, Raw Material Investments and U.S. Foreign Policy" (Princeton 1978) untersucht die Interaktion zwischen Privatwirtschaft und Regierung am Beispiel der Rohstoff-Politik der USA.

[23] Vernon, op. cit., pp. 76f; Tanzer, op. cit., pp. 80f; Giraud, op. cit., p. 353.

auf das Ideal des „freien Wettbewerbs" – mochte die Praxis diesem Ideal oft auch nur sehr entfernt entsprechen[24]. Die Bergbauproduzenten der USA und ihre politischen Repräsentanten im Kongreß drängten daher immer wieder auf zusätzliche Schutzmaßnahmen der Regierung und auf die Formulierung einer umfassenden Rohstoffpolitik[25]. Erst 1984 erlangte eine solche umfassende Rohstoffpolitik Gesetzescharakter: Der *National Critical Materials Act* von 1984 (Public Law 98–373) sieht die Errichtung einer Exekutivbehörde vor, die den Präsidenten in allen Fragen der Rohstoffpolitik beraten und die zersplitterten Kompetenzen für diese Politik in der Administration koordinieren soll. Daneben sieht das Gesetz Förderungsprogramme für neue Materialien sowie für die Innovation und Produktivitätssteigerung der Grundstoff- und Materialindustrien vor[26]. Wie sich dieses Gesetz in der Praxis auswirken wird, bleibt abzuwarten – eine qualitative Veränderung der amerikanischen Rohstoffpolitik wäre insgesamt jedoch eher eine Überraschung. Die Marktmacht der USA als großem Käufer und als Weltmacht, der Einfluß der US-Konzerne in vielen Rohstoffmärkten und die strategischen Rohstoffvorräte dürften auch weiterhin die tragenden Säulen der amerikanischen Rohstoff-Sicherungspolitik bleiben.

1.2 Japan

Wie die Rohstoff-Politik aller westlichen Industriestaaten seit Ende des Zweiten Weltkrieges beruht auch diejenige Japans grundsätzlich auf den Prinzipien internationaler Arbeitsteilung, freien Wettbewerbs und der Abstützung auf Privatunternehmen zur Gewährleistung der Rohstoff-Versorgung. Allerdings führten die etatistische Tradition des modernen Japans, in der der Staat durch aktive Eingriffe entscheidende Impulse für die Entwicklung der Wirtschaftsentwicklung gab[27], sowie die spezifischen Probleme eines industriellen *newcomers* zu einer stärker ausgeprägten flankierenden

[24] Vgl. hierzu auch die Berichte der großen Rohstoff-Kommissionen – der *Paley Commission* 1952 und der *National Commission on Supplies and Shortages* 1976 –, die, jeweils als Reaktion auf Marktstörungen und Ängsten um die zukünftige Versorgungssicherheit ins Leben gerufen, diese Prinzipien zur Grundlage ihrer Empfehlungen machten (President's Material Policy Commission, Resources for Freedom, Washington 1952; National Commission on Supplies and Shortages, Government and the Nation's Resources, Washington 1976; vgl. auch Office of Technology Assessment, op. cit., pp. 106 ff).

[25] Die wichtigste Lobby dieser Interessen ist der American Mining Congress. Zur Argumentation dieser Lobby und ihrer Anhänger vgl. National Defense Stockpile, op. cit., passim und Nonfuel Minerals Policy Review, passim.

[26] Office of Technology Assessment, op. cit., pp. 114 ff.

[27] Hierzu T. C. Smith, Political Change and Industrial Development in Japan: Government Enterprise 1868–1880, Stanford, Cal. 1965; Jean-Pierre Lehmann, The Roots of Modern Japan, London 1982, Teil 3. Allgemein zur Wirtschafts- und Industriepolitik des modernen Japan insbesondere Hugh Patrick/Henry Rosovsky (eds), Asia's New Giant, Washington 1976; Kazushi Ohkawa/Henry Rosovsky, Japanese Growth: Trend Acceleration in the Twentieth Century, Stanford 1973; Takashi Hosomi/Ariyoshi Okumura, Japanese Industrial Policy, in: John Pinder (ed), National Industrial Strategies and the World Economy, Totowa, N.J. 1982, pp. 123–157.

Rolle des Staates in der Rohstoff-Politik und zur Entwicklung spezifischer versorgungspolitischer Ansätze[28].

In der ersten Nachkriegsperiode bis etwa Ende der 50er Jahre war Japans Bergbauindustrie in erheblichem Umfang in der Lage, den bis dahin relativ geringen Rohstoff-Bedarf der japanischen Industrie zu decken. In dieser Phase entwickelte sich eine umfangreiche rohstoffverarbeitende Industrie, die dann, als Japans Nachfrage nach industriellen Rohstoffen das Angebot der einheimischen Bergbauförderung immer deutlicher und rascher zu übersteigen begann, zunächst zu einer intensiven Suche nach Lieferquellen für Erze und Konzentrate führte, um diese Verarbeitungsindustrien zu versorgen. Die industrielle Expansion Japans verlief in dieser Phase (bis etwa Mitte der 70er Jahre) in einer besonders rohstoff-intensiven Form, was – zusammen mit den überdurchschnittlich hohen Wachstumsraten des Landes – den Anteil Japans an der Weltnachfrage nach Rohstoffen dramatisch ansteigen ließ[29].

Zur Sicherung dieses großen Rohstoff-Bedarfs konnte sich Japan – im Gegensatz zu den angelsächsischen Industriestaaten – nicht auf eigene starke, multinationale Bergbaukonzerne verlassen. Das spezifische Instrument, das aus dieser Not eine Tugend zu machen versuchte, wurden langfristige Lieferverträge. Im Verlauf der 70er Jahre – als durch die Ölkrise 1973 die Verwundbarkeit der japanischen Rohstoffversorgung plastisch demonstriert und damit der Aspekt der Versorgungssicherheit an Dringlichkeit gewann – tätigte Japans Industrie dann in zunehmendem Maße auch Direktinvestitionen, zumeist in der Form von Beteiligungen[30]. Zugleich veränderte sich mit der raschen Umstrukturierung der japanischen Industrie im Gefolge der ersten und zweiten Ölkrise auch die Rohstoff-Intensität der Produktion. Dies bedingte eine teilweise schwierige und konfliktträchtige Modifikation der längerfristigen Lieferverträge, die oft wichtige Einnahmequellen für Entwicklungsländer bildeten[31]; im Zuge dieser industriellen Umstrukturierung kam es zugleich zur Auslagerung von Verarbeitungsindustrien, so daß sich die Importstruktur von Erzen und Konzentraten zunehmend in Richtung auf Metalle und Halbzeug verlagerte[32].

Die japanische Rohstoff-Versorgungspolitik beruht heute im wesentlichen auf drei Säulen: Auf den großen Handelshäusern (den *sogo shosha*), auf längerfristigen Liefer-

[28] Hierzu insbesondere Pierre-Noël Giraud, Géopolitique des ressources minières, Paris 1983, pp. 355ff; Phillip Crowson, Nonfuel Mineral Procurement Policies, in: Nobutoshi Akao (ed), Japan's Economic Security, Resources as a Factor in Foreign Policy, London 1983, pp. 145–167; I. T. M. Gow, Non-fuel Minerals and the Metal Processing Industries, in: J. W. Chapman/R. Drifte/I. T. M. Gow, Japan's Quest for Comprehensive Security, Defence, Diplomacy, Dependence, London 1983, pp. 151–181.

[29] Vernon, op. cit., pp. 98ff; Crowson, op. cit., p. 145ff. Der Anteil Japans an der Weltnachfrage nach den Buntmetallen Aluminium, Kupfer, Blei, Zink, Zinn und Nickel lag 1955 zwischen zwei und fünf Prozent, 1970 aber bereits zwischen sieben und 22 Prozent (ibid., p. 148).

[30] Vernon, op. cit., pp. 82ff; Crowson, op. cit., pp. 146ff.

[31] Insbesondere die Stabilität und Prosperität der Lieferländer Südostasiens waren für Japan von großer Bedeutung; die japanische Regierung bemühte sich daher um Lösungen, die den Interessen dieser Staaten Rechnung zu tragen suchten. Im Bereich der Rohstoff-Politik schlug sich das in Maßnahmen zur Vorratshaltung nieder.

[32] ibid., pp. 152ff; Vernon, op. cit., pp. 101f.

verträgen und auf Direktinvestitionen. Dagegen kommt der Vorratshaltung bislang recht beschränkte Bedeutung zu. Der Staat beschränkt sich auf allgemeine Richtlinien und auf flankierende Maßnahmen und Leistungen zur Verbesserung der Rahmenbedingungen, während den Unternehmen die Initiative und Durchführung der Versorgungspolitik überlassen bleibt. Dabei spielen die *sogo shosha*[33] eine zentrale Rolle. Ihre Bedeutung erhellt die Tatsache, daß derzeit etwa 65% der japanischen Einfuhren von den neun großen Handelshäusern abgewickelt werden[34]. Die Handelshäuser verfügen über ein weltumspannendes, hochkarätiges Informationsnetz (Mitsui, die Nummer zwei unter den großen *sogo shoshas*, unterhält weltweit über 185 Filialen), über enorme Finanzmacht durch die Verflechtung mit japanischen Großbanken sowie über erhebliches Marktgewicht. Wie bedeutsam die Handelshäuser für die japanischen Rohstoffimporte sind, zeigt der Anteil einer einzigen Firma, Mitsui, an den japanischen Rohstoff-Importen – 22% der Eisenerz- und Kokskohle-Einfuhren, 30% der Kupfer- und 40% der Uranimporte[35].

Langfristige Lieferverträge bilden das Rückgrat der japanischen Rohstoff-Versorgung. Diese Verträge werden häufig über die großen Handelshäuser bzw. über Zusammenschlüsse der Verbraucherindustrien abgewickelt: *Nippon Steel* etwa vertritt gegenüber Australiens Eisenerz- und Kohlebergwerken die gesamte japanische Stahlindustrie[36], was entsprechende Verhandlungsmacht gewährleistet. Langzeitverträge mit einer Laufzeit von 8 bis 20 Jahren erlaubten japanischen Firmen und zugleich auch den betreffenden Förderländern die Erschließung neuer Vorkommen: Die Abnahme-Garantie erleichtert die Finanzierung, wobei oft japanische Kredite bzw. Minderheitsbeteiligungen herangezogen wurden. Diese Verträge sehen gewöhnlich Preisgleit-Klauseln bzw. Preisindizierungen sowie eine gewisse Variabilität in den Liefermengen vor. Daneben haben japanische Firmen längerfristige Lieferverträge für drei bis fünf Jahre abgeschlossen, die dann regelmäßig erneuert wurden[37]. Eine Aufschlüsselung der Versorgungssituation bei Kupfer im Jahre 1978 ergab, daß neben der einheimischen Bergbauförderung und Wiedergewinnung von Kupfer (zusammen 16%) längerfristige Lieferverträge mit insgesamt 44% die wichtigste Rolle bei den Einfuhren spielten[38]. Bei Zink wurden im selben Jahr praktisch sämtliche Einfuhren über Drei- bis Fünfjahresverträge abgewickelt. Bei den meisten anderen Rohstoffen dürfte der Anteil längerfristiger Lieferverträge ähnlich hoch liegen[39].

Die japanischen *Direktinvestitionen* begannen seit etwa 1970 dramatisch zuzunehmen: Das Gesamtvolumen der Auslandsinvestitionen im Jahr 1970 ($ 3,77 Mrd.)

[33] Zu den *sogo shosha* allgemein Max Eli unter Mitarbeit von Helmut Laumer, Sogo Shosha – Strukturen und Strategien japanischer Welthandelsunternehmen, Düsseldorf 1977.
[34] Keizai Koho Center, Japan 1984, An International Comparison, Tokyo 1984, p. 84.
[35] Giraud, op. cit., p. 358 sowie Eli, op. cit.
[36] Vernon, op. cit., p. 99.
[37] Hierzu insgesamt Giraud, op. cit., pp. 358 f; Vernon, op. cit., pp. 99 ff; Crowson, op. cit., pp. 154 f.
[38] Crowson, op. cit., p. 153.
[39] ibid., p. 154.

wurde schon 1976 von den Auslandsinvestitionen im Bergbau ($ 4,8 Mrd.) erheblich übertroffen. 1984 betrugen die japanischen Auslandsinvestitionen im Bergbau insgesamt $ 10,7 Mrd. in 877 Projekten. Auf Asien entfiel dabei mit über 52% der Löwenanteil, gefolgt von Ozeanien (primär Australien) und Afrika mit knapp 18%, Lateinamerika mit 13% und Nordamerika und Westeuropa mit je acht Prozent[40].

Die zentrale Rolle bei der Orchestrierung der japanischen Rohstoff-Versorgungspolitik spielt das *Ministerium für internationalen Handel und Industrie (MITI).* MITI gründete 1963 zu diesem Zweck die *Metal Mining Agency of Japan (MMAJ),* die sich zunächst auf die Förderung der einheimischen Bergbauproduktion konzentrierte, seit 1968 jedoch zunehmend auch international tätig wurde. Folgende Instrumente wurden dazu entwickelt[41]:

- Förderung der einheimischen Produktion durch Finanzierung und Abwicklung der geologischen Exploration Japans durch die MMAJ sowie staatliche Zuschüsse zur Projektfinanzierung und zum Schutz einheimischer Bergwerke.
- Beteiligung an Exploration, Infrastrukturmaßnahmen und Bergbauprojekten. Die MMAJ sowie die *Overseas Mineral Resources Development Company (OMRD),* eine Tochter der MMAJ, japanischer Bergbaukonzerne und des *Overseas Economic Cooperation Fund* (OECF) und der OECF selbst können Explorationsprojekte im Ausland mit Zuschüssen und Darlehen fördern. Zur Erschließung von Bergwerksprojekten notwendige Infrastrukturprogramme können über eine Beteiligung der staatlichen Entwicklungshilfe-Organisation *Japan International Cooperation Agency* finanziert werden, während die Bergbauprojekte selbst in der dritten Welt durch Beteiligungen des OMRD gefördert werden können.
- Kredite zur Exploration in Industrieländern kann die MMAJ an japanische Bergbauunternehmen unter bestimmten Voraussetzungen vergeben. Kapitalbeteiligungen japanischer Firmen an ausländischen Bergbauprojekten lassen sich zudem über Kredite der Export-Import-Bank finanzieren.
- Gegen wirtschaftliche und politische Risiken können sich japanische Unternehmen bei der MMAJ und der Ex-Im-Bank versichern.

Die *Vorratshaltung* nahm bislang in der japanischen Versorgungspolitik eine eher untergeordnete Rolle ein. Nach der Ölkrise 1973/4 stellte man innerhalb des MITI erste Überlegungen über den Aufbau strategischer Rohstoffvorräte an, doch wurden entsprechende Maßnahmen bei Aluminium, Kupfer, Blei und Zinn erst seit 1976 eingeleitet – dann allerdings weniger unter Gesichtspunkten der Versorgungssicherheit, sondern vor allem im Hinblick auf die Absatz- und damit auch die Finanzprobleme

---

[40] Keizai Koho Center, op. cit., p. 56; Giraud, op. cit., p. 359; Vernon, op. cit. pp. 101f; Crowson, op. cit., pp. 154ff.

[41] Vgl. Giraud, op. cit., pp. 360ff; Crowson, op. cit., pp. 159ff; Vernon, pp. 99f; P. C. F. Crowson, Approaches Adopted by Other Countries, in: Michael J. Jones (ed), Availability of Strategic Minerals, London 1980, pp. 93–98; Interviews mit Vertretern des japanischen Industrie- und Handelsministeriums (MITI) Tokio, Okt. 1983.

einiger wichtiger Lieferländern in der dritten Welt. Diese Vorräte wurden durch Kreditaufnahme bei Banken mit Hilfe von Zinssubventionen des MMAJ aufgebaut und dienten der Preisstabilisierung; demgemäß wurden beispielsweise 1977 und 1978 Kupfer und Aluminium aufgekauft, 1978 bis 1980 abgegeben[42]. Ebenfalls 1976 begann ein vom MITI inspiriertes, aber nicht bezuschußtes Programm zur Bevorratung von Nickel, Chrom, Wolfram, Kobalt und Molybdän. Dieses Programm führte zu einigen kleineren Vorratsmaßnahmen (Vorräte von Nickel und Chrom mit einer Reichweite von etwa einer Woche)[43].

1981 beschloß dann das japanische Kabinett die Einrichtung von Rohstoff-Vorräten von Nickel, Chrom, Wolfram, Molybdän und Kobalt mit einer Reichweite von 10 Tagen. Dieses Programm wurde schon ein Jahr später erheblich ausgeweitet: 1983 plädierte der *Keidanren,* die Dachorganisation der japanischen Industrie, für die Einführung strategischer Rohstoff-Vorräte nach dem Muster der französischen und deutschen Pläne. Daraufhin wurde die strategische Rohstoff-Bevorratung dann unter der Obhut des MITI in Angriff genommen. Zur Lagerhaltung vorgesehen sind zunächst neben den bereits erwähnten (und in kleinerem Umfang bevorrateten) Metallen Chrom, Molybdän, Nickel, Kobalt und Wolfram Vanadium und Mangan; weitergehende Bevorratungspläne scheiterten am Einspruch des Finanzministeriums. Die Zielsetzung des neuen Programms ist eine theoretische Reichweite von 60 Tagen auf der Basis der Nachfrage 1981 bis zum Jahr 1987, wobei zusätzlich mit privaten Vorräten im Umfang von etwa 90 Tagen gerechnet wird – insgesamt entstünden demnach also Vorräte mit einer Reichweite von fünf Monaten. Dieses Vorratsprogramm richtet sich explizit gegen wirtschaftliche Sicherheitsrisiken wie etwa einen Ausfall der südafrikanischen Lieferungen durch Unruhen oder der australischen Bezüge durch Streiks[44].

Die Durchführung des Programms soll über fünf Jahre hinweg gemeinsam von der Regierung und der Privatindustrie (insbesondere den großen Rohstoff-Verbrauchern wie der Stahlindustrie) durchgeführt werden. Die Vorräte sollen in drei Kategorien im Verhältnis 2:5:5 aufgebaut werden; von den im Verlauf der fünf Jahre jährlich zu erstehenden zwölf Tagen Vorratshaltung werden zwei Tage von der Industrie selbst finanziert, fünf Tage entfallen auf gemeinsame Läger, zu deren Finanzierung das MITI über die MMAJ zwei Drittel der Kosten beisteuert; die letzten fünf Tage pro Jahr wer-

---

[42] Vernon, op. cit., p. 103.

[43] Crowson, op. cit. (1980); Interviews mit Angehörigen des japanischen Handels- und Industrieministeriums (MITI), Tokio, Okt. 1983; Takashi Kawakami, Japanese Rare Metals Stockpile Policy, Washington 1983 (= unveröffentlichtes Papier des Institute of Foreign Policy Analysis); Office of Technology Assessment, An Assessment of Alternative Economic Stockpiling Policies, Washington 1976, pp. 285 ff.

[44] MITI, Behörde für Rohstoffe und Energie, Dokument zur Revision des Gesetzes über die Metal Mining Agency, Tokio 1983 (inoffizielle Übersetzung). Nach Schätzungen der japanischen Regierung könnte ein Ausfall von 30% der japanischen Chrom- und Nickelversorgung für ein Jahr zu einem Rückgang des Sozialproduktes um 4,4 bis 4,8% führen. S. a. *Nihon Keizai Shimbun,* 29. 6. 1982 sowie Kawakami, op. cit.

den durch ausschließlich staatliche Vorratskäufe beigesteuert[45]. Die Finanzierung des Programms erfolgt über staatliche verbürgte Kredite zu günstigen Konditionen; die Zinslasten werden in der dargestellten Weise zwischen der MMAJ und der Industrie aufgeteilt. Die Gesamtkosten des Programms für den Staat belaufen sich auf Zinssubventionen von umgerechnet insgesamt etwa DM 40 Mio. über fünf Jahre, jährlich also rund 7 Mio.; hinzu kommen Kreditbürgschaften zum Aufkauf der Bestände in Höhe von insgesamt etwa DM 100 Mio.[46].

Die Durchführung der Bevorratungspläne geriet allerdings schon 1984 ins Stocken: Auch in Japan begannen die Probleme des Budgetdefizits die ursprünglichen Überlegungen der Bevorratung zu infizieren und abzuschwächen[47].

Ob die strategische Bevorratungspolitik Japans in den kommenden Jahren einen signifikanten Beitrag zur japanischen Versorgungssicherheit leisten kann, ist derzeit noch nicht abzusehen. Insgesamt erscheint die japanische Rohstoff-Sicherheit vor allem auf den sorgfältigen Diversifizierungsbemühungen der japanischen Industrie zu beruhen, die bislang in der Tat nicht nur ernsthafte Versorgungsstörungen verhinderten, sondern Japan auch eine sehr starke Marktposition verliehen. Doch die bereits seit einigen Jahren eingeleitete Auslagerung von Rohstoff-Verarbeitungsindustrien[48] werden Japans zukünftige Parameter der Versorgungssicherheit erheblich beeinflussen: Die Umstellung der Einfuhr von Metallen und Halbzeug statt Erzen und Konzentraten bedeutet nicht selten auch einen erheblichen Flexibilitätsverlust[49]. Gerade bei den besonders kritischen und gefährdeten Rohstoffen des südlichen Afrikas erscheint jedoch die traditionelle Strategie der Diversifizierung angesichts der recht begrenzten Alternativen als keineswegs ausreichender Schutz gegen Versorgungsstörungen.

1.3 Großbritannien

Wie Japan – und in sehr viel höherem Maße als die USA – ist auch Großbritannien fast vollständig auf Einfuhren von Rohstoffen angewiesen: Die Importabhängigkeit des Landes liegt bei allen wichtigen mineralischen Rohstoffen über dem Durchschnittswert der Europäischen Gemeinschaft[50]. Dennoch verfügte Großbritannien bis vor kurzem noch über keinerlei staatliche Rohstoff-Politik. Der Grund liegt in der Stärke der britischen Bergbaukonzerne – *Rio Tinto Zinc* beispielsweise ist das größte multinationale Bergbauunternehmen der westlichen Industriestaaten – sowie der Bedeutung der Londoner City in den internationalen Kapitalmärkten: Die britischen

---

[45] MITI, op. cit. Interviews des Verfassers mit Vertretern der Energie- und Rohstoffbehörde im MITI, Okt. 1983; Kawakami, op. cit.

[46] Interview mit Vertretern des japanischen Handels- und Industrieministeriums (MITI), Tokio, Okt. 1983; Kawakami, op. cit.

[47] Interviews im MITI, Okt. 1983.

[48] Als Beispiel sei auf die Umstrukturierung der japanischen Aluminiumindustrie verwiesen. Siehe hierzu *Japan Economic Journal*, 13.10.1981 und John C. Wu, The Mineral Industry of Japan, in: US Bureau of Mines, Minerals Yearbook 1981, Vol. III: Area Reports: International, pp. 543–573 (557 ff).

[49] Vernon, op. cit., pp. 105 f; Crowson, op. cit. (1982), pp. 166 f.

[50] Phillip Crowson, Minerals Handbook, 1982–1983, London 1982, p. 8.

Banken, Versicherungen und anderen Finanzinstitutionen können mit ihren weltumspannenden Informationsnetzen und ihren Beteiligungen an der Finanzierung von Bergbauprojekten einen wichtigen Beitrag zur Rohstoff-Versorgung liefern. Schließlich verfügt Großbritannien mit dem *London Metal Exchange* über die größte internationale Rohstoffbörse mit umfangreichen Vorratslagern[51].

Diese traditionellen Stärken der britischen Wirtschaft ließen den Regierungen des Landes bislang eine staatliche Rohstoff-Politik überflüssig erscheinen. Seit etwa 1979 begann jedoch unter dem Eindruck der zweiten Ölkrise und den Bevorratungsprogrammen anderer Industriestaaten eine intensive Diskussion um das Für und Wider staatlicher Bevorratungspolitik[52]. Schon 1980 ließ die konservative Regierung eine gewisse Bereitschaft zur Formulierung einer eigenen Rohstoff-Politik erkennen; 1982 identifizierte eine Studie des *House of Lords* Chrom, Mangan, Platinmetalle und Phosphat sowie zweiter Linie Antimon, Kobalt, Molybdän, Nickel, Niob, Tantal, Titan und Vanadium als Rohstoffe, bei denen Bevorratungsmaßnahmen angebracht wären[53]. Doch erst die Falkland-Krise gab diesen Erwägungen entscheidende Impulse: Im Februar 1983 gab die Regierung die Errichtung staatlicher Vorräte bekannt, die insgesamt eine Reichweite von zwei Monaten erreichen sollten. Die Liste der bevorrateten Rohstoffe wurde geheimgehalten; Käufe von Kobalt, Vanadium, Chrom und Mangan wurden jedoch offenbar bereits seit 1982 bei südafrikanischen Unternehmen getätigt[54]. Der Finanzrahmen des Programms sollte zunächst £ 35 Mio. umfassen[55]. Doch schon 1984 änderte die Regierung ihre Haltung: Sie gab bekannt, daß ein Großteil der angekauften Bestände wieder aufgelöst werden sollte[56].

Rückblickend mag sich das britische Krisenbevorratungsprogramm, das wie das japanische spezifische Versorgungsrisiken unterhalb der Schwelle kriegerischer Auseinandersetzungen im Visier hatte, als Episode in einer Grundhaltung des *laissez faire* herausstellen – wobei die Tatsache, daß dieser Bruch mit der Tradition unter der konservativen Premierministerin Margaret Thatcher erfolgte, nicht einer gewissen Ironie entbehrt. Der Rückhalt für dieses Programm schien jedoch selbst innerhalb des *Department of Trade and Industry* wenig eindeutig und ausgeprägt[57]; die angespannte Finanzlage des britischen Haushaltes mag auch hier zu einer Revision der Bevorratungspolitik mit dem Rotstift, jedoch ohne inhaltliche Klärung der Problemlage erfolgt sein. Die traditionellen Stützen der britischen Rohstoff-Versorgung könnten jedenfalls im Falle von Versorgungsstörungen in kritischen Märkten kaum durchschlagenden Schutz gewährleisten.

---

[51] Pierre-Noël Giraud, Géopolitique des ressources minières, Paris 1983, pp. 131 ff, 150 ff, 370.

[52] Vgl. hierzu etwa *Financial Times*, 16. 6. 1978, 19. 7. 1979 sowie die Studie von Steven Warnecke, Stockpiling of Critical Raw Materials, London 1980 (= Chatham House Papers No. 5).

[53] *Financial Times*, 21. 5. 1980; Strategic Minerals, Report by the House of Lords, European Communities Committee, Session 1981–1982, London 1982.

[54] *Financial Times*, 14. 2. 1983, 15. 2. 1983, 3. 3. 1983.

[55] *Financial Times*, 3. 3. 1983.

[56] *Financial Times*, 14. 11. 1984.

[57] Interview mit Angehörigen des Department of Trade and Industry, London, März 1984.

1.4 Frankreich

Innerhalb der Europäischen Gemeinschaft bildet die französische Rohstoff-Politik in vieler Hinsicht den Gegenpol zur britischen: Verläßt sich letztere weitgehend auf die traditionelle Stärke der privaten britischen Bergbau- und Finanzunternehmen, so setzt die französische Vorsorge-Politik eher auf staatliche Eingriffe und direkte staatliche Kontrolle. Wo Großbritannien über seine multinationalen Rohstoffkonzerne wie RTZ, über den *London Metal Exchange* und über die City über ein weltumspannendes Netz von Verbindungen zwischen Lieferanten, Händlern und britischen Abnehmern verfügt, ist die kommerzielle Verflechtung zwischen den Lieferanten und französischen Firmen eher schwach entwickelt, das Vertrauen in die Wirksamkeit eines *laissez faire* dementsprechend geringer. Die wichtigsten Pfeiler der französischen Rohstoff-Politik sind daher staatliche bzw. staatlich kontrollierte Institutionen zur Verringerung von Importabhängigkeiten, Kontrolle der Verwundbarkeiten und Stärkung der Bindungen zu den Produzentenländern[1].

Die *Abhängigkeit* der französischen Rohstoff-Versorgung von Einfuhren ist beträchtlich, allerdings etwas geringer als der Durchschnittswert in der Europäischen Gemeinschaft[2]. Die Abhängigkeitsstrukturen zeugen von der relativ ausgeprägten ökonomischen Verflechtung zwischen Frankreich und seinen ehemaligen bzw. den noch bestehenden Kolonien – so stützt sich die Nickel-Versorgung neben der Eigenproduktion ausschließlich auf das Überseeterritorium Neu-Kaledonien; Gabun (Mangan), Guinea (Bauxit) und Madagaskar (Chrom) nehmen ebenfalls wichtige Positionen als Lieferanten ein. Die Versorgungsmuster unterscheiden sich insofern auch deutlich von denjenigen anderer EG-Staaten. Allerdings ändert dies wenig an der kritischen Abhängigkeit Frankreichs von den Rohstoffen des südlichen Afrika[3].

Zu den ausgeprägten statistischen Abhängigkeiten der französischen Rohstoff-Versorgung gesellt sich – wie bereits erwähnt – die deutliche Schwäche der französischen Bergbauindustrie im internationalen Kontext. Im Gegensatz zur Situation bei Erdöl oder beim Uran, wo Frankreich mit dem Staatsunternehmen COGEMA über das größte, vom Bergbau bis zur Wiederaufbereitung von nuklearen Brennelementen reichende und damit vollständig vertikal integrierte Unternehmen dieser Art in der westlichen Welt verfügt, ist die Präsenz französischer Unternehmen in Drittländern bei den nichtenergetischen Rohstoffen schwach ausgebildet. Die wichtigsten französi-

---

[1] Allgemein zur französischen Rohstoff-Politik Phillip C. F. Crowson, Approaches Adopted By Other Countries, in: Michael J. Jones (ed), Availability of Strategic Minerals, London 1980, pp. 93–98 (im folgenden zitiert nach der Manuskript-Fassung für das National Symposium on the Availability of Strategic Minerals, London 21.11.1979); Pierre-Noël Giraud, Géopolitique des ressources minières, Paris 1983, pp. 373 ff; Interviews mit Vertretern des *Observatoire des Matières Premières*, Paris, Okt. 1985.

[2] Vgl. hierzu Matières de Base: Assurer l'avenir, in: *Regards sur l'actualité*, Juni 1980, pp. 24–33; Ministry of Industry, The Mineral Raw Materials Stockpiling Policy, Paris, 3.1.1979, 15.10.1980 (engl. Übersetzung des *Congressional Research Service*, Washington); Eurostat, EG-Rohstoffbilanzen 1981, Luxembourg 1983; Phillip Crowson, Minerals Handbook 1982–1983, London 1982, p. 8.

[3] Giraud, op. cit., p. 377.

schen Bergbauunternehmen sind IMETAL und *Pechiney-Ugine-Kuhlmann* (PUK). Nach den Verstaatlichungen 1982 gerieten diese Unternehmen praktisch vollständig unter die Kontrolle der Regierung[4]. Das wichtigste Instrument der französischen Rohstoffpolitik ist jedoch das *Bureau de la Recherche Géologique et Minière (BRGM)* mit etwa 2000 Mitarbeitern und einem Jahresbudget von etwa FF 900 Mio. Das BRGM untersteht dem Industrieministerium[5].

Das BRGM ist primär im Bereich der Exploration sowie der Informationssammlung und -auswertung tätig; über die Töchter SEREM (100%), CIDEM (ein Gemeinschaftsunternehmen mit einer kuwaitischen Firma) und COFRAMINES (68%; der Rest des Kapitals liegt in den Händen von COGEMA, der Ölgesellschaft *Compagnie Française du Pétrole* (CFP, Markenname TOTAL) sowie zweier Banken) verfügt das BRGM jedoch auch über die Möglichkeit einer direkten Beteiligung an Bergbauprojekten[6]. Von Bedeutung ist im Rahmen der französischen Rohstoff-Politik daneben auch das *Observatoire des Matières Premières* (OMP) und das *Groupement d'Importation et de Répartition de Métaux (GIRM),* eine halbstaatliche Einrichtung, der innerhalb der gesamten Rohstoff-Politik spezifische Aufgaben der Bevorratung übertragen wurden[7].

Die *spezifischen Programme* der französischen Rohstoff-Politik lassen sich unter vier großen Zielsetzungen gruppieren. Die erste Zielsetzung ist die Verringerung der französischen Importabhängigkeit. Zu diesem Zweck führt das BRGM seit 1975 ein umfangreiches Explorationsprogramm in Frankreich selbst und den überseeischen Territorien durch, für das von 1976 bis einschließlich 1982 insgesamt knapp FF 440 Mio. aufgewendet wurden; dieses Programm hat bereits eine Reihe von potentiell nutzbaren Rohstoff-Vorkommen, darunter eine neue Bergbauprovinz im *massif armoricain,* identifiziert. Vier Vorkommen (mit den Rohstoffen Blei, Zink, Silber, Baryt, Fluor und Wolfram) konnten bereits 1978 zur weiteren Exploration und Erschließung an die Industrie abgegeben werden. Ziel ist eine Steigerung des Anteils der einheimischen Bergbauförderung von 14% (1975) auf 20% (1990)[8].

Die zweite Stoßrichtung dieser Strategie der Verringerung von Importabhängigkeiten betrifft Forschungsprogramme zur besseren Nutzung und verstärkten Wiedergewinnung von Rohstoffen sowie zur Nutzung der Tiefseevorkommen. Die verbesserte Nutzung und Wiederaufbereitung sollte bis 1985 durch Einsparungen zwischen 6 und 48% des Verbrauchs der spezifischen Rohstoffe eine Verminderung der Rohstoffimporte in Höhe von FF 5 Mrd. erreichen. Für dieses Programm wurden 1976 bis 1982

---

[4] Giraud, op. cit., pp. 374ff.
[5] ibid., p. 373; Crowson, op. cit. (1982), p. 8.
[6] Giraud, op. cit., pp. 373f.
[7] Office of Technology Assessment, An Assessment of Alternative Economic Stockpiling Policies, Washington 1976, pp. 289f.
[8] Crowson, op. cit., pp. 8f; Giraud, op. cit., pp. 379, 385; Survey of Mining Resources, Congressional Research Service, Übersetzung aus dem Französischen, 19. 2. 1982 (keine weiteren Angaben).

insgesamt über FF 214 Mio. ausgegeben[9]. Forschungsausgaben für den Tiefseebergbau in Höhe von FF 640 Mio. (1973 bis 1984) kamen hinzu[10].

Die zweite Zielsetzung besteht in einer Verringerung der Versorgungsrisiken durch Bevorratung. Zu diesem Zweck wurde 1975 ein Bevorratungsprogramm bei kritischen Rohstoffen beschlossen. Die Liste der bevorrateten Rohstoffe wird geheimgehalten, um Aufkäufe tätigen zu können, ohne mit spekulativen Preiserhöhungen rechnen zu müssen, um einen gewissen Abschreckungswert zu erzeugen und um die Vorratshaltung der Industrie nicht negativ zu beeinflussen. Immerhin ist bekannt, daß die französische Regierung die Versorgung mit Kobalt, Platin, Mangan, Industriediamanten, Chrom, Zinn, Molybdän und Vanadium als besonders gefährdet ansieht, während eine Kategorie mit geringeren, aber immer noch erheblichen Risiken Titanmetall, Zirkon, Phosphat, Silber, Niob, Tantal, Wolfram und Antimon umfaßt[11]. Die Vorratshaltung sollte bis 1985 eine durchschnittliche Reichweite von 60 Tagen erreichen, wobei die individuellen Werte erheblich darüber oder darunter liegen können. Die Gesamtkosten des Programms wurden auf FF 4–5 Mrd. geschätzt; erste Käufe mit einem Wert von FF 250 Mio. wurden 1976, weitere Aufkäufe zu insgesamt FF 469 Mio. 1981 und 1982 getätigt. Dabei griff die Regierung – ähnlich wie im Falle Japans – auf Kredite zurück, so daß die Zuschüsse des Staates sich auf die Zinssubvention und die Kosten der Lagerhaltung beschränkten. Für die Durchführung der Bevorratung ist der GIRM verantwortlich; Zukaufs- und Abgabeentscheidungen werden von einem interministeriellen Ausschuß genehmigt. Im Falle erheblicher Versorgungsstörungen durch Unruhen in Liefer- oder Transitregionen, Streiks o.ä. würden die Vorräte zu Marktpreisen an einen Kreis prioritärer Verbraucher abgegeben. Die Vorräte sind also explizit auf wirtschaftliche Sicherheitsprobleme ausgerichtet[12].

Die dritte Zielrichtung der französischen Rohstoff-Politik ist die Unterstützung der französischen Bergbauindustrie. Im Rahmen dieses Zieles wurden staatliche Zuschüsse und Kredite für die Exploration und Erschließung in Drittländern zur Verfügung gestellt, die zunächst auf Kupfer und Uran beschränkt waren: Bis zu 50% der Projektkosten konnten dabei von staatlicher Seite vorgeschossen werden, wobei eine Rückzahlung nur im Erfolgsfall notwendig wurde. 1980 wurden diese Möglichkeiten auf andere Metalle ausgedehnt. Daneben profitieren die französischen Bergbauunternehmen von speziellen Steuerabzugs-Möglichkeiten und – wie andere Unternehmen auch – von einem staatlichen Versicherungsprogramm gegen wirtschaftliche und politische Risiken[13].

---

9 Giraud, op. cit., pp. 379ff; Ministry of Industry, op. cit., pp. 30ff Crowson, op. cit. (1980), pp. 21f. Für 1978 wurden Einsparungen im Wert von FF 1,24 Mrd. errechnet.

10 Giraud, op. cit., p. 385.

11 Hierzu Crowson, op. cit., pp. 18ff; Giraud, op. cit., pp. 335f, 381ff; Matières de Base, op. cit.; Ministry of Industry, op. cit.; Office of Technology Assessment, op. cit., pp. 290f.

12 Giraud, op. cit., p. 382; Interviews, OMP, Okt. 1985.

13 Crowson, op. cit., pp. 12ff; Giraud, op. cit., pp. 382ff.

Die vierte und letzte Zielsetzung schließlich betrifft die Zusammenarbeit mit aktuellen und potentiellen Lieferländern in der dritten Welt. Im Rahmen der allgemeinen Entwicklungshilfe können hier Projekte im Bereich des Bergbaus subventioniert bzw. mit Krediten finanziert werden. Diese Programme betreffen in erster Linie frankophone afrikanische Staaten[14]. Neben dieser Bemühung um enge bilaterale Verbindungen zu Entwicklungsländern mit Rohstoff-Exportpotential hat die französische Regierung auch in multilateralen Foren – etwa den Vereinten Nationen, der UNCTAD und im Nord-Süd-Dialog allgemein – traditionell betont Entwicklungsländer-freundliche Positionen vertreten. So unterstützte Paris beispielsweise als einziger großer Industriestaat die Bemühungen um eine internationale Stabilisierung der Rohstoffpreise im Rahmen des integrierten Rohstoffprogrammes der UNCTAD. In einer Neuordnung der internationalen Wirtschaftsbeziehung in der Richtung der Forderungen der dritten Welt sah Frankreich Chancen für eine langfristige Sicherung seiner Rohstoff-Versorgung und zugleich einen Beitrag zur wirtschaftlichen und politischen Stabilisierung der dritten Welt – mithin auch ein Element der Risikominderung[15].

Das Versanden dieser Bemühungen um eine Neuordnung der internationalen Rohstoffmärkte unterstrich freilich die Grenzen dieser Strategie und ließ damit die traditionellen Schwächen der französischen Rohstoffpolitik deutlich zutage treten. Diese Schwächen liegen vor allem in der wenig gewichtigen kommerziellen Präsenz Frankreichs in den internationalen Rohstoff-Transaktionen, die das Land im Falle von Lieferstörungen besonders verwundbar machen könnten. Die Stärken der französischen Rohstoff-Politik – die Programme zur Minderung der Importabhängigkeit, zur Diversifizierung der Bezugsquellen und die Krisenbevorratung – können diese Schwächen wohl kaum kompensieren.

1.5 Bundesrepublik Deutschland

Mit Japan zählt die Bundesrepublik Deutschland zu den Rohstoff-importabhängigsten Industriestaaten: Die Eigenproduktion des deutschen Bergbaus im Metallbereich erreicht praktisch nur bei Zink einen nennenswerten Anteil des Bedarfs. Im Vergleich etwa zu Frankreich liegt daneben auch der Anteil der Rückgewinnung von Altmaterial niedrig[16]. Damit ist die BRD in besonderer Weise von einer gesicherten Rohstoff-Versorgung abhängig. Entsprechend der grundsätzlichen Ausrichtung der bundesdeut-

[14] Giraud, op. cit., pp. 384f.

[15] Hierzu Institut Français des Rélations Internationales, Ramses 1981 (Rapport Annuel Mondial sur le Système Economique et les Stratégies), Coopération ou guerre économique, Paris 1981, pp. 209ff; Ramses 1983/1984, Paris 1984, pp. 246ff.

[16] Vgl. hierzu insbesondere Bundesanstalt für Geowissenschaften und Rohstoffe/Deutsches Institut für Wirtschaftsforschung/Institut zur Erforschung technologischer Entwicklungslinien. Versorgungslage bei Rohstoffen, Berlin, Hamburg, Hannover 1986. Zur Entwicklung auch Metallgesellschaft, Metallstatistik 1973–1983, Frankfurt 1984 sowie Eurostat, EG-Rohstoffbilanzen 1981, Luxembourg 1983. Einzelheiten über die Bezugsquellen finden sich in Bundesminister für Wirtschaft, Metals and Minerals, Markets and Trends, Bonn 1979, Anhang (= Studienreihe No. 21) und dpa, dpa Hintergrund, Die Abhängigkeit der Bundesrepublik von Rohstoff-Importen, Hamburg 3. 4. 1980.

schen Wirtschaftspolitik setzt die Bundesrepublik auch in diesem Bereich prinzipiell auf Wettbewerb und Privatinitiative – doch verfügt sie daneben, wie in anderen Bereichen der Wirtschaftspolitik, auch bei der Rohstoff-Politik durchaus über eine Reihe von flankierenden staatlichen Politik-Instrumenten[17].

Ebensowenig wie Frankreich und Japan kann sich die Bundesrepublik zur Sicherstellung ihrer Versorgung seit dem Ende des Zweiten Weltkrieges auf einheimische internationale Rohstoffkonzerne von weltweitem Zuschnitt stützen; andererseits weist sie – wie Japan – eine starke Metall-Verarbeitungsindustrie auf, die durch ständige Modernisierungsbemühungen auch unter zunehmend ungünstigen Rahmenbedingungen (steigende Energiekosten, wachsende Verarbeitung in den Förderländern) im großen und ganzen konkurrenzfähig geblieben ist: Zu Beginn der 80er Jahre wurden noch immer etwa 50% der Metall-Importe in Form von Erzen und Konzentraten getätigt[18]. Neben *spot*-Käufen und mittelfristigen Lieferverträgen zwischen ausländischen Bergbauunternehmen und der deutschen Verarbeitungsindustrie spielen in der deutschen Rohstoff-Versorgung langfristige Lieferverträge unter Einbeziehung der *Kreditanstalt für Wiederaufbau* eine wichtige Rolle. Diese Dreiecks-Verträge sehen gegen die Gewährung von Krediten zur Projektfinanzierung die Belieferung der BRD mit Erzen vor. 1977 deckten derartige langfristige Dreiecks-Verträge immerhin 28% der Eisenerz-Importe, 44% der Nachfrage nach Nickel, 25% der Bauxit-, 9% der Kupfer- und 4% der Zinknachfrage. Seit 1976 wurde diese Form der Projektfinanzierung allerdings nicht mehr angewendet[19].

Die Kreditanstalt für Wiederaufbau (KfW) ist zugleich eines der Instrumente staatlicher Rohstoff-Politik zur Gewährleistung von Versorgungssicherheit. Die KfW gewährt seit über 20 Jahren Projektkredite im Bergbaubereich, wenn diese zur Belieferung der Bundesrepublik bestimmt sind. Bis 1980 wurden insgesamt Kreditgewährleistungen in Höhe von DM 2,373 Mrd. an 22 Rohstoffprojekte zugesagt; der Großteil dieser Kreditzusagen wurde über die KfW abgewickelt. Bei den geförderten Rohstoffen handelte es sich um Bauxit, Blei, Eisen, Vanadium, Ilmenit, Ferrochrom, Nickel, Kupfer, Uran und Zink in Botsuana, Brasilien, Guinea, Indonesien, Liberia, Niger und Polen[20].

Zur Förderung einer direkten deutschen Beteiligung an Rohstoff-Projekten unterstützt die Bundesregierung seit 1971 *Explorationsprogramme* im Ausland (das Programm wurde 1973 auf den Bereich der BRD selbst ausgeweitet). Die Exploration wird von der *Bundesanstalt für Geowissenschaften und Rohstoffe* (BGR) durchgeführt, die in etwa dem französischen BRGM entspricht, aber keinerlei Entwicklungs- und

---

[17] Allgemein hierzu Pierre-Noël Giraud, Géopolitique des ressources minières, Paris 1983, pp. 364ff; Bundesminister für Wirtschaft, op. cit. pp. 82ff; ders., Bericht über die Versorgung der Bundesrepublik Deutschland mit mineralischen Rohstoffen. Bonn 1980, pp. 88ff (= Studienreihe No. 30); Phillip C. F. Crowson, Approaches Adopted by Other Countries, in: Michael J. Jones (ed), Availability of Strategic Minerals, London 1980, pp. 93–98.

[18] Giraud, op. cit., pp. 364ff; vgl. auch Wolfgang Sames, Die Zukunft der Metalle, Frankfurt 1974, pp. 219ff.

[19] Giraud, op. cit., p. 366.

[20] Bundesminister für Wirtschaft, op. cit. (1979), p. 92, (1980), p. 100; Giraud, op. cit., p. 367.

Produktionsaktivitäten entfaltet. Die BGR dient daneben allgemein als wichtigstes Instrument zur Informationssammlung und Aufbereitung und zur Durchführung von Forschungsprogrammen im Auftrag des Bundeswirtschaftsministeriums, des Bundesministeriums für Forschung und Technologie und des Bundesministeriums für wirtschaftliche Zusammenarbeit. Im Verlauf der 70er Jahre wurden für Explorationsprogramme im Ausland insgesamt rund DM 100 Mio. an Bundeszuschüssen verwendet, im Inland DM 123 Mio. Die Inlandsexploration konnte die nachgewiesenen Reserven an Blei, Zink, Schwerspat, Graphit und Flußspat vergrößern; bei der Auslandsexploration wurden Vorkommen identifiziert, die inzwischen z.T. bereits produzieren und dabei auch einen wichtigen Beitrag zur deutschen Rohstoff-Sicherheit leisten (wie etwa der Wolfram-Bergbau in Österreich seit 1978, der rund 30% der deutschen Wolfram-Nachfrage deckt, oder die Chromgewinnung in den Philippinen)[21].

In dieselbe Richtung einer Stärkung der Präsenz deutscher Unternehmen in ausländischen Rohstoffprojekten zielen die *Garantien für Auslandsinvestitionen.* Bis 1980 wurden auf diesem Wege Garantien für 15 Rohstoff-Projekte mit insgesamt über DM 353 Mio. übernommen, davon allein 1975 bis 1979 acht Projekte mit DM 160 Mio. Die Projekte betreffen Aluminium, Antimon-, Chrom-, Eisen-, Kupfer- und Uranerzabbau in Brasilien, Guinea, Indonesien, Liberia, Marokko, Mauretanien, Niger und Thailand[22]. Die Garantien im Bergbaubereich können im Zusammenhang mit Bergbauprojekten besonders große Beträge und besonders lange Laufzeiten abdecken, wenn dadurch ein Beitrag zur deutschen Rohstoff-Versorgung geleistet wird[23]. Das Garantie-Instrumentarium, über das von einem interministeriellen Ausschuß entschieden wird, wurde in der zweiten Hälfte der 70er Jahre überarbeitet und erweitert, um auch politische Risiken abdecken zu können[24].

Die *Zusammenarbeit mit Rohstoff-Ländern der dritten Welt* bildet eine weitere Komponente der staatlichen Versorgungspolitik. Nach einigem Zögern entschloß sich die Bundesregierung 1979, Bemühungen um eine Stabilisierung der internationalen Rohstoffpreise im Rahmen des integrierten Rohstoff-Programms der UNCTAD zuzustimmen[25]. Bereits vorher war mit der Einführung einer Bergbau-Komponente *(Sysmin)* in das Assoziationsabkommen zwischen der Europäischen Gemeinschaft und 58 (heute 66) afrikanischen, karibischen und pazifischen Staaten (AKP-Länder) von Lomé (Lomé II und III) auf europäischer Ebene eine neue Form der Rohstoff-Zusammenar-

[21] Bundesminister für Wirtschaft, op. cit. (1979), pp. 83 ff, (1980), pp. 89 ff; Giraud, op. cit., p. 367 f. Zu den Explorationsausgaben der Bundesregierung im Ausland von rund DM 110 kamen DM 130 Mio. der Industrie; dieser Gesamtaufwand von etwa DM 240 Mio. führte zur Erschließung von Vorkommen, bei denen der Wert der Bezugsrechte deutscher Abnehmer auf knapp DM 20 Mrd. geschätzt wird – ein im internationalen Vergleich überdurchschnittlich gutes Ergebnis (Bundesminister für Wirtschaft, op. cit. (1980), p. 98).

[22] Bundesminister für Wirtschaft, op. cit. (1979), pp. 88 ff; idem, op. cit., (1980), p. 99 f; Crowson, op. cit.

[23] Bundesminister für Wirtschaft, op. cit. (1979), p. 89.

[24] Bundesminister für Wirtschaft, op. cit., (1980), p. 99.

[25] dpa, op. cit., pp. 6 f; Albert Bressand (ed), Ramses 1981, Coopération ou guèrre économique, Paris 1981, pp. 217 ff.

beit zwischen Nord und Süd entwickelt worden. Die Bundesrepublik trug finanziell die Hauptlast dieses Programms, das nicht zuletzt unter der Perspektive einer gesicherten Rohstoffversorgung Europas zu sehen ist[26].

Diese staatlichen Instrumente im Rohstoff-Bereich dienten primär zwei Zielsetzungen: der Diversifizierung der Bezugsquellen und der stärkeren Beteiligung deutscher Unternehmen an Projekten im Ausland und damit auch einer gewissen vertikalen Integration der deutschen Rohstoff-Industrie. Mit anderen Worten: Die Rohstoffpolitik der Bundesregierung strebt eine Unterstützung der privatindustriellen Bemühungen um Risiko*verringerung* an. Die Vorkehrungen zur Risiko*bewältigung* bleibt dagegen den Verbraucherindustrien überlassen. Allerdings gab es Ende der 70er Jahre einige Zeit Überlegungen zu einer staatlichen Rohstoff-Bevorratung, die relativ weit gediehen, dann jedoch grundsätzlichen Erwägungen und finanziellen Zwängen zum Opfer fielen. Ausgangspunkt dieser Überlegungen war eine umfangreiche Risikoanalyse, die im Auftrag der Bundesregierung von der Bundesanstalt für Geowissenschaften und Rohstoffe, vom Deutschen Institut für Wirtschaftsforschung und Infratest sowie vom Institut zur Erforschung technologischer Entwicklungslinien erstellt wurde[27]. Die Ergebnisse dieser Studie deuteten auf die Existenz erheblicher Versorgungsrisiken. Daraufhin beschloß das Bundeskabinett die Errichtung einer strategischen Rohstoff-Reserve von Chrom, Mangan, Kobalt, Vanadium und Blauasbest. Die Reichweite dieser Vorräte sollte – einschließlich der bereits bestehenden privaten Läger – insgesamt ein Jahr betragen; die Finanzierung der notwendigen Zukäufe von durchschnittlich acht Monaten Reichweite sollte über revolvierende Kredite der Bundesbank in Höhe von DM 600 Mio. sowie über staatliche Zinssubventionen mit einem Umfang von DM 300 Mio. über acht Jahre erfolgen. Die Vorräte sollten von einer Treuhandgesellschaft verwaltet und nur mit Genehmigung der Bundesregierung im Krisenfalle abgegeben werden[28].

Schon im November 1980 wurden diese Pläne jedoch wieder aufgegeben. Dabei spielte einerseits die veränderte Marktsituation in den Rohstoffmärkten eine Rolle, andererseits ordnungspolitische Vorbehalte im Wirtschaftsministerium sowie – wohl

[26] Bundesminister für Wirtschaft, op. cit. (1980), pp. 74 f. Allgemein zu Lomé II und dem Bergbau-System Carol Cosgrave Twitchett, A Framework for Development: The EEC and the ACP, London 1981; Klaus Meyer, Die zweite Konvention von Lomé, in: *Europa Archiv*, No. 1/1980, pp. 11–20; Edgar Pisani, Die Europäische Gemeinschaft und die Nord-Süd-Frage, in: *Europa Archiv*, No. 19/1983, pp. 589–598; Dieter Frisch, „Lomé III" – Das neue Abkommen zwischen der Europäischen Gemeinschaft und den AKP-Staaten, in: *Europa Archiv*, No. 3/1985, pp. 57–68.

[27] Die Studien wurden als Verschlußsachen behandelt und insgesamt niemals veröffentlicht. Dem Verfasser war jedoch eine dieser Studien (Bundesanstalt für Geowissenschaften/Deutsches Institut für Wirtschaftsforschung/Institut zur Erforschung technologischer Entwicklungslinien, Ausfallsrisiko bei 31 Rohstoffen, Bd. 1, Hannover/Berlin/Hamburg 1977) zugänglich. Die Ergebnisse der Studien sind zusammengefaßt dargestellt in Bundesminister für Wirtschaft, op. cit., (1979), pp. 97 ff.

[28] Hierzu Crowson, op. cit.; Enrico Sassoon, Raw Materials and Foreign Policy: The OECD Countries and the Risk of Disruption in Supplies of Strategic Raw Materials, in: *Lo Spettatore Internazionale*, Okt.–Dez. 1980, pp. 251–285, pp. 280 f; *Economist*, 5. 5. 1979, 2. 6. 1979; *Financial Times*, 19. 4. 1979, 7. 3. 1980. Die Grundlage des Kabinettsbeschlusses bildete der Bericht des Staatssekretärausschusses für Rohstofffragen über Risiken der Rohstoffversorgung und Möglichkeiten einer staatlichen Krisenversorgung an das Kabinett, Bonn 1978.

ausschlaggebend – Haushaltszwänge[29]. Auch die relativ umfangreiche Bevorratung der bundesdeutschen Verarbeitungsindustrien, die durchschnittlich eine Reichweite von drei bis vier Monaten aufzuweisen scheint[30], mag die negative Entscheidung mit beeinflußt haben.

Insgesamt setzt die bundesdeutsche Vorsorge-Politik stark auf Marktmechanismen, deren Wirkung im Sinne einer breiten Streuung der Bezugsquellen durch flankierende staatliche Maßnahmen unterstützt werden soll. Bemerkenswert ist dabei immerhin ein im Vergleich zu Großbritannien doch recht entwickeltes staatliches Instrumentarium, das jedoch andererseits deutlich hinter der entsprechenden Struktur in Frankreich zurückbleibt. Dieses Instrumentarium beschränkt sich jedoch auf die Risikoverringerung und überläßt die Bewältigung etwaiger Versorgungskrisen völlig privatwirtschaftlichen Vorkehrungen. Im Verlauf der ersten Hälfte der 80er Jahre wurde das bestehende rohstoffwirtschaftliche Instrumentarium zudem zusammengestutzt; so soll das Explorationsförderungsprogramm, für das 1985 noch DM 46 Mio., 1986 und 1987 jedoch jeweils unter 40 Mio. bereitgestellt wurden, 1991 auslaufen; die Forschungsmittel wurden überwiegend auf die Materialforschung umgelenkt, Investitionsgarantien zunehmend vorsichtig gehandhabt. Auch die zunehmenden Spannungen im südlichen Afrika führten zu keiner Wiederbelebung der staatlichen Bevorratungsvorschläge.

Daß die Abhängigkeits- und Verwundbarkeitssituation der Bundesrepublik dieser Rücknahme staatlicher Rohstoffpolitik und ihrer Möglichkeiten nicht entsprach, zeigten die Ergebnisse einer Ende 1986 vorgelegten Studie, die die Bundesregierung bei mehreren deutschen Forschungsinstituten in Auftrag gegeben hatte[31]. Die Ergebnisse dieser Studie lassen sich knapp folgendermaßen zusammenfassen:

1. Die Abhängigkeit der BRD von den kritischen Rohstoffen des südlichen Afrika hat sich im Verlauf der Dekade von 1974 bis 1984 keineswegs verringert – im Gegenteil. Bei Chrom und Ferrochrom stammten 1984 rund 50% der Bezüge aus Südafrika, weitere 9% aus Simbabwe, 12% aus Albanien; bei Mangan betrug der Lieferanteil der Republik Südafrika 47%, bei Platin über 60%, bei Palladium mehr als 25% (in beiden Fällen ist die UdSSR der andere große Lieferant). Der Anteil südafrikanischer Vanadiumlieferungen stieg von etwa 50% auf 60%. Zaire und Sambia stellen zusammen etwa 70% der Kobaltversorgung (diese beiden Länder sind in hohem Maße vom südafrikanischen Transportsystem abhängig).

2. Die kritische Bedeutung dieser Rohstoffe für die bundesdeutsche Industrieproduktion und die Verwundbarkeit gegenüber Versorgungsstörungen ist unverändert hoch: Nach wie vor hängen wichtige Wirtschaftszweige wie der Maschinenbau, Stahlbau und Bauwirtschaft und die Automobil- und Flugzeugindustrie von einer angemes-

[29] *Financial Times*, 15.11.1980; Interviews, Bundesministerium für Wirtschaft, Bonn, Juni 1984.

[30] Vgl. Meinhard Forster, Strukturen und Risiken der deutschen NE-Metallversorgung, Hamburg 1976, pp. 95 ff, 303 ff.

[31] Bundesanstalt für Geowissenschaften/Deutsches Institut für Wirtschaftsforschung/Institut zur Erforschung technologischer Entwicklungslinien, op. cit. (1986).

senen Versorgung mit diesen Rohstoffen ab (vgl. Tabelle D - 1.5.1). Zugleich sind die Substitutions- und Einsparungspotentiale begrenzt, so daß bei all diesen Rohstoffen von relativ hoher Verwundbarkeit ausgegangen werden muß (vgl. Tabelle D - 1.5.2).

Für die Bewältigung ernsthafter Versorgungsstörungen ist die Bundesrepublik damit heute weitgehend auf privatwirtschaftliche Vorratshaltung angewiesen. Dies erscheint problematisch: Die betriebswirtschaftlichen Kosten der Vorratshaltung kön-

Tabelle D – 1.5.2: Substitutionsmöglichkeiten der untersuchten mineralischen Rohstoffe in ihren wichtigsten Einsatzgebieten

	Fahrzeugbau	Bauwirtschaft/ Stahlbau	EBM-Industrie/ Metallwaren	Maschinen-/ Apparatebau	Elektrotechnik/ Elektronik	Haushaltswaren	Chemie i. w. S.	Sonstige Einsatzbereiche	insgesamt
Aluminium	× ×	× × ×	× ×	× ×	× ×	× × ×		× × ×	× ×(×)
Kupfer	×	× ×	× ×	×	×	× ×			× ×
Blei	×	× × ×	× × ×	× ×			× ×		× ×(×)
Zink	× × ×	× ×	× ×	× ×			× × ×		× ×(×)
Antimon	× × ×							× ×	× ×(×)
Chrom	×		× ×	×		× ×	×	×	×
Titan	×			×		× ×			× ×
Kobalt	×			× ×	×			×	×
Mangan	×	×	×	×	× ×	×	×		×
Molybdän	× ×			× ×	×		× ×		× ×
Nickel	×	× ×	× ×	×	× ×	× × ×	×		× ×
Niob	× × ×	× × ×		× ×	×				× ×
Tantal	× ×			× ×	×				× ×
Vanadium	×	× ×		×					×(×)
Wolfram	× ×		× ×	× ×	×				× ×
Zirkon					×			× ×	× ×
Gold					× ×			× × ×	× × ×
Silber					× ×			× ×	× ×
Platin					×		×	× × ×	×(×)
Palladium					×		×	× × ×	×(×)
Industriediamanten		× × ×	× × ×	× × ×					× × ×
Blauasbest		× × ×						× × ×	
Flußspat							× ×	×	× ×
Phosphat							× ×	–	×(×)[1])
Andalusit/Kyanit/ Sillimanit								× × ×	× × ×
Vermiculit		× × ×							× × ×

[1]) In der Landwirtschaft grundsätzlich nicht zu ersetzen, aber erhebliche Einsparmöglichkeiten. ×) Begrenzte Substitutionsmöglichkeit. – × ×) Nennenswerte Substitutionsmöglichkeit. – × × ×) Weitgehende Substitutionsmöglichkeit.

Quelle:
Wie D – 1.5.1

nen auf Unternehmensebene zu einer Lagerhaltung führen, die den gegebenen Risiken nicht unbedingt entspricht. Andererseits erscheinen die effektiven Kosten für eine staatlich gestützte Bevorratung insgesamt relativ gering: Die erforderlichen Summen für Zinssubventionen und Lagerhaltungs-Kosten für angemessene Vorräte bei den kritischen Rohstoffen würden den Bundeshaushalt jährlich nur mit einigen Millionen DM belasten.

Tabelle D – 1.5.1: Sehr bedeutende (xx) und bedeutende (x) Einsatzgebiete der untersuchten mineralischen Rohstoffe in der Bundesrepublik Deutschland

	Fahrzeugbau	Bauwirtschaft/ Stahlbau	EBM-Industrie/ Metallwaren	Maschinen-/ Apparatebau	Elektrotechnik/ Elektronik	Haushaltswaren	Chemie i.w.S.	Sonstige Einsatzbereiche
Aluminium/Bauxit	× ×	× ×	×	×	×	×		× ×[1]
Kupfer	×	× ×	×	× ×	× ×	×		
Blei	× ×	×	×	×			× ×	
Zink	× ×	× ×	×	× ×			×	
Antimon	×			×			× ×	
Chrom	× ×	×	× ×	× ×		×	× ×	×[2]
Titan	×			×			× ×	
Kobalt	× ×		×	× ×	× ×		× ×	
Mangan	× ×	× ×	×	× ×	×			
Molybdän	× ×		×	× ×	×		×	
Nickel	× ×	×	×	× ×	×	×	×	
Niob	×	× ×		×	×			
Tantal	×			×	× ×			
Vanadium	× ×	× ×	×	× ×			×	
Wolfram	× ×		×	× ×	×			
Zirkon					×			× ×[3]
Gold					× ×			× ×[4]
Silber				×	× ×	×		× ×[5]
Platin	×				× ×		× ×	× ×[4]
Palladium					× ×		×	× ×[4]
Industriediamanten		×	×	× ×	×			×[6]
Blauasbest		× ×						
Flußspat							× ×	×[7]
Phosphat							×	× ×[8]
Andalusit/Kyanit/ Sillimanit								× ×[2]

[1]) Vor allem Verpackung. – [2]) Feuerfestmaterial. – [3]) Formsand für Gießereien und Feuerfestmaterial. – [4]) Schmuckwaren, Münzen, Medizin. – [5]) Fotografie und Schmuckwaren. – [6]) Bergbau. – [7]) Flußmittel in der Aluminium- und Stahlindustrie, für Schweißelektroden, Emails usw. – [8]) Mineraldünger.

Quelle:
Bundesanstalt f. Geowissenschaften und Rohstoffe / Deutsches Institut für Wirtschaftsforschung / Institut zur Erforschung technolog. Entwicklungslinien, Versorgungslage bei Rohstoffen, Berlin / Hamburg / Hannover 1986

2. Strategien der Rohstoffsicherung

Zur Sicherung ihrer Rohstoffversorgungen steht den Industriestaaten eine Palette von Instrumenten und Strategien zur Verfügung, die im folgenden diskutiert werden sollen. Diese Instrumente und Strategien lassen sich grob in zwei unterschiedliche Bereiche unterteilen:

1. Maßnahmen und Strategien zur *Krisenverhinderung*, etwa durch eine Verringerung der Abhängigkeiten bzw. der Verwundbarkeiten, durch verstärkte Zusammenarbeit mit den Lieferländern oder mit anderen Verbrauchern, durch den Aufbau von Abschreckungspotentialen gegen eine gezielte rohstoffwirtschaftliche Erpressungsstrategie und durch diplomatische und außenpolitische Initiativen zur Entschärfung nationaler oder regionaler Konfliktpotentiale in wichtigen Lieferregionen, um so politische Krisen zu verhindern, die auf die Rohstoff-Versorgung der Industriestaaten zurückschlagen könnten; und
2. Maßnahmen zur *Krisenbewältigung* durch eine Steigerung der Bezüge aus alternativen Lieferquellen, durch eine Senkung der Nachfrage und einen Abbau der Vorräte, aber auch durch die Überwälzung der Anpassungslasten auf Dritte – sei es durch Handelsbeschränkungen, Abwertungen oder Exportsubventionen – oder durch diplomatische und – im Extremfall – militärische Interventionen zur Beilegung der Krise.

Im folgenden sollen diese verschiedenen Formen der Rohstoff-Sicherungspolitik zunächst anhand einer kurzen Darstellung der Programme in den großen Industriestaaten und sodann über eine systematische Darstellung der verschiedenen Instrumente diskutiert werden, ehe ein dritter Schritt dann politische Schlußfolgerungen aus dieser Analyse zieht.

2.1 Maßnahmen und Strategien zur Krisenverhütung

Regierungen und Unternehmen können ernsthaften Versorgungskrisen auf verschiedenen Wegen vorbeugen. Ein wichtiger Ansatzpunkt für derartige Maßnahmen und Strategien ist die Verringerung der Verwundbarkeit gegenüber Lieferstörungen. Ein Abbau der Abhängigkeiten wird in der Regel – wenn auch keinesfalls zwangsläufig[1] – der offensichtlichste Weg sein, um dieses Ziel zu erreichen. Die klassische Strategie ist in diesem Zusammenhang die *Diversifizierung der Bezugsquellen.*

Die internationalen Bergbaukonzerne sahen seit je in einer breiten Streuung ihrer Aktivitäten und Bezugsquellen eine bedeutsame Rückversicherung gegen die inhärenten Risiken der Bergbautätigkeit; die Unternehmensstruktur der transnationalen Kon-

[1] Eine zweite wichtige Variable ist in diesem Zusammenhang die Krisenflexibilität. Sinkt diese parallel zum Rückgang der Abhängigkeit bzw. ist sie so gering, daß selbst geringere Lieferausfälle nicht ohne schwerwiegende Folgen abgefangen werden können, so ergeben sich aus einer Verringerung der Abhängigkeiten kaum positive Rückwirkungen auf die Verwundbarkeit: Die wirtschaftlichen Sicherheitsrisiken blieben dann bestehen, weil auch unter den Vorzeichen verringerter Abhängigkeit die Auswirkungen von Versorgungsstörungen die Schwelle gesamtwirtschaftlich erheblicher Anpassungskosten überspringen könnten.

zerne entstand ja just aus dieser Logik heraus[2]. So reagierten die Konzerne in der Vergangenheit auf Versorgungsstörungen im Rohstoffbereich denn auch immer wieder mit einer Strategie der Verlagerung ihrer Explorationstätigkeit und der Entwicklung neuer Bezugsquellen: Die Schließung des Suez-Kanals für die Erdöltanker aus der Golfregion 1956 führte zur Erschließung der nord- und westafrikanischen Ölvorkommen[3]; die Versorgungsstörungen im Verlauf der 70er Jahre (arabisches Erdölembargo und Produktionsdrosselungen 1973/4; iranische Revolution 1978/79) verstärkten die Explorations- und Fördertätigkeit in der Nordsee, in den USA (Alaska), in Mexiko, Westafrika, Ägypten und einer Reihe anderer Staaten und Regionen[4]. Der kanadische Nickelstreik Ende der 60er Jahre, die Versorgungsstörungen bei Chrom und Mangan in den 50er Jahren als Ergebnis des Kalten Krieges und in den 60er und 70er Jahren infolge des Boykotts rhodesischen Chroms führten ebenfalls zu einer Erschließung neuer Bezugsquellen[5]. Ganz grundsätzlich werden in den komplexen Auseinandersetzungen zwischen westlichen Bergwerkskonzernen und Förderländern um die jeweilige Verteilung der Gewinne und Nutzeffekte der Industrie die Unternehmen versuchen, die Verhandlungsposition der Produzentenländer durch die Erschließung alternativer Bezugsquellen zu schwächen und die Förderländer gegeneinander auszuspielen, während diese durch engere Zusammenarbeit untereinander Gegenmacht zu organisieren bestrebt sein werden[6].

Neben diesen traditionellen Bemühungen der internationalen Rohstoffkonzerne und wichtiger Verbraucherindustrien wie der Stahlindustrie unterstützen auch die Regierungen von importabhängigen Industriestaaten die Diversifizierung ihrer Bezugsquellen. Dies kann einerseits über eine Förderung der Exploration und Bergbauproduktion im eigenen Land durch direkte Zuschüsse, Steuervorteile und technische Hilfestellung geschehen, andererseits über eine Begünstigung der Bemühungen um neue Bezugsquellen im Ausland. Die verschiedenen Politiken und Politik-Instrumente, die in diesem Zusammenhang entwickelt wurden, wurden im Kap. 1 dieses Teils anhand der Darstellung der Rohstoff-Politik einzelner Verbraucherländer bereits

---

[2] Hierzu etwa Raymond Vernon, Sovereignty at Bay: The Multinational Spread of the U.S. Enterprise, New York 1981; Michael Tanzer, The Race for Resources, London 1980, Kap. 1–4.

[3] Vgl. hierzu Jean-Marie Chevalier, Le nouvel enjeu pétrolier, Paris 1973, Kap. 5; Hartmut Elsenhans, Entwicklungstendenzen der Welterdölindustrie, in: ders. (ed), Erdöl für Europa, Hamburg 1974, pp. 7–47.

[4] Heinz-Jürgen Schürmann, OPEC-Zwischenbilanz nach 25 Jahren, in: *Zeitschrift für Energiewirtschaft*, No. 3/1985, pp. 48–55 (53); idem, Ein Jahrzehnt nach der ersten Ölkrise, Bestandsaufnahme und Ausblick, in: *Zeitschrift für Energiewirtschaft*, No. 4/1983, pp. 251–261 (254f.); Institut Français des Rélations Internationales, RAMSES 1983/1984, Paris 1984, pp. 239ff.

[5] Vgl. Office of Technology Assessment, Strategic Materials: Technologies to Reduce U.S. Import Vulnerability, Washington 1985, pp. 91ff.; Bundesminister für Wirtschaft, Bericht über die Versorgung der Bundesrepublik Deutschland mit mineralischen Rohstoffen, Bonn 1980, p. 20 (= Studienreihe No. 30).

[6] Hierzu vor allem die Analysen von Theodore H. Moran, Multinational Corporations and the Policies of Dependence: Copper in Chile, Princeton 1974; ders., New Deal or Raw Deal in Raw Materials, in: *Foreign Policy*, Winter 1971/1972, pp. 119–134 sowie Michael Tanzer, The Race for Resources, London 1980; Zuhayr Mikdashi, The International Politics of Natural Resources, Ithaca 1976, pp. 33ff. und Marian Radetzki, Market Structure and Bargaining Power, in: *Resources Policy*, Juni 1978, pp. 115–125.

skizziert; hier sei nur erwähnt, daß die staatlichen Förderprogramme z.T. recht erfolgreich waren: So gelang Frankreich eine Diversifizierung seiner Mangan- und Kupferbezüge und der BRD die Erschließung u.a. von Wolfram- und Chrombezugsquellen, während Japan seine Bemühungen bislang eher auf die Massenerze wie Eisen, Bauxit und Kupfer konzentrierte[7].

Alle drei Industriestaaten mit einer relativ breiten Rohstoff-Politik – eben Frankreich, die Bundesrepublik und Japan – stützen ihre Politik der Lieferquellen-Diversifizierung also zwar grundsätzlich auf privatwirtschaftliche Unternehmen, haben dazu jedoch eine Palette von Förderungsmaßnahmen ergriffen, um Marktprozessen Flankenschutz zu geben. Darüber hinaus ist in allen drei Ländern das Bemühen erkennbar, den Anteil der Bezüge unter Kontrolle einheimischer Bergbau- und Verbraucherunternehmen zu steigern – wobei dies jedoch *per se* kaum eine Steigerung der Versorgungssicherheit darstellt. Der Aufbau bilateraler Lieferbeziehungen zwischen Förder- und Verbraucherländern über nationale Rohstoff-Unternehmen ist nämlich nicht ohne Haken – sie tendierten, würden sie in größerem Umfang realisiert, zur Fragmentierung der Weltmärkte und damit auch zur Schwächung ihrer Schutzfunktion im Krisenfalle. Denn derartige privilegierte Lieferbindungen würden unter Krisenvorzeichen auch eine ungleiche Verteilung der Versorgungsausfälle implizieren; der Anpassungsdruck wäre damit entsprechend unterschiedlich, was für einige Verbraucherstaaten sehr schwerwiegende Probleme aufwerfen könnte. Zudem bieten die französischen Erfahrungen mit einer derartigen Versorgungspolitik bei Erdöl kaum Anhaltspunkte dafür, daß hierdurch die Versorgungssicherheit verbessert würde – Frankreich konnte sich durch seine enge Zusammenarbeit mit Erdöl-Lieferländern wie Algerien und Irak nicht vor den Auswirkungen von Versorgungskrisen schützen, ja es mußte oft überhöhte Preise und gelegentlich auch überdurchschnittliche Versorgungsengpässe hinnehmen[8].

Generell stoßen Diversifizierungsbemühungen immer dann auf Schwierigkeiten, wenn Erwägungen der nationalen Versorgungssicherheit und betriebswirtschaftliche Kostenaspekte allzu sehr divergieren, wenn also die Risikovorsorge durch Diversifizierung erhebliche zusätzliche Kosten implizierte. Dies wird immer dann der Fall sein, wenn bestimmte Lieferländer sehr umfangreiche und besonders kostengünstig zu exportierende Vorkommen aufweisen, wie das mit den südafrikanischen Vorkommen generell der Fall ist[9]. Dies erfordert tendenziell permanente Zuschüsse für alternative Lieferquellen, die über Subsidien bzw. Preisgarantien abgewickelt werden können, letztlich jedoch von den Verbrauchern zu tragen sind. Demnach entstehen durch eine

---

[7] Hierzu Pierre-Noël Giraud, Géopolitique des ressources minières, Paris 1983, pp. 349–386 sowie Teil D, Kap. 1; allgemein auch Jürg R. Zeller, Nationale Rohstoffpolitik, Bern 1981, pp. 235 ff.

[8] Hierzu Hartmut Elsenhans, Die französische Erdölpolitik, in: idem (ed), op. cit., pp. 202–221; N. J. D. Lucas, Energy in France, London 1979, pp. 41 ff.; Robert Lieber, The Oil Decade, New York 1983, Kap. 5 und F. R. Gold/M. A. Conant, Access to Oil, The U.S. Relationship with Saudi Arabia and Iran, Report Prepared for the Committee on Energy and Natural Resources, U.S. Senate, Washington 1977, Teil II.

[9] Hierzu ausführlich Office of Technology Assessment, op. cit., Kap. 6–8 sowie Zeller, op. cit., pp. 169 ff.

Diversifizierungsstrategie unter derartigen Voraussetzungen erhebliche Kosten, die durch ihre Nutzeffekte in der Regel nicht aufgewogen werden dürften. Auch während und im Gefolge einer Krisensituation kann dieser Aspekt Diversifizierungsbemühungen einschränken – die Rückkehr der ausgefallenen Exportkapazitäten in den Markt und die Umkehr der Preisentwicklung könnte alternativen Kapazitäten rasch die betriebswirtschaftliche Grundlage der höheren Krisenpreise entziehen.

Abhängigkeiten lassen sich neben einer Strategie der Diversifizierung auch durch Substitution, verbesserte Verbrauchseffizienz und verstärkte Wiedergewinnung von Altmaterial verringern[10]. Zielt eine Strategie der Diversifizierung auf eine Verringerung der Abhängigkeiten von einer bestimmten Quelle, so geht es bei derartigen Programmen um die Verringerung der Importabhängigkeit insgesamt. Während Einsparungs- und Substitutionsprogrammen im Bereich der Energieversorgung der Industriestaaten seit 1973 viel Aufmerksamkeit und beträchtliche Mittel gewidmet wurden, zeigte der Überblick in Kap. 1 des vorliegenden Teils dieser Untersuchung, daß derartige Programme bei nichtenergetischen Rohstoffen staatlicherseits nur in relativ bescheidenem Umfang aufgelegt wurden. Die Auswirkungen derartiger Programme auf die Versorgungssicherheit sind – wie auch im Falle der Diversifizierung – nicht *a priori* positiv: Die Verbesserung der Effizienz der industriellen Verwendung und die Substitution in nicht-essentiellen Anwendungsbereichen könnte beispielsweise die Verwundbarkeit gegenüber Versorgungsstörungen sogar erhöhen, weil dadurch die Anpassungsflexibilität in einer Krise verringert würde; dieser Effekt könnte die positiven Auswirkungen der verringerten Abhängigkeit u.U. aufwiegen. Ein Beispiel mag das verdeutlichen: Die Ersetzung von Edelstahl in dekorativen Anwendungsbereichen (etwa Zierleisten an Autos) würde zwar die Chromnachfrage senken und damit die Abhängigkeit quantitativ verringern. Das Angebot an Chrom wird sich mit einiger Verzögerung entsprechend der niedrigeren Nachfrage verringern; hielte dann die Republik Südafrika nach wie vor einen Anteil von 40% des Weltmarktes und der Welt-Kapazitäten, wären die Auswirkungen eines Lieferausfalls dieser Bezüge gravierender als vorher, weil eine weitere Senkung der Nachfrage nach Chrom erheblich schwieriger geworden wäre.

Schließlich läßt sich eine Eingrenzung der Verwundbarkeiten unter bestimmten Voraussetzungen auch durch entsprechende Maßnahmen zur Gewährleistung einer adäquaten Infrastruktur bzw. angemessener Verarbeitungskapazitäten vorstellen. Die Verlagerung der gesamten Ferro-Chrom- und anderer Ferro-Legierungskapazitäten in die Förderländer etwa hätte Implikationen für die Verwundbarkeit durch Einfuhrländer; die Erhaltung von Mindestkapazitäten kann sich daher als sinnvolle Vorkehrung zur Eindämmung von Verwundbarkeiten erweisen[11]. Auch Programme zur Stärkung

---

[10] W. C. J. van Rendsburg/D. A. Pretorius, South Africa's Minerals: Pieces on a Continental Chessboard, Johannesburg 1977, pp. 19ff. Zu der Kosten-Nutzen-Problematik bezüglich der Versorgungssituation der USA ausführlich auch Office of Technology Assessment, op. cit., pp. 350ff.

[11] Vgl. hierzu Office of Technology Assessment, op. cit., pp. 154ff., 360ff.

der Transport-Kapazitäten bestimmter Bergbauländer ließen sich in diesem Sinne rechtfertigen: Die Verminderung der Abhängigkeit der afrikanischen Bergbauländer im südlichen Teil Afrikas von südafrikanischen Transport- und Hafenkapazitäten könnte im Krisenfalle positive Rückwirkungen auf die Versorgung der Industriestaaten mit Kobalt haben.

Setzten die bislang erörterten Maßnahmen und Strategien bei Importabhängigkeiten und -verwundbarkeiten an, so zielen die nun zu skizzierenden Schritte und Politiken auf eine Verringerung der Krisen*wahrscheinlichkeit:* Politische Konstellationen, die zu gewollten oder anomischen Versorgungsstörungen führen könnten, lassen sich u. U. durch vorbeugende Initiativen so verändern, daß die Wahrscheinlichkeit derartiger Lieferstörungen vermindert wird.

Die enge politische und wirtschaftliche Zusammenarbeit mit kritischen Förderländern bildet eine ernste Dimension derartiger Aktionen. Dabei kann dieses Bemühen sowohl bilateral wie in multilateralem Rahmen verfolgt werden. Die bilaterale Variante entspricht einer erweiterten Form der privilegierten Lieferbeziehung, wie sie oben bereits angesprochen wurde; vor allem Frankreich hat diesen Ansatz in seiner Energie- und Rohstoffpolitik immer wieder verfolgt[12]. Wirtschafts- und Entwicklungshilfe, kulturelle Zusammenarbeit, Waffenlieferungen und militärische Kooperation bilden die Instrumente einer derartigen Politik; ihr Ziel ist die Knüpfung eines engen Beziehungsgeflechts gegenseitiger Abhängigkeiten, das die Neigung der Regierung des Lieferlandes sowie ihren Handlungsspielraum im Hinblick auf einseitige Unterbrechung oder Reduzierung der Lieferungen aus politischen Gründen verringert[13]. Die Lomé-Abkommen, die ja auch eine explizite Bergbau-Komponente aufweisen, stellen ebenso ein Beispiel für einen multilateralen Ansatz zur wirtschaftlichen Verflechtung dar[14] wie die globalen Bemühungen um einen erfolgreichen Nord-Süd-Dialog, etwa im Rahmen der Konferenz für internationale wirtschaftliche Zusammenarbeit oder des integrierten Rohstoff-Programms der UNCTAD[15].

---

[12] Vgl. hierzu Gold/Conant, op. cit., Teil II sowie Lieber, op. cit., Kap. 5. Diese Art der Politik war jedoch keinesfalls eine exklusive französische Spezialität – auch Großbritannien, Italien, Japan und die USA versuchten sich im Erdölbereich mit mehr oder weniger großem Erfolg an bilateralen Abmachungen. Vgl. Hanns W. Maull, Europe and World Energy, London 1980, pp. 273 ff. und Louis Turner, Oil Companies in the International System, London 1983, pp. 180 ff.

[13] Zur französischen Nahostpolitik und ihren Instrumenten vgl. Dominique Moisi, Europe and the Middle East, in: Steven L. Spiegel (ed), The Middle East and the Western Alliance, London 1982, pp. 18–32 (19 ff.); zur Afrikapolitik, unter spezieller Berücksichtigung der sicherheitspolitischen und militärischen Zusammenarbeit (die im Falle der Shaba-Krise 1978 ja auch eine unmittelbare versorgungspolitische Bedeutung hatte) siehe Dominique Moisi/Pierre Lellouche, French Policy in Africa: A Lonely Battle Against Destabilisation, in: *International Security,* Spring 1979, pp. 108–133 und John Chipmann, French Military Policy and African Security, London 1985 (= Adelphi Papers No. 201).

[14] Zum Lomé-Abkommen und Lomé-Prozeß siehe Carol Cosgrave Twitchett, A Framework for Development: The EEC and the ACP, London 1981 sowie die Literaturangaben in Teil D, Kap. 1.5, Fußnote 83.

[15] Zur KIWZ Maull, op. cit., Kap. 11; das integrierte Rohstoffprogramm der UNCTAD wird kritisch diskutiert bei Dietrich Kebschull/Wilfried Kühne/Karl Wolfgang Menck, Das integrierte Rohstoffprogramm, Hamburg 1977. Siehe auch RAMSES 1983/1984, op. cit., pp. 246 ff. und Karl P. Sauvant/Hajo Hasenpflug (eds), The New International Economic Order, London 1977, pp. 134–174.

Die Erfolge dieser Bemühungen um verstärkte Kooperation mit Lieferländern insbesondere in der dritten Welt blieben bislang recht begrenzt. Zum einen müssen die Bemühungen um eine Neuordnung der internationalen Rohstoffmärkte inzwischen als gescheitert gelten; zum anderen ist der Umfang der bescheideneren Programme des Typs Lomé zu gering, um entscheidende wirtschaftliche Stabilisierungsimpulse geben zu können. Die Erfahrungen beim Erdöl deuten zudem darauf hin, daß eine enge Zusammenarbeit zwischen Liefer- und Verbraucherländern die vielleicht wichtigsten Risikofaktoren der Rohstoffversorgung nicht erfassen kann: Die breitesten und wohl auch schwerwiegendsten Versorgungsrisiken liegen, wie gezeigt wurde, in der Kategorie politischer Krisen, innerer Wirren und regionaler Kriege in wichtigen Lieferzonen. Die enge wirtschaftliche Verflechtung mit derartigen Lieferländern vermag jedoch deren politische Stabilität bestenfalls marginal positiv zu verändern, kann sie möglicherweise aber auch entschieden negativ beeinflussen – siehe die Vorgeschichte der iranischen Revolution[16]. Zudem konzentrieren sich die Risiken im nichtenergetischen Rohstoffbereich stark im südlichen Afrika; der größte Risikofaktor ist dabei die innere Entwicklung des Apartheid-Systems, die durch eine Politik der wirtschaftlichen Umarmung kaum positiv zu beeinflussen sein dürfte[17]. Auf der anderen Seite ist festzustellen, daß die Möglichkeiten einer Zusammenarbeit zwischen Liefer- und Verbraucherländern generell wie spezifisch im Hinblick auf Probleme der Versorgungssicherheit bislang politisch kaum wirklich ausgelotet wurden.

Eine weitere Möglichkeit, die Wahrscheinlichkeit von Versorgungskrisen zu verringern, besteht in vorbeugenden Verteidigungsmaßnahmen, die einen gewissen Abschreckungswert gegen politisch motivierte Liefermanipulationen haben könnten. Derartige Maßnahmen vermögen jedoch wiederum nur die Wahrscheinlichkeit bestimmter Krisenkonfigurationen zu beeinflussen – anomische Krisen entziehen sich ihnen erneut. Immerhin können Schritte wie strategische Vorratshaltung, Zusammenarbeit mit anderen Verbraucherländern, die Vorbereitung von Gegensanktionen und Programme zur Krisenbewältigung neben ihrem eigentlichen Zweck einer erfolgreichen Krisenbewältigung auch eine bestimmte Abschreckungswirkung erzielen und damit die Krisenwahrscheinlichkeit verringern.

Im Falle der wohl problematischsten Risikokategorie der anomischen Krisen, wie sie insbesondere im Zusammenhang mit den Lieferungen aus dem südlichen Afrika drohen, lassen sich die Krisenwahrscheinlichkeiten jedoch nur durch eine Politik der Konflikteindämmung und -lösung verringern. Hier ist die Diplomatie gefordert. Während die außenpolitischen Bemühungen der westlichen Industriestaaten im Falle Rhodesien/Simbabwes eine friedliche Machtübertragung von der weißen Minderheit auf

---

[16] Siehe etwa die brillante journalistische Analyse von Robert Graham, The Illusion of Power, London 1978, die noch vor dem Ausbruch der Revolution eine vernichtende Bestandsaufnahme lieferte, sowie ähnlich Fred Halliday, Iran, Dictatorship and Development, Harmondsworth 1979. Zur Analyse der Vorgeschichte auch Friedrich-Ebert-Stiftung (ed), Iran in der Krise, Weichenstellung für die Zukunft, Bonn 1980.

[17] Vgl. hierzu Teil C, Kap. 6.4.

die schwarze Bevölkerungsmehrheit erreichen konnten[18], waren die Ergebnisse der diplomatischen Initiativen um Namibia und der Veränderung des südafrikanischen Apartheid-Systems bislang wenig überzeugend[19]. Mindestens im Falle Südafrikas ist auch in Zukunft kaum damit zu rechnen, daß äußerer Druck oder diplomatische Überzeugungsarbeit hier einen innenpolitischen Wandel einleiten könnte. Selbst wenn dies der Fall wäre, könnte ein einmal eingeleiteter Prozeß rascher innerer Veränderungen nach dem klassischen Muster revolutionärer Prozesse[20] in einen gewaltsamen Machtkampf umschlagen. Die Erfolgschancen dieser Strategie hängen also entscheidend von den Einwirkungsmöglichkeiten der Verbraucherländer ab; diese Einwirkungsmöglichkeiten unterliegen jedoch einer Reihe von Zwängen und Einschränkungen, die die Aussichten auf erfolgreiche Konfliktlösung durch Außenstehende in der Regel problematisch und im so bedeutsamen Fall Südafrikas von vornherein sehr unwahrscheinlich machen. Diplomatische Bemühungen werden dadurch in ihrer Bedeutung zwar keineswegs entwertet, sie eignen sich jedoch kaum als primäre Komponente einer glaubwürdigen Risiko-Vorsorge.

Insgesamt erscheinen also die Chancen einer Beeinflussung von Krisenwahrscheinlichkeiten eher gering, die Möglichkeiten einer Verringerung von Verwundbarkeiten erheblich besser. Dennoch muß zweifelhaft bleiben, ob bei den im vorangehenden Teil identifizierten, besonders problematischen Rohstoffen eine hinreichende Reduzierung der Verwundbarkeit in absehbarer Zeit zu erreichen wäre – selbst wenn der politische Wille hierzu bestünde, was bislang nur in sehr beschränktem Maße zutrifft. Die Krisenverhütung kann allein also keinen hinlänglichen Beitrag zur Sicherung der Rohstoffversorgung leisten: Ihre beiden Elemente – Verringerung der Verwundbarkeit und vorbeugende Entschärfung politischer Krisenkonstellationen – lassen sich nicht in solchem Maße und mit so hoher Wahrscheinlichkeit realisieren, daß keine nennenswerten Restrisiken blieben.

2.2 Maßnahmen des Krisenmanagements I: Umstrukturierung von Angebot und Nachfrage

Kommt es trotz aller Bemühungen um Krisenverhütung und um einen Abbau von Verwundbarkeiten zu Versorgungsstörungen in kritischen Rohstoffmärkten, muß das Bestreben der Verbraucherstaaten darauf gerichtet sein, die Störung so zu bewältigen,

---

[18] Hierzu Colin Legum, The Western Crisis over Southern Africa, London 1979, pp. 8ff. sowie Christoph Mühlemann, Simbabwe – eine afrikanische Ausnahme, in: *Europa Archiv*, No. 16/1980, pp. 491–500.

[19] Legum, op. cit., pp. 3ff., 14ff.; vgl. auch Klaus Freiherr v.d. Ropp, Südafrika und Namibia: Das Scheitern der Friedensinitiativen, in: Wolfgang Wagner et al. (eds), Die Internationale Politik 1979/1980, München–Wien 1983, pp. 338–357, Colin Legum, The Southern African Crisis, in: idem (ed), Africa Contemporary Record, Annual Survey and Documents, 1982–1983, New York 1984, pp. A 3–A40 (A 24ff.) und Theodor Hanf, Konflikte im südlichen Afrika, in: Karl Kaiser/Hans-Peter Schwarz (eds), Weltpolitik, Stuttgart 1984, pp. 651–662.

[20] Hierzu etwa Ted R. Gurr, Rebellion, Düsseldorf u. Wien 1972; und Chalmers Johnson, Revolutionstheorien, Köln 1978 sowie Clausjohann Lindner, Theorie der Revolution, München 1972.

daß die entstehenden Schäden sich in möglichst engen Grenzen halten. Neben einem Abbau der Krisenvorräte und den Mitteln der diplomatischen oder militärischen Krisenintervention sowie der Abwälzung der Anpassungslasten, auf die in den folgenden Kapiteln gesondert eingegangen werden soll, bieten sich dazu in erster Linie Schritte zur Verringerung der Nachfrage und zur Steigerung des Alternativ-Angebots an, die grundsätzlich den im vorangegangenen Kapitel erörterten Strategien entsprechen. Der Unterschied liegt in der verfügbaren Zeit: In einer Krisensituation, die in aller Regel von scharfen Preissteigerungen begleitet sein wird, werden Anpassungsprozesse teleskopartig zusammengeschoben und verkürzt – und dadurch kostspieliger und problematischer.

Die Möglichkeiten einer Steigerung der Bezüge von nichtbetroffenen Lieferländern in einer Krisensituation wurden im einzelnen in Teil C skizziert; generell läßt sich festhalten, daß die Verfügbarkeit freier Produktionskapazitäten einerseits stark von der der Krisensituation vorausgehenden Marktlage, andererseits von politischen Faktoren abhängen wird. Entstehen die Versorgungsstörungen in einer Konstellation steigender Nachfrage und knappen Angebots, werden die verfügbaren Kapazitäten weitgehend ausgelastet sein (wobei die Engpässe hier ebenso bei der Transport-Infrastruktur wie bei den Förderanlagen selbst liegen können). Umgekehrt bedeutet eine schwache Marktverfassung Kapazitätsüberhänge, die relativ rasch verfügbar wären – wobei jedoch eine Aktivierung stillgelegter Bergwerkskapazitäten ohne Vorwarnung einige Wochen, wenn nicht gar Monate in Anspruch nehmen dürfte, weil oft neue Arbeitskräfte eingestellt werden müßten. Eine derartige Marktverfassung dürfte auch die Bereitschaft der Exportländer vergrößern, ihre Kapazitätsreserven verfügbar zu machen – ein politischer Faktor, dessen Bedeutung nicht vergessen werden sollte: Die Erfahrungen bei Erdöl haben gezeigt, daß in einer Versorgungskrise Exportländer mit freien Kapazitäten aus verschiedenen wirtschaftlichen oder politischen Gründen geneigt sein könnten, ihre Produktionsreserven ganz oder teilweise unter Verschluß zu halten. Angespannte Marktgegebenheiten vor der Krise könnten derartige politische Erwägungen begünstigen[1].

Bei mehreren kritischen Rohstoffen spielt die Sowjetunion eine gewichtige Rolle als Ausfuhrland – wenngleich der Umfang und die Bedeutung der Exporte in den Westen in den meisten Fällen in den letzten Jahren rückläufig waren. Dennoch wäre das Verhalten der UdSSR in einer Versorgungskrise von gewisser Bedeutung: Einige osteuropäische Länder könnten von dieser Krise ebenfalls betroffen und daher auf eine Steigerung der sowjetischen Bezüge angewiesen sein. Die wahrscheinlichste Reaktion der UdSSR in einer Versorgungskrise wäre die Fortsetzung der Exporte im tra-

[1] Bei einigen Rohstoffen – etwa bei brasilianischem Niob oder indischem Mica – haben (rohstoff-)politische Gesichtspunkte wie die Schonung der Vorkommen und die bevorzugte Belieferung der eigenen Verarbeitungsindustrie einschließlich der Reservierung eines Teils der Vorkommen bereits die Verfügbarkeit von Exporten eingeengt. Vgl. Observatoire des Matières Premières, Le Maché du Niobium, Paris 1984, pp. 18ff. (= Etude No. 35); Lawrence L. Davis, Mica, Washington 1985 (= US Bureau of Mines, Mineral Facts and Problems, 1985 Edition, Preprint).

ditionellen Umfang (wenn auch möglicherweise zu höheren Preisen)[2]; dennoch ergäben sich, was die sowjetischen Bezüge betrifft, je nach Krisenkonfiguration offensichtlich politische Unsicherheiten. Im Falle einer Versorgungskrise als Folge politischer Wirren im südlichen Afrika könnte auch die Bereitschaft anderer afrikanischer Länder zur Steigerung ihrer Lieferungen an den Westen beeinträchtigt werden.

Kurzfristig wird die Verfügbarkeit alternativer Bezüge also vor allem durch Kapazitätsengpässe in der Produktion, bei den Verarbeitungskapazitäten (Ferro-Legierungen) und im Transport sowie u. U. auch durch politische Gesichtspunkte eingegrenzt. Mittelfristig – d. h. mit Vorlaufzeiten von ein bis drei Jahren – wäre dagegen in einigen Fällen mit einer Steigerung der Bezugsmöglichkeiten aus alternativen Lieferländern zu rechnen. So könnten Mexiko, Australien, Brasilien und Gabun ihre Mangan-Produktion ausweiten, die USA und Australien ihre Vanadium-Bergbauproduktion; zudem ließe sich Vanadium verstärkt aus Raffinerie- und Kraftwerksrückständen gewinnen. Auch bei Kobalt bestehen erhebliche Möglichkeiten der Produktionsausweitung, die jedoch angesichts des Kuppelprodukt-Charakters von Kobalt (das zusammen mit Kupfer bzw. Nickel abgebaut wird) stark von der Marktentwicklung bei anderen Rohstoffen abhängen; dies gilt ähnlich auch für die Vanadium-Bergbauproduktion, die bei geplanten Projekten in den USA und Australien mit dem Abbau von Uran gekoppelt wäre. Bei Chrom und noch mehr bei Platin erscheinen dagegen die Möglichkeiten der Erschließung alternativer Bergbauproduktion selbst mittelfristig eher ungünstig[3]. Bei Mangan- und Kobalt-Engpässen käme auch eine Erschließung der Tiefsee-Vorkommen mittels beschleunigter Programme in Frage; allerdings erscheint das im Verlauf dieses Jahrhunderts selbst unter der Voraussetzung dramatischer Versorgungsstörungen eher unwahrscheinlich, weil die technologischen, ökonomischen und politischen Voraussetzungen noch zu unklar sind, um den Tiefseebergbau als realistische Option attraktiv zu machen[4].

Recycling – die Wiedergewinnung von Altmaterial – könnte mittelfristig ebenfalls das Alternativ-Angebot an bestimmten Rohstoffen erhöhen. So ließe sich Chrom in verstärktem Maße aus den Abfällen der Stahlherstellung sowie – in Zukunft – aus alten Katalysator-Auspuffanlagen wiedergewinnen; auch bei Kobalt und Platinmetallen (dort wiederum durch den wachsenden Anfall von alten Katalysator-Auspuffanlagen sowie durch die Möglichkeit einer Wiedergewinnung von Platin aus elektronischem Altmaterial) erscheinen die Möglichkeiten grundsätzlich günstig[5]. Allerdings ist dabei zu bedenken, daß die Wiedergewinnungs-Anlagen u. U. durch die Versorgungsstörun-

---

[2] Phillip Crowson, Non-fuel Minerals and Foreign Policy, London 1977, p. 12.

[3] Hierzu ausführlich Office of Technology Assessment, op. cit., Kap. 5 und pp. 332 ff.

[4] Siehe ibid., pp. 209 ff. und Hans-Günther Stalp, Tiefseebergbau zwischen nationaler Rohstoffvorsorge und internationaler Wirtschaftspolitik, in: Wolfgang Graf Vitzthum (ed), Die Plünderung der Meere, Frankfurt 1981, pp. 215–230; Leigh Ratimer, The Future of Seabed Mining, in: *Materials and Society*, No. 1/1983, pp. 45–48; *Financial Times*, 20. 4. 1982; *South*, April 1981, pp. 20–24.

[5] Vgl. hierzu im einzelnen die Darstellung in Teil C cowie – für Chrom, Mangan, Kobalt und Platin – die Untersuchung des Office of Technology Assessment, op. cit., Kap. 6 und pp. 332 ff.

gen in Mitleidenschaft gezogen werden könnten: Der Ausfall von Neumetall wird sich auf die Dauer – und u. U. sogar schon nach relativ kurzer Zeit – auch in den entsprechenden Recycling-Industrien bemerkbar machen[6].

Parallel zu derartigen Anpassungsprozessen auf der Angebotsseite, die die Bezüge aus alternativen Quellen erhöhen und damit wenigstens einen Teil des Ausfalls ausgleichen könnten, werden Versorgungsstörungen und Preiserhöhungen auch auf der Nachfrageseite Veränderungen herbeiführen: Der effektive Verbrauch sollte durch Substitutions- und Einsparungseffekte zurückgehen[7]. Die jeweiligen Potentiale wurden oben in Teil C bereits skizziert; hier sei zusammenfassend noch einmal darauf verwiesen, daß die Ersetzung von Chromstahl durch andere Metalle wie Aluminiumlegierungen bzw. durch Plastik oder plastiküberzogene Stähle nach Schätzungen des *US Bureau of Mines* und des *Office of Technology Assessment* die Nachfrage nach Chrom in den USA um ein Viertel bis ein Drittel senken könnte; die entsprechenden Substitute und Substitutionstechnologien sind bekannt und verfügbar, so daß die Vorlaufzeiten gering wären[8]. Auch bei Platinmetallen ließe sich die Anwendung in der Elektronik-Industrie durch die Umstellung auf Gold relativ problemlos verringern[9]. Der kanadische Nickelstreik von 1969 demonstrierte die Möglichkeiten derartiger Substitute: Innerhalb einiger Wochen stellte sich heraus, daß Kobalt Nickel in bestimmten Anwendungsbereichen in sehr viel größerem Umfang ersetzen konnte, als das zuvor angenommen worden war. Nach Ende des Streiks stellten die Anwender wieder auf preisgünstigeres Nickel um[10].

Allerdings finden sich derartig beachtliche, rasch verfügbare Substitutionspotentiale vor allem in nicht-essentiellen Anwendungsbereichen: Bei kritischen Verwendungszwecken sind dagegen die Substitutionsmöglichkeiten in der Regel eng umgrenzt[11]. Ebenso wie bei den bereits diskutierten Formen der Ausweitung alternativer Bezüge ist auch bei Substitutionsprozessen der Faktor Zeit von großer Bedeutung. Kurz- bis mittelfristig wird Substitution nur dann möglich sein, wenn die entsprechenden Substitute entwickelt und gestestet sind. In welchem Umfang derartige Substitutionspotentiale in einer Krisensituation innerhalb von kurzer Zeit realisiert werden könnten, ist schwer abzuschätzen; da Informationen über Substitutionsmöglichkeiten bislang nicht systematisch erfaßt und gesammelt wurden, könnten die theoretischen Poten-

---

[6] Interview, Observatoire des Matières Premières, Paris, Okt. 1985. Dies scheint insbesondere bei Platinmetallen ein gewichtiges Problem zu sein.

[7] Die Nachfrage nach Rohstoffen reflektiert nicht nur den tatsächlichen Verbrauch, sondern auch die Veränderung der Vorratshaltung; in einer Krisensituation kann die letztere Nachfragekomponente stark an Bedeutung gewinnen und u. U. einen Rückgang des effektiven Verbrauchs überlagern. Vgl. hierzu das folgende Kapitel Teil D, 2.3.

[8] US Interests in Africa, Hearings, Subcommittee on Africa, Committee on Foreign Affairs, House of Representatives, Okt./Nov. 1979, Washington 1980, pp. 514f.; Office of Technology Assessment, op. cit., pp. 268ff.

[9] ibid., pp. 74ff.

[10] Michael W. Klass/James C. Burrows/Steven D. Beggs, International Minerals, Cartels and Embargoes, New York 1980, p. 195.

[11] Office of Technology Assessment, op. cit., pp. 332f.

tiale zudem womöglich mangels präziser Informationen teilweise ungenützt bleiben[12]. Die Realisierung weiterer Substitutionsmöglichkeiten durch die Entwicklung neuer Substitute kann erhebliche Zeiträume und Kosten beanspruchen, wobei Faktoren wie Wirtschaftlichkeit, spezifische Eigenschaften, die Notwendigkeit entsprechender Qualitätsprüfungen und -zertifikate sowie Akzeptanz durch Designer und Verbraucher von Produkten als Barrieren eine wichtige Rolle spielen[13]. Nach Schätzungen des *Office of Technology Assessment* betragen die Vorlaufzeiten bei der Einführung eines neuen Spezialstahls zur Substitution von Chromstählen 5 bis 10 Jahre, bei einer neuen Superlegierung zum Einsatz in Triebwerken 14 Jahre[14]. Insgesamt erscheinen die Substitutionsmöglichkeiten bei Chrom, Kobalt und Vanadium als recht umfangreich, bei Platinmetallen als begrenzt, bei Mangan und Phosphat als praktisch irrelevant[15].

Die Grenze zwischen der Substitution von kritischen Rohstoffen durch andere und der Senkung der spezifischen Nachfrage durch effizientere Verwendung ist in der Praxis kaum scharf zu ziehen: Die Ersetzung von (chromhaltigen) rostfreien Spezialstählen kann beispielweise durch andere Stahlqualitäten erfolgen, die mit wesentlich geringeren Chromzusätzen, dafür aber größeren Mengen anderer Legierungsmetalle hergestellt werden[16]. Immerhin bietet eine Verringerung des spezifischen Materialeinsatzes etwa bei Mangan, das grundsätzlich bei der Stahlherstellung nicht zu ersetzen ist, recht gewichtige Einsparungspotentiale von kurzfristig etwa 10%, langfristig sogar bis zu 35%[17]. Die Verringerung des spezifischen Materialbedarfs kann einerseits über neue Fertigungs- und Verarbeitungstechnologien erzielt werden; so führte beispielsweise die Einführung des AOD-Verfahrens der Edelstahlherstellung zu erheblichen Einsparungen bei Chrom[18]. Andererseits kann der spezifische Verbrauch durch Veränderungen im Design bzw. durch eine Verlängerung der Lebensdauer des Produktes gesenkt werden.

Grundsätzlich erscheinen die Möglichkeiten derartiger Verringerungen der Nachfrage vor allem bei Phosphat, aber auch bei Mangan und Kobalt recht günstig, bei Chrom und Vanadium eher begrenzt und bei Platinmetallen ziemlich ungünstig[19]. Allerdings gilt auch hier, daß nur ein Teil des Einsparungspotentials kurzfristig realisiert werden könnte, weil die volle Ausschöpfung der Möglichkeiten z.T. Anpassungen der Fertigungsverfahren und umfangreiche Qualitätsprüfungen voraussetzt. Phosphat bildet insofern einen Sonderfall, als dort das Einsparpotential kurzfristig am höchsten ist:

---

[12] ibid., p. 264.
[13] ibid., Kap. 7.
[14] ibid., pp. 320 ff.
[15] Vgl. hierzu im einzelnen Teil C sowie Rae Weston, Strategic Materials, A World Survey, Totowa, N.J. 1983, Kap. 4 und – für Chrom, Kobalt, Mangan und Platin – Office of Technology Assessment, op. cit., pp. 243 f. und Kap. 7.
[16] Office of Technology Assessment, op. cit., pp. 270 ff.
[17] Klass/Burrows/Beggs, op. cit., p. 165; vgl. auch Office of Technology Assessment, op. cit., pp. 227 ff.
[18] ibid., p. 216.
[19] Vgl. hierzu im einzelnen Teil C sowie ibid., Kap. 6, für Kobalt, Mangan, Chrom und Platinmetalle. Siehe auch Weston, op. cit., Kap. 4.

Der Boden speichert Düngemittel, so daß zunächst mit erheblich geringeren Mengen gearbeitet werden könnte, ohne daß die Erträge dadurch stark vermindert würden; die zunehmende Auslaugung des Bodens würde dann jedoch mittelfristig eine Erhöhung des Düngemitteleinsatzes erforderlich machen[20]. Insgesamt dürften Prozesse der Verringerung des spezifischen Materialeinsatzes in den kommenden Jahren aus Gründen der relativen Wettbewerbsfähigkeit von Herstellern ohnehin Fortschritte machen; das Anpassungspotential in Krisensituationen könnte deshalb tendenziell sogar abnehmen.

Jenseits dieser Formen der Reduzierung der Nachfrage, die überwiegend marktgesteuert ablaufen könnten, besteht die Möglichkeit der Zuteilung. Durch staatliche Eingriffe bzw. durch Allokation durch die Lieferanten würden die verfügbaren Mengen vorzugsweise an prioritäre Abnehmer abgegeben. Dadurch könnte die Produktion in kritischen Sektoren im notwendigen Umfang aufrechterhalten werden, während andere Verarbeitungszweige des betroffenen Rohstoffs ihre Produktion umstellen bzw. einschränken müßten. Die Erfahrungen des Ersten und Zweiten Weltkrieges sowie des Koreakriegs lassen darauf schließen, daß derartige Zuteilungsprogramme staatlicherseits realisierbar wären. Allerdings bedeuten derartige Verfahren bereits eine erheblich höhere Kostenbelastung. Diese Belastung würde in dem Maße eskalieren, in dem die Einsparung durch Produktionsausfälle erfolgte. Damit würden die Anpassungskosten die kritische Schwelle überschreiten, jenseits derer Versorgungsrisiken als genuine Sicherheitsprobleme aufzufassen wären. Diese Form der Anpassung gilt es also gerade zu vermeiden.

2.3 Maßnahme des Krisenmanagements II: Staatliche Vorratshaltung – Probleme und Optionen

Programme staatlicher oder staatlich reglementierter Vorratshaltung bei kritischen Rohstoffen weisen in diesem Jahrhundert bereits eine recht lange Geschichte auf[1]. Lag das Schwergewicht dieser Programme bis in die jüngste Zeit hinein bei Schritten zur Sicherung des Material- und Energiebedarfs der Streitkräfte und der Rüstungsindustrien, so verschob bzw. erweiterte sich das Spektrum seit Mitte der 70er Jahre auf Problemfelder, die im Mittelpunkt auch dieser Untersuchung stehen: Wirtschaftliche Sicherheitsrisiken im Zusammenhang mit politischen Krisen in wichtigen Liefer- oder Transitregionen. Auslöser dieser Neuakzentuierung bei strategischen Vorratspro-

[20] Vgl. Pierre-Noël Giraud, Géopolitique des ressources minières, Paris 1983, p. 558.

[1] Zur Geschichte der strategischen Rohstoffvorräte in den USA vgl. John D. Morgan, Strategic and Critical Materials, in: *Materials and Society*, No. 2/1980, pp. 211–224; Office of Technology Assessment, An Assessment of Alternative Economic Stockpiling Policies, Washington 1976, pp. 221ff.

grammen war die Ölkrise des Winters 1973/1974 sowie die parallel dazu auftretenden Engpässe bei einigen nichtenergetischen Rohstoffen[2].

Angesichts der akuten Probleme bei der Erdölversorgung der Industriestaaten im Verlauf der 70er Jahre und der Sonderrolle des Erdöls als kritischem Rohstoff[3] kann es kaum überraschen, daß die staatliche Vorratshaltung bei Erdöl inzwischen besonders weit entwickelt ist: Alle der Internationalen Energie-Agentur angeschlossenen Länder (und dies sind, mit Ausnahme Frankreichs, das jedoch ebenfalls Bevorratungsprogramme unterhält, praktisch alle großen Industriestaaten) sowie eine Reihe anderer Staaten verfügen inzwischen über staatliche oder staatlich geregelte Erdöl-Vorräte[4]. Zugleich existiert in diesem Rohstoffsektor mit der Internationalen Energie-Agentur auch eine internationale Organisation, die zwischenstaatliche Zusammenarbeit im Bereich der Vorratshaltung und Krisenbewältigung ermöglicht[5]. Während also die staatliche Bevorratung bei Erdöl besonders ausgeprägt ist, stellen sich hier andererseits eine Reihe von spezfischen Problemen und Herausforderungen, die nicht ohne weiteres auf andere Rohstoffe übertragen werden können[6].

Die bestehenden Programme staatlicher Vorratshaltung bei den nichtenergetischen Rohstoffen fallen teilweise noch in den klassischen Bereich der Vorsorge für militärische Auseinandersetzungen (strategische Vorräte der USA), zielen daneben jedoch zunehmend auch auf die Absicherung gegen genuin wirtschaftliche Versorgungsrisiken (französische, japanische, britische Programme). Derartige Vorräte (zu denen auch die Erdölvorräte der IEA-Mitgliedsländer zählen) können grundsätzlich mehrere Funktionen erfüllen:

a) Schutz gegen die Implikationen von größeren Versorgungsstörungen im Hinblick auf die Funktionsfähigkeit der Volkswirtschaft (Mengeneffekte);

b) Schutz gegen die Preiseffekte von außergewöhnlichen Verknappungserscheinungen, soweit diese makroökonomische, soziale und politische Negativwirkungen haben könnten;

c) Abschreckungseffekt gegenüber politischen oder wirtschaftlichen Manipulationen von Rohstoff-Exportmengen und -preisen durch Kartelle, Ad-hoc-Kooperation von Produzentengruppierungen oder andere politische Eingriffe.

---

[2] Hierzu etwa National Commission on Supplies and Shortages, Government and the Nation's Resources, Washington 1976, Kap. 4.

[3] Diese Sonderrolle ergibt sich schon aus der mengen- und wertmäßigen Bedeutung des Erdöls für die Weltwirtschaft, die sich von derjenigen jedes nichtenergetischen Rohstoffes um mehrere Größenordnungen unterscheidet.

[4] Hierzu insbesondere Edward N. Krapels, Oil and Security, Problems and Prospects of Importing Countries, London 1977 (= Adelphi Paper No. 136) sowie ders., Oil Crisis Management, Strategic Stockpiling for International Security, Baltimore 1980.

[5] Vgl. hierzu Peter Roggen, Die Internationale Energie Agentur, Energiepolitik und wirtschaftliche Sicherheit, Bonn 1979 und Robert O. Keohane, The International Energy Agency: State Influence and Transgovernmental Politics, in: *International Organization*, No. 2/1978, pp. 929–951.

[6] Vgl. hierzu Edward N. Krapels (ed), International Oil Supplies and Stockpiling, London 1982 (= Economist Intelligence Unit Special Report) sowie Hanns W. Maull, Raw Materials, Energy, and Western Security, London 1984, insbes. Kap. 2.4 und 4.3.

Weitere mögliche Zielsetzungen, etwa die Einebnung von starken Preisfluktuationen, Angebots- und Nachfrageschwankungen, die Stützung der Rohstoff-Exporterlöse bestimmter Länder oder die Unterstützung der einheimischen Bergwerksförderung[7], fallen aus unserer auf wirtschaftliche Sicherheitsrisiken ausgerichteten Analyse heraus bzw. lassen sich als Unteraspekte anderer Zielsetzungen und Politikoptionen (wie etwa die Steigerung der einheimischen Bergbauförderung im Rahmen von Diversifizierungsbemühungen oder Krisenbewältigungsmaßnahmen) auffassen.

Von diesen Funktionen staatlicher Krisenbevorratung trifft b) auf nichtenergetische Rohstoffe, wie gezeigt, kaum zu: Die Auswirkungen selbst erheblicher Preiserhöhungen blieben bei allen untersuchten Rohstoffen zu begrenzt, um genuine wirtschaftliche Sicherheitsrisiken aufzuwerfen. Dies hat wichtige Implikationen für die Organisation und Struktur der Vorräte, die sich – im Gegensatz zu den strategischen Erdölvorräten – auf die Abwendung gravierender mengenmäßiger Versorgungsprobleme beschränken und die Preisentwicklungen weitgehend vernachlässigen können.

Die Rolle, die die Vorratshaltung insgesamt bei der Bewältigung von Versorgungsengpässen spielen kann, hängt in hohem Maße von ihren spezifischen Merkmalen ab. So lassen sich verschiedene Formen der Vorratshaltung nach folgenden Kategorien unterscheiden:

a) Geographische Lokalisierung und Kontrolle. Die wichtigste Unterscheidung in diesem Zusammenhang ist diejenige zwischen Vorräten in den Produzentenländern und in den Verbraucherregionen. Die Kontrolle über die jeweiligen Vorräte wird dabei letztendlich bei den Regierungen liegen, auch wenn die Besitzverhältnisse anders gelagert sind. Die Vorräte in den Förderregionen können – je nach vorangegangener Nachfragelage und Produktionspolitik – einen beträchtlichen Umfang erreichen; auf der anderen Seite ist ihre Verfügbarkeit in Krisensituationen ungewiß. Dies gilt nicht nur für Vorräte in Ländern, die selbst von der auslösenden Krise betroffen sind, sondern – aufgrund möglicher Transport-Kapazitätsengpässe und denkbarer politischer Komplikationen – u. U. auch für andere Produzenten.

b) Lokalisierung in der Verarbeitungssequenz vom Bergwerk bis zum Endverarbeiter. Dieses Kriterium deckt sich bis zu einem gewissen Grad mit dem oben genannten, erfaßt jedoch den Vorratshalter (Bergwerksunternehmen, Händler, Verarbeitungsunternehmen, Verbraucherindustrien) und die Verarbeitungsstufe (Erz, Zwischenprodukt, verarbeitetes Produkt).

c) Besitzverhältnisse und Funktion. Produzentenfirmen, Händler und Verarbeiter von Rohstoffen werden sich durch die Anlage von Vorräten gegen normale Risiken und Unsicherheiten des Marktgeschehens absichern. Diese Vorräte haben einerseits die Aufgabe, eine angemessene Belieferung/Versorgung auch bei kleineren Unterbre-

[7] Zur Funktion von staatlicher Bevorratung siehe Raymond F. Mikesell, Economic Stockpiles for Dealing with Vulnerability to Disruptions for Foreign Supplies of Minerals, in: *Materials and Society*, No. 1/1985, pp. 59–128 (60 ff.) und Office of Technology Assessment, op. cit., Kap. III. Vgl. auch Jürg R. Zeller, Nationale Rohstoffpolitik, Bern 1982, pp. 162 ff.

chungen sicherzustellen; daneben spielen jedoch auch spekulative Erwägungen wie Absicherung gegen erwartete Preiserhöhungen bzw. Vorratsabbau bei tendenziell sinkender Preise durch Verarbeiter, aber auch reine Spekulation ohne Eigenverbrauch eine Rolle. Die staatliche bzw. staatlich reglementierte Vorratshaltung dient dagegen zur Rückversicherung gegen außerordentliche Versorgungsrisiken mit potentiell hohen Kosten. Der Umfang der privatwirtschaftlichen Lagerhaltung wird in vielen Fällen durchaus in der Lage sein, Versorgungsstörungen abzufangen (vgl. Tabelle D-2.3.1). Allerdings wird die Höhe der Bevorratung durch Produzenten, Händler und Verarbeiter neben Risikoerwägungen auch durch eine Reihe anderer Faktoren beeinflußt: die betriebswirtschaftlichen Kosten der Vorratshaltung, die Höhe des Zinsniveaus (das die Kosten der Bevorratung beeinflußt), die Marktlage, zukünftige Preiserwartungen u.a. Es kann daher nicht in jedem Falle davon ausgegangen werden, daß die private Vorratshaltung einen gegen alle plausiblen Versorgungsrisiken adäquaten Schutz bietet.

Tab. D – 2.3: Staatliche und privatwirtschaftliche Vorratshaltung in den USA (1986)

	Verbrauch 1986	Private Lagerhaltung (Ende 1986)	Staatliche Lagerhaltung (Strategic Stockpile) 30. 9. 1986
Bauxit ('000 t) und Tonerde	3870	4000	18322
Aluminium ('000 t)	5291	2250	2
Chromerz ('000 t)	476	139	2507
Ferro-Chrom ('000 short tons Chromgehalt)	229,3[a]	37	597
Kobalt (short tons Metallgehalt)	7500	6177	26591
Niob ('000 lb. Metallgehalt)	7200	n.v.	1814
Manganerz ('000 short tons)	530	590	2582
Ferro-Mangan ('000 short tons)	430	100	738
Platinmetalle ('000 Feinunzen)	3671	1000	1732
Quarzkristalle (Lascas, '000 lb.)	660	665	1849
Rutil ('000 short tons)	320	106	39
Ilmenit ('000 short tons)	1100	390	–
Titanmetall (short tons)	20000	3600	25965
Tantal ('000 lb. Metallgehalt)	790	3195[b]	1916
Wolfram (t Metallgehalt)	6030	900	26555
Vanadium ('000 lb. Metallgehalt)	10016	5463	1442

[a]) 1983
[b]) 1982

Quellen:
US Bureau of Mines, Mineral Commodity Summaries 1987, Washington 1987
US Bureau of Mines, Mineral Facts and Problems, 1985 Edition, Washington 1985

Die Risikoeinschätzung durch private Unternehmen kann unvollständig oder mangelhaft informiert sein; sie wird naturgemäß lediglich die betriebswirtschaftlichen Kosten abzudecken suchen, nicht jedoch gesamtwirtschaftliche und gesamtgesellschaftliche Kosten wie Arbeitslosigkeit und Rezession; schließlich besteht die Gefahr einer sehr unterschiedlichen Bevorratungspolitik der Unternehmen mit der Folge, daß kleinere Firmen kaum über einen entsprechenden Schutz verfügen[8]. Schließlich sind „perverse" Veränderungen der privaten Vorratshaltung in Krisensituationen als Folge spekulativer Käufe möglich: Obwohl die Unterbrechungen eigentlich zu einem Abbau der Lagerhaltung führen sollten, könnten spekulative Aufkäufe zu einem zusätzlichen Nachfrageschub führen und damit die Probleme des Krisenmanagements verschärfen[9]. Dieser Zusammenhang war in den beiden Erdölkrisen der 70er Jahre zu beobachten und trug erheblich zu den verzeichneten Preissteigerungen bei[10].

Diese Überlegungen deuten darauf hin, daß die Ergänzung der privatwirtschaftlichen Vorratshaltung durch staatliche Programme im Sinne der Risikoversicherung sinnvoll sein kann. Dabei lassen sich grundsätzlich verschiedene Wege einschlagen – die unmittelbare staatliche Bevorratung, bei der der Staat die Lagerbestände selbst anschafft und verwaltet; die staatlich reglementierte Bevorratung, die den Unternehmen die Haltung von Vorräten in bestimmter Höhe vorschreibt (und sich u. U. an den Kosten durch Abschreibungsmöglichkeiten oder Subventionen beteiligt), die Anschaffung und Verwaltung der Vorräte jedoch privaten Wirtschaftssubjekten überläßt; und schließlich gemischte Formen.

Die geeignetste Organisationsform der Vorratspolitik hängt, sobald diese grundsätzlich beschlossen wird, von den besten Möglichkeiten zur Lösung einer Reihe von Problemen ab, die sich bei der Bevorratung ergeben[11]. Diese Probleme beginnen bei der Festsetzung der Bevorratungsziele: Die Identifizierung der zu bevorratenden Rohstoffe und die jeweiligen Vorratszielmengen sowie ihre regelmäßige Überprüfung und Ergänzung verlangen nicht nur einen erheblichen Aufwand an informationsverarbeitender Analyse, sondern sie werden unweigerlich Sonderinteressen wie die jeweiligen Bergbau- und Verarbeitungsindustrien im Einfuhrland selbst wie im Ausland auf den Plan rufen. Vor allem im dezentralisierten politischen System der USA erwies sich der

---

[8] Office of Technology Assessment, op. cit., p. 45; International Economic Studies Institute (ed), Raw Materials and Foreign Policy, Washington 1976, pp. 271 f.; National Commission, op. cit., pp. 128 ff.

[9] Dies könnte insbesondere bei Platinmetallen, die – ähnlich wie Gold – bereits in erheblichem Umfang als Investition gekauft werden, zu beträchtlichen Marktstörungen führen. Auch bei anderen kritischen Rohstoffen entstanden jedoch in den letzten Jahren spekulative Märkte. Vgl. hierzu Michael W. Klass/Maes C. Burrows/Steven D. Beggs, International Minerals, Cartels and Embargoes, New York 1980, p. 207; Interviews, Wirtschaftsvereinigung Edelstahl, Januar 1981.

[10] Daniel Badger/Robert Belgrave, Oil Supply and Price, What Went Right in 1980? London 1982 (= British Institutes' Joint Energy Policy Programme, Energy Paper No. 2).

[11] Hierzu insbesondere Office of Technology Assessment, op. cit., pp. 33 ff.; Mikesell, op. cit., pp. 62 ff.; Amos A. Jordan/Robert A. Kilmarx, Strategic Minerals Dependence: The Stockpile Dilemma, Beverly Hills 1979, pp. 69 f. (= Washington Papers No. 70).

Einfluß partikulärer Interessen und Interessengruppen immer wieder als Störfaktor[12]. Aber auch in anderen politischen Systemen mit stärkerer bürokratischer Zentralisierung können Störeinflüsse die Zielfestlegungen deformieren – etwa sachfremde Erwägungen wie finanz- und haushaltswirtschaftliche Zielsetzungen[13]. Daneben vermögen Bevorratungsprogramme die betroffenen Rohstoffmärkte erheblich zu beeinflussen: Kauferwartungen könnten die Preise hochtreiben und somit die Kosten der Programme vergrößern, Verkaufserwartungen umgekehrt die Preise drücken – von den tatsächlichen Auswirkungen massiver An- und Verkäufe ganz zu schweigen[14].

Ein weiteres Problem staatlicher Vorratshaltung besteht in potentiellen Rückwirkungen auf den Umfang der privaten Vorratshaltung. Die Unternehmen könnten sich angesichts staatlicher Vorratsprogramme veranlaßt sehen, ihre Vorräte zu verringern – mit dem Ergebnis einer nur teilweise oder gar nicht verbesserten Risikovorsorge und einer Umverteilung der Vorsorgelasten auf den Staat[15]. Ohnehin erscheinen die Informationen über das tatsächliche Bevorratungsprogramm der Privatwirtschaft in vielen Ländern eher oberflächlich und ungenau[16]. Staatliche Bevorratungsmaßnahmen müssen diesen Effekt also durch entsprechende Zielfestsetzungen bzw. durch parallele Maßnahmen zur Gewährleistung einer angemessenen privaten Vorratshaltung berücksichtigen[17].

Das dritte Problem, das hier anzuführen ist, betrifft die Qualität der Vorräte. So erwiesen sich erhebliche Teile der US-Bestände des *Strategic Stockpile* bei einer Überprüfung als z. T. nicht mehr brauchbar, weil die Qualität gelitten hatte bzw. die Qualitätsanforderungen gestiegen waren[18]. Das Ergebnis waren eine Reihe von Verträgen zur qualitativen Verbesserung bzw. zur Verarbeitung von *Stockpile*-Beständen[19]. Qualitätsminderung und verfehlte Umstellung auf neue Qualitätsanforderungen könnten in einer Versorgungsstörung zu unangenehmen Überraschungen führen, wenngleich bei den nichtenergetischen Rohstoffen die Frage der Entnahme-Logistik im Gegensatz zur Situation bei Erdöl und Erdgas kein Problem aufwerfen dürfte: Die Bereitstellung der notwendigen Mengen aus den Vorräten und ihr Transport zum Verbraucher läßt

[12] Exemplarisch hierzu die Fallstudie von Glenn H. Snyder, Stockpiling Strategic Materials: Politics and National Defense, San Francisco 1966 sowie Office of Technology Assessment, op. cit., pp. 229 ff. und International Economic Studies Institute (ed), op. cit., pp. 260 ff.

[13] Vgl. hierzu etwa das Scheitern der bundesdeutschen Bevorratungspläne am Einspruch des Finanzministers (siehe Kap. 1.2 in diesem Teil).

[14] Vor allem die angesichts ihres Umfangs hier besonders bedeutsame amerikanische Vorratspolitik hat in der Vergangenheit immer wieder erhebliche Auswirkungen auf internationale Rohstoffmärkte gehabt, die nicht selten auch außenpolitische Auswirkungen hatten. Vgl. hierzu als Beispiel aus jüngerer Zeit etwa die Abgabe von Zinn aus den Stockpile-Beständen und seine internationalen Begleitaspekte (*Financial Times*, 16. 8. 1982, 17. 8. 1983, 16. 7. 1985).

[15] Vgl. International Economic Studies Institute (ed), op. cit., p. 272; National Commission, op. cit., p. 128.

[16] Vgl. *The Economist*, 5. 12. 1981.

[17] International Economic Studies Institute (ed), op. cit., p. 272; siehe auch Zeller, op. cit., pp. 163 ff.

[18] National Materials Advisory Board, Considerations in Choice of Form of Materials for the National Stockpile, Washington 1982, zit. bei Mikesell, op. cit., p. 68.

[19] US Bureau of Mines, Mineral Yearbook, 1983, Vol. I, Metals and Minerals, Washington 1984, p. 333 (Chrom und Mangan).

sich bei diesen Rohstoffen relativ einfach bewerkstelligen. Staatliche Vorratshaltung erscheint in diesem Punkt gegenüber privatwirtschaftlich organisierten, jedoch staatlich reglementierten Formen der Vorratshaltung im Nachteil: Bleibt den Verbraucherindustrien die Verantwortung für Anschaffung und Betreuung der Vorräte erhalten, so dürften Qualitätsprobleme im Krisenfall keine Rolle spielen; bei bürokratisch organisierter Vorratshaltung dagegen können solche Probleme – siehe US *Stockpile* – durchaus auftreten[20].

Eine vierte Gruppe von Problemen rankt sich um die Abgabe der Vorräte im Krisenfall. Auch hier gilt wiederum, daß die spezifischen Probleme bei nichtenergetischen Rohstoffen erheblich geringer sind als bei Erdöl; dennoch spielen auch hier Fragen des Abgabe-Preises (Einstandspreis plus Aufschlag? Vorkrisen-Preis? Krisen-Preis?) und des Modus (direkte Zuteilung an prioritäre Verbraucher? an alle Verbraucher? Auktionen?) eine nicht unwichtige Rolle im Sinne der Beeinflussung der Markt-Psychologie sowie des Verhaltens von alternativen Anbietern und Nachfragern; entsprechende Leitlinien sollten bereits vor Ausbruch der Krise definiert und erprobt sein.

Schließlich seien noch zwei Probleme der Bevorratungspolitik kurz erwähnt: Sie sollen im folgenden noch ausführlicher diskutiert werden. Es sind dies einerseits die internationalen Implikationen nationaler staatlicher Bevorratungspolitik, andererseits ihre Kosten. Die internationalen Rückwirkungen etwaiger Vorratsprogramme bzw. ihrer Veränderungen wurden bereits gestreift; Vorratsprogramme könnten gegen legitime Interessen der Förderländer angelegt oder zumindest von diesen als gegen sie gerichtet empfunden werden[21]; zudem ergeben sich eine Reihe von Implikationen für die Zusammenarbeit zwischen den Verbraucherländern, die im nächsten Kapitel ausführlicher diskutiert werden sollen. Hinsichtlich der Kostenaspekte, die in Kap. 2.6 noch eingehender erörtert werden sollen, gilt den meisten vorliegenden Untersuchungen die Bevorratung als das vergleichsweise günstigste Instrumentarium der Risikovorsorge – soweit spezifische, staatlicherseits eingeleitete Programme überhaupt gerechtfertigt erscheinen[22]. Vorräte allein sind freilich nicht ausreichend – sie müssen im Rahmen einer durchdachten, ausgewogenen, sachbezogenen und effizienten Politik aufgebaut, unterhalten und aufgelöst werden.

---

[20] Hierzu im selben Sinne auch Mikesell, op. cit., pp. 68 f.

[21] International Economic Studies Institute (ed), op. cit., p. 258; National Commission, op. cit., pp. 128 f.

[22] Vgl. etwa Hans H. Landsberg/John E. Tilton, Nonfuel Minerals: The Fear of Shortages and The Search for Policies, in: Emery N. Castle/Kent A. Price (eds), U.S. Interests and Global Natural Resources, Baltimore & London 1983, pp. 48–80; National Commission, op. cit.; Klass/Burrows/Beggs, op. cit.; Mikesell, op. cit.; die Studien des *Office of Technology Assessment* (op. cit.; idem, Strategic Materials: Technologies to Reduce U.S. Import Vulnerability, Washington 1985) und des *Congressional Budget Office* (Strategic and Critical Nonfuel Minerals: Problems and Policy Alternatives, Washington 1983) enthalten sich eindeutiger Stellungnahmen, doch ergibt sich aus ihnen ebenfalls eine positive Einschätzung dieser Form der Risikoversicherung in Ergänzung zur strategischen Vorratshaltung klassischen Stils, wenngleich nur für eine begrenzte Zahl von Rohstoffen. Jordan/Kilmarx (op. cit.) lehnen dagegen eine wirtschaftliche Vorratshaltung ab – wobei allerdings die Stoßrichtung ihrer Argumente eher gegen Vorratshaltungen zu Zwecken der Preisstabilisierung gerichtet scheint.

2.4 Versorgungskrisen und Bündnisbeziehungen

In dem Maße, in dem die Auswirkungen von Versorgungsstörungen mit den bislang erörterten Maßnahmen nicht oder nur unzureichend abgefangen werden können und damit die Anpassungskosten eskalieren, besteht die Gefahr negativer politischer Seiteneffekte. Diese Gefahr dürfte um so größer sein, je länger eine ernsthafte Versorgungsstörung dauern würde: Die Vorräte könnten damit allmählich zur Neige gehen, die einfachen und wenig kostspieligen Möglichkeiten der Substitution und Einsparung bereits genutzt sein, ohne daß dadurch doch der ganze Umfang der Lieferrückgänge kompensiert sein müßte. In dieser Zone rapide eskalierender Anpassungskosten könnte sich die politische Fähigkeit zum Krisenmanagement als überfordert erweisen. Der wachsende Druck auf die Entscheidungsträger könnte sich in dem verzweifelten Griff nach simplen Lösungen niederschlagen – beispielsweise in militärischen Aktionen (deren Nützlichkeit und Relevanz im Zusammenhang mit Versorgungskrisen in Kap. 2.6 untersucht werden soll) oder in Maßnahmen, die die Anpassungslasten auf andere Importländer abzuschieben trachten. Dies ist grundsätzlich möglich in dem Maße, in dem ein Akteur, ein Staat über strukturelle Macht im internationalen System verfügt[1]. Er kann dann etwa die Strukturen der internationalen Arbeitsteilung so verändern, daß die Anpassungslasten zu seinen Gunsten umverteilt würden. Ob eine solche Strategie jedoch Erfolg hätte, hinge nicht nur von Umfang und Reichweite der strukturellen Macht des betreffenden Akteurs ab, sondern auch von der Effizienz und Produktivität der neuen Strukturen.

Versorgungskrisen im Rohstoffbereich tendieren grundsätzlich also dazu, die Bereitschaft und Fähigkeit von Regierungen zur internationalen Zusammenarbeit zu verringern, sie werfen jedoch andererseits neue Probleme für das Management der internationalen Beziehungen (und keinesfalls nur entlang ihrer wirtschaftlichen Dimensionen alleine) auf, produzieren also zusätzlichen Handlungsbedarf, und zwar in dreierlei Hinsicht:

- Die Auswirkungen der Versorgungsstörungen können angesichts stark unterschiedlicher Lieferabhängigkeiten und Importstrukturen die Einfuhrländer in recht unterschiedlichem Maße treffen; Marktmechanismen allein sind möglicherweise nicht in der Lage, diese Ungleichgewichtigkeiten zu korrigieren (etwa bei stark ausgeprägten bilateralen Lieferbindungen).
- Die Anpassungskosten als Folge der Lieferstörungen können stark differieren; bestimmte Länder wären möglicherweise in besonderem Maße belastet.
- Schließlich verlangen Systemstörungen, die Versorgungsunterbrechungen bei kritischen Rohstoffen zur Folge haben, nach der kooperativen Entwicklung optimierter Handlungsstrategien zur Bewältigung der auftretenden Anpassungslasten. Dies schließt sowohl rohstoff- und gesamtwirtschaftliche Maßnahmen zur Krisenbewälti-

[1] Hierzu insbesondere Cheryl Christensen, Structural Power and National Security, in: Klaus Knorr/Frank N. Trager (eds), Economic Interdependence and National Security, Lawrence, Kansas 1977, pp. 127–159.

gung wie gemeinsame außenpolitische Schritte zur Beseitigung der Krisenursache bzw. ihrer Eindämmung ein.

Dieser zusätzliche internationale Handlungsbedarf (Aktivierung alternativer Versorgungsquellen, Verteilung der verfügbaren Mengen in einer Weise, die die Anpassungskosten möglichst gering hält etc.) wird in einer Krise zunächst von privatwirtschaftlichen Akteuren aufgefangen – wobei die transnationalen Bergbauunternehmen in vielen Märkten eine Schlüsselrolle spielen. Ihnen oblag im Falle der bisherigen Versorgungskrisen bei Erdöl, Kobalt und Nickel die heikle Aufgabe der Verteilung; dabei spielten offenbar die Berücksichtigung traditioneller Lieferbeziehungen sowie das Bestreben, für eine einigermaßen gleichmäßige Verteilung der Kürzungen zu sorgen, wichtige Rollen[2]. Die Gesellschaften haben ein durchaus erkennbares Interesse daran, diese Aufgabe möglichst ohne Diskriminierung bzw. Bevorzugung bestimmter Länder vorzunehmen, um ihre Positionen in allen wichtigen Märkten gleichermaßen zu schützen.

Ob privatwirtschaftliche Akteure den Anforderungen einer Versorgungskrise im Sinne eines adäquaten globalen (und global orientierten) Krisenmanagements gewachsen sein können, ist freilich eine andere Frage. In einer ernsthaften Versorgungskrise erscheint es eher unwahrscheinlich, daß eine Politisierung der Liefer- und Verteilungsmuster vermieden werden könnte. Wichtige Fragen, etwa die der Verteilung verfügbarer Lieferungen, würden damit zum Gegenstand von zwischenstaatlichen Verhandlungen. Dabei ist unmittelbar evident, wie schwierig hier die Entwicklung „fairer" Kriterien wäre: Eine simple Pro-rata-Reduzierung würde u. U. stark divergierende Verbrauchsstrukturen und damit Anpassungskosten nicht berücksichtigen – es wäre offensichtlich ein Unterschied, ob ein Land über eine Edelstahlindustrie verfügt oder nicht, wenn seine Chrombezüge um 20% reduziert würden. Andererseits ist eine befriedigende Berücksichtigung aller denkbaren Sondereinflüsse ebenfalls kaum vorstellbar[3]. Umstritten wäre schließlich wohl auch die Frage, inwieweit Vorkehrungen vor der Krise in die Verteilungsbeschlüsse einbezogen würden – sollten Staaten, die rechtzeitig Schutzmaßnahmen trafen, ihren individuell erworbenen (und bezahlten) Schutz nun anderen zugänglich machen?[4]

Intensiver innenpolitischer Druck auf die betroffenen Regierungen dürfte es in einer Krisensituation wohl völlig ausschließen, eine angemessene internationale Verteilung zu erzielen. Die Entwicklung internationaler Prozeduren und Mechanismen des

---

[2] Zur Rolle der transnationalen Ölgesellschaften in den Ölkrisen der 70er Jahre vgl. vor allem Robert Stobaugh, The Oil Companies in Crisis, in: *Daedalus*, Autumn 1975, pp. 179–202, und Louis Turner, Oil Companies in the International System, London [3]1983, pp. 221 ff. Zum Krisenmanagement bei nichtenergetischen Rohstoffen vgl. Office of Technology Assessment, op. cit., pp. 91 ff sowie Teil C, Kap. 2.

[3] Hierzu für das Erdöl Krapels, op. cit. (1980), pp. 95 ff.

[4] Bei der Analyse möglicher amerikanischer Bevorratungsoptionen wurde diese Frage der Belieferungen von Verbündeten positiv in die Überlegungen des *Office of Technology Assessment* einbezogen. Vgl. Office of Technology Assessment, An Assessment of Alternative Economic Stockpiling Policies, Washington 1976, pp. 48 ff.

Krisenmanagements – wie dies im Falle des Erdöls mit der Internationalen Energie Agentur geschah[5] – könnten die Chancen für eine erfolgreiche Krisenbewältigung erheblich verbessern, wenngleich auch dies keineswegs eine Erfolgsgarantie darstellen kann: So bezweifeln manche Beobachter, ob die IEA im Ernstfall ihre vorgesehene Aufgabe tatsächlich erfüllen könnte[6]. Eine der IEA entsprechende Organisation fehlt im Bereich nichtenergetischer Rohstoffe völlig.

Die Inangriffnahme einer internationalen koordinierten und geplanten Krisenstrategie setzt freilich auch die Entwicklung entsprechender Instrumentarien voraus, die in vielen Fällen national sein dürften – etwa Programme zur Bevorratung und zur Umstrukturierung der Nachfrage im Krisenfall. Eine rechtzeitige Einleitung solcher Bemühungen vermag zur Überwindung des Problems mit „Trittbrettfahrern" beitragen, das darin besteht, daß Mitglieder einer Allianz auch dann in den Genuß des kollektiven Gutes „Sicherheit" kommen können, wenn sie selbst dafür keine oder nur geringe Aufwendungen getrieben haben: So würden beispielsweise Importländer ohne eigene staatliche Krisenvorräte auch dann in einem gewissen Maße profitieren, wenn andere Importländer solche Vorräte anlegen[7].

Gelänge es nicht, den kollektiven Handlungsbedarf in einer Krise entweder über privatwirtschaftliches oder über zwischenstaatliches Krisenmanagement abzudecken, so wüchse die Gefahr kurzschlüssiger und kontraproduktiver Reaktionen. Zwei Formen derartiger Strategien lassen sich unterscheiden – einerseits der direkte Unilateralismus, der die Versorgungssituation selbst zu verändern trachtet, andererseits der indirekte Unilateralismus, der die negativen Auswirkungen der Versorgungsstörungen durch entsprechende Gegenmaßnahmen zu korrigieren sucht.

Die bekanntesten Beispiele direkt unilateralistischer Strategien finden sich im Zusammenhang mit den Erdölkrisen der 70er Jahre, als eine Reihe von Einfuhrländern – allen voran Frankreich – versuchten, ihre Versorgungssituation einseitig und damit möglicherweise auch zu Lasten ihrer Verbündeten zu verbessern. Die in diesem Zusammenhang unternommenen Schritte umfaßten Pressionen gegenüber den eigenen Ölkonzernen, um eine bevorzugte Belieferung zu erreichen (Frankreich/Großbritannien)[8], Verträge mit den Regierungen einzelner Ölexportländer über die längerfristige Belieferung mit Erdöl im Austausch gegen westliches *Know-how,* westliche Industrie-

[5] Hierzu Peter Roggen, Die Internationale Energie Agentur, Bonn 1979; Mason Willrich/Melvin A. Conant, The International Energy Agency: An Interpretation and Assessment, in: *American Journal of International Law,* No. 2/1977, pp. 199–223 und Robert O. Keohane, The International Energy Agency: State Influence and Transgovernmental Politics, in: *International Organization,* No. 4/1978, pp. 929–951.

[6] Roggen, op. cit., pp. 86f; Willrich/Conant, op. cit. Die Reagan-Administration in den USA hat durch den Abbau eines Großteils der US-Krisenarrangements zur Senkung des Erdölverbrauchs die Voraussetzungen für eine effektive Mitwirkung der USA am Krisenprogramm der IEA möglicherweise erheblich beeinträchtigt. Siehe Albert Bressand (ed), Ramses 1982, Paris 1982, p. 123.

[7] Zum Problem des „Trittbrettfahrers" *(free rider)* vgl. Mancur Olson, The Logic of Collective Action: Public Goods and the Theory of Groups, Cambridge, Mass. 1965. Für die Anwendung dieses Konzepts auf sicherheitspolitische Problembereiche Daniel Frei, Sicherheit, Grundfragen der Weltpolitik, Stuttgart 1977, Kap. VIII.

[8] Louis Turner, Oil Companies in the International System, London [2]1980, p. 178.

güter, Waffen und gelegentlich auch Kerntechnologie[9] und diplomatische Initiativen, um bei den arabischen Förderländern um Gunst zu heischen[10]. Diesbezügliche Erfahrungen beschränken sich jedoch keinesfalls auf den Erdölbereich: Im Gefolge des kanadischen Nickelstreiks Ende der 60er Jahre beispielsweise mußten deutsche Firmen erheblich höhere Preise für Nickel und Molybdän bezahlen als die amerikanische Konkurrenz, die im Hinblick auf die rüstungswirtschaftliche Bedeutung der Nickelversorgung für den Vietnamkrieg über die Einschaltung der amerikanischen Regierung eine bevorzugte Belieferung erreichte[11].

Die bisherigen Erfahrungen mit dieser Art der Krisenpolitik sprechen nicht für ihre Ergebnisse. Im Falle der Erdöl-Versorgungskrise 1973 sah sich Frankreich beispielsweise veranlaßt, das EG-Mitglied Holland offiziell nicht mit Erdöl zu beliefern, um so das arabische Embargo zu respektieren und seine eigene Versorgung zu gewährleisten. Zwar läßt sich argumentieren, dadurch habe eine weitere Verknappung des Gesamtangebotes, die letztlich allen Verbraucherländern geschadet hätte, vermieden werden können[12]. Dagegen sind jedoch die Auswirkungen der Solidaritäts-Aufkündigung innerhalb der Europäischen Gemeinschaft durch Frankreich aufzurechnen. Tatsächlich lieferte Frankreich heimlich trotz des Embargos weiter – allerdings wohl nicht zuletzt im Hinblick auf die niederländischen Erdgaslieferungen, die Den Haag als Vergeltungsmaßnahme zu kürzen drohte[13]. Generell erwiesen sich bilaterale Vereinbarungen zwischen einzelnen Importländern und Förderländern als wenig hilfreich für die Versorgungssicherheit und die Preise: Förderländer werden sich mögliche Vorteile ebensowenig entgehen lassen wie die Importländer, auch wenn dies eine Neuverhandlung der Vertragsbedingungen oder gar einseitige Kündigungen von Lieferkontrakten impliziert[14].

Eine weitere Form des direkten Unilateralismus sind Exportverbote oder -einschränkungen, wie sie während der Ölkrise 1973/74 für Erdölprodukte von mehreren

[9] Hanns W. Maull, Ölmacht, Ursachen, Perspektiven, Grenzen, Köln 1975, pp. 107ff.

[10] Für die europäische Nahostpolitik vor, während und nach dem Oktoberkrieg 1973 siehe Hanns W. Maull, The Strategy of Avoidance: Europe's Middle East Policies after the October War, in: J. C. Hurewitz (ed), Oil, The Arab-Israeli Dispute and the Industrialized World, Horizons of Crisis, Boulder, Col. 1976, pp. 110–137 und Janice Gross-Stein, Alice in Wonderland: The North Atlantic Alliance and the Arab-Israeli Dispute, in: Steven L. Spiegel (ed), The Middle East and the West, London 1982, pp. 49–81. Zur Nahostpolitik Japans Kazushige Hirasawa, Japan's Tilting Neutrality, in: Hurewitz (ed), op. cit., pp. 138–149; Valerie Yorke, Oil, The Middle East and Japan's Search for Security, in: *International Affairs,* Summer 1981, pp. 428–448.

[11] Interviews, Wirtschaftsvereinigung Edelstahl, Düsseldorf, Januar 1981 und AMAX Inc., Greenwich, Conn., Nov. 1982. Vgl. hierzu Office of Technology Assessment, Strategic Materials: Technologies to Reduce U.S. Import Vulnerability, Washington 1985, p. 96.

[12] Louis Turner, The European Community: Features of Disintegration, in: *International Affairs,* Summer 1974, pp. 404–415.

[13] ibid.

[14] Eine Bewertung der französischen Erdölpolitik, die grundsätzlich dieser Form des Unilateralismus entspricht, findet sich bei Melvin A. Conant/Fern Gold, Access to Oil, The United States Relationship with Saudi Arabia and Iran, Washington 1977 (= Committee on Energy and Natural Resources, US Senate) sowie bei Allen Dulles Jebsen, Comparing the Energy Security Strategics of France and West Germany, in: *The Fletcher Forum,* Summer 1982, pp. 219–268.

Staaten der Europäischen Gemeinschaft verhängt[15] und im selben Zeitraum bei Phosphat von den USA im Zusammenhang mit schweren Verknappungserscheinungen erwogen wurden[16]. Die amerikanische Regierung nahm jedoch von einem derartigen Schritt Abstand – nicht zuletzt wohl deshalb, weil die USA von kanadischen Kalilieferungen abhängig waren[17]. Auch hier findet sich wiederum ein Hinweis auf das Dilemma des Unilateralismus: Das hohe Maß an internationaler Verflechtung, das für die gegenwärtigen Weltwirtschaftsbeziehungen kennzeichnend ist, bietet umfangreiche Möglichkeiten für Gegensanktionen. Unilateralismus läuft daher beständig Gefahr, seinem Protagonisten erhebliche, oft unvorhergesehene Kosten zu verursachen und ungünstigstenfalls eine negative Aktions-Reaktionsspirale auszulösen, in der die Versuche der Umverteilung von Anpassungslasten durch konterproduktive Effekte die Anpassungslasten selbst immer weiter ansteigen lassen. Auf der anderen Seite ließen sich Exportbeschränkungen kaum vermeiden: Ohne eine außenwirtschaftliche Absicherung wäre beispielsweise die französische Rohstoff-Bevorratungspolitik sinnlos – im Krisenfalle würden dann die französischen Vorräte entweder direkt oder indirekt (d.h. durch den Export beispielsweise von Edelstählen) über Marktmechanismen einfach abgesaugt und verteilt[18]. Ohne außenwirtschaftliche Absicherung wäre Krisenvorsorge also möglicherweise umsonst – doch Exportkontrollen würden zugleich die bestehenden zwischenstaatlichen Strukturen (etwa des Gemeinsamen Marktes der EG) in Frage stellen.

Indirekte Formen des Unilateralismus wären in Versuchen zu sehen, die Verschlechterung der gesamtwirtschaftlichen Situation im Gefolge von Versorgungsstörungen durch Maßnahmen zu kompensieren, die zu Lasten anderer Importländer gingen – etwa durch Abwertungen zur Stärkung der Wettbewerbsfähigkeit der Exportindustrien, durch Subventionen oder handelspolitische Maßnahmen. Wiederum besteht hier unter den Voraussetzungen internationaler Interdependenz die Gefahr einer zerstörerischen Spirale von Aktion und Gegenaktion – wie sie durch konkurrierende Abwertungen und Handelsbeschränkungen während der Weltwirtschaftskrise in den 30er Jahren zu beobachten waren[19]. Derartige unilateralistische Strategien verfügen über ein breites Spektrum möglicher Maßnahmen aller Schattierungen, und angesichts der Sachzwänge der Interdependenz erscheint eine allmähliche Erosion der bestehenden Strukturen internationaler Wirtschaftskooperation durch eine Proliferation in sich selbst nicht allzu dramatischer Maßnahmen wahrscheinlicher als abrupte Brüche. Der Problemdruck mag im Falle von Versorgungsstörungen bei nichtenergeti-

---

[15] Edward N. Krapels, Oil Crisis Management, Baltimore/London 1980, pp. 23 ff.

[16] Thomas O. Langton, The Fertilizer Industry, in: Carl E. Beigie/Alfred O. Hero (eds), Natural Resources in U.S.-Canadian Relations, Vol. II, Patterns and Trends in Resources Supplies and Policies, Boulder, Col.: 1980, pp. 93–122 (116).

[17] ibid.

[18] Interview, Observatoire des Matières Premières, Paris, Okt. 1985.

[19] Vgl. Charles E. Kindleberger, Die Weltwirtschaftskrise, München 1973, Kap. 7–9 (= Geschichte der Weltwirtschaft im 20. Jahrhundert, Bd. 4).

schen Rohstoffen (wo Preisentwicklungen und Zahlungsbilanzeffekte kaum eine wichtige Rolle spielen dürften) so gelagert sein, daß indirekte Formen des Unilateralismus weniger vielversprechend und naheliegend sein mögen als direkter Unilateralismus. Die Erfahrungen mit den Erdölkrisen der 70er Jahre und ihren weltwirtschaftlichen Auswirkungen, die ja noch keineswegs ausgestanden sind und in vielen Bereichen durchaus unter der Rubrik „indirekter Unilateralismus" einzuordnen sind[20], demonstrieren allerdings, daß diese Gefahr für die Struktur des westlichen Bündnisses keinesfalls außer acht gelassen werden sollte.

Die weltwirtschaftliche Entwicklung im Gefolge der Erdölkrisen der 70er Jahre (die durch eine Reihe weiterer Strukturprobleme und Steuerungsdefizite der Weltwirtschaft verschärft und zugespitzt wurden[21]) demonstriert die Ergebnisse unzureichender kooperativer Krisenbewältigung: Sie lagen insgesamt zweifellos weitab vom denkbaren optimalen Anpassungspfad und wurden begleitet durch eine zunehmende Erosion des Geflechts internationaler wirtschaftlicher Kooperationsstrukturen und -prinzipien[22]. Der politische Druck auf die Regierungen, die Anpassungslasten durch eine entsprechende Umverteilung nach außen zu lindern, führte zu erheblichen Schwierigkeiten bei der internationalen Abstimmung. Gravierende Meinungsverschiedenheiten über die angemessenen Reaktionen und die optimalen Strategien zur Bewältigung der Probleme gesellten sich als zusätzliche Ursache bzw. als Ausdruck der krisenartigen Schwierigkeiten hinzu[23].

Das vielleicht dramatischste Beispiel für das Störpotential, das derartige Prozesse für die transatlantischen Bündnisbeziehungen beinhalten können, lieferte der euro-amerikanische Streit um das Erdgas-Röhrengeschäft mit der Sowjetunion 1981[24]. Der Streit um die zusätzlichen Lieferverträge mehrerer westeuropäischer Staaten, allen voran der Bundesrepublik, mit der UdSSR wurde durch unterschiedliche Risikoperzeptionen ausgelöst[25], die ihrerseits wiederum vor dem Hintergrund differierender Bewertungen der Ost-West-Wirtschaftsbeziehungen insgesamt zu sehen waren. Das Erdgas-Röhrengeschäft bündelte dabei praktisch alle umstrittenen Aspekte dieser Beziehungen in einem einzigen Projekt[26]. Die wirtschaftlichen Effekte dieses Großprojektes in einer

---

[20] Vgl. hierzu etwa Lester Thurow, A Time to Dismantle the World Economy, in: *The Economist*, 9.11.1985, pp. 21–26.

[21] Albert Bressand, Mastering the „Worldeconomy", in: *Foreign Affairs*, Spring 1983, pp. 745–772.

[22] ibid. Vgl. hierzu auch ders. (ed), Ramses 1981, 1982 sowie Institut Français des Relations Internationales (ed), Ramses 1983/4 und 1985/1986 und Robert O. Keohane, After Hegemony, Cooperation and Discord in the World Political Economy, Princeton 1984, insbes. Kap. 9.

[23] ibid., pp. 222 ff.

[24] Ich habe die Problematik dieses Projektes und den Streit im Bündnis an anderer Stelle ausführlich analysiert, vgl. Hanns W. Maull, Erdgas und wirtschaftliche Sicherheit, Bonn 1983 (= Arbeitspapiere zur Internationalen Politik No. 17); idem, Das Erdgas-Röhrengeschäft mit der Sowjetunion: Gefahr für die wirtschaftliche Sicherheit? in: *Europa Archiv*, 25.12.1981, pp. 745–754; idem, Raw Materials, Energy and Western Security, London 1984, Kap. 2.5.

[25] Vgl. Jonathan Stern, Specters and Pipe Dreams, in: *Foreign Policy*, Fall 1982, pp. 21–36.

[26] Vgl. Ronda Bresnick/John P. Hardt, Soviet Economic Policy Towards West Europe, in: Energy in Soviet Policy, A Study Prepared for the Subcommittee on International Trade, Finance and Security Economics, Joint Economic Committee, U.S. Congress, Washington 1981, pp. 84–100 (94 ff).

Phase verbreiteter Rezessionserscheinungen spielten bei den Auseinandersetzungen im Bündnis ebenfalls eine Rolle.

Der Streit um das Erdgas-Röhrengeschäft deutete zugleich an, daß bündnisinterne Auseinandersetzung über wirtschaftliche Sicherheitsfragen keineswegs nur auf andere wirtschaftliche Politikfelder, sondern durchaus auch auf die außen- und sicherheitspolitischen Dimensionen der Bündnisbeziehungen übergreifen können. Diese Form der *linkage* zwischen verschiedenen Politikdimensionen war auch in der ersten Erdölkrise 1973/1974 zu beobachten, als mangelnde europäische Kooperationsbereitschaft mit den USA während des Oktoberkrieges 1973 zu Andeutungen von amerikanischer Seite führten, ein derartiges Verhalten könne auch zu einer Überprüfung der amerikanischen Sicherheitsgarantien für Europa führen[27]. Gelingt es also nicht, den zusätzlichen internationalen Handlungsbedarf im Falle einer schweren Versorgungskrise durch eine entsprechende Ausweitung der zwischenstaatlichen Zusammenarbeit abzudecken und greifen deshalb unilateralistische Lösungsversuche um sich, so ergeben sich daraus eine Reihe von Gefahrenmomenten:

- Das Beharren auf unilateralistischen Lösungsversuchen kann die Gesamtsituation der Einfuhrländer durch die Behinderung angemessenen Krisenmanagements negativ beeinflussen.
- Bestehende Mechanismen der Zusammenarbeit könnten unterlaufen und damit wirkungslos gemacht werden.
- Neue, während der Krise entwickelte Formen effektiven Krisenmanagements wie eine improvisierte Verteilung bestehender Vorräte könnten durch die Weigerung von Schlüsselländern, diese Mechanismen mitzutragen, blockiert werden.
- Bestehende Verflechtungen und Strukturen der Zusammenarbeit zwischen den Einfuhrländern und innerhalb wirtschaftlicher, politischer und sicherheitspolitischer Bündnisstrukturen könnten allgemein in Mitleidenschaft gezogen werden. Unilateralistische Schritte einzelner Staaten könnten zu Gegenmaßnahmen in anderen Bereichen der wirtschaftlichen oder politischen Beziehungen führen und damit die Wirksamkeit der Zusammenarbeit weiter untergraben. Zweitens könnten solche Schritte den politischen Willen zur internationalen Zusammenarbeit und zur Übernahme internationaler Verpflichtungen generell aushöhlen. Auch ohne explizite Gegenmaßnahmen gegen unilateralistische Schritte einzelner Einfuhrländer würde damit die zwischenstaatliche Zusammenarbeit – und damit die entscheidende Bedingung für ein erfolgreiches Management des internationalen Systems in Situationen jenseits der Hegemonie eines Akteurs[28] – geschwächt. Das Ergebnis wären zusätzliche systemische Risiken sowie eine abnehmende Leistungsfähigkeit des Systems.

[27] Vgl. hierzu etwa die Äußerung von Verteidigungsminister James Schlesinger am 25.10.1973, zit. in: Henry A. Kissinger, Memoiren 1973–1974, Teil 2, München 1982, p. 1012, sowie ibid., pp. 1002 ff.

[28] Hierzu Keohane, op. cit. sowie Robert Gilpin, War and Change in International Relations, Cambridge 1981, passim.

Diese Überlegungen zeigen, daß unilateralistische Lösungsversuche in Versorgungskrisen vergleichsweise geringe Erfolgschancen und hohe Risiken beinhalten; dennoch erscheinen sie angesichts der Schwierigkeiten, in einer Krise gegen starken innenpolitischen Druck internationale Solidarität und die dafür notwendige Geduld und Zurückhaltung zu beweisen, alles andere als unwahrscheinlich. Im Zusammenhang mit den Versorgungsrisiken bei nichtenergetischen Rohstoffen könnte vor allem eine Krise im südlichen Afrika für Spannungen in der westlichen Allianz sorgen. Eine solche Krise könnte, so unsere Argumentation, sehr schwerwiegende Auswirkungen auf die Versorgungslage der Industriestaaten und damit auf Wachstum und Beschäftigung haben. Dadurch würde erheblicher innenpolitischer Druck auf die jeweiligen Regierungen mobilisiert, die Anpassungslasten durch einseitige außenwirtschaftliche Schritte umzuverteilen, indem man sie anderen Staaten aufbürdet. Die Zusammenarbeit im westlichen Bündnissystem könnte darunter erheblich leiden.

Zweitens ist durchaus vorstellbar, daß innerhalb des westlichen Bündnisses die Analyse über die Ursache der Krise und die Auffassungen über die besten Strategien zur Bewältigung der Krise auseinandergehen. Diese unterschiedlichen Positionen könnten die wohl erfolgversprechendsten Strategien – diejenigen kooperativer Initiativen – blockieren. Dabei wird natürlich viel von der Krisenkonfiguration abhängen: Ein Eingreifen westlicher Industriestaaten zur Stabilisierung eines wankenden weißen Regimes in Südafrika wäre innenpolitisch seitens der USA und wohl auch der europäischen Industriestaaten ausgeschlossen; es muß auch bezweifelt werden, ob derartige Eingriffe reale Chancen hätten, die innergesellschaftliche Situation in Südafrika entscheidend zu beeinflussen. Umgekehrt könnten über der Frage von Wirtschaftssanktionen gegen Südafrika zur Erzwingung innerer Veränderungen durchaus Meinungsverschiedenheiten entstehen; in der Tat ist dies bereits in gewissem Umfang auch der Fall[29]. Allerdings erscheint ein ernsthafter Zwist im Bündnis über dieser Frage eher unwahrscheinlich. Embargomaßnahmen der südafrikanischen Regierung gegenüber dem Westen bei kritischen Rohstoffen erscheinen ebenfalls kaum geeignet, ernsthafte Differenzen zwischen den Industriestaaten auszulösen – wenngleich nicht übersehen werden sollte, daß dies den arabischen Erdölexporteuren 1973/1974 recht überzeugend gelang[30].

Das größte Potential für Spannungen innerhalb des westlichen Bündnisses läge wohl in inneren Wirren in Südafrika, die die ganze Region erfaßten und beide Supermächte auf den Plan riefen. Eine Unterstützung des schwarzen Widerstandes in Südafrika durch die Frontstaaten und der Frontstaaten durch die UdSSR als Gegengewicht gegen südafrikanische Übergriffe könnte amerikanische Interventionen nach sich ziehen, die in Westeuropa zweifellos sehr umstritten wären. Zwar erscheint eine solche Intervention selbst unter den postulierten Voraussetzungen keineswegs wahr-

[29] Vgl. hierzu etwa *Financial Times*, 22.10.1985, 11. 9.1985, 10. 9.1985, 2. 8.1985.

[30] Vgl. etwa Kissinger, op. cit., pp. 1002 sowie Robert J. Lieber, The Oil Decade, New York 1983 und ders., Europe and America in the World Energy Crisis, in: *International Affairs*, Oct. 1979, pp. 531–545.

scheinlich, weil die militärischen Anforderungen enorm und die Erfolgschancen gering wären. Dennoch deuten diese Erwägungen auf mögliche bündnisinterne Konfliktpotentiale im Zusammenhang mit der Entwicklung in dieser rohstoffwirtschaftlich kritischen Region.

2.5 Krisenbewältigung durch Diplomatie, Sanktionen oder Intervention

Rohstoff-Versorgungskrisen lassen sich grundsätzlich nicht nur über eine entsprechende Umstrukturierung und Senkung der spezifischen Nachfrage oder über eine Abwälzung der Anpassungslasten auf andere Staaten bewältigen, sondern auch über Initiativen zur Beseitigung der Ursachen der Störung. Entscheidend für derartige Möglichkeiten der Krisenbewältigung durch diplomatische Aktivitäten, wirtschaftlich-politischen Druck oder – als *ultima ratio* – durch die Anwendung militärischer Gewalt sind einerseits die für derartige Zwecke zur Verfügung stehenden Ressourcen, andererseits die jeweiligen Umstände der Versorgungskrise.

Die in Teil C entwickelten Risiko-Szenarien präsentierten sich fast ausschließlich als anomische Versorgungsrisiken – Rohstoffkrisen also, die durch politische Wirren in wichtigen Lieferregionen ausgelöst würden. Unter diesen Voraussetzungen erscheinen die Möglichkeiten der Industriestaaten, im Sinne einer Beilegung der Krisenursachen Einfluß geltend zu machen, begrenzter als unter den Voraussetzungen intendierter Versorgungsstörungen: Im letzteren Fall eröffnet die Wahrscheinlichkeit rationalen Verhaltens der Organisatoren der Versorgungsstörung gute Chancen für eine diplomatische Beilegung der Störung über eine Mischung von Konzessionen und Gegendruck. Die Wahrscheinlichkeit rationalen Verhaltens beruht auf der – normalerweise im Sinne wirksamer Machtentfaltung notwendigen – Kooperation mehrerer wichtiger Lieferländer. Da die Anwendung von Sanktionen mit Kosten und Risiken verbunden ist, werden sich mehrere Staaten zusammen zu einer derartigen Strategie in der Regel nur dann bereitfinden, wenn diese Strategie die Risiken möglichst gering hält. Der Einsatz der „Ölwaffe" 1973/1974 illustriert diese These: Das Verhalten der arabischen Erdölexportländer war damals durch beträchtliche Vorsicht und Kompromißbereitschaft gekennzeichnet; der Einsatz der Ölwaffe konnte nur deshalb durchgesetzt werden, weil die hinter ihr stehenden Ziele für die wichtigsten Akteure – allen voran Saudi-Arabien – von zentraler Bedeutung waren[1].

Wenngleich regionale Kriege oder innere Wirren einer Einflußnahme auf die Krisenursachen der Versorgungsunterbrechungen grundsätzlich weniger zugänglich erscheinen als intendierte Störungen, sind doch auch diese unter bestimmten Voraussetzungen durch Initiativen der großen Importländer beeinflußbar. Diese Voraussetzungen betreffen einerseits die Gegebenheiten in der Krisenregion selbst, andererseits das

[1] Vgl. hierzu die Analyse bei Hanns W. Maull, Oil and Influence, The Oil Weapon Examined, London 1975 (=Adelphi Paper No. 117) sowie Adeed Dawisha, Saudi Arabia's Search for Security, London 1979, pp. 17ff (=Adelphi Paper No. 158).

internationale Umfeld und schließlich die verfügbaren Ressourcen und den politischen Willen der Einfuhrländer, ihre Möglichkeiten einer Krisenbewältigung auszuschöpfen[2]. Dabei könnte beispielsweise eine Mischung von diplomatischen Initiativen, wirtschaftlichem und politischem Druck und demonstrativen Gesten militärischer Art (z. B. Waffenlieferungen, Entsendung von Marineeinheiten als Signal)[3] im Falle regionaler Kriege zwischen Ländern in wichtigen Lieferregionen zur Anwendung kommen, um die Auseinandersetzungen zu beenden oder wenigstens ihr Übergreifen auf die Rohstoffversorgung der Industriestaaten zu verhindern.

Ein Beispiel für die Möglichkeiten, aber auch die Grenzen einer Einflußnahme der westlichen Industriestaaten auf derartige Krisensituationen liefert der Golfkrieg zwischen Iran und Irak seit 1980[4]. Dieser Krieg hatte erhebliche Auswirkungen auf die internationale Erdölversorgung[5]; dennoch waren die westlichen Industriestaaten nicht in der Lage, eine Beendigung dieses Kriegs auf diplomatischem Wege zu erreichen oder auch nur die Einbeziehung von Erdölinstallationen und Tankern in die Kriegshandlungen zu verhindern. Auf der anderen Seite gelang es in einer kritischen Phase des Krieges 1984, als die Kampfhandlungen auf die Straße von Hormuz und auf die arabische Halbinsel überzugreifen drohten, durch Androhung eines begrenzten militärischen Eingreifens (Offenhalten der Meerenge, Schutz der freien Schiffahrt im Golf) und demonstrative Militärpräsenz eine Ausweitung der Versorgungsstörungen zu verhindern[6]. Dabei spielte die stillschweigende Tolerierung dieser Schritte durch die UdSSR ebenso eine Rolle wie die Abstimung der wichtigsten westlichen Industriestaaten untereinander.

Auch bei inneren Wirren, politischen Instabilitäten mit Auswirkungen auf die Rohstoff-Versorgung der Industriestaaten und Bürgerkriegen ist eine erfolgreiche Einflußnahme von außen nicht grundsätzlich auszuschließen. Die Chancen einer Beeinflussung der Entwicklungen mit diplomatischen und politischen Mitteln erscheinen jedoch auch hier begrenzt. Dennoch läßt sich auch für solche Krisenszenarien eine militärische Intervention in einer ihrer verschiedenen Formen[7] als *ultima ratio* nicht von vornherein ausschließen[8]. Die französischen Interventionen in Zaire 1977 und 1978 bilden zwei relativ erfolgreiche Beispiele derartiger Interventionen – in diesem Fall ge-

---

[2] Vgl. hierzu Neil McFarlane, Intervention and Regional Security, London 1985 (= Adelphi Paper No. 196).

[3] Hierzu allgemein K. J. Holsti, International Politics, A Framework for Analysis, Englewood Cliffs, N. J. [2]1972, Kap. 7–10.

[4] Zur Entstehungsgeschichte und zum Verlauf dieses Krieges Peter Hünseler, Der Irak und sein Krieg mit dem Iran, Bonn 1982 (= Arbeitspapiere zur Internationalen Politik No. 22); Mir A. Ferdowski, Ursprünge und Verlauf des iranisch-irakischen Krieges, Starnberg 1985; Anthony Cordesman, The Gulf and the Search for Strategic Stability, Boulder, Col. 1984, Kap. 16 und 17.

[5] Hierzu Hanns W. Maull, Effects of the Conflict on the World Energy Situation, in: Forschungsinstitut der Friedrich-Ebert-Stiftung (ed), Der iranisch-irakische Konflikt, Ein Krieg ohne Gewinner, Bonn 1981, pp. 87–98 (= Analysen aus der Abteilung Entwicklungsländerforschung No. 98/99).

[6] Vgl. hierzu Hanns W. Maull, Krisenherd Golfregion, in: Rudolf Hamann (ed), Die Sicherheit des Westens (Arbeitstitel), Baden-Baden 1986.

[7] Hierzu McFarlane, op. cit., pp. 2ff.

[8] Ibid., pp. 1, 61.

gen eine Invasion der Bergbauprovinz Shaba durch katangesische Gendarmen. 1977 stellte Frankreich die logistische Unterstützung und einige Militärberater für ein Eingreifen marokkanischer Verbände, während 1978 französische Fremdenlegionäre und Fallschirmspringer zusammen mit belgischen Verbänden direkt eingriffen. Die USA leisteten dabei wichtige logistische Hilfe[9]. In beiden Krisen gelang es, den Vorstoß der *Front de Libération Nationale Congolaise* (FLNC) zurückzuschlagen und damit das Regime von Staatspräsident Mobutu in Kinshasa zu stabilisieren. Auch die Förderung in den Kupfer- und Kobaltbergwerken konnte nach kurzer Unterbrechung wieder aufgenommen werden, so daß die mengenmäßigen Auswirkungen der Krise auf die Kobalt-Versorgung sehr begrenzt blieben[10]. Die Sicherung der Kobalt-Versorgung war allerdings keineswegs das eigentliche Ziel dieser Interventionen, die neben humanitären Gesichtspunkten (Evakuierung französischer und belgischer Staatsbürger) vor allem in der Absicht begründet war, ein Vordringen sowjetisch unterstützter Kräfte in Zentralafrika aufzuhalten[11].

Die historischen Erfahrungen mit militärischen Interventionen seit 1945 sind wenig dazu angetan, Optimismus in die Wirksamkeit dieses außenpolitischen Instrumentes aufkommen zu lassen – selbst wenn man die komplexe moralische Dimension dieses Problems einmal außer acht läßt. McFarlanes Analyse der Interventionen der UdSSR in Afghanistan, Kubas in Äthiopien, Kubas, Südafrikas und Zaires in Angola und Frankreichs im Tschad zeigt, daß alle diese Interventionen ihre gesteckten Ziele bestenfalls kurzfristig, kaum jedoch auf Dauer erreichen konnten[12].

Die Erfolgschancen für militärische Interventionen werden einerseits durch Faktoren in den Ländern bestimmt, die die Intervention tragen sollen, andererseits durch das internationale Umfeld und die Voraussetzungen im Krisengebiet. So setzt eine militärische Intervention neben den offensichtlichen, keinesfalls jedoch auch notwendig vorhandenen Anforderungen an die militärischen Ressourcen eines Staates oder einer Staatengruppe[13] auch die Bereitschaft voraus, die entstehenden Kosten zu tragen[14]. Gerade in demokratischen Staaten ist jedoch die Bereitschaft, militärische Interventionen der Regierung in anderen Ländern zu tolerieren, eher gering: Dies zeigte sich seit den negativen Erfahrungen in Vietnam auch in den USA, die wohl als einziger westlicher Industriestaat die militärischen Voraussetzungen für eine Intervention in allen Regionen der Welt besitzen[15]. Darüber hinaus wird die Entscheidung zur militäri-

---

[9] Hierzu Peter Mangold, Shaba I and II, in: *Survival*, May/June 1979, pp. 107–115; John Chipman, French Military Policy and African Security, London 1985, p. 13 (=Adelphi Paper No. 201); International Institute for Strategic Studies, Strategic Survey 1978, London 1979, pp. 100f.

[10] Office of Technology Assessment, Strategic Materials: Technologies to Reduce U.S. Import Vulnerability, Washington 1985, pp. 97ff.

[11] Chipman, op. cit., p. 31; vgl. auch Dominique Moisi/Pierre Lellouche, Frankreichs Afrikapolitik unter Giscard d'Estaing, Ein Kampf auf verlorenem Posten? in: *Europa Archiv*, No. 2/1979, pp. 29–42.

[12] McFarlane, op. cit.

[13] McFarlane, op. cit., p. 21.

[14] ibid., p. 21.

[15] ibid., pp. 22f, 60.

schen Intervention jedoch auch die denkbaren Reaktionen anderer Staaten, insbesondere der Sowjetunion und der Nachbarländer, aber auch der eigenen Verbündeten zu berücksichtigen haben: Einerseits riskieren Interventionen Gegeninterventionen und damit auch die Eskalation einer Krise[16], andererseits kann auch die Reaktion der Verbündeten zu einem gewichtigen Problem werden: Die Opposition wichtiger Verbündeter kann militärische Operationen scheitern lassen (siehe etwa die französisch-britische Intervention am Suez-Kanal 1956) oder zu schweren Zerwürfnissen in einer Allianz führen (vgl. etwa die Belastungen des westlichen Bündnisses durch die amerikanischen Rüstungslieferungen an Israel im Oktoberkrieg 1973)[17].

Neben diesen notwendigen Rahmenbedingungen für eine erfolgreiche Intervention in den intervenierenden Ländern und im internationalen System hängt der Erfolg oder Mißerfolg eines militärischen Eingreifens jedoch auch von den spezifischen Gegebenheiten im Zielgebiet der Intervention ab. Die chronische Instabilität vieler Länder der dritten Welt als Ergebnis mangelhaft ausgeprägter nationaler Loyalitäten und fehlender Legitimität der politischen Strukturen und Regime[18], die auch eine große Anfälligkeit der Bergbauproduktion in diesen Ländern impliziert, begünstigt zwar auf der einen Seite Interventionen, weil die zu einer entscheidenden Beeinflussung der Krisensituation notwendigen Ressourcen begrenzt sind. Auf der anderen Seite erschweren diese Bedingungen die Herausbildung stabiler, wohllegitimierter politischer Strukturen – die Bergbauförderung eines Landes bedarf jedoch langfristig dieser politischen Rahmenbedingungen[19]. Insofern besteht kein Widerspruch zwischen dem kurzfristigen Erfolg und den längerfristigen Defiziten der französischen Interventionen in Schwarzafrika – auch in Zaire konnte das französische Eingreifen das grundlegende Problem – die Mißwirtschaft Mobutus – nicht ausräumen; Zaire bleibt damit anfällig für innere Wirren und äußere Einmischung.

Militärisches Eingreifen kann also unter günstigen Umständen ein wankendes Regime stabilisieren; dauerhafte Voraussetzungen für politische Stabilität im Sinne legitimer politischer Strukturen werden dadurch jedoch noch nicht geschaffen, ja möglicherweise sogar beeinträchtigt. Denn ein ausländisches Eingreifen zugunsten eines Regimes kann nationalistischen Widerstand anfachen, kann die Opposition gegen das System vereinen und stärken und die Legitimität der Machthaber weiter untergraben[20].

Diese Diskussion zeigt, daß militärische Intervention zur Sicherung der Rohstoffversorgung nur in Ausnahmefällen eine erwägenswerte Option darstellen kann. In der Regel würde ein militärisches Eingreifen mit hohen Kosten und Risiken verbunden

---

[16] ibid., pp. 19f.

[17] ibid., p. 20.

[18] Vgl. hierzu International Institute for Strategic Studies (ed), Third World Conflict and International Security, Vol. I, London 1981 (= Adelphi Paper No. 166), insbesondere die Aufsätze von Udo Steinbach (Sources of Third World Conflict, pp. 21–28) und Michael Nacht, Internal Change and Regime Stability, pp. 52–58.

[19] Vgl. McFarlane, op. cit., pp. 5ff.

[20] ibid., pp. 18f.

sein und zudem mit großer Wahrscheinlichkeit zu einem Debakel werden. Bei den wichtigsten Versorgungskrisen – diejenigen, die mit dem südlichen Afrika verknüpft sind – ist ein Eingreifen zugunsten des Apartheid-Regimes oder auch nur dessen indirekte Unterstützung (etwa über Waffenlieferungen) ohnehin unvorstellbar: Zu deutlich sind hier alle die Faktoren erfüllt, die McFarlane für ein Scheitern militärischen Eingreifens mit hoher Wahrscheinlichkeit identifiziert: Tiefe gesellschaftliche und politische Risse und Gegensätze im Zielland, aktiver Widerstand eines Großteils der Bevölkerung gegen den Klienten des Intervenierenden; begrenzte militärische Ressourcen und wirksamer innenpolitischer Widerstand gegen die Intervention im intervenierenden Staat; und schließlich hohe Wahrscheinlichkeit einer Gegenintervention[21]. Entscheidend wäre jedoch der innenpolitische Widerstand gegen ein solches Eingreifen in allen westlichen Industriestaaten.

Auf der anderen Seite ist im Zusammenhang mit regionalen Auseinandersetzungen im südlichen Afrika ein indirektes militärisches Eingreifen des Westens immerhin vorstellbar. So könnten Versuche Südafrikas, die schwarzen Frontstaaten zu destabilisieren, etwa die Bergbauexporte Simbabwes gefährden. Simbabwe könnte die westlichen Industriestaaten um Unterstützung ersuchen; der Westen würde in einer derartigen Situation in der Tat ein erhebliches Interesse daran haben, die südafrikanischen Destabilisierungsversuche einzudämmen. Dies könnte durch diplomatisch-politischen Druck, durch Verhängung von Sanktionen, aber auch durch Waffenlieferungen an die Frontstaaten bzw. durch Sicherheitszusagen geschehen. Die Alternative für die Frontstaaten könnte nur in einer Anlehnung an die Sowjetunion bestehen. Auch diese Form der militärischen Einflußnahme im südlichen Afrika wäre jedoch mit großen Risiken und Unsicherheiten verbunden.

Insgesamt wäre es sicherlich unrealistisch, eine westliche Einmischung in regionale oder innenpolitische Konflikte mit Auswirkungen auf die Rohstoff-Versorgung der Industriestaaten von vornherein und kategorisch auszuschließen. Dies gilt auch für militärische Interventionen. Auf der anderen Seite erscheinen die Möglichkeiten zur Krisenbewältigung auf diesem Weg für die meisten und schwerwiegendsten Krisenszenarien gering, die Risiken eines militärischen Eingreifens enorm. Effektive Krisenvorsorge bildet deshalb eine weitaus rationalere Politik-Option. Insbesondere eine angemessene Vorratshaltung könnte den Druck auf die Entscheidungsträger in einer Versorgungskrise verringern und Zeitgewinn bringen. Damit würde auch die Versuchung für die Akteure, den riskanten Pfad einer Einmischung in einen offen aufgeflammten Konflikt in der dritten Welt zu beschreiten, gemindert.

[21] ibid., p. 36.

2.6 Kosten und Kosteneffektivität rohstoffwirtschaftlicher Sicherheitspolitik

Vorbeugende Maßnahmen zur Gewährleistung rohstoffwirtschaftlicher Sicherheit gegen Versorgungskrisen rechtfertigen sich wie eine Versicherungspolice: Sie bilden einen Schutz gegen Risiken, deren Eintreten oder Zeitpunkt ungewiß sind. Die dabei zu entrichtende Versicherungsprämie ist dann angemessen, wenn sie die etwaigen Kosten des Risikofalls zu einem Betrag erheblich verringern kann, der deutlich unter diesen Kosten liegt, und wenn zugleich der Eintritt des Risikos eine hohe Wahrscheinlichkeit hat. Mathematisch ausgedrückt, ist die Versicherungsprämie angemessen, wenn

$$K < (S_1 - S_2) \times P,$$

wobei K die Versicherungskosten pro Jahr seien, S_1 die Schadenshöhe im Versicherungsfall ohne Versicherungspolitik, S_2 der Schaden im Krisenfall mit Versicherungspolitik und P die Wahrscheinlichkeit seines Auftretens innerhalb eines Jahres.

Die Schadenshöhe im Falle einer Störung der Rohstoffversorgung bei kritischen Materialien ist präzise vor einer Krise kaum abzuschätzen: Die Bestimmung der Elastizitäten von Angebot und Nachfrage in einer Versorgungskrise hängt von so vielen, nicht zuletzt auch psychologischen Faktoren ab, daß ihre Errechnung enorme Probleme aufwirft[1]. Bei schweren Krisen mit gesamtwirtschaftlichen Auswirkungen, die unserer Definition von Sicherheitsrisiken entsprechen würden, käme hinzu, daß nur ein Teil der entstehenden Kosten ökonomisch exakt zu quantifizieren wäre; die sozialen und politischen Nebeneffekte ließen sich im einzelnen kaum noch adäquat erfassen. Immerhin lassen die jweiligen Krisenelastizitäten Näherungsaussagen über den Umfang und damit auch die möglichen Schäden von Versorgungskrisen annähernd abschätzen. Die Schaubilder D-2.6.1 und D-2.6.2 illustrieren diese Schäden; sie bestehen in einem Wohlfahrtsverlust des Verbrauchers, der nur zu einem Teil den Förderländern zugute kommt[2].

Die Wahrscheinlichkeit des Eintretens bestimmter Risikokonfigurationen läßt sich ebenfalls nur abschätzen – und diese Schätzungen sind naturgemäß mit einer noch höheren Unsicherheit behaftet. Entscheidend für eine Krisenkonfiguration mit sehr hohem potentiellen Schaden ist letztlich jedoch nur eine gewisse Plausibilität von Versorgungsstörungen: Ein Wert von 0,1 für P (also eine Wahrscheinlichkeit von 10% für das Auftreten einer Krisenkonfiguration in einem bestimmten Jahr) ergibt bei entsprechend hohen Werten für S noch immer ein beträchtliches Risikomoment.

---

[1] Raymond F. Mikesell, Economic Stockpiles for Dealing with Vulnerability to Disruptions of Foreign Supplies of Minerals, in: *Materials and Society*, No. 1/1985, pp. 59–128.

[2] Zu Methoden der Berechnung der Gesamtkosten von Versorgungsstörungen vgl. Michael W. Klass/James C. Burrows/Steven D. Beggs, International Mineral Cartels and Embargoes, New York 1980, Kap. 2; Office of Technology Assessment, An Assessment of Alternative Economic Stockpiling Policies, Washington 1976, Kap. IV; Mikesell, op. cit., pp. 90ff und Appendix III.

Schaubilder D – 2.6.1 und D – 2.6.2: Illustrative Darstellung der sozialen Kosten von Versorgungsstörungen

ohne einheimische Förderung
des betroffenen Rohstoffes

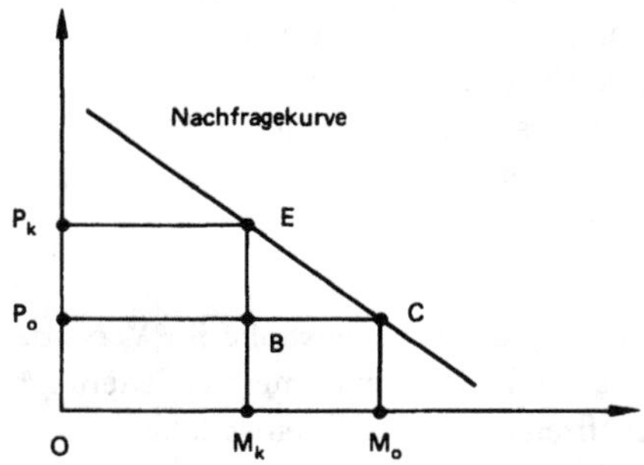

P_o = Preis vor der Krise
M_o = Importe vor der Krise
P_k = Krisenpreis
M_k = Importmengen in der Krise

Die Gesamtkosten durch die Versorgungsstörung umfassen die Fläche P_oP_kEC.
Davon werden P_oP_kEB an die Importländer transferiert

mit einheimischer Förderung
des betroffenen Rohstoffes

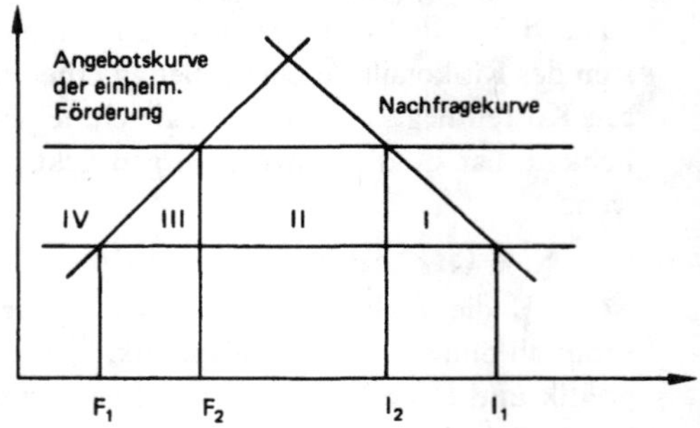

F_1 = einheimische Förderung vor der Krise
F_2 = einheimische Förderung in der Krise
I_1 = Importe vor der Krise
I_2 = Importe während der Krise

Die Gesamtkosten für die betroffene Gesellschaft umfassen die Flächen I, II, III. IV illustriert die Extragewinne der einheimischen Anbieter. II entspricht dem Transfer an ausländische Lieferanten

Quelle:
Raymond F. Mikesell, Economic Stockpiles for Dealing with Vulnerability to Disruption of Foreign Supplies of Minerals, in: *Materials and Society,* No. 1/1985

Daneben erscheinen jedoch bestimmte Formen der Risikovorsorge (insbesondere die Bevorratung) auch dann schon angemessen, wenn sie nur der Rückversicherung gegen starke Preissteigerungen gelten.

Sind Schadenserwartungen und Risikowahrnehmungen hoch genug, um entsprechende Vorkehrungen zu rechtfertigen, stellt sich die Frage nach den relativ kostengünstigsten Mitteln der Risiko-Versicherung. Diplomatie zur Krisenvorbeugung ist zwar relativ billig, wie in Kap. 2.1. dargelegt jedoch nicht unbedingt wirksam. Eine Diversifizierung der Lieferquellen durch Exploration und Entwicklung neuer Vorkommen ist eine von den internationalen Rohstoffkonzernen, aber auch von etlichen Importländern bewußt betriebene und geförderte Strategie, die grundsätzlich mit relativ geringem Aufwand gute Ergebnisse erzielen kann[3]. Dies gilt jedoch nur so lange, wie die Preise der alternativen Bezugsquellen nicht erheblich höher liegen als die der risi-

[3] Phillip Crowson, Approaches Adopted by Other Countries, in: Michel J. Jones (ed), Availability of Strategic Minerals, London 1980, pp. 93–99.

kobehafteten Lieferregion. Die Subvention kostenungünstiger Bergwerksproduktion aus Gründen der Versorgungssicherheit ist in aller Regel *vor* einer Krise nicht sinnvoll[4]: Die Kostenstruktur ist im Vergleich zu anderen, vergleichbar wirksamen Maßnahmen ungünstig, und da der Zeitpunkt einer Versorgungskrise nicht vorhersehbar ist, mag eine derartige Diversifizierungspolitik sogar ihren eigentlichen Zweck verfehlen – dann etwa, wenn (wie im Falle einer möglichen Produktion von Kobalt in den USA[5]) die Vorkommen innerhalb relativ kurzer Zeit erschöpft wären, die Krise jedoch erst danach ausbräche.

Eine derartige Strategie der Subventionierung der einheimischen Förderung – die natürlich auch von den Lobbies der Bergbauindustrien in Ländern mit entsprechenden Rohstoff-Vorkommen lautstark befürwortet wird – wäre allerdings dann sinnvoll, wenn eine schwere und langdauernde Versorgungskrise nur über die Mobilisierung zusätzlicher Förderkapazitäten zu bewältigen wäre. Die betriebswirtschaftlichen Voraussetzungen für eine bergbauliche Nutzung einheimischer Vorkommen hätten sich unter diesen Umständen durch zweifellos dramatisch höhere Preise erheblich verbessert; allerdings müßten diese Voraussetzungen durch eine entsprechende außenwirtschaftliche Absicherung (Quoten, Zölle) oder durch internationale Abkommen mit anderen Verbraucherländern (wie etwa dem von den Mitgliedern der Internationalen Energieagentur IEA 1975 vereinbarten Mindestpreis für Erdöl[6]) eingefroren bzw. durch direkte Subventionen ersetzt werden, falls der Weltmarktpreis nach einiger Zeit wieder sinken sollte.

Die Subventionierung bzw. der außenwirtschaftliche Schutz von rohstoffwirtschaftlich sicherheitsrelevanten Verarbeitungsindustrien (insbesondere der Ferro-Chrom-Industrie) mag als vorbeugende Maßnahme u. U. ebenfalls kosteneffizient sein. Der Pfad durch das Dickicht unangemessener Subventionen für eine Industrie in Schwierigkeiten ist hier allerdings schmal: Die Aufrechterhaltung von Mindestkapazitäten (wobei die Möglichkeit der Konversion etwa von Ferro-Mangan-Anlagen einbezogen werden sollte) wäre ausreichend. Die amerikanische Regierung hat sich zu diesem Zweck zu einem Programm der Aufwertung von *Stockpile*-Beständen entschieden: Die Verarbeitung von Mangan- und Chromerz zu Ferro-Legierungen verbessert nicht nur die Qualität der Bestände, sondern bedeutet zugleich ein Beschäftigungsprogramm für die vom Wettbewerb mit südafrikanischen und anderen Konkurrenten gezausten einheimischen Produzenten[7].

---

[4] Hans H. Landsberg/John E. Tilton, Nonfuel Minerals: The Fear of Shortages and the Search for Policies, in: Emery N. Castle/Kent A. Price, U.S. Interests and Global Natural Resources, Baltimore 1983, pp. 48–80 (74ff).

[5] Office of Technology Assessment, Strategic Materials: Technologies to Reduce U.S. Import Vulnerability, Washington 1985, pp. 167ff, 354ff.

[6] Vgl. Peter Roggen, Die Internationale Energie-Agentur, Bonn 1979, pp. 110ff.

[7] Vgl. hierzu Office of Technology Assessment, op. cit. (1985), pp. 361f; Raymond E. Brown/Gerald F. Murphy, Ferroalloys, Washington 1985, pp. 6ff (= US Bureau of Mines, Mineral Facts and Problems, 1985 Edition, Preprint).

Forschungsprogramme zur Entwicklung neuer Subventions- und Einsparungsmöglichkeiten können ebenfalls eine kosteneffektive Form der Vorsorge bilden. Derartige Programme wären im Gesamtzusammenhang einer organischen Krisenvorsorge zu sehen, die insgesamt zu vergleichsweise geringen Kosten die Auswirkungen einer etwaigen Versorgungskrise eindämmen könnte. Hierzu zählen außerdem noch die systematische Erhebung von Daten über Verbrauchsstrukturen, Vorratshaltung, Lagerstätten und potentielle Bergbauprojekte (wie sie das *Mineral Availability System* des *US Bureau of Mines* zusammenträgt) sowie die Vorbereitung von Rationierungsmaßnahmen und anderen Schritten zu einer angemessenen Krisenbewältigung.

Eine Politik der Bevorratung bildet nach Auffassung der meisten einschlägigen Untersuchungen neben Maßnahmen der Diversifizierung die kostengünstigste und effektivste Form der Vorsorge[8]. Die Kosten, die für die Lagerhaltung notwendig sind, umfassen einerseits Kapitalinvestitionen zum Aufkauf der gewünschten Bestände, die jedoch durch Abgaben in Krisenzeiten bzw. durch Auflösung der Bestände aus anderen Gründen (z.B. schwindende Bedeutung des Rohstoffes oder neue, sichere Lieferquellen) wieder realisiert werden könnten, andererseits laufende Ausgaben für die Lagerhaltung und zur Verwaltung der Bestände sowie die Opportunitätskosten des Kapitaleinsatzes bzw. die Zinslast. Hinzu kommen die Gestehungskosten der Vorratshaltung (Maklergebühren, Transportkosten beim Aufbau der Bestände) sowie Kosten bei der Veräußerung (wobei hier, je nach dem Abgabe-Preis, Kapitalgewinne oder -verluste auftreten können)[9].

Vorratshaltung wird in größerem oder geringerem Umfang von Bergbauunternehmen wie von rohstoffabhängigen Verarbeitungsindustrien betrieben, weil die Kosten insgesamt vergleichsweise gering sind oder – bei einer geschickten Bevorratungspolitik – sogar durch Kapitalgewinne überkompensiert werden können. Allerdings kann nur unter bestimmten, normalerweise kaum gegebenen Voraussetzungen davon ausgegangen werden, daß das Gesamtvolumen der privaten Bevorratung dem gesamtgesellschaftlichen Optimum entspricht[10]. Die Ermittlung dieses Optimums wirft erhebliche Probleme auf: Ein Ansatz zu ihrer Auflösung besteht in ökonometrischen Modellen, die aus der Gegenüberstellung von Nutzen- und Kostenfunktion von Bevorratungsprogrammen unterschiedlichen Umfangs eine optimale Bevorratungsmenge zu bestimmen versuchen[11], ein anderer in der detaillierten Aufschlüsselung der Nachfrage und der Ermittlung der notwendigen Bevorratung auf der Basis der Versorgung kritischer Anwendungsbereiche unter bestimmten Krisenszenarien[12].

---

[8] So etwa Office of Technology Assessment, op. cit. (1976), Kap. VII; Landsberg/Tilton, op. cit.; Klass/Burrows/Beggs, op. cit.; Mikesell, op. cit.

[9] Hierzu Office of Technology Assessment, op. cit. (1976), Kap. IV; Mikesell, op. cit., pp. 95 f.

[10] Ibid., pp. 97 f.

[11] Hierzu insbesondere Klass/Burrows/Beggs, op. cit., Kap. 2; Mikesell, op. cit., pp. 96 f, Appendices IV, V; Office of Technology Assessment, op. cit. (1976), Kap. V.

[12] Dieser Ansatz wird offenbar von der französischen Regierung verfolgt: Interview, Observatoire des Matières Premières, Paris, 28. Okt. 1985.

Im Vergleich zu den möglichen Schäden bei Versorgungskrisen erscheinen die Kosten einer angemessenen Bevorratung insgesamt bescheiden, wenn man das Kapitalelement (das über Kredite finanzierbar wäre und somit nicht unmittelbar als Kostenfaktor auftreten müßte) einmal beiseite läßt. Die Kosten des japanischen Programms etwa wurden ursprünglich mit einigen Millionen DM jährlich angesetzt, das für die Bundesrepublik erwogene Programm hätte jährlich etwa DM 40 Mio. gekostet[13]. *Tab. D-2.6.1* gibt einen Überblick über die Gestehungskosten eines hypothetischen Bevorratungsprogramms für die BRD auf der Basis einer Reichweite von sechs Monaten der Importmengen 1980 und der Preise von 1984 bei fünf kritischen Rohstoffen. Die laufenden Kosten (überwiegend der Kapitalzins) würden bei einem Ansatz von 7% der Gestehungskosten auf DM 29,5 Mio. *per annum* kommen. Ein Teil dieser Kosten könnte und sollte von den Verbraucher-Unternehmen getragen werden[14].

Eine Politik der Krisenbevorratung bedarf jedoch der außenwirtschaftlichen Absicherung, um im Kriesenfall nicht einfach in einer marginalen Senkung der Welt-

Tab. D – 2.6.1: Illustrative Kostenkalkulation für ein Rohstoff-Bevorratungsprogramm für die BRD

	Importmengen (1980)		Preise (1984)	Kosten eines Vorrates von sechs Monaten Reichweite auf Basis der Nachfrage 1980 zu den Preisen von 1984 ('000 $)
Chromerz	328,847	t	$ 100/t	16442
Ferro-Chrom	862	t	$ 670/short ton	289
Manganerz	490,000	t	$ 1,30/t	318
Ferro-Mangan	5,731	t	$ 490/t	1404
Kobalt	319	t	$ 12,50/lb.	4392
Niob	23	t	$ 40/lb.	1013
Tantal	255	t	$ 130/lb.	36509
Platin	416,969	Feinunzen	£ 275,10[a]	77428
Palladium	367,909	Feinunzen	£ 110,05[a]	27330
Vanadium	1,382	t	$ 2,30/lb.	3501
				168626

Anm.: 1 short ton = 907 kg
1 lb. = 454 g
[a]) Freier Marktpreis; £ = $ 1,35 als Berechnungsbasis

Quellen:
US Bureau of Mines, Minerals Yearbook 1981, Vol. III: Area Reports: International, Washington 1983
Metallstatistik, 1973–1983, Frankfurt

[13] Vgl. Teil D, Kap. 1.2, 1.4.
[14] So auch Landsberg/Tilton, op. cit., pp. 78f; Mikesell, op. cit., p. 104; Michael Shafer, Mineral Myths, in: *Foreign Policy*, Summer 1982, pp. 154–171 (169).

marktpreise zu verpuffen. Die befriedigendste Lösung wäre ohne Zweifel ein Abkommen zwischen den wichtigsten Importländern über eine koordinierte Bevorratungspolitik, um Exportverbote u. ä. der Staaten mit Vorräten in einer Krisensituation zu vermeiden[15]. Im Erdölbereich besteht ein derartiges Abkommen in der Form des Internationalen Energieprogramms und der Internationalen Energieagentur seit 1974; im Rohstoffbereich dagegen fehlt es bislang. Nicht nur die Zusammenarbeit mit anderen Verbraucherländern wäre jedoch ein billiger Beitrag zu mehr Rohstoffsicherheit, sondern auch ein intensivierter Dialog mit den Förderländern unter sicherheitspolitischen Perspektiven. Rohstoffabkommen mit spezifischen Klauseln für Krisensituation (z. B. bestimmte Vorrats-Programme der Förderländer) würden zwar Kosten verursachen, sie könnten jedoch allgemeine außenpolitische Dividenden im Sinne einer Verbesserung der Nord-Süd-Beziehungen bringen sowie einen Beitrag zur Versorgungssicherheit leisten[16]. Die militärische Intervention dagegen erscheint nicht nur als das riskanteste, sondern auch als das kostspieligste Verfahren zur Sicherung der Rohstoffversorgung.

[15] Mikesell, op. cit., pp. 76 f.
[16] ibid., pp. 77 f; Shafer, op. cit., p. 69.

E: ZUSAMMENFASSUNG UND POLITISCHE SCHLUSSFOLGERUNGEN

Bei allen Unsicherheiten, mit denen sozialwissenschaftliche Zukunftsprognosen befrachtet sind, lassen sich doch einige grundsätzliche Strukturaspekte der gegenwärtigen internationalen Beziehungen bis mindestens zur Jahrtausendwende extrapolieren.

1. Die internationalen Wirtschaftsbeziehungen werden auch für die absehbare Zukunft durch ein hohes Maß an Verflechtung gekennzeichnet bleiben. Auch wenn die Vertiefung der wirtschaftlichen Interdependenzen inzwischen ihren Zenit überschritten hat, auch wenn sich dieser Prozeß in einigen Teilbereichen inzwischen sogar umgekehrt haben mag, sind qualitative Veränderungen hier schon deshalb kaum vorstellbar, weil die Gewährleistung nationalen Wohlstandes inzwischen zu eng mit diesen Interdependenzen verknüpft ist, um einen dramatischen Abbau zuzulassen. Lediglich ein Zusammenbrechen wichtiger Regulationsmechanismen des internationalen Wirtschaftssystems und eine sich daraus entwickelnde katastrophale Wirtschaftskrise könnten diese Interdependenzen einschneidend verändern.

2. Die Industrieproduktion wird – bei allen im einzelnen zweifellos tiefgreifenden Strukturveränderungen, Verlagerungen und Anpassungsprozessen im weltweiten Rahmen – auch weiterhin das Rückgrat des materiellen Wohlstandes der Weltbevölkerung und der Bevölkerung in den Industriestaaten bilden. Rohstoffe werden auch in Zukunft die Basis dieser Produktion bleiben, wenngleich sich die angedeuteten Strukturveränderungen in der Industrieproduktion in Art und Intensität des Rohstoffbedarfs niederschlagen werden.

3. Die politische Struktur des internationalen Systems wird weiterhin durch die Vorherrschaft des Nationalstaates, durch ein labiles Gleichgewicht zwischen zwei konkurrierenden Blöcken und durch traumatisierende Prozesse raschen wirtschaftlichen und sozialen Wandels in weiten Teilen der dritten Welt bestimmt. Die Krisenanfälligkeit des Systems wird daher hoch bleiben, die fragilen und fragmentierten Ordnungsmuster dieser Struktur werden auch in Zukunft nicht immer in der Lage sein, lokale, regionale und internationale Konfliktpotentiale zu entschärfen bzw. zu kanalisieren.

In einer so beschaffenen Welt wird die Rohstoffversorgung der drei großen Industrieregionen Westeuropa, USA und Japan auch in Zukunft mit Versorgungsrisiken behaftet bleiben. In dieser Untersuchung ging es um eine präzisere Eingrenzung dieser Risiken im nichtenergetischen Rohstoffbereich. Dabei wurde die Meßlatte zur Ermittlung von genuinen rohstoffwirtschaftlichen Sicherheitsrisiken bewußt hoch gelegt, um die Spreu der in Marktprozessen gängigen, ja inhärenten Konflikt- und Unsicherheitspotentiale von jenen potentiellen Bedrohungen zu sondern, die die Bezeichnung „Sicherheitsrisiken“ verdienen, weil sie bestehende politische Strukturen und Grundmuster im inner- bzw. im zwischenstaatlichen Bereich gefährden könnten. Gemeint sind dabei Versorgungskrisen, in denen die politische Legitimität der demokratischen Institutionen durch schwerwiegende wirtschaftliche Krisenerscheinungen ausgezehrt bzw. die bestehenden Arrangements der Kooperation im westlichen Bündnissystem untergraben würden. Beide Formen des politischen Wandels könnten letztlich – die historische Parallele der 30er Jahre zeigt dies – gravierende Auswirkungen auf die internationale Sicherheit und auf den Weltfrieden haben.

Zur Identifizierung möglicher Versorgungsrisiken stützte sich diese Studie auf zwei Variablenbündel: Auf die *Wahrscheinlichkeit* von ernsthaften Versorgungsstörungen und auf die *Verwundbarkeit* der Industriestaaten gegenüber solchen Störungen. Eine erhebliche Wahrscheinlichkeit für Versorgungsstörungen eines bestimmten Umfanges setzt zunächst einmal eine Konzentration des Angebots voraus (die Wahrscheinlichkeit von parallelen Versorgungskrisen bei mehreren voneinander weitgehend unabhängigen Lieferquellen ist von vornherein gering); darüber hinaus ermittelt sie sich nach Maßgabe der Wahrscheinlichkeit bestimmter (politischer) Krisenkonfigurationen. Die Verwundbarkeit der Industriestaaten ergibt sich einerseits aus Importabhängigkeiten, andererseits und vor allem jedoch aus den Anpassungsflexibilitäten und -kosten der entsprechenden Verbrauchsstrukturen in Versorgungskrisen. Diese Flexibilitäten bestehen grundsätzlich auf der Angebots- wie auf der Nachfrageseite, sie können aktiv oder passiv anpassend wirken, also die eigene Systemstruktur oder aber das Systemumfeld verändern. Weder Krisenwahrscheinlichkeiten noch Verwundbarkeiten lassen sich letztlich präzise und eindeutig abschätzen; eine qualitative Bewertung dieser Kategorien ist jedoch möglich.

Zwei weitere Kategorien spielten bei der Bewertung von Versorgungsrisiken eine wichtige Rolle: Die Art der Verursachung und die Verortung der Krise auf den Grobdimensionen der internationalen Beziehungen. Die wichtigste Unterscheidung bezüglich der Art der Versorgungsstörung betraf diejenige zwischen *intendierten* und *anomischen*, also nicht zielgerichteten Störungen. Intendierte Störungen wurden dabei als grundsätzlich weniger gefährlich, weil politischen Kompromißlösungen zugänglicher eingeschätzt; die Feststellung, ob sich Versorgungsstörungen im Rahmen der Ost-West-Beziehungen, der Nord-Süd-Beziehungen oder der West-West-Beziehungen manifestieren, scheint ebenfalls eine gewisse Relevanz für den Umfang der Risiken zu haben: Nord-Süd-Rohstoffbeziehungen profitieren grundsätzlich vom ausgeprägten ökonomischen Interesse der Lieferanten an der Fortsetzung der Lieferbeziehung, wenngleich auch hier politische Prozesse diese wirtschaftlichen Interessen überschatten und verdrängen können; sie erscheinen jedoch aufgrund der Krisenanfälligkeit vieler Länder und Regionen der dritten Welt besonders labil. In den Ost-West-Beziehungen dagegen spielt die politische Bewertung zumindest für die beiden Supermächte eine dominierende Rolle; der Ost-West-Rohstoffhandel ist daher in beträchtlichem Maße von dem Gesamtkontext und der jeweiligen Ost-West-Beziehungen abhängig. Die Rohstoff-Beziehungen zwischen den westlichen Industriestaaten (zu denen jedoch Südafrika nicht gezählt wird) schließlich basieren auf einem dichten Geflecht wirtschaftlicher und politischer Interdependenzen mit kooperativer Grundstruktur; diese Tatsache sowie die hohe politische Stabilität und Kontinuität in diesen Systemen tragen dazu bei, Versorgungsrisiken zu minimieren.

Mit Hilfe dieser theoretisch-konzeptionellen Überlegungen identifizierte die Untersuchung dann in einem zweiten Schritte anhand von Analysen wichtiger Rohstoffmärkte die bedeutsamsten Versorgungsrisiken bis zur Jahrtausendwende. Dabei ergaben sich im einzelnen folgende Ergebnisse:

1. Intendierte Versorgungsstörungen bilden – mit einer möglichen Ausnahme – kaum eine Gefahr für die Rohstoffsicherheit der Industriestaaten. Im Nord-Süd-Kontext sind Rohstoffkartelle und oligopolistische Preismanipulationen zwar nicht auszuschließen, insgesamt jedoch eher unwahrscheinlich und ohnehin nicht so geartet, daß hier von Bedrohungen der Versorgungssicherheit gesprochen werden könnte. Im West-West-Kontext erscheint diese Art der Unterbrechung ausgeschlossen; im Ost-West-Kontext dagegen dürften die Abhängigkeiten der westlichen Industriestaaten auch in Zukunft gering bleiben, so daß selbst im Falle politisch motivierter Lieferunterbrechungen keine ernsthaften Gefährdungen entstünden; diese Tatsache wiederum macht entsprechende Strategien von vornherein unwahrscheinlicher. Auch die Vorstellung einer sowjetischen Offensive zur Unterminierung der Rohstoffversorgung des Westens aus dem südlichen Afrika hielt einer genaueren Überprüfung nicht stand.

Die mögliche Ausnahme bei dieser negativen Risiko-Gesamtbewertung intendierter Versorgungsstörungen bildet ein denkbarer Exportstopp Südafrikas bei kritischen Rohstoffen. Ein solcher Exportstopp ist jedoch in erster Linie dann plausibel, wenn sich die innenpolitischen Auseinandersetzungen in Südafrika und die Sanktionsmaßnahmen des Westens gegen die Republik weiter verschärfen würden; damit mündet dieses Szenario in den Kontext anomischer Versorgungsrisiken.

2. Anomische Versorgungsrisiken erscheinen vergleichsweise bedrohlicher, wenngleich zahlenmäßig ebenfalls recht begrenzt. Die Risiken konzentrieren sich geographisch im südlichen Afrika, daneben auf Nordafrika (Phosphat) und Brasilien, das als großes Bergbau-Exportland in den kommenden Jahren noch an Gewicht gewinnen könnte. Die besonders gefährdeten Rohstoffe sind in erster Linie eine Handvoll von Stahlveredlern und Legierungsmetallen, die primär aus dem südlichen Afrika bezogen werden (Chrom, Mangan, Vanadium, Kobalt, als Grenzfall auch Niob aus Brasilien), danach die Platinmetalle (die ebenfalls überwiegend aus dem südlichen Afrika bezogen werden), Phosphat (aufgrund der starken Marktposition Marokkos) und vielleicht auch der Elektronik-Rohstoff Tantal (Südostasien; starke Abhängigkeit von der Zinnförderung). Die wichtigsten Krisenszenarien umfassen – mit abnehmender Wahrscheinlichkeit – eine Zuspitzung und regionale Ausweitung der innenpolitischen Konflikte in Südafrika, innere Instabilität in den Kobalt-Förderländern Zaire und Sambia, einen Bürgerkrieg oder eine militärische Auseinandersetzung in Nordafrika sowie regionale bzw. innenpolitische Krisen in Südostasien oder Brasilien.

Bei all diesen Rohstoffen erscheinen Krisenszenarien, die substantielle Lieferausfälle über längere Zeiträume hinweg implizieren würden, mindestens plausibel; zugleich dürften derartige Versorgungsstörungen in allen Fällen erhebliche Anpassungskosten nach sich ziehen. Allerdings erscheinen die gegenwärtigen und absehbaren zukünftigen Verwundbarkeiten der Industriestaaten nur in einem Fall so gravierend, daß von einem genuinen rohstoffwirtschaftlichen Sicherheitsrisiko gesprochen werden kann – bei den Rohstoffexporten des südlichen Afrikas. Diese Risikobewertung basiert einerseits auf der relativ hohen Wahrscheinlichkeit von schwerwiegenden politischen Krisenerscheinungen mit Auswirkungen auf die Bergbauindustrien im südlichen Afrika, zweitens auf der Bedeutung dieser Region in einer Reihe von kritischen Rohstoffmärkten und drittens auf der grundsätzlich relativ hohen Verwundbarkeit der Industriestaaten bei einigen dieser Rohstoffe (insbesondere Chrom und Platin). Vorkehrungen gegen Versorgungsstörungen bei den Rohstoffbezügen aus dem südlichen Afrika erscheinen also besonders dringlich. Aber auch bei einigen anderen kritischen Rohstoffen wären Maßnahmen zur Krisenvorsorge angesichts plausibler Szenarien für Versorgungsstörungen und erheblicher Verwundbarkeiten sinnvoll.

Diese Schlußfolgerungen führten den Gang der Untersuchung im nächsten Schritt zu einer Analyse der Strategien zur Krisenvermeidung und Krisenbewältigung. Derartige Strategien bewegen sich grundsätzlich in einem Koordinatensystem mit zwei wichtigen Dimensionen – der zeitlichen Dimension und der geographisch-politischen Dimension. Der Faktor Zeit spielt dabei in mehrerer Hinsicht eine besonders bedeutsame Rolle. Zum einen verändern sich die Marktgegebenheiten entlang dieser Achse in zyklischen und strukturellen Schwankungen. Die den internationalen Rohstoffmärkten eigenen starken zyklischen Instabilitäten implizieren erhebliche Schwankungen in wichtigen Aspekten der Krisenflexibilitäten und damit auch in der Verwundbarkeit der Abnehmerländer. Die Depression in den internationalen Rohstoffmärkten in der ersten Hälfte der 80er Jahre stellt zu einem erheblichen Teil ein derartiges zyklisches Phänomen dar; weitreichende Schlußfolgerungen aus dieser Situation auf strukturelle Verwundbarkeiten wären daher irreführend. Die Versuchung, derartige Konjunkturen als Strukturen in die Zukunft hinein zu extrapolieren, ist jedoch ebenso groß wie problematisch. Zyklische Konfigurationen wie das Überangebot der ersten Hälfte der 80er Jahre tragen den Keim des entgegengesetzten Ausschlags der Wellenbewegung bereits in sich: Die niedrigen Preise und die bestehenden Überkapazitäten von 1985 brüten durch mangelnde Investitionstätigkeit und den Abbau gegenwärtig unrentabler Kapazitäten bereits am nächsten Rohstoff-Boom. Die Markt-Anpassungsprozesse verlaufen dabei ja keineswegs nur auf der Nachfrage-, sondern ebenso auf der Angebotsseite: Selbst bei einer strukturell rückläufigen Nachfrage kann es deshalb zu Marktverengungen kommen, weil in einer solchen Situation auch die Förderkapazitäten durch Nichterneuerung erschöpfter Vorkommen und Kapazitätsabbau zurückgehen werden.

Die zweite Rolle des Faktors Zeit betrifft den Zusammenhang zwischen Anpassungskosten und Anpassungszeiten. Eine Versorgungskrise bedeutet für den betroffenen Markt letztlich nichts anderes als einen teleskopartig verkürzten Anpassungsprozeß, wie er grundsätzlich infolge permanenter Veränderungen in den Rahmenbedingungen der internationalen Bergbauindustrien (technologische Entwicklungen, Verschiebungen in Angebot und Nachfrage, Preisschwankungen) ständig abläuft. Der zentrale Unterschied besteht eben in den Zeiträumen der Anpassungsprozesse. Die

Anpassung unter starkem Zeitdruck impliziert erheblich höhere Anpassungskosten. Der Faktor Zeit ist daher für den Ablauf von Versorgungskrisen von besonderer Bedeutung: Selbst so gravierende Risiken wie diejenigen, die sich mit den Rohstoffbezügen aus dem südlichen Afrika verbinden, wären erheblich leichter zu bewältigen, wenn die Versorgungsstörungen allmählich manifest würden und dadurch Vorwarnzeit gegeben wäre.

Die geographisch-politische Dimension ist insofern von besonderer Bedeutung, als die Auswirkungen von Versorgungskrisen grundsätzlich systemischer Natur sind, also alle Importländer betreffen, Krisenverhütung bzw. Krisenbewältigung jedoch in erheblichem Maße nationalstaatlicher Gestaltung überlassen bleiben. Zwar operieren in den internationalen Rohstoffmärkten auch primär systemisch orientierte Akteure, insbesondere die transnationalen Bergbauunternehmen, aber auch Handelshäuser und Agenten. Diese Gesellschaften sind oft in vielen Ländern präsent und daher auch gezwungen, ihre Interessen in den jeweiligen Märkten sowie die Interessen der Produzenten und der Vermarkter auszubalancieren. Bis zu einem gewissen Grad fungieren diese privatwirtschaftlichen Akteure daher als systemsteuernde Instanzen. Dabei betreiben sie in begrenztem Rahmen auch Vorsorgestrategien – etwa durch Diversifizierung der Bezugsquellen und durch Vorratshaltung. Diese im Zuschnitt systemisch orientierten Steuerungsmechanismen dürften jedoch außergewöhnlichen Krisenkonfigurationen kaum gewachsen sein: Die Zielsetzungen dieser Unternehmen sind begrenzter, die Verwundbarkeiten anders gelagert als bei Volkswirtschaften, die Vorsorgekosten vergleichsweise relevanter. Ähnliches gilt auch für die Vorratshaltung und die Diversifizierungsbemühungen der Verbraucherindustrien: Betriebswirtschaftliche Gesichtspunkte machen zwar Vorkehrungen gegen normale Marktrisiken ratsam, sie begrenzen jedoch auch ihren Umfang auf ein Maß, das nicht unbedingt einer optimalen gesamtgesellschaftlichen Versicherungsstrategie entspricht.

Zusätzliche staatliche Schritte zur Risikoverringerung erscheinen daher ratsam; derartige Schritte wurden auch von einigen Industriestaaten unternommen. Staatliche Strategien der Risikominderung können dabei grundsätzlich in mehrere Richtungen zielen – auf eine Verringerung der Krisenwahrscheinlichkeit durch breitere Streuung der Bezugsquellen und durch Initiativen zur Entschärfung gefährlicher politischer Konfliktherde und auf den vorbeugenden Abbau von Verwundbarkeiten durch Erschließung von alternativen Lieferquellen und Substituten; auf optimale Krisenbewältigung durch Vorratshaltung und internationale Zusammenarbeit, aber auch durch diplomatisch-politisch-militärisches Krisenmanagement oder durch die Überwalzung von Anpassungslasten auf andere.

Die Analyse der Krisenvorsorge in den wichtigsten Industriestaaten ergab, daß die bestehenden Instrumentarien und Programme erhebliche Unterschiede in Umfang und Struktur aufweisen; in allen Fällen lassen sich Defizite allerdings unterschiedlichen Gewichts feststellen. Die Ergebnisse des letzten Teils der Untersuchung über rohstoffpolitische Vorsorge-Strategien lassen sich deshalb in einer Reihe von politischen Empfehlungen zusammenfassen, die als Anhaltspunkte für ein den Risiken und den Gesichtspunkten der Kosten-/Nutzen-Optimierung angemessene gemeinschaftliche Strategie der Industriestaaten verstanden werden sollten.

Die erste politische Empfehlung betrifft den Bereich der staatlichen Kapazitäten zur Risikoanalyse. Eine systematische Auswertung relevanter Informationen unter der Perspektive der Versorgungssicherheit findet nur in einigen Industriestaaten statt. Ein Ausbau der entsprechenden Möglichkeiten zur Beobachtung rohstoffwirtschaftlicher und politischer Entwicklungen in potentiellen Krisengebieten, zur Erfassung von Informationen, die für eine angemessene Krisenbewältigung bedeutsam wären sowie Mechanismen des Informationsaustauschs zwischen den Industriestaaten erscheint empfehlenswert.

Diplomatische Initiativen zur Entschärfung rohstoffwirtschaftlich relevanter Krisenherde und Konfliktpotentiale sind offensichtlich ebenfalls sinnvoll und billig, wenngleich die Erfolgschancen derartiger Initiativen eher skeptisch beurteilt werden sollten. Diplomatische Initiativen können Krisenvorsorge nicht ersetzen, sondern bestenfalls ergänzen, sollen jedoch der Vollständigkeit halber als zweite Empfehlung genannt werden.

Bemühungen um eine Diversifizierung der Bezugsquellen bei kritischen Rohstoffen bilden die Empfehlung Nummer drei. Einige Industriestaaten verfügen bereits über staatliche Anreize zur breiteren Streuung der Bezugsquellen und zur Erschließung neuer Lagerstätten. Derartige Programme sind solange sinnvoll und auch kostengünstig, solange die Förderkosten der neuen Vorkommen das vorherrschende Preisniveau im Weltmarkt des betreffenden Rohstoffes nicht übersteigen; eine Politik der subventionierten Förderung erscheint dagegen nicht als eine kostenoptimale Lösung.

Mindestkapazitäten zur Herstellung von Ferrolegierungen in den Industriestaaten erscheinen, dies als Empfehlung Nummer vier, aus Gründen der Versorgungssicherheit bedeutsam und sollten deshalb staatlich abgesichert werden. Dabei ist jedoch keinesfalls an eine umfassende Bestandsgarantie gedacht, sondern an Hilfestellung zur Erhaltung von Mindestkapazitäten mit der Möglichkeit einer Erweiterung dieser Kapazitäten im Krisenfall. Schritte im Sinne dieser Zielsetzungen wurden in den USA und in Japan, zeitweilig auch in der Europäischen Gemeinschaft unternommen; in den USA stellt das gegenwärtige Programm zur Weiterverarbeitung von Erzbeständen der strategischen Vorräte zu Ferrolegierungen eine sinnvolle Maßnahme dar. In Japan bestehen offenbar informelle Absprachen zwischen der Stahlindustrie und den einheimischen Ferrolegierungs-Herstellern über die Einräumung von ausreichenden Marktanteilen. Die Europäische Gemeinschaft gewährte den betroffenen Firmen in der Vergangenheit handelspolitischen Schutz gegen die Konkurrenz aus Südafrika und anderen Förderländern.

Empfehlung Nummer fünf betrifft die Möglichkeiten erhöhter Bezüge aus nichtbetroffenen Lieferquellen in einer Versorgungskrise. Zwar dürfte die Erschließung und Unterhaltung von Kapazitätsreserven speziell im Hinblick auf Krisensituationen aus Kostengründen kaum in Frage kommen, doch sollten die Möglichkeiten der Produktionssteigerung in den wichtigen Bergbaugebieten systematisch analysiert und die entsprechenden Informationen auf dem jeweiligen Stand gehalten werden. Das *US Bureau of Mines* verfügt über ein derartiges Informationssystem. Die Einbeziehung der Analyse-Kapazitäten anderer Importländer und ein regelmäßiger Informationsaustausch wären jedoch zweifellos sinnvoll.

Auch Empfehlung Nummer sechs betrifft primär die Sammlung und systematische Auswertung von Informationen – diesmal bezüglich der Nachfragestrukturen. Die Regierungen der Industriestaaten sollten bei kritischen Rohstoffen in der Lage sein, Rationierungsmaßnahmen durchzuführen und eine optimale Allokation der verfügbaren Mengen in Krisensituationen zu gewährleisten. Dies mag in erheblichem Maße über Marktmechanismen geschehen, doch sollten die Möglichkeiten punktuellen Marktversagens erwogen und notfalls korrigiert werden. Derartige Informationen werden in den USA regelmäßig erhoben und ausgewertet, in anderen Industriestaaten jedoch bislang offenbar nur sporadisch und nicht immer hinreichend detailliert.

Empfehlung Nummer sieben zielt auf staatliche Forschungs- und Entwicklungsprogramme in den Bereichen der Roh- und Werkstoffsubstitution und der rationelleren Verwendung bzw. Wiederverwendung von Rohstoffen. Mehrere Industriestaaten verfügen über entsprechende Programme, die privatwirtschaftliche Forschung sinnvoll ergänzen können und deshalb grundsätzlich erwägenswert erscheinen.

Die Empfehlung Nummer acht betrifft die staatlich reglementierte Vorratshaltung bei kritischen Rohstoffen. Derartige Vorräte bestehen bislang nur in den USA, in Frankreich, Großbritannien und Japan; der Umfang der Vorratshaltung erscheint lediglich in den USA und in Frankreich angemessen. Eine entsprechende Vorratshaltung sollte auch in den anderen großen Industriestaaten in Angriff genommen werden. Dabei wäre gegenwärtig vor allem an Chrom, Mangan, Kobalt, Vanadium und Platin, eventuell auch an Niob, Phosphat und Tantal zu denken.

Allgemeine Empfehlungen über Zusammensetzung, Reichweite und Organisation der Vorratshaltung erscheinen nicht sinnvoll, da die Risikosituation von Importland zu Importland unterschiedlich ist. Entscheidend wäre dagegen eine angemessene Vorratspolitik, die Mechanismen zur systematischen Risikoanalyse und damit auch zu einer Revision der Zielsetzungen und Zusammensetzung der Vorräte, zur entsprechenden Anpassung der Bestände an veränderte Risikobedingungen und klare Richtlinien über die Abgabe der Vorräte in Krisensituationen umfassen sollte. Diese Bedingungen erscheinen bislang in Frankreich am besten erfüllt; das amerikanische Bevorratungsprogramm ist zu sehr auf militärische Krisensituationen zugeschnitten und zu stark divergierenden innenpolitischen und interessenspezifischen Zielsetzungen unterworfen, während das japanische Programm umfangmäßig und organisatorisch zu niedrig angesiedelt scheint. Eine staatliche Zielvorgabe sowie finanzielle Unterstützungsmaßnahmen für privatwirtschaftliche Vorratshaltung erscheint grundsätzlich leistungsfähiger als eine unmittelbar staatlicher Verwaltung unterstellte Bevorratung, ohne daß diese Frage der Organisationsstruktur jedoch entscheidende Bedeutung hätte. In jedem Falle ist jedoch eine Einbeziehung der privatwirtschaftlichen Bevorratung in das Gesamtprogramm notwendig – und sei es nur, um einen kompensierenden Lagerabbau der Verbraucherindustrien als Reaktion auf staatliche Bevorratung zu verhindern. Die Kosten einer derartigen Bevorratung sind vergleichsweise gering und könnten durch kompetentes Management der Vorräte weiter reduziert werden. Die Funktion der Vorräte ist die Überbrückung der ersten Krisenphase zur Einleitung und Erleichterung längerfristiger Anpassungsprozesse; dies bedeutet, daß sie nach Erschöpfung der kurzfristigen Anpassungsmöglichkeiten (private Vorratshaltung, Verbrauchsdrosselung, verstärkte Belieferung aus anderen Quellen) freigegeben werden sollten, um längerfristige Schritte zu ermöglichen. Der Einsatzbereich fiele zeitlich damit etwa zwischen den dritten Monat und das dritte Jahr einer Versorgungskrise.

Empfehlung Nummer neun zielt auf eine Ausweitung der bislang minimalen Kooperation der Industriestaaten im Bereich der Rohstoff-Sicherheit. Die OECD könnte dafür einen organisatorischen Rahmen liefern, in dem Informationen ausgetauscht, Krisenprogramme abgestimmt und Bevorratungsstrategien koordiniert werden. Die Internationale Energie-Agentur könnte hierbei Modell stehen. Entscheidend wäre die Schaffung institutioneller Voraussetzungen für eine gemeinsame Strategie der Krisenbewältigung der Industriestaaten im Falle einer ernsten Versorgungskrise – nationale Strategien könnten sich sonst allzuleicht gegenseitig aufheben oder gar miteinander in Konflikt geraten. Die Folge wären negative Auswirkungen auf das System der internationalen Wirtschaftsbeziehungen, die auch vor den Volkswirtschaften von Importländern mit (im engen Sinne) „erfolgreichen" Bemühungen um eine Krisenbewältigung im Alleingang nicht haltmachen würden. Die systemischen Auswirkungen schwerer Versorgungskrisen verlangen nach systemischen Steuerungskapazitäten; diese sind bislang weitestgehend auf privatwirtschaftliche Akteure beschränkt und im Ernstfall unzureichend.

Die zehnte Empfehlung schließlich betrifft die politische Kooperation zwischen Förderländern der dritten Welt und industrialisierten Verbraucherländern. Ein rohstoffwirtschaftlicher Nord-Süd-Dialog neuen Zuschnitts unter besonderer Berücksichtigung 1) verbesserter Möglichkeiten einer erfolgreichen Krisenbewältigung, 2) einer Verstetigung von Markt-Instabilitäten und einer Eindämmung der Fragmentierungstendenzen in den internationalen Rohstoffmärkten und 3) der wirtschaftlichen Sicherheitsinteressen der Förderländer in der dritten Welt böte möglicherweise Chancen zu einer Verbesserung der Versorgungssicherheit der Industriestaaten und zugleich zu neuen Impulsen für den Nord-Süd-Dialog allgemein. Die Prüfung der Möglichkeiten von internationalen Rohstoff-Abkommen unter dieser Perspektive etwa steht bislang noch aus.

Gerade die letzten Empfehlungen unterstreichen, daß eine angemessene Krisenvorsorge im Bereich der nichtenergetischen Rohstoffversorgung der Industriestaaten Querbezüge zu anderen, zentraleren Bereichen der Außen-, Außenwirtschafts- und Sicherheitspolitik aufweisen. Die breiteren Entwicklungstendenzen im internationalen System in Richtung auf mehr oder weniger Kooperation, mehr oder weniger Konflikt entlang der wichtigsten Achsen (Ost-West, Nord-Süd, West-West) dürften auch für die Entwicklung der wirtschaftlichen Sicherheitsrisiken bei nichtenergetischen Rohstoffen nicht ohne Auswirkungen bleiben. Diese Risiken sind real, doch sie erscheinen zugleich auch begrenzt und durch eine kluge Politik der Krisenvorsorge und Krisenverhütung bewältigbar. Das Menetekel von Kriegen um knappe Rohstoffe, das von mehr oder minder seherisch begabten Kassandras immer wieder an die Wand gemalt wird, vermag nicht zu überzeugen: Der militärische Griff nach den Metallen wäre mit hoher Wahrscheinlichkeit die untauglichste aller denkbaren Reaktionen auf Versorgungsengpässe. Es gibt billige und effektive Alternativen, die im Grunde nur und vor allem eines bräuchten: Politischen Weitblick und politischen Willen. Hier – und nicht in den geologischen Bedingungen der internationalen Rohstoffbeziehungen – scheinen die eigentlichen Engpässe und Verknappungserscheinungen zu liegen.

LITERATURVERZEICHNIS

A: Statistiken, Datensammlungen:

BP Statistical Review of World Energy (früher: BP Statistical Review of the World Oil Industry), London (jährlich).

Philipp C. F. Crowson, Non Fuel Minerals Data Base, London 1977, [2]1980.

idem, Minerals Handbook 1982–1983, London 1982, 1984–1985, London 1984, 1986–1987, London 1986.

International Iron and Steel Institute, World Steel in Figures, Brüssel (jährlich).

Japan External Trade Organisation, White Paper on International Trade, Tokio (jährlich).

Keizai Koho Center, Japan, An International Comparison, Tokio (jährlich).

Metallgesellschaft AG, Metallstatistik, Frankfurt/M. (jährlich, jeweils für einen Zehnjahreszeitraum).

Statistisches Bundesamt, Statistisches Jahrbuch für die Bundesrepublik Deutschland, Wiesbaden (jährlich).

U.S. Bureau of Mines, Mineral Commodity Summaries, Washington (jährlich).

United Nations Trade and Development Conference (UNCTAD), Tungsten Statistics (vierteljährlich).

Eurostat, EG-Rohstoffbilanzen, Luxembourg (unregelmäßig).

Wirtschaftsvereinigung Eisen- und Stahlindustrie, Statistisches Jahrbuch der Eisen- und Stahlindustrie, Düsseldorf (jährlich).

B: Aufsätze und Monographien:

Hannes Adomeit, Die Sowjetmacht in internationalen Krisen und Konflikten, Baden-Baden 1983.

Dieter G. Altenpohl, The Metal Industry in A Changing World, in: *Materials and Society,* No. 3/1979, pp. 315–324.

Amax Inc., Submission, Hearings, Subcommittee on Seapower and Strategic and Critical Materials, Committee on Armed Services, House of Representatives, 98th Congress, Oct. 19–20, 1983, Washington 1983, pp. 119ff.

Uwe Andersen, Interessen und Organisationen im Weltwirtschaftssystem, in: *Politische Bildung,* No. 2/1984, pp. 3–19.

David Anderson, America in Africa, in: *Foreign Affairs,* America and the World 1981, No. 3/1982, pp. 658–685.

Ruth W. Arad/Uzi B. Arad/Rachel McCulloch/José Pinera/Ann L. Hollick, Sharing Global Resources, New York 1979 (=Council on Foreign Relations 1980s Project).

Lee Ardenbright, Some Factors Affecting the Rate of Development of Chinese Minerals and Metals, in: *Materials and Society,* No. 1/1983, pp. 35ff.

Nobutoshi Asao (ed), Japan's Economic Security, Resources as a Factor in Foreign Policy, London 1983.

An Assessment of the Afghanistan Sanctions, Report Prepared for the Subcommittee on Europe and the Middle East, Committee on Foreign Affairs, House of Representatives, 97th Congress, Washington 1981.

Daniel Badger/Robert Belgrave, Oil Supply and Price, What Went Right in 1980? London 1982 (=British Institutes' Joint Energy Policy Programme, Energy Paper No. 2).

Paul Bairoch, Agriculture and the Industrial Revolution, London 1969.

David A. Baldwin, Interdependence and Power, A Conceptual Analysis, in: *International Organization,* Autumn 1980, pp. 471–506.

Robert E. Baldwin/David A. Kay, International Trade and International Relations, in: C. Fred Bergsten/Lawrence B. Krause (eds), World Politics and International Economics, Washington 1975, pp. 90–132.

Ferdinand E. Banks, The Economics of Natural Resources, New York & London 1976.

James Barber/Jesmond Blumenfeld/Christopher R. Hill, The West and South Africa, London 1982 (=Chatham House Papers No. 14).

Behörde für Rohstoffe und Energie, (Japanisches) Ministerium für Außenhandel und Industrie, Dokument zur Revision des Gesetzes über die *Metal Mining Agency,* Gesetz No. 48 vom 1. 4. 1963, Ergänzende Informationen, Tokio 1983 (inoffizielle Übersetzung).

Henning Behrens, The Soviet Occupation of Afghanistan, in: Mark V. Kauppi/R. Craig Nation (eds), The Soviet Union and the Middle East in the 1980s, Lexington 1983, pp. 247–263.

Carl E. Beigie/Alfred O. Hero (eds), Natural Resources in U.S. – Canadian Relations, Vol. II, Patterns and Trends in Resource Supplies and Policies, Boulder, Col. 1980.

Daniel Bell, Die Zukunft der westlichen Welt, Kultur und Technologie im Widerstreit, Frankfurt/M. 1979.

Wolfgang Benz/Hermann Graml (eds), Weltprobleme zwischen den Machtblöcken, Das Zwanzigste Jahrhundert III, Frankfurt/M. 1984 (=Fischers Weltgeschichte Band 36).

C. Fred Bergsten, The Threat from the Third World, in: *Foreign Policy,* Summer 1973, pp. 102–124.

idem, The Threat is Real, in: *Foreign Policy,* Spring 1974, pp. 84–90.

idem, A New OPEC in Bauxite, in: *Challenge,* July/Aug. 1974, pp. 12–20.

idem/Robert O. Keohane/Joseph S. Nye, Jr., International Economics and International Politics, A Framework for Analysis, in: idem/Lawrence B. Krause (eds), World Politics and International Economics, Washington 1975.

idem (ed), The Future of the International Economic Order: An Agenda for Research, Lexington, Mass. 1973.

idem/Lawrence B. Krause (eds), World Politics and International Economics, Washington 1975.

Jesmond P. Blumenfeld, Reaktionen der südafrikanischen Wirtschaft auf den wachsenden internationalen Druck, in: *Europa Archiv,* No. 23/1985, pp. 699–708.

D. R. Bohi/W. B. Quandt, Energy Security in the 1980s: Economic and Political Perspectives, Washington 1984.

Fernand Braudel, The Mediterranean and the Mediterranean World in the Age of Philipp II, London 1975.

idem, The Structure of Everyday Life, London 1981 (=Civilization and Capitalism, 15th–18th Century, Vol. I).

idem, The Wheels of Commerce, London 1982 (=Civilization and Capitalism, 15th–18th Century, Vol. II).

Ronda Bresnick/John P. Hardt, Soviet Economic Policy Towards West Europe, in: Energy in Soviet Policy, A Report Prepared for the Subcommittee on International Trade, Finance and Security Economics, Joint Economic Committee, 97th Congress, Washington 1981, pp. 84–100.

idem/John P. Hardt, Implications for US Policy Makers, in: Energy in Soviet Policy, A Report Prepared for the Subcommittee on International Trade, Finance and Scurity Economics, Joint Economic Committee, 97th Congress, Washington 1981, pp. 166–179.

Albert Bressand, Mastering the „Worldeconomy", in: *Foreign Affairs*, Spring 1983, pp. 745–772.

idem (ed), Ramses 1981 (Rapport Annuel Mondial sur le Système Economique et les Stratégies), Coopération ou Guèrre Economique?, Paris 1981.

idem (ed), Ramses 1982, Paris 1982.

Raymond E. Brown/Gerald F. Murphy, Ferroalloys, Washington 1985 (= US Bureau of Mines, Mineral Facts and Problems, 1985 Edition, Preprint).

David Buchan, Western Security and Economic Strategy Towards the East, London 1984 (= Adelphi Paper No. 192).

Phillip W. Buck, The Politics of Mercantilism, New York 1942.

Hedley Bull, The Anarchical Society, London 1977.

Bundesanstalt für Geowissenschaften und Rohstoffe, Rohstoffwirtschaftliche Länderberichte, Bd. XXIII, Comecon, Hannover 1979.

idem/Deutsches Institut für Wirtschaftsforschung, Untersuchungen über Angebot und Nachfrage mineralischer Rohstoffe,
- Bd. III, Aluminium, Hannover & Berlin 1973.
- Bd. VII, Chrom, Hannover & Berlin 1975.
- Bd. VIII, Mangan, Hannover & Berlin 1977.
- Bd. IX, Wolfram, Hannover und Berlin 1977.
- Bd. XI, Kobalt, Hannover & Berlin 1978.
- Bd. XII, Eisenerz, Hannover & Berlin 1979.
- Bd. XIII, Titan, Hannover & Berlin 1980.
- Bd. XIV, Vanadium, Hannover & Berlin 1981.

idem/Deutsches Institut für Wirtschaftsforschung/Institut zur Erforschung technologischer Entwicklungslinien, Ausfallsrisiko bei 31 Rohstoffen, Hannover & Berlin & Hamburg 1977.

idem/DIW/IEtE, Versorgungslage bei Rohstoffen, Hannover & Berlin & Hamburg 1986.

Der Bundesminister für Wirtschaft, Metals and Minerals, Markets and Trends, Bonn 1979 (= Studienreihe No. 21).

idem, Bericht über die Versorgung der Bundesrepublik Deutschland mit mineralischen Rohstoffen, Bonn 1980 (= Studienreihe No. 30).

Barry Buzan, People, States and Fear, The National Security Problem in International Relations, Brighton 1983.

David P. Calleo/Benjamin Rowland, America and the World Political Economy, Bloomington 1973.

D. J. A. Cantor et al., The Ferroalloy Industry: Current Conditions and Policy Options, Washington 1983 (= Library of Congress, Congressional Research Service).

Emery N. Castle/Kent A. Price (eds), U.S. Interests and Global Natural Resources, Baltimore & London 1983.

Catholic Institute for International Relations, South Africa in the 1980s, London [2]1983.

idem, Update No. 1 to South Africa in the 1980s, London 1984.

J. W. Chapmann/R. Drifte/I. T. M. Gow, Japan's Quest for Comprehensive Security, Defence, Diplomacy, Dependence, London 1983.

Jean Marie Chevalier, Le nouvel enjeu pétrolier, Paris 1973.

idem, Elements théoriques d'introduction à l'économie du pétrole, L'analyse du rapport de force, in: *Revue d'Economie Politique,* Mars–Avril 1975, pp. 230–255.

E. Chin, The Mineral Industry of China, in: US Bureau of Mines, Minerals Yearbook 1981, Vol. III, Area Reports: International, Washington 1983, pp. 225–249.

idem, The Mineral Industry of China, in: Minerals Yearbook 1983, Vol. III, Area Reports: International, Washington 1984, pp. 179–195.

John Chipman, French Military Policy and African Security, London 1985 (= Adelphi Paper No. 201).

Cheryl Christensen, Structural Power and National Security, in: Klaus Knorr/Frank N. Trager (eds), Economic Issues and National Security, Lawrence, Kansas 1977, pp. 127–159.

Peter C. Clarke, The Mineral Industry of Turkey, in: US Bureau of Mines, Minerals Yearbook 1983, Vol. III, Area Reports: International, Washington 1984, pp. 761–771.

J. V. Cleasby/R. P. B. Hebblethwaite, Precious Metals, in: Michael J. Jones (ed), Availability of Strategic Minerals, London 1980, pp. 44–48.

Hermann Clement, Die Bedeutung der UdSSR und der anderen RGW-Staaten als Rohstoffproduzenten, Arbeitspapier für die Konferenz der Friedrich-Ebert-Stiftung: „Probleme der Rohstoffsicherung", Bonn, 26.–27. 6. 1980.

Christopher Coker, Adventurism and Pragmatism: The Soviet Union, Comecon and Relations with African States, in: *International Affairs,* Autumn 1981, pp. 618–633.

H. S. D. Cole (ed), Thinking About the Future, London 1983.

Commission on Critical Choices for Americans, Vital Resources, Lexington, Mass. & Toronto 1977.

Congression Budget Office, Strategic and Critical Nonfuel Minerals: Problems and Policy Alternatives, Washington 1983.

Phillip Connelly/Robert Perlman, The Politics of Scarcity, London 1975.

Richard N. Cooper, The Economics of Interdependence: Economic Policy in the Atlantic Community, New York 1968.

Anthony Cordesman, The Gulf and the Search for Strategic Stability, Boulder, Col. 1984.

Carol Cosgrave Twitchett, A Framework for Development: The EEC and the ACP States, London 1981.

Phillip Crowson, The U.K. Strategic Stockpile, in: *Metal Bulletin,* March 1977, pp. 21–27.

idem, Non-fuel Minerals and Foreign Policy, London 1977.

idem, Approaches Adopted by Other Countries, in: Michael J. Jones (ed), Availability of Strategic Minerals, London 1980, pp. 93–98.

idem, Trends and Patterns of International Investment, in: Forschungsinstitut der Friedrich-Ebert-Stiftung (ed), Probleme der Rohstoffsicherung, Bonn 1981, pp. 25–42 (= Analysen aus der Abteilung Entwicklungsländerforschung, No. 92/93).

idem, Nonfuel Mineral Procurement Policies, in: Nobutoshi Akao (ed), Japan's Economic Security, Resources as a Factor in Foreign Policy, London 1983, pp. 145–167.

Michel Crozier/Samuel P. Huntington/Joji Watanuki, The Crisis of Democracy, New York 1975 (= Report to the Trilateral Commission No. 8).

Larry D. Cunningham, Columbium, Washington 1985 (= US Bureau of Mines, Mineral Facts and Problems, 1985 Edition, Preprint).

Larry D. Cunningham, Tantalum, Washington 1985 (= US Bureau of Mines, Mineral Facts and Problems, 1985 Edition, Preprint).

Lawrence L. Davis, Mica, Washington 1985 (= US Bureau of Mines, Mineral Facts and Problems, 1985 Edition, Preprint).

Adeed Dawisha, Saudi Arabia's Search for Security, London 1979 (= Adelphi Paper No. 158).

David A. Deese/Joseph S. Nye, jr. (eds), Energy and Security, Cambridge, Mass. 1981.

Donald H. Desy, Iron and Steel, in: US Bureau of Mines, Mineral Facts and Problems, 1980 Edition, Washington 1980, pp. 455–480.

Deutsch-südafrikanische Kammer für Industrie und Handel, Jahresbericht 1984, Auckland Park 1984.

Documentation française, Matières de base, Assurer l'avenir, in: *Regards sur l'actualité*, Juin 1980, pp. 24–29.

Ronald C. Duncan (ed), The Outlook for Primary Commodities, 1984–1995, Washington 1984 (= World Bank Staff Commodity Working Paper No. 11).

Alfred E. Eckes, jr., The United States and the Global Struggle for Minerals, Austin, Texas 1979.

Peter Eggert/Eberhard Wettig, Vanadium – Marktsituation und künftige Entwicklung bis 1995, in: *DIW Wochenbericht*, No. 5/1982, pp. 81–84.

Hartmut Elsenhans, Entwicklungstendenzen der Welterdölindustrie, in: idem (ed), Erdöl für Europa, Hamburg 1974, pp. 7–47.

idem, Die französische Erdölpolitik, in: idem (ed), Erdöl für Europa, Hamburg 1974, pp. 202–221.

idem (ed), Erdöl für Europa, Hamburg 1974.

Europa Publications (ed), The Middle East and North Africa, 1980–1981 ff, London 1980 ff.

Federal Emergency Management Agency, Stockpile Report to the Congress, Oct. 1981 – March 1982, Washington 1982.

idem, Stockpile Report to the Congress, April–September 1983, Washington 1983.

Mir A. Ferdowski, Ursprünge und Verlauf des iranisch-irakischen Krieges, Starnberg 1985.

John Ferrel, Quartz Crystal, Washington 1985 (= US Bureau of Mines, Mineral Facts and Problems, 1985 Edition, Preprint).

Fereidun Fesharaki/Hossein Razavi, OPEC's Push into Refining: Dilemma of Interaction between Crude and Product Markets, Honolulu 1983 (= Resources Systems Institute, Working Paper No. 83–8).

idem, Wide Impact Seen for OPEC's Refinery Push, in: *Petroleum Intelligence Weekly*, June 22, 1981, Supplement.

Michael Field/Richard Johns, Oil in the Middle East and North Africa, in: Europa Publications (ed), The Middle East and North Africa, 1984–1985, London 1984, pp. 84–115.

Leonard L. Fischman et al., World Mineral Trends and U.S. Supply Problems, Washington 1980 (= Resources for the Futures Study).

Food and Agricultural Organization of the United Nations, FAO Fertilizer Yearbook, Rom 1981.

Forschungsinstitut der Friedrich-Ebert-Stiftung (ed), Probleme der Rohstoffsicherung, Bonn 1981 (= Analysen aus der Abteilung Entwicklungsländerforschung No. 92/93).

Forschungsinstitut der Friedrich-Ebert-Stiftung (ed), Iran in der Krise, Weichenstellung für die Zukunft, Bonn 1980.

Meinhard Forster, Strukturen und Risiken der deutschen NE-Metallversorgung, Hamburg 1975.

Christopher Freeman (ed), World Futures, The Great Debate, London 1978.

Daniel Frei, Sicherheit, Grundfragen der Weltpolitik, Stuttgart 1977.

Dieter Frisch, „Lomé III“ – Das neue Abkommen zwischen der Europäischen Gemeinschaft und den AKP-Staaten, in: *Europa Archiv* No. 3/1985, pp. 57–68.

Wilhelm Fucks, Formeln zur Macht, Stuttgart 1962.

Josef Füllenbach/Eberhard Schulz (eds), Entspannung am Ende? München & Wien 1980.

Jacques S. Gansler, The Defense Industrial Base, in: Lee D. Olvey/Henry A. Leonhard/Bruce E. Arlinghouse (eds), Industrial Capacity and Defense Planning, Lexington, Mass. 1983, pp. 105–120.

F. Gèze, L'Urss et les règles du jeu, in: *Le Monde Diplomatique*, Mars 1981, pp. 11 f.

Robert Gilpin, War and Change in International Relations, Cambridge 1981.

Pierre-Noël Giraud, Géopolitique des ressources minières, Paris 1983.

Global 2000, Der Bericht an den Präsidenten, Frankfurt/M. 1981.

F. R. Gold/M. A. Conant, Access to Oil, The U.S. Relationship with Saudi Arabia and Iran, Report Prepared for the Committee on Energy and Natural Resources, U. S. Senate, 95th Congress, Washington 1977.

G. J. S. Govett/M. H. Govett, The Concept and Measurement of Mineral Reserves and Resources, in: *Resources Policy*, Sept. 1974, pp. 46–55.

I. T. M. Gow, Non-fuel Minerals and the Metal Processing Industries, in: J. W. Chapman/R. Drifte/I. T. M. Gow, Japan's Quest for Comprehensive Security, Defence, Diplomacy, Dependence, London 1983, pp. 151–181.

Robert Graham, Iran: The Illusion of Power, London 1978.

Reginald Herbold Green, Constellation, Association, Liberation: Economic Coordination and the Struggle for Southern Africa, in: Colin Legum (ed), Africa Contemporary Record, Annual Survey and Documents, 1979–1980, New York & London 1980, pp. A 32–35.

Dieter Grosser, Das internationale Währungssystem – Faktor der Krisenverschärfung? in: *Politische Bildung*, No. 2/1984, pp. 38–49.

idem, Internationale Wirtschafts- und Währungspolitik, in: idem (ed), Der Staat in der Wirtschaft der Bundesrepublik, Opladen 1985, pp. 455–514.

idem (ed), Der Staat in der Wirtschaft der Bundesrepublik, Opladen 1985.

Ted R. Gurr, Rebellion, Düsseldorf & Wien 1972.

Jürgen Habermas, Legitimationsprobleme im Spätkapitalismus, Frankfurt/M. 1973.

Erwin Häckel/Karl Kaiser/Pierre Lellouche, Nuclear Policy in Europe, Bonn 1980 (= Arbeitspapiere zur Internationalen Politik No. 12).

Wolfgang Hager, Europe's Economic Security, Non-Energy Issues in the International Political Economy, Paris 1975 (= Atlantic Papers No. 3).

David A. Haglund, Strategic Minerals, A Conceptual Analysis, in: *Resources Policy*, Sept. 1984, pp. 146–152.

J. Hajda, The Soviet Grain Embargo, in: *Survival*, Nov./Dec. 1980, pp. 253–258.

Axel J. Halbach, Wirtschaftswachstum, Homelandpolitik und Regionalplanung in Südafrika, in: *Internationales Afrikaforum*, No. 1/1984, pp. 51–64.

Fred Halliday, Iran, Dictatorship and Development, Harmondsworth 1979.

Theodor Hanf, Konflikte im südlichen Afrika, in: Karl Kaiser/Hans-Peter Schwarz (eds), Weltpolitik, Strukturen – Akteure – Probleme, Stuttgart 1985, pp. 651–662.

Wolfram Hanrieder, Fragmente der Macht, München 1981.

Jack E. Hartshorn, Oil Companies and Governments, London 1967.

Gerd Hardach, Der Erste Weltkrieg, München 1973 (=Geschichte der Weltwirtschaft im 20. Jahrhundert, Band 2).

Wilhelm Hennis et al. (eds), Regierbarkeit, Studien zu ihrer Problematisierung, Stuttgart 1977.

Rolf Hesse, Theorie und Politik des Embargos, Köln 1973.

Achim von Heynitz, Industrialisierung in den Mitgliedsstaaten des *Gulf Co-operation Council* (GCC): Die wirtschaftlichen Folgen für die Industrieländer, Ebenhausen 1985.

Kazushige Hirasawa, Japan's Tilting Neutrality, in: J. C. Hurewitz (ed), Oil, The Arab-Israeli Dispute and the Industrialized World, Horizons of Crisis, Boulder, Col. 1976, pp. 138–146.

E. J. Hobsbawn, The Age of Revolution, London 1977.

William T. Hogan, Iron Ore, in: Carl E. Beigie/Alfred O. Hero (eds), Natural Resources in U.S. – Canadian Relations, Vol. II, Patterns and Trends in Resource Supplies and Policies, Boulder, Col. 1980, pp. 5–44.

Leonhard L. Holschuh, Annual Report of the Secretary-General, International Iron and Steel Institute,
- 16th Annual Conference, Tokyo, Oct. 11–13, 1982.
- 17th Annual Conference, Vienna, Oct. 3–5, 1983.
- 18th Annual Conference, Chicago, Oct. 8–10, 1984.

K. J. Holsti, International Politics, A Framework for Analysis, Englewood Cliffs [2]1976.

Franklyn D. Holzman, Future East-West Economic Issues, in: C. Fred Bergsten (ed), The Future of the International Economic Order: An Agenda for Research, Lexington, Mass. 1973, pp. 265–291.

Takashi Hosomi/Ariyoshi Okumura, Japanese Industrial Policy, in: John Pinder (ed), National Industrial Strategies and the World Economy, Totowa, N. J. 1982, pp. 123–157.

Peter Hünseler, Der Irak und sein Krieg mit dem Iran, Bonn 1982 (=Arbeitspapiere zur Internationalen Politik, No. 22).

Gary Hufbauer/Jeffrey Schott, Economic Sanctions Reconsidered: History and Current Policy, Washington 1985.

J. C. Hurewitz (ed), Oil, The Arab-Israeli Dispute and the Industrialized World, Horizons of Crisis, Boulder, Col. 1976.

Hans Graf Huyn, L'Afrique du Sud, Enjeu de la guèrre des ressources, in: *Politique Internationale,* Eté 1981, pp. 87–96.

Institut Français des Relations Internationales (ed), Ramses 1983/84, 1985/86, 1986/7, Paris 1984 ff.

Institut für Afrikakunde, Wirtschaftliche und rohstoffwirtschaftliche Bedeutung Afrikas, Hamburg 1981.

International Economic Studies Institute (ed), Raw Materials and Foreign Policy, Washington 1976.

International Energy Agency, 1981 Review, Paris 1982.

idem, Weltenergieausblick, Baden-Baden 1984.

International Institute for Strategic Studies, Strategic Survey, versch. Jahrgänge, London 1980 ff.

idem (ed), Third World Conflict and International Security, London 1980 (= Adelphi Papers No. 166 und 167).

International Iron and Steel Institute, Manganese and the Iron and Steel Industry, Brüssel 1980.

idem, Chromium and the Steel Industry, Brüssel 1981.

idem, Committee on Economic Studies, Steel Demand Forecasting, Brüssel 1983.

Charles Issawi/Mohammed Yeganeh, The Economics of Middle East Oil, London 1982.

Hanns-Dieter Jacobsen, Getreide, in: Friedemann Müller et al., Wirtschaftssanktionen im Ost-West-Verhältnis, Baden-Baden 1983, pp. 180–193 (=Aktuelle Materialien zur Internationalen Politik No. 1).

Jörg-Johannes Jäger, Die wirtschaftliche Abhängigkeit des Dritten Reichs vom Ausland, dargestellt am Beispiel der Stahlindustrie, Berlin 1969.

Robert S. Jaster, South Africa's Narrowing Security Options, London 1980 (=Adelphi Paper No. 158).

idem, A Regional Security Role for Africa's Front Line States, London 1983 (=Adelphi Paper No. 180).

Allen Dulles Jebsen, Comparing the Energy Security Strategies of France and West Germany, in: *The Fletcher Forum,* Summer 1982, pp. 219–268.

Simon Jenkins, Destabilisation in Southern Africa, in: *The Economist,* 16. 7. 1983.

idem, America and South Africa, in: *The Economist,* 30. 3. 1985, pp. 17–34.

Chalmers Johnson, Revolutionstheorien, Köln 1978.

Michael J. Jones (ed), Availability of Strategic Minerals, London 1980.

Thomas S. Jones, Manganese, Washington 1985 (=US Bureau of Mines, Mineral Facts and Problems, 1985 Edition, Preprint).

Amos A. Jordan/Robert A. Kilmarx, Strategic Minerals Dependence: The Stockpile Dilemma, Beverly Hills, Cal. 1979 (=The Washington Papers, No. 70).

Karl Kaiser/Hans-Peter Schwarz (eds), Weltpolitik, Strukturen – Akteure – Probleme, Stuttgart 1985.

Dieter Kamphausen, Tantal – sensibler Rohstoff für moderne Technologien, in: *DIW Wochenberichte,* No. 21/1983, pp. 278–280.

Rolf Karlbom, Sweden's Iron Ore Exports to Germany, 1933–1944, in: *The Scandinavian Economic History Review,* No. 1/1965, pp. 65–93.

Michael Kaser, The Soviet Impact on World Trade in Gold and Platinum, in: M. M. Kostecki (ed), The Soviet Impact on Commodity Markets, London 1984, pp. 156–172.

Mark V. Kauppi/R. Craig Nation (eds), The Soviet Union and the Middle East in the 1980s, Lexington, Mass. 1983.

Dietrich Kebschull/Wilfried Kühne/Karl Wolfgang Menck, Das integrierte Rohstoffprogramm, Hamburg 1977.

Robert O. Keohane, After Hegemony, Cooperation and Discord in the World Political Economy, Princeton, N. J. 1984.

idem, The International Energy Agency: State Influence and Transgovernmental Politics, in: *International Organization,* No. 2/1978, pp. 929–951.

idem/Joseph S. Nye, jr. (eds), Power and Interdependence: World Politics in Transition, Boston 1977.

Gottfried-Karl Kindermann (ed), Grundelemente der Weltpolitik, München 1981.

Charles E. Kindleberger, Die Weltwirtschaftskrise, München 1973 (=Geschichte der Weltwirtschaft im 20. Jahrhundert, Band 4).

idem/Peter H. Lindert, International Economics, Homewood, Ill. [6]1978.

William S. Kirk, Cobalt, Washington 1985 (=US Bureau of Mines, Mineral Facts and Problems, 1985 Edition, Preprint).

Jeanne Kirk Laux/Maureen Appel Molot, Potash, in: Carl E. Beigie/Alfred O. Hero (eds), Natural Resources in U.S. – Canadian Relations, Vol. II, Patterns and Trends in Resource Supplies and Policies, Boulder, Col. 1980, pp. 143–198.

Henry A. Kissinger, Memoiren 1973–1974, München 1982.

Michael W. Klass/James C. Burrows/Steven D. Beggs, International Mineral Cartels and Embargoes, New York 1980.

L. F. Klinger, Iron Ore, Washington 1985 (= US Bureau of Mines, Mineral Facts and Problems, 1985 Edition, Preprint).

Klaus Knorr, Power and Wealth: The Political Economy of International Power, London 1973.

idem, The Power of Nations, New York 1975.

idem, Economic Relations as an Instrument of National Power, Princeton, N. J. 1982 (mimeo).

idem/Frank N. Trager (eds), Economic Issues and National Security, Lawrence, Kansas 1977.

M. M. Kostecki (ed), The Soviet Impact on Commodity Markets, London 1984.

Edward N. Krapels, Oil and Security, Problems and Prospects of Importing Countries, London 1977 (= Adelphi Paper No. 136).

idem, Oil Crisis Management, Strategic Stockpiling for International Security, London & Baltimore 1980.

idem, Strategic Oil Stocks: The Balance of Vulnerability, in: *Petroleum Economist*, Sept. 1984, pp. 341–344.

idem (ed), International Oil Supplies and Stockpiling, London 1982 (= Economist Intelligence Unit Special Report).

Stephen D. Krasner, Oil is the Exception, in: *Foreign Policy*, Spring 1974, pp. 63–83.

idem, Defending the National Interest, Raw Material Investments and U.S. Foreign Policy, Princeton, N. J. 1978.

idem (ed), International Regimes, Ithaca 1983.

Lawrence B. Krause/Joseph S. Nye, jr., Reflections on the Economics and Politics of International Economic Organizations, in: C. Fred Bergstein/Lawrence B. Krause (eds), World Politics and International Economics, Washington 1975, pp. 323–342.

Peter H. Kuck, Vanadium, Washington 1985 (= US Bureau of Mines, Mineral Facts and Problems, 1985 Edition, Preprint).

Winrich Kühne, Südafrika am Beginn eines Bürgerkrieges? in: *Europa Archiv*, 25. 5. 1982, pp. 297–306.

idem, Die Politik der Sowjetunion in Afrika, Baden-Baden 1983.

idem, Südafrika und seine Nachbarn, Baden-Baden 1985.

Horace F. Kurtz/Luke H. Baumgardner, Aluminium, in: US Bureau of Mines, Mineral Facts and Problems, 1980 Edition, Washington 1980, pp. 9–34.

Walter Labys, The Role of the Soviet Union in Metal Markets: A Case Study of Copper, Manganese and Chromite, in: M. M. Kostecki (ed), The Soviet Impact on Commodity Markets, New York 1984, pp. 135–155.

Hans H. Landsberg/John E. Tilton, Nonfuel Minerals: The Fear of Shortages and the Search for Policies, in: Emery N. Castle/Kent A. Price (eds), U.S. Interests and Global Natural Resources, Baltimore & London 1983, pp. 48–80.

Thomas G. Langton, The Fertilizer Industry, in: Carl E. Beigie/Alfred O. Hero (eds), Natural Resources in U.S. – Canadian Relations, Vol. II, Patterns and Trends in Resource Supplies and Policies, Boulder, Col. 1980, pp. 93–122.

Greg Lanning, Africa Undermined, Harmondsworth 1979.

idem, Consequences of the EEC's Dependence on Primary Commodities from the Republic of South Africa, in: Forschungsinstitut der Friedrich-Ebert-Stiftung (ed), Probleme der Rohstoffsicherung, Bonn 1981 (=Analysen aus der Abteilung Entwicklungsländerforschung No. 92/93).

Colin Legum, The Western Crisis over Southern Africa, London 1979.

idem, The Southern African Crisis, in: idem (ed), Africa Contemporary Record, Annual Survey and Documents 1982–1983, New York & London 1984, pp. A 3–40.

idem (ed), Africa Contemporary Record, Annual Survey and Documents, 1979–1980ff, New York & London 1980ff.

Robert Legvold, The Strategic Implications of the Soviet Union's Nonfuel Mineral Resource Policy, in: *The Journal of Resource Management and Technology*, Jan. 1983, pp. 37–56.

Jean-Pierre Lehmann, The Roots of Modern Japan, London 1982.

Richard M. Levine, The Mineral Industry of the USSR, in: US Bureau of Mines, Minerals Yearbook 1983, Vol. III, Area Reports: International, Washington 1984, pp. 773–805.

Robert J. Lieber, Europe and America in the World Energy Crisis, in: *International Affairs*, Oct. 1979, pp. 531–545.

idem, The Oil Decade, Conflict and Co-operation in the West, New York 1983.

Clausjohann Lindner, Theorie der Revolution, München 1972.

Merle Lipton, Capitalism and Apartheid, 1900–1984, London 1985.

Isaiah A. Litwak/Christopher J. Maule, The International Bauxite Agreement: A Commodity Cartel in Action, in: *International Affairs*, Spring 1980, pp. 296–311.

J. Roger Loebenstein, Platinum Group Metals, Washington 1985 (=US Bureau of Mines, Mineral Facts and Problems, 1985 Edition, Preprint).

N. J. D. Lucas, Energy in France, London 1979.

Langtry E. Lynd, Titanium, Washington 1985 (=US Bureau of Mines, Mineral Facts and Problems, 1985 Edition, Preprint).

Frank X. McCawley/Luke H. Baumgardner, Aluminium, Washington 1985 (=US Bureau of Mines, Mineral Facts and Problems, 1985 Edition, Preprint).

James McClure, Stockpiling Strategic and Critical Materials, in: *Idaho Law Review*, Summer 1983, pp. 417–453.

James F. McDivitt/Gerald Manners, Minerals and Men, Baltimore & London [2]1974.

Neil McFarlane, Intervention and Regional Security, London 1985 (=Adelphi Paper No. 196).

Henri Madeline, Pétrole et politique en mediterranée occidentale, Paris 1974.

Peter Mangold, Shaba I and II, in: *Survival*, May/June 1979, pp. 107–115.

Orlando Martino, Brazil, in: US Bureau of Mines, Minerals Yearbook 1980, Vol. III, Area Reports: International, Washington 1982, pp. 163–188.

The Materials Forum, Strategic Materials and the United Kingdom, London 1981.

Hanns W. Maull, Oil and Influence, The Oil Weapon Examined, London 1975 (=Adelphi Paper No. 117).

idem, Ölmacht, Ursachen, Perspektiven, Grenzen, Köln 1975.

idem, The Strategy of Avoidance: Europe's Middle East Policies after the October War, in: J. C. Hurewitz (ed), Oil, The Arab-Israeli Dispute and the Industrialized World, Horizons of Crisis, Boulder, Col. 1976, pp. 110–137.

idem, The Preconditions for Producer Power, in: *IDS Bulletin*, No. 4/1976, pp. 27–29.

idem, Europe and World Energy, London 1980.

idem, Western Europe: A Fragmented Response to a Fragmenting Order, in: *Orbis,* Winter 1980, pp. 803–824.

idem, Die zweite Ölkrise: Probleme und Perspektiven, in: *Europa Archiv,* No. 19/1980, pp. 579–588.

idem, Erdgas und wirtschaftliche Sicherheit, Bonn 1981 (=Arbeitspapiere zur Internationalen Politik No. 17).

idem, Das Erdgas-Röhrengeschäft mit der Sowjetunion: Gefahr für die wirtschaftliche Sicherheit? in: *Europa Archiv,* No. 24/1981, pp. 745–754.

idem, OPEC am Ende? in: *Europa Archiv,* No. 8/1983, pp. 233–242.

idem, Energy Security, A European Perspektive, Washington 1984 (=Johns Hopkins University, School for Advanced and International Studies, Energy Paper No. 5).

idem, Raw Materials, Energy and Western Security, London 1984 (auch als Energy, Minerals and Western Security, Baltimore 1985).

idem, Die internationale Arbeitsteilung ändert sich, in: *Politische Bildung,* No. 2/1984, pp. 20–27.

idem, Die Supermächte und die Golfregion, in: R. Hamann (ed), Die Sicherheit des Westens (Arbeitstitel), Hamburg 1986.

Denis C. Meadows et al., The Limits to Growth, New York 1972.

Georges de Menil/Anthony M. Solomon, Weltwirtschaftsgipfel, Bonn 1983 (=Arbeitspapiere zur Internationalen Politik No. 26).

Patrick Messerlin, The European Industrial Adjustment Policies: The Steel Industry Case, Sussex 1981 (=Sussex European Research Centre, mimeo).

idem/Christopher Saunders, Steel: Too Much Investment Too Late, in: Geoffrey Shepherd/François Duchêne/Christopher Saunders (eds), Europe's Industries, London 1983, pp. 52–81.

Klaus Meyer, Die zweite Konvention von Lomé, in: *Europa Archiv,* No. 1/1980, pp. 11–20.

Peter Meyns, Regionale Zusammenarbeit statt wirtschaftlicher Abhängigkeit, Bemühungen der Konferenz zur Koordination der Entwicklung im südlichen Afrika (SADCC), in: *Europa Archiv,* 25. 5. 1982, pp. 307–314.

Wolfgang Michalski, Wishful Thinking and Reality in the Concept of Vertical Integration of Developing Countries in Metal Production, in: *Resources Policy,* Sept. 1978, pp. 205–209.

Zuhayr Mikdashi, The International Politics of Natural Resources, Ithaka, N. J. 1976.

Raymond Mikesell, Nonfuel Minerals: Investment Policies Abroad, Beverley Hills, Cal. 1975 (=Washington Papers, No. 23).

idem, Mineral Development in the Eighties: Prospects and Problems, London 1976.

idem, Trends in Foreign Investment, in: *Resources Policy,* Sept. 1978, pp. 193–199.

idem, The World Copper Industry, Baltimore & London 1979.

idem, Economic Stockpiles for Dealing with Vulnerability to Disruption of Foreign Policy Supplies of Minerals, in: *Materials and Society,* No. 1/1985, pp. 59–128.

J. A. Miller/D. I. Fine/R. D. McMichael (eds), The Resource War in 3-D: Dependency, Diplomacy, Defense, Pittsburgh 1980.

Alan S. Milward, Der Zweite Weltkrieg, München 1977 (=Geschichte der Weltwirtschaft im 20. Jahrhundert, Band 5).

idem, Could Sweden Have Stopped the Second World War? in: *The Scandinavian Economic Review,* No. 2/1967, pp. 127–138.

Mining Journal (ed), Mining Annual Review, versch. Jahrgänge, London 1982 ff.

(Französisches) Ministry of Industry, The Mineral Raw Materials Stockpiling Policy, Paris, 3.1.1979, 15.10.1980 (engl. Übersetzung des *Congressional Research Service,* Washington – keine weiteren Angaben).

Eckard Minx, Von der Liberalisierungs- zur Wettbewerbspolitik, Berlin 1980.

Wolfgang J. Mommsen, Imperialismus-Theorien, Göttingen 1977.

Theodore H. Moran, Multinational Corporations and the Policies of Dependence: Copper in Chile, Princeton 1974.

idem, New Deal or Raw Deal in Raw Materials, in: *Foreign Policy,* Winter 1971/2, pp. 119–134.

George A. Morgan, The Mineral Industry of Morocco, in: US Bureau of Mines, Minerals Yearbook 1980, Vol. III, Area Reports: International, Washington 1982, pp. 679–689.

idem, The Mineral Industry of Morocco, in: US Bureau of Mines, Minerals Yearbook 1983, Vol. III, Area Reports: International, Washington 1984, pp. 525–538.

idem, The Mineral Industry of Zimbabwe, in: US Bureau of Mines, Minerals Yearbook 1983, Vol. III, Area Reports: International, Washington 1984, pp. 871–878.

John D. Morgan, Strategic and Critical Minerals, in: *Materials and Society,* No. 4/1980, pp. 211–224.

Edward L. Morse, An Overview: Gains, Costs and Dilemmas, in: Joan Pearce (ed), The Third Oil Shock, London 1983, pp. 1–131 (= Chatham House Special Paper).

John C. Morning, Chromium, Washington 1977 (= US Bureau of Mines, Mineral Commodity Profiles, MCP-1).

Dominique Moisi, Europe and the Middle East, in: Steven L. Spiegel (ed), The Middle East and the Western Alliance, London 1982, pp. 18–32.

idem/Pierre Lellouche, French Policy in Africa: A Lonely Battle Against Destabilisation, in: *International Security,* Spring 1979, pp. 108–133 (dt. Übersetzung in: *Europa Archiv,* No. 2/1979, pp. 29–42).

Clark A. Murdoch, Economic Factors as Objects of Security, Economics, Security and Vulnerability, in: Klaus Knorr/Frank N. Trager (eds), Economic Issues and National Security, Lawrence, Kansas 1977, pp. 67–98.

Gerald F. Murphy/Raymond E. Brown, Ferroalloys, in: US Bureau of Mines, Minerals Yearbook 1983, Vol. I, Metals and Minerals, Washington 1984, pp. 333–356.

Christoph Mühlemann, Simbabwe – eine afrikanische Ausnahme? in: *Europa Archiv,* No. 16/1980, pp. 491–500.

Friedemann Müller et al., Wirtschaftssanktionen im Ost-West-Verhältnis, Baden-Baden 1983 (= Aktuelle Materialien zur Internationalen Politik No. 1).

Carmine Nappi, The USSR and the International Aluminium Market, in: M. M. Kostecki (ed), The Soviet Impact on Commodity Markets, London 1984, pp. 116–134.

National Commission on Supplies and Shortages, Government and the Nation's Resources, Washington 1975.

National Defense Stockpile, Hearings, Seapower and Strategic and Critical Materials Subcommittee, Committee on Armed Services, House of Representatives, 97th Congress, Washington 1981.

National Materials Advisory Board, Contingency Plans for Chromium Utilization, Washington 1985.

Thomas L. Neff, The Changing World Oil Market, in: David A. Deese/Joseph S. Nye, jr. (eds), Energy and Security, Cambridge, Mass. 1981, pp. 23–46.

idem, The International Uranium Market, Cambridge, Mass. 1984.

Harold D. Nelson (ed), South Africa, A Country Study, Washington 1981.

New South Wales Government, Department of Industrial Development and Decentralization, A Study of the Potential for the Production of Titanium Sponge in New South Wales, Sydney 1980.

Nonfuel Minerals Policy Review, Oversight Hearings, Subcommittee on Mines and Mining, Committee on Interior and Insular Affairs, House of Representatives, 96th Congress, Washington 1980.

Observatoire des Matières Premières, Le marché du Niobium, Paris 1984 (= Etude No. 35).

idem, Evolution structurelle des marchés des matières premières minérales, Paris 1985 (= Rapport No. 51).

Peter R. Odell, Oil and World Power, Background to the Oil Crisis, London [6]1981.

Kuzoshi Ohkawa/Henry Rosovsky, Japanese Growth: Trend Acceleration in the Twentieth Century, Stanford, Cal. 1973.

Mancur Olson, The Logic of Collective Action: Public Goods and the Theory of Groups, Cambridge, Mass. 1965 (dt. Übersetzung: Tübingen 1968).

Lee D. Olvey/Henry A. Leonhard/Bruce E. Arlinghouse (eds), Industrial Capacity and Defense Planning, Lexington, Mass. 1983.

Thomas Oppermann/Claus Eiselstein, Die Bundesrepublik Deutschland vor der Frage der Unterzeichnung der UN-Seerechtskonvention, in: *Europa Archiv,* No. 18/1984, pp. 559–566.

Organisation for Economic Co-operation and Development (OECD), World Economic Interdependence and the Evolving North-South Relationship, Paris 1983.

idem, OECD Economic Outlook, No. 37, June 1985.

OECD Interfutures, Facing the Future: Mastering the Probable and Managing the Unpredictable, Paris 1979.

John Orme, Ore Wars, in: *The Fletcher Forum,* Summer 1982, pp. 408–417.

Robert L. Paarlberg, Lessons from the Grain Embargo, in: *Foreign Affairs,* Fall 1980, pp. 144–162.

William Page, Some Nun-Fuel Mineral Resources, in: Christopher Freeman (ed), World Futures, The Great Debate, London 1978, pp. 169–204.

John F. Papp, Chromium, Washington 1985 (= US Bureau of Mines, Mineral Facts and Problems, 1985 Edition, Preprint).

Hugh Patrick/Henry Rosovsky (eds), Asia's New Giant, Washington 1976.

Joan Pearce (ed), The Third Oil Shock, London 1983 (= Chatham House Special Paper).

Scott R. Pearson, Petroleum and the Nigerian Economy, Stanford, Cal. 1970.

Edith Penrose, OPEC's Importance in the World Oil Industry, in: *International Affairs,* Jan. 1979, pp. 18–32.

Benjamin Petkof, Beryllium, Washington 1985 (= US Bureau of Mines, Mineral Facts and Problems, 1985 Edition, Preprint).

John Pinder (ed), National Industrial Strategies and the World Economy, Totowa, N. J. 1982.

R. S. Pindyck, The Cartelization of World Commodity Markets, in: *American Economic Review,* May 1979, pp. 145–173.

Edgar Pisani, Die Europäische Gemeinschaft und die Nord-Süd-Frage, in: *Europa Archiv,* No. 19/1983, pp. 589–598.

Renate Platzöder/Wolfgang Graf Vitzthum, Pro und Contra Seerechtskonvention 1982, in: *Europa Archiv,* No. 19/1982, pp. 567–574.

Patricia A. Plunkert, Germanium, Washington 1985 (=US Bureau of Mines, Mineral Facts and Problems, 1985 Edition, Preprint).

Bruce D. Porter, The USSR in Third World Conflicts, Cambridge, Mass. 1984.

Uri Ra'anan/Charles M. Perry (eds), Strategic Minerals and International Security, Washington 1985.

Marian Radetzki, Market Structure and Bargaining Power, in: *Resources Policy*, June 1978, pp. 115–125.

Leigh Ratiner, The Future of Seabed Mining, in: *Materials and Society*, No. 1/1983, pp. 45–48.

Edwin O. Reischauer, The United States and Japan, New York 1973.

W. C. J. van Rendsburg/D. A. Pretorius, South Africa's Strategic Minerals: Pieces on a Continental Chessboard, Johannesburg 1977.

Report of the Study Commission on U. S.Policy Towards Southern Africa, South Africa: Time Running Out, Berkeley, Cal. 1981.

F. Roberts, Energy Consumption in the Production of Materials, in: *Metals and Materials*, March 1974, pp. 167–173.

Peter Roggen, Die Internationale Energie Agentur, Energiepolitik und wirtschaftliche Sicherheit, Bonn 1979.

Thomas W. Robinson, National Interests, in: James N. Rosenau (ed), Foreign Policy and International Politics, New York 1969, pp. 182–190 (revised edition).

Robert V. Roosa/Armin Gutowski/Michiya Matsukawa, East-West Trade at a Crossroads, New York 1983 (=Report to the Trilateral Commission No. 24).

Klaus Freiherr von der Ropp, Power Sharing versus Partition in South Africa, in: *Australian Outlook*, Aug. 1981, pp. 158–168.

idem, Konflikte im Umfeld der Republik Südafrika, in: *Außenpolitik*, No. 1/1983, pp. 80–92.

idem, Chancen eines Neubeginns im südlichen Afrika, in: Wolfgang Wagner et al. (eds), Die internationale Politik 1981/1982, München & Wien 1984, pp. 287–307 (=Jahrbuch der Deutschen Gesellschaft für Auswärtige Politik).

James N. Rosenau (ed), Foreign Policy and International Politics, New York 1969 (revised edition).

W. W. Rostow, The World Economy, History and Prospects, Austin, Texas & London 1980.

Henry Rowen, CIA Briefing on the Soviet Economy, Statement Before the Subcommittee on International Trade, Finance and Security Economics, Joint Economic Committee, US Congress, 1.12.1982.

Dankwart Rustow/John F. Mugno, OPEC: Success and Prospects, New York 1976.

Wolfgang Sames, Die Zukunft der Metalle, Frankfurt 1974.

idem, Die Bedeutung der Bodenschätze des südlichen Afrika für die westliche Welt, in: *Glückauf*, No. 1/1980, pp. 36–44.

idem, Anaconda, Bilder aus der Rohstoffwelt, München 1986.

idem/Friedrich-Wilhelm Wellmer, Die Versorgung der Bundesrepublik Deutschland mit mineralischen Rohstoffen im Lichte aktueller politischer Entwicklungen, in: *Glückauf*, No. 15/1980, pp. 795–803.

Enrico Sassoon, Raw Materials and Foreign Policy: The OECD Countries and the Risk of Disruption in Supplies of Strategic Raw Materials, in: *Lo Spettatore Internazionale*, Oct.–Dec. 1980, pp. 251–285.

Karl P. Sauvant/Hajo Hasenpflug (eds), The New International Economic Order, London 1977.

Helmut Schmidt, New Dimensions of Western Security, in: *Survival*, Jan. 1978, pp. 2–10 (= Alastair Buchan Memorial Lecture).

Frederick J. Schottman, Iron and Steel, Washington 1985 (= US Bureau of Mines, Mineral Facts and Problems, 1985 Edition, Preprint).

Heinz-Jürgen Schürmann, Ein Jahrzehnt nach der ersten Ölkrise, Bestandsaufnahme und Ausblick, in: *Zeitschrift für Energiewirtschaft*, No. 4/1983, pp. 251–261.

idem, Mehr Stabilität auf den internationalen Ölmärkten, in: *Glückauf*, No. 13/1984, pp. 849–856.

idem, OPEC – Zwischenbilanz nach 25 Jahren, in: *Zeitschrift für Energiewirtschaft*, No. 3/1985, pp. 148–155.

Walter Schütze, Reibungsflächen im Europäisch-Amerikanischen Verhältnis, in: Josef Füllenbach/Eberhard Schulz (eds), Entspannung am Ende? München–Wien 1980, pp. 133–156.

James P. Searls, Potash, Washington 1985 (= US Bureau of Mines, Mineral Facts and Problems, 1985 Edition, Preprint).

Ammon Sella, Soviet Political and Military Conduct in the Middle East, New York 1981.

Dieter Senghaas, Abschreckung und Frieden, Frankfurt 1969.

idem, Überlegungen zur Ost-West-Dimension in der gegenwärtigen Friedensproblematik, o. O., o. J. (Bremen 1985) (mimeo).

William K. Severin, Soviet Non-Fuel Minerals: Resource War or Business as Usual? in: *Materials and Society*, No. 1/1983, pp. 27–34.

Theodore Shabad, The Soviet Mineral Potential and Environmental Constraints, in: *Materials and Society*, No. 1/1983, pp. 21–25.

Geoffrey Shepherd/François Duchêne/Christopher Saunders (eds), Europe's Industries, London 1983.

Michael Shafer, Mineral Myths, in: *Foreign Policy*, Summer 1982, pp. 154–171.

Scott F. Sibley, Cobalt, Pittsburgh 1979 (= US Bureau of Mines, Mineral Commodity Profiles).

Richard H. Singleton, Potash, in: US Bureau of Mines, Minerals Yearbook 1976, Vol. I, Metals, Minerals and Fuels, Washington 1978, pp. 1135–1151.

Glenn H. Snyder, Stockpiling Strategic Materials, Politics and National Defense, San Francisco 1966.

Werner Sombart, Der moderne Kapitalismus, München 1928.

Arndt Spandau, Wirtschaftsboykott gegen Südafrika, Kapstadt 1977.

Joan E. Spero, The Politics of International Economic Relations, London 1977.

Stephen L. Spiegel (ed), The Middle East and the West, London 1982.

Phillip T. Stafford, Tungsten, Washington 1985 (= US Bureau of Mines, Mineral Facts and Problems, 1985 Edition, Preprint).

Hans-Günther Stalp, Entwicklungen des Meeresbergbaus und die Auswirkungen auf die Rohstoffmärkte, in: *Verein für Socialpolitik*, Neue Folge, Band 108, 1980, pp. 259–275.

idem, Tiefseebergbau zwischen nationaler Rohstoffvorsorge und internationaler Wirtschaftspolitik, in: Wolfgang Graf Vitzthum (ed), Die Plünderung der Meere, Frankfurt/M. 1981, pp. 215–229.

Walter G. Steblez, The Mineral Industry of Albania, in: US Bureau of Mines, Minerals Yearbook, 1983, Vol. III, Area Reports: International, Washington 1984, pp. 35–50.

Janice Gross Stein, Alice in Wonderland: The North Atlantic Alliance and the Arab-Israeli Dispute, in: Stephen L. Spiegel (ed), The Middle East and the West, London 1982, pp. 49–81.

Angela E. Stent, From Embargo to Ostpolitik, The Political Economy of West German – Soviet Relations, Cambridge, Mass. 1982.

idem, Technology Transfer to the Soviet Union, A Challenge to the Cohesiveness of the Western Alliance, Bonn 1983 (= Arbeitspapiere zur Internationalen Politik No. 24).

Fritz Stern, Gold und Eisen, Bismarck und sein Bankier Bleichröder, Frankfurt/M. 1980.

Jonathan P. Stern, Specters and Pipe Dreams, in: *Foreign Policy*, Fall 1982, pp. 21–36.

Robert Stobaugh, The Oil Companies in the Crisis, in: Raymond Vernon (ed), The Oil Crisis: In Perspective, New York 1976, pp. 179–202.

W. F. Stowasser, Phosphate, Washington 1979 (= US Bureau of Mines Mineral Commodity Profiles).

idem, Phosphate Rock, Washington 1985 (= US Bureau of Mines, Mineral Facts and Problems, 1985 Edition, Preprint).

Strategic Minerals, Report by the House of Lords, European Communities Committee, Session 1981–1982, London 1982.

V. V. Strishkov, The Minerals Industry of the USSR, in: US Bureau of Mines, Minerals Yearbook 1980, Vol. III, Area Reports: International, Washington 1982, pp. 1003–1074.

Sub-Saharan Africa, It's Role in Critical Mineral Needs of the Western World, Report Prepared by the Subcommittee on Mines and Mining, Committee on Interior and Insular Affairs, House of Representatives, 96th Congress, Washington 1980.

Survey of Mining Resources, Congressional Research Service, Übersetzung aus dem Französischen, 19. 2. 1982 (keine weiteren Angaben).

Michael Tanzer, The Race for Resources, London 1980.

Loren Thomson, The Defense Industrial Base: Going, Going ..., in: *International Security Review*, Summer 1981, pp. 237–272.

Manfred Tietzel, Internationale Rohstoffpolitik, Bonn 1977.

John E. Tilton, The Future of Nonfuel Minerals, Washington 1977.

Arnold Toynbee, Mankind and Mother Earth, Oxford 1976.

F. E. Trainer, Potentially Recoverable Resources: How Recoverable? in: *Resources Policy*, March 1982, pp. 41–52.

Nicholas D. Triano, Planning for Change in the Aluminium Industry, in: *Materials and Society*, No. 1/1983, pp. 71–80.

Christopher Tugendhat/Adrian Hamilton, Oil, The Biggest Business, London ^{2}1975.

Louis Turner, The European Community: Features of Disintegration, in: *International Affairs*, Summer 1974, pp. 404–415.

idem, Oil Companies in the International System, London ^{2}1980, ^{3}1983.

Wolfgang Ulbrich, Bergbauliche Ressourcen im südlichen Afrika, Hamburg 1976 (= Hamburger Beiträge zur Afrikakunde, Band 19).

United Nations Center on Transnational Corporations, Policies and Practices of Transnational Corporations Regarding their Activities in South Africa and Namibia, New York 1984.

United Nations Industrial Development Organisation (UNIDO), Mineral Processing in Developing Countries, Wien 1979 (= Industry 2000, New Perspectives, Collected Background Papers, Vol. 5).

U.S. Bureau of Mines, Mineral Facts and Problems, 1980 Edition, Washington 1980 (erscheint alle fünf Jahre).

idem, Mineral Facts and Problems, 1985 Edition, Washington 1985.

idem, Minerals Yearbook, versch. Jahrgänge, Vol. I, Minerals and Metals (bis 1978: Metals, Minerals and Fuels); Vol. III, Area Reports: International, Washington 1978ff (Jahrbücher).

idem, South Africa and Critical Materials, Springfield, Va. 1986 (=OFR 76–86).

U.S. Congress, Office of Technology Assessment, An Assessment of Alternative Economic Stockpiling Policies, Washington 1976.

idem, Strategic Materials: Technologies to Reduce U.S. Import Vulnerability, Washington 1985.

U.S. Department of the Interior, The Mineral Position of the United States, The Past Fifteen Years, Washington 1986 (=1985 Annual Report of the Secretary of the Interior Under the Mining and Minerals Policy Act of 1970).

U.S. Interests in Africa, Hearings, Subcommittee on Africa, Foreign Affairs Committee, House of Representatives, 96th Congress, Oct./Nov. 1979, Washington 1980.

United States Policy Towards Angola, Hearings, Subcommittee on Africa, Foreign Affairs Committee, House of Representatives, 9th Congress, Sept. 1980, Washington 1980.

Stanley Uys, The Risk Factor in South Africa, München 1985 (=Institut für Afrikanische und Internationale Studien, No. 1).

Phillip Verleger, jr., System Effects and Policy Options, in: Energy – Economics and Politics, Proceedings from an International Symposium in Stockholm, Oct. 8–10, 1984, Arranged by the National Energy Administration of Sweden, Stockholm 1985, pp. 185–211.

Raymond Vernon, Sovereignty at Bay: The Multinational Spread of the U.S. Enterprise, New York 1981.

idem, Two Hungry Giants, The United States and Japan in the Quest for Oil and Ores, Cambridge, Mass. 1983.

idem (ed), The Oil Crisis: In Perspective, New York 1976.

Jacques de Villiers (ed), Vital Role of South African Minerals, Pretoria 1982.

Jacob Viner, Power Versus Plenty as Objects of Foreign Policy in the Seventeenth and Eighteenth Centuries, in: *World Politics*, No. 1/1984, pp. 1–29.

Wolfgang Graf Vitzthum (ed), Die Plünderung der Meere, Frankfurt/M. 1981.

Heinrich Vogel, Die Embargopolitik der USA gegenüber der Sowjetunion nach Afghanistan, in: *Europa Archiv*, No. 20/1981, pp. 615–626.

Claus Voigt, The Materials Cycle of Cobalt in Magnets, in: *Materials and Society*, No. 4/1982, pp. 465–468.

Thomas W. Wälde, Transnationale Unternehmen und Dritte Welt, Auf der Suche nach neuen Instrumenten einer langfristigen und stabilen Rohstoff-Kooperation, in: Forschungsinstitut der Friedrich-Ebert-Stiftung (ed), Probleme der Rohstoffsicherung, Bonn 1981, pp. 81–92 (=Analysen aus der Abteilung Entwicklungsländerforschung, No. 92/93).

Wolfgang Wagner et al. (eds), Die Internationale Politik, versch. Jahrgänge, München & Wien 1980ff (=Jahrbücher der Deutschen Gesellschaft für Auswärtige Politik).

Immanuel Wallerstein, The Modern World-System II, Mercantilism and the Consolidation of the European World-Economy, New York 1980.

Steven Warnecke, Stockpiling of Critical Raw Materials, London 1980 (=Chatham House Paper No. 5).

idem, International Security Implications of Soviet Energy and Raw Materials Policies, in: Forschungsinstitut der Friedrich-Ebert-Stiftung (ed), Probleme der Rohstoffsicherung, Bonn 1981, pp. 127–148 (=Analysen aus der Abteilung Entwicklungsländerforschung, No. 92/93).

Hans-Ulrich Wehler (ed), Imperialismus, Köln & Berlin 1970 (=Neue wissenschaftliche Bibliothek, Band 37).

idem, Bibliographie zum Imperialismus, Göttingen 1977.

Rae Weston, Strategic Materials, A World Survey, Totowa & London 1984.

Mason Willrich/Melvin A. Conant, The International Energy Agency: An Interpretation and Assessment, in: *American Journal of International Law,* No. 2/1977, pp. 199–223.

Arnold Wolfers, Discord and Collaboration, Baltimore 1962.

idem, The Pole of Power and the Pole of Indifference, in: James N. Rosenau (ed), Foreign Policy and International Politics, New York 1969, pp. 175–181 (revised edition).

Rüdiger Wolfrum, Die Bundesrepublik Deutschland vor der Frage der Seerechtskonvention, in: *Europa Archiv,* No. 3/1983, pp. 83–92.

Stephen Woolcock, The International Politics of Trade and Protection in the Steel Industry, in: John Pinder (ed), National Industrial Strategies and the World Economy, Totowa & London 1982, pp. 53–84.

John C. Wu, The Mineral Industry of Japan, in: US Bureau of Mines, Minerals Yearbook, 1981, Vol. III, Area Reports: International, Washington 1983, pp. 543–573.

idem, The Mineral Industry of Japan, in: US Bureau of Mines, Minerals Yearbook 1983, Vol. III, Area Reports: International, Washington 1984, pp. 417–445.

Valerie Yorke, Oil, the Middle East and Japan's Search for Security, in: *International Affairs,* Summer 1981, pp. 428–448.

Wolfgang Zehender, Cooperation Versus Integration: The Prospects of the Southern African Development Coordination Conference, Berlin 1983 (= Occasional Papers of the German Development Institute, No. 7).

idem, Ökonomische Beziehungen im südlichen Afrika, in: *Aus Politik und Zeitgeschichte,* B 12/1985, pp. 21–33.

Jürg R. Zeller, Nationale Rohstoffpolitik, Bern & Stuttgart 1981.

C: Ständig verwendete und zitierte Zeitschriften:

Außenpolitik
Archiv der Gegenwart
Europa Archiv
Energy Policy
Foreign Affairs
Foreign Policy
Glückauf
International Affairs (London)
International Security
Materials and Society
Metal Bulletin Monthly
Mining Journal
OECD Economic Outlook
Petroleum Economist
Petroleum Intelligence Weekly
Politique Etrangère
Resources Policy
Survival

D: Zeitungen und Magazine:

The Economist
Far Eastern Economic Review
Financial Times
Frankfurter Allgemeine Zeitung
International Herald Tribune
Neue Zürcher Zeitung
South

Internationale Politik und Wirtschaft

Schriften des Forschungsinstituts der Deutschen Gesellschaft für Auswärtige Politik, Reihe: Internationale Politik und Wirtschaft

Band 51

Internationale Energieversorgung und politische Zukunftssicherung

Das europäische Energiesystem nach der Jahrtausendwende: Außenpolitik, Wirtschaft, Ökologie. Studie einer gemeinsamen Arbeitsgruppe der Kernforschungsanlage Jülich GmbH und des Forschungsinstituts der Deutschen Gesellschaft für Auswärtige Politik e.V., Bonn.
1987. XV, 345 Seiten, DM 68,–
ISBN 3-486-54361-X

Band 52/I

Dokumente zur Berlin-Frage 1944 – 1966

Herausgegeben vom Forschungsinstitut der Deutschen Gesellschaft für Auswärtige Politik e.V., Bonn in Zusammenarbeit mit dem Senat von Berlin.
4. Auflage 1987. XXXIV, 684 Seiten, 7 Tafeln, 2 Karten, DM 78,–
ISBN 3-486-42324-X

Band 52/II

Dokumente zur Berlin-Frage 1967 – 1986

Herausgegeben für das Forschungsinstitut der Deutschen Gesellschaft für Auswärtige Politik e.V. in Zusammenarbeit mit dem Senat von Berlin von Hans Heinrich Mahnke
Mit einem Vorwort des Regierenden Bürgermeisters von Berlin.
1987. 700 Seiten, DM 98,–
ISBN 3-486-54311-3

Band 53

Hanns W. Maull

Strategische Rohstoffe

Risiken für die wirtschaftliche Sicherheit des Westens.
1987.
ISBN 3-486-54391-1

Band 54

Weltraum und internationale Politik

Herausgegeben von Karl Kaiser und Stephan Frhr. von Welck
1987.
ISBN 3-486-54471-3

Oldenbourg

www.ingramcontent.com/pod-product-compliance
Lightning Source LLC
LaVergne TN
LVHW010550300926
849162LV00002B/293